U0236498

“十四五”国家重点研发计划项目（2023YFC2907501）
国家自然科学基金重点项目（51934008）

厚煤层地下开采

Thick Coal Seam Underground Mining

王家臣　魏炜杰　著

科 学 出 版 社
北 京

内 容 简 介

本书系统介绍我国厚煤层地下开采的主要技术及最新进展，包括煤矿主要开拓方式、放顶煤开采工艺与放煤规律、顶煤回收率实测与提高顶煤回收率技术、大采高开采工艺与煤壁稳定控制、大断面巷道支护技术、分层开采巷道布置方式与开采工艺、智能化开采技术与进展、厚煤层开采采场围岩控制理论与技术、放顶煤开采与大采高开采典型案例等。

本书可作为高等院校采矿工程专业研究生及高年级本科生的教学参考书，也可供从事煤矿开采方面的科研人员、工程技术人员、设计人员，以及相关科技管理人员阅读参考。

图书在版编目(CIP)数据

厚煤层地下开采 / 王家臣，魏炜杰著. -- 北京 : 科学出版社, 2024. 9.
-- ISBN 978-7-03-079504-5

Ⅰ. TD823.25

中国国家版本馆 CIP 数据核字第 2024W4V421 号

责任编辑：李 雪 李亚佩 / 责任校对：王萌萌
责任印制：师艳茹 / 封面设计：无极书装

科 学 出 版 社 出版
北京东黄城根北街 16 号
邮政编码：100717
http://www.sciencep.com
中煤（北京）印务有限公司印刷
科学出版社发行 各地新华书店经销
*
2024 年 9 月第 一 版 开本：787×1092 1/16
2024 年 9 月第一次印刷 印张：24 1/2
字数：581 000

定价：330.00 元

（如有印装质量问题，我社负责调换）

前　　言

40 多年来，我国厚煤层(厚度大于 3.5m)地下开采技术取得了长足进步，形成了以放顶煤开采、大采高开采为主体的厚煤层开采技术体系，开采理论和工艺、煤机装备制造、岩层控制技术、灾害防治技术、技术经济指标及智能化水平等都已经处于世界领先水平。本书全面总结我国厚煤层开采技术成果，对于促进厚煤层开采高质量发展、提升新质生产力水平具有重要意义。

厚煤层是我国煤炭高产高效开采的主力煤层，其产量和储量均占 50%以上，尤其是近 20 多年来，开采厚煤层的矿井数量和工作面产量迅速增加，单井煤炭产量达 2800 万 t/a、工作面产量达 1600 万 t/a。一次开采的煤层厚度也逐步提升，如走向长壁放顶煤开采工作面一次开采煤层厚度达 20m，大采高开采的一次开采煤层厚度达 10m。矿井数量和工作面产量的迅速提升、一次开采煤层厚度的增加主要是源于开采理念和理论创新、开采技术和装备进步，以及市场对煤炭商品的强烈需求。社会需求是技术创新的原动力，尽管近几年受全球性的环保呼声，以及国内“双碳”目标和新能源的影响，煤炭在我国一次能源消费中的占比略有下降(2023 年为 55.3%)，但是煤炭需求总量不但没有减少，反而增多，2023 年国内煤炭产量 47.1 亿 t，进口煤炭 4.74 亿 t，出口煤炭 447 万 t，国内用煤量达 51.8 亿 t，为历史新高，这充分说明了煤炭在我国能源中的重要地位，以及支撑国民经济发展不可替代的作用。未来随着煤炭清洁利用技术的突破、煤化工用煤量增加，我国对煤炭的需求量仍然会维持在高位。厚煤层高产高效开采技术是支撑我国煤炭产量的基础，可以说没有厚煤层开采技术的跨越式发展，将难以保障我国今天的煤炭供给和实现煤炭行业的安全绿色智能发展。

本书是作者基于研究团队近 30 年来在厚煤层开采技术方面取得的成果，以及厚煤层开采的一些典型案例撰写的，同时也在施普林格出版社发行英文版，目的是向国内外读者和同行介绍我国厚煤层开采的技术成果，以及推广一些厚煤层开采的先进理论和技术。本书共分为 8 章，第 1、2、3、6 章由王家臣撰写，第 4、5、7、8 章由魏炜杰撰写。撰写过程中得到了杨胜利教授、李杨教授、潘卫东教授、许献磊教授、张锦旺副教授、王兆会副教授、李良晖讲师，以及唐岳松博士、杨柳博士、李涛博士、李猛博士、岳豪博士、吴山西博士、张鑫博士、李家龙博士、刘云熹博士、范天瑞博士、王志峰博士、李铮博士、程博源博士、安博超博士、胡皓宇博士、张朝善博士、宋世雄博士、陈勇升博士、翟瑞昊博士、何吉清硕士、张申毅硕士、谢华舜硕士、张涵硕士、余明辉硕士、宋宇航硕士、李鑫林硕士、王泽伟硕士、王雨兵硕士、王耀辰硕士、李秀娟硕士、宋彦军硕士、侯东鑫硕士等的支持和帮助，本书在研究过程中得到了国家自然科学基金重点项目(51934008)、“十四五”国家重点研发计划项目(2023YFC2907501)、国家自然科学基金面上项目(52374106)和青年科学基金项目(52204163)的支持，在此一并致谢。

2024 年 5 月 15 日

目　录

1 我国厚煤层开采现状

1.1 我国煤炭开采概览

1.1.1 煤炭资源特征

我国是世界第一大能源消费国和煤炭生产国，每年消费的能源总量约占世界消费能源总量的 23%，2022 年达 54.1 亿 t 标准煤。2022 年我国煤炭产量为 45.6 亿 t，占世界煤炭产量的 51.8%，其中 82%来自井工开采，进口煤炭量 2.9 亿 t。图 1-1 为 2001～2022 年我国煤炭年产量和年消费量变化情况。我国煤炭消费的主要用户为电力行业，占 52%；其次为钢铁行业，占 17%；化工行业，占 7%；民用及其他行业，占 11%。其中钢铁行业用煤主要为炼焦煤和喷吹煤，其他行业主要为动力煤。随着风能、太阳能等新能源产业发展，电力用煤占比会有所下降，但化工用煤会有所增加。

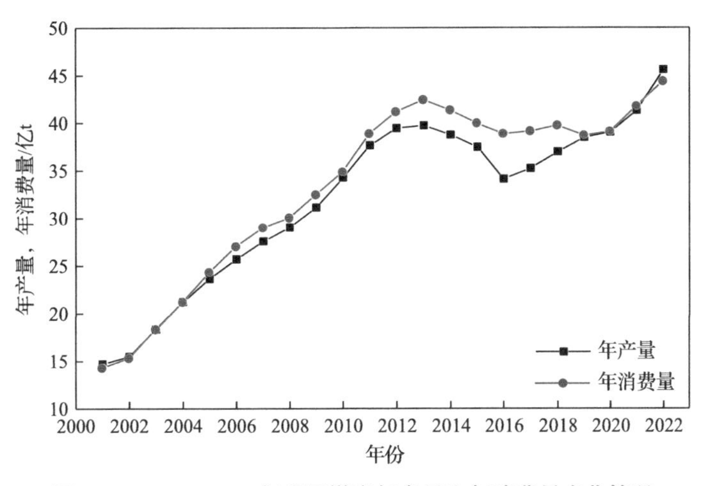

图 1-1 2001～2022 年我国煤炭年产量和年消费量变化情况

目前煤炭在我国能源结构中占有主导地位，这种情况在短期内不会发生根本性改变。2022 年煤炭在一次能源消费中的占比达 56.2%，尽管未来这一比例会呈现逐年下降的趋势，但短期内不会低于 40%。由于我国经济总量巨大[2023 年国内生产总值(gross domestic product，GDP)为 17.89 万亿美元]，且保持每年 5%以上的增长率，这会持续增加对能源的需求，尽管我国制定的“双碳”目标会限制煤炭使用，但近 10 年内对煤炭的需求仍然会保持在 40 亿～50 亿 t/a。2023 年煤炭产量达 47.1 亿 t，进口煤炭 4.74 亿 t，煤炭总用量突破 50 亿 t，达历史最高。

我国的煤炭赋存条件相对复杂，且煤炭资源人均保有量较少。据预测[1]，全国 2000m 以浅煤炭资源总量预计为 5.82 万亿 t，其中，探获煤炭资源储量 2.02 万亿 t。煤炭资源总量位于美国、苏联之后居世界第三位，但是可供开采的人均煤炭资源量仅为世界平均水平的一半。因此，尽管我国能源消费结构以煤炭为主，但并不是说我国的煤炭资源富足，而是相比石油和天然气而言，煤炭资源丰富。我国这种能源赋存条件，不得不以煤炭作为基础能源，充分发挥煤炭的兜底保障作用。

煤炭资源赋存与区域经济发展、水资源赋存呈逆向分布，比如东部经济相对发达，但是煤炭资源量短缺；西部煤炭资源量多，但是经济不发达，用煤少，这就给我国的煤炭开发和利用带来了一定困难，增加了煤炭转化和输送成本。近年来，我国实施西部大开发战略以及"一带一路"倡议，将有利于西部煤炭的开发与利用。煤炭开发已经转向以西部为主。图 1-2 是 2022 年我国主要产煤省份的煤炭储量、煤炭产量、GDP 对比图。

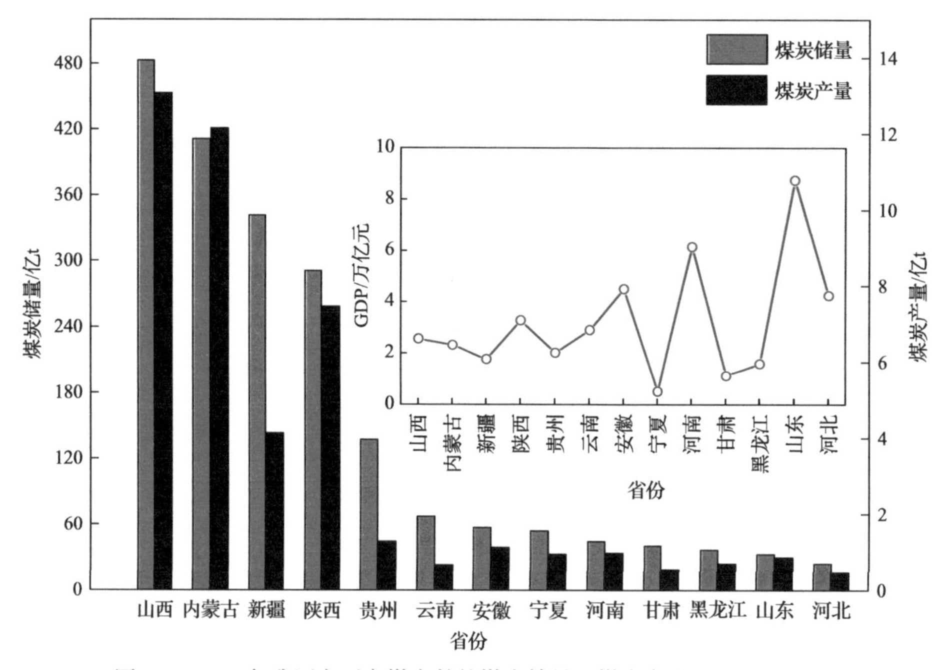

图 1-2 2022 年我国主要产煤省份的煤炭储量、煤炭产量、GDP 对比图

由于能源结构、煤炭资源赋存等特点，以及"双碳"目标约束，我国已将安全高效绿色科学开采煤炭和清洁高效低碳使用煤炭作为煤炭开发与利用的基本战略，这也是近 20 年来煤炭行业科技的主攻方向。

1.1.2 煤炭开采概述

我国是世界上最早发现、开采和利用煤炭的国家之一。关于煤炭的最早记载可以追溯到写于战国至汉代初期的《山海经》一书："西南三百里，曰女床之山，其阳多赤铜，其阴多石涅"。石涅就是石墨，可以用来描眉，又叫画眉石[2]，这里的石涅就是指煤炭，当时的煤炭主要用来染色和装饰。

随着炼铁技术的需要，我国迎来了用煤历史的第一个高峰。由于铁的熔点(1535℃)远高于铜的熔点(1083℃)，在汉代(公元前 202 年～公元 220 年)炼铁时大量使用煤炭。目前在河南省郑州市西北 20km 处保存有目前世界上发现的规模最大、时间最早的炼铁遗址。遗址南北长400m，东西宽300m，总面积为12万m^2，为河南郡铁官的一号作坊，如图1-3所示。

我国用煤历史的第二个高峰是在北宋(公元960～1127年)。此时我国煤炭已经正式进入规模开采阶段，并将煤炭用作工业能源，如炼铁、烧瓷等，在山西、河北、陕西、河南等地的煤炭采掘业已经相当发达。1959年在河南省鹤壁市中新煤矿掘进中发现了一座宋代古煤矿遗址，是目前我国发现最早、保存较完整的煤窑遗址。圆形竖井开拓，直径2.5m，深46m，井口位于井田中央，直接开凿到煤层，井口下有四条挖煤巷道、10个工作面，总长500多m，还有一口排水井。

意大利旅行家马可·波罗(Marco Polo，1254—1324年)在《马可·波罗行记》(*The Travels of Marco Polo*)一书中记载了中国元代的用煤情况：整个中国到处都发现有一种黑色石块(煤炭)，它挖自矿山，在地下呈脉状延伸，一经点燃，效力和木炭一样，而它的火焰却比木炭更大更旺……，会发出巨大热量。这种黑色石块，却取之不尽，而且价格又十分低廉。[3]

我国科学描述煤炭开采工艺的最早著作是《天工开物》(作者宋应星，初刊于1637年)：“凡取煤经历久者，从土面能辨有无之色，然后掘挖。深至五丈许方始得煤。初见煤端时，毒气灼人。有将巨竹凿去中节，尖锐其末，插入炭中，其毒烟从竹中透上，人从其下施䦆(jué)拾取者。或一井而下，炭纵横广有，则随其左右阔取。其上枝板，以防压崩耳。”[4]如图1-4所示。

图1-3 河南省郑州市炼铁遗址

图1-4 采煤示意图[4]

1878年建成投产的台湾基隆煤矿，采用了40马力(1马力=735W)蒸汽锅炉、卷扬机与排水机等，是我国首次将机械化用于煤炭开采。主井井深89.92m，井筒直径3.81m，开采的煤层厚度1.06m，日产煤炭200t。台湾的煤炭开采始于1600年以前，开采薄煤层，2000年关闭了最后一个煤矿，如图1-5所示，其中1964年煤炭产量502.7万t，为历史最高[5]。

1878年6月，河北唐山设立开平矿务局，1881年建成投产唐山煤矿，井深200多m，1898年产煤73万t，中外员工达3000余人，如图1-6所示。在提升、通风、排水等环节上采用了机器作业，同时铺设了唐山至胥各庄的运煤铁路(全长9.3km)。美国第31任总统赫伯特·克拉克·胡佛(Herbert Clark Hoover)于1899～1900年曾在唐山开滦煤矿任职。唐山煤矿目前仍在生产，年产煤炭240万t。基隆煤矿和唐山煤矿是我国最早采用机器作业的煤矿，机器购自英国。

图1-5 台湾关闭后的煤矿井口[5]

图1-6 唐山煤矿

1949年我国的煤炭产量只有3200万t，开采方法主要是巷道采煤(柱式体系采煤法)。自1953年，我国大力推广长壁采煤法，到1960年长壁开采的煤炭产量占总产量的92%，目前我国井工煤矿几乎都是长壁开采。1960年以后，我国开始发展机械化采煤技术，1964年装备了第一个单滚筒采煤机的机械化采煤工作面，但是工作面支护仍然是单体支柱。1970年以后我国开始推广机械化采煤技术和发展综合机械化采煤技术，1970年我国在大同矿务局煤峪口矿装备了第一个综合机械化采煤工作面。1974年、1977年分别从英国、德国和波兰进口了43套和100套综采设备，与此同时国产了500套综采设备[6]，极大地促进了我国综合机械化采煤技术的发展。

1984年4月我国第一个综合机械化放顶煤工作面在沈阳矿务局蒲河煤矿进行工业试验，从此开启了我国厚煤层放顶煤技术的迅速发展。大采高开采技术源于1978年引进德国的G320-20/37、G320-23/45等型号的大采高支架及相应的采煤运输设备，试采3.3～4.3m的厚煤层取得成功，当时平均月产煤炭70819t[7]。目前，大采高开采支架高度可达10m，为世界之最，如图1-7所示。

图1-7 10m大采高开采工作面

根据煤层厚度、倾角不同，目前我国煤炭开采可以分为如下几种工艺。

(1)厚煤层开采。厚煤层(煤层厚度>3.5m)以放顶煤和大采高开采技术为主，曾经(1990年以前)广泛使用的分层开采几乎不再使用。

(2)中厚煤层开采。中厚煤层是指煤层厚度为1.3～3.5m的煤层，普遍采用一次采全厚的综合机械化开采，该类煤层开采相对简单。

(3)薄煤层开采。薄煤层是指煤层厚度1.3m以下的煤层，该类煤层开采除少数工作面使用刨煤机以外，普遍使用矮机身、小滚筒的采煤机开采。

(4)大倾角煤层走向长壁开采。走向长壁开采是我国煤炭开采的基本方法，但是对于倾角较大(>35°)的煤层，工作面设备易倾倒下滑，开采难度大，目前我国通过创新工作面巷道布置、设备研发、开采工艺等已经开发了大倾角煤层走向长壁开采技术。70°以下煤层已经实现了综合机械化开采，成功实现长壁放顶煤开采的煤层倾角可达60°。

(5)急倾斜厚煤层水平分段放顶煤开采。当煤层倾角大于50°，煤层厚度大于15m时，通常采用水平分段放顶煤开采技术，一般分段高度为20～25m，现在开始研究分段高度35m的开采技术。

(6)智能化开采。近十余年来，基于电液控制的智能化开采方面取得了长足进步，目前我国建有煤矿智能化工作面共1400个，有智能化工作面的煤矿达到730处，产能占比达到 59.5%。智能化工作面的主要控制项目是采煤机智能割煤、支架自动移架和自动调高、刮板机自动推移和自动调直等。目前很多工作面还需要在巷道或者地面进行遥控和人工干预，尤其是当地质条件变化时，还不能说是真正的智能化，但是毕竟是从煤炭传统人工控制的机械化开采向智能化开采迈进了一大步。近几年煤炭企业在智能化开采方面的大量投入和浓厚兴趣极大地促进了智能化开采的发展。

1.1.3 主要煤炭生产企业

煤炭是典型的资源型产业，具有提供能源和工业原材料的双重属性。煤炭是支撑国民经济得到迅速发展的最重要的基础能源，也是钢铁、化工等行业的重要工业原料。《全国矿产资源规划2016—2020年》提出了重点建设神东、晋北、晋中、晋东、蒙东(东北)、云贵、河南、鲁西、两淮、黄陇、冀中、宁东、陕北、新疆14个煤炭基地，这些煤炭基地是我国煤炭保供的重要基石。

据统计，截至2022年底，全国煤炭规模以上企业4618家，煤矿4342处，其中井工煤矿3985处，露天煤矿357处，井工煤矿占比90%以上。大型煤矿(产量120万t/a以上)1100余处，产量占比85%左右，30万t/a以上规模矿井3700余处。2023年9月，在“2023中国500强企业高峰论坛”上,中国企业联合会、中国企业家协会联合发布了“2023中国企业500强”榜单，有22家煤炭企业上榜。据中国煤炭工业协会统计，2023年排名前10家企业原煤产量合计24.0亿t，同比增加8412万t，占规模以上企业原煤产量的51.3%，包括国家能源投资集团有限责任公司(以下简称国家能源集团)、晋能控股集团有限公司(以下简称晋能控股集团)、山东能源集团有限公司(以下简称山东能源集团)、中国中煤能源集团有限公司(以下简称中煤集团)、陕西煤业化工集团有限责任公司(以下简称陕煤集团)、山西焦煤集团有限责任公司(以下简称山西焦煤集团)、中国华能集团有限公司(以下简称华能集团)、潞安化工集团有限公司(以下简称潞安化工集团)、国家电力投资集团有限公司(以下国电投集团)、淮河能源(集团)股份有限公司(以下简称淮河能源集团)。它们是中国主要的煤炭生产商，见图 1-8。

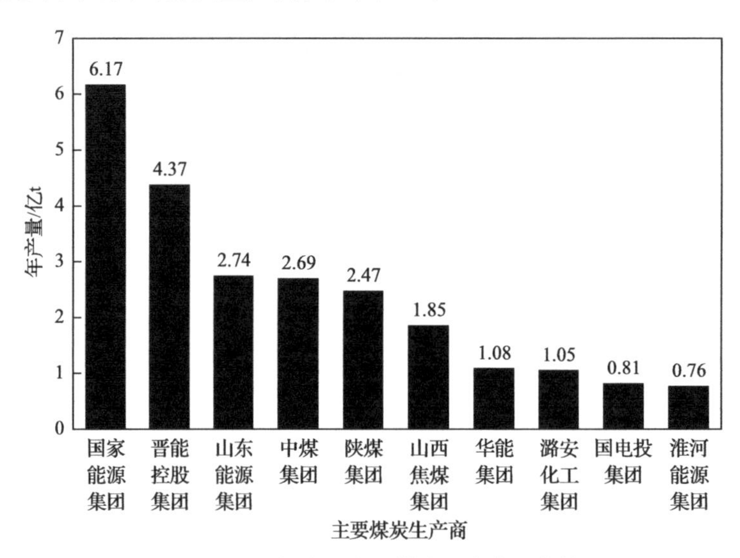

图 1-8　2023 年中国主要煤炭生产商生产情况

1.2　矿井开拓方式

我国煤层赋存条件复杂，开拓巷道布置多样，常见的有立井开拓、斜井开拓、平硐开拓及综合开拓。近年来随着无轨胶轮车使用和矿井产能规模增大，斜井开拓受到欢迎，尤其是在西部的内蒙古、陕西等条件相对简单、煤层倾角较小的矿区普遍采用斜井开拓。但是早期设计的矿井，以及在山东、安徽、河北、河南等煤层埋藏较深的东部矿区，普遍采用立井开拓。

1.2.1　立井开拓

立井开拓是指利用直通地面的垂直井巷作为主副井的开拓方式，一般用于地面平坦、煤层埋藏较深、表土层较厚的矿区。立井开拓的适应性强，不受煤层倾角、厚度、深度、瓦斯及水文等自然条件的限制，在埋深大的煤层开采中，立井开拓具有明显优点[8]。图 1-9 为立井开拓示意图。

1.2.2　斜井开拓

斜井开拓是利用直通地面的倾斜井巷作为主副井的开拓方式，在西部条件简单的矿区得到广泛应用。斜井开拓的井筒施工相对简单、施工速度快。装备皮带输送机的斜井可实现煤流到地面的连续运输，运输能力大、效率高。图 1-10 为斜井开拓示意图。

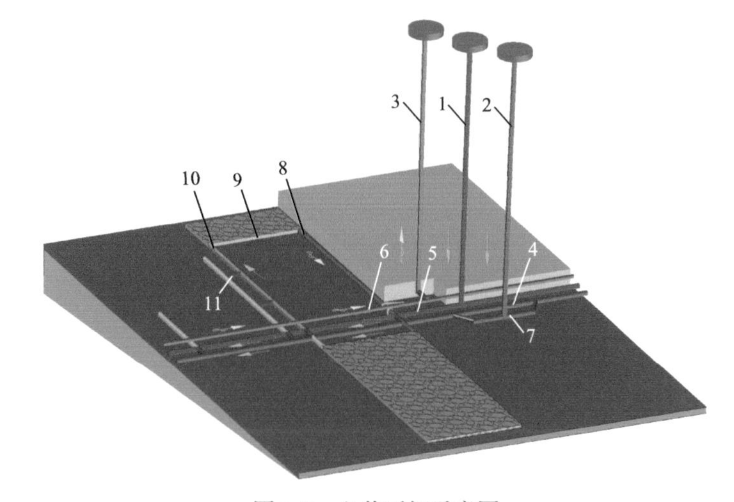

图 1-9　立井开拓示意图

1-主立井；2-副立井；3-回风井；4-辅助运输大巷；5-运输大巷；6-回风大巷；7-井底车场；8-区段回风斜巷；9-采煤工作面；10-区段运输斜巷；11-联络巷

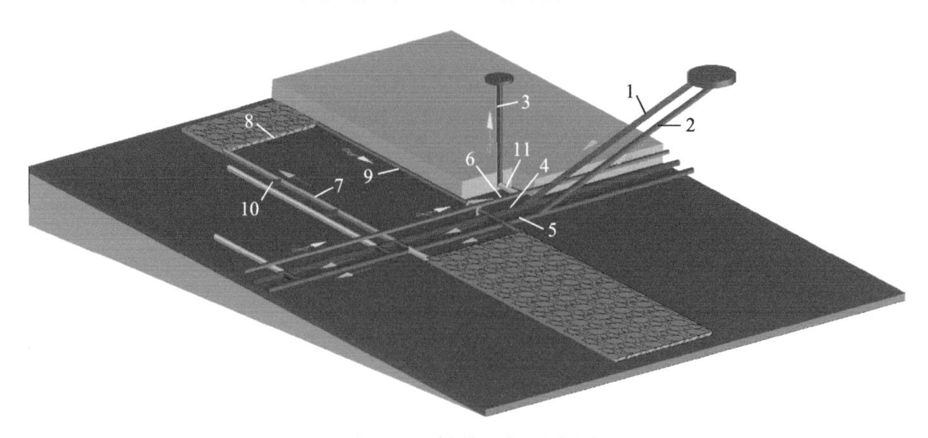

图 1-10　斜井开拓示意图

1-主斜井；2-副斜井；3-回风井；4-运输大巷；5-辅助运输大巷；6-回风大巷；7-区段运输斜巷；8-采煤工作面；9-区段回风斜巷；10-联络巷；11-回风石门

1.2.3　平硐开拓

平硐开拓是利用直通地面的水平井巷作为主副井的开拓方式，是最简单最有利的开拓方式，具有施工技术和设备简单，施工速度快，建井期短，运输环节和运输设备少、系统简单、费用低等优点，在一些地形为山岭和丘陵的矿区应用比较广泛。图 1-11 为平硐开拓示意图。

1.2.4　综合开拓

综合开拓是采用立井、斜井、平硐等任何两种或两种以上的开拓方式。综合开拓的实质是结合具体矿井煤层开采条件，使不同井硐形式进行优势组合。按不同井硐的组合方式，综合开拓可分为斜井-立井、平硐-斜井、平硐-立井三种基本类型，也可有单水平、多水平，上山、下山等多种布置。图 1-12 为综合开拓示意图。

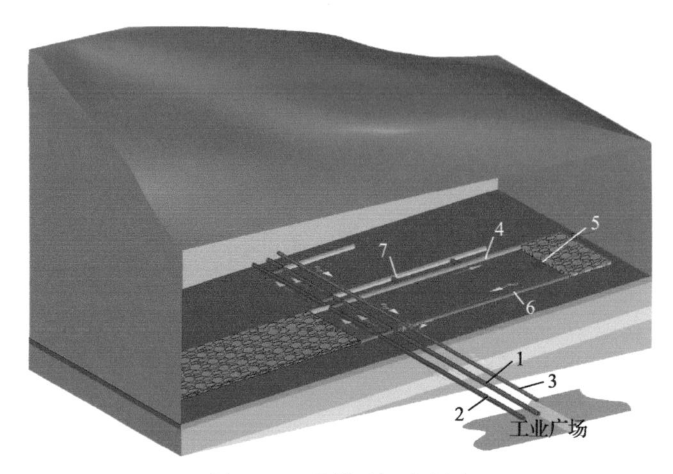

图 1-11 平硐开拓示意图

1-主平硐；2-副平硐；3-回风平硐；4-区段运输斜巷；5-采煤工作面；6-区段回风斜巷；7-联络巷

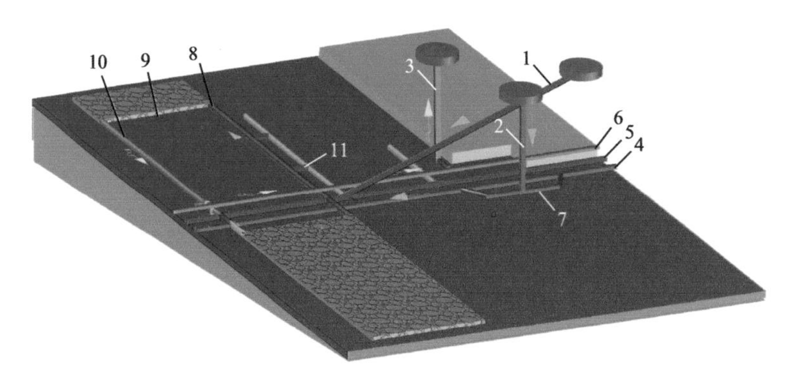

图 1-12 综合开拓示意图

1-主斜井；2-副立井；3-回风井；4-辅助运输大巷；5-运输大巷；6-回风大巷；7-井底车场；8-区段运输斜巷；9-采煤工作面；10-区段回风斜巷；11-联络巷

1.3 厚煤层开采的三种技术

在现有煤炭储量和产量中，地下开采的厚煤层(厚度＞3.5m)储量和产量均占 50%左右。厚煤层是实现高产高效开采的主力煤层，每年地下开采的厚煤层产量接近 20 亿 t。由于其煤层厚度大，对其开采有多种方法可供选择。随着煤炭市场好转和高产高效开采的迫切需要，产量大、效率高的放顶煤开采技术和大采高开采技术得到了快速发展和广泛应用。然而煤炭开采与具体的地质条件、开采条件等密切相关，因此厚煤层开采要根据煤层条件和技术条件等采用合适的开采方法，并且随着开采煤层厚度和开采强度的增加，还会出现许多迫切需要解决的新课题，如提高煤炭资源回收率、岩层控制、瓦斯与冲击地压防治等。目前我国厚煤层开采所使用的主要技术有放顶煤开采、大采高开采和分层开采，其中分层开采已经很少使用。

1.3.1 放顶煤开采

放顶煤开采，又称综合机械化放顶煤开采，其实质就是在厚煤层底部布置一个采高2～7m(大部分为 2～3m)的长壁工作面，其煤炭由采煤机割落，并由工作面前部刮板输送机运出工作面。同时利用矿山压力作用或辅以松动预爆破等方法，使支架上方的顶煤破碎成散体后，由支架尾部放煤口放出，用工作面后部刮板输送机将放出的煤炭运出工作面，实现工作面前后两部刮板输送机出煤，可提高开采效率和工作面产量。

放顶煤开采的工艺特点决定了该方法具有巷道掘进率低、投资少、开采成本低、产量大、效率高等优点，但同时对煤层硬度和裂隙发育程度要求较高，既要求顶煤能自行破碎成适宜放出的块度，同时由于产量高、一次采高大、工作面的瓦斯绝对涌出量较大，采空区残留一定的浮煤，给瓦斯治理、采空区防火、地面沉降防治等工作带来一定困难。

1982 年我国开始研究和试验放顶煤开采技术，1984 年 4 月第一个缓倾斜厚煤层放顶煤工作面在沈阳矿务局蒲河煤矿进行井下工业试验，由于支架架型不合理和采空区发火等，试验失败。1986 年在甘肃窑街矿务局二矿进行了急倾斜特厚煤层水平分段放顶煤试验，取得了成功。1987 年以后，放顶煤技术开始在缓倾斜厚煤层中进行试验，到 1990 年底，全国已经有 32 个放顶煤工作面。当时的放顶煤工作面煤层厚度大部分为 5～8m，煤层倾角 20°以下，支架工作阻力 4000kN 左右，工作面机采高度 2～2.5m。水平分段工作面的煤层厚度 15～30m，煤层倾角 45°以上。

随着放顶煤开采技术迅速发展，工作面产量迅速提高。从 1990 年的年产百万吨水平提高到 1995 年的 300 万 t 水平。与此同时，在“三软”煤层(郑州)、高瓦斯煤层(阳泉)和大倾角煤层(石炭井，30°)也加快了试验放顶煤技术。1993 年煤炭工业部在中国矿业大学(北京)成立了煤炭工业部放顶煤开采技术中心，2014 年该中心由中国煤炭工业协会更名为放顶煤开采煤炭行业工程研究中心，进一步深化和拓展了相关的研究领域。从1996 年到 2005 年的 10 年间，放顶煤开采技术得到迅速发展，已经证明了其具有成本低、效率高、产量大的优势，为此各煤炭企业率先应用和积极发展放顶煤开采技术。2006 年以后放顶煤开采技术逐渐进入成熟期，同时进行了大胆创新，成功开发了大采高放顶煤开采技术(即割煤高度＞3.5m)、急倾斜厚煤层水平分段放顶煤开采技术、急倾斜厚煤层走向长壁放顶煤开采技术等。放顶煤工作面开始采用两柱式放顶煤液压支架，放顶煤液压支架向大阻力方向发展，国能亿利能源有限责任公司黄玉川煤矿四柱式放顶煤液压支架的工作阻力达 20000kN。目前放顶煤开采技术已经成为我国厚煤层的主要开采技术，每年大约有 10 亿 t 煤炭来自放顶煤开采。

2004 年 11 月，兖矿能源集团股份有限公司(以下简称兖矿能源集团)在澳大利亚注册了兖煤澳大利亚有限公司(YAN COAL AUSTRALIA LIMITED)，该公司于 2004 年 12 月 24 日收购了位于澳大利亚新南威尔士州南部煤田的澳斯达煤矿，2006 年 10 月该公司提供的第一套综采放顶煤配套设备在澳斯达煤矿投入使用，建起了澳大利亚第一个放顶煤工作面。2013 年 10 月，该公司提供了一套两柱式放顶煤液压支架及成套设备，并在昆士兰博地公司的北贡拉特矿开始使用。除澳大利亚以外，印度、土耳其、俄罗斯、越南等国也在应用放顶煤开采技术，并进行了一些基础研究[9]，某些放顶煤工作面的装备也是由中国提供的。

1.3.2 大采高开采

大采高开采是指一次割煤高度大于 3.5m 的开采。根据《大采高液压支架技术条件》(MT 550—1996)规定，最大高度大于或等于 3800mm，用于一次采全高工作面的液压支架称为大采高液压支架，对应的回采工作面称为大采高工作面。当放顶煤开采的割煤高度大于 3.5m 时，通常称为大采高放顶煤开采技术。

我国从 20 世纪 80 年代开始，在引进德国等国外设备的基础上逐步研制了适应我国煤矿地质条件的一系列产品，并进行了工业性试验和实际生产，取得了成功。目前，大采高一次采全厚采煤技术已在多个矿区得到应用，并取得了可喜成绩，如神东矿区、晋城矿区、邢台矿区、大同矿区、榆林矿区等。随着开采及相关技术的进步，大采高开采方法会得到进一步推广应用。

大采高开采的特点是支架高度大、采煤机功率大，具有强力刮板输送机和相应的大型巷道及辅助设备。其一次性投资较大，对井型及井下巷道、硐室的尺寸要求较大，但具有产量大、效率高、井下布置简单、适用于集中生产等特点。

大采高开采技术在最近 20 年得到广泛的认可和快速发展。早期由于支架、采煤机等制造技术的制约，加之大采高工作面投资大，这一技术的推广遇到一定难度。近年来，随着相关技术解决以及相关设备国产化进程加快，加之煤矿企业经济效益好转，大采高开采技术得到快速发展。2018 年 9 月，神东矿区上湾煤矿采用了 ZY26000/40/88D 型液压支架，最大支撑高度 8.8m，支架中心距 2.4m，支架额定工作阻力 26000kN。煤层平均厚度 9.16m，倾角 1°～3°。工作面长 299.2m，推进长度 5254.8m，工作面年产量 1600 万 t，提高了开采效率和煤炭回收率。2023 年 11 月，陕西陕煤曹家滩矿业有限公司首创的 10m 超大采高智能综采工作面成功开采，标志着我国煤炭国产装备和采煤技术取得重大突破。该综采成套装备每 40min 可割一刀煤，产量达到 3500t，煤矿工作面年产量由此前的 1300 万 t 提高到 2000 万 t，煤炭回收率也提高了 10%以上。

1.3.3 分层开采

20 世纪 80 年代以前，厚煤层以分层开采为主，即平行于厚煤层面将厚煤层分为若干个 2～3m 的分层进行自上而下逐层开采，个别也有自下而上逐层开采的。

当自上而下逐层开采时，上分层开采后，下分层是在上分层垮落的顶板下进行的，为确保下分层回采安全，上分层必须铺设人工假顶或形成再生顶板。目前多采用在分层间铺设金属网，作为下分层开采的“假顶”。下分层开采在“假顶”保护下作业，称为下行分层开采。有的矿区为了进行地面保护，或在特易自燃的特厚煤层条件下采用了上行充填开采，称为上行分层开采。

分层开采的优点是技术相对成熟，是我国长期应用的一种采煤技术，具有设备投资少，一次采高小，瓦斯治理技术相对成熟，上覆岩层及地表可以实现缓慢下沉等特点。但分层开采同样也有一些缺点，如巷道掘进率高、产量低、开采成本高、下分层巷道支护难度大、区段煤柱损失大、采空区反复扰动、易引起采空区自燃等。由于分层开采的上述不足，我国从 20 世纪 80 年代中期开始研究和应用厚煤层放顶煤开采技术、大采高开采技术，目前已经基本取代了分层开采技术。

参 考 文 献

[1] 彭苏萍. 煤炭资源强国战略研究[M]. 北京: 科学出版社, 2019.

[2] 倪泰一, 钱发平. 山海经[M]. 重庆: 重庆出版社, 2006.

[3] Polo M. The Travels of Marco Polo[M]. 北京: 中国书籍出版社, 2009.

[4] 宋应星. 天工开物[M]. 南京: 凤凰出版社, 2022.

[5] 赖克富, 刘英毓, 谢嘉荣. 台湾的煤矿[M]. 新北: 远足文化事业股份有限公司, 1992.

[6] 胡省三, 刘修源. 成玉琪采煤史上的技术革命-我国综采发展 40a[J]. 煤炭学报, 2010, 35(11): 1769-1771.

[7] 王家臣. 厚煤层开采理论与技术[M]. 北京: 冶金工业出版社, 2009.

[8] 杜计平, 孟宪锐. 采矿学[M]. 徐州: 中国矿业大学出版社, 2009.

[9] Tien D L. Longwall top coal caving mechanism and cavability assessment[D]. Sydney: The University of New South Wales, 2017.

2 放顶煤开采

综合机械化放顶煤开采技术是开采厚煤层的有效方法，实现了厚煤层一次采全高开采，是开采厚煤层的一项革命性技术，解决了厚煤层分层开采时上分层遗留煤柱导致的应力集中，下分层采空区易发火和巷道支护困难，首采分层瓦斯相对涌出量大、产量低、成本高等难题。与大采高开采技术相比，放顶煤开采具有投资少、成本低、能耗低、排放低、适应煤层厚度变化大等优点。我国从 1982 年开始研究试验长壁工作面放顶煤开采技术，40 年来取得了巨大成功和重大科技创新，放顶煤开采技术已经成为我国开采厚煤层的主要方法，也是我国在世界煤炭开采行业的标志性技术。放顶煤开采技术是一项综合技术，主要包括工作面布置方式、采煤系统、顶煤破碎、采放工艺、工作面围岩控制、采煤装备等。

2.1 放顶煤开采工艺

2.1.1 放顶煤工作面布置方式

2.1.1.1 一次采全厚放顶煤技术

一次采全厚放顶煤是指将整层厚度的煤炭通过放顶煤开采一次采出。这是放顶煤工作面的主要布置方式，也是最基本的布置方式。在厚煤层下部，沿着煤层底板布置一个综采工作面，综采工作面上部煤炭(通常称为顶煤)，通过矿山压力作用破碎，并在工作面支架尾部的放煤口放出到工作面后部刮板输送机上，连同工作面前部刮板运输机上从煤壁处割落的煤炭一同运出工作面，如图 2-1 所示。为了提高顶煤回收率，防止瓦斯大量涌出，以及采空区顶板垮落冲击，《煤矿安全规程》[1]规定放顶煤工作面的顶煤高度不大于割煤高度的 3 倍，即 $H-h\leqslant 3h$，其中 H 为煤层厚度，h 为割煤高度。

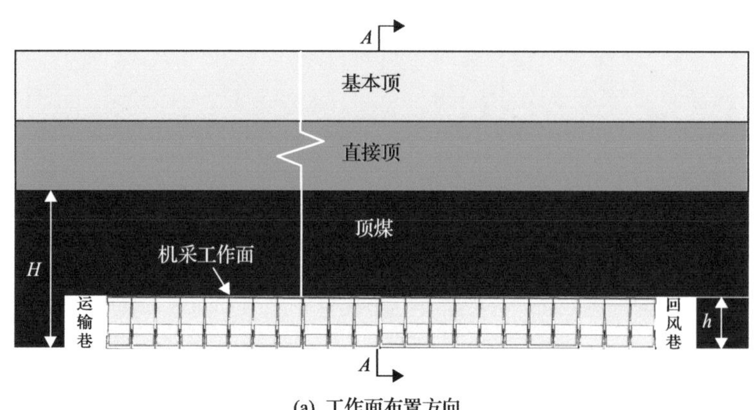

(a) 工作面布置方向

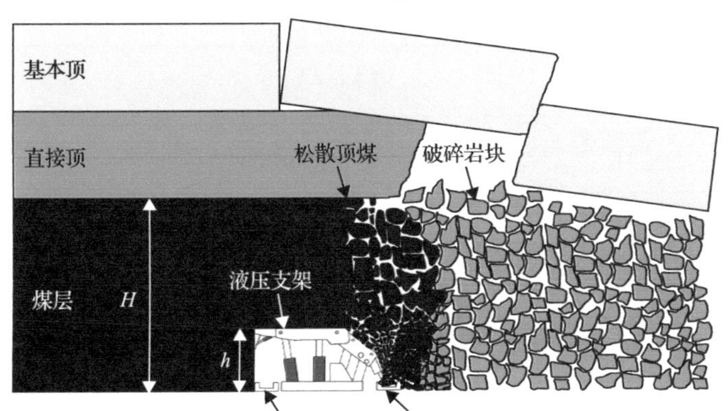

(b) 工作面推进方向

图 2-1 一次采全厚放顶煤开采

一次采全厚放顶煤开采的工作面布置相对简单，巷道数量少，矿山压力对顶煤破碎作用效果好，但是当煤层厚度过大时，顶煤回收率较低[2]。该布置方式适应的煤层厚度 H 一般为 5～20m。工作面的割煤高度（工作面高度）h 一般为 2～3m。当煤层厚度较大时，为了提高工作面回收率，或者增大工作面通风断面，解决高瓦斯涌出排放问题，近些年来在条件适宜的煤矿，增大了工作面割煤高度 h，如潞安王庄煤矿为 4m，大同塔山煤矿为 5m。位于陕西省榆林市境内的兖矿能源集团金鸡滩煤矿，由于煤层硬度较大，普氏硬度系数 f=2.8，顶煤的冒放性较差，为了提高工作面回收率，在 8.0～12.5m 厚的近水平煤层中，采用了 ZFY21000/35.5/7 型两柱式放顶煤液压支架，割煤高度可达 6.5m。工作面倾斜长度 300m，可采长度 5093m，2019 年初投产，工作面平均日产煤炭 5.25 万 t。

为了与一般的放顶煤工作面区别，通常将工作面割煤高度大于 3.5m 的放顶煤工作面，称为大采高放顶煤工作面，目前大采高放顶煤工作面也在广泛应用。

2.1.1.2 预采顶分层放顶煤技术

当煤层厚度大且瓦斯含量高，甚至有突出危险，或者顶板坚硬时，可采用预采顶分层放顶煤技术。其工作面布置方式为首先在煤层上部沿顶板布置一个普通综采工作面，回采时通常铺设金属网。待顶分层综采工作面回采结束后，煤层下部沿煤层底板再布置一个放顶煤工作面，回采煤层下部煤炭。一般放顶煤工作面回采要滞后顶分层综采工作面半年以上，如图 2-2 所示。

在高瓦斯突出厚煤层，预采顶分层可以释放大量煤层瓦斯，解除煤层下部的瓦斯突出危险，有利于保障下部放顶煤工作面开采安全，如淮北朱仙庄煤矿和芦岭煤矿在高瓦斯突出煤层中均采用了预采顶分层放顶煤技术。煤层平均厚度 10.11m，煤层普氏硬度系数 f<0.3，属于极软煤层，瓦斯含量 16m^3/t，且有突出危险，顶分层采高 2.5m[3]。对于顶板坚硬煤层，通过预采顶分层，可以使顶板破断、破碎，在下部放顶煤工作面开采时减缓坚硬顶板的冲击，有利于安全开采。顶分层回采铺金属网后，当下部放顶煤工作面回采时，需剪断放煤口处的金属网。金属网可以隔断采空区矸石进入放煤口，有利于提高放顶煤工作面的回收率和减少矸石混入。预采顶分层后，会减弱矿山压力对下部煤层

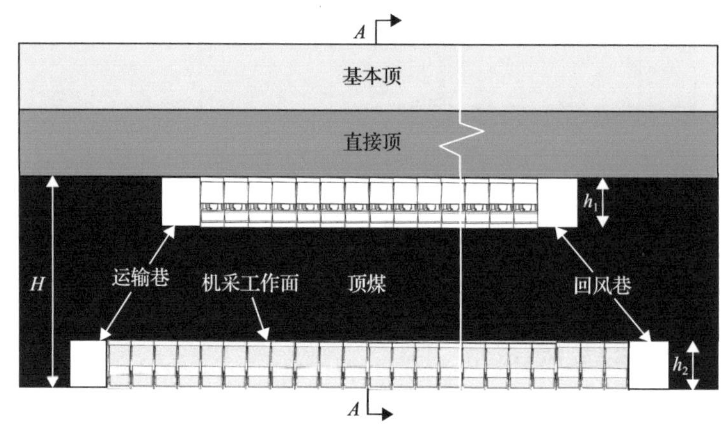

(a) 工作面布置方向

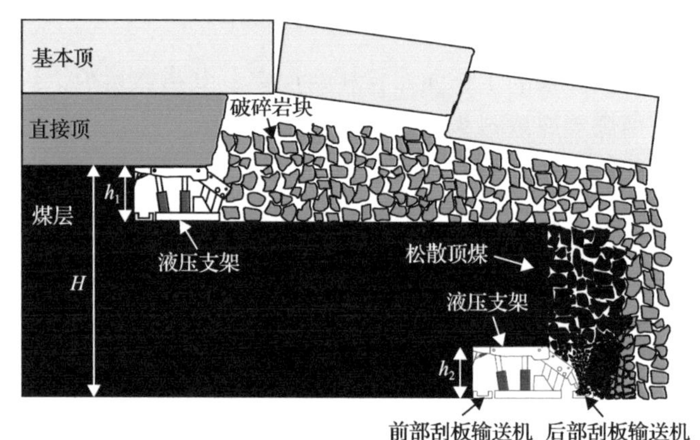

(b) 工作面推进方向

图 2-2　预采顶分层放顶煤开采

的破碎作用。当煤层坚硬时，会影响下部放顶煤工作面的顶煤破碎效果，从而影响放顶煤工作面回收率，所以这种方法一般用于硬度较小的煤层。

2.1.1.3　分层放顶煤技术

分层放顶煤技术一般用于倾角 45°以下的特厚煤层开采。

它是将特厚煤层以平行于煤层底板分成数个 10～20m 的分层,在每个分层下部布置一个放顶煤工作面，自上而下采完所有煤层，如图 2-3 所示。例如，抚顺矿务局老虎台煤矿，开采的煤层厚度 60m 左右，煤层倾角 15°～32°，一般分 4 层进行放顶煤开采，每层厚度在 15m 左右。为了提高下分层的采出率和降低矸石混入，在第一分层开采时铺设金属网。

2.1.1.4　水平分段放顶煤技术

对于急倾斜厚煤层，当煤层厚度大于 15m 时，可以采用水平分段放顶煤技术，如图 2-4 所示。水平分段放顶煤技术与分层放顶煤技术有类似之处，只是水平分段放顶煤技术的工作面是沿着急倾斜厚煤层的水平厚度方向布置，工作面长度较短，一般仅为煤

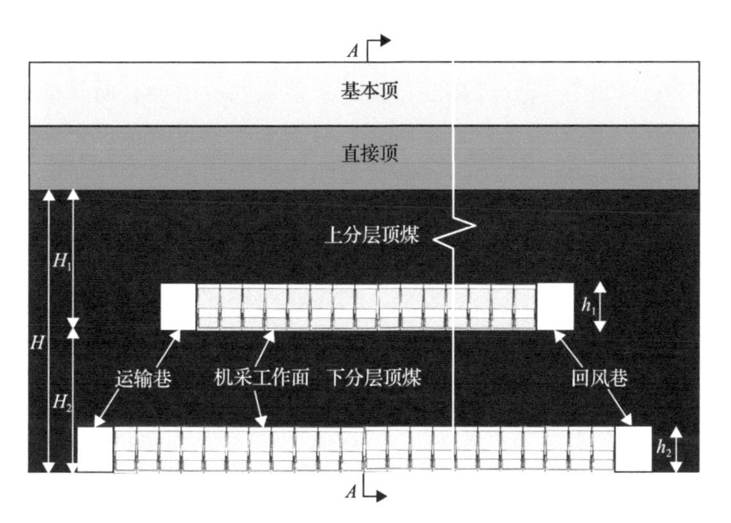

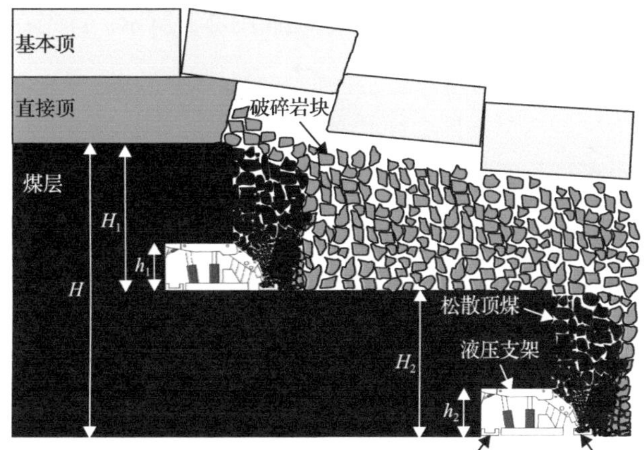

图 2-3 分层放顶煤开采

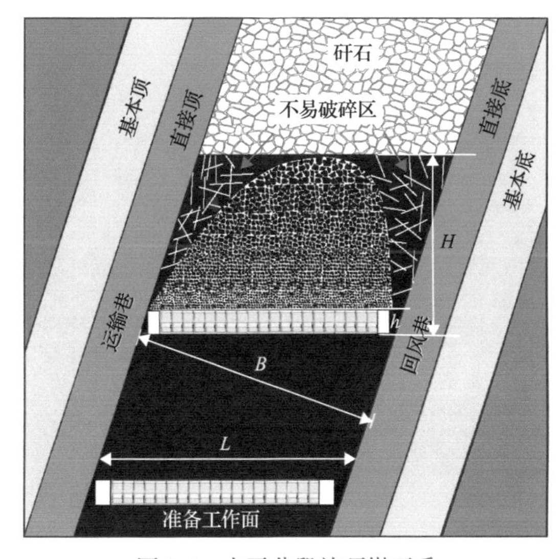

图 2-4 水平分段放顶煤开采

层的水平厚度。工作面两巷布置在紧挨着煤层顶底板的煤层中，并平行于煤层的走向。分段高度一般在 20～30m，当分段高度过大时，顶煤回收率会有所降低。当分段高度过小时，开采效率降低。《煤矿安全规程》规定，对于水平分段放顶煤工作面顶煤高度不大于割煤高度的 8 倍。国家能源集团新疆能源有限责任公司的乌东煤矿应用水平分段放顶煤技术，北区煤层厚度 40m 左右，煤层倾角 43°～51°，分段高度 25m，割煤高度 3m，工作面年产煤炭 300 万 t。

由于水平分段放顶煤工作面长度较小，顶煤厚度较大，顶煤的破碎效果较差，尤其是靠近顶底板三角区。因此，改善顶煤破碎效果和提高顶煤回收率是该技术的主要攻关方向，爆破和注水压裂是改善顶煤破碎效果的主要途径。

2.1.1.5 预采中部分层放顶煤技术

预采中部分层放顶煤技术是作者 2015 年提出来的一种新型放顶煤开采技术[4]，主要用于煤层坚硬和高瓦斯特厚煤层，其技术原理如图 2-5 所示。首先在特厚煤层的中下部

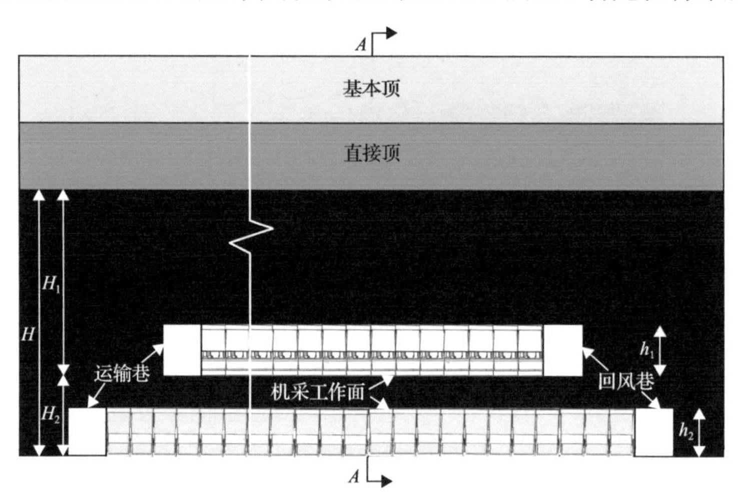

(a) 工作面布置方向

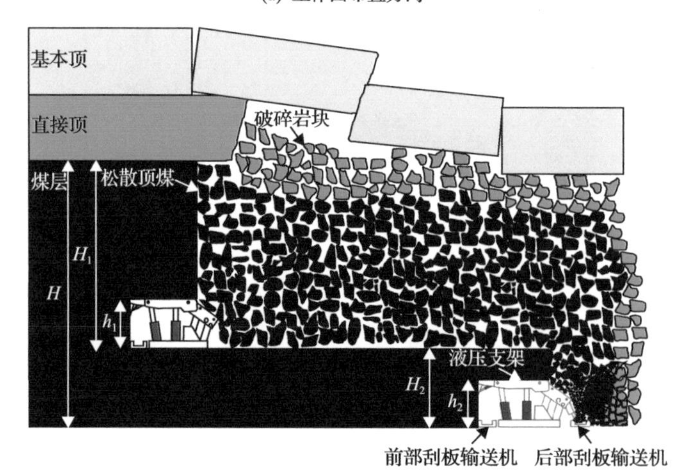

(b) 工作面推进方向

图 2-5 预采中部分层放顶煤技术

布置一个综采工作面进行开采，待综采工作面开采结束后，在综采工作面下部预留的底煤中布置放顶煤工作面。放顶煤工作面开采预留的底煤和综采工作面上部的顶煤。这一开采技术的优点是，对于高瓦斯或坚硬特厚煤层，首先进行的中部综采分层可以释放大量煤层瓦斯，解决后续放顶煤开采的瓦斯超限问题。对于坚硬厚煤层经过综采工作面开采，其上部的顶煤冒落、破碎，有利于后续放顶煤开采回收坚硬顶煤。综采工作面的高度可以根据实际情况确定，一般以 3～5m 为宜。综采工作面预留的底煤厚度以 5～8m 为宜，具体的底煤厚度根据布置的放顶煤工作面实际高度来确定，一般以大于放顶煤工作面高度 2～3m 为宜，这样可以保证放顶煤工作面支架上方有 2～3m 没有破碎顶煤，防止工作面漏冒。

2.1.2 放顶煤工作面设备及工艺参数

2.1.2.1 放顶煤工作面设备布置

放顶煤开采如同其他长壁综采一样，工作面开采的基本设备是采煤机、液压支架和刮板输送机，简称工作面三机。除此以外，巷道里面还有转载机、破碎机、皮带输送机、液压泵站和工作面运人、运料的辅助运输设备等[5]，如图 2-6 所示。

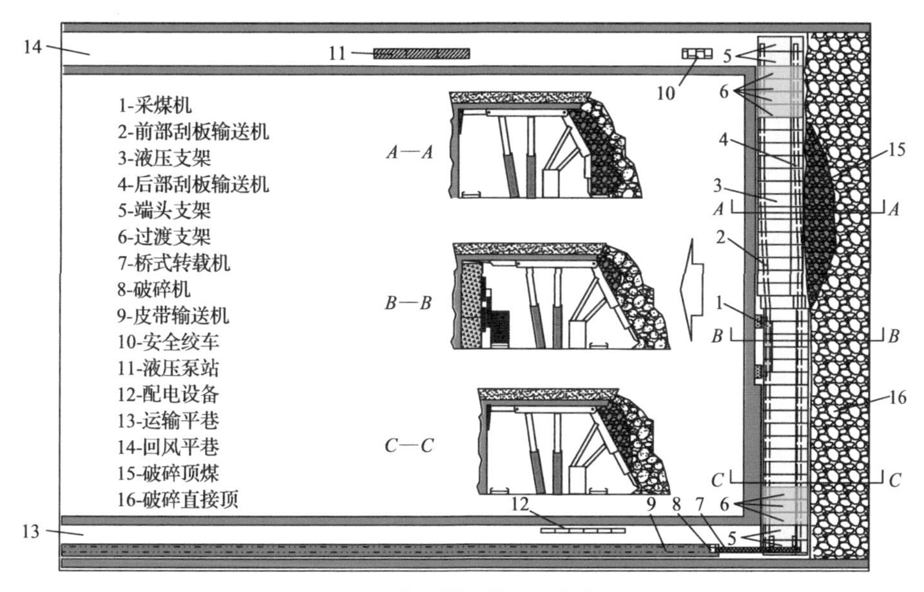

图 2-6 放顶煤工作面设备布置

工作面的生产能力不同，对采煤机、前后部刮板输送机的能力和尺寸要求也不同。对于生产能力大的放顶煤工作面，需要配备能力大的三机。一般来说，顶煤厚度往往大于割煤厚度，而放出煤量会大于割煤量，因此，后部刮板输送机的能力配备要大于前部，至少不会小于前部。工作面具体的设备选型和配套要根据煤层条件、工作面生产能力需求、企业的财务状况、市场上的煤机装备水平等综合因素分析确定。

2.1.2.2 工作面参数

工作面参数主要是指工作面长度、工作面推进长度、割煤高度、放煤步距、采放比、采煤机截深等。

1) 工作面长度

工作面长度是放顶煤工作面重要参数之一，对于地质条件较简单的工作面，工作面长度主要是根据工作面合理的日推进度和要求的日产量来确定。较短的工作面，可以加快工作面推进速度，对于易自燃煤层，有利于防止采空区浮煤自燃。但是较短的工作面会使工作面两端的辅助作业时间，如端部进刀时间、巷道维护时间、皮带与转载机移设时间等占比较大，工作面单位推进度的产量较小。并且由于工作面两端的顶煤回收率较低，工作面较短时，端头顶煤损失在工作面的占比较大，也将影响工作面的整体回收率。因此在保证工作面推进速度的条件下，尽可能加大工作面长度，有利于提高工作面回收率，减少煤柱损失量，增加工作面产量与开采效率。但是工作面长度受到刮板输送机的能力、要求的工作面推进速度、工作面通风条件及地质条件等影响。在高瓦斯矿井中，工作面的通风能力则是限制工作面长度的重要因素。目前放顶煤工作面长度一般为 150～300m，少数工作面长度超过 300m，个别的高产高效放顶煤工作面长度已达 350m 以上。当工作面倾角较大时采用较短工作面开采，甚至小于 100m，有利于工作面支架等设备管理。

工作面长度确定还要考虑地质条件，如地质构造分布情况、煤层厚度和强度、夹矸层及厚度、顶底板岩性和瓦斯涌出量等。

2) 工作面推进长度

工作面推进长度主要受地质条件、皮带输送机的铺设长度、设备大修期、工作面设备安装与搬迁费用、区段平巷的维护费用与运输费用等影响。一般而言，加大工作面推进长度，能减少工作面搬家次数，增加生产时间，减少初末采顶煤损失量，但过大的工作面推进长度会造成回采巷道维护困难。

放顶煤工作面与综采工作面在推进方向上的主要区别是存在初末采顶煤损失问题，一般的初采因支承压力小，顶煤不易冒落，或者冒落块度过大，顶煤不易放出。大多数放顶煤工作面在初采时都有 8～12m 不放顶煤[图 2-7(a)]，这部分顶煤会丢失在采空区。工作面的末采收尾一般要铺顶网或爬坡到顶板[图 2-7(b)、(c)]，这一段 12～15m 长度的顶煤也是放不出来的，因此初末采时会损失一部分顶煤。另外，对于有自然发火倾向的煤层，从防火方面要求工作面回采时间不宜过长。放顶煤工作面推进长度 2000～3000m 为宜，条件好的煤矿，可以达到 4000～5000m，在不受地质条件限制的情况下，一般不应少于 2000m。

工作面推进长度也受巷道皮带输送机的铺设长度影响。近年来国产可伸缩带式输送机取得长足进步，多端驱动输送机的长度可达 6000m，年运输量可达 2000 万 t 以上。工作面设备的大修期也是影响工作面推进长度的因素之一。近年来采煤机的进步很大，已经完全能满足特大型工作面开采的需要。工作面推进长度确定也应考虑对供电、通风和辅助运输的影响，推进长度过长，也会给供电、供风和辅助运输等造成困难。

实际的工作面推进长度确定，受地质条件，如断层分布、煤层分布等影响巨大，地质条件复杂的矿井往往以地质构造边界来确定工作面推进长度。对于地质条件简单的矿井，往往综合考虑巷道皮带输送机铺设长度、巷道维护、供电、通风和辅助运输等因素来确定工作面推进长度。

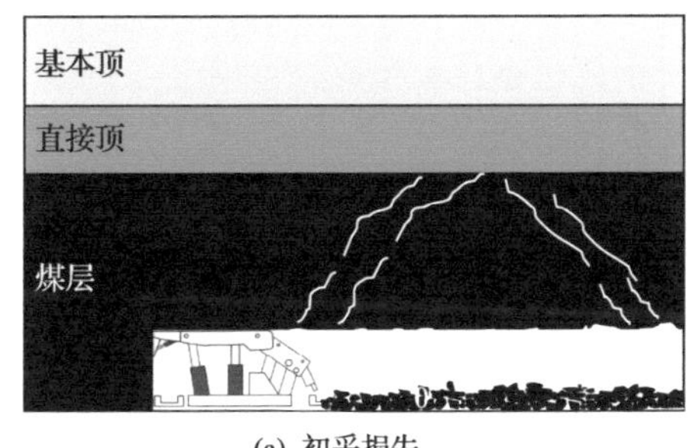

(a) 初采损失

(b) 铺顶网末采损失

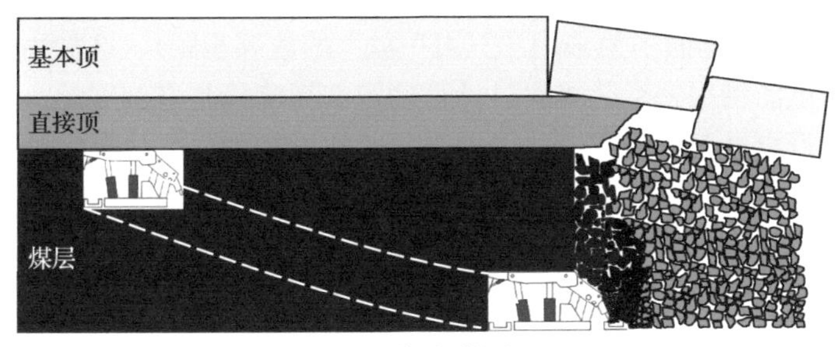

(c) 爬坡到顶板末采损失

图 2-7 放顶煤工作面初末采损失

3) 割煤高度

放顶煤工作面的采出煤量由采煤机割煤量和放出顶煤量两部分组成。一般而言，放顶煤的回收率介于 75%～90%，要低于采煤机割煤的回收率。所以在坚硬煤层，顶煤破碎和放出效果不好的条件下，尽可能提高割煤高度，以达到提高整个工作面回收率的目的。

确定采煤机割煤高度主要考虑的因素有煤壁稳定性、工作面通风要求、工作面倾角、工作面回收率、合理操作空间、采放比等。在近水平厚煤层中，放顶煤工作面的采煤机割煤高度一般为 2.0～3.0m，但也有为了提高工作面回收率，增大割煤高度的情况，如兖矿能源集团金鸡滩煤矿在 8.0～12.5m 厚的近水平煤层中，设计的割煤高度达 7m。对于软煤层，顶煤易放出，煤壁稳定性差，一般采用较低的割煤高度，不大于 3m。当工作倾角较大时，也采用较低的割煤高度。对于坚硬煤层，煤壁稳定性好，顶煤回收率较低，则采用较大的割煤高度，一般为 3～5m。为了增大高瓦斯厚煤层的通风断面，改善工作面通风条件，一般也会采用较大的割煤高度。

《煤矿安全规程》规定：当缓倾斜(＜25°)、倾斜(＜45°)厚煤层的采放比大于 1∶3 的，未经行业专家论证的；急倾斜水平分段放顶煤采放比大于 1∶8 的，严禁采用放顶煤开采。即对于缓倾斜、倾斜厚煤层的割煤高度不应小于顶煤厚度的 1/3；急倾斜水平分段放顶煤开采时，割煤高度不应小于顶煤厚度的 1/8。一些煤矿通过增大割煤高度来满足《煤矿安全规程》关于采放比的规定，如大同塔山煤矿、同忻煤矿在 20m 厚煤层中，将割煤高度提高到5m，满足采放比1:3的要求，取得了良好开采效果。

一般来说，割煤高度越大，支架高度越大，采煤机功率和截割高度也需相应增加，导致设备投资增加。尤其当支架高度达到一定高度后，支架质量和造价会大幅度增加，因此确定工作面割煤高度时，除考虑煤层厚度、倾角、工作面回收率、通风断面外，也应考虑设备的一次性投入成本。

4)放煤步距

放煤步距是指两次放煤之间工作面推进的距离。合理的步距应是顶煤放出率最高，含矸率最低，因此它与煤矸的块度大小、质量、运动阻力、运动方向、混矸程度、到放煤口的距离等有关，也就是与煤岩的强度、块度、顶煤厚度、冒落角、矸堆高度、安息角等有关。实际上放煤步距是采煤机截深的整倍数，一般为“一刀一放”、“两刀一放”和“三刀一放”三种采放配合方式，因此对于滚筒式采煤机，放煤步距仅变化在0.6～1.8m，最近大采高的放顶煤工作面，采煤机截深可以达到0.8～1.2m，这样，放煤步距仅变化在0.8～2.4m(大截深工作面不易采用“三刀一放”的放煤步距)，这种小范围的变化和复杂的影响因素，试图借用一个公式通过计算确定其精确值是有难度的，一般说来，可以根据实际情况进行定性分析确定。一般硬煤冒落块度较大，大块煤容易挤压成拱，运动阻力大，宜采用“一刀一放”、放煤步距小的方式。软煤冒落块度较小，运动阻力小，冒落超前，可采用较大的放煤步距。顶煤的冒落块度一般是下小上大，下部顶煤松动充分，上部顶煤松动滞后，因此顶煤越厚应增加其冒落时间和冒落宽度，以便上部顶煤有充分松动冒落机会而放出，宜采用放煤步距大的方式。对于厚度较薄的顶煤，由于下部冒落空间大，极易混矸，应减少自然冒落次数，使顶煤在混矸前就及时放出，宜采用放煤步距小的方式。

2.1.2.3 采煤工艺

回采工作面的采煤工艺是指在回采工作面进行采煤工作所必须实施的各个工序之间，以及完成这些工序所需的机械装备和所需要的各工种之间在空间和时间上的相互关系总和。回采工作面的空间一般包括运输巷、回风巷、端头、工作面机道到采空区在内的整个作业区。有的工作面将这一空间扩展到液压泵站和移动变电站或采区装车点。工作面在空间上的变化是指煤壁和采空区位置的变化。在时间上，一个采煤循环可以从数小时到24h以上。不同的采煤方法要求有不同的采煤工序，并要求不同的时空配合关系。除与普通长壁综采工作面一样的割煤、移架、推移刮板输送机工序外，放顶煤工作面还增加了放煤工序，而且一般情况下，工作面一半以上的煤量来自放煤，因此从时间和空间上合理安排采煤与放煤的关系就成为放顶煤工作面生产工艺中必须解决的基本问题。

如图2-6所示，工作面一般工序是：采煤机割煤，跟机移架，推移前部刮板输送机，然后打开放煤口放煤，最后拉后部刮板输送机。工作面全部工序完成后，即完成了一个完整的放煤循环。图中*A*—*A*剖面为放煤时的设备位置，后部刮板输送机处于最后位置，前部刮板输送机已经推移。*B*—*B*剖面为采煤机割煤后，移架前的设备位置，此时为最大控顶距状态。*C*—*C* 剖面为最小控顶距时的设备位置，支架底座前端与前部刮板输送机之间至少有一个截深距离，后部刮板输送机靠近支架底座的后部。

放顶煤工作面的巷道运输设备与普通综采工作面相同，有桥式转载机和可伸缩带式输送机，其不同点是在桥式转载机上必须安装破碎机，且要求破碎机的能力要强，尤其是对于硬度较大，裂隙不发育的煤层。因为后部刮板输送机运出的大块煤很多，若无二次破碎，将导致胶带机跑偏，煤仓堵塞，使工作面生产能力不能发挥。

放顶煤工作面由于是前后双刮板输送机布置，工作面两部刮板输送机并列搭在桥式转载机的机尾水平装载段，随着工作面推进，桥式转载机的拖移较普通综采工作面频繁得多，几乎每班都要拖移一次。

根据割煤和放煤工序的配合不同，放顶煤开采主要有四种工艺方式：跟机顺序放煤工艺、跟机分段放煤工艺、割煤放煤交叉工艺和割煤放煤独立工艺。

1) 跟机顺序放煤工艺

采煤机在前方割煤，距采煤机 15m 后，开始逐架顺序放煤。其工艺过程是：割煤、推移前部刮板输送机、移架、放煤、拉移后部刮板输送机。为了及时控制顶煤，严防架前漏顶，也可采取割煤、移架、推移前部刮板输送机、放煤、拉移后部刮板输送机的工艺过程。这种工艺一般在工作面端头入刀，多为“一刀一放”，劳动组织简单，是较为广泛采用的工艺方式。为了使放煤不影响采煤机的割煤速度，可采用多人多架同时放煤的组织形式。

2) 跟机分段放煤工艺

在采煤机后方，沿工作面分上、中、下三段，每段由一组放煤工放煤。其工艺工序是：割煤、移架、推移前部刮板输送机、拉移后部刮板输送机、放煤。特点是放煤工序与其他工序互不影响，分段分组放煤，但是每段必须在下一个循环割煤前完成全部放煤作业。缺点是可能出现多段同时放煤，后部刮板输送机负荷大，造成停机等，这种工艺的入刀位置可以视工作面顶煤状况而定，可实现“两刀一放”或“多刀一放”，视顶煤的冒放特征和顶煤厚度等改变放煤步距。这种工艺的缺点是处于工作面下风侧的放煤作业会受到来自上风侧放煤的粉尘影响。

3) 割煤放煤交叉工艺

工作面分为上、下两部分，上半部分割煤，下半部分放煤；下半部分割煤，上半部分放煤，交叉作业。这种工艺一般为工作面中部入刀，多为“一刀一放”，采煤机往返一次进一刀，特别在长工作面中采用更为有利。

4) 割煤放煤独立工艺

上述三种工艺对于长工作面均可以实现采、放同时作业，以提高开采效率。当工作面较短时或急倾斜煤层分段放顶煤开采时，一般采取割煤不放煤，放煤不割煤的采放单一作业，其工艺工序是：割煤、移架、推移前部刮板输送机、拉移后部刮板输送机、放煤。这种工艺多为“两刀一放”或“三刀一放”，入刀方式和位置不受放煤工序影响。

2.2 顶煤破碎机理

研究顶煤在矿山压力作用下的破碎机理是放顶煤开采的独特研究内容，也是决定某一厚煤层是否选择放顶煤开采的基础工作。顶煤易破碎，且破碎块度较小，能够在支架后部放出的厚煤层适合采用放顶煤技术开采。顶煤破碎与煤体的强度、裂隙分布、夹矸、矿山压力等因素有关，也与支架阻力、开采工艺有一定关系，其中煤体裂隙分布与发育程度在顶煤破碎中往往起主要作用，尤其对于坚硬煤层而言，其影响更大[6]。

2.2.1 顶煤破坏过程

2.2.1.1 顶煤破坏分区模型

在放顶煤工作面，顶煤(图 2-8 中微单元体)均经历了由初始完整状态过渡至架后冒落状态的过程。该过程中顶煤承受的垂直应力处于持续加载状态，根据采动后垂直应力与其初始值之间的大小关系，可将采动后的垂直应力分布划分为原岩应力区、应力升高区和应力降低区。煤层采出后，采空区上覆岩层失去支撑而逐渐下沉移动，覆岩重力逐渐向四周未采出的实体煤转移，导致工作面前方顶煤中的垂直应力在 *A* 点开始增大，在 *B* 点达到峰值，当该点顶煤垂直应力增大至其极限承载能力时发生破坏。随着覆岩的持续下沉，垂直应力继续加载，顶煤中的微裂隙不断增多，承载能力不断降低，垂直应力开始减小。在支架上方的上位顶煤中，垂直应力降低至残余水平，该残余应力由直接顶、断裂的老顶岩块及老顶岩块之上的随动岩层提供。下位顶煤则直接受到支架的反复支撑作用，承受的最大值为支护强度，最小值为其自重的循环载荷。在载荷作用下顶煤体中的裂隙不断发育扩展，不同性质的顶煤所经历的裂隙发育过程完全不同。坚硬顶煤经历局部加密、局部扩展和整体加密、整体扩展两个演化阶段；中硬顶煤在垂直应力峰值前以裂隙加密为主，峰值后以裂隙扩展为主；软弱顶煤中采动裂隙的加密和扩展具有很强的局部特征。

以往研究认为支承压力作用下的压裂是顶煤破碎块度的决定性因素，而忽略了水平应力变化对顶煤破坏的影响。实际回采过程中，开挖导致靠近工作面侧沿走向方向的水平约束减弱甚至消失，顶煤中沿走向的水平应力逐渐降低，而沿倾斜方向的水平应力受采动影响较小，如图 2-8 所示。总体来说，上位顶煤经历的应力路径为垂直应力加载、水平应力卸载→垂直应力不变、水平应力反向加载过程，而下位顶煤经历的应力路径为垂直应力加载、水平应力卸载→垂直应力循环加卸载、水平应力保持不变的过程。根据上下位顶煤在不同阶段的破坏机理可以判断，上位顶煤经历了原岩应力区、弹性压缩区、压剪破坏区、拉剪破坏区、拉伸破坏区和散体冒落区，如图 2-8 所示，而下位顶煤则经历了原岩应力区、弹性压缩区、压剪破坏区、循环损伤区和散体冒落区。工作面前方 *AC* 段上下位顶煤的破坏机理相同，而在 *C* 点之后上下位顶煤的破坏机理不再相同，上位顶煤受顶板回转作用的影响明显，而下位顶煤则受支架反复支撑作用明显。

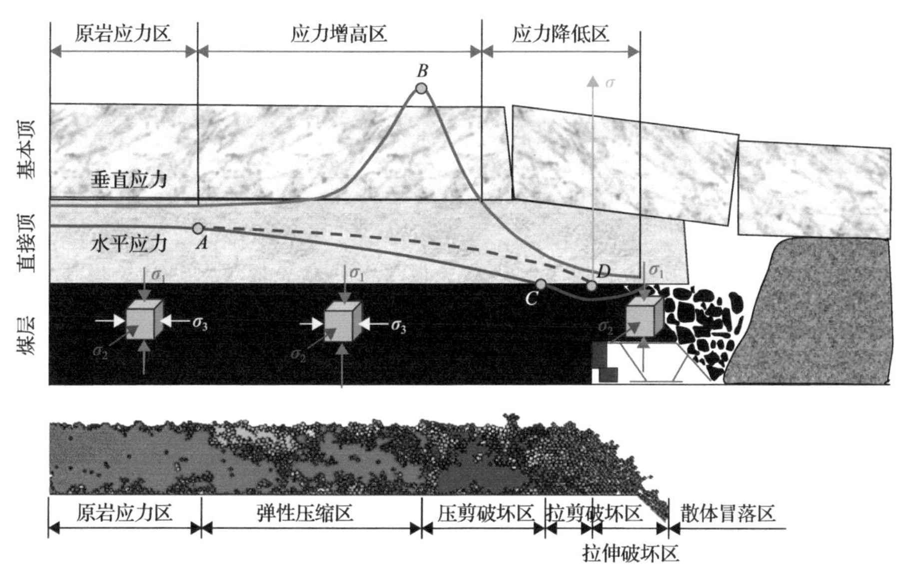

图 2-8 顶煤受力状态及上位顶煤分区破坏特征

2.2.1.2 顶煤变形特征实测

为得到顶煤变形破坏特征，在液压支架之间向顶煤中打倾斜钻孔，采用 YTJ20 型岩层探测记录仪对顶煤变形破坏过程进行观测。顶煤变形破坏过程受顶煤与直接顶接触面的变形状态影响，接触面的剪切滑移破坏可反映顶煤破坏的程度，顶煤破坏的难易程度与剪切面的强度参数成正比，因此，对顶煤与直接顶之间接触面及顶煤自身的变形状况均进行观测，结果如图 2-9 所示。点 A、B、C 为顶煤与直接顶之间接触面的变形破坏情况，点 D 和 E 为顶煤自身变形破坏情况。工作面前方点 A，顶煤与直接顶之间接触面保持完整，此时顶板弯曲变形程度低，接触面承受的法向压力及自身强度参数足以使其抵抗和传递顶板作用于顶煤之上的水平剪应力，接触面没有发生位错滑移，保持完整状态；煤壁上方点 B，顶煤与直接顶之间接触面出现明显裂纹，此时接触面发生破坏，无法承受拉应力，传递水平剪应力的能力降低，破坏接触面下位顶煤中发育有微小的竖向裂隙，说明顶煤在该处已发生破坏；在控顶区域上方点 C，顶煤下表面转变为受支架支撑的应力边界条件，工作面推进过程中支架反复升降立柱，该过程导致控顶区顶煤下表面周期性失去支架支撑，成为自由边界条件，控顶区顶煤自由弯曲下沉，最终导致顶煤与直接顶之间的接触面完全破坏，并发生明显的位错滑移。此次钻孔采用的钻头直径为 36mm，对比滑移量和钻孔直径可以确定顶煤与直接顶之间的最大滑移量可达 10mm。

和顶煤与直接顶之间接触面变形状态相对应，工作面前方点 D，顶煤中没有出现较大的宏观裂隙，钻孔仅出现较小的收缩变形，孔壁出现少量的煤屑脱落现象。这是由于该位置顶煤与直接顶接触面保持完整，具有较高的传递水平剪应力的能力，在直接顶的束缚作用下，顶煤中的初始水平应力不能有效释放，顶煤仍处于较高围压的三轴应力状态，实验表明高围压条件下煤体的三轴抗压强度很大，该应力环境下顶煤抗

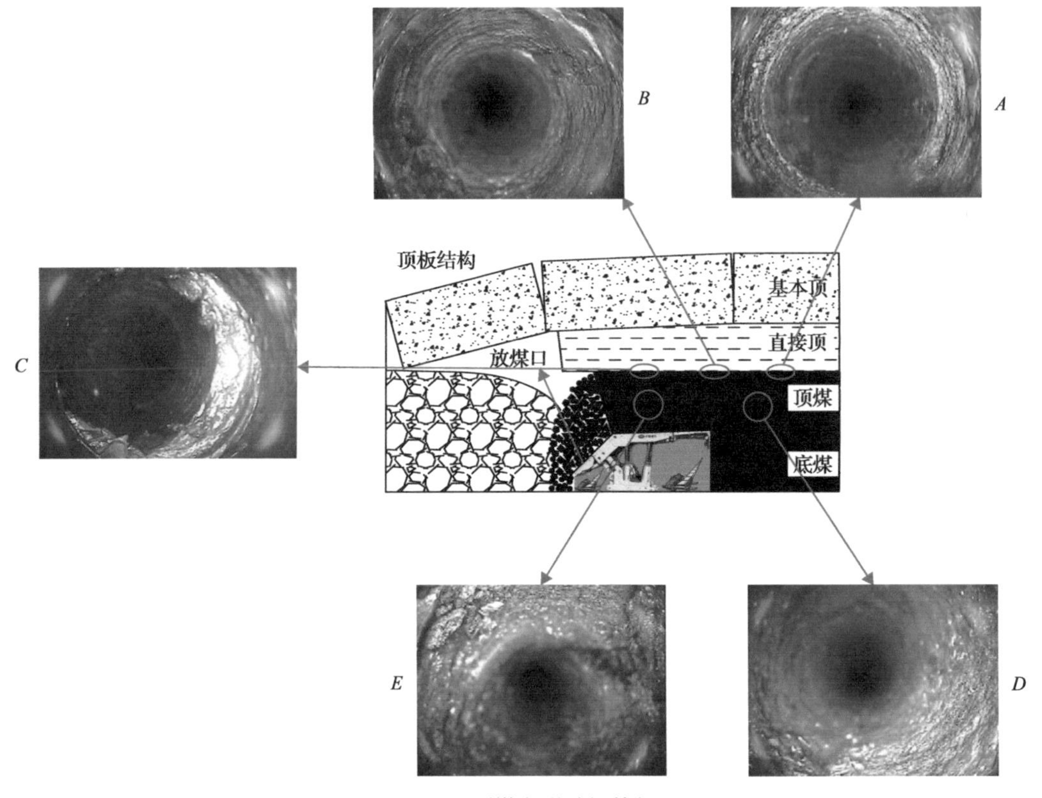

图 2-9 顶煤变形破坏特征

压强度足以抵抗高水平的支承压力作用，顶煤仍保持相对完整状态；在控顶范围内的点 E，顶煤破坏严重，实测过程中多次遭遇塌孔现象，顶煤中裂隙发育充分，被切割中块度较小的煤块。这是由于该范围顶煤与直接顶接触面完全破坏，对顶煤的束缚效应降低甚至消失，顶煤经历了多次支架反复升降立柱过程，该过程中顶煤的初始水平地应力被完全释放，甚至在悬臂作用下顶煤中出现一定水平的拉应力，即该点顶煤处于单轴抗压或垂直抗压-水平抗拉的单向受拉应力环境，实验表明该应力状态下煤体的抗压强度很小，因此，控顶范围内顶煤在顶板压力作用下产生大变形，发生较高程度的破坏。

2.2.2 顶煤中的应力场

开采过程中，工作面围岩以及顶煤中的应力会发生变化，顶煤中典型的应力分布如图 2-8 所示。下面是采用数值方法模拟顶煤中的应力场变化情况。模拟的基本条件是假设原始地应力的铅垂方向为最大主应力 10MPa，最小主应力为水平 y 轴方向 3MPa(工作面方向)，中间主应力为水平 x 轴方向 6MPa(工作面推进方向)。共模拟分析了最小水平主应力方向与工作面夹角为 0°、30°、45°、60°、90°五种情况，分别标记为 N0、N30、N45、N60、N90。

图 2-10 是工作面与最小主应力的夹角不同时顶煤中最大和最小主应力分布。最大主

应力在工作面前方80m处受到采动影响开始缓慢增大，工作面前方20m处急剧升高，在工作面前方7m处达到峰值点，峰值系数2.5，之后顶煤开始破坏，承载能力降低，最大主应力迅速减小至顶煤残余强度。可以看到，工作面不同推进方案对最大主应力的影响较小。顶煤中最小主应力与最大主应力有类似的变化规律，峰值过后，开挖卸荷效应开始起主导作用，顶煤中的最小主应力开始减小，顶煤应力环境趋于恶劣。在工作面煤壁附近，顶煤最小主应力降至零水平，之后受到控顶区顶煤悬臂作用的影响，顶煤最小主应力开始反向加载，转变为拉应力，最终促使顶煤在架后冒落。最小主应力分布受到工作面推进方向的影响较大。

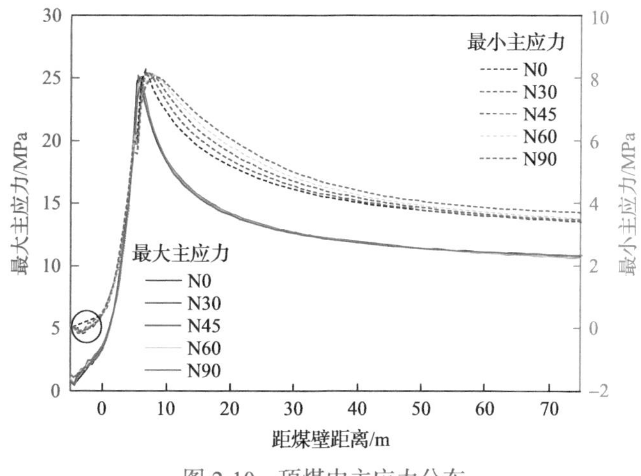

图2-10 顶煤中主应力分布

工作面推进相同距离后，五种方案的顶煤中主应力分布如图2-11所示。煤层采动后，采空区应力迅速降低，该范围内的覆岩重力向四周实体煤转移。临空侧煤体进入塑性破坏区，承载能力降低，高应力集中区向深部煤体转移，与工作面前方煤体支承压力峰值的端头分布形式不同，顶煤最大主应力峰值出现在工作面中部。最小主应力（水平应力）同样存在明显的集中现象，该现象有异于通常认为的开挖卸荷作用下煤层水平应力的持续降低过程，说明水平应力受到开挖卸荷和覆岩沉降运动的双重影响。同最大主应力相比，最小主应力变化相对缓和。对比五种方案的应力分布可知：随着推进方向的改变，煤层中最大和最小主应力大小变化不大，最大和最小主应力峰值系数均约等于2.5，说明推进方向的改变对顶煤应力路径的影响不明显。结合顶煤最小主应力峰值位置超前最大主应力峰值出现的特征可知，顶煤经历的应力路径为最大和最小主应力首先同时加载，煤体承受的外载荷及自身承载能力同时增大，但外载荷始终小于煤体可承受的临界载荷；最小主应力继而达到峰值，在开挖卸荷作用下逐渐降低，煤体承载能力下降，最大主应力迅速达到峰值，煤壁达到极限平衡状态；随着开挖引起的卸荷及顶板沉降现象的继续，顶煤发生破坏，强度降低，煤体中的最大和最小主应力水平同时表现出降低趋势，顶煤裂隙数量不断增多，破碎块度减小。

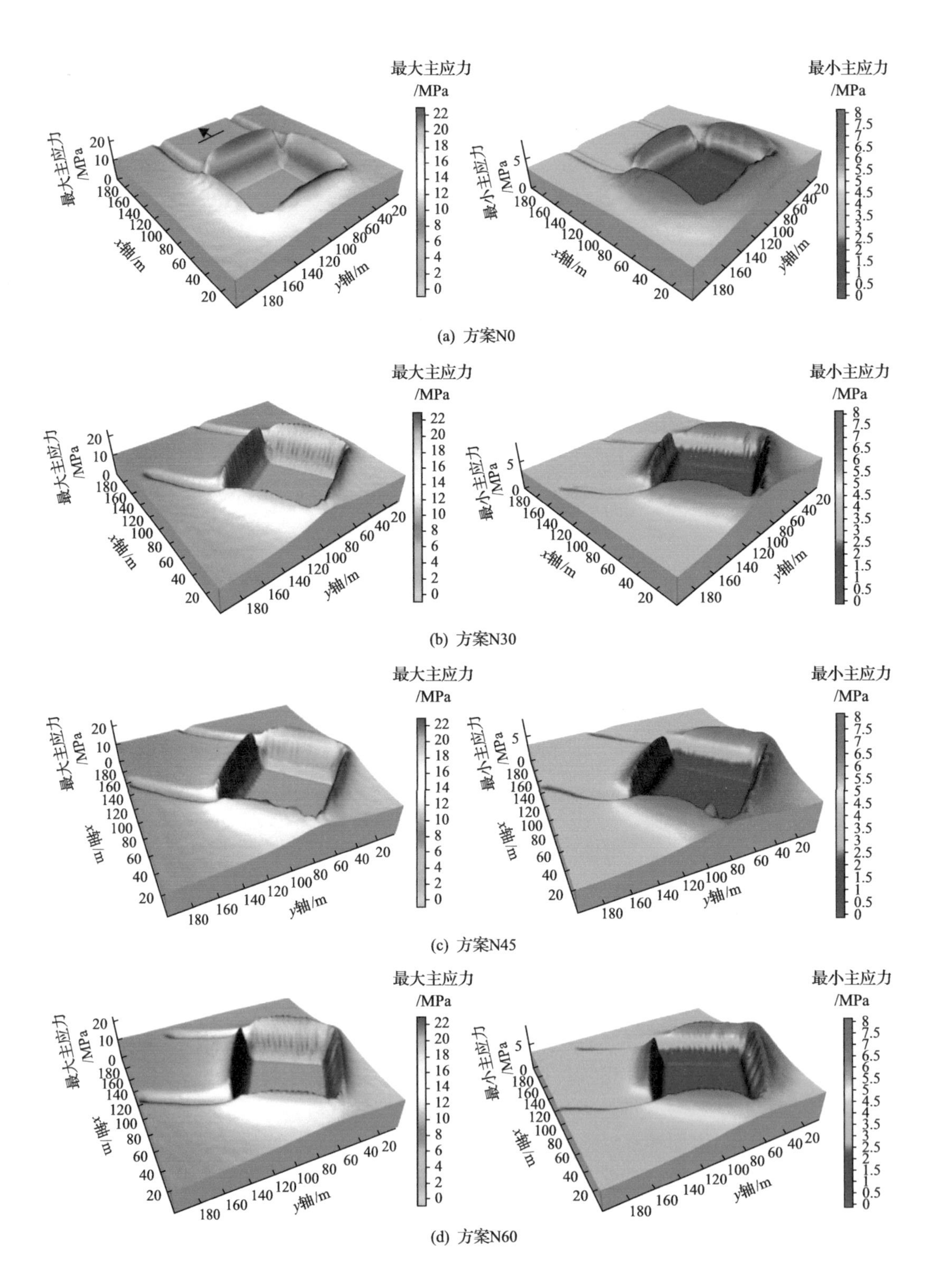

(a) 方案N0

(b) 方案N30

(c) 方案N45

(d) 方案N60

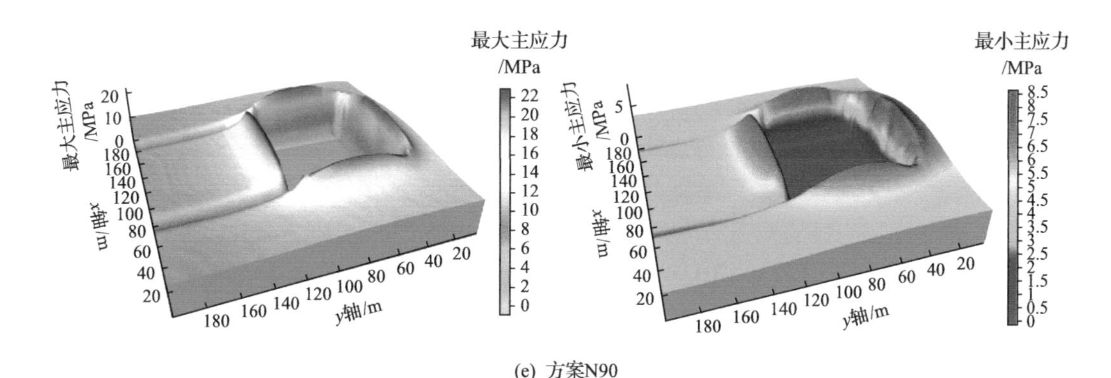

(e) 方案N90

图 2-11 五种方案的顶煤主应力大小分布

2.2.3 煤体力学性质

2.2.3.1 煤体裂隙分布

1)煤体裂隙调查

煤体中含有大量裂隙，这些裂隙对煤体整体力学特征有很大影响，尤其是对强度较高(单轴抗压强度大于 20MPa)的煤体，裂隙影响更加明显。既会影响煤体的力学特征，又会影响煤体的破碎块度。通常可以采用国际岩石力学学会(International Society for Rock Mechanics，ISRM)建议的测线法调查煤体表面的裂隙分布，如图 2-12 所示。在巷道煤壁或工作面煤壁运用罗盘和皮尺、钢卷尺等，测量与测线相交的裂隙面产状、间距 D、半迹长 L。

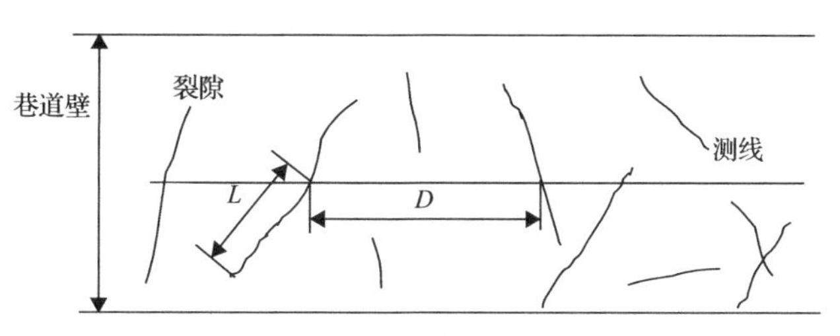

图 2-12 测线法现场调查裂隙分布

通过大量测量以后，能够获得煤体表面裂隙产状、半迹长、间距的统计分布，并给出分布类型与参数。以下是大同煤矿集团有限责任公司(以下简称同煤集团，现晋能控股集团)忻州窑煤矿 8914 放顶煤工作面煤体的裂隙调查和统计分析结果。由于工作面煤体强度大、裂隙不发育，因此在顶煤中掘进有两条爆破工艺巷道，分别称为Ⅰ巷和Ⅱ巷，用于施工爆破钻孔，对顶煤进行预爆破，如图 2-13 所示。煤体裂隙调查分别在Ⅰ巷、Ⅱ巷和工作面进行，裂隙调查统计结果见表 2-1～表 2-3。

煤体裂隙分布表面上看是杂乱无章的，但事实上它们的分布具有一定的统计规律。煤体中的裂隙一般会有 2 组或 3 组优势裂隙组，优势裂隙组的产状往往与煤的成因以及地质运动有关系，如图 2-14 所示。裂隙间距和半迹长在统计规律上会服从一定的分布，实测的忻州窑煤矿 8914 放顶煤工作面煤体裂隙的间距服从负指数分布(图 2-15)，裂隙的半迹长服从对数正态分布(图 2-16)，其他关于岩体裂隙分布的研究也具有类似的统计结果，但在具体分布函数上有所差异[7-8]。

煤体裂隙调查除传统的人工现场实测以外，近年来发展了不接触式测量方法，可以借助多源摄影原理进行表面裂隙的统计。如奥地利 Startup 公司研发的 ShapeMetriX3D 系统，可以实现煤岩体裂隙几何参数的三维不接触测量。ShapeMetriX3D 系统主要包括：成像系统、软件分析系统、视距尺。使用标定后的数码相机在岩体前两个位置对指定的区域进行成像，然后将获取的照片导入到分析软件包，通过一系列技术(基准标定、像素点匹配、图像变形偏差纠正等)进行三维几何图像合成，实现岩体表面真三维模型重构。

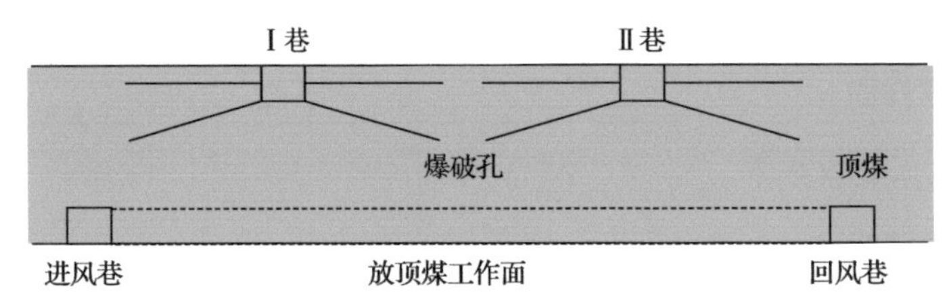

图 2-13 8914 放顶煤工作面巷道布置

表 2-1 裂隙间距 D 的特征参数

位置	均值/cm	标准差/cm	变异系数	密度/(条/m)	分布函数
Ⅰ巷	65.85	53.48	0.8523	1.5188	负指数
Ⅱ巷	62.5714	49.615	0.7979	1.598	负指数
工作面	108.6	61.333	0.5649	0.9028	—

表 2-2 裂隙半迹长 L 的特征参数

位置	均值/cm	标准差/cm	变异系数	分布函数
Ⅰ巷	57.826	31.38	0.5427	对数正态
Ⅱ巷	76.9139	40.2116	0.5228	对数正态
工作面	39.2273	20.3421	0.5187	—

表 2-3 优势裂隙组的参数分布

裂隙组	第一组	第二组	第三组
倾向均值	40°	170°	350°
倾向分布	正态	正态	正态
倾角分布	指数	指数	指数
间距分布	负指数	负指数	负指数
半迹长分布	对数正态	对数正态	对数正态

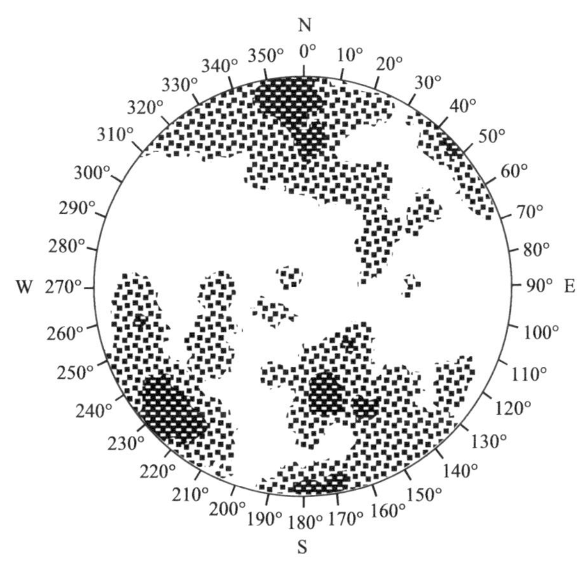

图 2-14 煤体表面裂隙极点分布

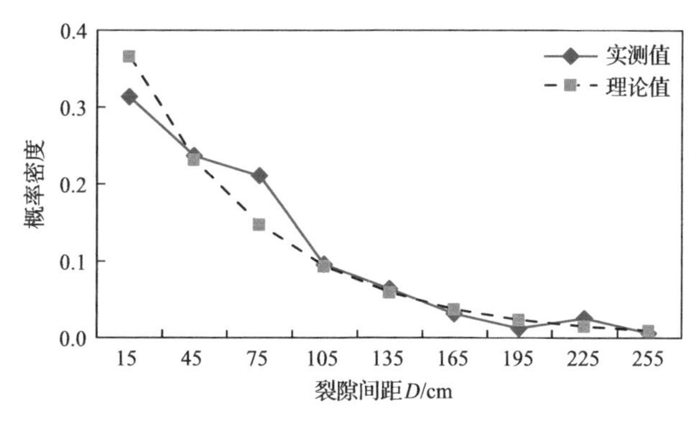

图 2-15 Ⅰ巷裂隙间距 D 分布的实测值与理论值拟合曲线

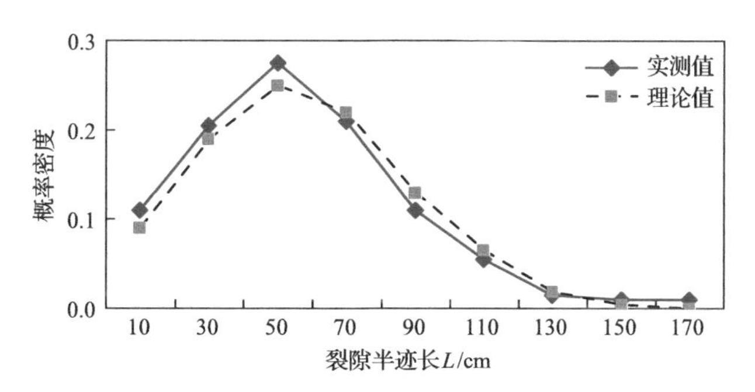

图 2-16 Ⅰ巷裂隙半迹长 L 分布的实测值与理论值拟合曲线

2)煤体裂隙三维模拟

调查和统计分析的裂隙只是煤体表面的裂隙，或是煤体内的裂隙面与暴露面的交线，无法反映煤体内部裂隙的分布情况。通过 Beacher(1977)提出的泊松圆盘模型，借助于煤体表面裂隙的统计分布和蒙特卡罗模拟可以构建煤体内部三维裂隙分布情况。泊松圆盘模型认为煤体内部的裂隙面是一些圆盘，在煤体表面观测到的裂隙就是这些圆盘裂隙面与煤体表面的交线，如图 2-17 所示。实际模拟过程中，假设煤体内的裂隙面为一些空间分布的圆盘，每个裂隙圆盘可由中心坐标、直径和产状表示。在空间上圆盘中心位置坐标服从泊松分布过程，倾向和倾角按现场实测样本数据的拟合分布进行计算，优势裂隙组的圆盘直径按现场半迹长实测数据的拟合分布导出，然后运用蒙特卡罗模拟进行随机模拟。

裂隙圆盘中心及半迹长分布与裂隙倾向、倾角分布相互独立，因此在模拟半迹长与圆盘中心位置时，不需要考虑倾向、倾角分布等的影响。统计结果表明，裂隙圆盘中心位置的分布在统计区域内为均匀分布，半迹长服从对数正态分布。模拟结果如图 2-18 所示[3]。

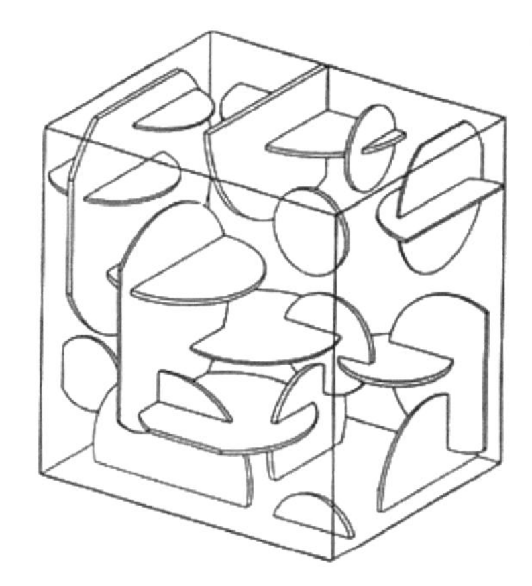

图 2-17 泊松圆盘模型

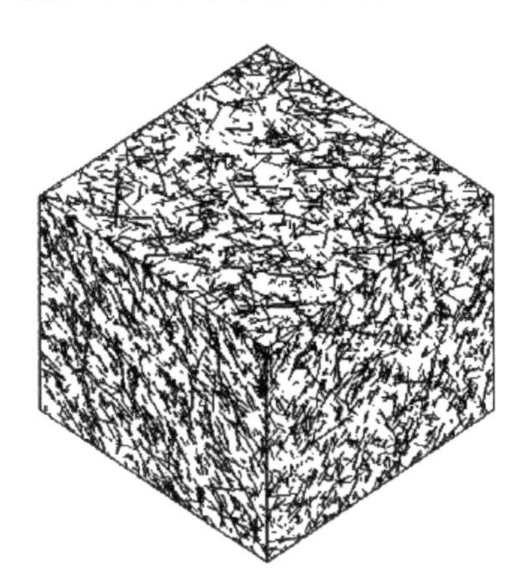

图 2-18 生成的煤体裂隙三维网络图

2.2.3.2 裂隙煤体力学特征

1) 应力-应变关系

事实上，很难获得含有各种裂隙分布的煤样试件，因此运用相似理论，采用人工合成的含有裂隙的煤样试件进行应力-应变关系实验。将煤粉、水泥和水按照一定比例制作各边长均为 100mm 的立方体煤样试件，称为型煤试件。如图 2-19 所示，为与加载方向不同的裂隙角度、不同裂隙条数、不同裂隙长度的型煤试件[9]。

(a) 不同裂隙角度

(b) 不同裂隙条数

(c) 不同裂隙长度

图 2-19 型煤试件

图 2-20 是型煤试件与真实煤样试件的实验结果对比，其中 σ_a 是轴向应力，ε_a 是轴向

应变，ε_r是径向应变，ε_v是体积应变。初期加载阶段(*OA*)，真实煤样试件初始裂隙闭合；之后，真实煤样试件进入线弹性阶段(*AB*)，当轴向应力达到真实煤样试件的初始屈服强度时，线弹性阶段结束，真实煤样试件进入应变硬化阶段(*BC*)，真实煤样试件中产生不可恢复的塑性变形，径向应变增量大于轴向应变增量，该阶段真实煤样试件的抗压强度随着塑性变形的增加呈非线性增长，应力-应变曲线呈上凸形；轴向应力达到峰值强度后，真实煤样试件变形进入应变软化阶段(*CD*)，该阶段真实煤样试件中因塑性变形产生的微小裂隙迅速扩展、贯通，与加载前初始体积相比，真实煤样试件在峰值点附近由压缩状态过渡至膨胀状态，随着塑性变形的累积和微观裂隙的发育，真实煤样试件表面出现宏观裂隙，承载能力持续降低，最终仅剩残余应力。与真实煤样试件的应力-应变曲线[图 2-20(b)]相比，人工制作的型煤试件的宏观应力-应变曲线同样存在初始加载阶段、线弹性阶段、应变硬化阶段和应变软化阶段，煤样达到初始屈服后表现出明显的塑性流动行为和剪胀效应，在峰值点附近煤样变形由压缩状态转变为膨胀状态，在应变软化阶段，煤样的体积剪胀变形增长速度随着塑性变形程度的增高而降低，型煤试件可以较高程度地反映真实煤体的宏观变形破坏特征。

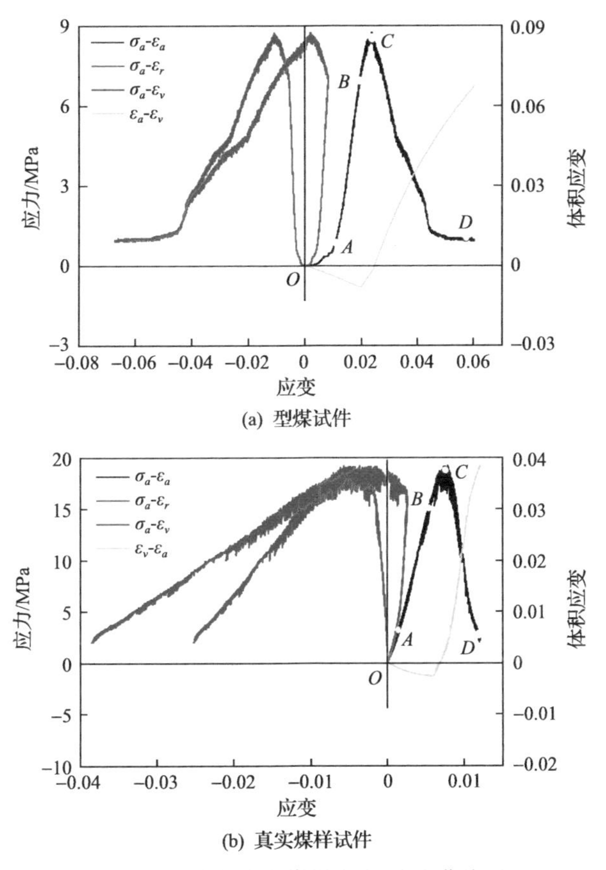

图 2-20 型煤与真实煤样应力-应变曲线对比

完整型煤试件，以及含有不同裂隙角度[裂隙与水平面的夹角θ，(°)]、不同裂隙长度(l，cm)、不同裂隙条数(n)的型煤试件单轴压缩实验结果如图 2-21 所示。从图 2-21 可以看出，裂隙角度、裂隙长度、裂隙条数对试件的应力-应变曲线均有影响，其中裂隙条数和裂隙长度增加会显著降低试件的强度和弹性模量。

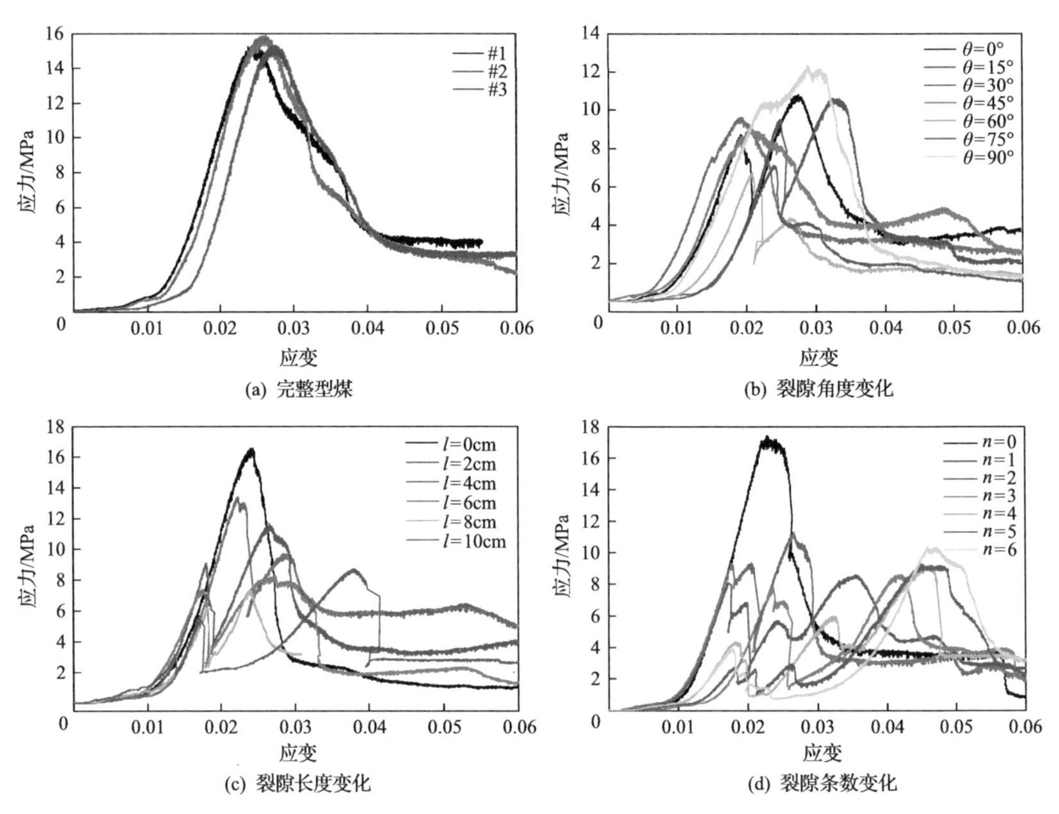

图 2-21　型煤试件应力-应变曲线

2) 强度特征

a) 型煤试件抗剪强度

完整型煤试件的角模剪切实验结果如图 2-22 所示，抗剪强度随着法向应力的增大而增大。由岩石力学理论可知，煤岩的抗剪强度同法向应力之间存在如下关系：

$$\tau = c + \sigma_n \tan\varphi \tag{2-1}$$

式中：c 为煤体内聚力，MPa；φ 为煤体内摩擦角，(°)；τ 和 σ_n 分别为煤体抗剪强度和作用于剪切面上的正应力，MPa。对图 2-22 中的实验数据进行拟合，可得完整型煤试件的内聚力和内摩擦角分别为 4.5MPa 和 32°，图 2-22 中红线为拟合曲线，实验数据同拟合结果的相关系数达到 0.91，具有较好的吻合程度。

b) 裂隙对煤体弹性模量的影响

由图 2-21(b)、(c) 可以看出裂隙角度和裂隙长度对煤体弹性模量的影响较小，因此，暂不考虑上述两种因素对弹性模量的影响。裂隙条数对煤体弹性模量的影响如图 2-23 所示，弹性模量的大小随着煤样中裂隙条数的增多不断减小，对实验数据进行拟合可得煤体弹性模量随裂隙条数的变化趋势，可由式(2-2)表示：

$$E = E_{\mathrm{i}}\exp(-\alpha n) \tag{2-2}$$

式中：E_{i}为完整型煤的弹性模量，GPa；α为拟合常数；n为裂隙条数。对图 2-23 中数据拟合可得E_{i}和α分别为 2GPa 和 0.31。由式(2-2)所得拟合曲线如图 2-23 中红线所示，同实验数据可以很好地吻合，两者的相关系数达到 0.92。

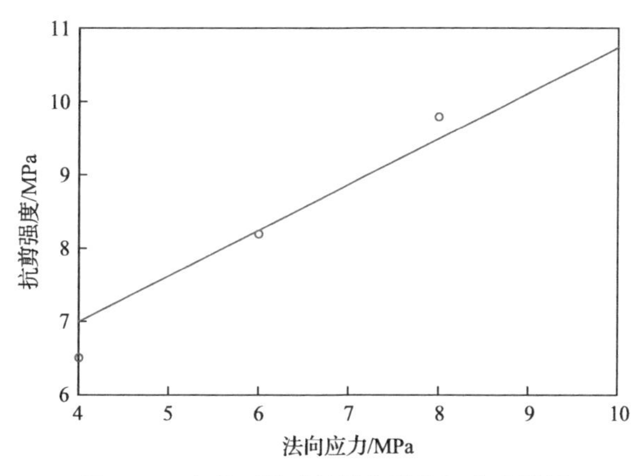

图 2-22　完整型煤试件的角模剪切实验结果

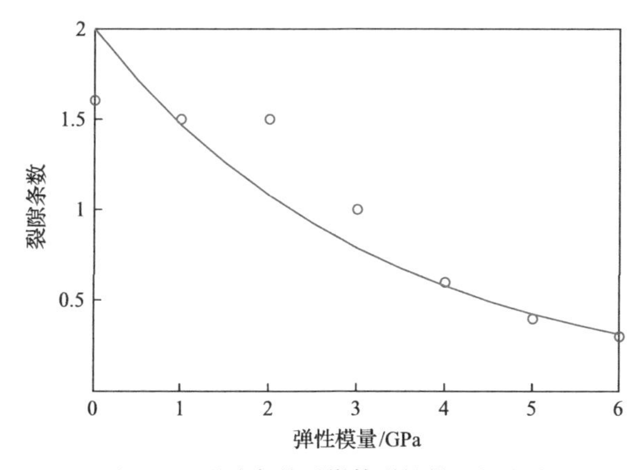

图 2-23　裂隙条数对煤体弹性模量的影响

c) 裂隙对煤体单轴抗压强度的影响

裂隙角度(图 2-24)、裂隙长度和裂隙条数对煤体抗压强度的影响如图 2-25～图 2-27 所示。煤体单轴抗压强度与裂隙角度的关系并非单调变化，而是呈现先减小后增大的趋势。对图 2-25 中数据拟合分析，可知裂隙角度对煤体单轴抗压强度的影响可由式(2-3)表示：

$$\sigma_{\mathrm{c}} = \sigma_{\mathrm{c0}}\left\{1 - \frac{\beta_1}{\sqrt{2\pi}\beta_2}\exp\left[-\frac{(\theta-\beta_3)^2}{2{\beta_2}^2}\right]\right\} \tag{2-3}$$

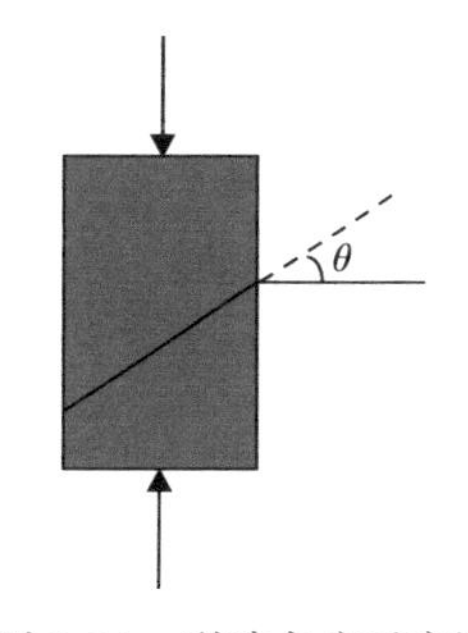

图 2-24　裂隙角度示意图

式中：σ_{c0}为裂隙角度θ为0°时煤样单轴抗压强度，MPa；β_1、β_2和β_3为拟合常数。其中$\beta_3=\pi/4+\varphi/2$。对图2-25中的数据进行拟合，可得β_1、β_2和β_3分别为16、15和64，将上述参数代入式(2-3)可得拟合曲线，如图2-25中红线所示，拟合结果与实验数据具有相同的变化趋势，两者具有较高的吻合程度，相关系数为0.88。

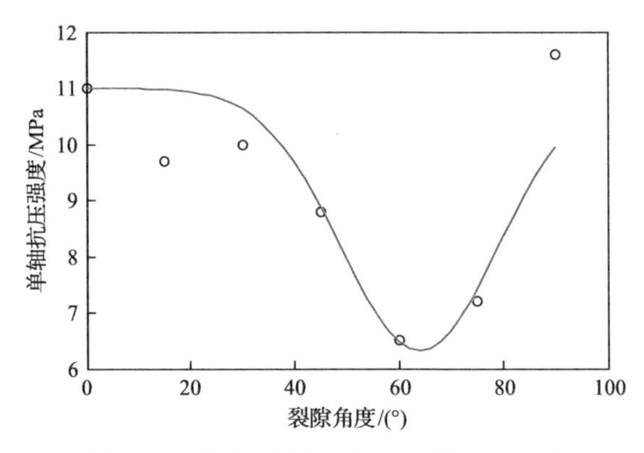

图2-25　裂隙角度与单轴抗压强度的关系

裂隙长度对煤体单轴抗压强度的影响如图2-26所示，随着裂隙长度的增加，煤体单轴抗压强度持续降低，但降低速度随着裂隙长度的增加而减小，对图2-26中数据进行拟合可得煤体单轴抗压强度与裂隙长度的关系，可由式(2-4)表示：

$$\sigma_c = \sigma_{ci} \exp\left(-\eta l\right) \tag{2-4}$$

式中：σ_{ci}为完整型煤的单轴抗压强度，MPa；η为拟合常数。实验数据拟合结果表明σ_{ci}和η分别为16MPa和0.1。将以上参数代入式(2-4)可得拟合曲线，如图2-26中红线所示，拟合结果与实验数据具有很好的一致性，两者相关系数达到0.99。

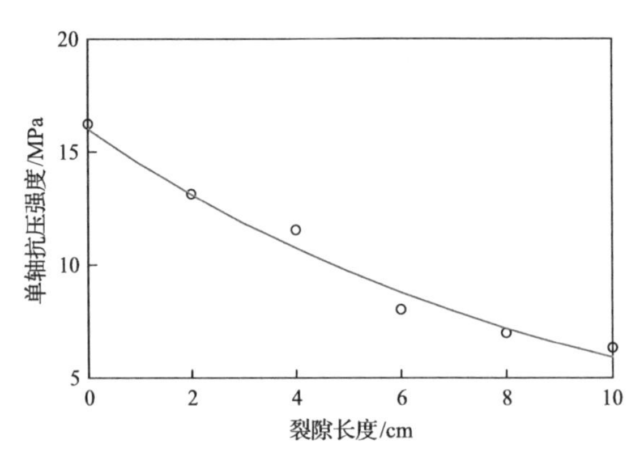

图2-26　裂隙长度与单轴抗压强度的关系

型煤试件中预制裂隙条数与煤样单轴抗压强度的关系如图2-27所示，煤体单轴抗压强度随裂隙条数的变化趋势与其随裂隙长度的变化趋势类似，两者呈负相关关系，裂隙条数对煤样单轴抗压强度的影响更为明显，当裂隙条数由0增长至6时，煤样试件的单轴抗压强度由 16MPa 降低至 4MPa。对图 2-27 中的实验数据进行拟合，可得裂隙条数与煤体单轴抗压强度的关系为

$$\sigma_{\mathrm{c}} = \sigma_{\mathrm{ci}} \exp(-\kappa n) \tag{2-5}$$

式中：κ 为拟合常数。对图 2-27 中的数据拟合，结果表明 κ 为 0.27。将其值代入式(2-5)可得拟合曲线，如图 2-27 中红线所示。拟合结果与实验数据具有很高的吻合程度，两组数据的相关关系可达 0.96。

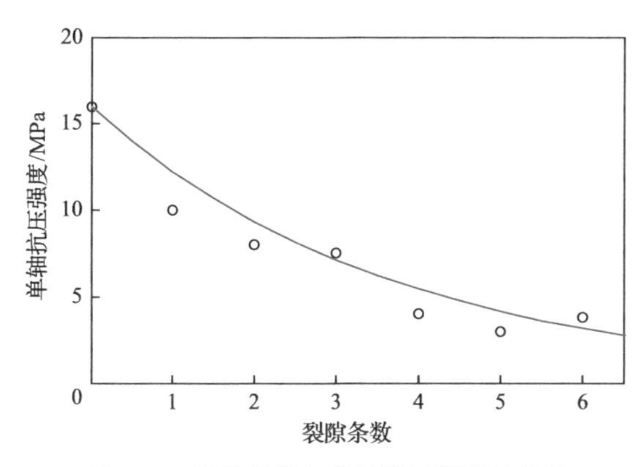

图 2-27　裂隙条数与单轴抗压强度的关系

3) 不同加载路径对煤样强度的影响

图 2-28 是不同围压条件下煤样轴向加载实验。图 2-29 是围压先加到 7.5MPa、15MPa 后，进行围压卸载，轴向继续加载的实验。同常规三轴实验结果相比，在初始围压相同的条件下，在卸载围压实验中由于围压逐渐降低，煤样试件峰值强度降低，煤样峰后残余强度小，丧失承载能力，煤样容易破坏。放顶煤开采的支架上方顶煤处于铅垂方向加载，而在推进方向处于卸载状态。

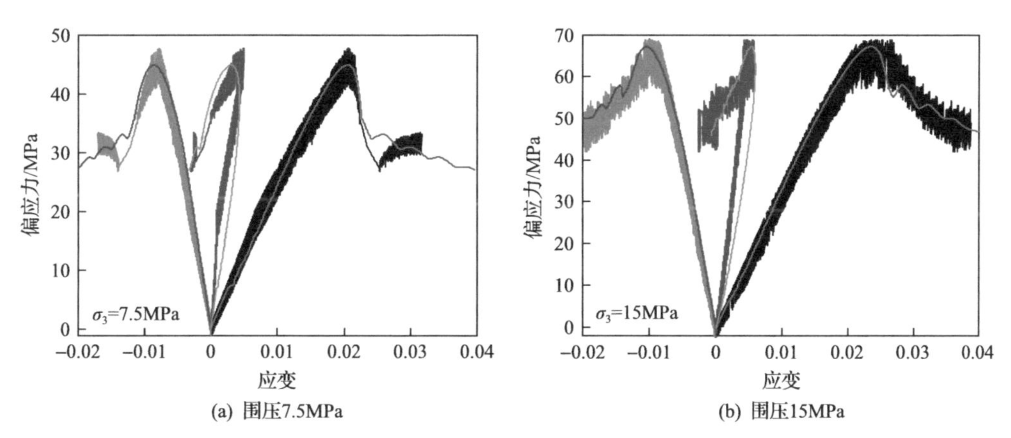

图 2-28　固定围压的轴向加载实验

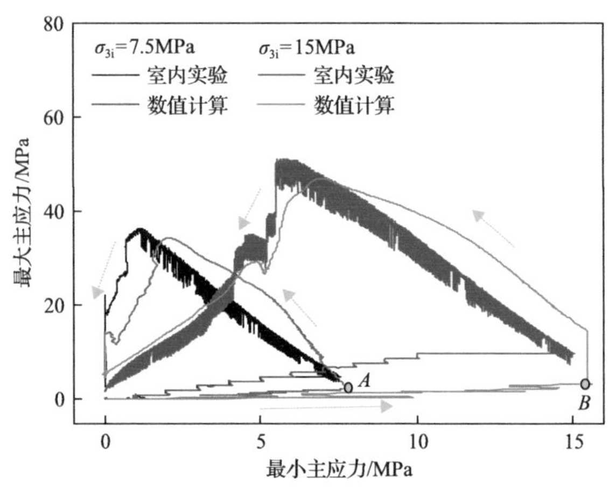

图 2-29 卸围压与加轴压实验

2.2.4 顶煤破坏过程理论分析

根据前述研究结果，顶煤在工作面前方变形小、破坏程度低，工作面后方变形大、破坏程度高。结合顶煤与直接顶之间接触面的剪切滑动情况可以推断：顶煤在煤壁前、后两个阶段表现出完全各异的变形破坏特征，该现象是顶煤上、下表面边界条件的变化造成的。因此，对顶煤破坏机理进行研究时应该以煤壁为界将顶煤分为煤壁前方和控顶区上方两个阶段。

2.2.4.1 煤壁前方顶煤损伤机理

1）垂直应力和水平主应力的确定

工作面开挖造成煤层所受水平约束消失，煤层中分布的水平主应力由初始值（原始地应力）逐渐降低，该现象被称为开挖引起的卸荷作用。随着距煤壁距离的减小，开挖在煤体中造成的卸荷作用逐渐增强。自工作面前方煤体受采动影响后，煤体中的主应力逐渐降低，在工作面煤壁降低至零水平，根据以往研究，由初始采动影响位置至工作面煤壁，开挖造成的水平主应力变化近似服从以下负指数关系：

$$\sigma_h = \sigma_{hi}[1-\exp(-\alpha x)] \tag{2-6}$$

式中：σ_{hi} 为初始水平主应力，MPa；α 为拟合常数，控制采动卸压范围及应力变化梯度，该参数受采高、工作面长度及工作面推进速度等影响；x 为工作面前方任意一点煤体距工作面的距离，工作面煤壁位置为坐标原点，m。开挖在造成侧向卸荷效应的同时，还引起覆岩的下沉运动，未受采动影响前，覆岩处于初始平衡状态，采动影响后，部分煤层被回收形成空区，该范围的上覆岩层失去支撑开始下沉，其重力则通过各岩层向未采出部分煤层转移，使该部分煤体承受的覆岩重力增大，从而在工作面前方产生支承压力（图 2-8）。与水平应力在开挖卸荷作用下的降低趋势正好相反，垂直应力自初始采动影响点 A 开始升高。垂直应力的升高阶段可由式（2-7）拟合：

$$\sigma_v = (K-1)\gamma H \exp\left[(l-x)/\beta\right] + \gamma H \tag{2-7}$$

式中：β 为拟合常数；K 为垂直应力峰值系数；l 为垂直应力峰值点距煤壁的距离；γ 为岩层容重；H 为煤层埋深。数值模拟实验和现场实测结果可知地下开采过程中，垂直应力峰值系数最大可达到 4，因此，K 的取值范围为 1～4：

$$\sigma_{\text{vmax}} = K\gamma H,\quad K = 1 \sim 4 \tag{2-8}$$

在峰值点处，顶煤进入极限平衡状态，因塑性变形、微裂隙的发育，顶煤中开始出现损伤，在不考虑顶煤软化的条件下，垂直应力峰值位置至煤壁范围内，顶煤均处于极限平衡状态，满足莫尔-库仑屈服准则和变形一致性条件：

$$\sigma_v = N_\varphi \sigma_h + 2\sqrt{N_\varphi}c \tag{2-9}$$

式中：$N_\varphi = (H\sin\varphi)/(1-\sin\varphi)$，$\varphi$ 为煤体内摩擦角。

由式(2-9)可知，由于水平应力不断减小，该阶段垂直应力由峰值开始降低，最终在煤壁处降至顶煤的单轴抗压强度。将式(2-6)、式(2-8)代入式(2-9)，可得垂直应力峰值点 B 至煤壁的水平距离为

$$l = -\frac{1}{\alpha}\ln\left[1 - \frac{1}{\sigma_{hi}N_\varphi}\left(K\sigma_{\text{vi}} - 2\sqrt{N_\varphi}c\right)\right] \tag{2-10}$$

式中：σ_{vi} 为初始垂直应力。

将式(2-10)代入式(2-6)，可得垂直应力峰值位置对应的水平应力为

$$\sigma_{h\max} = \sigma_{hi}\left(1 - \exp\left\{\ln\left[1 - \frac{1}{\sigma_{hi}N_\varphi}\left(K\sigma_{\text{vi}} - 2\sqrt{N_\varphi}c\right)\right]\right\}\right) \tag{2-11}$$

结合式(2-6)～式(2-11)，可以初步得到顶煤中垂直应力和水平主应力变化特征，在此基础上得到煤壁前方顶煤破坏机理。

2) 顶煤破坏危险性系数

在得到顶煤中主应力分布特征后，为便于分析顶煤破坏危险性分布，首先定义顶煤破坏危险性系数。莫尔-库仑强度曲线与莫尔应力圆之间的相对位置关系如图 2-30 所示，定义顶煤破坏危险性系数 f_{d} 为莫尔应力圆半径与圆心至强度曲线垂直距离之差。根据几何关系，破坏危险性系数 f_{d} 与主应力 σ_1、σ_3 及顶煤强度参数 c、φ 之间的关系为

$$f_{\text{d}} = \frac{1}{2}(\sigma_1 - \sigma_3) - \frac{1}{2}(\sigma_3 + \sigma_1)\sin\varphi - c\cos\varphi \tag{2-12}$$

式(2-12)实质为莫尔-库仑强度准则的主应力表达形式。若顶煤应力状态确定的莫尔应力圆与强度曲线相离，顶煤处于弹性状态，$f_{\text{d}} < 0$；若莫尔应力圆与强度曲线相切，顶

煤处于极限平衡状态，$f_d=0$；若莫尔应力圆与强度曲线相交，顶煤进入破坏状态，$f_d>0$。因此，顶煤破坏危险性随着 f_d 的增大而升高，两者呈正比例关系。

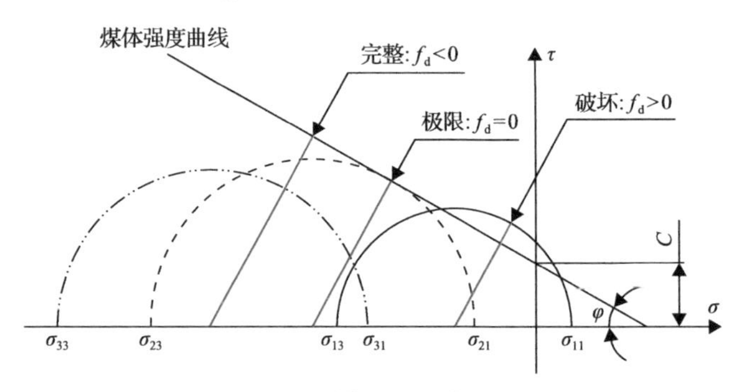

图 2-30 顶煤破坏危险性系数

3）顶煤损伤过程分析

假设某煤层初始垂直应力和水平主应力分别为 12MPa、8MPa，支承压力峰值系数 K 取 2，煤体内聚力和内摩擦角分别为 2MPa 和 30°，式(2-6)～式(2-11)中的未知常数 α 和 β 分别取 0.1 和 20。将以上参数代入式(2-7)和式(2-10)可得煤壁前方垂直应力和水平主应力分布曲线，如图 2-31 所示。采动影响下，顶煤中应力分布在工作面前方 45m 处（A 点）开始发生变化，垂直应力在覆岩载荷传递作用下增大，但水平主应力变化并不明显，其值在距工作面约 20m 处开始在开挖卸荷作用下降低，说明开挖卸荷对水平主应力的影响滞后于覆岩沉降对垂直应力的影响。垂直应力峰值出现在超前工作面 13m 处（B 点），峰值应力达到 18MPa。在由 A 点至 B 点的过程中顶煤破坏危险性系数逐渐增大，但在 AA'段由于仅垂直应力发生变化，开挖卸荷作用不明显，顶煤破坏危险性系数增大速度小；在 $A'B$ 段，顶煤同时受到覆岩沉降和开挖卸荷的影响，顶煤破坏危险性系数增大速度明显提高。对比 AA'段和 $A'B$ 段破坏危险性系数曲线的斜率可判断，开挖卸荷（水平主应力卸载）在促进顶煤破坏中所起的作用明显大于覆岩沉降（垂直应力加载）所起的作用。在 B 点顶煤破坏危险性系数增长至零水平，说明顶煤进入极限平衡状态，并开始损伤，之后随着水平主应力在开挖卸荷作用下的持续降低，垂直应力在峰值点后也呈现降低的趋势。

顶煤中垂直应力和水平主应力分布实质就是顶煤中任意一点由原岩应力状态过渡至煤壁位置过程中所经历的应力路径（图 2-31）。在峰值点前方，顶煤处于弹性变形阶段，虽然该阶段顶煤破坏危险性系数不断增加，但顶煤不会发生破坏，其承受的载荷一直处于顶煤三轴极限承载能力范围内。根据弹塑性理论，顶煤损伤程度仅与后继屈服阶段其经历的应力历史有关，因此，该阶段（AB）的应力路径对顶煤的损伤破坏不会产生影响。峰值点之后，顶煤达到极限平衡状态，煤体中出现不可恢复的塑性应变以及微小的剪切裂纹，煤体中开始出现损伤，且水平主应力仍不断降低，顶煤承载能力下降（该理论分析没有考虑顶煤软化，在实际变形破坏过程中，顶煤一旦达到极限平衡状态，若继续加载，则煤体的承载能力不断降低，表现出软化现象），随着顶板的持续下沉，该阶段顶煤损伤不断累积，并在煤壁处达到最大损伤程度，该损伤程度取决于 OB 段顶煤应力路径。由以上分析可知，垂直应力峰值点前方的应力路径对顶煤破坏不会造成影响，顶煤损伤程度主要取决于垂直应力峰值点至煤壁这一阶段所经历的应力历史。

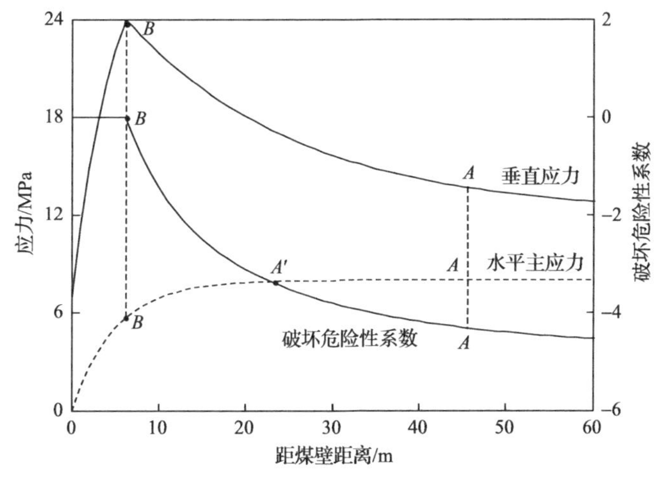

图 2-31 顶煤中垂直应力和水平主应力变化特征

2.2.4.2 煤壁后方顶煤破坏机理

在控顶区，上下位顶煤继续破坏的主导因素不同，即上位顶煤在顶板回转作用下产生水平拉应力而发生拉伸破坏，下位顶煤在支架反复支撑作用下发生剪切或拉伸破坏，因此，其破坏机理也存在较大的差异。

1) 上位顶煤

在不考虑支架载荷的作用下，控顶区上方顶煤可视为受均布载荷的悬臂梁，该条件下顶煤的水平主应力分布如图 2-32 所示。图 2-32 中横坐标原点为煤壁位置，煤壁后方为负。由图 2-32 可以看出，以顶煤中部为分界线，上位顶煤中水平主应力为拉应力，下

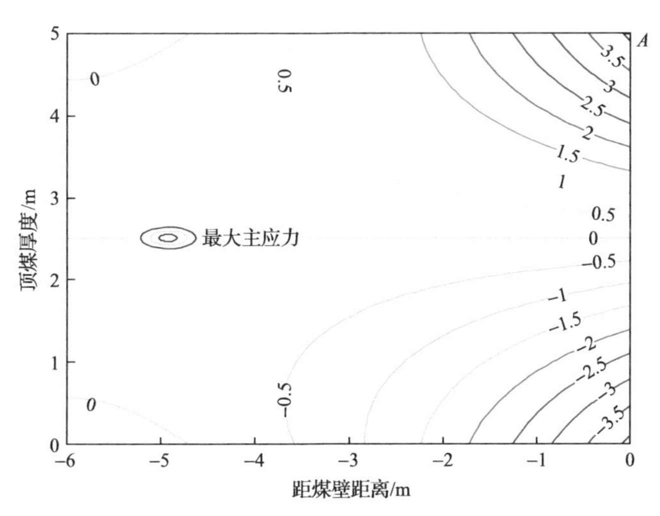

图 2-32 固支梁顶煤中水平主应力分布(MPa)

位顶煤中为压应力，拉应力最大值位于固支段(煤壁处)上表面处。由材料力学理论可知，顶煤中拉应力水平随着顶板载荷增大和顶煤厚度减小而增大，因此，可及时断裂冒落的中硬顶板和适宜厚度的煤层(<12m)采用放顶煤开采可取得较高的顶煤回收率。

2) 下位顶煤

控顶范围内支架对顶煤的反复支撑作用可视为循环载荷，实验表明峰后阶段对煤体进行循环加卸载可有效降低煤体的残余强度，如图 2-33 所示，在峰后 *A* 点进行卸载，再次加载时煤体的残余强度小于卸载时的轴向应力，残余强度降低。

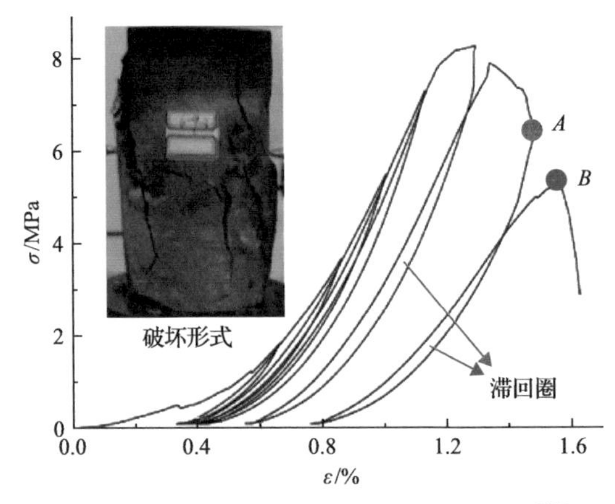

图 2-33　循环加卸载煤体应力-应变曲线[10]

室内实验表明，循环加卸载实验中煤体损伤变量及渗透率变化率与循环次数的关系如图 2-34 所示(渗透率在一定程度上可以反映煤体中的裂隙发育程度)。在最大循环载荷保持不变的条件下，煤体损伤变量及渗透率变化率均随着循环次数的增加而增大，当循环次数达到 10 次以后，损伤变量及渗透率变化率基本不再受循环次数的影响。

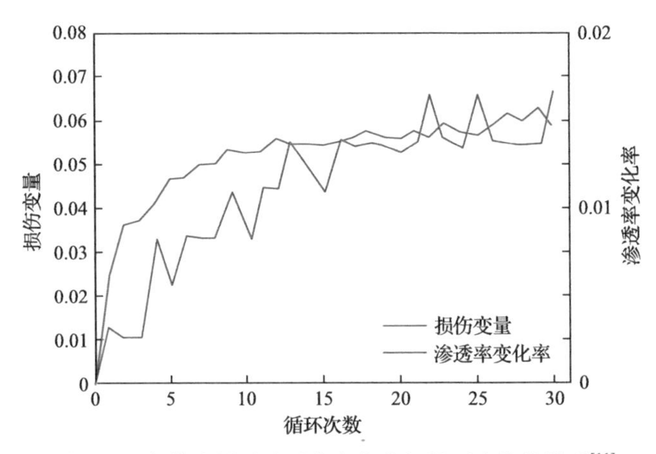

图 2-34　损伤变量及渗透率变化率与循环次数的关系[11]

由图 2-34 可以推断，在支架最大支护载荷保持不变的条件下，通过减小割煤机截割深度，增加控顶范围内顶煤经历的支架反复支撑次数，即增加顶煤经历的载荷循环次数，可有效提高顶煤破坏程度，最终可以改善顶煤回收率和放出效率。

2.2.5 顶煤块度分布

2.2.5.1 顶煤块度预测

对于煤体坚硬(单轴抗压强度＞30MPa)、裂隙不发育的煤层，应用放顶煤开采技术的主要问题之一是顶煤难以冒落、破碎块度大不易放出，因此研究顶煤破碎块度尤其重要。坚硬煤体的自然破裂与其他岩石一样，空间分布的裂隙面及发育程度往往决定了煤体最终破碎的块体形状和尺寸，所以裂隙面的调查和分析以及基于裂隙面的空间分布建立三维多面块体的预测模型是研究煤体破碎块度的基础。

首先基于2.2.3.1节中节理网络生成原理及观测和拟合的数据，生成节理面的倾向和倾角、圆盘半径、圆盘中心坐标和节理面方程。然后采用拓扑学中的单纯同调理论建立三维多面块体预测模型，主要包括：由各节理面方程求得的所有多面体的棱，所有棱具有两个方向；从双向链出发，求得一维单向闭链，即所有组成多面体的闭合曲面的多边形；经过单纯同调运算，由一维单向闭链求得二维单向闭链，即所有多面体的闭合曲面。在计算程序的数据结构中，用空间坐标值和函数方程表示多面体的顶点和节理面，从而求出各多面体的最大线尺寸和多面体的体积。最后用多面块体的最大单向尺寸表示每个块体的块度，可以得出顶煤按原始裂隙破裂的块度分布[12]。

以上述的忻州窑煤矿8914工作面煤体裂隙统计为例进行计算，顶煤按原始裂隙破裂的顶煤块度分布如图2-35(a)所示。按支架放煤口最大张开尺寸为1.2m(ZFS6000-22/35型放顶煤支架)，放煤口尺寸利用系数为0.9计算，可放出块度为1.08m的顶煤，则顶煤回收率＜49.93%，这无法满足工作面煤炭回收率≥80%的要求，需要进行人工辅助爆破(图2-13)。辅助爆破后顶煤块度分布如图2-35(b)所示，可以得出顶煤体积加权平均块度为0.38m，顶煤回收率为75.7%，工作面回收率为84.67%，达到了放顶煤开采的要求。

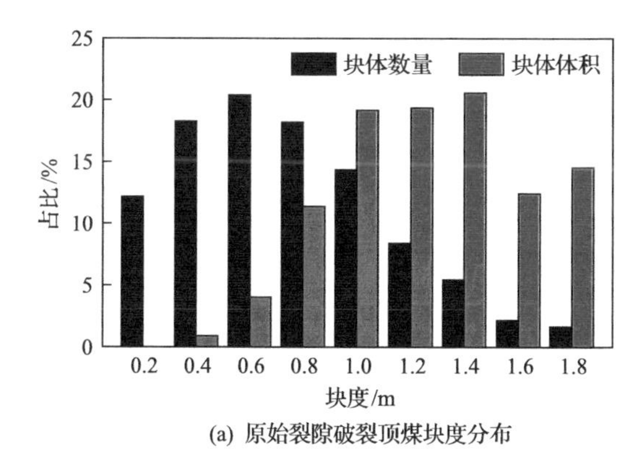

(a) 原始裂隙破裂顶煤块度分布

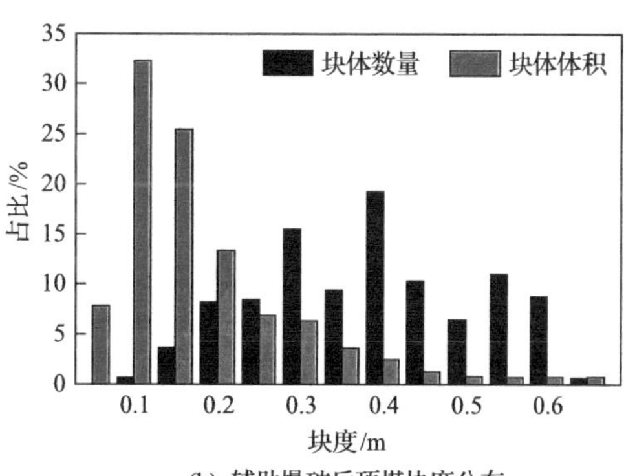

(b) 辅助爆破后顶煤块度分布

图2-35 顶煤块度分布

2.2.5.2 顶煤块度实测

1)顶煤块度分布测量方法确定

放顶煤工作面下部煤层由割煤机进行割煤，并通过前部刮板输送机运出工作面；上部顶煤在采动应力、支架反复支撑及侧向应力卸压等综合作用下，逐渐破碎成松散块体，并堆积在支架尾梁上方及后方，如图 2-36(a)所示。当支架放煤口打开[图 2-36(b)]，破碎顶煤块体流入后部刮板输送机，然后经过转载机和破碎机进入皮带输送机，进而运出工作面。如图 2-37 所示，综合考虑顶煤放出及运出工作面的整个过程，适合进行测量顶煤块度的地点主要有皮带输送机的皮带上和支架尾梁下方空间。结合测量时顶煤块体堆积状态，提出三种测量顶煤块度分布的方法，见表 2-4。

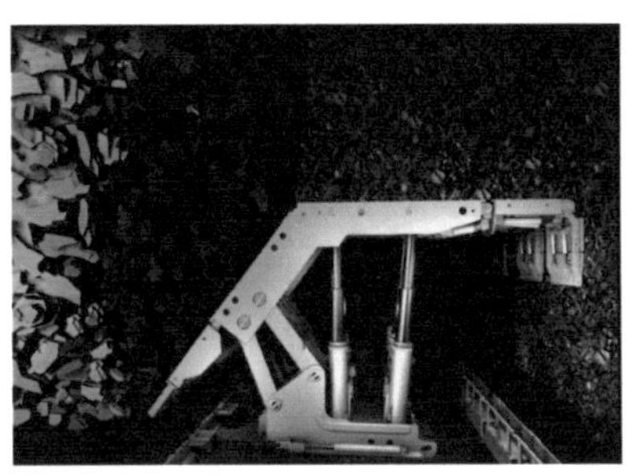

(a) 放煤口关闭

(b) 放煤口打开

图 2-36 放顶煤支架状态

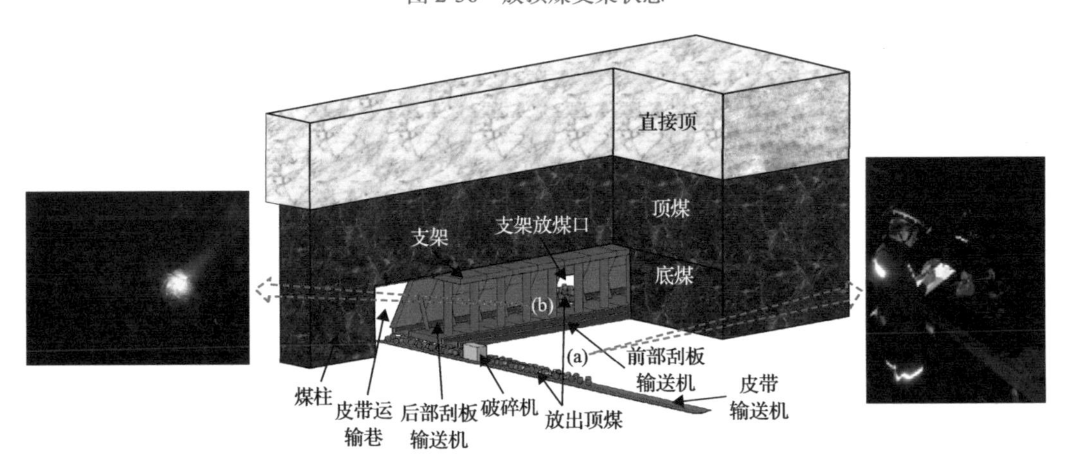

图 2-37 放顶煤工作面顶煤块度测量方法示意图

表 2-4 三种方法下各设备运转及顶煤堆积情况

方法	后部刮板输送机	转载机	破碎机	皮带输送机	前部刮板输送机	顶煤状态
方法 1	√	√	×	√	×	分散
方法 2	×	×	×	×	×	堆积
方法 3	√	√	×	√	×	分散

三种测量方法的具体操作过程如下。

方法 1(皮带上分散式测量法)：首先选取合适测量支架进行放煤操作，同时后部刮板输送机保持正常工作，破碎机以及前部刮板输送机暂时停止作业；当放出的破碎顶煤块体经过后部刮板输送机和转载机到达皮带输送机后，关闭皮带输送机，测量人员在皮带输送机上[图 2-37 中(a)位置]选择合适的测量位置和长度，首先对大块度顶煤进行块度和质量测量，其次将小块度顶煤取样后在附近安全地带进行测量。在该方法条件下，放出的顶煤块体均匀分布在皮带上，呈分散状，因此称该方法为皮带上分散式测量法。

方法 2(刮板上堆积式测量法)：首先将工作面后部刮板输送机、前部刮板输送机、转载机及破碎机等全部关闭；当选定支架放煤结束后，测量人员由两支架间隙进入支架尾梁下部空间[图 2-37 中(b)位置]，当放出顶煤较少时，可对全部放出顶煤的块度和质量进行测量，当放出顶煤较多时，尽可能选取表面放出的顶煤测量其块度和质量。该方法下，顶煤并未随后部刮板输送机运动，而是堆积在支架放煤口下方，呈堆积形态，因此称该方法为刮板上堆积式测量法。

方法 3(刮板上分散式测量法)：首先将前部刮板输送机和破碎机关闭，其余设备正常工作；然后打开选定支架进行放煤，当放煤结束后，测量人员由两支架间隙进入支架尾梁下部空间[图 2-37 中(b)位置]，选取合适的测量位置和测量长度对放出顶煤的块度和质量进行测量。该方法条件下，由于顶煤随后部刮板输送机运动，测量区域的顶煤呈分散状态，故称该方法为刮板上分散式测量法。

为减小测量系统误差，条件允许的情况下应尽可能多地选择均匀分布在工作面的 1～5 个支架作为研究对象，测量其放出顶煤块度分布。

图 2-38 为三种方法测量顶煤块度分布时，在测量地点、测量环境、测量时间、测量难度、适用条件及安全性等方面的对比分析。可以看出三种方法都可作为顶煤块度

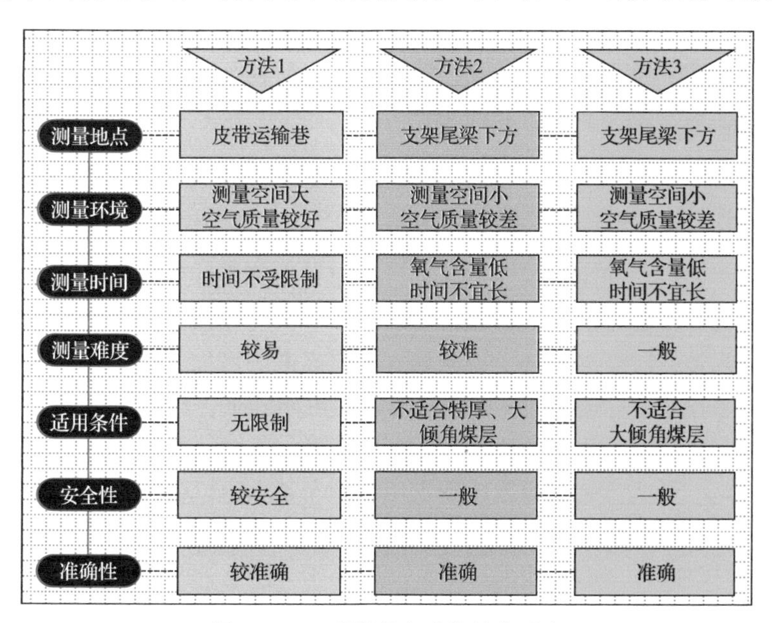

图 2-38　三种测量方法优缺点对比

空间分布规律的测量方法，各有优缺点。但需要特别说明的是，这三种方法测量的都是放出的顶煤块度，经过了放煤过程挤压、破碎，而非放出之前堆积在支架尾梁上方初始破碎块度。考虑到测量准确性和安全性，优先选用方法 3 和方法 1，其次选用方法 2。当选用方法 3 和方法 1 时，由于放出顶煤呈分散状态，在刮板输送机或皮带输送机上分布范围较广，若测量全部放出的顶煤块体，花费时间较长，工作量较大。因此，需要进一步确定合适的测量参数，如在皮带输送机或刮板输送机上测量位置、测量长度等，即可加快顶煤块度分布测量进度，又可降低测量系统误差，保障现场测量的准确性。

2) 顶煤块度分布测量参数确定

基于某放顶煤工作面地质条件，进行了三维顶煤放出模拟试验。图 2-39(a) 为工作面布置方向顶煤放出体剖面图。将不同放出高度的顶煤用不同的颜色标注出来，可以看出，散体顶煤颗粒近似呈切割椭球体形态逐渐被放出来，且随着放出高度的增加，顶煤放出体逐渐由“矮胖”状向“高瘦”状发育，即偏心率逐渐增大。如图 2-39(b) 所示，为不同放煤高度下 (2.0m、2.5m、3.0m、3.5m、4.0m 及 4.5m) 刮板输送机上顶煤颗粒分布情况。

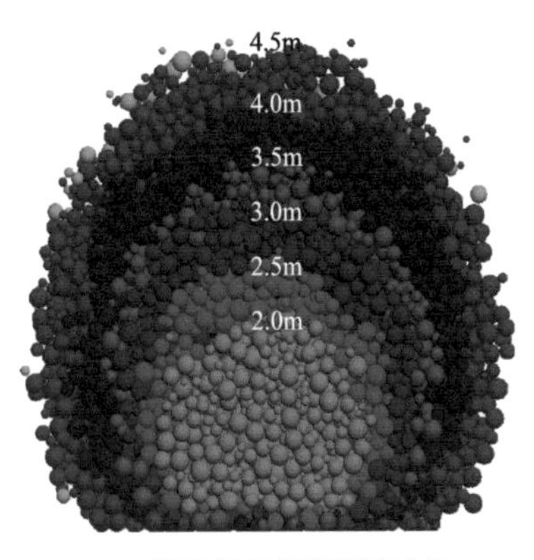

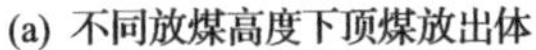
(a) 不同放煤高度下顶煤放出体

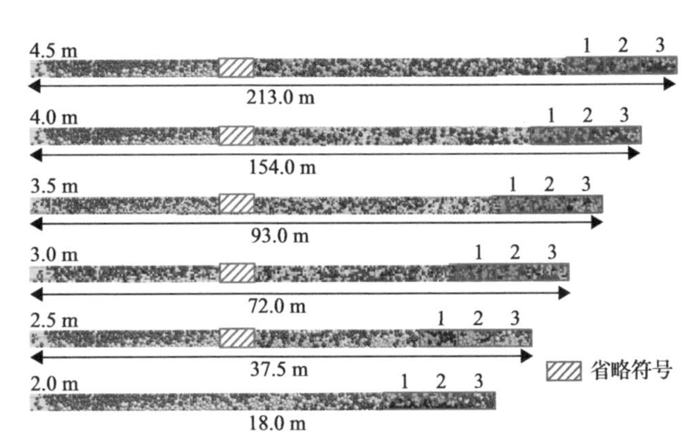

(b) 刮板输送机上顶煤颗粒分布特征

图 2-39 顶煤放出体形态及放出顶煤颗粒在刮板输送机上的分布规律

图 2-40 为不同放煤高度下顶煤颗粒累计分布长度和累计放煤体积随着放煤高度的变化曲线。随着放煤高度的增加，顶煤颗粒累计分布长度和累计放煤体积都近似呈二次函数形式增大，相关系数高达 0.99。说明随着放煤高度的增加，顶煤颗粒累计分布长度和累计放煤体积增长速率逐渐变快，即相同放煤高度间隔下，放出的顶煤颗粒越来越多。

随着放煤时间增加，放出的顶煤逐渐向外扩展，因此，在后部刮板输送机上最后位置 (距离放煤口较近位置) 放出的散体顶煤块度分布基本可以代表支架上方不同层位的顶煤块度分布规律。若采用方法 1 在皮带输送机上进行测量，则选取皮带输送机上最后位置处 (靠近采空区部分) 顶煤样本进行测量。若采用方法 2 测量顶煤块度，在取样时，应尽可能选取堆积顶煤体表面的煤块。

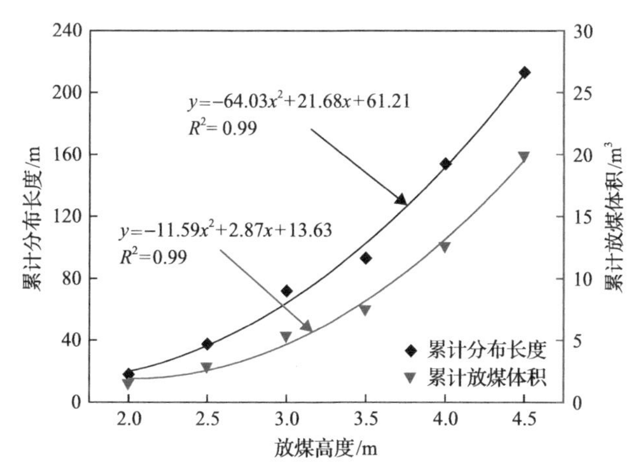

图 2-40 放出顶煤颗粒累计分布长度和累计放煤体积变化曲线

根据放出顶煤颗粒在刮板输送机上的分布规律，分别统计了刮板输送机上距放煤口0.5m、1.0m、1.5m、2.0m 范围内以及全部放出的顶煤块度分布，其顶煤块度级配曲线图，如图 2-41 所示。当测量长度为 0.5m 时，测得的顶煤块度级配曲线相较于整体顶煤块度级配曲线区别较大，准确性较低；当测量长度大于等于 1.0m 后，测得的顶煤块度级配曲线与整体顶煤块度级配曲线契合度较高，认为可以代表该区域内顶煤块度分布。结合实际测量工作量，在测量统计顶煤块度时，选取的测量长度在 1.0～1.5m 范围内比较合适，可以获得较准确的顶煤块度分布。

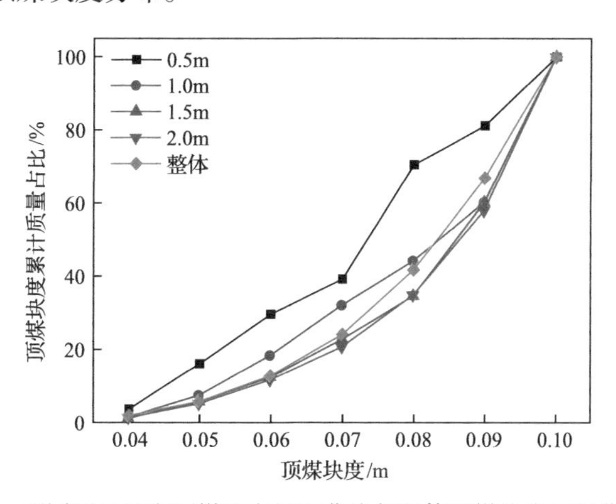

图 2-41 不同测量长度顶煤块度级配曲线与整体顶煤块度级配曲线对比

图 2-42 为刮板输送机上方法 3 测量长度 L_1 与皮带输送机上方法 1 测量长度 L_2 之间的变换关系示意图。图 2-42 中刮板输送机表面到转载机表面的垂高为 h，刮板输送机中部槽宽度为 w(假设计划测量长度内顶煤颗粒充满中部槽)，刮板输送机牵引速度为 v_1，皮带输送机牵引速度为 v_2，g 为重力加速度。

由几何关系可得，L_1 和 L_2 满足式(2-13)：

$$L_2 = w + v_2\left(\sqrt{\frac{2h}{g}} + \frac{L_1}{v_1}\right) \tag{2-13}$$

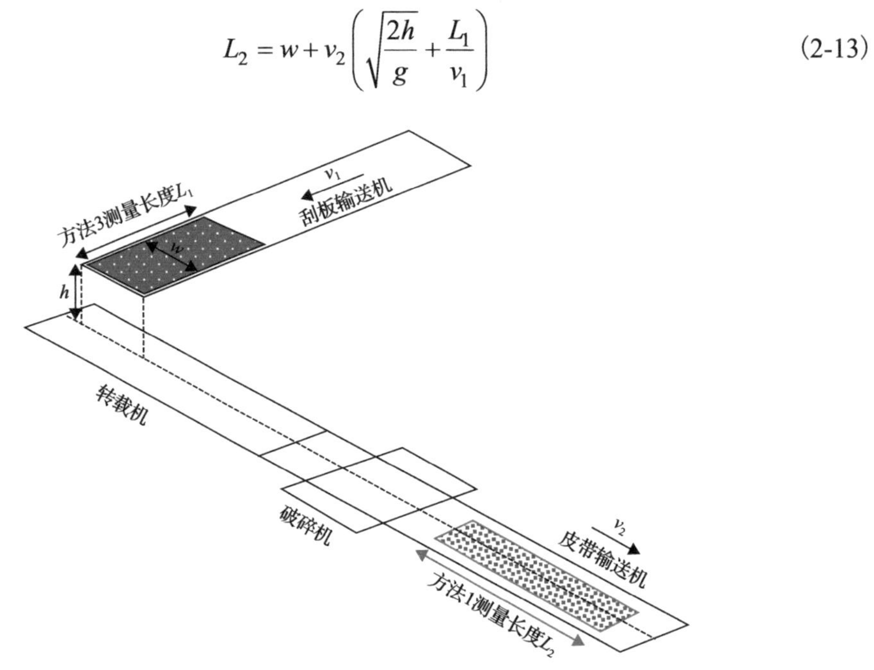

图 2-42 L_1 和 L_2 之间的变换关系示意图

以 w=0.8m，v_2=1m/s，h=0.1m，g=10m/s^2，L_1=1m，v_1=1m/s 为例，代入式(2-13)可得 L_2 为 1.94m。

因此，在现场工作面采用方法 3 测量顶煤块度分布时，测量长度应满足 1.0～1.5m；采用方法 1 测量时，应根据现场实际条件，通过式(2-13)计算出所需测量长度，以此得到较为准确的顶煤块度级配曲线。

3) 顶煤块度分布测量结果

a) 测量工作面概况

为测量现场顶煤回收率，选取了大同煤矿集团马道头煤业有限责任公司 8404 工作面和大同煤矿集团北辛窑煤业有限公司 8103 工作面，山西冀中能源集团矿业有限责任公司金晖瑞隆矿 8103 工作面，以及河南焦煤能源有限公司九里山矿 15081 工作面等四个工作面为研究对象。为便于区分金晖瑞隆矿 8103 工作面和北辛窑煤业有限公司 8103 工作面，分别记为 8103r 和 8103b。

①8404 工作面

工作面参数：8404 工作面位于北四盘区中部，埋藏深度为 258～292m，走向长度为 4137～4262m，倾向长度为 222.0～230.6m，工作面面积为 982817m^2。

煤层情况：根据掘进及钻孔资料，8404 工作面煤层赋存 3、5 号煤，煤层赋存稳定，工作面煤层总厚度较大，平均纯煤厚为 18.61m，去除工作面开采过程中落底厚度外，可利用煤层厚度平均为 16.55m，煤层倾角为 1°～12°，平均倾角 6°，煤的普氏硬度系数 f=3。

顶底板岩性：基本顶主要由中粗砂岩组成，平均厚度 8.34m，直接顶主要由泥岩和细砂岩组成，平均厚度为 3.81m。

②8103b 工作面

工作面参数：8103b 工作面位于北辛窑煤矿 11 采区，工作面埋藏深度为 288.9～356.8m，8103 工作面为该矿首采面，平均走向长度为 1868.8m，倾斜长度为 165.9m，工作面可采煤炭储量为 127.73 万 t。

煤层情况：8103b 工作面煤层厚度变化大，厚度为 4.3～7.0m，平均煤厚 5.6m，相对来说顶煤较薄；工作面倾角变化大，角度为 19°～37°，平均倾角 22°。煤的真密度 1.59t/m^3，视密度 1.48t/m^3，煤的普氏硬度系数 f=1.4～1.8；煤层中含有 2～7 层夹矸，厚度为 0.1～1.0m 不等，煤层结构较复杂。

顶底板岩性：基本顶主要成分为中粗/细砂岩，厚度为 1.1～22.81m，平均厚度为 11.96m；直接顶主要由泥岩和砂质泥岩组成，厚度为 0～17.25m，平均厚度为 8.63m。

③8103r 工作面

工作面参数：8103r 工作面埋藏深度为 169～237m，走向长度为 513.0m，倾斜长度为 161.0m，工作面开采面积为 82593m^2。

煤层情况：8103r 工作面主采 8+10 号煤层，总的煤层厚度为 8.0～11.0m，平均厚度为 9.0m，煤层倾角为 22°，取样测得煤的普氏硬度系数 f=2～3；煤层结构复杂，受褶皱影响剧烈，为典型起伏煤层。

顶底板岩性：直接顶主要由灰岩组成，平均厚度为 4.5m；基本顶由石灰岩组成，平均厚度为 18.3m。

④15081 工作面

工作面参数：15081 工作面位于 15 采区西翼中部，地面标高为–345.2～–310.1m，工作面面积为 265×161m^2，可采煤炭储量约为 24.7 万 t。

煤层情况：15081 工作面煤层厚度变化较大，整体上呈中间厚两边薄的特点，煤层厚度为 2.0～7.0m，平均厚度为 4.7m，煤层倾角为 11°～12°，煤层结构简单，无夹矸，煤质较硬，但裂隙较发育。

顶底板岩性：基本顶平均厚度为 4.17m，主要成分为细粒砂岩；直接顶平均厚度为 17.18m，主要成分为粉砂岩。

上述四个工作面包含了厚及特厚煤层、近水平及倾斜煤层，走向长壁和倾向长壁放顶煤开采，具有典型代表意义。此外，四个工作面都采用单口顺序放煤方式，放煤步距为“一刀一放”，共有三个工作面支架放煤口长度为 1.5m，8404 工作面支架放煤口长度为 1.75m。

b）各工作面顶煤块度级配曲线

图 2-43（a）为各工作面顶煤块度级配曲线。可以看出，四个工作面随着顶煤厚度［图 2-43（b）］增大，顶煤块度级配曲线逐渐由向上凸形转变为向上凹形，最大顶煤块度从 80mm 增大到 460mm，这说明顶煤破碎程度逐渐变差，即大块度顶煤块体逐渐增多。同时可以得出，顶煤块度存在上限，约为 500mm。可能的原因一是顶煤块度 500mm 约为放煤口长度的 1/3，根据以往学者的研究结果，当顶煤块度大于等于放煤口长度 1/3 后，极易发生成拱现象，阻碍上部顶煤的继续流动，因此，在支架上方可能存在更大的顶煤

块体，但因互相铰接成拱难以被放出；二是顶煤自身属性使其在采动应力、裂隙发育以及下落过程中二次甚至多次破碎，其形成的最大顶煤块度为 500mm 左右。

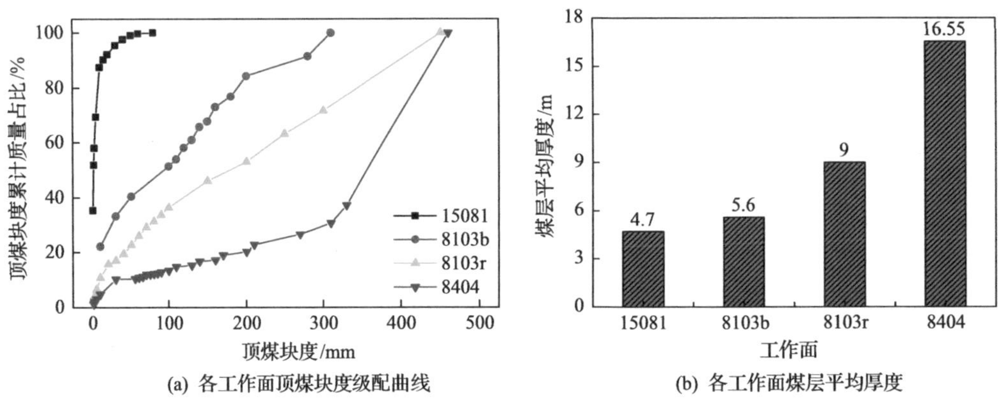

(a) 各工作面顶煤块度级配曲线 (b) 各工作面煤层平均厚度

图 2-43 各工作面顶煤破碎程度对比

c)各工作面块度分布定量分析

图 2-44 为各工作面顶煤块度均值和标准差。结果显示：随着煤层厚度的增加，四个工作面顶煤块度均值呈逐渐增大趋势。其中 15081 工作面顶煤块度均值最小，仅为 7.3mm，说明该工作面顶煤破碎程度非常充分，但端面、支架缝隙等漏煤严重，不利于工作面安全管理；8103b 和 8103r 工作面顶煤块度均值居中，而 8404 工作面顶煤块度均值最大，为 353.4mm，由于放出顶煤块体较大，时常需要注意后部刮板输送机链条情况，若在煤岩块体下落或运输过程发生故障，需及时进行维修。

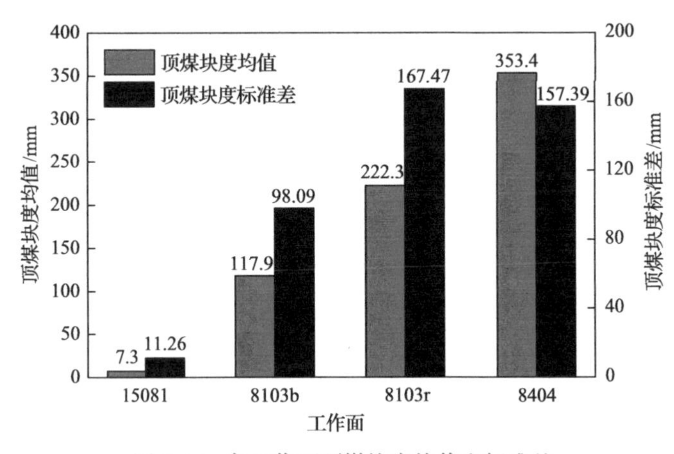

图 2-44 各工作面顶煤块度均值和标准差

随着顶煤块度均值的增大，顶煤块度标准差呈先增大后逐渐稳定的趋势，15081 工作面标准差最小，为 11.26mm，而 8103r 和 8404 工作面的标准差大小基本稳定，约为 160mm。由于各放顶煤工作面顶煤块度均值差异较大，单单比较标准差的大小无法准确判断各工作面顶煤块度离散程度，因此引进概率论里的变异系数 CV 概念，如式(2-14)所示：

$$
CV=\frac{\delta_t}{d_{av}} \tag{2-14}
$$

式中：δ_t 为顶煤块度标准差；d_{av} 为顶煤块度均值。

图 2-45 为各工作面顶煤块度变异系数。可以得出，在四个工作面条件下，随着顶煤块度均值和煤层厚度的增大，顶煤块度变异系数呈逐渐减小的趋势。结合图 2-44 可知，虽然 15081 工作面的顶煤块度均值和标准差较小，但其顶煤块度变异系数最大，为 1.55，说明该工作面的顶煤块度离散程度较大；而 8404 工作面的顶煤块度均值和标准差都较大，但是顶煤块度变异系数最小，为 0.45，说明该工作面的顶煤块度相对比较集中，块度都较大。

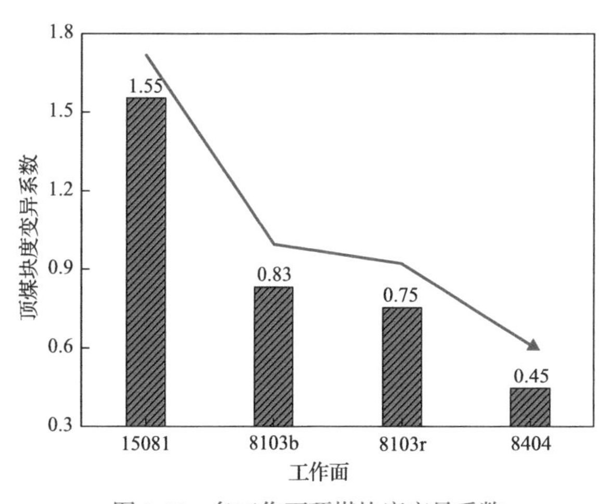

图 2-45 各工作面顶煤块度变异系数

因此，顶煤厚度是影响工作面顶煤块度分布的一个关键因素，若顶煤厚度较大，则顶煤块度均值和标准差也较大。煤质、裂隙发育及煤层夹矸情况等也是影响顶煤破碎程度的重要因素，在顶煤厚度近似相等的条件下，若煤质较硬、裂隙不发育且有夹矸，则顶煤块度均值较大且较集中；若煤质较软、裂隙发育较充分且无夹矸时，则顶煤块度均值较小但较离散。另外，倾斜煤层工作面不同位置的顶煤破碎程度略有差异，总体来说，顶煤破碎程度工作面中部优于下部，下部优于上部。各工作面顶煤块度分布的测量为后续研究顶煤块度分布对放煤规律的影响奠定了基础。

2.3 顶煤放出规律与顶煤回收率现场观测

放煤规律研究是厚煤层放顶煤开采的核心方向之一，其目的是为制定精准放煤工艺提供理论基础，以便最大限度地提高顶煤回收率和降低含矸率。放煤理论早期主要借鉴于金属矿放矿椭球体理论[13]，从理论上给出了顶煤放出体和煤矸分界面的数学计算式，对于促进放煤理论研究、指导放顶煤开采工程实践发挥了重要作用。随着研究的深入，随机介质理论[14]、Bergmark-Roos 模型[15]、运动学模型[16]等也逐渐引入放煤规律研究中，从不同角度分别阐述分析了顶煤流动特征。作者研究团队在前人和已有成果研究基础上，先后提出了散体介质流理论[17-18]、BBR 研究体系[19]等，除重视顶煤放出体研究以外，同时重视煤矸分界面变化[20-21]、支架对放煤的影响[22-23]、沿工作面方向的放煤规律[24-25]，以及工作面倾角、顶煤块度分布的影响等[26-30]。

放顶煤开采与金属矿崩落法开采有实质性区别，其明显特征在于放顶煤支架的存在，且工作面开采过程是一个支架循环移架—放煤的过程，这就使得放顶煤开采的放煤规律有其特殊性。王家臣在提出散体介质流理论和 BBR 研究体系以后，分别针对顶煤放出体三维方程、煤矸分界面三维方程、顶煤回收率预测模型以及顶煤回收率与含矸率之间的关系等方面进行了深入且系统的研究，在放煤理论方面取得了较为系统的研究成果。

2.3.1 散体介质流理论

散体介质流理论是王家臣于 2001 年首次提出，后来于 2002 年和 2004 年在《煤炭学报》上发表了相关文章进行完善[17-18]。该理论认为在放顶煤工作面推进过程中，顶煤与直接顶在工作面上方已经完全破碎形成松散体，因而其运移和放出符合散体流动规律。在由散体顶煤与散体顶板组成的复合散体介质中，支架放煤口成为介质流动和释放介质颗粒间作用应力的自由边界，支架上部和后部的散体会以阻力最小的路径逐渐向放煤口处移动，散体介质内形成了类似于牵引流动的运动场，这样的顶煤流动与放出过程，称为顶煤运移的散体介质流理论模型，如图 2-46(a)所示。

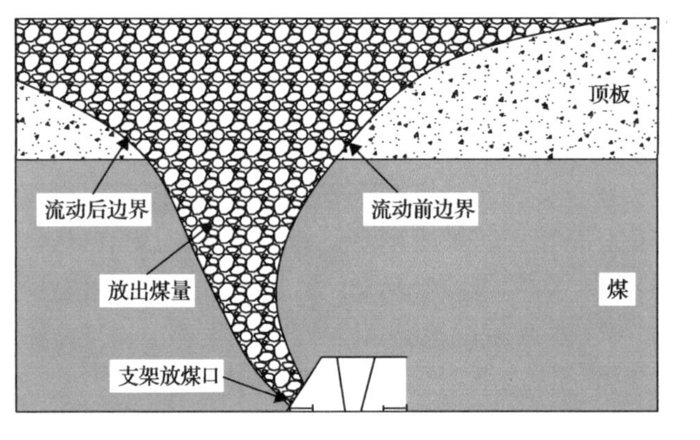

(a) 散体介质流理论模型　　(b) 顶煤放出量理论计算模型

图 2-46　散体介质流理论模型及顶煤放出量理论计算模型

散体介质流理论提出了顶煤放出量的理论计算方法，即放煤前的起始煤矸分界面与放煤后的终止煤矸分界面之间所围成的体积，再减去遗留在采空区的顶煤，就是此轮放煤的理论放出量，如式(2-15)和图 2-46(b)所示：

$$Q=\int_{y_N}^{y_K} F_1(y)\mathrm{d}y-\int_{y_N}^{y_K} F_2(y)\mathrm{d}y-\left(\int_{y_N}^{y_M} F_1(y)\mathrm{d}y-\int_{y_N}^{y_M} F_3(y)\mathrm{d}y\right) \tag{2-15}$$

2.3.2 BBR 放煤理论（“四要素”放煤理论）

BBR 放煤理论，又称“四要素”放煤理论，是指综合研究放顶煤开采顶煤放出过程中煤矸分界面(boundary of top-coal)、顶煤放出体(drawing body of top-coal)、顶煤采出率(recovery ratio of top-coal)与混矸率(rock mixed ratio of top-coal)四要素及其相互关系，是作者基于顶煤放出散体介质流理论思想，于 2015 年提出的一种具体研究体系[19]，如图 2-47 所示。BBR 研究体系的基本学术思想是将每个放煤循环中的起始和终止煤矸分界面形态、放出体发育过程及形态、顶煤放出量和混入岩石量四个相互影响的时空要素统一进行研究，形成完整的、反映真实放煤过程的研究体系，科学地阐述四个要素及相互影响关系，为提高顶煤采出率、降低含矸率提供科学指导。

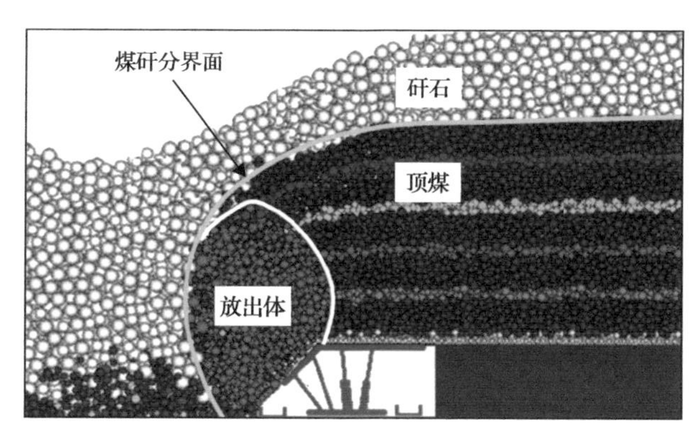

图 2-47 BBR 研究体系示意图

2.3.3 顶煤放出体形态

顶煤放出体是指将放出顶煤还原到其在原有顶煤体中所占有的空间形态，它是一个反演的，现实中看不见的，但可以反映某一支架放出顶煤范围的边界形态及其与煤矸分界面的空间关系(图 2-48)。通过研究顶煤放出体形态特征，可以了解顶煤放出及煤损情况，从而为制定高资源采出率的精准放煤工艺提供理论指导。

(a) 放煤前煤矸分界面

(b) 放煤后煤矸分界面

(c) 放出的煤体

(d) 将放出煤体反演至未放煤时刻的形态(放出体)

图 2-48 顶煤放出体与煤矸分界面示意图

2.3.3.1 推进方向顶煤放出体

在工作面推进方向上，放顶煤支架掩护梁对于顶煤放出体的发育演化影响显著。如图 2-49 所示，放顶煤支架的存在使得放煤口两端的边界效应截然不同，放煤口采空区一侧为散体顶煤和矸石的相互作用，放煤口掩护梁一侧为散体顶煤和放顶煤支架掩护梁的相互作用，两者的相互接触机理和摩擦系数均不相同，使得放出体在采空区侧和支架侧的形态呈现不对称特征。其基本原理为放顶煤支架的光滑掩护梁增大了散体颗粒临界运移角，整体影响了放出体右侧颗粒始动点位置，从而改变了放出体右侧边界形态。在考虑放顶煤开采中支架对顶煤放出体形态影响的基础上，对散体介质力学中 Bergmark-Ross 模型[31][原始 B-R 模型，如图 2-49(a)所示]进行修正，修正后的 B-R 模型能够描述放顶煤开采后顶煤放出体的形态特征[15]，其理论形态及理论计算方程如图 2-49(b)及式(2-16)所示。

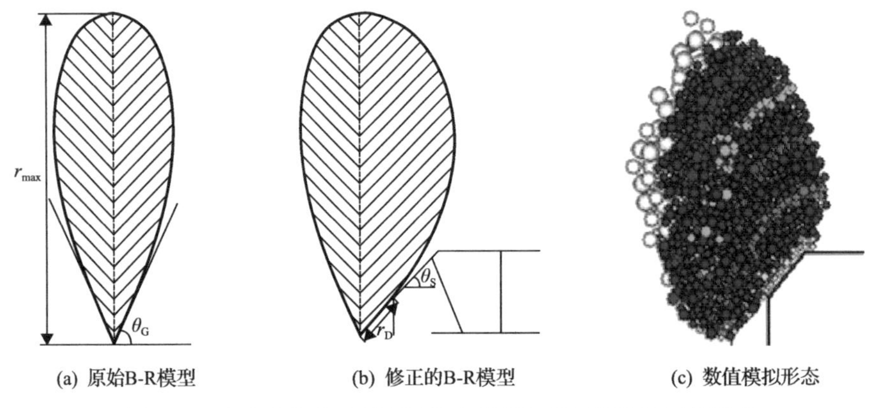

(a) 原始B-R模型　(b) 修正的B-R模型　(c) 数值模拟形态

图 2-49 考虑支架影响的顶煤放出体理论模型及数值模拟形态

$$
\begin{cases}
r_{\max}=r_{\mathrm{D}}+K_{\mathrm{m}}\left(\dfrac{gt^{2}}{2}\right)(1-\cos\theta_{\mathrm{G}}) \\
r_{0}(\theta,\ r_{\max})=(r_{\max}-r_{\mathrm{D}})\ \dfrac{\cos\theta-\cos\theta_{\mathrm{G}}}{1-\cos\theta_{\mathrm{G}}}+r_{\mathrm{D}}
\end{cases}
\tag{2-16}
$$

式中：$r_{\max}$为最远始动点距极坐标原点的距离，m；r_{D}为放顶煤支架尾梁长度，m；g为重力加速度，m/s^2；t为放煤时间，s；θ为运移角(即顶煤颗粒和极坐标原点的连线与铅垂线的夹角，顺时针为正，逆时针为负)，(°)；θ_{G}为临界运移角，当$\theta<0°$，$\theta_{\mathrm{G}}=45°-\varphi_0/2$($\varphi_0$为颗粒内摩擦角)；当$\theta>0$，$\theta_{\mathrm{G}}=90°-\theta_{\mathrm{S}}$($\theta_{\mathrm{S}}$为放顶煤支架掩护梁倾角)；$K_{\mathrm{m}}$为重力加速度修正系数，其大小可通过试验确定，当$\theta<0°$或$\theta>0°$时，其取值不同。

2.3.3.2 倾斜方向顶煤放出体

1)理论方程

在放顶煤工作面倾斜方向上，相邻支架尾梁及工作面倾角直接影响顶煤放出体形态特征。在倾斜工作面上放煤口倾斜布置，放煤口两侧边界条件不同，放煤口下端可认为无限边界条件，放煤口上端则是倾斜边界条件。因放煤口上端颗粒与支架接触摩擦要小于颗粒与颗粒之间接触摩擦，使得倾斜煤层有利于上端放煤。图 2-50 为基于修正的 B-R 模型建立的倾斜煤层顶煤放出体计算模型，其中当颗粒处于放出体上端头边界Ⅰ区范围内时，若颗粒依然沿直线运行，则颗粒会撞击到相邻支架尾梁上。因此，若颗粒遵循沿最小阻力路径方向流出放煤口的原则，则Ⅰ区范围内颗粒在支架尾梁的约束下其运行路径必然发生改变，且由于支架尾梁与煤颗粒间摩擦系数小于煤颗粒间的摩擦，使得放煤口上端侧顶煤颗粒快速放出。当颗粒处于Ⅱ区和Ⅲ区范围内时，其运行路径可认为基本未受支架尾梁干扰，运动过程中与水平条件下并无明显差异，沿直线向着轨迹中心 O 点流动并流出放煤口。

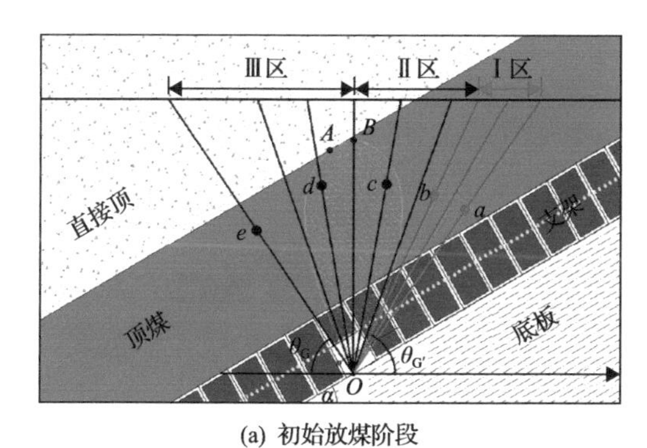

(a) 初始放煤阶段

(b) 正常放煤阶段

图 2-50 倾斜煤层顶煤放出体计算模型

采用建立的沿煤层倾向的顶煤放出体计算模型，推导出工作面倾角>0°时顶煤放出体的理论方程，如式(2-17)所示：

$$
\begin{cases}
l_1:\rho(\theta_{O'})=\dfrac{\rho(\alpha)}{\sin\alpha-f_1}\left(\sin\theta_{O'}-\dfrac{M\sin\alpha-\sin\theta_{G'}}{M-1}\right), & \alpha\leqslant\theta_{O'}\leqslant\theta_{G'} \\
l_{2-3}:\rho(\theta)=\rho(\theta_A)\dfrac{\sin\theta-\sin\theta_G}{\sin\theta_A-\sin\theta_G}, & \theta_{G'}<\theta\leqslant180^\circ-\theta_G
\end{cases}
\tag{2-17}
$$

式中：α 为煤层倾角，(°)；$\theta_{G'}$ 为当颗粒沿直线运动刚好经过放煤口上边界时的角度，(°)；θ_A 为切点 A 的极角，(°)；$\rho(\theta_A)$ 为切点 A 的极半径，m；f_1 和 M 为方程参数。

2）“异形等体”特征

由图 2-51 及式(2-17)可知，在倾斜煤层放顶煤工作面，颗粒运行速度场及路径的变化使得倾斜煤层放出体边界形态发生了变异，变异后放出体形态在工作面上端方向快速发育。通过采用数值模拟和相似模拟实验研究不同煤层倾角下顶煤放出过程，发现倾斜方向顶煤放出体存在“异形等体”特征[15]，即以过放煤口中心的铅垂线为参照，中心垂线两侧放出体形态有差异，但两侧体积基本相等。如图 2-51 所示，随着工作面倾角增大，

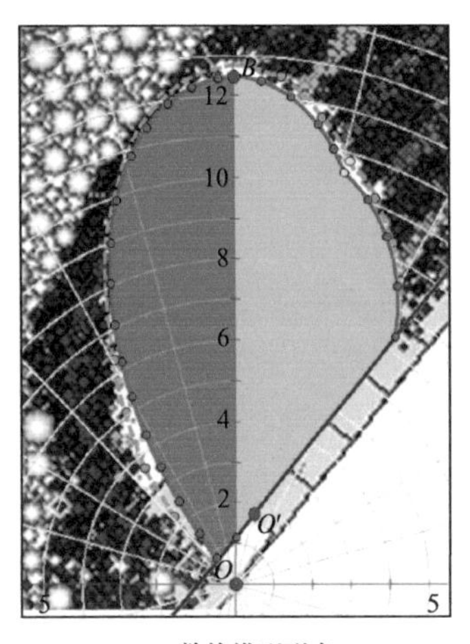

(a) 数值模型形态

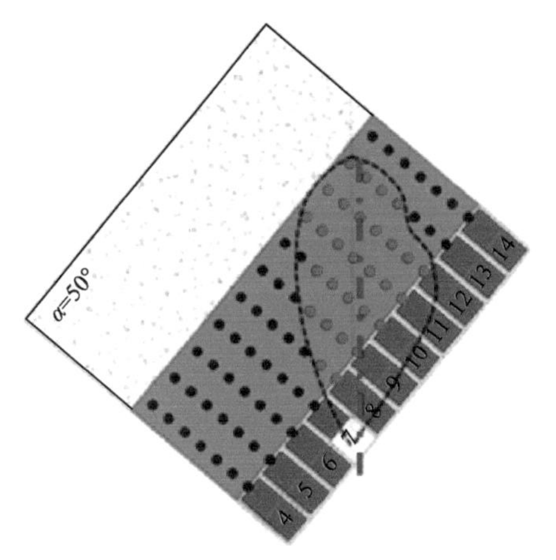

(b) 物理模拟形态

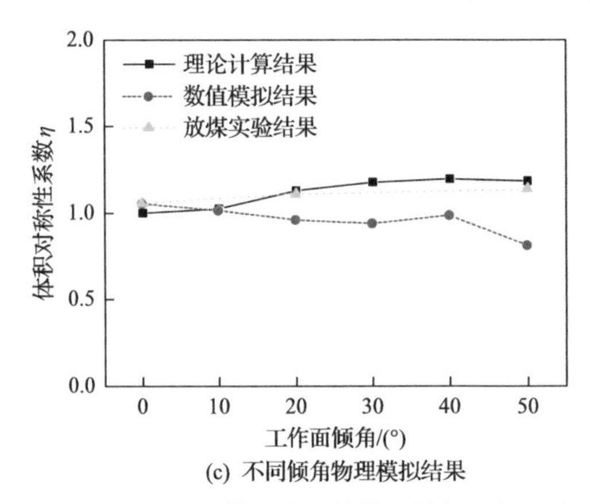

(c) 不同倾角物理模拟结果

图 2-51 放出体“异形等体”特征及物理验证

顶煤放出体右侧拐点的位置越来越高，右侧顶煤放出体受边界条件影响越大，即顶煤放出体在中心垂线两侧形态差异越明显。

为了进一步验证放出体“异形等体”特征，分别统计了顶煤放出体在中心垂线两侧的体积的理论计算结果、数值模拟结果和放煤实验结果，并计算了体积对称性系数 η(即放出体在上端侧体积与下端侧体积之比)，发现两侧放出体体积基本相等，如图 2-51(c)所示，也就是说，工作面倾角对顶煤放出体的影响主要体现在形态上，而非体积上。

2.3.3.3　水平分段近顶、底板侧放出体

对于急倾斜厚煤层水平分段放顶煤工作面，由于其工作面较短、顶煤厚度较大，近顶、底板侧受倾斜边界影响的初始顶煤放出体对顶煤采出率的影响要比对走向长壁放顶煤开采的影响更大。如图 2-52 所示，基于 BBR 理论，分别考虑顶、底板侧倾斜边界对放出体的影响，建立了相应的放出体理论计算模型[32]。

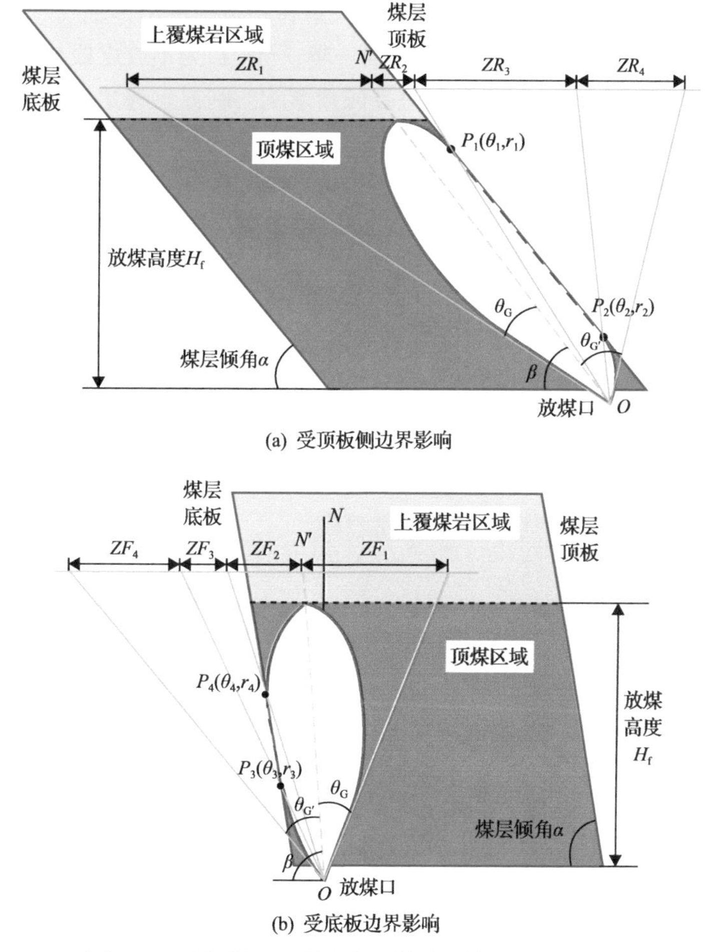

图 2-52　受倾斜边界影响的顶煤放出体理论计算模型

在受倾斜边界影响的顶煤放出体理论计算模型中，以放出体轴线 ON'为极轴，逆时

针旋转为正方向建立了极坐标系，而放出体轴线是放出体区域内散体颗粒最大运移路径所在直线。依据散体顶煤运移受倾斜边界影响程度的大小，将放出体区域划分为四个部分，分别计算并联立，得到受倾斜边界影响的放出体理论边界方程。以近顶板侧为例，受倾斜边界影响的顶煤放出体边界方程如式(2-18)所示：

$$r_{\mathrm{R}}(\theta)=\begin{cases} r_{\mathrm{D}\beta}+\left(r_{\max\beta}-r_{\mathrm{D}\beta}\right)\dfrac{\cos\theta-\cos\theta_{\mathrm{G'}}}{1-\cos\theta_{\mathrm{G'}}}, & \theta\in\left[\theta_{\mathrm{G'}},\theta_2\right]\bigcup\left[\theta_1,0\right] \\ \dfrac{(2D+L)\sin\alpha}{\sin(\theta-\alpha-\beta)}-\dfrac{2D\sin\left(\beta-\theta_{\mathrm{G'}}\right)\sin\left(\beta-\theta_{\mathrm{G}}+\alpha\right)}{\sin\left(\theta_{\mathrm{G}}-\theta_{\mathrm{G'}}\right)\sin\left(\theta-\alpha-\beta\right)}, & \theta\in\left[\theta_2,\theta_1\right] \\ r_{\mathrm{D}\beta}+\left(r_{\max\beta}-r_{\mathrm{D}\beta}\right)\dfrac{\cos\theta-\cos\theta_{\mathrm{G}}}{1-\cos\theta_{\mathrm{G}}}, & \theta\in\left[0,\theta_{\mathrm{G}}\right] \end{cases} \tag{2-18}$$

式中：$r_{\max\beta}$为受边界影响时最远始动点距极坐标原点的距离，m；$r_{\mathrm{D}\beta}$为放煤口边界距极坐标原点的距离，m；β为轴倾角(颗粒最大运移路径为放出体轴线，轴线与竖直法线的夹角为轴倾角)，(°)；D为放煤口宽度的一半，m；L为不放煤段长度(即放煤口边界到最近边界的水平距离)，m；$\theta_{\mathrm{G'}}$为受边界倾角影响的临界运移角(与煤层倾角存在线性关系，可由试验确定)，(°)；θ_1、θ_2分别为图 2-52(a)中放出体边界与顶板侧倾斜边界两交点P_1、P_2所对应的极角，(°)。

2.3.3.4 端头顶煤放出体

当放顶煤工作面端头巷道支架和过渡支架上方顶煤在采动应力和辅助爆破作用下成散体块体后，开始巷道支架和过渡支架放煤操作，其中过渡支架放煤过程与工作面中部类似，这里重点阐述端头巷道支架放煤过程。如图 2-53 所示，当顶煤颗粒处于DA_1区域($\theta_{\mathrm{G}}\leqslant\theta\leqslant\theta_{\mathrm{L}}$)内时，颗粒可沿直线向放煤中心$O$点运移，而当顶煤颗粒处于$DA_2$区域

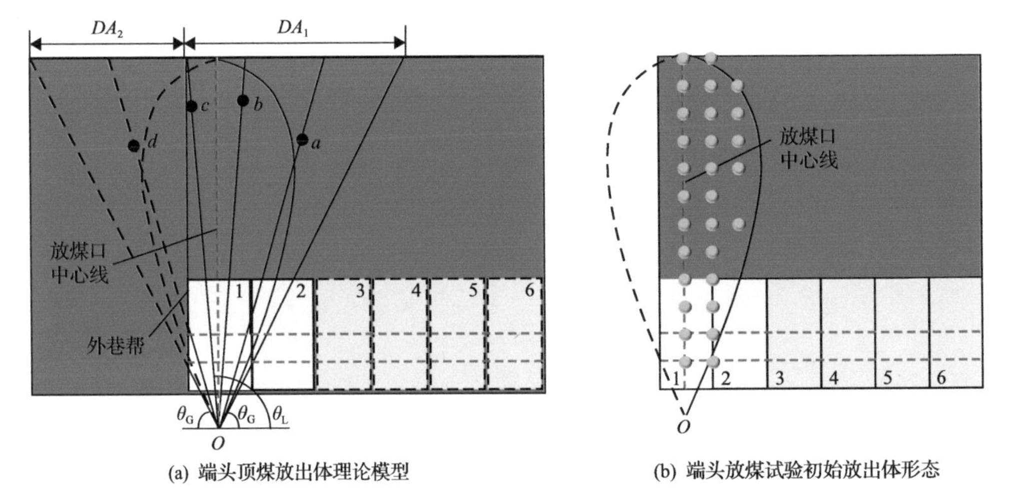

(a) 端头顶煤放出体理论模型　　(b) 端头放煤试验初始放出体形态

图 2-53　工作面倾斜方向端头顶煤放出体形态

($\theta_L < \theta \leqslant \pi-\theta_G$)内时，由于外巷帮之外的顶煤尚未破碎而无法放出，外巷帮之内的顶煤颗粒则正常放出。考虑到顶煤颗粒与巷帮之间摩擦力要远小于顶煤颗粒之间的摩擦力，则外巷帮侧附近顶煤颗粒流动速度较快，使得矸石颗粒提前流出放煤口，进而造成放煤口中心线右侧顶煤放出体部分发育不完全。图 2-53(b)为端头放煤试验初始放出体形态。可以看出，由于试验台边界(模拟外巷帮)的限制，放煤口中心线左侧顶煤颗粒基本被放出，左侧放出体呈被切割状态，放煤口中心线右侧相邻支架上方部分顶煤也被放出，右侧放出体呈上部超前放出，下部部分缺损的形态[33]。

综合考虑巷道边帮和放顶煤支架的约束作用，在工作面端头巷道支架放煤条件下，顶煤放出体边界方程如式(2-19)所示：

$$\rho(\theta)=\begin{cases}\left(H_c-\dfrac{L_{OLP}}{2}+\dfrac{L_{OWP}}{2\tan\theta_G}\right)\dfrac{\sin\theta-\sin\theta_G}{1-\sin\theta_G}, & \theta_G \leqslant \theta \leqslant \theta_L \\ -\dfrac{L_{OWP}}{2\cos\theta}, & \theta_L < \theta \leqslant \pi-\theta_G\end{cases} \tag{2-19}$$

式中：H_c 为煤层厚度，m；L_{OLP} 为放煤口投影长度，m；L_{OWP} 为放煤口在工作面倾斜方向上的投影宽度，m；θ_L 为不受巷道外帮影响的颗粒最大运移角，(°)。

2.3.3.5 块度分布影响下顶煤放出体

放顶煤工作面放出的顶煤是由不同尺寸的煤块集合组成的，放出顶煤的块度分布特征对放煤理论有很大影响。为定量描述顶煤块度分布对顶煤放出体方程和形态的影响，开展了不同顶煤块度均值(块度均值处于可顺利放出范围内)条件下放煤试验。结果显示在相同放煤口长度下，顶煤放出体体积随着顶煤块度均值的增加呈近似线性增加。根据顶煤放出体体积与 θ_G 之间的关系[31]，同时结合试验数据得出 θ_G 与顶煤块度均值之间近似呈线性拟合关系。根据 θ_G 的变化规律，进而可以得出水平煤层条件下考虑顶煤块度均值影响的放出体边界方程，如式(2-20)所示：

$$\rho(\theta)=H_f\frac{\sin\theta-\sin(ad_{av}+b)}{1-\sin(ad_{av}+b)} \tag{2-20}$$

式中：H_f 为顶煤放出高度，m；d_{av} 为顶煤块度均值，m；a 和 b 为方程参数，与顶煤块度均值和放煤口长度相关。

图 2-54 分别绘制出了不同顶煤块度均值和放煤口长度条件下顶煤放出体理论形态。可以看出，在相同煤层厚度条件下，当放煤口长度一定时，放出体体积随顶煤块度均值的增大而增大，放出体最大宽度也越来越大；同样地，当顶煤块度均值一定时，随着放煤口长度增大，顶煤放出体体积呈增长率减小的趋势增大，说明增大放煤口长度尽管可以使放出体体积增大，但是放煤口长度会限制其持续增大[34]。

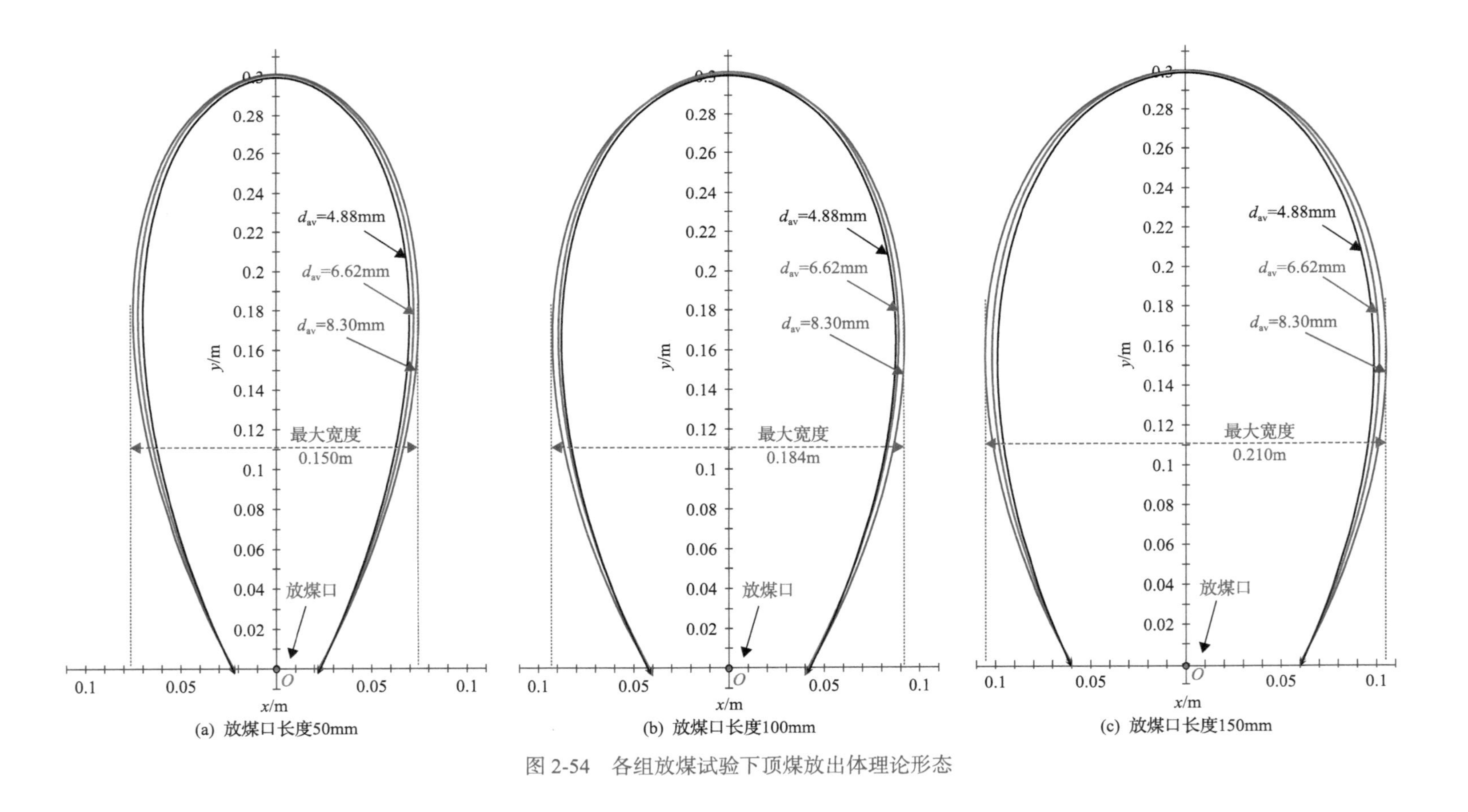

图 2-54 各组放煤试验下顶煤放出体理论形态

2.3.4 煤矸分界面方程及形态

2.3.4.1 初始放煤阶段煤矸分界面

煤矸分界面即煤和矸石之间实际存在的分界面，其形态特征可直接影响下轮放煤过程，对顶煤放出体的发育演化过程起约束作用。如图 2-55 所示，为深入分析煤矸分界面的形态特征，选取了煤矸分界面剖面上任一颗粒进行受力分析，建立了煤矸分界面边界形态力学模型。认为煤矸分界面表面颗粒受上部破碎矸石柱的载荷为 $\gamma H_g \Delta S$，水平侧向压力 $F_{侧}=K_h\gamma H_g\Delta S$，沿煤矸分界面切线方向的摩擦力 f 以及颗粒所受的支撑力 F_N。其中，ΔS 为该点所受载荷的面积，K_h 为侧压力系数。根据颗粒受力平衡关系，求得初次见矸煤矸分界面三维方程如式(2-21)所示，该方程量化了煤矸分界面各截面长度(y)与距煤层底板距离(H_g)的关系，其形态特征如图 2-56 中曲面 1 所示[20]。

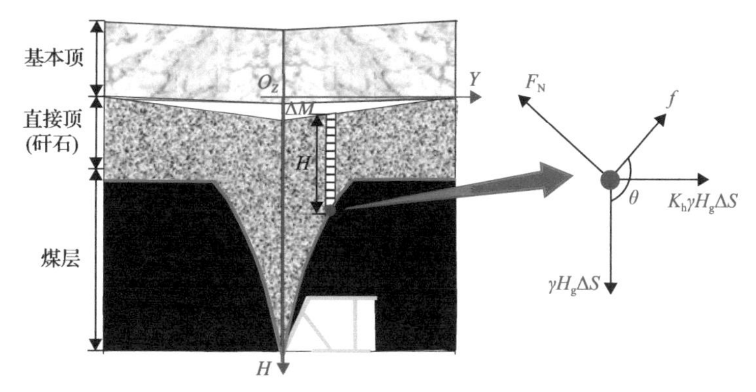

图 2-55　初始煤矸分界面表面颗粒受力模型

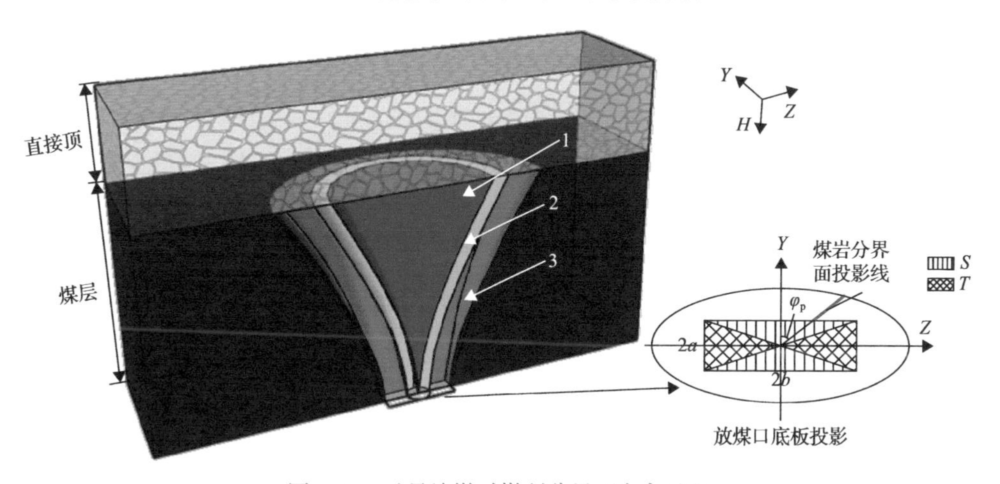

图 2-56　过量放煤时煤矸分界面发育过程

$$y^2+z^2=k^2\left\{-\frac{1+\mu^2}{m}\ln\left(mH_g+\mu\right)+\mu H_g+\frac{1+\mu^2}{m}\ln\left[m\left(H_r+H_c\right)+\mu\right]-\mu\left(H_r+H_c\right)\right\}^2 \tag{2-21}$$

式中：μ 为颗粒间摩擦系数；m 为侧压力传递系数；H_g 为煤矸分界面上任意一点上覆岩柱的高度，m；H_r 为矸石厚度，m；H_c 为煤层厚度，m；k 为方程修正系数。

2.3.4.2 过量放煤阶段煤矸分界面

如图 2-56 所示，在实际放顶煤工作面，为放出尽可能多的煤炭资源，放煤工人往往存在过量放煤操作。在过量放煤过程中，煤矸分界面形态逐渐由“类对数曲线漏斗状”（曲面 1）向“矩形底椭圆顶漏斗状”（曲面 3）发育。过量放煤条件下三维煤矸分界面方程如式(2-22)所示。可以看出，过量放煤后的煤矸分界面对于后续放煤过程的约束作用更加明显，因此，在过量放煤提高顶煤回收率的同时，也要考虑其对后续放煤过程的影响及矸石排放量多少，这也是智能放煤控制的重要研究内容。

$$\begin{cases} y|_{\varphi_p \in S} = ky + (1-k)\left|\dfrac{a}{\cos\varphi_p}\right|, & \varphi_p \in S \\ y|_{\varphi_p \in T} = ky + (1-k)\left|\dfrac{b}{\sin\varphi_p}\right|, & \varphi_p \in T \end{cases} \tag{2-22}$$

式中：a 为放煤口投影短边半长（工作面推进方向），m；b 为放煤口投影长边半长（工作面布置方向），m；S 和 T 分别为煤矸分界面投影线角度范围，(°)。

2.3.5 顶煤回收率现场实测

如何提高放顶煤工作面回收率一直是煤炭企业和科研人员关注的重要课题，其中精确掌握不同层位、不同位置的顶煤运移和放出规律，以及回收情况是提高放顶煤工作面回收率的基础，通过射频识别技术(radio frequency identification, RFID)发明的顶煤运移跟踪仪可以很好地解决上述难题[35-36]。顶煤回收率现场实测的基本原理是将顶煤跟踪标签按照一定密度通过钻孔预先放置在顶煤中的不同位置[37]，随着顶煤放出，一些顶煤跟踪标签会随着顶煤一同放出，预先安放在运输巷道皮带输送机上的接收基站会检测到放出的顶煤跟踪标签及其安装在顶煤中的位置，从而精准反演出顶煤中各个位置的顶煤放出情况，以便采取针对性的放煤工艺提高顶煤回收率。该项技术已经在大同塔山煤矿、淮北芦岭煤矿、潞安王庄煤矿、汾西新阳矿等 20 余个放顶煤工作面进行推广应用。

2.3.5.1 测试装置研制

1) 第一代顶煤运移跟踪仪

如图 2-57 所示，为准确测量放顶煤工作面顶煤回收率，课题组自主研发了“顶煤放出规律跟踪仪及其测定顶煤放出规律的方法”（专利号：ZL200910080005.9）[35]，即第一代顶煤运移跟踪仪。该跟踪仪主要由井下和井上两部分组成。井下部分包括：RF 射频标签(Marker)、标签接收基站(信号接收仪)、标签参数设定仪、标签数据采集仪、稳压电源。井上部分包括：标签数据采集仪、USB 数据接收仪、计算机、管理分析软件、数据存储。

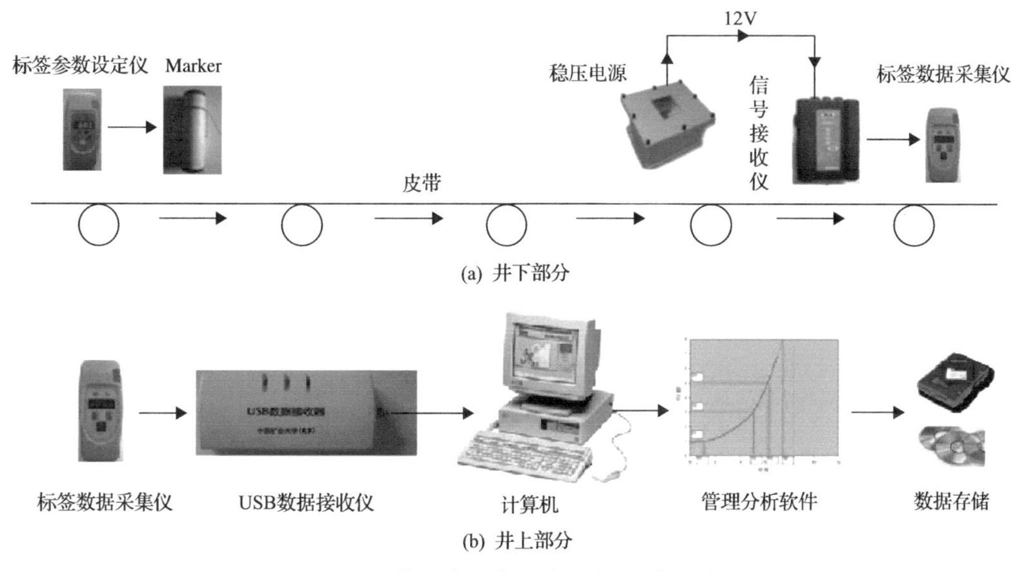

图 2-57 第一代顶煤运移跟踪仪系统组成

2) 第三代顶煤运移跟踪仪

图 2-58 为用于测量顶煤回收率的第三代顶煤运移跟踪仪。该系统主要包括信号接收仪、电源、显示器、标签、辅助安装装置等。

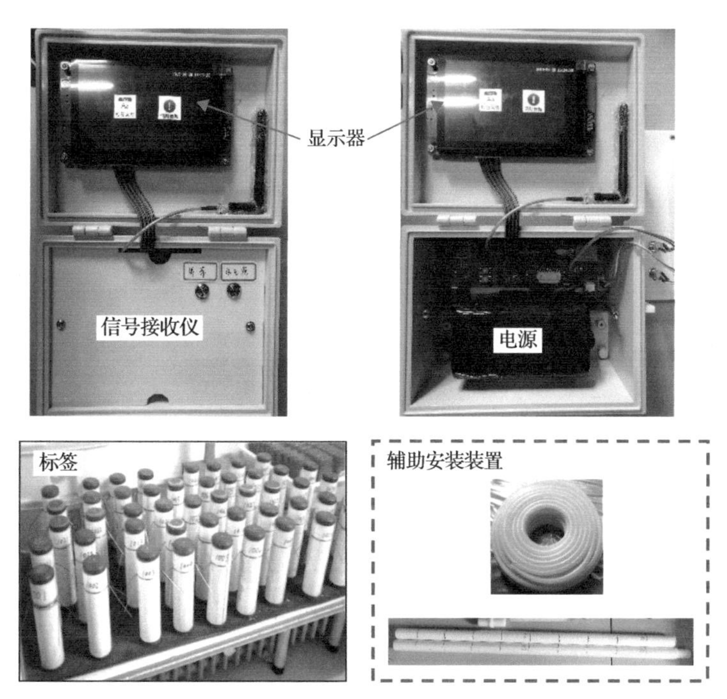

图 2-58 第三代顶煤回收率测试装置

各部件特点如下。

(1) 信号接收仪主要用于给标签录入编号信息以及接收标签发出的特定信号，操作方便，信号接收范围大，灵敏度高。

⑵电源用于给信号接收仪和显示器提供电量，采用便携式的 7.4V 锂电池，可持续供电 12d，足以满足工作面顶煤回收率测量时间的需要。

⑶配置了可视化显示器，当信号接收仪接收到标签信号时，可记录其放出顺序及时间，直接显示在显示屏上。

⑷标签内部连接线路简单，电池更换方便，其电量可使标签全天时连续工作 30d，足以满足测量需要。

⑸辅助安装装置包括直径和标签一致的白色硬推进杆和 PVC 软管两种，用于现场辅助安装标签。顶煤较薄时用白色硬推进杆较为便利，若为特厚煤层，则 PVC 软管可大大加快标签的安装速度。

2.3.5.2 顶煤回收率测试方法

当测量工作面正常推进后，选取无地质构造带的地方进行现场顶煤回收率测量，基本步骤如下。

⑴根据工作面实际情况，设计顶煤回收率测试方案，如图 2-59(a)所示，确定打孔数量、位置以及距煤壁距离 l_1，确定标签间距 l_2，一般 l_1 取 0.5～1.0m，l_2 取 0.5m[37]。

⑵在现场安装之前，检查测量装置各部件是否运行正常，确定信号接收仪和标签电池是否满电。

⑶如图 2-59(b)所示，当工作面为检修班时，按照设计方案在放顶煤工作面用钻机向顶煤中钻孔(根据现场可行性，可适当调整打孔位置)，然后将预先编定号码的标签用硬推进杆或 PVC 软管安装在顶煤的相应位置，考虑到检修班时长及人员工作量，一般安装 30～50 个标签为宜。

⑷在运输巷内距工作面 50～100m 位置处的皮带上方或侧方安装信号接收仪。随着工作面的推进，安装在顶煤中的标签随着散体顶煤一起从放煤口放出，由后部刮板输送机运出工作面，然后经转载机、皮带输送机运至地面。如图 2-59(c)所示，在运输过程中，

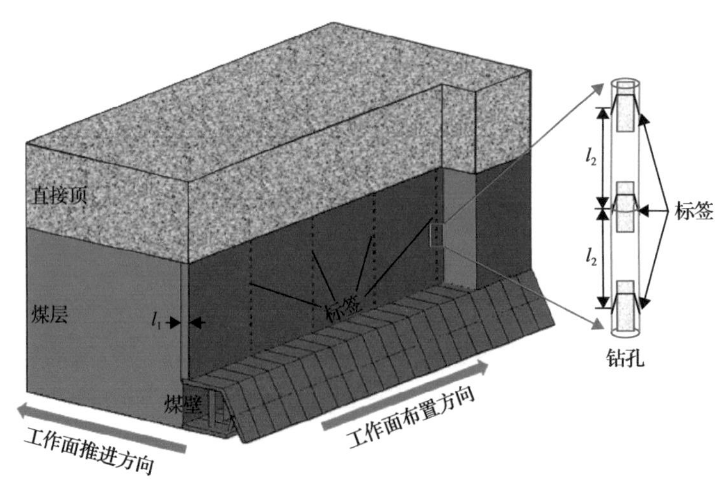

(a) 顶煤回收率测试方案设计

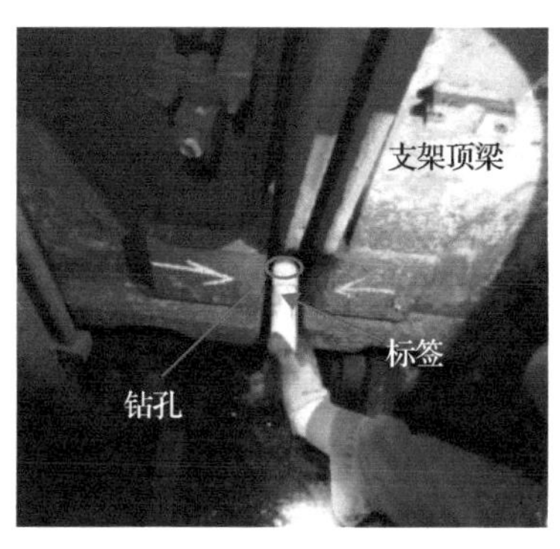

(b) 工作面打孔及安装标签

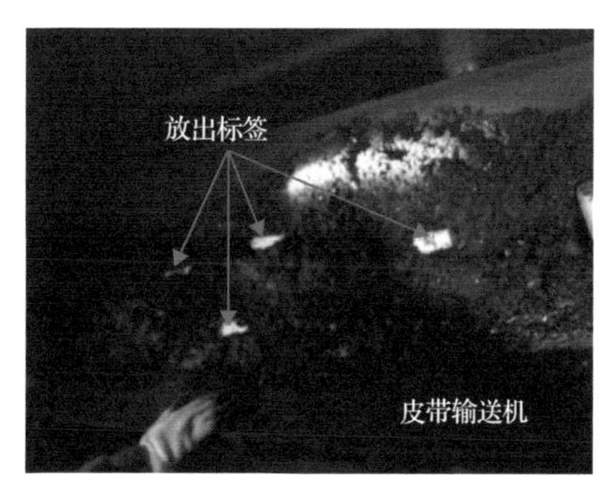

(c) 放出的标签

图 2-59 顶煤回收率测试主要步骤

标签每秒发出特定的信息被安装在运输巷内的信号接收仪接收，然后信号接收仪会把标签的编号和接收时间记录下来，并显示在显示屏上，方便测量人员时刻观察。

(5)待工作面推过标签安装区域后，即信号接收仪不再接收到标签信号，将信号接收仪拆下带回地面，计算该工作面顶煤回收率。

2.3.5.3 顶煤回收率测试结果分析

基于 RFID 技术的顶煤运移跟踪仪自研发以来，先后在全国多个不同条件的放顶煤工作面进行了实地测量，测量结果可以反映工作面不同位置、不同层位顶煤回收率变化情况，应用效果良好，已有的部分测量结果见表 2-5。整体上看，当煤层厚度较小时(≤6.5m)，顶煤回收率较高，约为 80%。随着煤层厚度增加，顶煤回收率也基本呈先增大后减小的趋势。可能的原因是，若不考虑各工作面裂隙分布和煤质的差异，随着顶煤厚度的增加，顶煤破碎块度应呈逐渐增大的趋势，进而使得顶煤回收率先增大后减小。

表 2-5 不同放顶煤工作面顶煤回收率测量(按煤厚排序)

序号	煤矿	工作面	工作面条件	安装标签/个	回收标签/个	顶煤回收率/%
A	九里山矿	15081	煤层厚度 4.7m 割煤高度 2.5m 放煤高度 2.2m 煤层倾角 11.5°	42	36	85.7
B	北辛窑煤矿	8103	煤层厚度 5.6m 割煤高度 3.0m 放煤高度 2.6m 煤层倾角 22°	31	23	74.2
C*	新柳煤矿	241103	煤层厚度 6.2m 割煤高度 2.5m 放煤高度 3.7m 煤层倾角 3°	24	20	83.3
D	大远煤业	1203	煤层厚度 6.5m 割煤高度 2.5m 放煤高度 4.0m 煤层倾角 45°	37	29	78.4

续表

序号	煤矿	工作面	工作面条件	安装标签/个	回收标签/个	顶煤回收率/%
E	王庄煤矿	4331	煤层厚度 7.18m 割煤高度 3.0m 放煤高度 4.18m 放煤步距 0.8m	23	16	69.6
F	瑞隆矿	8103	煤层厚度 9.0m 割煤高度 3.0m 放煤高度 6.0m 放煤步距 0.8m 煤层倾角 22°	42	33	78.6
G	新巨龙煤矿	1302N	煤层厚度 9.4m 割煤高度 4.0m 放煤高度 5.4m 煤层倾角 3°	25	22	88.0
H	宝积山矿	703	煤层厚度 11.0m 割煤高度 2.5m 放煤高度 8.5m 放煤步距 1.2m 煤层倾角 45°	73	50	68.5
I	芦岭煤矿	Ⅱ927	采 9#煤，放 8#煤 9#煤厚 2.5m 夹矸层厚 3.0m 8#煤厚 6.25m 煤层倾角 12°	54	37	68.5
G	塔山煤矿	8105	煤层厚度 14.5m 割煤高度 4.2m 放煤高度 10.3m 放煤步距 0.8m	48	28	58.3
K	金庄煤矿	8404	煤层厚度 16.55m 割煤高度 3.9m 放煤高度 12.65m 放煤步距 0.8m 煤层倾角 6°	50	33	66.0

*：文献[9]中结果有误。

为进一步对比分析各个工作面不同层位顶煤回收率情况，将各工作面按照煤层厚度排序后，统一归一到煤层厚度中位数 9m（瑞隆矿），即不同放顶煤工作面根据煤层厚度比例进行换算，最终将各工作面不同层位顶煤回收率绘制在一张图上，结果如图 2-60 所示。可以看出，不同煤矿放顶煤工作面的中低位顶煤回收率都较高，平均约为 70%，而高位顶煤回收率则偏低，平均约为 53%。这是由两方面造成的，一是松散顶煤块体本身流动特征，由顶煤放出体形态可知，中位顶煤放出量较多，而上位顶煤放出量较少；二是由于上位顶煤破碎块度较大，尤其是特厚煤层条件，在放煤过程中容易形成拱结构，减小了上位顶煤放出量，最终使得上位顶煤放出量远远小于中下位顶煤。

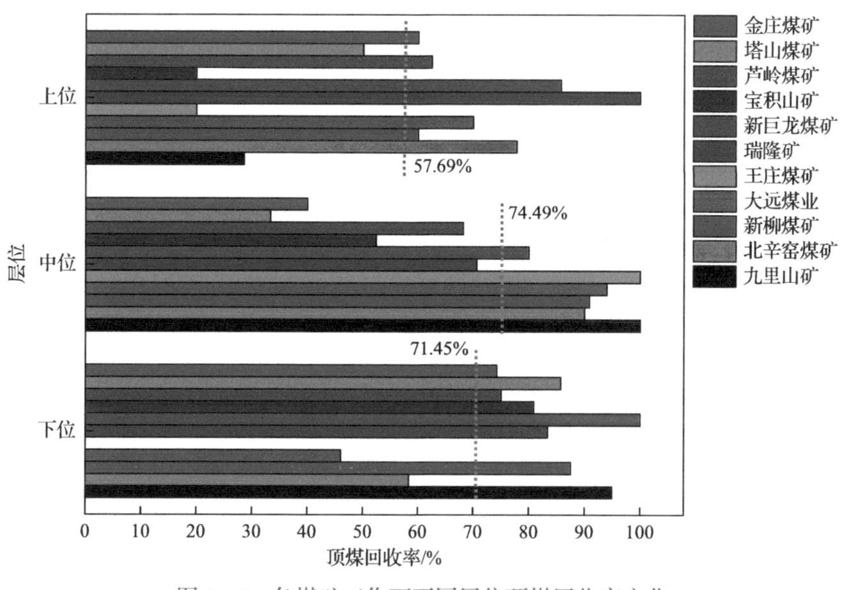

图 2-60 各煤矿工作面不同层位顶煤回收率变化

顶煤回收率的现场实际测量结果为验证室内相似模拟和数值计算结果提供了可靠数据，对于深入揭示放煤规律提供了新的方法。

2.3.6 顶煤回收率与含矸率

2.3.6.1 顶煤回收率与含矸率关系

提高顶煤回收率、降低含矸率是放顶煤开采的重要研究内容，但同时二者也存在矛盾。在放煤初期，可以放出纯顶煤，放出体完全由顶煤组成。但是随着放煤进行，放出体体积增大，破碎的直接顶岩石就会进入放出体，形成混矸，而此时仍然有一部分顶煤没有放出，此后放出的煤量越多，混入的岩石量就会越多，含矸率越高。图 2-61(a)为回收率和含矸率的数值模拟数据，图 2-61(b)为平朔矿区 4#煤和 9#煤厚煤层放顶煤开采顶煤(原煤)的现场实测和物理试验对比结果。

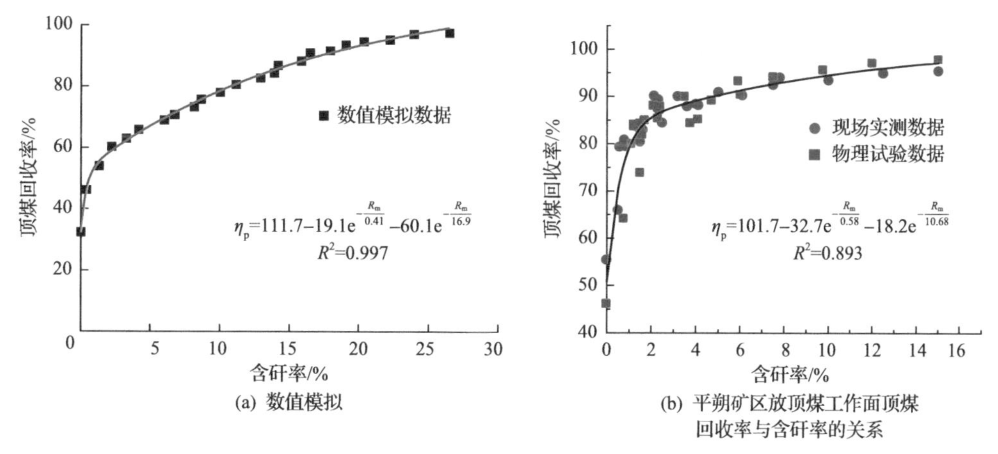

图 2-61 回收率与含矸率的关系

由图 2-61 可以看出，无论是数值模拟、物理试验、现场实测数据，放煤过程中随着含矸率增加，工作面顶煤回收率先迅速增大然后缓慢增大，回收率随含矸率的增大呈复合指数函数增大，其基本关系可由式(2-23)来表示：

$$\eta_{\mathrm{p}} = a + b_1 \times \mathrm{e}^{\frac{R_{\mathrm{m}}}{c_1}} + b_2 \times \mathrm{e}^{\frac{R_{\mathrm{m}}}{c_2}} \tag{2-23}$$

式中：η_{p} 为顶煤回收率，%；R_{m} 为含矸率，%；a、b_1、b_2、c_1、c_2 为方程系数。

因此，当放煤初期混入岩石时，随着含矸率增大，顶煤回收率显著提高。当含矸率增大到一定数值时(10%左右)，随着含矸率增大，顶煤回收率提高缓慢。以图 2-61(b)中平朔矿区物理试验和现场实测数据为例，当含矸率为 2%时，工作面顶煤回收率为 75%～80%；当含矸率为 4%时，工作面顶煤回收率为 85%～88%；当含矸率大于 10%时，工作面顶煤回收率整体变化量较小，不宜再进行过量放煤操作。因此对于不同煤层条件和开采工艺，确定放煤过程中合理的含矸率阈值，是提高顶煤回收率和开采效益的重要研究内容。

2.3.6.2 顶煤回收率预测模型

顶煤回收率现场精准实测对于放煤规律研究至关重要，为此，研究团队先后开发了三代顶煤运移跟踪仪，用于监测工作面顶煤回收率大小，以及溯源顶煤放出位置，为工作面精准放煤工艺的开发提供设备基础。除现场实测顶煤回收率外，顶煤回收率的预测研究也是放煤理论中的重要内容。通过研究顶煤块度分布对放煤规律的影响机理，提出了基于块度分布的顶煤回收率预测模型[28]，如式(2-24)所示：

$$\eta_{\mathrm{p}} = a_1 \left(d_{\mathrm{r}} - d_{\mathrm{rm}}\right)^2 + k \tag{2-24}$$

式中：d_{r} 为顶煤相对块度，与顶煤块度均值和放煤口长度相关；d_{rm} 为当顶煤回收率最大时的顶煤相对块度；a_1 和 k 为方程系数，$a_1<0$，可通过试验数据分析统计得出。

图 2-62 显示了顶煤回收率随顶煤相对块度的变化趋势。可以看出，当顶煤相对块度 d_{r} 较大时($d_{\mathrm{r}} \geqslant 0.079$)，现场测得顶煤回收率和数值计算、放煤试验结果都呈先增后减的

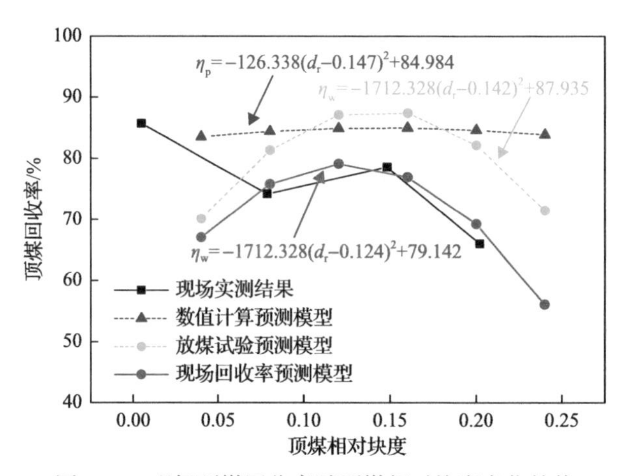

图 2-62 现场顶煤回收率随顶煤相对块度变化趋势

变化规律。为更准确地预测现场顶煤回收率，对试验所得的顶煤回收率预测模型进行修正，修正后的顶煤回收率预测模型可以较好地拟合各工作面顶煤回收率。若现场测得某一放顶煤工作面的顶煤相对块度，则可通过该预测模型对该工作面顶煤回收率进行预测。

2.4 高回收率的放煤工艺

采放工艺是提高顶煤回收率的核心。通过长期的理论研究和现场工业试验，归纳总结了不同条件和工艺的煤损情况，针对性地制定了放煤工艺优化措施，形成了复杂条件精准放煤工艺体系，如图 2-63 所示，以进一步提高放顶煤开采煤炭资源回收率。

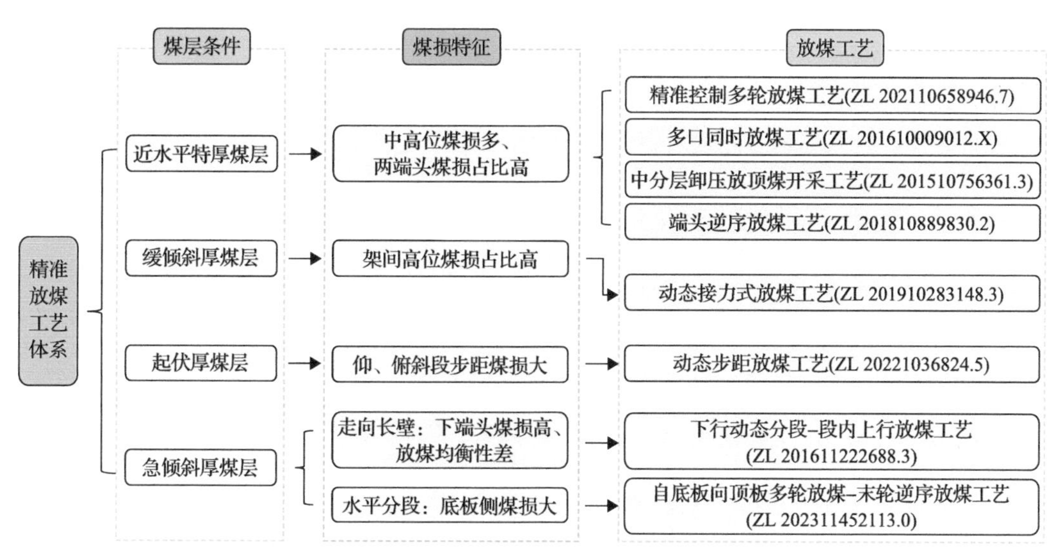

图 2-63 精准放煤工艺体系

ZL 20……为中国发明专利号

2.4.1 近水平特厚煤层提高回收率放煤工艺

2.4.1.1 精准控制多轮放煤工艺

对于顶煤厚度大的放顶煤工作面，采用多轮放煤工艺有利于煤矸分界面均匀下沉，避免矸石提前窜入，可以获得较高的顶煤回收率，但是人工放煤时很难掌控多轮放煤的时间。当顶煤中含有夹矸时，放煤工经常将放出的夹矸误认为顶板岩石，而提前关闭放煤口，导致顶煤大量损失。针对多轮放煤工艺中难以精确掌控每一轮放煤时间、误判煤层夹矸问题，作者团队研发了顶煤放出时间测量系统，可以准确记录不同层位顶煤的放出时间，结合图像识别的顶煤含矸率检测技术，研发了精准控制多轮放煤技术[38]，如图 2-64 所示。

精准控制多轮放煤技术主要包含多轮放煤工艺确定、多轮放煤时间参数测定、多轮记忆放煤与工艺参数修正。

(1) 多轮放煤工艺确定。根据工作面地质条件及煤与矸石的物理特征，利用数值模拟结合相似模型实验研究不同多轮放煤工艺的回收率及含矸率，确定放煤轮数、放煤步距等工艺参数及顶煤运移时间测量标签布置方式。

(2) 多轮放煤时间参数测定。根据所确定的放煤轮数及标签布置方式，在工作面顶煤中自下而上直到煤矸分界面布置若干层顶煤运移时间测量标签，以某一层标签掉落至刮板输送机为某一轮放煤的结束标志，自动记录每层标签从开始运动到掉落至刮板输送机的时间作为该轮放煤时间，以此作为后续自动多轮放煤的时间参数。

(3) 多轮记忆放煤与工艺参数修正。在工作面推进过程中，根据形成的多轮放煤工艺及时间参数进行记忆放煤，同时结合含矸率检测技术对放出顶煤进行煤矸识别，根据识别结果决定放煤口关闭与否，以及修正放煤工艺参数。当顶煤厚度或地质条件发生明显变化时，或根据含矸率检测结果判断当前工艺参数已经不再适用时，重新布置顶煤运移时间测量标签确定新一周期多轮放煤的工艺参数。

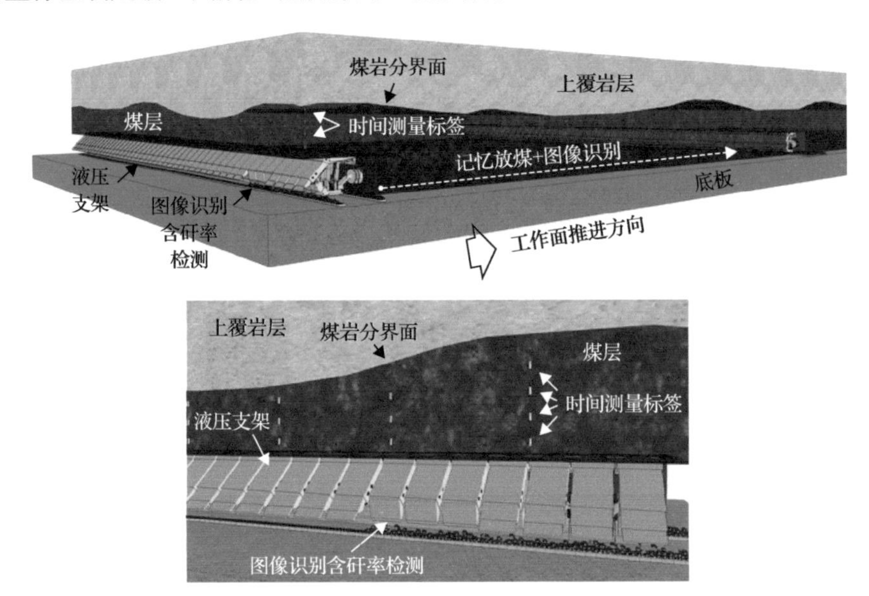

图 2-64　精准控制多轮放煤技术

2.4.1.2　多口同时放煤工艺

近水平特厚煤层若采用传统的单口放煤工艺，易造成煤矸分界面数量多、矸石混入概率增大，因此从提高回收率、减少矸石混入的角度，可采用多口同时放煤工艺，如图 2-65 所示。多口同时放煤工艺是指在沿工作面布置方向上，同时打开两个或者两个以上的支架放煤口进行放煤作业，这些放煤口可以相邻，也可以相隔一定的距离。多口同时放煤工艺在早期的放煤实践中有所应用，但是由于该工艺操作较单口放煤复杂，且对顶煤放出控制和后部刮板输送机运量的要求较高，加之未能从理论上认识多口放煤的顶煤放出规律，早期运用较少；近些年随着煤机装备的快速更新升级以及煤矿智能化建设的推进，大运量刮板输送机成本降低，电液控的普及也使得同时控制多个液压支架越来越容易，因此多口同时放煤工艺逐渐开始被现场采用[29, 39]。图 2-66 为不同放煤口数量同时开口条件下顶煤放出情况。可以看出在近水平煤层采用放顶煤开采时，若采用多口同时放煤工艺，可减少煤矸分界面数量以及顶煤架间损失，从而降低矸石混入概率、提高顶煤回收率；对于特厚煤层，其提升效果更为显著。

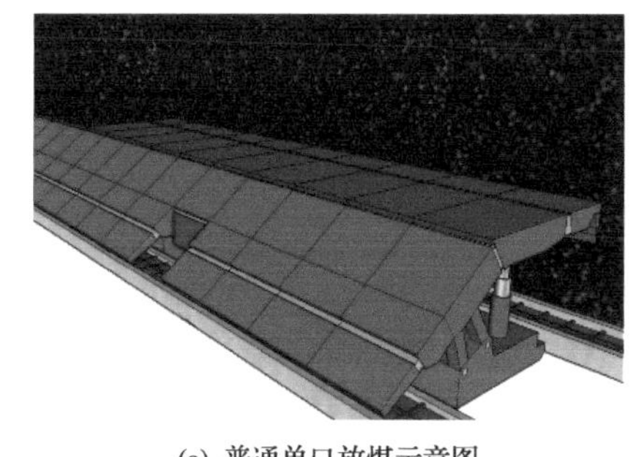

(a) 普通单口放煤示意图

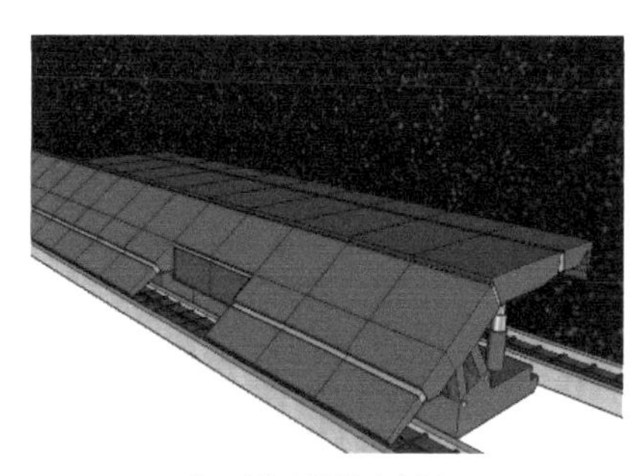

(b) 多口同时放煤示意图(双口)

图 2-65 多口同时放煤工艺

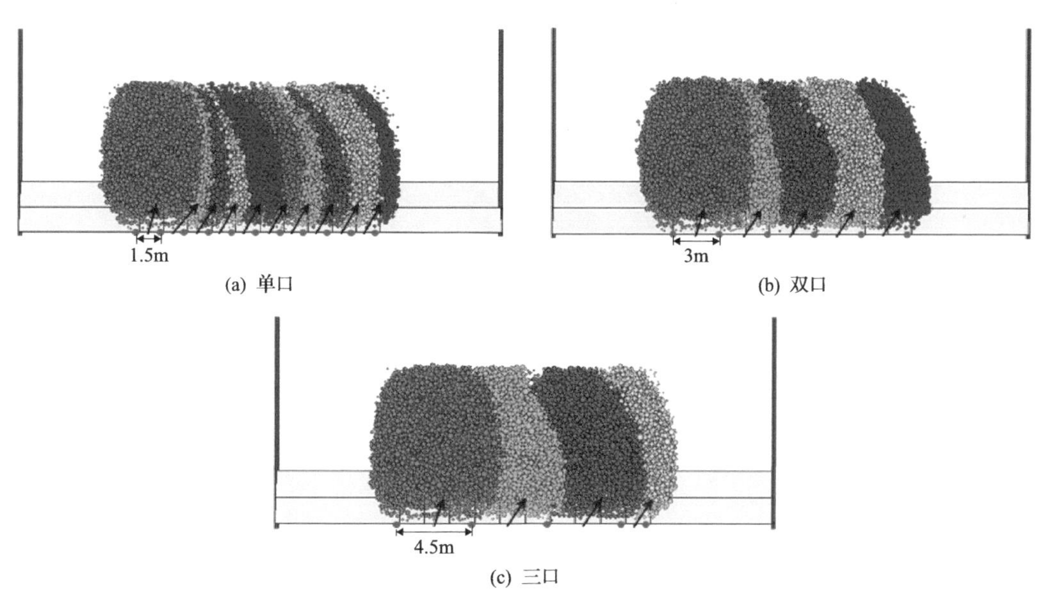

(a) 单口

(b) 双口

(c) 三口

图 2-66 放煤口数量对各支架放出体的影响

2.4.1.3 中分层卸压放顶煤开采工艺

对于 20m 以上近水平或缓倾斜特厚煤层，可采用中分层卸压放顶煤开采工艺实现高效高回收率开采，其基本工艺如图 2-67(a)所示。将特厚煤层分为 *A*、*B*、*C* 三层，在 *B* 层布置卸压工作面，采用综采工艺进行回采，该分层回采过程中，*C* 层煤首先经历采动加载进程，工作面推过后则进入卸载进程，自行垮落破碎堆积在 *A* 层煤上方，然后在覆岩沉降作用下开始承载，进入应力恢复进程(以上煤体破碎为一次破碎)；最后在 *A* 层布置放顶煤工作面，依靠采煤机割煤回采 *A* 层煤，依靠放顶煤回采已经垮落破碎在 *A* 层上方的顶煤 *C*(此阶段煤体破碎为二次破碎)。该开采技术适用于坚硬特厚煤层或者瓦斯含量大的特厚煤层，依靠中层 *B* 的开采可实现对硬煤的预破碎或者有效地释放煤层瓦斯。

卸压放顶煤开采顶煤经历了卸压采动影响、应力恢复再次承载和放顶煤开采冒落放出三个进程，多次扰动影响下顶煤破坏程度高，可以实现 20m 及以上特厚煤层的一次性回采，极大提高资源开采效率。

图 2-67(b)为卸压工作面和综放工作面顶煤破碎块度对比图。可以看出，二次放顶煤开采阶段顶煤块体累计体积约为 $119m^3$，$108m^3$ 以内的顶煤块体最为密集，与卸压完毕相比，块体比例增加了 3.9%，块体数量增加了 3110 个，二次破碎后顶煤块体体积明显变小，较小体积的块体数量明显增多，二次破碎效果显著[4]。

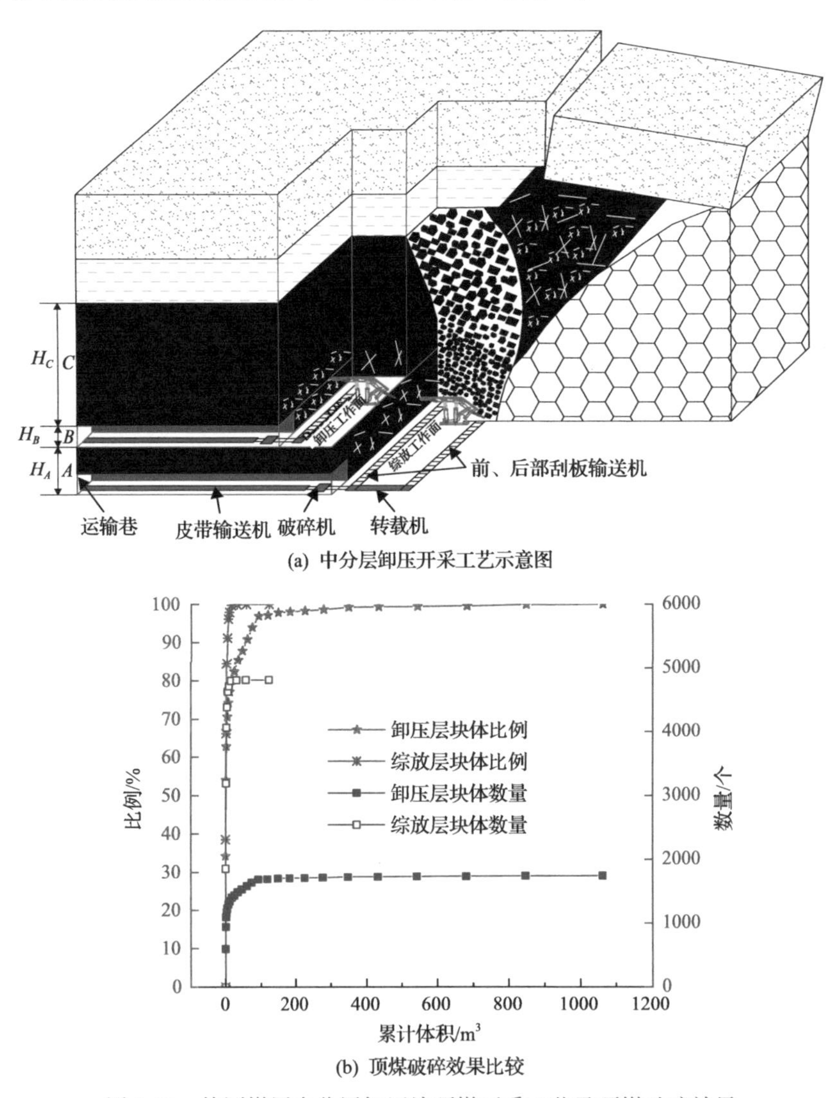

(a) 中分层卸压开采工艺示意图

(b) 顶煤破碎效果比较

图 2-67 特厚煤层中分层卸压放顶煤开采工艺及顶煤破碎效果

2.4.1.4 端头逆序放煤工艺

放顶煤工作面近端头侧煤损是采区煤损的重要组成部分，对于特厚煤层来说，由于顶煤厚度较大，端头侧煤损量也随之增大。为了减少特厚煤层端头侧煤损量，结合上、下端头侧煤矸分界面特征，提出了端头逆序放煤工艺，该工艺是指在工作面靠近端头侧设置一逆序放煤段，在该段内放煤方向与正序放煤段内方向相反，通过逆序方式调整煤矸分界面形态，以提高下端头侧顶煤回收率[39]。

端头逆序放煤工艺如图 2-68(a)所示，即将工作面内除上、下端头不放煤段之外的所有放煤支架划分为正序放煤段和逆序放煤段两段。正序放煤段是指在该段内放煤方向与采煤机割煤方向相同(图 2-68 中为下行放煤)；逆序放煤段是指在该段内放煤方向与采煤机割煤方向相反(图 2-68 中为上行放煤)，逆序放煤段与下端头不放煤段相邻，其长度约为支架宽度的 3～5 倍。现场生产中，若采用双向割煤，往返一次进两刀，且上行和下行都放煤，则逆序段交替出现在上下端头处。采用端头逆序放煤方式后，在端头侧的分界面形态更有利于减少端头侧煤损，如图 2-68(b)所示，根据端头逆序与普通正序分界面差异，采用端头逆序方式在端头位置多回收的顶煤量约为 V_1–V_2，该种放煤方式在特厚煤层减少煤损的应用中效果更加显著。

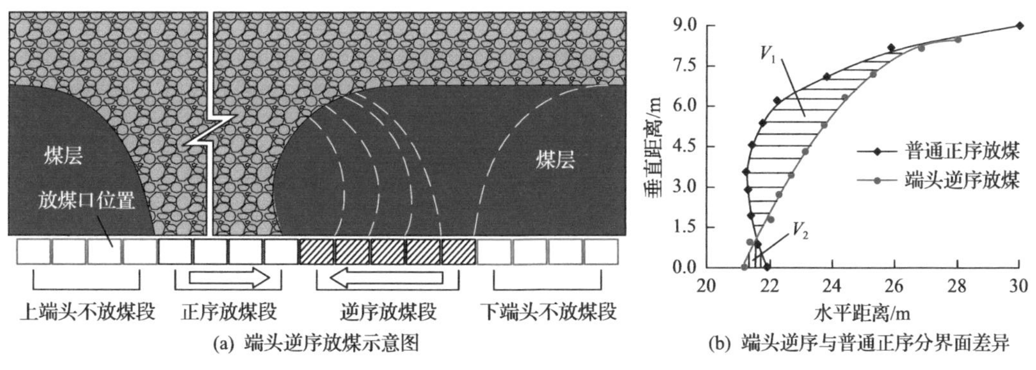

(a) 端头逆序放煤示意图 (b) 端头逆序与普通正序分界面差异

图 2-68 放顶煤开采端头逆序放煤工艺

2.4.2 缓倾斜厚煤层动态接力式放煤工艺

缓倾斜厚煤层采用多口同时放煤工艺时，相邻两个放出体发育过程中互相作用不明显，架间煤损主要来自高位顶煤，因此开发了一种动态接力式放煤工艺以提高缓倾斜厚煤层顶煤回收率[24]，该工艺如图 2-69 所示，基本流程如下。

(1)首先打开 1 号支架放煤口进行放煤，当 1 号放煤口放煤到一半左右时，打开 2 号放煤口进行放煤，即此时 1 号和 2 号放煤口同时进行放煤；在放煤过程中，矸石逐渐侵入破碎顶煤中，形成煤矸分界面。

(2)如图 2-69(a)所示，当 1 号和 2 号放煤口放煤过程中初次见矸后(此时 2 号支架约放煤到一半)，关闭 1 号放煤口，同时打开 3 号放煤口，即此时 2 号和 3 号放煤口同时放煤；在此期间，左翼煤矸分界面相对比较陡峭，但后续放煤过程中基本没有变化，而右翼煤矸分界面不断发育，形态相对平缓且向上端头侧延伸。

(3)当再次见矸后，关闭 2 号放煤口，同时打开 4 号放煤口进行放煤[此时 3 号支架约放煤到一半，如图 2-69(b)]，即要保证工作面同时存在两个支架进行放煤，但两个支架放煤进度上存在差距，以此类推，对整个工作面进行放煤。该放煤工艺可有效提高缓倾斜厚煤层顶煤回收率和支架稳定性。

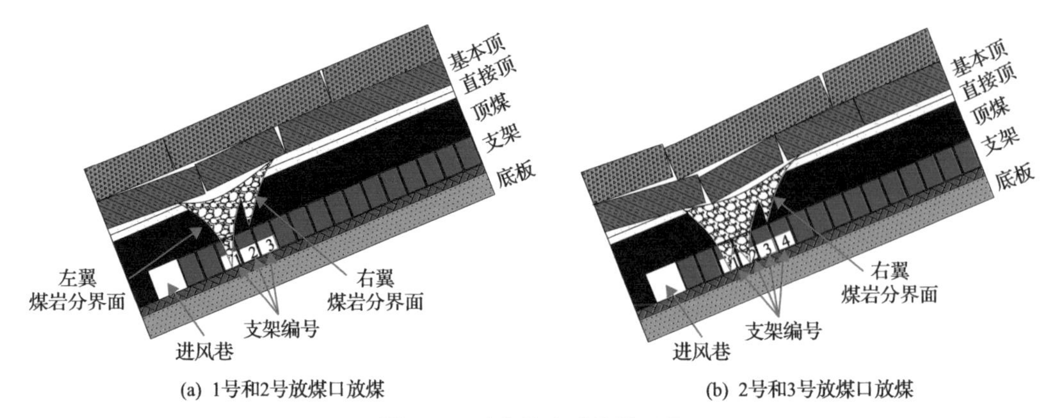

(a) 1号和2号放煤口放煤 (b) 2号和3号放煤口放煤

图 2-69 动态接力式放煤工艺

图 2-70 显示动态接力式放煤工艺顶煤回收率最高，相较于单口顺序放煤提高了约 8.44%。同时该工艺条件下放煤时间大大缩短，节省了约 46%的时间，说明该放煤方式可加快工作面推进速度，增加工作面年产量，综合体现了该类工作面条件下单口放煤方式顶煤回收率高和双口放煤方式放煤时间短的优势。

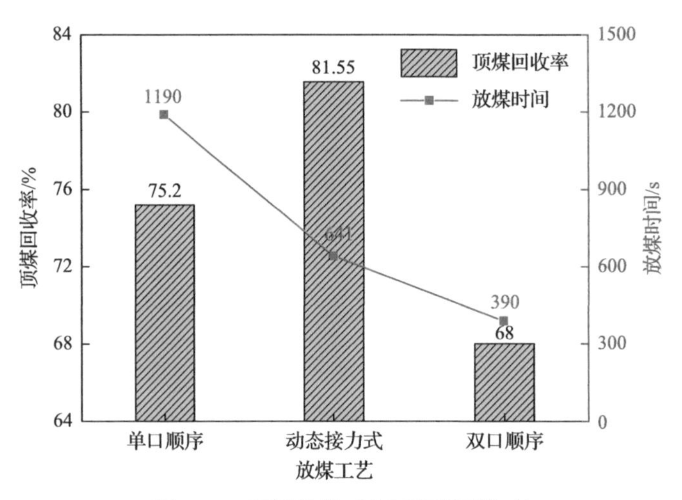

图 2-70 不同放煤工艺下顶煤回收率

2.4.3 起伏厚煤层动态步距放煤工艺

当厚煤层受到褶皱影响时，会出现局部起伏的情况，采用放顶煤技术开采这类煤层时会遇到局部仰斜、俯斜或仰-俯斜交替开采的情况，导致放煤均衡性差、顶煤回收率低等问题。通过放煤规律研究发现，随着仰采角增大，支架上方顶煤会“超前放出”，遗留在采空区的煤损也越来越大，此时放煤步距应适当小些以减少步距煤损；随着俯采角的增大，会导致采空区矸石“超前混入”，本轮顶煤整体的放出量减少，含矸率增大，此时步距应适当大些以减小俯采时混入的矸石，因此针对俯-仰斜、仰-俯斜过渡的起伏厚煤层放顶煤开采，可采用动态步距放煤工艺，即在过渡段倾角不同的煤层处采用动态的、变化的放煤步距来提高顶煤回收率，从而有效减少仰采阶段中易进入采空区的顶煤和俯采阶段中易提前放出的矸石[40]。

图 2-71(a)为动态步距放煤工艺示意图，定义不同步距切换时对应的仰/俯采角为动态步距临界角 β' 。以仰-俯斜过渡的放顶煤开采为例，在仰采阶段，若仰采角 $\beta \geqslant \beta'$ ，采用小放煤步距，若仰采角 $\beta < \beta'$ ，采用中等放煤步距；在水平开采阶段，采用中等放煤步距；在俯采阶段，若俯采角 $\beta < \beta'$ ，采用中等放煤步距，若俯采角 $\beta \geqslant \beta'$ ，采用大放煤步距。动态步距临界角 β' 可由式(2-25)来确定：

$$\beta' = 45° - \frac{\alpha}{2} \tag{2-25}$$

式中：α 为放煤支架的掩护梁倾角，(°)；β' 为动态步距临界角，(°)。

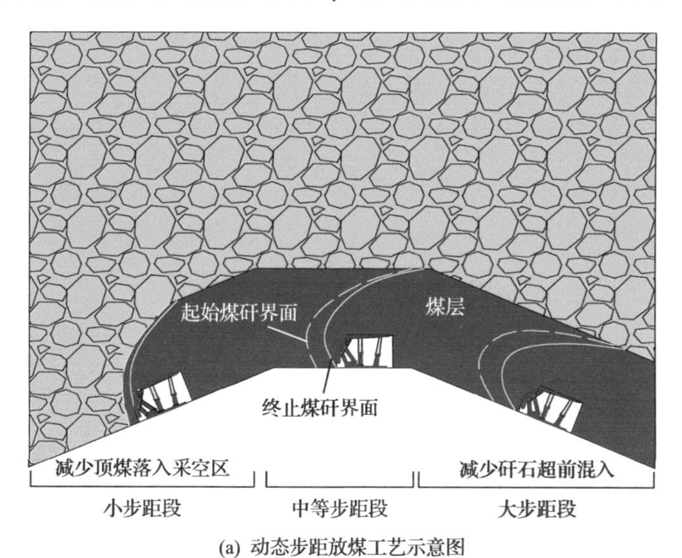

(a) 动态步距放煤工艺示意图

顶煤回收率/%
86
82
78
74
70
83.81%
81.98%
81.32%
77.22%
动态步距
一刀一放
两刀一放
三刀一放
放煤步距

(b) 顶煤回收率对比

图 2-71　动态步距放煤工艺及顶煤回收率对比

通过数值模拟验证，相较传统固定步距放煤工艺，采用动态放煤步距的顶煤采出率平均提高了约3.71%，可有效减少煤炭资源浪费，如图2-71(b)所示。

2.4.4 急倾斜厚煤层放煤工艺

2.4.4.1 走向长壁下行动态分段-段内上行放煤工艺

急倾斜厚煤层走向长壁放顶煤开采过程中，煤损主要集中在工作面下端头侧，同时由于煤层倾角大，放煤过程中若采用传统的自下而上放煤工艺，当工作面下部放煤时，会引起上部支架顶煤向下流动，减小上部支架与顶煤及顶板的作用力，减弱支架的稳定性及放煤的均衡性，因此基于急倾斜厚煤层的顶煤运动与放出规律，开发了急倾斜厚煤层走向长壁放顶煤开采的下行动态分段-段内上行放煤的放煤工艺，简称动态分段放煤工艺[22]。

动态分段放煤工艺如图2-72(a)所示，其基本工艺流程包括：采煤机自上而下割煤；自上而下移架；自上而下动态分段，每个放煤分段内自下而上放煤；自下而上整体推移前部刮板输送机和拉移后部刮板输送机。自上而下动态分段是指根据煤矸分界面和顶煤放出体形状[图2-72(b)]，确定每个分段内的支架数量，动态分段放煤工艺发挥了急倾斜厚煤层走向长壁放顶煤开采的优势，在急倾斜厚煤层条件下使用该工艺可以实现工作面的均衡放煤，提高设备防滑性能，提高工作面安全性，提高回收率和资源利用率。

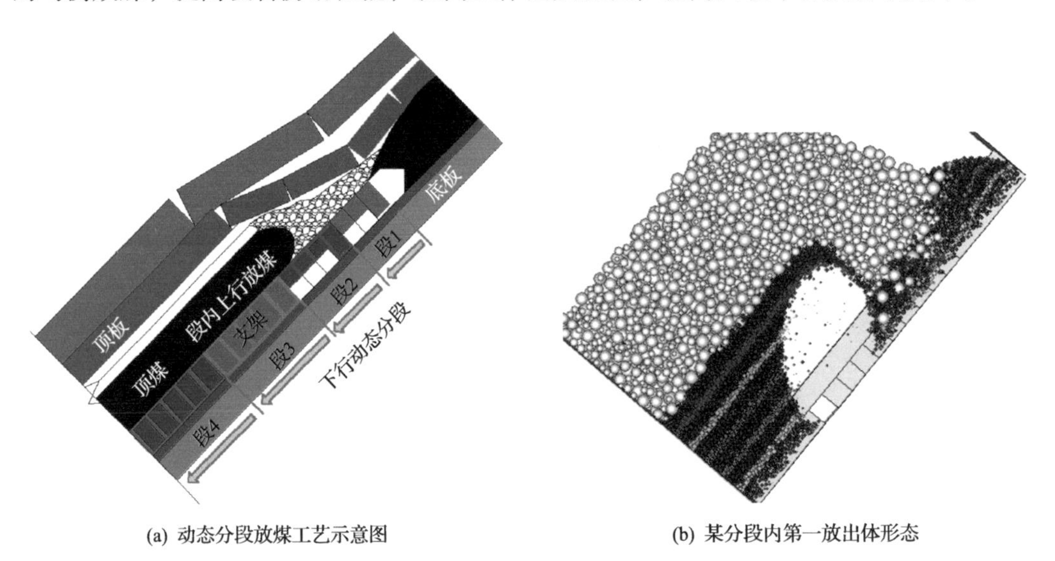

(a) 动态分段放煤工艺示意图　　(b) 某分段内第一放出体形态

图2-72 动态分段放煤工艺及第一放出体形态

2.4.4.2 水平分段多轮放煤-末轮逆序放煤工艺

在水平分段放顶煤开采条件下，采用较大的分段高度能够减少巷道掘进量、提高开采效率、降低开采成本，但分段高度增大意味着顶煤运移路径变长，增大顶煤和矸石在运移过程中混合的概率。放煤过程中邻架矸石极易窜入旁侧正在流动的煤流中，造成放煤口提前关闭，从而增大了混矸率或残煤量。同时，由于水平分段工作面较短，顶底板侧的煤损占比较大，除了从底板向顶板放煤可提高底板侧顶煤回收率外，多轮放煤工艺也有利于煤岩界面(或直接顶)相对均匀、缓慢地下沉，工作面支架受力均匀，避免应力集中，能够降低混矸率，提高工作面中部的顶煤回收率。

对于水平分段顶板侧煤损，在自底板向顶板放煤的基础上，可采用多轮放煤-末轮逆序放煤工艺，从而针对性地提高水平分段顶板侧顶煤回收率，以三轮放煤-末轮逆序为例，其工艺流程如图 2-73 所示[32]。采用该工艺时首先进行两轮自底板向顶板的正序放煤，如图 2-73(a)、(b)所示；随后在最后一轮，即第三轮的放煤过程中，工作面划分正序段和逆序段，正序段是自底板向顶板方向放煤，逆序段是自顶板向底板方向放煤(逆序段长度一般为 3～5 个放煤支架宽度)，如图 2-73(c)所示。这种开采工艺能够使煤岩界面缓慢下沉，减少矸石的混入，同时尽可能减少近顶板侧的残煤量，有效提高顶煤回收率。

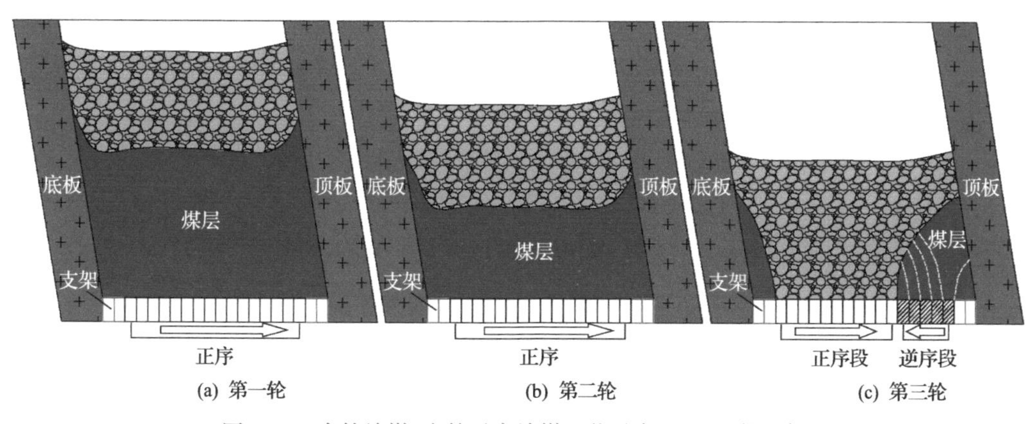

图 2-73 多轮放煤-末轮逆序放煤工艺示意图(以三轮为例)

2.4.5 端头放煤装备及工艺

放顶煤开采端头区域(过渡支架和巷道支架位置区域)顶煤的破碎和放出也是近年来的研究重点。如图 2-74 所示，课题组率先在串草圪旦煤矿设计了端头放煤(巷道放煤)专用支架和配套运输设备，并进行了井下试验[33]。图 2-74(b)为改造后的端头放煤支架实体图，即在巷道内两个端头支架掩护梁位置进行了改造，重新设计了放煤口位置，并设有破网机构，破碎的顶煤可通过铁网缺口流出放煤口，实现端头放煤技术。图 2-74(c)为改造的转载机机构，图 2-74(d)为后部刮板输送机与加长转载机的空间位置关系，通过加长转载机到巷道支架放煤口下端，使得破碎顶煤可运出工作面。经过现场使用，端头放煤专用设备使用效果良好。

放顶煤工作面“头三尾四”过渡支架区域，由于前、后部刮板输送机机头和机尾布置，放顶煤支架缺乏放煤空间，只会放出少量顶煤或不放煤，造成煤炭资源极大浪费。为此，作者团队初步开发了过渡区专用放煤支架(图 2-75)，即在掩护梁上开天窗并安装可进行破煤和放煤的放煤口插板装置，放出的顶煤可直接通过后部刮板输送机运出工作面，从而实现过渡区放煤。

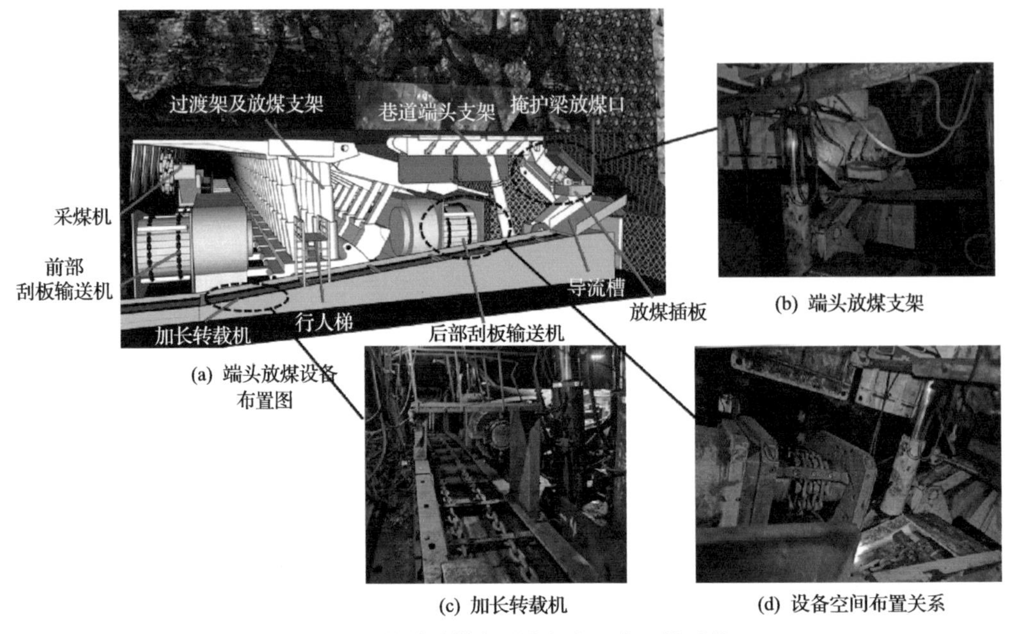

图 2-74 巷道放煤专用支架和配套运输系统

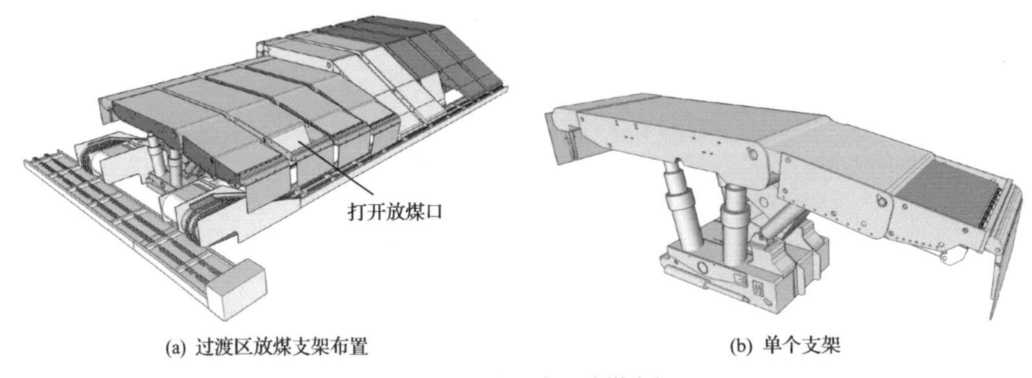

图 2-75 过渡区专用放煤支架

2.4.6 其他技术

2.4.6.1 放顶煤工作面沿空留巷技术

为了提高放顶煤开采的煤炭采出率、减少巷道掘进费用，近年来开始研究和试验放顶煤工作面沿空留巷技术。由于巷道上方是强度较低的顶煤，因此放顶煤工作面的沿空留巷技术实施难度更大。为了解决这一问题，潞安常村煤矿将放顶煤工作面运输巷沿煤层顶板掘进，通过柔膜混凝土技术进行沿空留巷，为了增加柔膜混凝土墙的整体支护能力，对墙下的底煤进行加固处理，如图 2-76 所示。山东新汶新巨龙煤矿，在采深 810m 的近水平放顶煤工作面，通过矸石胶结充填材料配合锚杆加固构筑沿底巷道的沿空留巷。山西斜钩煤矿通过切顶卸压构筑放顶煤工作面沿底巷道的沿空留巷。目前放顶煤工作面沿空留巷技术已经得到较广泛的认可和推广应用[41]。

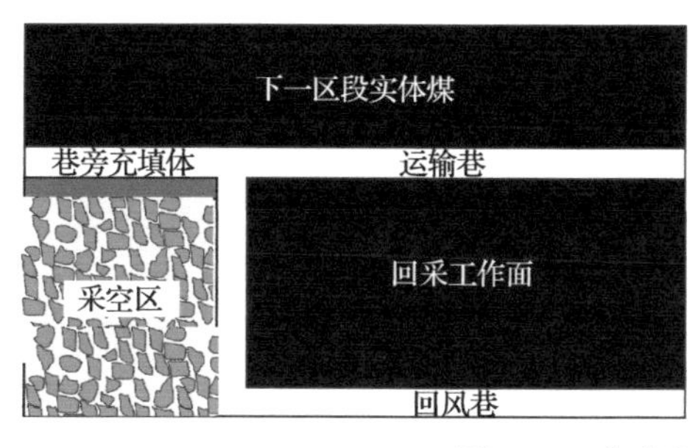

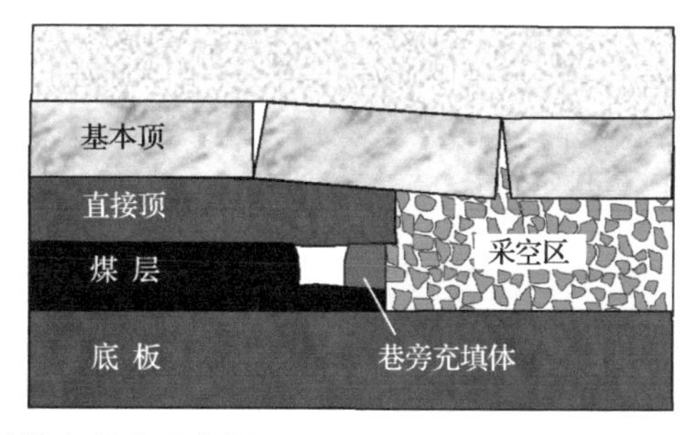

图 2-76 巷旁充填沿空留巷示意图

2.4.6.2 放顶煤工作面初末采安全提产技术

放顶煤工作面回采初期顶煤破碎不充分无法放出或仅部分放出，形成初采损失，受采动应力分布特点和煤岩强度的影响，初采期间顶煤损失宽度可达到 10～20m。当工作面推进至停采线时，为了保证回撤通道支护安全，通常在末采阶段采用留顶煤或提前爬坡方式保障围岩稳定，形成末采损失。初末采损失是顶煤损失的重要组成部分，损失率可达 0.7%～10%，平均约 2%。为减小放顶煤工作面初末采损失，陕煤集团蒲白建庄矿 403 工作面走向长度设为 3580m，超大工作面推进长度有效降低了初末采顶煤损失率。国家能源集团大柳塔矿、山东兖矿、义马千秋矿、潞安王庄煤矿和平朔二号井在工作面设计和现场管理方面做出了大量有益的贡献，针对初采期间的顶煤损失采用深孔爆破放顶、开掘辅助巷道改变顶煤边界条件等措施，特别是针对“两硬”条件放顶煤开采，顶煤和顶板及时卸压对顶煤放出具有重要作用。末采期间一般采用爬坡找顶收尾、直接沿底收尾和预开顶巷收尾 3 种方法，对于“三软”煤层还需要辅助铺设人工假顶等措施加强支护。

2.5 放顶煤开采技术发展

经过 40 年的探索、创新和发展，我国放顶煤开采技术取得了举世瞩目的成绩。从早期的炮采放顶煤、普采放顶煤、轻型支架放顶煤、综采放顶煤，发展到今天的全面推广综采放顶煤，并形成了多种条件的放顶煤开采技术。在放煤方式上，从应用放顶煤技术初期的高位放煤、中位放煤，到目前普遍使用的低位放煤方式。最近 20 年来，各煤矿企业在厚煤层中广泛采用放顶煤开采技术，而且支架趋于重型化、大型化，支架额定工作阻力逐渐增大。目前放顶煤支架最大高度达 7m，额定工作阻力最大达 21000kN。支架的架型也从早期的四柱式发展到今天的四柱式与两柱式并存。走向长壁放顶煤开采的煤层厚度最大可达 20m，煤层倾角最大可达 60°，工作面的采高从 2m 到 7m，工作面产量最大可达 1500 万 t/a。煤层厚度大于 20m 的急倾斜煤层，开发了水平分段放顶煤开采技术，工作面产量可达 400 万 t/a。应用放顶煤开采技术的开采深度从 100m 到 1000m，煤层单轴抗压强度可达 35MPa，放顶煤开采在我国展现出了巨大的技术优势和宽广的适用范围。2004 年我国放顶煤开采技术和装备输出到澳大利亚，2006 年在澳斯达煤矿投入应用，2022 年又输出到土耳其等欧洲国家，真正实现了从技术引进到技术输出的华丽转身。

2.5.1 放顶煤开采技术的早期发展

放顶煤开采的思路源于厚煤层高落式采煤技术。这种采煤技术早在 19 世纪手工采煤时期就有所应用，也曾经是 20 世纪 50 年代以前我国开采厚煤层的主要方法之一。20 世纪 50 年代后我国的开滦、潞安等矿区曾试验了木支柱、金属摩擦支柱开采下分层，回收中分层的长壁放顶煤层开采技术。初期工作面采用一部刮板输送机运煤，后来工作面采用了两台刮板输送机，分别运输煤壁的爆破落煤和后部放出的顶煤[2]，这就是最早的长壁工作面炮采放顶煤技术。这一技术后来发展成了单体液压支柱放顶煤、悬移支架放顶煤、网格式支架放顶煤等，由于单体支柱的稳定性差，支护阻力低，到 21 世纪初，炮采放顶煤技术在我国逐步被淘汰。

20 世纪初，欧洲在一些复杂的地质条件煤层开始使用房式和仓式放顶煤开采。随着长壁采煤法的发展，20 世纪 30 年代出现了厚煤层的分层采煤法，如当时在欧洲盛行的上行充填采煤法，20 世纪 50 年代我国推广了倾斜分层、水平分层采煤法等。这些方法虽然有较高的煤炭采出率和较好的安全性，但工序复杂，成本高。为此法国和南斯拉夫等开始使用单体支柱加顶梁的长壁或短壁放顶煤采煤法。

1954 年英国装备了世界上第一个综合机械化长壁工作面，生产效率和安全性大大提高，作业条件极大改善。由此，20 世纪 50 年代中后期至 60 年代，欧洲的综合机械化采煤技术迅速发展，并逐渐占据主导地位，开始研究厚煤层的综合机械化放顶煤开采技术。1957 年苏联首次使用 KTy 两柱掩护式液压支架开采倾角 5°～18°、厚 9～12m 的厚煤层，工作面先采顶分层铺底网，然后采底分层并向中分层打眼放炮，通过支架顶梁上的天窗放出中分层煤炭。这是世界上最早的预采顶分层放顶煤开采技术，苏联的放顶煤开采一直持续到 20 世纪末，近年来俄罗斯个别工作面仍然使用这种放顶煤开采技术。1964 年法国在中南部煤田的布朗齐矿区的达尔西 D 矿试验成功了一次采全高的放顶煤开采技术，这也是世界上最早的一次采全高放顶煤开采。工作面装备了前后两部刮板输送机，实现了采放平行作业。开采煤厚 6～8.5m，平均月产煤 4.96 万 t，工作面采出率 90%，人员工效 33.6t/工，这也是早期放顶煤开采取得的最好技术经济指标。

尽管放顶煤开采初期在欧洲并没有发挥其高产高效的技术潜力，但是开采不稳定厚煤层、边角煤和煤柱时仍然得到推广应用。20 世纪 70 年代以后，苏联、南斯拉夫、波兰、匈牙利等东欧国家遵循工作面单输送机的技术路线，在苏联 KTy 两柱掩护式液压支架基础上将放煤口由顶梁前部改在顶梁后部，并设计了液压支柱控制放煤口开启与关闭，其中以匈牙利 VHP 型放顶煤液压支架最具代表性，如图 2-77 所示，该支架曾于 1987 年引进到我国。

法国、德国、英国、西班牙等国家遵循工作面双输送机的技术路线，在法国 BANANA 型液压支架基础上不断发展，形成了以英国道梯公司的 400t 掩护式液压支架为代表的中位、低位放顶煤液压支架系列，如图 2-78 所示。

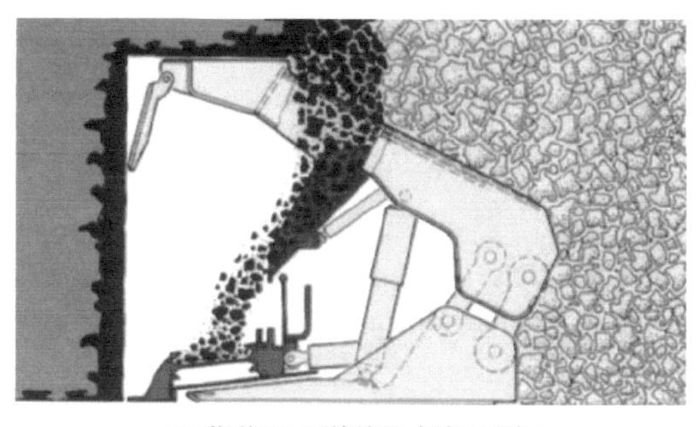

(a) 苏联KTy两柱掩护式液压支架

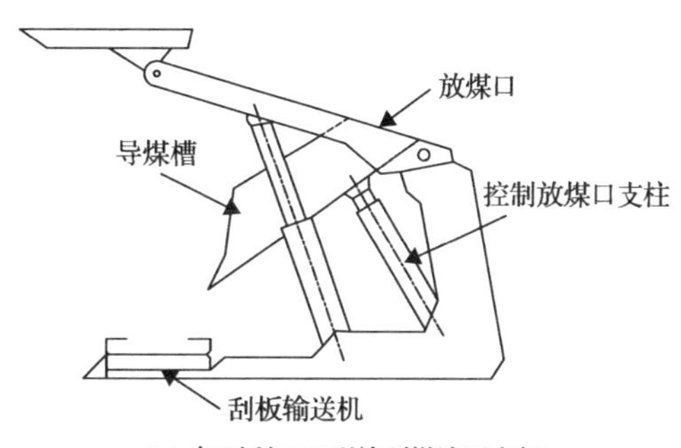

(b) 匈牙利VHP型放顶煤液压支架

图 2-77 单输送机放顶煤液压支架

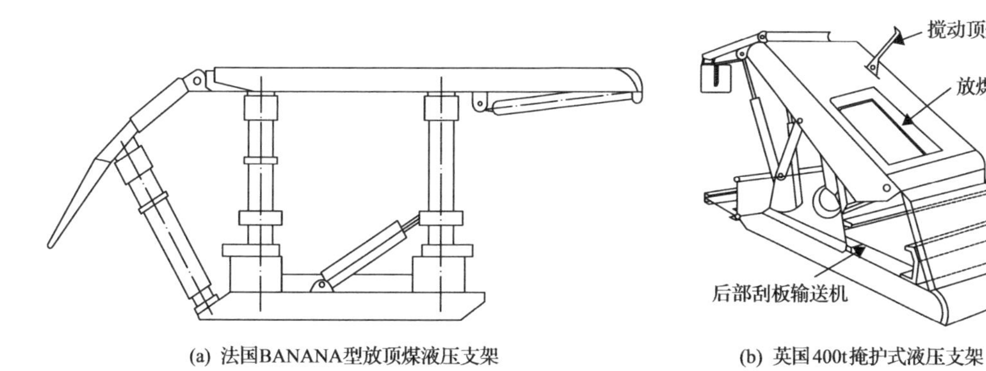

(a) 法国BANANA型放顶煤液压支架

(b) 英国400t掩护式液压支架

图 2-78 双输送机放顶煤液压支架

国外放顶煤液压支架主要架型见表 2-6。因欧洲大部分国家厚煤层煤炭资源枯竭，以及煤炭行业萎缩，欧洲的放顶煤开采技术并没有得到很好发展，技术优势也没有得到充分发挥。至 20 世纪末，除俄罗斯等个别国家外，欧洲放顶煤开采逐渐退出，近年来由于我国在放顶煤开采方面的巨大成就，使欧洲个别国家如土耳其等又开始研究和应用放顶煤技术[42]。

表 2-6 国外放顶煤液压支架主要架型[2]

国别	型号	简图	特点与放煤方式	年份
苏联	KTy		单输送机顶梁开天窗 高位放煤	1957
法国	BANANA		双输送机单绞接门式 低位放煤	1963
美国	—		双输送机开门插板式 低位放煤	1977

续表

国别	型号	简图	特点与放煤方式	年份
法国	MB170	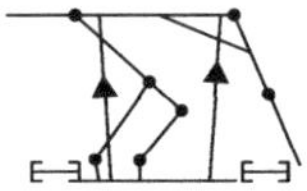	双输送机四连杆插板式 低位放煤	1978
法国	FBS-4-340	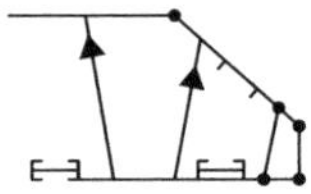	双输送机掩护梁开天窗 中位放煤	1980
德国	1000kN-19/28	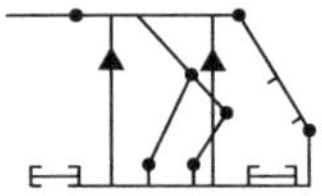	双输送机四连杆掩护梁开天窗 中位放煤	1982
匈牙利	VHP730	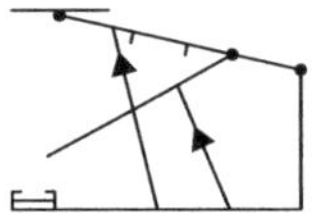	单输送机掩护梁开天窗 高位放煤	1982
英国	4L-4000kN-19/28	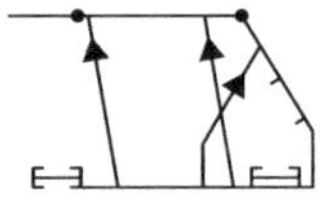	双输送机掩护梁开天窗 中位放煤	1983

我国从 1982 年开始研究和引进放顶煤开采技术，至今已有 40 多年时间，在以往不同时期的文章中关于放顶煤开采技术的发展及阶段划分都有所阐述[43-45]。为了便于记忆，在此将我国放顶煤开采技术的发展划分为两个阶段，即前 20 年的探索和推广应用阶段，后 20 多年的技术创新和输出阶段。

2.5.2 探索和推广应用阶段

2.5.2.1 第一次放顶煤开采工业试验

我国第一次放顶煤开采工业试验是 1984 年 6 月在沈阳矿务局蒲河煤矿北三采区二分段进行的。工作面长 65m，煤层厚 12～14m，倾角 5°～14°，煤种为褐煤，煤质中硬，节理发育，顶底板松软，煤层易自燃。支架为 FY4000-14/28 型插板式低位放煤支架，是由煤炭科学研究总院北京开采研究所(现中煤科工开采研究院有限公司)和沈阳煤炭研究所(现中煤科工集团沈阳研究院有限公司)合作设计。1984 年 6 月至 12 月，试验 7 个月，平均月产煤 1.31 万 t。因支架四连杆受力不合理、损坏严重，工作面推进速度慢，采空区自然发火，试验被迫中断。后来将支架改为 FYA4000-16/26 型天窗式中位放煤支架，1986 年 6 月在北三采区二分段右翼进行第二次试验，工作面长 53m，最高月产煤 2.01 万 t[44]。总的说来，在蒲河煤矿的首次放顶煤开采工业试验效果不好，但是这次放顶煤开采试验为我国后来放顶煤开采技术研发积累了宝贵经验和教训。一是选择合理的架型和结构参数尤其重要；二是要保证工作面推进速度，实现正规采放作业循环；三是对技术人员、管理人员、工人进行培训。

2.5.2.2 急倾斜厚煤层水平分段放顶煤开采

在缓倾斜厚煤层中的第一次放顶煤开采工业试验没有取得理想效果后，在一些急倾斜厚煤层的水平分段放顶煤开采试验获得成功，取得了良好效果。

1) 窑街矿务局二矿水平分段放顶煤开采

1986 年 4 月，在窑街矿务局二矿四号井进行了急倾斜厚煤层水平分段放顶煤开采工业试验。煤层厚 20m，煤层倾角 55°，煤质中硬(f=1.2)，工作面走向长 660m，工作面长 20m。工作面主要装备为：FY2800-14/28 型支撑掩护插板式低位放煤支架 15 架，MLS31-170 型双滚筒采煤机，SGWD-180PB 型前部刮板输送机，SGW-40T 型后部刮板输送机。端头支护为 DZ25 型单体液压支柱配自制的长铰接顶梁(3.6m)双排迈步支护[43,46]。

对不同分段高度进行了试验，认为当时煤层条件下，机采高度 2.5m，分段高度 10～12m 为宜。采用“两刀一放”的采放工艺，每刀进尺 0.5～0.6m。同时对顶煤采出率及其损失顶煤的组成、含矸率等进行了初步研究。工作面平均月产煤 1.90 万 t，工作面平均效率 12.44 万 t/工，工作面采出率 85.9%，含矸率 15%～20%。该项目成果获得 1990 年国家科学技术进步奖二等奖[45]。

2) 梅河口矿水平分段放顶煤开采

吉林辽源矿务局梅河口矿共有 7 对斜井，主采 12 号煤层，f=0.9～1.4。位于煤田西、东两端的三、四井煤层较厚，20～70m，倾角 45°以上。1986 年 11 月，在四井进行水平分段放顶煤开采试验，工作面长 25～38m，分段高度 15m，采用 YFY2000-16/26 型轻型高位放煤支架，工作面平均月产煤 2.52 万 t，工作面采出率 85%。1987 年 10 月，在三井进行试验，工作面长 74m，采放高度 17.5m，采用 FYC4000-16/28 型天窗式中位放煤支架，工作面平均月产煤 4.00 万 t，工作面采出率 87.1%。与过去的斜切分层金属网假顶采煤方法相比，三、四井的月产量分别提高了 3.4 倍和 2 倍，工作面采出率提高 3～5 个百分点，采区掘进率分别下降 80%和 58%，工作面直接成本分别下降 35%和 25%[44]。1988 年以后，梅河口矿三井、四井全部应用放顶煤开采，工作面年产量连续 10 余年突破 60 万 t，创全国同类煤层当时最高纪录，放顶煤开采展现出明显的技术经济优势。

梅河口矿三井开采中通过采取研究地质条件和覆岩岩性、“两带”高度预测、大量黏土渗入砂层堵塞裂隙、限厚开采、均匀放煤等措施，顺利通过上覆含水砂层，为水体下放顶煤开采积累了经验。工作面两巷布置在煤层顶底板中，避免了巷道煤柱损失。对于局部煤质变硬出现大块卡放煤口现象，采取了高压注水和预爆破顶煤的措施，并将下分段高度从 15m 降为 10～12m，取得了良好效果。同时根据煤层厚度变化，通过加减支架调整工作面长度，减少煤炭损失。实行严格的多轮“一刀一放”采放工艺，保证了工作面采出率在 85%以上。

3) 乌鲁木齐六道湾煤矿水平分段放顶煤开采

六道湾煤矿煤层倾角 64°～71°，煤层厚度 33～50m，煤质松软，内生裂隙发育。水平分段高度 10m，其中割煤高度 2.5m。采用法国 SDS 公司生产的 MS-950 型短机身采煤机(机身长 3m)，FYS3000-19/28 型天窗式中位放煤支架，引进与采煤机配套的 2×18/400

型前部刮板输送机，后部为国产的 SGW-40T 型刮板输送机。

采用集中割煤、集中放顶煤的作业方式，从 1987 年 11 月至 1988 年 1 月连续 3 个月，月产煤 2 万 t 以上，工作面采出率 87.04%。液压支架、采煤机、刮板输送机配套适应性好，设计的支架具有较好适应性，引进的短机身采煤机以及与之配套的前部刮板输送机具有良好使用效果。但是试验中也遇到一些难题，如架前漏冒较严重，影响开采效率；支架放煤天窗尺寸较小，易堵口等。

经过探索、创新，急倾斜厚煤层水平分段放顶煤开采技术取得初步成功，工作面采出率在 85%以上，解决了以往分层开采、巷道高冒式采煤法等成本高、安全性差、效率低等难题，初步得到了合理的水平分段高度，为 10～15m，以及合理的采放工艺参数，为后来的缓倾斜厚煤层放顶煤开采积累了经验。

2.5.2.3 引进支架的放顶煤开采试验

河南平顶山矿务局一矿于 1987 年 5 月从匈牙利进口了一套 80 架 VHP732 型掩护式开天窗高位放煤支架[图 2-77(b)]，1987 年 9 月 15 日工作面开始生产。所采煤层总厚度 7.3m，煤层倾角 7°～9°，埋深 464m，煤层硬度 f=1.5～1.8。工作面长 87m，推进长度 489m，两巷沿煤层中部掘进，U29 四节式可缩性拱形支架支护[44]。

工作面采用 MXA-300/3.5 型双滚筒采煤机，布置一部 SGZ-730/320 型前部刮板输送机，放煤时顶煤通过放煤天窗流入前部刮板输送机内。“三刀一放”，放煤步距 2m，支架间隔放煤。正常回采时，工作面月产煤达 4.2 万 t，工作面采出率 84.6%，经济效益较好。但是开采试验中也遇到了高位开天窗放煤时粉尘较大，在回风巷打眼进行煤体注水对放煤时的粉尘防治效果有限；两巷漏风到采空区，采空区残煤易自燃等问题。

2.5.2.4 缓倾斜厚煤层高产高效放顶煤开采技术

在经过沈阳、窑街、辽源、乌鲁木齐、平顶山等矿务局的实践后，尤其是在急倾斜厚煤层中放顶煤开采工业试验成功后，积累了瓦斯、自然发火、粉尘防治等经验，以阳泉、潞安、兖州矿务局为代表进行了缓倾斜厚煤层放顶煤开采的大胆实践，支架架型也从高位、中位放煤定型到低位放煤，真正实现了放顶煤开采的高产高效。

1) 阳泉矿务局放顶煤开采的技术突破

阳泉矿务局的放顶煤开采始于一矿的 15 号煤层，煤层平均厚 6.5m，煤层倾角小于 5°，煤质中硬，f=2～3。1988 年 12 月，采用 ZFS4400 型中位放煤支架，在 8605 工作面进行放顶煤开采试验，工作面长 42m，最高月产煤 3.29 万 t，工作面采出率 81.52%。这次试验表明在中硬煤层中进行放顶煤开采，能够实现采煤与放煤平行作业，工作面单产可成倍增加，放顶煤开采具有巨大的高产高效潜力，解决了 15 号煤层原先采用分层综采和高档普采采煤工艺时，顶板层理发育、管理困难，自然发火期短，瓦斯涌出量大，工作面产量低(40 万 t/a)，企业经济效益差的难题。随后阳泉矿务局在所属的四个矿采用 ZFS4400 型中位放煤支架进行了放顶煤开采技术的推广应用，工作面长 114～180m，1990 年实现了年产百万吨的高产高效目标。

1996年7月阳泉一矿在15号煤开始了低位放煤试验，支架为ZFS4800-17/28B型反四连杆低位放煤支架，同时配备过渡支架和端头支架，采煤机型号为AM-500，前后部刮板输送机型号均为SGZ-764/220。工作面配备了当时国内大功率、高强度、重吨位、大运量和大流量放顶煤设备。工作面长180m，走向长1242m，工作面平均月产煤14.86万t，“一刀一放”采放工艺，工作采出率87.74%，工作面效率51.78t/工。低位放煤不存在脊背煤损失，因此顶煤采出率较高，通过与1994年、1995年中位放煤对比，工作面采出率分别提高6.7个百分点和5.26个百分点，低位放煤在技术上更具优势，加大工作面长度是提高开采效率的基础。

阳泉矿务局所属矿井均为高瓦斯矿井，放顶煤工作面的瓦斯来源于本煤层和邻近层的瓦斯涌出，通过走向高抽巷、倾斜高抽巷和大直径钻孔三种方式形成了有效的放顶煤工作面瓦斯治理体系。阳泉矿务局15号煤层放顶煤开采成功不仅解决了阳泉传统工艺开采产量低、效益差的难题，为阳泉的采煤方法改革、提高开采效益做出了巨大贡献，也为当时全国厚煤层推广放顶煤开采、实现高产高效打开了思路。

2) *潞安矿务局高产高效放顶煤开采*

潞安矿务局所属各矿主要开采沁水煤田东部的3号煤层，煤层厚度7m左右，煤层倾角3°～7°。至1993年，潞安矿务局所属各矿全部采用放顶煤开采技术，对于推动中国放顶煤开采技术的发展发挥了重要作用。

1989年3月王庄煤矿在4309工作面试验天窗式高位放煤放顶煤开采技术，支架为ZFD4000-17/23型高位放煤支架，刮板输送机型号为SGZC-730/320。由于煤层中硬，f=1.5～2.5，裂隙不发育，在工作面巷道向顶煤钻孔注水，软化顶煤，效果良好。工作面长125m，割煤高度2.8m，放煤高度4.06m，“两刀一放”间隔放煤工艺，工作面月产煤9.2万t，顶煤采出率78.97%。

1991年6月，采用ZZPF4000-1.7/3.5型支架在五阳煤矿进行低位放煤放顶煤开采试验，煤层厚6.42m，割煤高度2.6m，工作面长165m。采用“一刀一放”间隔顺序多轮放煤工艺，采放平行作业。工作面最高月产20万t，平均月产12万t，工作面采出率91.1%，充分证明了放顶煤开采的高产高效潜力。

1999年7月，王庄煤矿开展了270m超长放顶煤工作面开采试验，适当增加了采煤机、前后部刮板输送机的功率，同时进行巷道支护技术改革，采用小煤柱锚网支护技术，工作面年产量达400万t，采出率85%以上。

为了研究放顶煤工作面的煤炭损失，1994年，潞安王庄煤矿在4318低位放顶煤工作面穿过原风巷煤柱向其采空区掘进了一条探测采空区残留煤炭的巷道，直观观测采空区的煤炭损失，探巷高度2m。工作面长171m，煤厚6.8m，机采高度3m。图2-79为采空区探巷观测到的残留煤炭分布，在风巷煤柱边缘平行工作面进入采空区，至煤柱6m处开始见矸，说明在此之前残留煤炭厚度大于2m，这也就构成了工作面端头的煤炭损失，继续进入采空区内部，残留煤炭分布趋于正常。采空区残留煤炭平均厚度为0.94m，计算得到工作面采出率为86.18%[47]。这一工作的重要意义在于基本摸清了放顶煤工作面采空区的煤炭损失分布，以及提高放顶煤工作面采出率的努力方向。

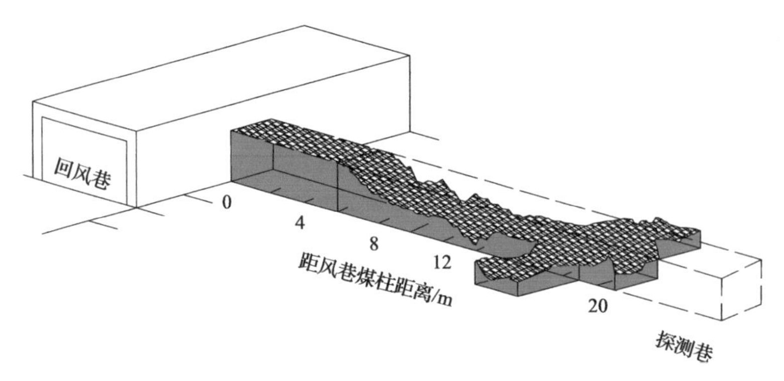

图 2-79 采空区探巷观测到的残留煤炭分布[47]

3) 兖州矿务局高产高效放顶煤开采

兖州矿务局的放顶煤开采始于 1992 年的兴隆庄煤矿，工作面煤层平均厚度 7.25m，割煤高度 2.8m，工作面长 160m，采用 ZFS5200-1.7/3.5 型放煤支架，ZFGT5200-1.8/3.2 型过渡支架，AM-500 型采煤机，SGBW-764/264 型前部刮板输送机，SGZD-764/320 型后部刮板输送机，工作面平均月产煤 10 万 t。兖州矿务局以前主要采用分层综采开采厚煤层，但是下分层的顶板管理困难，采用放顶煤开采以后，解决了分层综采的相关难题，比分层综采吨煤成本节约 10.47 元。鲍店煤矿 1993 年 3 月应用放顶煤开采，放顶煤工作面煤厚 8.5m，工作面长 125m，工作面装备配套与兴隆庄煤矿基本一致。放顶煤工作面平均月产煤 17.17 万 t，工作面效率 74.8t/工，经济效益十分明显。由于放顶煤开采在投入、成本、产量和效益等方面的技术优势，兖州矿务局积极推广放顶煤开采技术，同时对“两刀一放”、“一刀一放”、单轮顺序放煤、双轮顺序放煤、单轮间隔放煤、双轮间隔放煤等采放工艺进行了系统试验，放顶煤工作面产量和效益迅速提升。1994 年兴隆庄煤矿综采一队的放顶煤工作面产量达 230 万 t，鲍店煤矿综采二队的放顶煤工作面产量达 220 万 t。1995 年全局已在兴隆庄煤矿、鲍店煤矿、南屯煤矿、东滩煤矿等 17 个工作面进行放顶煤开采，其中兴隆庄煤矿综采一队产煤 300 万 t、鲍店煤矿综采二队产煤 246 万 t。

1999 年，兴隆庄煤矿采用 ZF6200-16/35 型较大阻力放顶煤支架，开采倾角为 4°～12°的 8.2m 厚煤层，工作面长 162m，“一刀一放”单轮顺序放煤，采放平行作业，工作面平均月产煤 35 万 t，工作面采出率 85.17%，平均回采工效 177.98t/工。

东滩煤矿煤层厚度 5.6～6.5m，煤层倾角 3°～8°。自 1994 年开始推广放顶煤开采，综采二队 1997 年生产原煤 410 万 t，工作面采出率 85.93%。通过增大工作面长度和推进长度，优化设备配置和辅助生产系统改造，综采二队 1998 年生产煤炭 501 万 t，2001 年 551 万 t，使放顶煤开采技术潜力进一步发挥。

兖州矿务局的综采基础好，放顶煤开采的起点高，在工作面装备配套和工作面管理方面具有良好基础，煤层厚度、倾角和硬度适中，形成了具有特色的高产高效放顶煤技术。为了更好地发挥放顶煤开采的技术优势，在优化采区布局、巷道布置与支护，优化生产工艺、改革端头支护，强化设备检修、提高开机率，改进设备性能、提高系统能力，加强队伍培训、严格工作面管理等方面总结了宝贵经验。1998 年以放顶煤开采科技成果为主要内容的“兖州矿区煤炭综合生产技术研究与开发”获得了国家科学技术进步奖一等奖。

阳泉、潞安、兖州是我国应用放顶煤开采技术较早的矿务局，其共同特点是近水平煤层或者缓倾斜煤层，煤层厚度6～10m，煤层硬度、瓦斯条件适中，适合于放顶煤开采。工作面支架经历了高位放煤、中位放煤，最后推广应用于低位放煤，实现了工作面高产高效，对于促进放顶煤开采技术在我国的推广应用和技术创新发挥了重要作用。

2.5.2.5 复杂条件放顶煤开采技术探索

1)“三软”厚煤层放顶煤开采

a)郑州矿务局“三软”不稳定厚煤层放顶煤开采

郑州矿区煤层松软，煤层普氏硬度系数 f=0.1～0.9，顶底板强度低。煤层厚度变化大，0～25.26m，平均为 7.5m。采用分层综采的工作面产量低、材料消耗大，工作面产量大部分在 25 万 t/a 徘徊。1988 年 9 月郑州矿务局在米村矿二 1 煤层进行中位放煤的放顶煤开采试验，煤层厚度 1.19～20.87m，平均厚度 7.8m，煤层普氏硬度系数 f=0.3～0.8，直接顶和底板均为泥质页岩，属于典型的“三软”不稳定厚煤层。由于支架结构不适应“三软”条件，没有取得成功。1991 年对 ZFS4400-19/28 型支架进行改造，将伸缩梁由手套式改为内伸缩式，增加伸缩油缸和伸缩梁行程，提高端面支撑力，增大后柱缸径，改支架四连杆结构为单铰结构，增大后部输送机活动空间等，试验取得成功，工作面年产量达 60 万 t。1994 年米村矿、超化矿工作面年产量达百万吨，2000 年月产煤可达 15 万～17 万 t。1994 年米村矿在煤层倾角 19°～21°的“三软”不稳定厚煤层中进行了俯斜放顶煤开采试验，取得成功[48]，工作面长 72 m，月产煤 5.32 万 t。

b)徐州矿务局“三软”厚煤层放顶煤开采

徐州矿务局的放顶煤开采始于 1993 年的三河涧煤矿，采用放顶煤开采 7 号煤层，工作面平均煤厚 9m，平均月产煤 8.3 万 t，工作面采出率 82%。后于 1994 年在东一采区下分层工作面实现了年产百万吨。1997 年在韩桥矿、1998 年在权台矿应用了轻型支架放顶煤开采，平均月产煤 5 万～8 万 t。

铁法矿务局小康煤矿也属于典型“三软”煤层，煤层厚度 7～8m，1992 年开始应用放顶煤开采技术，工作面长 150m，平均月产煤 8.2 万 t。

“三软”厚煤层放顶煤开采需要解决的主要问题是防止顶煤端面和架间漏冒、煤壁片帮，放煤过程粉尘防治，以及软岩巷道支护等。

2)坚硬厚煤层放顶煤开采

a)大同矿务局“两硬”厚煤层放顶煤开采

大同侏罗系煤层坚硬，f=2.9～4.4，裂隙不发育，不易破碎，顶板坚硬难冒，俗称“两硬”煤层。大同矿务局于 1991 年在煤峪口矿开始下分层高位放煤的放顶煤开采试验，先后研制出 ZFD5600、ZFD4500 和 ZFD4400 型放顶煤支架，由于铺网成本高，上下分层开采工艺复杂，工作面月产煤仅 6 万 t 左右。

1992年忻州窑煤矿采用ZFS6000型中位放煤支架进行硬煤条件下一次采全高的放顶

煤开采试验，工作面煤层厚度10m，近水平煤层，取得了较好效果。1995年研制出ZFSG6000型低位放煤支架，同时试验顶煤爆破弱化技术，取得了初步成功。1996～1998年大同矿务局、中国矿业大学(北京)、煤炭科学研究总院太原研究院、太原理工大学组成联合项目组，在煤炭工业部“九五”科技攻关项目中，研制出新型的ZFS6000型低位放煤支架，研究顶煤和顶板活动规律，实施顶板步距式爆破放顶，建立了煤体爆破分形能量释放模型，通过施工顶煤工艺巷进行顶煤深孔预爆破，极大地改善了顶煤爆破弱化效果，在8911工作面工业试验期间，月产煤达12.14万t，工作面采出率80.3%，硬煤条件下放顶煤工作面年产量达到百万吨以上[49-50]。该项目成果获得了2000年国家科学技术进步奖二等奖。

b)晋城矿务局厚煤层放顶煤开采

晋城矿务局主采3号煤层，煤层厚度4.25～7.67m，平均6m左右，煤层近水平，局部缓倾斜。1990年晋城矿务局在凤凰山矿开始了放顶煤开采试验。1994年在古书院矿13310工作面试验放顶煤开采，平均月产煤13.16万t，顶煤采出率79.6%，工作面采出率90.5%，取得成功。1998年在成庄矿推广放顶煤开采，使用的支架型号主要为ZFS5200-16/32B，由于煤层较硬，普氏硬度系数f=2～4，开采过程中研究顶煤冒落机理与提高顶煤采出率技术是主要内容。

3)“三软”高瓦斯厚煤层放顶煤开采

a)靖远矿务局魏家地煤矿放顶煤开采

1995年甘肃靖远矿务局魏家地煤矿在高瓦斯突出煤层中开展了放顶煤开采试验研究。煤层厚度平均12m，煤层倾角平均20°，煤层普氏硬度系数f=0.3，煤层瓦斯含量9.3m^3/t。工作面长度80m，采用ZFSB3600-17/28型低位放煤支架，机采高度2.5m。为了解决高瓦斯易自燃特厚软煤开采过程中的技术难题，通过工作面中部沿煤层顶板掘进的瓦斯抽放巷进行煤层瓦斯预抽、工作面上部沿煤层顶板掘进的瓦斯排放巷排放开采过程中的上隅角瓦斯；通过向采空区注入氮气和黄泥灌浆防止采空区残煤自燃；工作面自下向上割煤、自下向上带压擦顶移架、自下向上推溜、自下向上单轮顺序放煤，“两刀一放”采放工艺。工作面月产煤7.3万t，工作面采出率87%[51]。放顶煤开采技术成功解决了魏家地煤矿多年来由于煤层顶板凸凹不平、顶部夹矸多，分层综采失败，炮采产量低的难题，吨煤成本较炮采降低了15.27%，全矿产量提高了1倍以上，直接工效32.63t/工，一举实现了扭亏为盈[52-53]。

b)淮北矿务局放顶煤开采

淮北矿务局以朱仙庄煤矿和芦岭煤矿为代表的某些矿井煤层极软，普氏硬度系数$f \leqslant 0.3$，瓦斯含量高且有突出危险，瓦斯含量16m^3/t，煤层厚度8～12m。由于煤层条件复杂，一直以分层炮采为主。1997年朱仙庄煤矿试验炮采放顶煤，1998年试验网格式支架高档普采放顶煤。为了提高开采效益，提升机械化开采水平，淮北矿务局与中国矿业大学(北京)合作，在国家自然科学基金重点项目(59734090)支持下，1998年在朱仙庄煤矿和杨庄煤矿采用ZF2400-16/24轻型低位放煤支架进行放顶煤开采试验，取得成功，尤其是对松散顶煤放出规律有了深刻认识，在极软煤层端面漏冒控制、高瓦斯治理、巷道支护等方面取得了宝贵经验。

2005年，淮北矿务局与中国矿业大学(北京)、煤炭科学研究总院北京开采研究所和重庆研究院合作在芦岭煤矿进行了预采顶分层的放顶煤开采试验，对开采工艺与矿压、支架设计和设备配套、瓦斯防治等进行了系统研究。通过底板穿层钻孔、预采顶分层等对煤层进行瓦斯解突和治理，开采过程中通过顶板高抽巷等综合措施防治瓦斯，通过煤层注水增大煤壁黏结力来防止煤壁破坏和降低粉尘，均取得了良好效果。采用ZF3600-16/25型低位放煤支架，工作面长120m，工作面年产量达到百万吨，工作面采出率90%[50]。该项目研究中提出了增大支架阻力和刚度可以有效缓解煤壁压力、防止煤壁片帮的重要学术思想，建立了软煤煤壁剪切破坏和硬煤煤壁拉裂破坏的计算模型[54]，为后来提出的支架阻力设计既要考虑平衡基本顶压力也要有利于维持煤壁稳定的“二元准则”提供了基础[55]。目前淮北矿务局的支架阻力大多在8000～10000kN，选用大阻力支架也成为极软煤层高效开采的必然选择。

4)倾斜厚煤层走向长壁放顶煤开采

a)宁夏石炭井矿务局乌兰矿放顶煤开采

1992年11月，乌兰矿在3号煤层5321工作面进行放顶煤开采，煤层平均厚度6.79m，倾角17°～37°，普氏硬度系数f=0.6～1.2。工作面长44.5m，采用29架ZFSB3200-16/28型支架，4架ZFG3400-20/30型过渡支架和2架ZTF3900-20/30型端头支架。开采工艺上主要是防止支架倾倒和刮板输送机下滑，采用自下而上割煤、自下而上移架、自下而上推溜、自下而上放煤的四个“自下而上”，工作面采出率84.98%。倾斜煤层放顶煤开采取得初步成功。

b)河南鹤壁矿务局二矿放顶煤开采

鹤壁矿务局二矿与中国矿业大学(北京)合作，于1999年10月在3604工作面进行倾斜厚煤层轻型支架放顶煤开采试验，煤层平均倾角30°，煤厚6.03m，工作面长92m。采用2400kN轻型支架，支架重量7.5t。通过这次开采试验，充分认识到了支架侧护板、带压擦顶移架等措施在支架与设备防倒防滑中的重要作用。同时加强了技术人员和工人培训，以及工作面规范管理，取得了良好效果。工作面月产煤5万t，采出率93%。

由于我国煤层条件复杂多样，所需的技术模式和装备具有很大差异，复杂条件的放顶煤开采技术是我国煤炭企业与科研单位、高等院校、设计单位等共同科技攻关的成果。除了上述所介绍的四种典型复杂条件外，还有抚顺特厚煤层分层放顶煤开采，大屯姚桥矿和淮南谢桥矿6m以下厚煤层放顶煤开采，以及开滦矿务局唐山矿、邢台矿务局邢台矿等残留煤柱和边角煤放顶煤开采等，放顶煤技术在开采煤柱和边角煤方面展现出较好的适应性。

2.5.2.6 轻型支架放顶煤开采

轻型支架放顶煤开采在我国放顶煤开采历史上具有重要地位，这与我国煤炭开采技术发展和煤矿企业的经济状况密切相关。在放顶煤开采技术发展初期的20世纪80～90年代，我国煤矿开采的总体机械化程度和水平不高，许多矿务局还是以炮采、普采为主，因此采用轻型支架(支架重量≤8t)，通过减小支架控顶面积、保证支架支护强度，可节省工作面投资，避免了普通支架重量大(当时 12～18t)、安装和搬家困难及投资大等问题，又较单体和滑移等简易支架稳定性好、支护强度大，成为一些煤矿企业的首选。

早在 1985 年吉林梅河口矿四井曾将 YFY1600-16/26 型高位放煤轻型支架(重量 6.5t)用于急倾斜煤层水平分段放顶煤开采；1991 年靖远王家山矿采用轻型支架进行水平分段放顶煤开采，工作面长 40m，月产煤 2 万 t；1993 年甘肃华亭煤矿，1994 年邢台矿务局邢台矿，1994 年峰峰矿务局的薛村矿、羊渠河矿、五矿、牛儿庄矿、小屯矿、也庄矿和豫庄矿，1997 年徐州矿务局韩桥矿、旗山矿、三河涧矿、夹河矿和权台矿，1997 年开滦矿务局唐山矿和东欢坨矿，1998 年山东济宁太平矿，此外还有邯郸云驾岭矿、乌鲁木齐减沟矿、平顶山十二矿、淮北朱仙庄煤矿、淄博许厂矿、鹤壁二矿、鹤壁三矿、鹤壁六矿、临沂古城矿等都应用了轻型支架放顶煤开采技术，取得了很好的开采效果[44]。轻型支架放顶煤工作面最高月产煤 12 万 t，但大部分工作面月产煤在 5 万～8 万 t，与炮采(放)和普采(放)相比，工作面产量大幅度提升，工作面设备投资增加不多。当时的轻型支架普遍为四柱式，采用单铰接或者单摆杆结构，额定工作阻力为 2000～2800kN，支护强度 0.47～0.69MPa，支架高度 1.6～2.4m，适用的最大工作面倾角为 30°(鹤壁二矿)。

随着我国煤炭开采技术和装备整体快速进步，煤炭企业经济效益普遍好转，国家和企业对煤炭开采的高产高效要求，以及轻型支架整体支护能力偏低、支架易损坏、煤壁与端面稳定性控制不好、工作面产量较低，在 2005 年以后，轻型支架放顶煤开采逐步退出，开采装备趋于大型化、重型化。但是轻型支架放顶煤开采作为我国放顶煤开采发展过程中的技术补充和过渡，有其历史原因和重要贡献。

2.5.3 技术创新和输出阶段

放顶煤开采技术经过前 20 年的探索和发展，已经形成了我国的技术模式和装备配套系列，展现出其高产高效、低能耗、低成本的技术优势。近 20 多年来结合我国煤层条件和国家对煤炭能源的强劲需求，放顶煤开采技术取得了进一步发展和重大创新，主要表现在以下几个方面。

2.5.3.1 大采高放顶煤开采技术

1) 大同塔山煤矿特厚煤层放顶煤开采

以大同塔山煤矿为代表的 20m 特厚煤层放顶煤开采技术取得了突破性进展。2008 年在“十一五”国家科技支撑计划重大项目中，研发了 ZF15000/28/52 型四柱式大采高放顶煤液压支架及配套装备，建立了基于顶板压力和煤壁稳定的支架阻力确定的“二元准则”和三维放煤理论，提出了覆岩破断后的“悬臂梁-铰接岩梁”结构模型，开发了低瓦斯煤层高瓦斯涌出的防治技术等，工作面年产量 1085 万 t，顶煤采出率 86.7%[56]，该项目成果获得 2014 年国家科学技术进步奖一等奖。2018 年在“十三五”国家重点研发计划项目中，研发了 ZF21000/27.5/42D 型四柱式大阻力液压支架，并针对大采高放顶煤开采技术进行了智能化方面的研究与技术开发。

2）山东能源集团金鸡滩矿 7m 大采高放顶煤开采

2019 年山东能源集团在陕北金鸡滩煤矿开发了 7m 大采高放顶煤开采技术，研发了 ZY21000/38/70D 型两柱式大采高放顶煤液压支架及配套装备，支架的支护强度 1.65MPa，开采平均 9.26m 厚的近水平煤层，通过增大机采高度、改善顶煤冒放性来提高硬煤工作面的采出率。工作面长 300m，最高日产 7.17 万 t，工作面采出率 90%。在大采高放顶煤工作面应用了主动感知、自动分析、智能处理、系统协同配合等技术，开展了智能化大采高放顶煤工作面建设。

3）平朔矿区浅埋硬煤的放顶煤开采

2002 年，中煤平朔集团有限公司在一些露天矿不采区、露天矿边帮和排土场下进行了浅埋硬煤放顶煤开采技术应用，开采 4# 煤和 9# 煤。4# 煤层厚平均 7m，9# 煤层厚平均 13.14m，煤层埋深 70～200m，煤层普氏硬度系数 f=2～3，裂隙较发育。初期放顶煤开采论证时，参考大同忻州窑煤矿放顶煤开采，设计了顶煤预爆破工艺巷道，实际开采中由于煤层裂隙较发育，虽然埋深较浅，顶煤仍具有良好冒放性，没有实施顶煤预爆破工艺。9# 煤的工作面年产量达 600 万 t，工作面采出率接近 90%。2010 年在 4# 煤中采用 ZFY12000/23/40D 型两柱式支架试验大采高放顶煤开采技术，取得成功[57]。

4）其他矿区大采高放顶煤开采

2007 年淮北矿业股份有限公司（以下简称淮北矿业）涡北煤矿进行了极软含夹矸煤层大采高放顶煤开采技术实践，煤层厚 9～10m，其中中间有平均 1.54m 的夹矸，煤层普氏硬度系数 f=0.1～0.3。采用 ZF6800-19/38 型低位放煤支架，主要是解决含夹矸软煤层的高效开采难题。2007 年，潞安王庄煤矿建成了首个自动化大采高放顶煤工作面，工作面支架采用电液控制系统，主要解决瓦斯涌出量大和提高工作面煤炭采出率问题，并基本上实现了工作面除了放煤外的自动化开采，该项目成果获得 2010 年国家科学技术进步奖二等奖。2013 年国能神东煤炭集团有限责任公司（以下简称神东煤炭集团）黄玉川矿采用 ZF21000/25/42D 型四柱式正四连杆低位放煤支架，开采 6 上煤层，煤层平均厚度 9.56m，煤层倾角 0°～17°，机采高度 3.5m，工作面年产量达 600 万 t。此外河南能源集团有限公司焦煤公司赵固矿区在深埋薄基岩应用大采高放顶煤开采技术、山东能源集团鲁西矿业有限公司新巨龙煤矿在千米深井应用大采高放顶煤开采技术均取得了高产高效。

大采高放顶煤开采具有工作面采出率高、工作面通风断面大、效率高等优点，通过提高支架阻力和刚度以及加强管理可以很好地控制煤壁稳定，因此近年来大采高放顶煤开采在许多矿区进行了推广应用，即使是在较软的煤层中应用也取得了很好效果。

2.5.3.2 急倾斜厚煤层放顶煤开采技术

1）急倾斜厚煤层走向长壁放顶煤开采

a）靖远煤业集团有限责任公司王家山煤矿放顶煤开采

王家山煤矿工作面煤层倾角 38°～49°，平均 43.53°，煤层厚度 13.5～23m，平均 15.5m，煤层普氏硬度系数 f=1.0，2003 年开始试验放顶煤开采。工作面上巷沿煤层底板掘进，下巷沿煤层顶板掘进，工作面下部水平布置，与上部工作面之间圆弧过渡，有利于设备防倒防滑，工作面长 95m。工作面支架为 ZFQ3600/16/28 型低位放煤支架，割煤高度 2.6m，平均月产煤 9.71 万 t，工作面采出率 82.27%[58]。由于煤层倾角较大，支架稳定性差，支架设计了防倒防滑装置，支架控制前、后部刮板输送机下滑措施等。

b) 冀中能源峰峰集团有限公司山西大远煤业放顶煤开采

山西大远煤业井田位于山西宁武煤田宁静向斜南东翼，开采工作面煤层倾角平均 53°，最大 62°，煤层厚度平均 6.8m，煤层普氏硬度系数 f=0.3，属于典型的“三软”煤层。工作面长 80m，可采走向长度 680m，工作面伪斜布置。峰峰集团与中国矿业大学(北京)合作，建立了支架动载冲击和侧向挤压力计算方法，研发了 ZFY4800/17/28 型宽侧护板强力抗挤压放顶煤液压支架，有利于防止支架倾倒和设备下滑；发现了顶煤放出体的“异形等体”特征，即沿工作面方向的顶煤放出体在形态上并不对称于过放煤口中心的铅垂线，但是铅垂线两侧放出的顶煤体积在数量上基本相等，据此提出了急倾斜煤层放煤理论；结合采放工艺和设备配套共同解决工作面设备的防倒防滑难题，开发了“下行动态分段-段内上行放煤”的采放工艺，工作面月产煤达 8 万 t，顶煤采出率 85%[59]。

2) 急倾斜厚煤层水平分段高效放顶煤开采技术

对于煤层厚度大于 20m 的急倾斜厚煤层，可以采用水平分段放顶煤开采技术。国家能源集团新疆能源有限责任公司乌东煤矿应用水平分段放顶煤技术开采急倾斜厚煤层取得高产高效。乌东煤矿是原乌鲁木齐矿务局铁厂沟、大洪沟、小红沟煤矿和碱沟煤矿深部煤炭资源整合煤矿。煤层赋存条件均为急倾斜煤层，开采煤层厚度 20～50m，煤层倾角 67°～87°，原大洪沟、小红沟和碱沟煤矿 1997～1998 年采用水平分段放顶煤开采，分段高度 14m，割煤高度 2.4m，顶煤处理采用工作面爆破方式，配套 ZF2800/20/32 轻型支架。2007 年后，根据《煤矿安全规程》急倾斜厚煤层水平分段放顶煤开采的最大采放比不超过 1∶8 的规定，乌东煤矿将分段高度调整为 18～21m，机采高度 3.2m，配套 ZF6500/20/40 型液压支架，工作面产量和效率大幅度提高。2010 年对开采装备、开采参数、开采工艺进行创新，为了提高顶煤采出率和放煤效率，在顶煤中沿着煤层走向开掘了一条顶煤弱化工艺巷，进行顶煤预爆破和爆破后注水弱化顶煤措施。分段高度调整为 25m，割煤高度 3m，采用 ZFY10000/22/40D 型液压支架，工作面年产量可达 400 万 t。同时对顶板运动规律、采放工艺、顶煤弱化技术、冲击地压和瓦斯防治等进行了深入研究[60]。

急倾斜厚煤层开采的难度大、效率低，尤其是当煤层厚度小于 20m 时，采用水平分段放顶煤工作面过短、巷道掘进率高、顶煤冒放难度大、效率低。采用走向长壁放顶煤开采时，支架等设备防倒防滑难度大、煤壁易片帮、放煤控制难度大、效率较低。近 10 余年来，经过企业、高校、科研院所的联合科技攻关，急倾斜厚煤层走向长壁放顶煤开采技术取得了长足进步，提出了通过工作面巷道布置减缓工作面下部的角度、支架大阻力宽侧护板防止支架倾倒和下滑、科学的采放工艺控制顶煤顶板运动的技术路线，取得了成功。尽管在我国放顶煤开采初期就已经试验成功急倾斜厚煤层水平分段放顶煤开采技术，但是当时只是证明了这项技术的潜力和适应性，现在以新疆乌东煤矿为代表的水平分段放顶煤开采技术，已经在装备、开采参数、采放工艺、产量和效率、灾害防治等方面取得了重大创新，与放顶煤开采初期的技术有了根本性变化。

2.5.3.3 放顶煤工作面智能化

从 2000 年开始，我国放顶煤开采逐步进入以液压支架电液控制系统为代表的自动化时代，并实现以时序记忆控制为主导的自动放煤。我国在前期引进和借鉴美国、德国、澳大利亚等先进的工作面自动化技术，以及大量自主研发后，将综采工作面的自动化开采技术与人工智能、大数据等相结合，逐步形成了我国综采工作面的智能开采技术，也制定了相应的技术标准，极大地推动了我国煤矿智能开采技术进步，目前已经处于国际先进水平，某些技术，如远程控制、数据自动处理、基于视觉的智能控制等处于国际领先水平。放顶煤工作面智能化由两部分组成，一是采煤机割煤及配套工序的智能化，这可以直接借用综采工作面的智能化技术，而且相比综采，采煤机割煤可以采用固定高度割煤，不必进行割煤过程的煤岩识别。二是放煤工序智能化，这一部分进展缓慢，曾经开展过声音频谱、近红外光谱、自然射线、振动信号等进行放煤过程的煤矸识别，但是目前仍处于实验室阶段。2021 年中国矿业大学(北京)开发了基于图像识别的智能控制放煤技术取得突破性进展，首次实现了真正意义上的智能控制放煤，已经在淮北、开滦等进行应用，近期在曹家滩煤矿进行工业试验[61-62, 38]。

2.5.3.4 技术出口

兖煤澳大利亚有限公司 2006 年 10 月提供的第一套综采放顶煤配套设备在澳斯达煤矿投入使用，建起了澳大利亚第一个放顶煤工作面。2013 年 10 月，该公司提供了一套两柱式放顶煤支架及配套设备在昆士兰博地公司的北贡拉特矿开始使用。除澳大利亚以外，印度、土耳其、俄罗斯、越南等国也有个别煤矿在应用放顶煤开采技术，并进行了一些基础研究[63-66]。2022 年中国郑州煤矿机械集团股份有限公司为土耳其博日大煤业提供了成套的放顶煤开采装备，包括 ZFY4600/18/30 型液压支架、MG300/730-WD 型采煤机、SGZ730/500 型前部输送机、SGZ764/500 型后部输送机、转载机、破碎机、皮带输送机自移机尾、电气设备、泵站以及集控设施等。

2.5.4 放顶煤开采的科技进展和发展方向

2.5.4.1 放顶煤开采的科技进展

40 多年来我国放顶煤开采技术、装备、理论均取得了重大创新，已经成为煤炭行业在世界的标志性技术和一张耀眼的名片，实现了从早期技术引进到后来技术出口的跨越式发展，也带动了一些有厚煤层的国家研究和应用放顶煤开采技术。由于放顶煤开采技术本身的特点，与其他厚煤层开采技术相比，具有投资少、能耗低、成本低、效率高的优点，其实质也是低碳开采，符合当前的“双碳”目标。

1)科技攻关

由于放顶煤开采成本低、效益好的技术优势，煤矿企业具有很高的推广应用积极性，但是当时缺少相关深入研究和有关规定，早期的实践经验也不充分。为了指导放顶煤开采技术健康发展，1994 年煤炭工业部成立了“煤炭工业部综采放顶煤专家组”，由当时应用放顶煤开采比较好的省煤管局和矿务局总工程师、煤炭科学研究总院和中国矿业大学(北京)研究生部等有关专家，包括中国放顶煤开采实践和理论研究的先行者樊运策研究员、吴健教授在内的 18 人组成。专家组于 1995 年制定了《煤炭工业部放顶煤开采暂行技术规定》，为后来《煤矿安全规程》放顶煤开采相关条款制定提供了基础和支撑。

1996 年 5 月煤炭工业部发布的《“九五”时期煤炭工业改革与发展纲要》中明确指出“在综采放顶煤技术上取得新突破，力求在所有适用放顶煤的厚煤层中都推广这一新工艺”。原煤炭工业部部长王森浩指出：“综采放顶煤技术是厚煤层开采方法的一次革命”。1996 年煤炭工业部布局了五个煤炭工业“九五”重点科技攻关方向，即综采放顶煤技术，锚杆支护技术，瓦斯、煤尘、水害事故防治，高产高效矿井综合配套，洁净煤技术。在综采放顶煤技术方向布局了综采放顶煤工作面安全保障技术研究、提高综采放顶煤回收率技术研究、放顶煤工作面顶煤运移规律与矿压显现规律研究、综采放顶煤液压支架与配套设备研制及完善 4 个项目，实施地点分别为阳泉矿务局、大同矿务局、郑州矿务局和兖州矿务局等。煤炭工业部大力推动放顶煤开采技术的研发和应用，通过有组织的科研使放顶煤开采技术在我国快速发展和重大创新。

2008 年、2018 年科技部将大采高放顶煤开采技术分别列为国家“十一五”和“十三五”重大科技攻关项目，其中 2008 年科技部将“特厚煤层大采高放顶煤开采成套技术与装备研发”(2008BAB36B00)列为 1949 年以来煤炭行业唯一的国家科技支撑计划重大项目，共投入研发经费 4.45 亿元。

为了更好地开展放顶煤开采技术研究，1995 年煤炭工业部批准由中国矿业大学(北京)研究生部和山西潞安矿业(集团)有限责任公司共同组建成立了煤炭工业部放顶煤开采技术中心，时任国务院副总理邹家华为中心提名，王森浩部长为中心揭牌，吴健教授任中心主任。2015 年，中国煤炭工业协会批准将该中心转为放顶煤开采煤炭行业工程研究中心。1998 年中心主任吴健教授主持了国家自然科学基金矿业工程学科第二个重点项目“厚煤层全高开采方法基础理论研究”(批准号：59734090)，项目负责单位是中国矿业大学(北京)，参加单位有中国矿业大学、煤炭科学研究总院北京开采研究所、太原理工大学，实施地点为淮北矿务局、潞安矿务局。该项目首次系统研究了顶煤破坏机理、支架围岩关系、顶煤放出规律、矿山压力分布、放顶煤支架设计、瓦斯解吸与突出危险性评价、注水防尘、覆岩及地表移动规律等，项目研究中提出了顶煤放出的散体介质流理论模型。

进入 21 世纪后，全国放顶煤开采研究项目众多、成果辈出。理论研究主要来自国家自然科学基金支持的各种项目，如重点项目“深埋弱胶接薄基岩开采岩层运动与控制研究”(51934008)、“浅埋厚煤层放顶煤开采围岩控制与顶煤三维放出规律”(U1361209)等。技术研究方面主要是由煤矿企业牵头，组合科研单位、高等院校、煤机制造公司等，进行联合攻关、研发新技术，以及开发不同条件下的放顶煤开采技术。在中国煤炭工业科学技术奖，以及各采煤大省的科技奖励中，放顶煤开采的科技成果占有较大比例。

2) 技术进展

我国已经形成了多种符合我国厚煤层条件的放顶煤开采技术模式，如以潞安、兖州为代表的高产高效放顶煤开采技术，煤层近水平，煤厚 6～8m，煤层中硬，瓦斯条件相对简单；以大同石炭系特厚煤层为代表的大采高放顶煤开采技术，煤层近水平，煤厚 15～20m，煤层中硬以上，裂隙较发育；以淮北矿区为代表的“三软”煤层放顶煤开采技术，缓倾斜煤层，煤厚 10m 左右，煤层普氏硬度系数小于 0.5，高瓦斯矿井；以峰峰集团山西大远煤业为代表的大倾角煤层长壁放顶煤开采技术，煤层倾角达 60°，煤厚 6～10m；以新疆乌东矿为代表的急倾斜厚煤层水平分段放顶煤开采技术，煤层急倾斜，煤厚 30m 以上，煤层中硬；以山东能源集团新巨龙煤矿和河南赵固矿区为代表的深井放顶煤开采技术，煤层缓倾斜至近水平，煤厚 6～10m，开采深度 600～1000m。近年来放顶煤开采技术在陕西、内蒙古等地也得到了创新发展和广泛应用。

放顶煤支架研发取得了突破性进展。支架架型从早期的四柱式发展成目前的四柱式、两柱式并用，并且大有两柱式取代四柱式的趋势，尤其是在一些智能化工作面，两柱式支架更受到青睐。四柱式支架设计中根据放顶煤开采顶板压力特点，开发了前后柱不等强支架。支架阻力也从 5000kN 水平发展到今天普遍采用 10000kN 水平的支架，对于大采高放顶煤开采，支架最大阻力达到 21000kN，创世界综采(放)支架阻力的纪录。我国支架研发和制造已经达到了国际先进水平，先后出口到美国、印度、土耳其、俄罗斯等多个国家。

智能放顶煤开采技术得到快速发展，从简单的借鉴智能综采技术发展到具有放顶煤特色的智能开采技术，广泛关注和研发各种智能放煤技术，并努力进行工业化应用。放顶煤工作面煤壁及顶板控制，全煤巷道高预应力、700MPa 高强度锚杆支护技术，无煤柱护巷技术，坚硬顶板水压致裂技术，远近场协同控制顶板技术，冲击地压预报和防控技术，放顶煤工作面充填开采技术等取得重要进展。在放顶煤开采的瓦斯、火、水和粉尘防治方面已经形成了规范性技术和措施。

3) 科技成果

2000 年以来，全国共获得与放顶煤开采相关的国家科技奖励 7 项，其中一等奖 1 项、二等奖 6 项，它们是“特厚煤层大采高放顶煤开采关键技术及装备”(2014 年，一等奖)、“坚硬厚煤层放顶煤开采关键技术研究”(2000 年)、“自动化放顶煤关键技术与装备研发及其在国内外的应用”(2009 年)、“特厚煤层安全开采关键装备及自动化技术”(2010 年)、“放顶煤开采顶煤放出理论与厚煤层开采围岩控制技术及应用”(2011 年)、“大倾角煤层综采放顶煤工作面成套装备关键技术”(2012 年)、“急倾斜厚煤层走向长壁放顶煤开采关键理论与技术”(2016 年)。这些国家科技奖励反映了我国在不同时期放顶煤开采技术取得的一些重要科技进展，包括开采理论、技术与装备。

据不完全统计，我国已经出版放顶煤方面的学术图书 40 余部[38]，这些图书中，有一些是偏于基础理论的，如《放煤规律与智能放煤》《放顶煤开采基础理论与应用》《综放开采顶煤顶板活动规律的研究与应用》《放顶煤开采基础理论》；有一些是偏于工程实践的，如《大采高自动化综放开采技术》《厚煤层全高开采新论》《综合机械化放顶煤开采技术》；也有一些是具体矿区放顶煤开采技术的总结，如《大同矿区特厚煤层综放开采理论与技术》《兖州矿区综合机械化放顶煤开采的实践与认识》。

通过中国知网检索分析，1982～2022 年主题包含“综放”或“放顶煤”的发表在北大核心及以上的期刊论文 5316 篇。统计 SCI 数据库 1982～2022 年主题为“top coal caving”(放顶煤)的学术论文共 475 篇，统计 EI 数据库 1982～2022 年主题为“top coal caving”的期刊及会议论文共 946 篇。

上述国家科技奖励、出版的图书和发表的学术论文，反映了我国以及世界范围内近 40 年来在放顶煤开采领域所做的工作和取得的学术成果，当然这些统计不一定全面，但是可以看出放顶煤开采的学术研究、科技进展与创新的概貌。发表 SCI、EI 论文数量最多的前 10 位作者均为我国作者。在 SCI 前 20 位作者中，只有 2 位外国作者，这也说明了我国在放顶煤开采领域的学术研究处于国际领先和主导地位。近年来，澳大利亚、俄罗斯、土耳其、越南等国的学者也发表了一些放顶煤开采方面的学术文章。

4) 学术交流

广泛深入的学术交流是推动科技进步的重要手段之一。1990 年 12 月中国矿业大学(北京)研究生部和北京煤炭学会在北京组织召开了“首届全国放顶煤开采理论与实践研讨会”，当时能源部、中国统配煤矿总公司的领导、工程技术人员及专家 200 余人参加会议，后来 1995 年 7 月、1998 年 9 月、2000 年 8 月、2005 年 10 月分别在河北燕郊、四川都江堰、江西井冈山和浙江杭州召开了第二届～第五届放顶煤开采理论与实践研讨会。2022 年 7 月，中国矿业大学(北京)组织召开了“2022 年厚煤层绿色智能开采国际会议”，暨纪念中国综放开采 40 年。来自国内外的院士、专家和在校研究生 50 余人做了大会报告，其中来自境外的报告有 6 个国家 17 人，广泛深入地交流了厚煤层开采技术成果，积极宣传了中国放顶煤开采技术成果。

中国煤炭科工集团天地科技股份有限公司为了纪念中国综放开采 30 年，于 2012 年 10 月编辑出版了《综采放顶煤技术理论与实践的创新发展——综放开采 30 周年科技论文集》一书，书中共编辑了 101 篇论文，汇集了 30 年来放顶煤开采理论，采煤工艺、矿压显现及顶煤运移规律，巷道布置与支护，液压支架设计制造及工作面配套设备，顶煤冒放性，顶煤采出率，覆岩破坏与地面保护，放顶煤开采安全仪器的研发与应用，放顶煤工作面“一通三防”技术，高瓦斯煤层放顶煤开采相关技术，放顶煤开采防治水技术等各领域的研究成果与实践经验。

S. S. Peng 撰写的《长壁开采》(*Longwall Mining*)第三版中，增加了第十五章长壁放顶煤开采(Longwall Top Coal Caving Ming)，详细介绍了中国放顶煤开采技术、装备和 BBR 放煤理论。

2.5.4.2 放顶煤开采的发展方向

1) 推动放顶煤工作面的全面智能化开采

智能开采是我国煤炭开采业近年来主推的技术方向，制定了相应的技术标准，但是总体上看，目前还处于智能化开采的初级阶段。初级阶段的主要表现为：①某些开采的工艺环节还没有完全地智能化，甚至仅仅处于自动化的初级阶段，如工作面端部进刀工艺、放煤工艺、煤岩精准识别、设备防碰撞与人员接近预警技术等还有很大提升空间；②智能开采系统的可靠性需要大幅度提高，适用条件需要尽可能扩展，尤其是遇到复杂地质条件时人工干预过多；③各子系统的兼容性不强，数据孤岛多，适用煤矿开采的大数据模型和处理技术还不成熟；④目前过多依赖基于视觉的控制技术，在多信息高精度传感系统研发和制造方面能力不足；⑤引入相关行业技术还存在一定的盲目性，对煤矿的复杂性、特殊性分析不全面，行业自身研发能力有待提升；⑥放顶煤工作面的智能放煤技术研发相对落后，目前的智能放煤应用还不够多。实现放顶煤工作面的全面智能化需要全行业共同努力，借鉴国内外相关先进理念和技术，强化研发能力，解决上述难题，实现放顶煤开采的全面智能化、井下生产无人化。

2) 建立基于采动岩层运动的科学开采体系

放顶煤开采一次采出高度大，导致覆岩运动相比分层开采更加剧烈，采动应力分布范围大，对覆岩及煤层底板的影响范围广。尽管 40 多年来，对放顶煤开采的覆岩运动有很多研究，但是至今尚未归纳、总结和建立相应的规律性成果。特厚煤层放顶煤开采的采场围岩控制研究与覆岩运动研究的结合不够紧密，研究方法还缺少一致性，如采场顶板控制主要基于力学分析，地表沉降主要基于统计方法。巷道围岩控制与采场覆岩运动的结合有待加强。从本质上看，无论是采场围岩运动、巷道围岩运动还是直至地表的覆岩运动都属于采矿开挖过程中的围岩运动问题，属于采动覆岩统一场中的不同研究尺度和对象问题，是相互联系和相互影响的，应该建立统一场的研究模型。采动应力和覆岩运动的统一场研究是开发基于采动岩层运动的高效开采、保水开采、绿色开采和减灾开采等技术的基础，也是采矿与掘进装备开发、采掘工程布置、智能化开采系统建设的基础。

3) 加快放顶煤开采低碳路径研究

放顶煤开采的突出优势就是成本低、能耗低、效率高、投资少，这也是对“双碳”目标和能源保供的强力支持。但是在放顶煤开采技术发展过程中，要通过无煤柱开采、开发工作面端头放煤技术等提高工作面采出率。为了提高放顶煤工作面的煤炭采出率，往往要放出一定数量的矸石，这就导致放顶煤工作面原煤的含矸率较高，因此研发放顶煤开采矿井的井下高效分选技术、矸石井下高效处理技术，实现节能减排。由于放顶煤开采的工艺特点，放顶煤工作面充填开采的难度大、技术进展缓慢，但是从长远来看，研发放顶煤充填开采技术，尤其是结合井下分选进行充填开采意义重大。通过科学的开采布局、工作面设计、设备配套、智能化路径选择、新型设备研发等进一步降低开采能耗和成本。

参考文献

[1] 国家安全生产监督管理总局, 国家煤矿安全监察局. 煤矿安全规程[M]. 北京: 煤炭工业出版社, 2016.

[2] 靳钟铭. 放顶煤开采理论与技术[M]. 北京: 煤炭工业出版社, 2001.

[3] 王家臣. 厚煤层开采理论与技术[M]. 北京: 冶金工业出版社, 2009.

[4] 王家臣, 吕华永, 王兆会, 等. 特厚煤层卸压综放开采技术原理的实验研究[J]. 煤炭学报, 2019, 44(3): 907-914.

[5] 杜计平, 孟宪锐. 采矿学[M]. 徐州: 中国矿业大学出版社, 2009.

[6] 王家臣, 王兆会. 综放开采顶煤在加卸载复合作用下的破坏机理[J]. 同煤科技, 2017(3): 1-8.

[7] Priest Stephen D. Discontinuity analysis for rock engineering[M]. New York: Champman & Hall, 1993.

[8] Hudson J A, Harrison J P. Engineering rock mechanics[M]. Kidlington: Elsevier Science Ltd, 1997.

[9] 王家臣, 张锦旺, 王兆会. 放顶煤开采基础理论与应用[M]. 北京: 科学出版社, 2018.

[10] Liu X S, Ning J G, Tan Y L, et al. Damage constitutive model based on energy dissipation for intact rock subjected to cyclic loading[J]. International Journal of Rock Mechanics and Mining Sciences, 2016, 85: 27-32.

[11] 李晓泉, 尹光志, 蔡波. 循环载荷下突出煤样的变形和渗透特性试验研究[J]. 岩石力学与工程学报, 2010, 29(S2): 3498-3504.

[12] 王家臣, 白希军, 吴志山, 等. 坚硬煤体综放开采顶煤破碎块度的研究[J]. 煤炭学报, 2000, 25(3): 238-242.

[13] 吴健. 我国放顶煤开采的理论研究与实践[J]. 煤炭学报, 1991, 16(3): 1-11.

[14] 于斌, 朱帝杰, 陈忠辉. 基于随机介质理论的综放开采顶煤放出规律[J]. 煤炭学报, 2017, 42(6): 1366-1371.

[15] Wang J C, Wei W J, Zhang J W. Theoretical description of drawing body shape in an inclined seam with longwall top coal caving mining [J]. International Journal of Coal Science & Technology, 2020, 7(1): 182-195.

[16] Wang J C, Wei W J, Zhang J W. Effect of the size distribution of granular top coal on the drawing mechanism in LTCC [J]. Granular Matter, 2019, 21(3): 70.

[17] 王家臣, 富强. 低位综放开采顶煤放出的散体介质流理论与应用[J]. 煤炭学报, 2002(4): 337-341.

[18] 王家臣, 李志刚, 陈亚军, 等. 综放开采顶煤放出散体介质流理论的试验研究[J]. 煤炭学报, 2004, 29(3): 260-263.

[19] 王家臣, 张锦旺. 综放开采顶煤放出规律的 BBR 研究[J]. 煤炭学报, 2015, 40(3): 487-493.

[20] Wei W J, Song Z Y, Zhang J W. Theoretical equation of initial top-coal boundary in longwall top-coal caving mining[J]. International Journal of Mining and Mineral Engineering, 2018, 9(2): 157-176.

[21] 张锦旺, 王家臣, 魏炜杰, 等. 块度级配对散体顶煤流动特性影响的试验研究[J]. 煤炭学报, 2019, 44(4): 985-994.

[22] 王家臣, 魏炜杰, 张锦旺, 等. 急倾斜厚煤层走向长壁综放开采支架稳定性分析[J]. 煤炭学报, 2017, 42(11): 2783-2791.

[23] Wei W J, Wang J C, Zhang J W, et al. Drawing mechanisms of granular top coal considering the structure of hydraulic support in longwall top coal caving [J]. Bulletin of Engineering Geology and the Environment Aims and Scope, 2023, 82: 138.

[24] Yang S L, Wei W J, Zhang J W. Top coal movement law of dynamic group caving method in LTCC with an inclined seam[J]. Mining, Metallurgy & Exploration, 2020, 37(5): 1545-1555.

[25] Zhang J W, Wang J C, Wei W J, et al. Experimental and numerical investigation on coal drawing from thick steep seam with longwall top coal caving mining[J]. Arabian Journal of Geosciences, 2018, 11(5): 96.

[26] 张锦旺, 王家臣, 魏炜杰. 工作面倾角对综放开采散体顶煤放出规律的影响[J]. 中国矿业大学学报, 2018, 47(4): 805-814.

[27] Wang J C, Wei W J, Zhang J W, et al. Numerical investigation on the caving mechanism with different standard deviations of top coal block size in LTCC [J]. International Journal of Mining Science and Technology, 2020, 30(5): 583-591.

[28] Wang J C, Wei W J, Zhang J W, et al. Laboratory and field validation of a LTCC recovery prediction model using relative size of the top coal blocks [J]. Bulletin of Engineering Geology and the Environment, 2021, 80(2): 1389-1401.

[29] Wei W J, Yang S L, Li M, et al. Motion mechanisms for top coal and gangue blocks in longwall top coal caving (LTCC) with an extra-thick seam [J]. Rock Mechanics and Rock Engineering, 2022, 55(8): 5107-5121.

[30] Wei W J, Pan W D, Zhang J W, et al. Dynamic sublevel caving technology for thick seams with large dip angle in longwall top coal caving (LTCC) [J]. Granular Matter, 2023, 25: 56.

[31] Melo F, Vivanco F, Fuentes C, et al. On draw body shapes: from Bergmark-Roos to kinematic models[J]. International Journal of Rock Mechanics and Mining Sciences, 2007, 44(1): 77-86.

[32] 张锦旺, 程东亮, 王家臣, 等. 水平分段综放开采顶煤放出体理论计算模型[J]. 煤炭学报, 2023, 48(2): 576-592.

[33] Yang S L, Wei W J, Yang L, et al. Theoretical investigation and key caving technology development at the end area of longwall top coal caving (LTCC) panels [J]. Computational Particle Mechanics, 2024, 11(1): 235-247.

[34] 魏炜杰. 考虑顶煤块度分布的综放开采顶煤放出规律研究[D]. 北京: 中国矿业大学(北京), 2021.

[35] 王家臣, 黄国君, 杨宝贵, 等. 顶煤放出规律跟踪仪及其测定顶煤放出规律的方法[P]. 专利号: ZL200910080005.9. 2011-09-21.

[36] 王家臣, 杨胜利, 黄国君, 等. 综放开采顶煤运移跟踪仪研制与顶煤回收率测定[J]. 煤炭科学技术, 2013, 41(1): 36-39.

[37] 王家臣, 耿华乐, 张锦旺. 顶煤运移跟踪标签合理布置密度与方式的数值模拟研究[J]. 煤炭工程, 2014, 46(2): 1-3.

[38] 王家臣, 魏炜杰, 张国英, 等. 放煤规律与智能放煤[M]. 北京: 科学出版社, 2022.

[39] 王家臣, 张锦旺, 陈祎. 基于 BBR 体系的提高综放开采顶煤采出率工艺研究[J]. 矿业科学学报, 2016, 1(1): 38-48.

[40] Yang S L, Zhang J W, Chen Y, et al. Effect of upward angle on the drawing mechanism in longwall top-coal caving mining[J]. International Journal of Rock Mechanics and Mining Sciences, 2016, 85: 92-101.

[41] 王家臣. 我国综放开采 40 年及展望[J]. 煤炭学报, 2023, 48(1): 83-99.

[42] 煤炭工业网. 郑煤机成套化国际市场再结硕果[EB/OL]. (2022-07-27) [2023-11-12]. http://www.coalchina.org.cn/index.php?m=content&c=index&a= show&catid=16&id=141466.

[43] 吴健. 我国综放开采技术 15 年回顾[J]. 中国煤炭, 1999(Z1): 9-16, 61.

[44] 任秉钢. 中国综合机械化放顶煤开采[M]. 北京: 煤炭工业出版社, 2002.

[45] 王家臣. 我国放顶煤开采的工程实践与理论进展[J]. 煤炭学报, 2018, 43(1): 43-51.

[46] 樊运策. 中国厚煤层采煤方法的一次革命, 综采放顶煤技术理论与实践的创新发展[M]. 北京: 煤炭工业出版社, 2012.

[47] 樊运策, 师文林, 张长根, 等. 潞安王庄煤矿综放工作面回采损失的量化分析[J]. 煤炭学报, 1997, 22(6): 606-611.

[48] 吴健, 于海勇, 张海戈. 缓倾斜厚煤层放顶煤综采的三种工艺模式[J]. 煤炭学报, 1994, 19(6): 612-619.

[49] 谢和平, 王家臣, 陈忠辉, 等. 坚硬厚煤层综放开采爆破破碎顶煤技术研究[J]. 煤炭学报, 1999, 24(4): 350-354.

[50] 王家臣, 白希军, 吴志山, 等. 坚硬煤体综放开采顶煤破碎块度的研究[J]. 煤炭学报, 2000, 25(6): 238-242.

[51] 王家臣, 吴健, 李报, 等. 特厚软煤层综放开采矿压观测与分析[J]. 煤炭科学技术, 1997, 25(9): 2-5.

[52] 尚海涛. 从魏家地矿的实践看我国复杂条件下应用综放技术的前景[J]. 煤炭学报, 1997, 22(3): 242-247.

[53] 王家臣, 吴健. 复杂煤层条件下的综放开采技术[C]//全国第三届放顶煤开采理论与实践研讨会论文集, 1998: 86-90.

[54] 王家臣. 极软厚煤层煤壁片帮与防治机理[J]. 煤炭学报, 2007, 32(8): 785-788.

[55] 王家臣, 王蕾, 郭尧. 基于顶板与煤壁控制的支架阻力的确定[J]. 煤炭学报, 2014, 39(8): 1619-1624.

[56] 康红普, 徐刚, 王彪谋, 等. 我国煤炭开采与岩层控制技术发展 40a 及展望[J]. 采矿与岩层控制工程学报, 2019, 1(2): 1-33.

[57] 张忠温. 平朔矿区两柱掩护式放顶煤支架适应性研究[J]. 煤炭科学技术, 2011, 39(11): 31-35.

[58] 谢俊文. 急倾斜厚煤层高效综放长壁开采技术[M]. 北京: 煤炭工业出版社, 2005.

[59] 王家臣, 赵兵文, 赵鹏飞, 等. 急倾斜极软厚煤层走向长壁综放开采技术研究[J]. 煤炭学报, 2017, 42(2): 286-292.

[60] 陈建强, 王世斌, 刘旭东. 急倾斜特厚煤层水平分段开采工作面瓦斯涌出影响因素研究[J]. 煤炭科学技术, 2022, 50(3): 127-135.

[61] 王家臣, 潘卫东, 张国英, 等. 图像识别智能放煤技术原理与应用[J]. 煤炭学报, 2022, 47(1):87-101.

[62] Peng S S. Longwall mining[M]. 3rd ed. London: Taylor & Francis Group, 2020.

[63] Kumar R, Singh A K, Mishra A K, et al. Undergrond mining of thick coal seams[J]. International Journal of Mining Science and Technology, 2015, 25(6): 885-896.

[64] Unver B, Yasitle N E. Modelling of strata movement with a special reference to caving mechanism in thick seam coal mining[J]. International of Coal Geology, 2006, 66(4): 227-252.

[65] Klishin V I, Klishin S V. Coal extraction from thick flat and steep beds[J]. Journal of Mining Science, 2010, 46(2): 149-159.

[66] Клишин В И, Инновационные технологии и способы обеспечения повышения производительности и безопасности подземной угледобычи[J]. Горный информационно-аналитический бюллетень (специальный выпуск), 2018, 11: 52-63.

3 大采高开采

大采高一次采全厚采煤法(以下简称大采高开采)，是采用机械一次开采全厚达到和超过3.5m的长壁采煤法[1]。自大采高开采技术在我国应用以来发展迅速，其产量大、回收率高、工艺简单、效率高、易于实现自动化等优越性，是加快煤矿自动化、信息化、智能化建设，实现煤炭产业“减矿、减面、减产、减人”的首选采煤方法，顺应了我国以“安全、高效、绿色、低碳”为方向推动煤炭产业升级和能源技术革命的发展趋势[2]，在条件适宜矿区的厚煤层开采应用中备受青睐，其中神东、淮南、晋城、大同、潞安、榆林等矿区得到了广泛的推广和应用。

3.1 大采高开采技术

3.1.1 大采高开采技术特点

大采高开采一般适用于地质构造简单、煤质较硬、厚度3.5～10.0m且赋存稳定、倾角小于12°(最大不超过20°)、顶底板稳定或较稳定的厚煤层。与常规采高的综采工作面相比，大采高工作面生产能力大，有利于合理集中生产，且资源回收率高，巷道掘进率和维护量低，回采工艺和巷道布置相对简单，更加高效、经济。与放顶煤开采相比，大采高开采工作面煤炭采出率较高，采煤工序简单。与分层开采相比，大采高开采的工作面产量大幅度提高，回采巷道的掘进率明显降低，并减少了铺设假顶工序和采煤设备的搬迁次数，极大提高了开采效率。但由于采高的增加对液压支架、采煤机和刮板输送机功率要求的提高，导致设备的投资金额较大。设备尺寸也随功率的增加而变大，导致回采巷道掘进尺寸增加，在传统的矿井辅助运输条件下，设备搬迁和安装均比较困难。同时，采高的增大和设备尺寸的增加也会导致开采过程中煤壁片帮防治、设备防倒防滑、冒顶处理和生产管理的难度增加。

3.1.1.1 大采高综采工作面矿压显现特点

大采高综采长壁工作面开采后，垮落带高度随采高增大而增加。若垮落的直接顶岩层不能填满采空区而在坚硬岩层下方出现较大的自由空间，破断后的基本顶岩层将难以形成“砌体梁”式平衡，在其回转运动过程中往往对下位岩层和工作面支架产生动载效应，形成较高的支承压力，并引起强烈的周期来压。因此，大采高工作面支架工作阻力一般均比较高，基本顶来压更为剧烈，局部冒顶和煤壁片帮现象更为严重，煤壁片帮范围随采高增大而增加。

3.1.1.2 大采高综采工作面采煤工艺特点

(1)煤炭资源采出率较高。放顶煤工作面开采初期为减轻顶板初次来压强度，一般不进行放煤工序，且正常循环放煤过程中考虑含矸率的前提下无法放出全部顶煤，造成部分煤炭资源遗留在采空区。在煤层厚度适宜的情况下，大采高开采工作面煤炭资源损失较少，且大采高工作面小煤柱护巷技术、沿空留巷以及沿空掘巷技术发展相对成熟，能极大程度地减少留设区段煤柱所造成的煤炭资源损失，显著提升了采区煤炭资源的采出率。

(2)采煤工序简单，生产效率较高。分层开采工作面开采顶分层时需要进行铺设假顶工序，并且下分层开采势必要进行设备搬迁，而放顶煤开采时需要进行放煤工序。生产工序的增加导致生产效率降低。大采高开采生产工序较为简单，且随着远程电液控制系统、工作面采煤机记忆割煤技术、液压支架自动跟机移架技术和智能地质保障技术的进步和应用，大幅度降低了工作面人员的数量和劳动强度，极大提高了工作面的生产效率。

(3)需控制初采高度。为了有利于在开切眼中进行大采高液压支架、采煤机、刮板输送机等设备的安装，开切眼的高度一般不宜过高，初采高度与开切眼高度一致。自开切眼开始，工作面保持初采高度推进，待直接顶初次垮落后，将采高逐渐加大至正常采高。为使采空区顶板尽快冒落，根据顶板条件，在开切眼内可采取退锚杆和退锚索的措施，必要时也可以采取爆破措施。

(4)液压支架控制难度较大。随着大采高工作面开采高度不断增加，液压支架在工作过程中更容易出现滑移或是倾倒事故，严重影响采煤工作的安全性。在大采高工作面中，采煤活动范围较大，在复杂条件下液压支架站立姿态并不能保持长期稳定状态，极大增加了液压支架的控制难度，如图 3-1(a)所示。

(5)煤壁片帮防控难度增加。伴随采高的增大，工作面上覆岩层的运移范围和破坏程度也增加，煤壁超前支承压力影响范围也越来越大，基本顶来压也更为剧烈，采场矿压显现将更加明显，并且上覆岩层作用在煤壁和顶板上的压力及时间也会随之增加，煤壁稳定性会随之降低，煤壁大面积、大深度、多区域片帮的现象也会更加频繁地发生，如图 3-1(b)和图 3-1(c)所示。

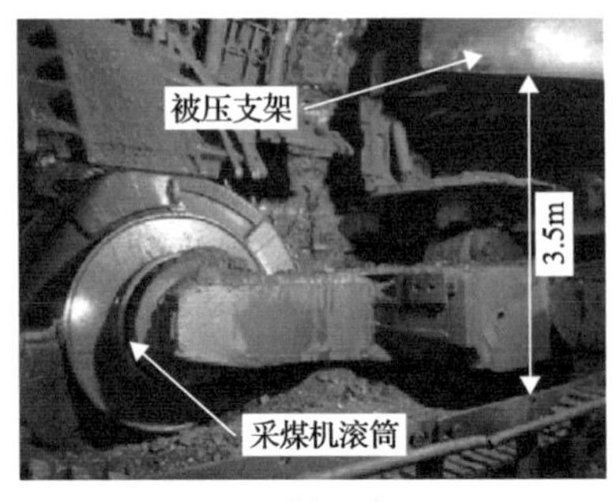

(a) 支架压架

(b) 煤壁局部片帮

(c) 采场围岩大变形

图 3-1 大采高工作面煤壁片帮

3.1.2 大采高工作面布置方式

3.1.2.1 普通大采高工作面

普通大采高工作面采用单一走向长壁采煤法，该方法是指长壁工作面沿走向推进，通过机械一次将整层煤采出的采煤法，如图 3-2 所示。与普通综采工作面相似，大采高开采需在煤层中布置一个工作面，支架立于底板之上直接支撑顶板，采煤机切割整层煤层，煤壁处割落的煤炭通过刮板输送机运出工作面。大采高工作面由于开采设备尺寸较大，工作面搬家对回采巷道的尺寸要求也相应增加，在综合考虑采煤设备运输、回采巷道支护的前提下，大采高工作面回采巷道一般沿煤层底板掘进，高度一般不大于 5m，这使得工作面和回采巷道之间存在一定的高度差。如图 3-3 所示，根据煤层厚度不同，大采高工作面常见的端头过渡方式包括三种，即平缓过渡式、台阶过渡式、联合过渡式。平缓过渡式，即留三角顶煤的方法，在采煤机割煤到距端头一定距离时，将采煤机滚筒逐渐降低以降低采高，使工作面采高由正常高度逐渐降低到回采巷道高度，实现工作面到巷道的平缓过渡，如图 3-3(a)所示。台阶过渡式，即垂直过渡，通过采用大侧护板的专用端头支架，可以实现工作面端头区域台阶式过渡，即采煤机从工作面水平割煤至机头、机尾专用过渡支架处时，可将大的采高垂直降至巷道高度后与巷道割透，如图 3-3(b)

图 3-2 中煤集团新集口孜东矿大采高工作面

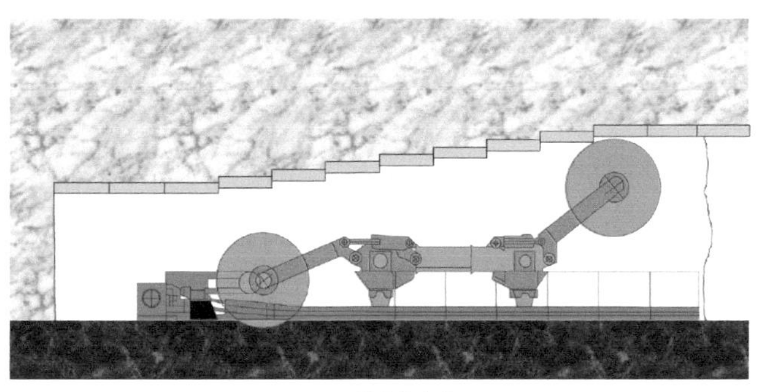

(a) 平缓过渡式

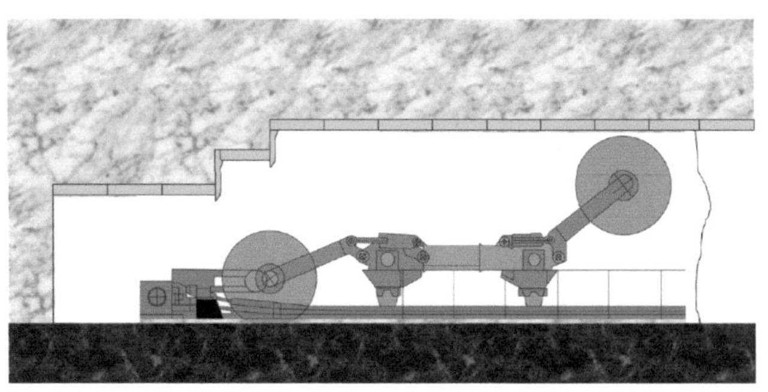

(b) 台阶过渡式

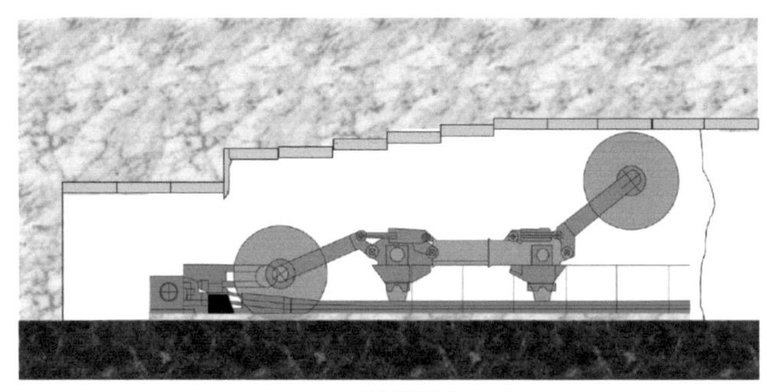

(c) 联合过渡式

图 3-3　大采高工作面端头过渡方式

所示，这种过渡方式不仅可提高煤炭资源回收率，同时可消除支架偏载问题，改善支架受力状态。

考虑到大侧护板的支护能力，8m 及以上大采高工作面采用一级台阶过渡和平缓过渡相结合的联合过渡方式，如图 3-3(c)所示，显著减少了工作面上下两端部过渡段顶部三角煤损失，提高了煤炭资源回采率。

3.1.2.2　超大采高工作面

超大采高工作面在采煤方法上与普通大采高工作面相同。由于开采设备的尺寸过大，井下运输能力有限，无法在回采巷道中整机运输，须在开切眼附近布置调装硐室，将拆分后的设备运至调装硐室进行组装后布置在开切眼中。此外，由于开采高度较大，割落的煤炭、矸石和漏冒的矸石具有较大的冲击力，煤壁片帮过程中也会弹射出煤块，对工作面人员和设备安全具有较大的威胁，故在支架与煤壁之间布设挡矸网等防护措施(图 3-4)。大采高开采时采煤机司机以及移架工人均在档杆网后面操作设备，以防止飞矸和架间漏冒等对作业人员造成伤害，保证工作面安全生产。同时采煤高度的增加导致煤壁片帮问题愈发突出，对支架护帮板的支护能力也有了更高层次的要求。

我国超大采高工作面基本采用高强度多级护帮板支护煤壁，在工作面正常作业期间，成组收回护帮板一般不超过 3 架；片帮严重时，成组收回护帮板不超过 2 架；移架结束后，及时打出支架上部伸缩梁；采煤机司机基本滞后采煤机后滚筒 2 架打出护帮板，保证护帮板紧贴煤壁。

(a) 档杆网安装

(b) 三级护帮板

图 3-4 陕煤集团曹家滩煤矿 10m 超大采高工作面

自开切眼开始回采，顶板初次来压前工作面始终保持初采高度推进，待初次来压结束，逐步增大采高直至设计采高。部分矿井基本顶较为坚硬时，会采取人工干预的方式使基本顶提前破断，防止初次来压步距过大造成安全事故。由于设备拆卸和安装难度较大，成本较高，为减少超大采高工作面的设备搬家次数，一般工作面推进长度较长，最长达 6000m。

超大采高工作面采高较大，一次割煤高度大，煤炭截割量大，一般大采高工作面的开采和运输装备无法满足开采需求。采高的增加要求采煤机滚筒直径增大，这势必要求采煤机具有更大的臂长和功率，且同时要求采煤机需要稳定的重载截割速度，以保障超大采高工作面稳定、高效生产。对于刮板输送机，超大采高工作面煤炭从煤壁割落后造成的刮板输送机负载不均衡问题更加明显，对刮板输送机平稳运行造成了一定困扰，且运煤量的增加对刮板输送机的尺寸设计、机器功率、刮板链速和刮板机稳定性都提出了较高的挑战。

3.1.3 巷道布置方式

大采高开采工作面一般采用后退式回采顺序，工作面巷道包括区段运输平巷、区段回风平巷和开切眼，三者形成采煤工作面并为其服务，统称为回采巷道。回采巷道断面大小应符合运输、通风、行人和安全的要求。大采高开采设备尺寸较大，为满足工作面设备搬家的需求，巷道断面尺寸相对于一般综采工作面也较大，巷道的掘进和支护难度相对有所提高。

3.1.3.1 双巷布置

采用双巷布置易于两相邻工作面进行采掘接替，在瓦斯含量较大或者走向长度较长的工作面，采用双巷布置和掘进解决了长距离掘进的通风问题，有利于保障掘进工作面通风和安全。如图 3-5 所示，在本区段巷道掘进期间，同时掘进本区段运输平巷和下区段回风平巷，两巷间须开挖联络巷以保证掘进期间的通风安全。在工作面回采期间，可将皮带输送机和其他电气设备分别布置在两条巷道内，运输平巷随采随弃，布置电气的平巷加以维护，作为下一工作面的回风平巷。

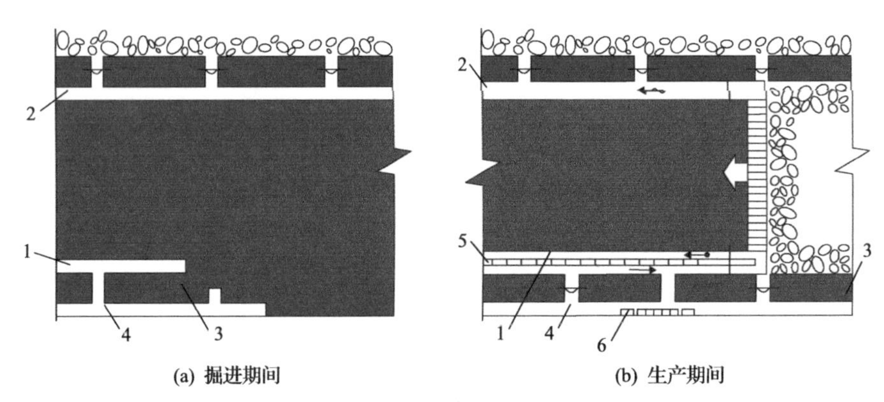

图 3-5 双巷布置

1-本区段运输平巷；2-本区段轨道平巷；3-区段煤柱；4-下区段回风平巷；5-皮带输送机；6-开关、泵站和电气设备

3.1.3.2 多巷布置

多巷布置主要有三巷和四巷布置方式。在一些开采条件较好，且采用连采机掘进回采巷道的高产高效矿井中，为充分发挥连采机掘进巷道的优势，满足高产条件下通风安全要求，区段巷道采用多巷布置与掘进方式。大采高工作面推进长度较长，多巷布置在满足工作面通风能力的同时，采用无轨胶轮车辅助运输，能减少工人进入工作面的时间，增加工人平均劳动效率，布置方式如图 3-6 所示。

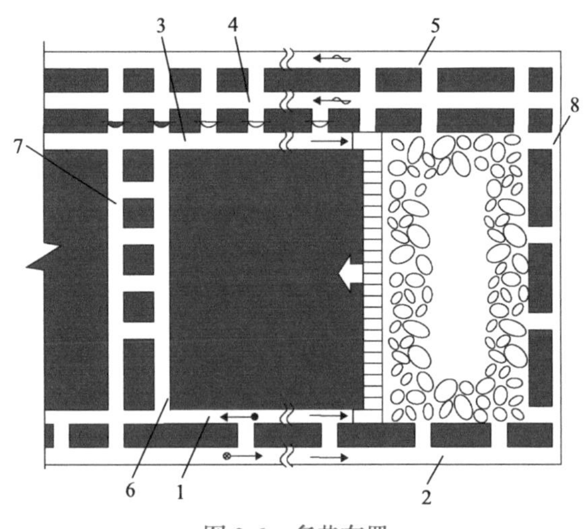

图 3-6 多巷布置

1-运输进风平巷；2-运料进风平巷；3-进风平巷；4,5-回风平巷；6,7-撤架通道；8-瓦斯尾巷

3.1.3.3 沿空留巷

工作面采煤后沿采空区边缘维护原回采巷道的护巷方法，称为沿空留巷。沿空留巷技术是无煤柱开采的重要途径之一，是在工作面回采期间，通过有效的支护技术，将工

作面回采巷道保留下来的方法[3]。如图 3-7 所示，沿空留巷可完全取消区段煤柱，有利于提高煤炭资源的回收率。由于留巷期间所留巷道维护的难度较大，需要在巷旁支护或采取其他措施，如图 3-8 所示。由于技术水平的限制，该方法在开采高度较大的大采高工作面中应用较少。

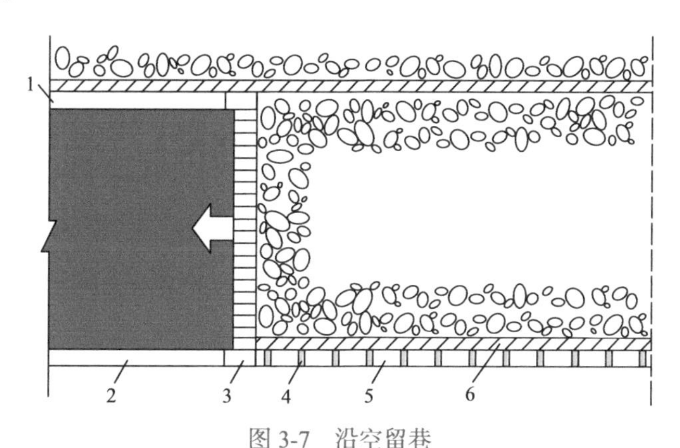

图 3-7　沿空留巷

1-本区段回风平巷；2-本区段运输平巷；3-端头支架；4-门式液压支架；5-下区段回风平巷；6-巷旁支护

图 3-8　门式支架临时支护巷道

3.1.4　大采高开采工艺

3.1.4.1　大采高工作面设备布置

大采高工作面主要设备包括采煤机、自移式液压支架、可弯曲刮板输送机。此外，巷道里还有转载机、破碎机、皮带输送机、液压泵站和工作面运人、运料的辅助运输设备等，具体布置情况如图 3-9 所示。

河南能源集团有限公司赵固二矿 14030 工作面是典型的大采高工作面，主采的二$_1$煤层平均厚度 5.9 m，煤层结构简单，煤层倾角 4°～6°。14030 工作面共布置液压支架 102 架，其中中间支架 ZY18000/30/65D 共 92 架，过渡支架 ZYG18000/29/60D 共 5 架，端头支架 ZYT18000/26/53D 共 3 架，端头支架 ZYT13000/25/50D 共 2 架。14030 工作面主要设备及技术参数见表 3-1。

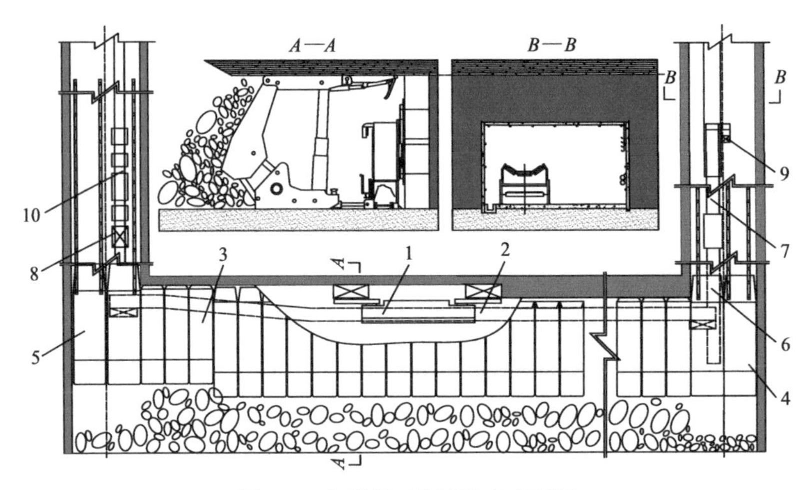

图 3-9 大采高工作面设备布置图

1-采煤机；2-刮板输送机；3-液压支架；4-下端头支架；5-上端头支架；6-转载机；7-皮带输送机；8-集中控制台；9-液压泵站；10-设备列车

表 3-1 14030 工作面主要设备及技术参数

设备名称	数量	技术参数
采煤机	1	MG900/2320-GWD，功率 2330kW，供电电压 3300V，滚筒直径 3000mm，截深 865mm，牵引力 1330kN/625kN
刮板输送机	1	SGZ1200/2000，电机功率 2×1000kW，电动机电压 3300V，中双链形式，刮板链速 1.59m/s，刮板间距 912mm，链中心距 280mm，中部槽规格(长×内宽×高)2050mm×1200mm×375mm
轮式破碎机	2	PLM4000，破碎能力 4000t/h，最大输入块度 1600mm×1200mm，排除粒度≤300mm，供电电压 3300V，外喷雾灭尘
转载机	1	SZZ1200/525，长度 55m，输送能力 3000t/h，供电电压 3300V，电机功率 525kW，整体箱型焊接，爬坡角度 10°
中间支架	92	ZY18000/30/65D，电液控制系统，支护宽度 1900～2150mm，初撑力 12370kN，支架中心距 2050mm
过渡支架	5	ZYG18000/29/60D，电液控制系统，支护宽度 1900～2150mm，初撑力 12370kN，支架中心距 2050mm
端头支架	3	ZYT18000/26/53D，电液控制系统，支护宽度 1900～2150mm，初撑力 12370kN，支架中心距 2050mm
端头支架	2	ZYT13000/25/50D，电液控制系统，支护宽度 1680～1880mm，初撑力 8724kN，支架中心距 1750mm
液压泵站	4	BRW500/31.5，额定压力 31.5MPa，额定流量 500L/min，液箱容量 3000L，电机功率 315kW
皮带输送机	1	DSJ120/150/2×400，输送能力 1500t/h，胶带速度 4m/s，电机功率 400kW，胶带宽度 1200mm
皮带输送机	1	DSJ120/100/2×110，输送能力 1000t/h，胶带速度 3.15m/s，电机功率 110kW，胶带宽度 1200mm

续表

设备名称	数量	技术参数
变频器	1	BPJV-3×1250/3.3，额定功率 3×1250kW，额定输入电压 2×1700V，额定输入电流 2×825A，输出频率范围 0～50Hz
喷雾泵	2	BPW516/16，额定压力 16MPa，额定流量 516L/min，电机功率 160kW，工作介质为清洁中性水
喷雾泵	2	BPW315/6.3，额定压力 6.3MPa，额定流量 315L/min，电机功率 160kW，工作介质为清洁中性水
反冲洗高压过滤站	1	ZGLZ-2000Ⅱ，额定压力 31.5MPa，额定流量 2000L/min，过滤精度 25μm
回液过滤站	1	HGLZ-2000Ⅱ，额定压力 7MPa，额定流量 2000L/min，过滤精度 60μm
自动配液站	1	ZMJ-KRPYZ-10，配比范围 1%～6%，配比能力 10t/h
井下在线自清洗综合供水净化站	1	JXGSZ-70JB-6A，产水能力 6t/h，在线自清洗
3300V 组合开关	2	QJZ1-1600/3300-8
1140V 组合开关	2	QJZ1-800/1140-4
除铁器	1	RCBD-10DT2

3.1.4.2 工作面参数

大采高工作面参数主要是指工作面长度、工作面推进长度、工作面高度和采煤机截深等。

1) 工作面长度

工作面长度是大采高工作面的重要参数之一，合理的工作面长度应在满足平均日产量高、吨煤费用低、开采装备适配的前提下，尽可能避免较大地质构造的影响。大采高工作面开采设备尺寸较大，设备搬家成本较高。因此，在一定范围加长工作面长度，能提高工作面产量，也有利于提高开采效率和效益，并能降低巷道掘进率，相对减少回采巷道间的煤柱损失。然而，工作面长度过长会降低工作面推进速度，增加液压支架对顶板和煤壁的支护时间，导致发生煤壁片帮、端部冒顶等灾害的风险提高，且不利于防止采空区浮煤自燃，对生产安全产生了较差的影响。工作面长度亦受设备性能、煤层地质条件、生产技术管理水平和瓦斯涌出量等因素的约束。因此，需结合煤矿实际生产条件和生产需求，综合考虑各影响因素的权重，以确定合理的工作面长度。目前我国大采高工作面长度一般在 200～400m。

2) 工作面推进长度

工作面推进长度主要受地质条件、皮带输送机的铺设长度、设备大修期、工作面设备安装与搬迁费用、区段平巷的维护费用与运输费用等影响。地质条件对工作面推进长度具有较强的限制。在采区划分完成后，地质构造较少的煤层工作面推进长度的确定主要受煤层分布边界影响；对于地质构造较多，尤其是分布有大断层的煤层，其工作面推进长度往往以地质构造的边界来确定。近年来国产可伸缩带式输送机取得长足进步，多端驱动输送机的长度可达 6000m，受技术装备水平的限制，目前工作面推进长度上限为

6000m。工作面设备的大修期也是影响工作面推进长度的因素之一。煤矿生产在保证安全、高效的前提下，还应该考虑是否经济。一般而言，加大工作面推进长度，能减少工作面搬家次数和巷道掘进长度，能有效减少一部分经济支出。但过大的工作面推进长度会造成回采巷道维护困难，巷道维护费用和运输成本较高，同时也给供电、供风等造成困难。

3) 工作面高度

工作面高度也是大采高开采的重要参数之一，主要受工作面装备水平、煤质、煤层赋存条件、地质构造等因素影响。随着我国设备制造技术水平的大幅度提升，在煤层条件适合条件下工作面高度逐渐提升，截至 2023 年，主要经历了 3.5m、4m、5m、5.5m、6.3m、7m、7.2m、8m、8.2m、8.8m、10m 等。随着采高的增大，不可避免地会引起煤壁受载过大的现象，因此，大采高工作面液压支架工作阻力相较于放顶煤工作面要大，护帮板较长且液压缸阻力较大，以保障大采高工作面煤壁稳定性。

4) 采煤机截深

截深是采煤机滚筒截割煤壁的深度，是决定采煤机生产能力和装机功率的主要因素。采煤机截深主要受工作面推进速度、支架形式和刮板输送机能力的影响。大采高工作面煤壁稳定性较差，适当地增加采煤机截深能提高工作面推进速度，减少煤壁受载时间，降低煤体强度的削弱程度，有利于降低煤壁片帮的频率和强度。三机配套是开采设备选型的重要原则，液压支架的最大、最小控顶距之差应与采煤机截深相同，且支架移架速度应与采煤机牵引速度保持一致；刮板输送机的运输能力需要和工作面生产能力匹配，采煤机截深的增大会提升工作面生产能力，同时也增加了刮板输送机的运输压力，故而采煤机应根据配套设备的运输能力确定合理的截深。

我国不同矿区的部分代表性大采高工作面具体参数见表 3-2。

表 3-2　部分大采高工作面具体参数

煤矿	工作面	采高/m	工作面长度/m	工作面推进长度/m	采煤机截深/mm
耿村煤矿	13031	4.0	195	1182	600
补连塔煤矿	3202	5.0	240	5000	865
寺河煤矿	2303	5.5	178	933.7	865
上湾煤矿	51202	6.3	301.5	4463	865
补连塔煤矿	22303	7.0	301	4966	865
王庄煤矿	8101	7.2	270	546	865
补连塔煤矿	12511	8.0	319.1	3139.3	865
金鸡滩煤矿	108	8.2	300	5538	865
上湾煤矿	12401	8.8	299.2	5254.8	865
曹家滩煤矿	122104	10.0	300	5977	865

3.1.4.3　进刀方式

大采高工作面一般采用双滚筒采煤机端部斜切进刀方式割入煤壁，随后通过采煤机运行与推移刮板输送机配合切割煤壁，具体过程如图 3-10 所示。

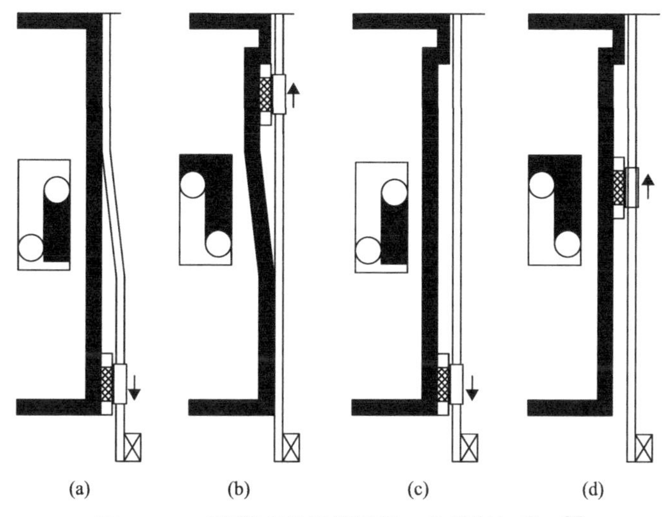

图 3-10 双滚筒采煤机端部留三角煤斜切进刀[1]

如图 3-10(a)所示，当采煤机割至工作面端头时，其后方一定距离以外的刮板输送机已移近煤壁，前后滚筒间尚留有一段底煤。

如图 3-10(b)所示，调换滚筒位置，前滚筒降下，后滚筒升起，并沿刮板输送机弯曲段反向割入煤壁，直至刮板输送机直线段为止，然后将刮板输送机移直。

如图 3-10(c)所示，再调换两个滚筒上、下位置，重新返回割三角煤至刮板输送机机头处，机身处留有一段底煤。

如图 3-10(d)所示，再次调换滚筒上、下位置，采煤机上行，将机身下的底煤割掉，煤壁割直后，上行正常割煤。

3.1.4.4 割煤方式

采煤机割煤及与其他工序的配合称为采煤机割煤方式。采煤机割煤方式有双向割煤和单向割煤之分。随着大功率、高强度采煤机的出现，目前我国大采高工作面多数采用双向割煤(往返两刀)方式。

具体方法为，在双滚筒采煤机大采高工作面开始割煤时，采煤机自下切口沿底上行割煤，随机挂梁和推移刮板输送机，并同时铲装浮煤、支柱；待采煤机割至上切口，进刀后下行重复同样的工艺过程，返回时再割一刀煤，往返进两刀煤。该方式加快了工作面推进速度，减少了煤壁片帮冒顶事故的发生，以及设备间的无功磨损。

3.2 大采高工作面液压支架及支护

3.2.1 大采高工作面液压支架发展历程

我国早期的煤炭开采受限于当时的开采技术和开采装备水平，煤层最大采高仅为

2.5m。工作面多采用单滚筒采煤机进行割煤，采用单体液压支柱支护顶板。单滚筒采煤机对采高较大的工作面要分顶底刀两次截割，割顶煤期间只能挂金属网铰接顶梁，只有将底煤截割并推移刮板输送机后才能在所挂顶梁下支柱，由此增加顶板悬露面积和时间；另外，由于截割滚筒只在采煤机一侧布置，无滚筒侧工作面端部只能由人工爆破，再加上截割滚筒的摇臂较短，工作面两端都需要人工爆破开切口，使工作面两种工艺共存，效率降低，管理复杂。我国当时亟须一种安全、高效的采煤方法，大采高开采应运而生。

我国厚煤层大采高综采技术装备的研发试验始于20世纪80年代。1986～1990年，煤炭科学研究总院北京开采研究所、平顶山煤矿机械厂(现平顶山煤矿机械有限责任公司)、义马矿务局等联合开展了国内首套ZY3500/25/47型两柱掩护式大采高液压支架的研发试验，首次在液压支架顶梁与掩护梁之间设计限位装置，用于提高液压支架对煤层顶板的适应性，成套设备在耿村煤矿成功应用。“七五”期间，煤炭科学研究总院北京开采研究所、徐州矿务局、西安煤矿机械厂、张家口煤矿机械厂等依托国家重点科技攻关项目开展“三软”厚煤层(4.5m)一次采全高开采技术装备的研发与应用，加深了对厚煤层大采高综采规律的认识[4]。

20世纪90年代初，大采高一次采全高开采技术成功在我国铜川、开滦、西山、兖州、徐州、邢台、双鸭山等矿区进行推广应用[5]。自1995年，神东矿区开始全面引进4.0～5.0m高端大采高液压支架及配套设备，实现了大采高工作面的高产高效开采。由于神东矿区煤层厚度普遍较厚(6.0～8.0m)，引进大采高综采装备的最大开采高度仅为5.0m，大采高工作面只能留顶煤与底煤开采，导致大采高工作面煤炭资源大量浪费。

2003年，煤炭科学研究总院和晋城矿务局率先开展了最大支护高度为5.5m的高端大采高液压支架国产化研制，首次成功研制了30台ZY8640/25.5/55型大采高液压支架，并于2004年在晋城寺河煤矿3302综采工作面成功应用，实现了工作面最高日产煤3万t、最高月产煤76万t水平，经过一年的井下工业性试验，液压支架整体状况良好。

2005年，在国家重大技术装备研制专项的带动下，开展了“年产600万吨综采成套装备研制”，针对神华集团万利煤炭有限责任公司一矿5^{-1}煤层研发了ZY8600/24/50D型国产高端液压支架，支架样机顺利通过50000次循环加载试验，达到了欧洲CEN1804标准，通过开展井下工业性试验，成套设备开机率达到90%以上，工作面最高月产煤达到80.4万t，年生产能力超过700万t。

2008～2011年，为进一步提升煤层的资源回采率，在国家“十一五”科技支撑计划项目支持下，研发“年产千万吨级矿井大采高综采成套装备及关键技术”，研发了最大开采高度超过6m的成套国产大采高综采装备，工作面年生产能力突破1000万t。

2009～2013年，针对中国西部陕北红柳林煤矿、金鸡滩煤矿及神东补连塔煤矿、上湾煤矿等煤层厚度为6～8m的坚硬厚煤层高产高效开采需要，以红柳林煤矿5^{-2}号煤层为工程背景，开展了“7m超大采高综采成套技术与装备研发”，研制了ZY18800/32.5/72D型超大采高液压支架及配套设备，实现工作面年产量1200万t。此次研发的液压支架首次采用了三级护帮装置，并通过设计“大梯度过渡”配套方式，大幅减少了工作面两端头的三角煤损失。图 3-11 为金鸡滩煤矿 7m 大采高工作面 ZY21000/38/70D 型超大采高液压支架。

图 3-11 ZY21000/38/70D 型超大采高液压支架

2014～2016 年，为进一步提升西部矿区坚硬特厚煤层的资源回采率，针对金鸡滩煤矿 2^{-2} 煤层赋存条件，研发了世界首套支护高度大于 8.0m 的超大采高液压支架(ZY21000/38/82D)，突破了一系列关键技术和配套难题，如图 3-12 所示。研发的成套装备于 2016 年 10 月开始进行井下工业性试验，实现了工作面日产煤 6.6 万 t、月产煤超过 150 万 t 水平。这一创新实践突破了厚煤层采高极限，为超大采高综采提供了宝贵经验。

图 3-12 ZY21000/38/82D 型超大采高液压支架[4]

2018 年，上湾煤矿应用最大支护高度为 8.8m 的超大采高液压支架，如图 3-13 所示，再一次显示 8m 以上超大采高的优势。

2020 年以来，针对曹家滩煤矿 2^{-2} 号坚硬特厚煤层赋存条件(煤层厚度 8.08～12.36m)，设计研发了最大支撑高度达到 10m 的超大采高液压支架(ZY29000/45/100D)及配套装备，再一次突破了超大采高开采高度。

表 3-3 为典型大采高工作面液压支架参数。

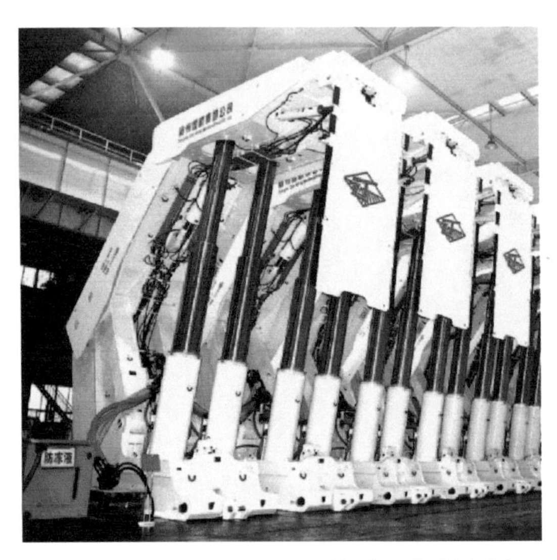

图 3-13 ZY26000/40/88D 型超大采高液压支架

表 3-3 典型大采高工作面液压支架参数

煤矿	工作面	采高/m	支架型号	初撑力/kN	支架中心距/mm
耿村煤矿	13031	4.0	ZY3500/25/47	2600	1500
补连塔煤矿	3202	5.0	JOY8670-2.4/5.0	6056	1750
寺河煤矿	2303	5.5	ZY8640/2550/5500	5888	1750
上湾煤矿	51202	6.3	ZY10800/28/63	7912	1750
补连塔煤矿	22303	7.0	ZY18000/32/70D	12370	2050
王庄煤矿	8101	7.2	ZY15000/33/72D	12370	2050
补连塔煤矿	12511	8.0	ZY21000/36.5/80D	11025	2050
金鸡滩煤矿	108	8.2	ZY21000/38/82D	16546	2050
上湾煤矿	12401	8.8	ZY26000/40/88D	19782	2400
曹家滩煤矿	122104	10.0	ZY29000/45/100D	22368	2400

3.2.2 大采高工作面支护设计及管理

3.2.2.1 液压支架支护设计

1）确定支护强度的原则

液压支架支护强度应与工作面煤层赋存的地质条件及煤层顶板的矿压显现强度相适应，矿山压力随工作面采高的增加而显现剧烈。大采高液压支架支护强度应满足多项原则，包括支架初撑力和工作阻力要适应直接顶和基本顶岩层移动产生的压力；支架的结构和支护特性要适应和保护顶板的完整性；底座要适应底板岩石的抗压强度；支撑高度要与采高或煤层厚度相适应，安全性能要好，并配备伸缩梁和调底油缸等设备；支护断面与通风要求适应，三机配套符合相关要求。

2) 工作面支架支护强度及工作阻力验算

液压支架选型按照综采工作面设计要求，只对液压支架的工作阻力、支护强度进行验算，液压支架的工作阻力、支护强度必须能够满足支护要求。

a) 液压支架工作阻力验算

$$F = N \times H \times S \times Z \times g \tag{3-1}$$

式中：F 为支架工作阻力，kN；N 为采高的倍数；H 为工作面最大采高，m；S 为支架的最大支护面积，m^2；Z 为顶板岩石容重，kg/m^3；g 为重力加速度，取 $9.8m/s^2$。

工作面选用的基本支架工作阻力大于计算的工作阻力，即可满足工作面支护设计要求。

b) 液压支架支护强度验算

$$p = N \times Z \times H \times g \tag{3-2}$$

式中：p 为支护强度，kN/m^2。

工作面选用支架的支护强度大于计算的支护强度，即可满足工作面支护设计要求。

3) 超前支护强度验算

$$p = M \times Z \times K \times g \tag{3-3}$$

式中：M 为冒落拱高度，m；K 为动载系数。

选用支架的支护强度大于计算的支护强度，即可满足主运超前支护设计要求。

4) 两端头悬顶距离计算

$$L_{max} = \sqrt{\frac{2M_z[\sigma]}{\gamma}} \tag{3-4}$$

式中：L_{max} 为直接顶极限断裂步距，m；M_z 为直接顶岩层厚度，m；$[\sigma]$为岩层抗拉强度，MPa；γ 为岩层容重，kN/m^3。若将端头三角区悬顶形状视为一个等边直角三角形，工作面后方端头三角区最大悬顶长度可用式(3-5)计算：

$$L = \frac{L_{max}}{\sqrt{2}} - L_k \tag{3-5}$$

式中：L_k 为端头支架最大控顶距，m；工作面两端头三角区悬顶长度控制在 L 以内。

5) 乳化液泵站设计要求

综采工作面供液系统是由大流量乳化泵、乳化液箱、大流量阀、高压反冲洗过滤站、自清洗过滤器以及相关的高低压管路组成。采用双线环形供回液系统，要求乳化液浓度保持在适当范围。严禁随意调整卸载阀的整定值，要加强泵站和管路的维修及保养，保持液压系统完好，杜绝跑、冒、滴、漏、窜液现象。对供水压力和水质有严格的要求，喷雾泵出水压力必须满足工作面设备用水要求，水质必须清澈透明、无杂质，为中性或弱碱性水质。每班都要检查过滤器、管路及水质情况，保证设备完好、水质达标，并检查自动反冲洗过滤器，确保动作可靠。综采工作面供液系统的正常运行至关重要，必须严格按照规定使用和检查，确保设备安全、高效运行。

3.2.2.2 工作面顶板管理方法

大采高工作面初采、末采、正常回采、来压、片帮、过冒顶区和过构造时，须结合工作面实际顶板情况和支护条件，编制专项安全技术措施，强化顶板管理，保证安全生产。以陕煤集团曹家滩煤矿顶板管理方法为例，进行简单介绍。

1) 正常时期顶板支护方式

大采高厚煤层工作面的安全和高效运行需要按照规定的质量标准化要求，要注意两端头顶板的垂直过渡，确保平缓调整，避免出现割梁、梁端距过大或倒架等情况。支架的初撑力要满足要求，移架过程中要根据顶底板平整度合理调整平衡油缸伸缩量，保证支架接顶严实。护帮板要紧跟采煤机后滚筒及时打出，移架过程中要利用侧护板及时调整架型，保持支架与顶板垂直状态。工作面支架架间空隙和端面距须符合规定，支架高度与采高相匹配，严禁超高使用。

割煤作业时要严格控制采高，工作面伞檐长度有限制，支架顶梁与顶板平行，支架垂直顶底板，对顶板进行有效支撑。在生产过程中，严禁人员在两支架间观察煤壁，以及在支架大脚前行走。停机后，进入刮板输送机作业需要确保设备已闭锁上锁，检查顶、帮安全情况，并派专人现场监护。

加强液压支架检修，保证液压系统无窜、漏液，支架动作灵活；检查支架立柱、平衡千斤顶安全阀，保证支架安全阀开启时达到额定压力。工作面推移刮板输送机时要平缓过渡，不能出现急弯；预防性停机检修需要避开周期来压，采煤机停在合理的位置进行检修。

2) 周期来压顶板管理

大采高工作面来压时，要加强现场组织，快速推进，并甩掉压力。在正常生产期间，所有人员必须在支架内行走，严禁在支架前行走。当顶板离层或破碎时，要紧跟采煤机前滚筒带压擦顶移架，保证支架顶梁接顶严实；顶板破碎时，要及时拉移超前支架。在选择停机时间时，需要合理选择两端头顶板完好区域停机检修。

在工作面上，验收员要观测支架压力的变化情况，记录并及时汇报来压强度、范围和持续时间等情况。控制台司机要在线监测压力变化，并及时反馈给现场作业人员。技术员要综合现场观测和在线监测数据，做好矿压的预测和预报。检查支架时，要特别关注机头和机尾段支架的初撑力，确保支架完好，支护状态良好。在停机检修时，严禁在悬顶段进行煤机的检修作业，以防止检修过程中出现基本顶突然垮落的情况，造成设备损坏或人员伤害。在移动超前支架时，要按要求进行。

特别注意，特厚坚硬顶板岩层容易形成强矿压，为预防顶板灾害，需要提前采取水力压裂等措施，弱化顶板岩层并控制应力。

3)片帮漏顶时的顶板管理

为确保大采高工作面的安全生产，需要在工作面压力过大、片帮严重或顶板破碎时，及时跟机移架；液压支架端面距较大时，也要及时超前移架，以减少空顶距离。在采煤机通过漏顶区时，若未出现大面积漏顶，则采用降低采高、快速推进的方式及时控制顶板；若有大面积漏顶，则采取机头或机尾单向进刀逐渐推进，加快工作面推进度、缩小漏顶范围，减小冒落区空顶面积。当工作面出现局部漏顶，应及时对漏顶区两侧超前拉架，防止漏顶区域扩大，当漏顶区域位于机头或机尾两端头时，还应加强两巷的顶帮支护。

3.2.2.3 端头及巷道顶板管理

1)工作面端头支护管理

为确保工作面的安全生产，需要在端头支架移架后，及时伸出侧护板和顶护板。支架工应加强设备检修，确保端头支架不存在漏液和窜液的现象，确保安全阀、千斤顶等液压元件的运行可靠。在工作面巷道两端头采取退锚措施，当采空区悬顶滞后切顶线较大时，须采取顶板弱化措施。在回采过程中，根据端头顶板和帮鼓情况，采取相应的补强支护方式。若两端头帮鼓严重，应提前使用铁丝绑扎锚索托盘，采用锚索托盘防脱装置进行防护，并及时进行前移。

2)安全出口管理

工作面上、下的安全出口高度应符合安全要求，以确保人员在紧急情况下能够顺利逃离工作面。若发现顶板和巷帮异常，必须及时处理，以减少安全隐患；若安全出口有变小趋势，应及时调整工作面的伪斜量来控制安全出口的大小。在交接班时，应有专人进行敲帮问顶工作，处理顶板和巷帮的异常变化，待确认安全后，才允许工作人员开始作业。

如果人员需要在机头或机尾电机上通过或作业，必须确保现场无其他人员作业，及时打出端头支架护帮板，关闭支架和三机闭锁，并安排专人进行监护，以防止事故发生。为确保工作面的安全出口顺畅，工作面上、下端头支护采用端头支架加强支护的方式，以增加支护的稳定性和安全性。

3)巷道超前顶板支护

为确保工作面的安全生产，须设置合理的超前支架控制顶距离、调整支架架型，确保支架垂直于顶底板，支架顶护板接顶严实，保障设备和人员的安全。在联巷口工作面附近，要采取临时封闭或设置栅栏悬挂醒目警示标识，严禁人员进入，观察顶板变化，发现安全隐患时要及时采取措施进行加强支护。工作中操作超前支架时，必须保持推拉油缸为收回状态，并且要观察周围人员的安全情况，确认安全后方可进行作业。

3.3 煤壁稳定控制

随着综合机械化装备制造水平和工作面管理水平逐步提高，大采高开采技术发展迅速。由于一次开采高度的显著增加，上覆岩层作用在煤壁和顶板上的压力也随之增加，加之开采引起边界条件改变导致卸荷作用，煤壁的稳定性降低，片帮冒顶事故时有发生，严重影响工作面正常回采。煤壁破坏一般都具有渐近性、周期性、临时支护、大变形特点，并且煤壁稳定性受煤层赋存特征、开采条件等影响显著，其危害主要表现在以下几方面：一是煤壁破坏影响矿井的正常生产，片落的大块煤体破碎，外运困难，严重影响工作面的正常推进，劣化了工作面围岩稳定性，同时煤壁片落的大块煤体砸在刮板输送机上，降低刮板输送机的性能和使用寿命；二是煤壁破坏严重威胁工人的人身安全，片落大块煤体容易砸伤工人，硬煤煤壁破坏容易弹射煤块伤人；三是煤壁片帮进一步恶化采场支架与围岩的关系，增大端面无支护空间，支架的支撑作用得不到发挥，从而诱发端面冒顶，加剧煤壁片帮。

3.3.1 煤壁破坏机理

建立煤壁稳定性力学模型，确定上覆岩层对煤壁的载荷、煤壁等效集中力、煤壁等效弯矩、护帮板载荷、护帮板长度等工作面煤壁破坏的外在影响因素，煤体内聚力、煤体内摩擦角等工作面煤壁破坏的内在影响因素，根据莫尔-库仑屈服准则定义工作面前方煤体稳定性系数，结合煤壁稳定性力学模型和煤体稳定性系数，进行煤壁破坏因素分析。采用能量原理中基于位移变分原理的 Ritz 法求解工作面煤体内的应力场和位移场[6]。

3.3.1.1 煤壁片帮形态

通过多年的现场观测与理论研究，得到工作面煤壁破坏主要有剪切与拉伸两种基本类型[7]，如图 3-14 所示。实际的煤壁破坏形式并不仅限于上述两种基本类型，可能会更加多样化。图 3-15 是冀中能源集团有限责任公司东庞矿 6.5m 采高的 2612 工作面煤壁破坏类型的统计。其中图 3-15(a)、图 3-15(d)两种形式的煤壁片帮破坏占 80%以上，图 3-15(c)破坏形式占 16%。图 3-15(a)与图 3-15(d)破坏形式属于剪切破坏，可用图 3-14(a)所表达。

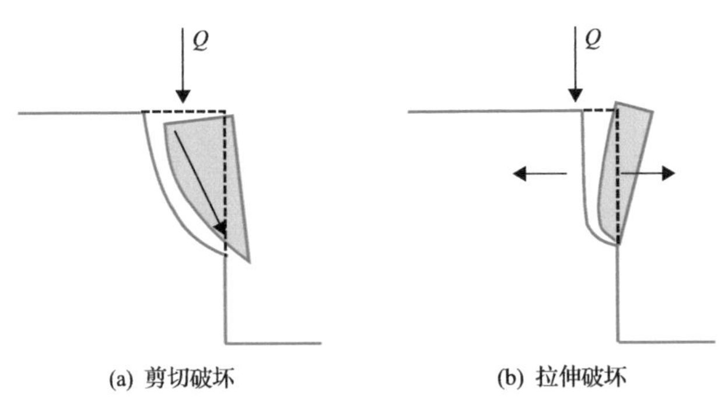

图 3-14 煤壁破坏的基本形式

图 3-15(c)破坏形式是由于煤层中部有一层相对强度较大的岩石控制作用，其破坏原理仍属于剪切破坏。岩石上部发生剪切破坏，岩石下部由于挤压发生拉伸破坏。图 3-15(b)破坏形式属于拉伸破坏，在煤壁中部挤出。一般而言，拉伸破坏常发生在硬煤层工作面，这种类型的破坏很少见。上述分析表明工作面煤壁破坏主要为剪切破坏。

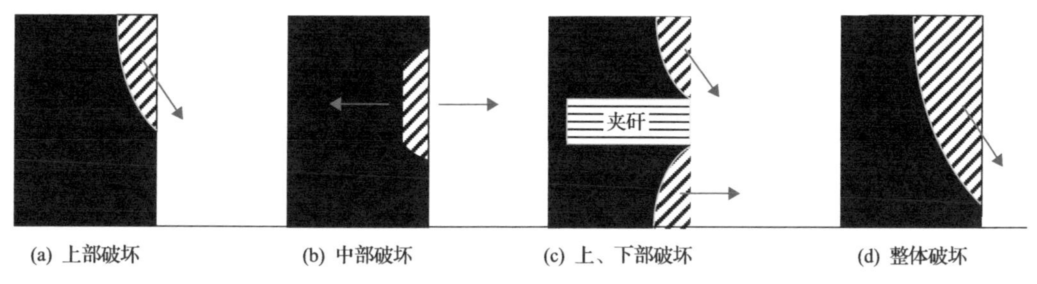

图 3-15 东庞矿 2612 工作面煤壁破坏类型

3.3.1.2 煤壁剪切破坏力学模型

如图 3-16 所示，大采高工作面煤壁剪切破坏力学模型求解主要包括两种：一种为精确求解，即煤壁剪切破坏面以曲面进行计算，但计算过程较为复杂；另一种为近似解，即将曲面破坏面简化为平面 abc，煤壁压力简化为均布力 q(实际煤壁压力 q 不是均匀分布)[8]。按照莫尔–库仑强度准则，定义沿剪切滑移面上的抗滑力 T 除以该滑移面上的滑动力 R 为稳定系数：$K=T/R$，如果该值小于 1，那么煤壁发生剪切破坏，否则煤壁保持稳定。

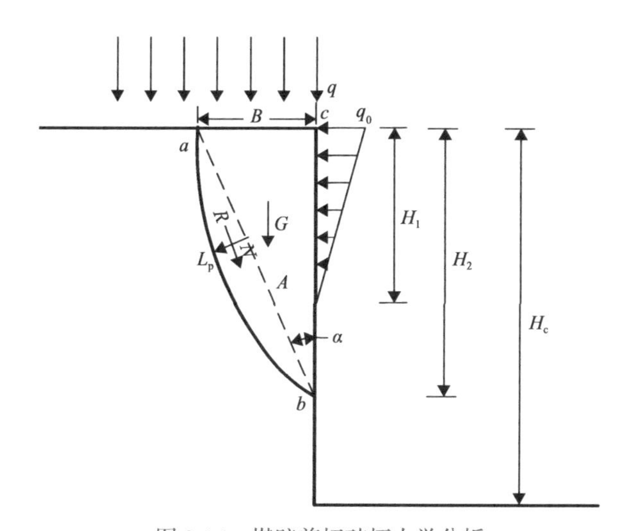

图 3-16 煤壁剪切破坏力学分析

如图 3-16 所示，由极限平衡法可得

$$
\begin{aligned}
R &= (Q+G)\cos\alpha - Q_0\sin\alpha \\
T &= cL_p + N\tan\varphi = \frac{cH_2}{\cos\alpha} + [(Q+G)\sin\alpha + Q_0\cos\alpha]\tan\varphi
\end{aligned} \tag{3-6}
$$

其中，

$$
L_p = \frac{H_2}{\cos\alpha}
$$

$$
\begin{aligned}
Q &= qH_2\tan\alpha \\
Q_0 &= \frac{q_0H_1}{2} \\
G &= \frac{1}{2}H_2^2\gamma_c\tan\alpha \\
N &= (Q+G)\sin\alpha + Q_0\cos\alpha
\end{aligned}
\tag{3-7}
$$

式中：T 为破坏面提供的抗滑力；R 为沿破坏面 ab 的滑动力；N 为破坏面上所受的正压力；L 为破坏面长度；q 为顶板载荷集度；q_0 为护帮板作用在煤壁上的载荷集度；H_1 为护帮板高度；H_2 为破坏体高度；G 为破坏体的重力；γ_c 为煤的容重；α 为破坏面与煤壁的夹角；Q 为煤壁压力；Q_0 为护帮板对煤壁的水平作用力；c 为煤体的内聚力；φ 为煤体的内摩擦角。所以工作面煤壁稳定系数：

$$
K = \frac{T}{R} = \frac{\left[(Q+G)\sin\alpha + Q_0\cos\alpha\right]\tan\varphi + cH_2\sec\alpha}{(Q+G)\cos\alpha - Q_0\sin\alpha}
\tag{3-8}
$$

3.3.1.3 煤壁破坏的敏感性分析

为验证各因素对大采高工作面煤壁破坏的影响程度，基于煤壁剪切破坏力学模型，将工作面煤壁的基础数据煤层厚度 H_c=5m，c=0.5MPa，φ=25°，q_0=0.1MPa，H_1=2m，$\alpha=45°-\varphi/2$，γ_c=14kN/m^3 代入式(3-8)。设支架承受顶板压力 P=0.8MPa，H_2=H，分别改变 p、H、φ、c，得到稳定系数 K 值，如图 3-17 所示。

图 3-17 反映了煤壁稳定系数与煤体内聚力 c、煤层厚度 H_c、支架工作阻力 P 和煤体内摩擦角 φ、顶板载荷集度 q 的变化关系。从图 3-17 中可以看出，稳定系数 K 随煤体内聚力 c 增加、支架工作阻力 P 增加而增大，且很敏感，即通过提高煤体的内聚力 c 或者是提高支架工作阻力 P，会显著提高煤壁的稳定性；稳定系数 K 随煤层厚度 H_c 增加而降低，即增大煤层厚度，煤壁破坏的可能性加大；稳定系数 K 随煤体内摩擦角 φ 的增加而增加，但是不敏感，即提高煤体的内摩擦角对于提高煤壁的稳定性作用不大。顶板载荷集度 q 增加会使煤壁稳定系数 K 迅速降低，因此减缓煤壁顶煤压力是提高煤壁稳定性的重要措施。

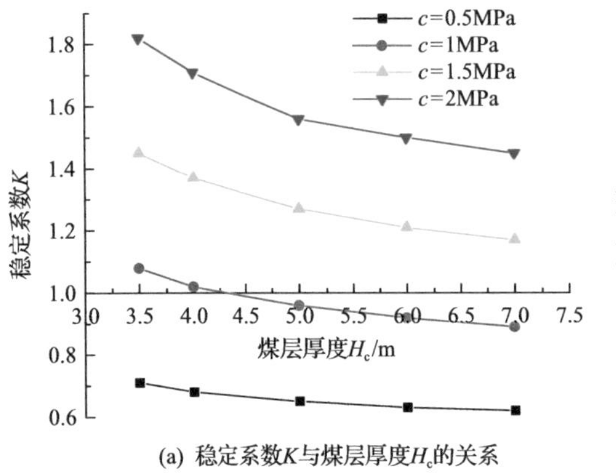

(a) 稳定系数K与煤层厚度H_c的关系

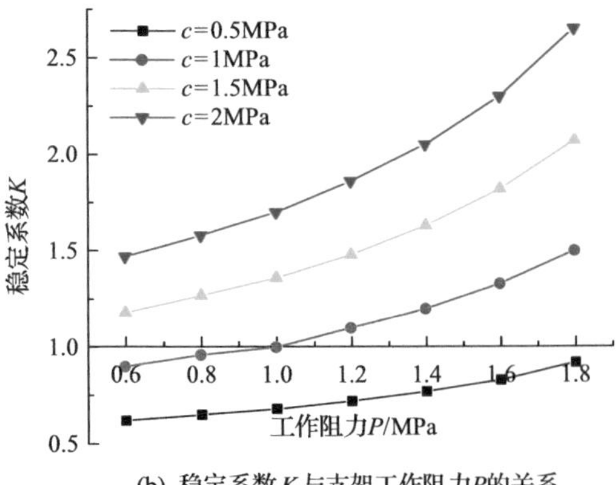

(b) 稳定系数K与支架工作阻力P的关系

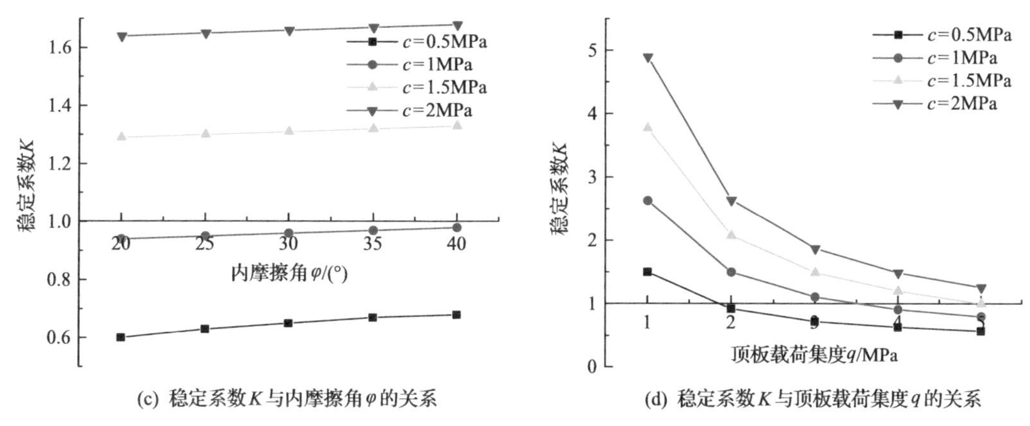

(c) 稳定系数K与内摩擦角φ的关系 (d) 稳定系数K与顶板载荷集度q的关系

图 3-17 稳定系数 K 的变化曲线

综上，煤壁压力是煤壁发生破坏的最主要原因；采高越大，煤壁上方压力越大；支架的支护强度越大，作用在煤壁处的顶板压力就越小，煤壁越不容易片帮；支架护帮板在防止破坏的煤壁滑塌起的作用很大，但在控制塑性区煤体继续破坏起的作用不大。

3.3.1.4 工作面煤体的位移场和应力场

为求解工作面前方煤体的位移场和应力场，这里取煤体的力学参数为：煤体弹性模量 E=30MPa，泊松比 v=0.35，内聚力 c=1MPa，内摩擦角 φ=36°，煤体外力作用为护帮板护帮载荷 q_0=0.1MPa，作用于煤层上方的顶板载荷 q=0.8MPa，剪应力为 τ=0.4MPa，煤壁等效集中力 P=2000kN，煤壁等效力矩 M=10000kN·m。模型尺寸参数为：煤壁前方煤体长度 L=10m，煤层厚度 H_c=6m，护帮板高度 H_1=3m。在上述煤壁稳定性力学模型基础参数条件下，根据 Ritz 法求得的工作面前方煤体的水平位移、垂直位移云图，如图 3-18 所示。

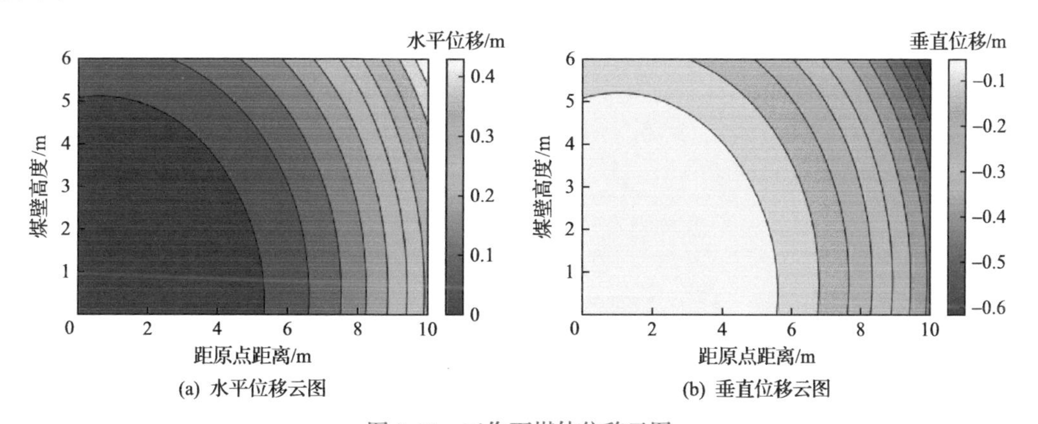

(a) 水平位移云图 (b) 垂直位移云图

图 3-18 工作面煤体位移云图

图 3-18 中纵坐标为煤壁高度，横坐标为距原点距离，x=10m 处为煤壁。不难看出，离工作面煤壁越近，煤体变形量越大；在工作面煤壁上部，煤壁的水平位移和垂直位移均达到最大值，即煤壁上部为最容易发生煤壁片帮的部位，与现场观测相一致，其中水平位移最大值为 47.25cm，垂直位移最大值为 61.57cm。

莫尔应力圆上任意一点的应力状态与最大、最小主应力的转换关系式为

$$\frac{\sigma_1}{\sigma_3}=\frac{\sigma_x-\sigma_y}{2}\pm\sqrt{\left(\frac{\sigma_x+\sigma_y}{2}\right)^2+\tau_{xy}^2} \tag{3-9}$$

将采用 Ritz 法所求的煤壁水平应力 σ_x、垂直应力 σ_y、剪应力 τ_{xy} 代入式(3-9)即可求得工作面前方煤体内的主应力分布规律，如图 3-19 所示。图 3-19 中坐标与图 3-18 相对应，即 x=10m 处为煤壁位置。可以看出，工作面煤体内最大主应力以拉应力为主，最大值出现在煤壁上部；最小主应力表现为压应力，其绝对值最大值出现在煤壁上部。因此煤壁上方在最大、最小主应力作用下，容易引起拉剪破坏和压剪破坏。

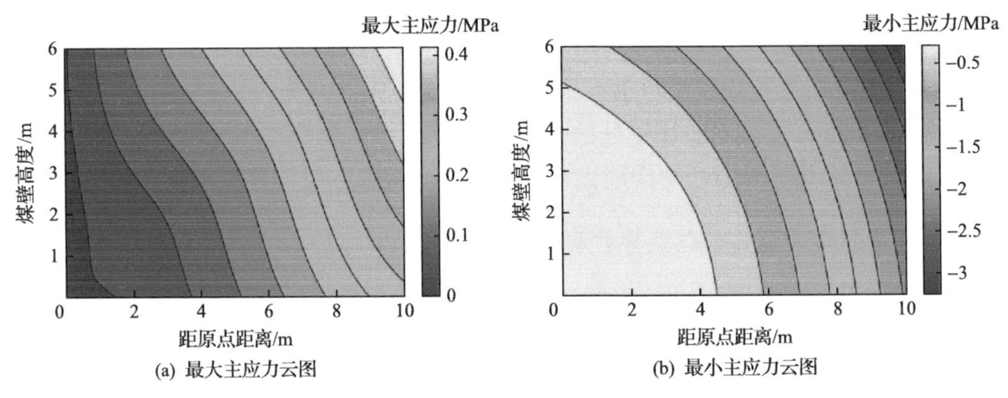

(a) 最大主应力云图　　(b) 最小主应力云图

图 3-19　工作面前方煤体应力云图

3.3.2　煤壁稳定控制技术

3.3.2.1　减缓煤壁压力

减缓煤壁压力和提高煤壁强度是防止放煤片帮、提高煤壁稳定性的主要途径。提高支架工作阻力和刚度是减缓煤壁压力的有效手段，如图 3-20 所示。其中，煤壁压力 Q 与支架工作阻力 P 的关系见式(3-10)。可见煤壁处的压力随支架工作阻力 P 增大而减小。

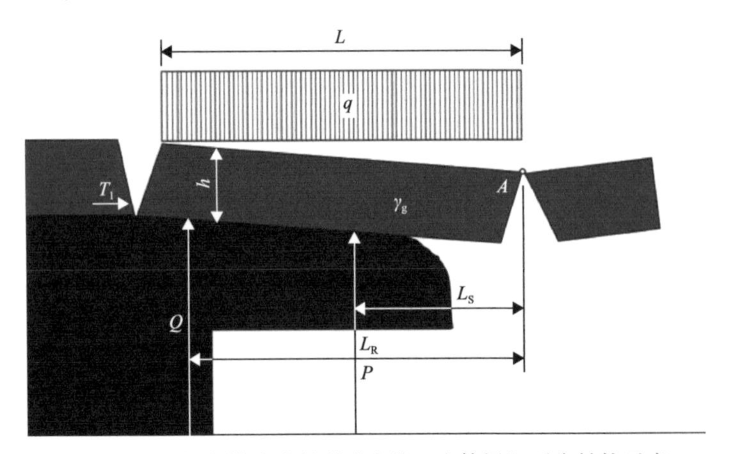

图 3-20　顶板在煤壁处断裂形成的“砌体梁”平衡结构示意

$$Q=\frac{L^2\left(q+h\gamma_{\mathrm{g}}\right)+2\left(T_1h-T_1\tan\varphi L-PL_{\mathrm{S}}\right)}{2L_{\mathrm{R}}} \tag{3-10}$$

式中：Q 为煤壁压力；P 为支架工作阻力；L_{R} 为煤壁处到顶板破断的 A 点距离；L_{S} 为支架处到顶板破断的 A 点距离；L 为基本顶破断岩块的长度；γ_{g} 为基本顶破断岩块的容重；h 为基本顶破断岩块的高度；q 为基本顶上部岩层的载荷；T_1 为基本顶破断岩块受到的水平力；φ 为破断岩块间的摩擦角。

3.3.2.2 煤壁注水

1) 煤壁注水基本原理

目前，为有效解决大采高工作面回采过程中的煤壁片帮问题，一般通过超前深孔注水技术对工作面前方煤壁进行加固处理。该技术原理为扩散到煤层节理裂隙内的压力水会使得大量的水分子吸附在煤体内毛细孔上，通过水分子间的相互吸引以提高煤体的整体性。为了保证超前深孔预注水效果，可以使用速凝水泥先对巷帮进行浅孔注浆提高其抗压能力。注水压力可以由式(3-11)获得，单孔注水量可以由式(3-12)获得[9-10]

$$\begin{cases}P=P_0+K_{\mathrm{y}}V_{\mathrm{H}}\\P_0=156-78/\left(0.5+0.001H_{\mathrm{c}}\right)\\K_{\mathrm{y}}=6.75f-3\end{cases} \tag{3-11}$$

式中：P_0 为最小注水压力，MPa；P 为煤壁注水初始压力，MPa；K_{y} 为煤层性质系数；f 为煤的普氏硬度系数；V_{H} 为单位注水速度，$\mathrm{m^3/h}$；H_{c} 为煤层厚度。

$$Q_{\mathrm{z}}=K_{\mathrm{z}}\cdot L_{\mathrm{z}}\cdot B_{\mathrm{j}}\cdot H_{\mathrm{c}}\cdot\gamma\cdot q_{\mathrm{d}} \tag{3-12}$$

式中：Q_{z} 为单孔注水量，$\mathrm{m^3}$；L_{z} 为注水孔长度；K_{z} 为注水系数，取为 1.2；q_{d} 为吨煤注水量；γ 为煤的容重；B_{j} 为注水孔间距。

2) 不同含水率煤样实验研究

通过煤壁注水可以提高煤壁的内聚力，尤其是对于软煤层而言，当含水率介于 12%～18%时，可显著提高内聚力。采用应变控制式三轴仪进行软煤体不同含水率的压缩实验，所用煤样全部取自安徽淮北芦岭煤矿 8# 煤层，人工制成直径为 61.8mm，高度为 150mm 的煤样试件，如图 3-21 所示。图 3-22 是试件破坏前后的对比照片。

图 3-23 是不同含水率条件下的莫尔应力圆与强度曲线。从图 3-23 中可以分别求得内聚力 c 和内摩擦角 φ 随含水率的变化规律，如图 3-24、图 3-25 所示。内聚力 c 随含水率的增大而增大，在含水率 w=16.84%，内聚力 c 取得极大值，为 384kPa，增加了 120%，增大幅度明显。内摩擦角总体上随含水率的增大而减小，在含水率 w=16.84%，内摩擦角 φ 取极小值，为 34.50°，降低了 12%，降低幅度较小。这一结果表明，对于软煤工作面，通过合理的注水后，煤体内聚力 c 的大幅度增加对于防止煤壁片帮有相当大的作用。

图 3-21　人工制备的煤样试件

(a) 破坏前

(b) 破坏后

图 3-22　试件破坏前后对比

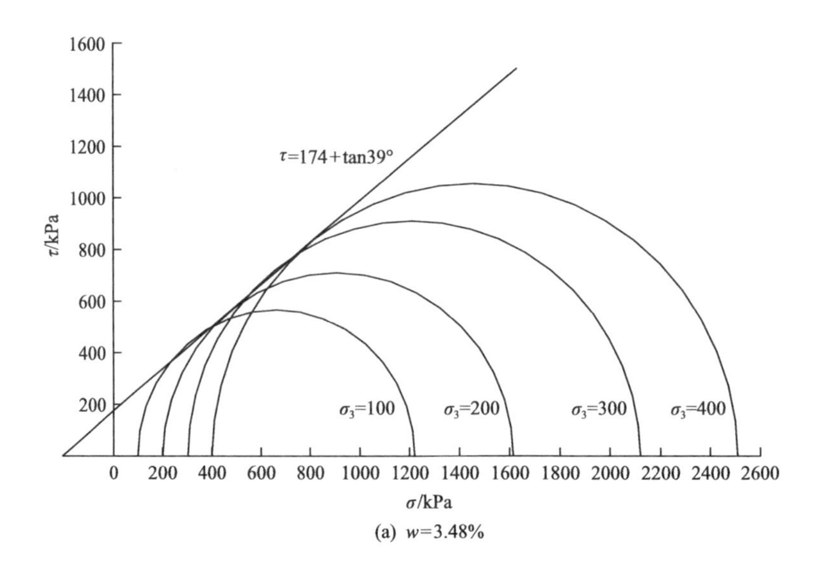

(a) w=3.48%

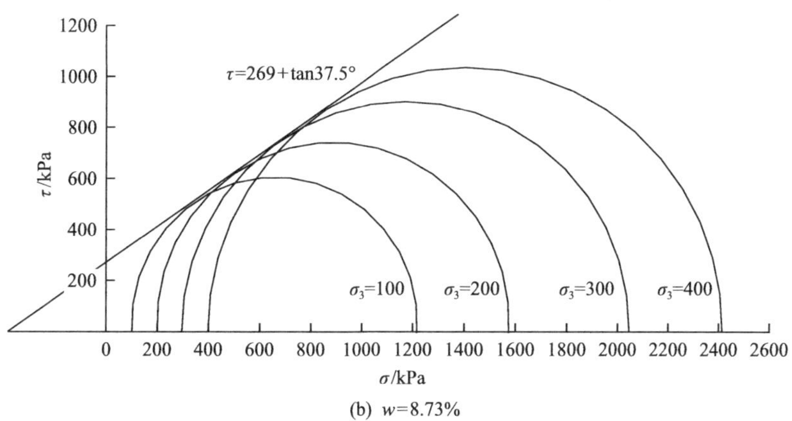

(b) w=8.73%

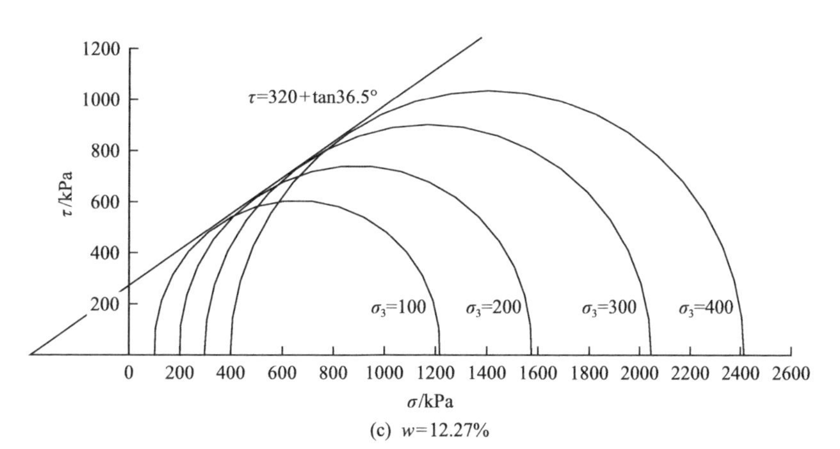

(c) w=12.27%

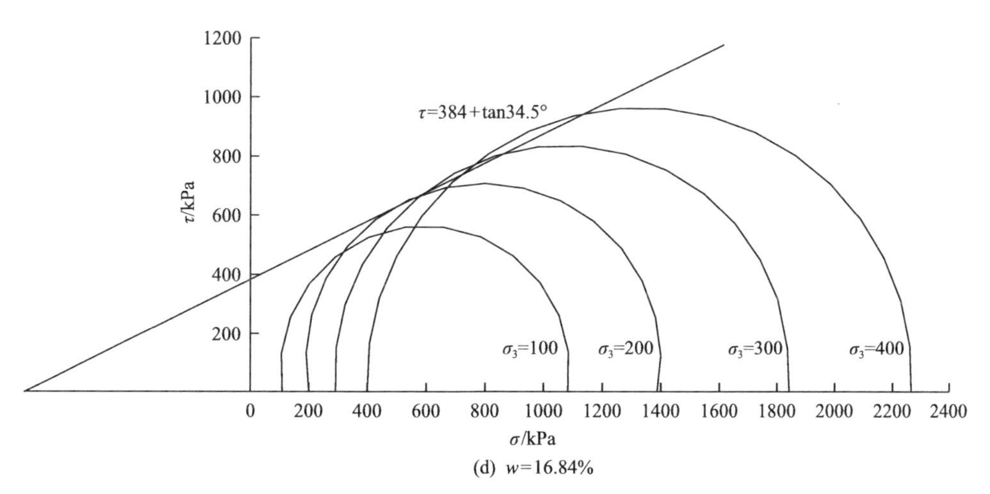

(d) w=16.84%

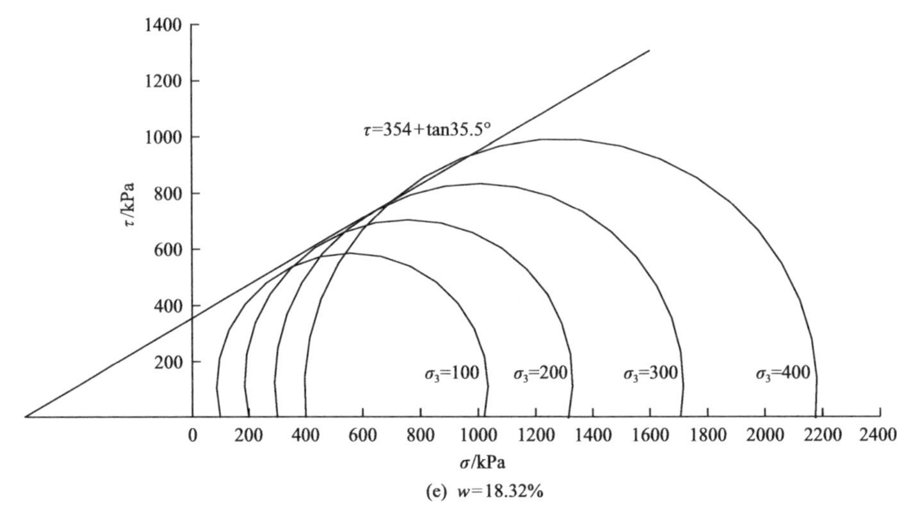

(e) w=18.32%

图 3-23　不同含水率条件下的莫尔应力圆和强度曲线

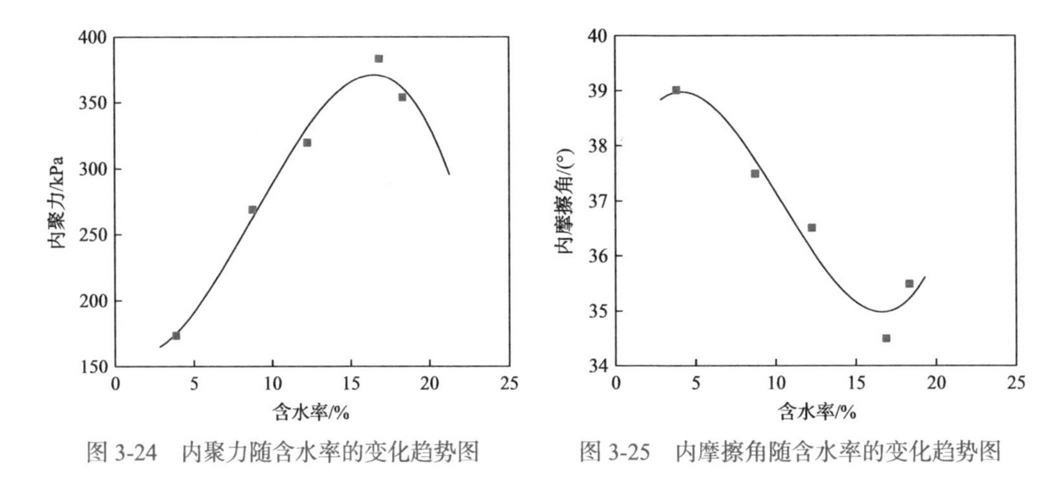

图 3-24　内聚力随含水率的变化趋势图　　图 3-25　内摩擦角随含水率的变化趋势图

图 3-26 是三轴抗压强度与围压、含水率的关系，随着围压增大，三轴抗压强度明显增大；随着含水率增大，三轴抗压强度增大。

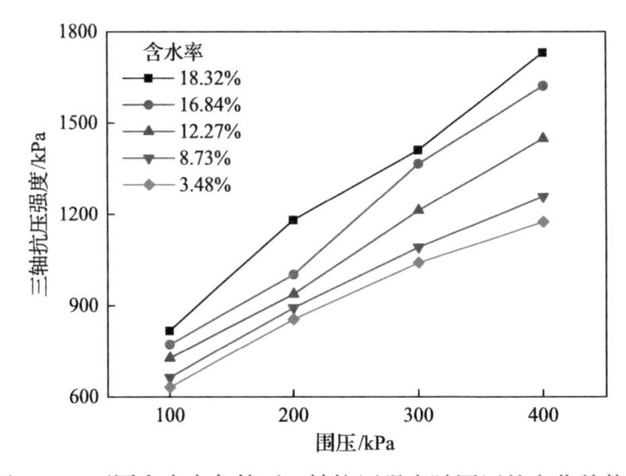

图 3-26　不同含水率条件下三轴抗压强度随围压的变化趋势图

3) 霍州煤电辛置矿应用[11]

霍州煤电辛置矿 2-208 工作面位于 310 水平二采区，工作面走向长 175m，倾斜长 579.5m，主采 2#煤层。煤层厚度为 3.8～4.3m，平均为 4.1m，煤层倾角为 2°～6°，平均为 4°，属低硫肥煤。煤层结构复杂，平均含有两层夹矸。直接顶为泥岩与砂泥岩，平均厚度为 3.0m；基本顶为 K8 中细砂岩，平均厚度为 7.2m；直接底为泥岩，平均厚度为 4.5m；基本底为中砂岩，平均厚度为 6.5m。2-208 工作面采用一次采全高走向长壁后退式综合机械化开采，循环进度为 0.8m，在工作面回采过程中出现煤壁片帮情况，需采取有效措施以控制煤壁片帮。

根据辛置矿 2-208 工作面注水施工时所需的各项参数以及工作面煤质情况，最终得到注水压力为 2～3MPa，单孔注水量为 89.4m^3，注水速度为 0.9m^3/h，注水施工共计需要 85h。当工作面与注水钻孔之间的间距在 8～20m 时，应停止注水。根据工作面日推进 2.5m，工作面与注水孔间的最短距离应为 17～29m，为了现场施工时方便，确定超前注水的具体位置为 25m。该技术实施后，煤壁片帮频率降低了约 80%，有效控制了煤壁片帮现象，保证了 2-208 工作面的安全高效回采。

4) 西山煤杜儿坪矿应用[12]

西山煤杜儿坪矿 72909 工作面，主采 2 号煤层，煤层厚度为 1.90～3.50m，平均厚度为 2.93m，平均倾角为 6°，煤层结构复杂，含一层不稳定夹矸，厚度为 0～0.45m，平均 0.05m，煤层上方直接顶为粉砂岩，平均厚度为 1.94m，基本顶为 K6 粉砂岩，平均厚度为 3.93m，直接底为砂质泥岩，平均厚度为 0.6m，基本底为 K5 粗砂岩，平均厚度为 4.67m，72909 工作面采用综合机械化采煤工艺，工作面共探测揭露 3 处陷落柱和 2 处断层。在工作面回采过程中出现煤壁片帮及顶板冒落的情况，严重影响工作面的安全生产，需采取有效措施保证煤壁的稳定性。

综合考虑现场条件后，确定注水孔深度为 6m，注水孔位置为距工作面底板 2.1～2.6m，注水孔间距为 5.3m，注水压力为 5～8.2MPa，单孔注水流量为 3.45m^3，单孔注水最少时间为 41.4min。通过采用浅孔注水技术后，现场实测得出 72909 工作面煤体的含水率由原本的 1.16%增大至 4.53%，达到煤体理想的含水率。另外，工作面在回采过程中煤壁片帮的频率降低了约 80%，相对于煤壁未注水前 1m 的片帮深度，注水作业后煤壁平均片帮深度大大减小，平均片帮深度降低至 0.4m，有效控制了煤壁的片帮现象，回采过程中煤壁的稳定性得到大幅度提升。

3.3.2.3 煤壁注浆

煤壁压力过大也是煤壁破坏的重要原因，煤壁注浆是提高煤壁稳定性的有效技术，通过提高支架工作阻力和刚度可有效缓解煤壁压力，减少煤壁破坏发生。目前，注浆加固材料一般可分为三大类：水泥基注浆材料、化学注浆材料及水泥与化学复合注浆材料。水泥基注浆材料具有结石强度高、耐久性好、无污染、成本低等特点，适用于松散、离层明显的破碎煤岩体，以及对时效性要求不强的工程。化学注浆材料大多为高分子材料，具有黏度低、可注性好、渗透能力强、固化速度快等特点，在工期要求紧的工程中得到大量应用。常见的煤壁注浆示意图如图 3-27 所示。

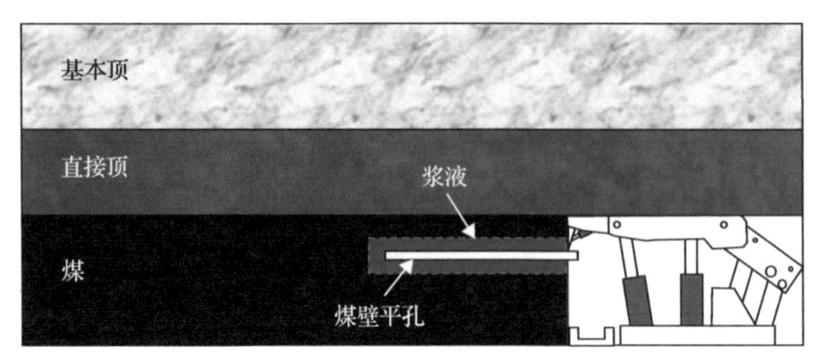

图 3-27 煤壁注浆示意图

注浆材料是影响注浆效果的重要因素，注浆参数主要包括注浆压力、注浆量、注浆时间等。注浆压力是浆液在围岩中流动、扩散、渗透的动力，取决于围岩的渗透性、要求加固的范围及浆液性质等。注浆量与围岩岩性、破碎程度与范围、注浆压力和时间等密切相关，通过合理的设置测试实验，可有效提高注浆性能。

1)赵固一矿工程应用

赵固一矿 11071 工作面所采煤层为二$_1$煤，煤层赋存稳定，平均厚度 6.09m。煤层倾角 0.2°～3.36°，平均 1.8°，煤层结构简单。所采二$_1$煤层位于山西组底部，全区可采，属较稳定型厚煤层，煤层节理、层理发育，局部含有夹矸，煤层以块煤为主，由于采高较大且纵向裂隙发育引起煤壁片帮，给生产带来不利影响，采取工作面上、下巷超前加固与工作面内对煤壁组合锚索注浆加固的联合加固，注浆钻孔布置与注浆方案如图 3-28 所示。

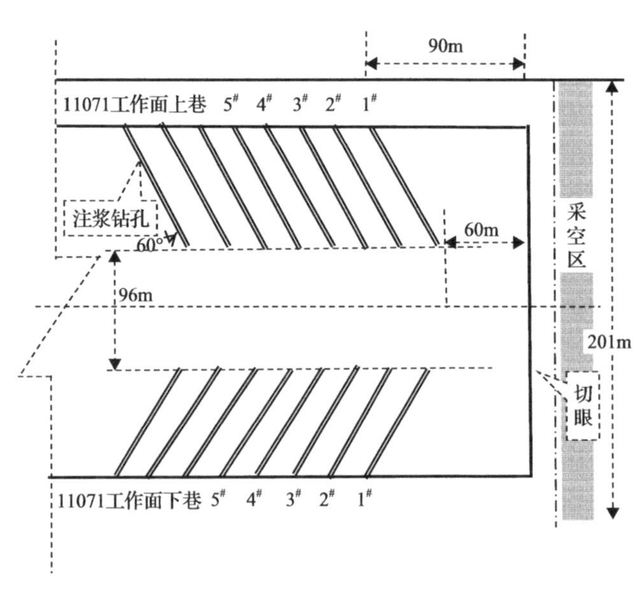

图 3-28 工作面上、下巷注浆钻孔布置平面图

工作面沿煤壁方向向顶板打设注浆孔，距顶板 0.5～0.8m 开孔，孔距 1.5m；先打第

一、三、五……单号孔进行注浆，单号孔向上仰角10°～15°，孔径28mm，孔深3m，注浆终压3MPa；然后打第二、四、六……双号孔进行注浆，双号孔向上仰角15°～20°，孔径42mm，孔深6m，注浆终压6～8MPa，注浆孔布置如图3-29所示。

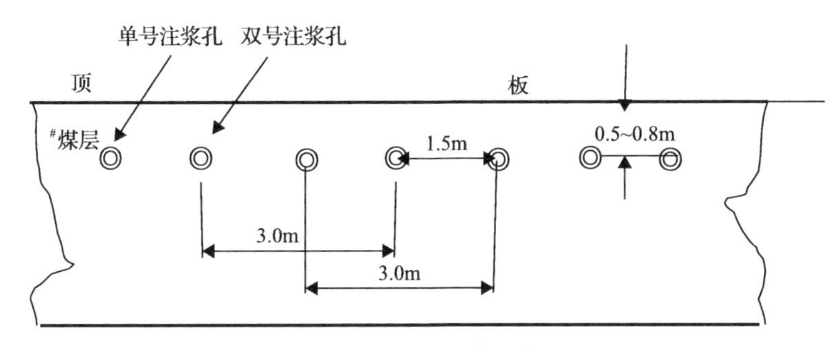

图3-29 工作面加固注浆孔布置平面图

高强度复合材料注浆锚索由三根高强度复合材料锚索束与铝塑注浆管、导向帽、注浆接头等部件组合而成。具有抗拉强度高，易切割，对采煤机截齿没有损害、阻燃抗静电，使用安全，切割不产生火花的特点，可适用于高瓦斯、高粉尘矿井。此外还具有质量轻，化学性质稳定，不易腐蚀，不受酸碱环境的影响；长度可根据工程设计而定，可现场切割、组装锚索，能够弯曲成半径约1m的圆盘，便于运输和现场施工，其技术参数见表3-4。

表3-4 技术参数

锚索外径/mm	弯曲半径/mm	抗拉力/kN	抗拉强度/MPa	断裂延伸率/%	锚索束直径/mm
20	1000	105	1200	2.5	6

2) 盛泰煤矿工作面过断层煤壁注浆[13]

注浆技术在过断层，治理架前漏冒具有很大作用。盛泰煤矿15203综采工作面过F7断层期间因支架工作阻力大、动压区围岩变形大，导致尾端头三角煤柱垮落严重、尾端头支架移架难度大。经技术论证，决定对工作面煤壁采取柔性注浆加固技术，对巷道侧煤壁采取深孔注浆加固技术。注浆钻孔布置如图3-30所示。

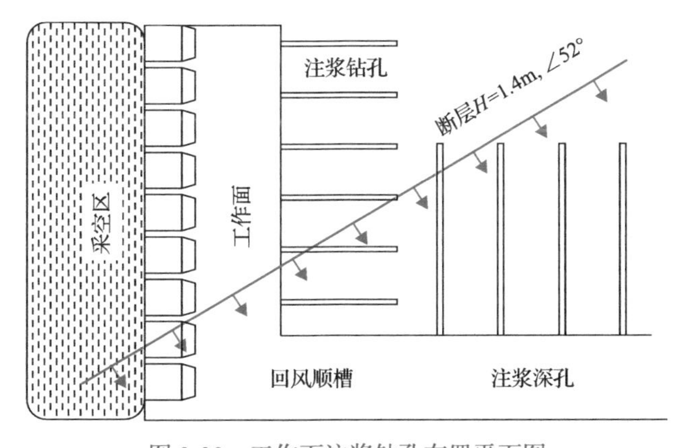

图3-30 工作面注浆钻孔布置平面图

煤壁注浆后，煤岩单轴抗压强度得到了提高，工作面在后期回采过程中煤壁失稳现象得到了明显改善，尾部三角煤柱垮落现象得到了明显控制。断层区域煤壁围岩采取注浆加固后，支架受压现象明显减弱，回采速度显著提高。

3）夏店煤矿过陷落柱煤壁注浆防治[14]

夏店煤矿 3119 工作面位于 3 采区下方，煤层厚度 6.5～7.1m，采用放顶煤开采，采放比为 1∶1.27。根据工作面综合物探结果，回采空间内存在多个地质构造，其中 JDX16 陷落柱距离第一开切眼 600m，长度为 60m，宽度为 50m，基本处于工作面中部区域，回采过程中将产生严重的煤壁片帮问题。因此，在工作面过陷落柱期间对陷落柱内煤体进行注浆加固，注浆方案如图 3-31 所示。

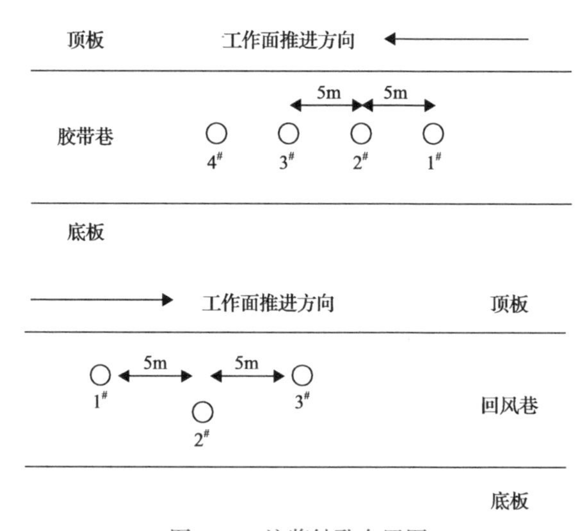

图 3-31 注浆钻孔布置图

根据围岩应力演化分析，工作面距离陷落柱 40～20m 范围内煤岩体裂隙较发育，有利于浆液扩散，此时进行注浆，设置钻孔注浆最大泵压为 10～13MPa，保证浆液扩散渗透至整个陷落柱周围的煤岩体。在胶带巷布置单排钻孔，通过编号设置水平注浆孔与向下倾斜钻孔，分别加固支架上方围岩与机采高度内的煤壁；在回风巷布置“三花钻孔”，均为仰角施工。在煤壁注浆后，煤壁片帮次数有所下降，工作面顶板较完整，未出现冒顶现象，有效保证了工作面正常通过陷落柱。

3.3.2.4 煤壁加固

采用锚杆加固煤壁是一种常用技术，但由于采煤机切割煤壁，因此煤壁不能采用金属锚杆，而常用的是玻璃钢锚杆、竹锚杆或者木锚杆等。但由于这些锚杆的变形量往往无法与煤壁协调一致，加固效果不理想。为了解决这一问题，近年来研发了一种煤壁柔性加固技术[15]，如图 3-32 所示。

工作面煤壁柔性加固技术指的是“棕绳 + 注浆”全长锚固技术。加固技术中所使用的棕绳本身存在一定的支护刚度，不过鉴于其表现出柔性特质，因此把棕绳这类性质的材料定义为柔性支护材料。工作面煤壁“棕绳 + 注浆”柔性加固技术的原理就是采用化

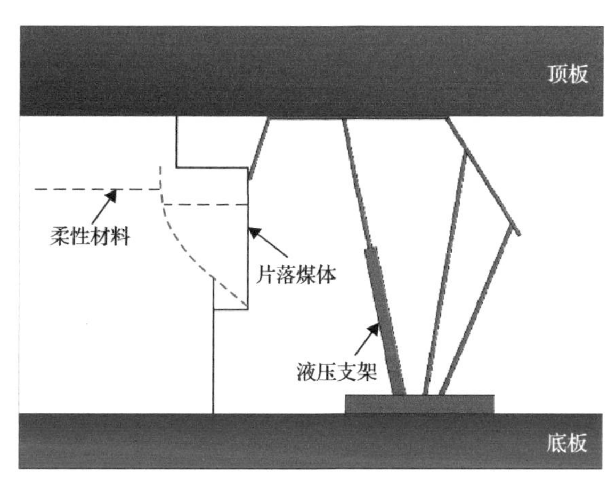

图 3-32 煤壁柔性加固技术

学浆体等高分子材料使棕绳与煤壁煤体形成一体，从而达到对工作面煤壁煤体的全长锚固；此外工作面煤壁破坏前煤体的变形量较大，棕绳较大的延伸率能够与其相适应，且可以抑制破坏的大块煤体进一步片落。“棕绳 + 注浆”这种新型的工作面煤壁柔性加固技术能否更好地控制煤壁片帮破坏，需要对柔性材料棕绳的抗拉强度及延伸率、柔性材料与浆体材料的作用机理和“棕绳 + 浆液”与工作面煤壁煤体协调变形原理进行系统研究，为工作面煤壁片帮防治提供依据。

1)赵固二矿工程应用

为控制赵固二矿大采高工作面煤壁破坏、端面冒顶的发生，保证采场作业空间的安全性，采用“棕绳 + 注浆”加固技术对 6.3m 大采高采场煤壁煤体进行加固。采用波雷因浆液材料(A、B 料按照 1∶1 混合)进行注浆加固，开采过程中注浆管不取出，所采用的注浆管是塑料管，变形量小且抗剪强度低，不影响正常生产，如图 3-33 所示。

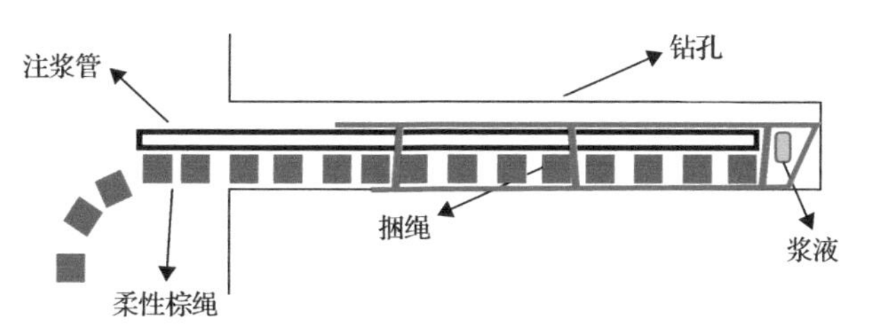

图 3-33 “棕绳 + 注浆”加固工艺

通过对棕绳与钻孔直径和化学浆体用量的优化，最终确立了完整段、支承压力影响段以及地质构造段工作面煤壁加固工艺及参数，见表 3-5。

表 3-5 煤壁加固工艺参数

地段	钻孔直径/cm	钻孔深度/m	钻孔角度/(°)	钻孔排距/m	距顶板/m	棕绳直径/cm
完整段	42	8	13	4	2	25
支承压力影响段	28	6	50±2	2	4.5	15
地质构造段	76	30	3-4	4	3.5	30

赵固二矿大采高煤壁采用“棕绳＋注浆”进行柔性加固控制，结合支架护帮板较好的使用效率，及时移架并提高支架支护强度等，工作面煤壁破坏得到很好的控制，处理片帮、冒顶时间明显缩短，开机率大大提高，工作面日产量超万吨。

2）瑞隆矿工作面应用

针对瑞隆矿起伏煤层采场地质和开采条件，采用“棕绳＋注浆”技术加固仰斜放顶煤工作面煤壁，来控制工作面煤壁片帮以及端面顶板冒落，加固方案见表3-6。

表3-6 仰斜放顶煤工作面“棕绳＋注浆”加固方案及参数

地段	钻孔排距/m	钻孔直径/cm	钻孔深度/m	钻孔角度/(°)	距顶板/m	棕绳直径/cm
煤壁破坏严重	42	5	5	90	2	15

采用钻头为42mm锚杆机对煤壁进行打孔，保持钻孔角度与煤壁方向成90°，钻孔与底板距离约为采高的2/3。由于煤壁前方塑性区宽度约为5m，且工作面两个生产班的推进距离为3m，钻孔深度确定为5m。选用的棕绳直径是15mm，采用扎丝把棕绳捆扎在注浆管上（为了便于采煤机截割，注浆管材质为塑料），然后用锚杆机将其打入钻孔内，最后采用注浆泵把化学浆体混合均匀（两种材料以1∶1进行混合）注入绑扎着棕绳的塑料管内，每个钻孔所需要浆液量为25～35桶。“棕绳＋注浆”柔性加固前后煤壁变形破坏情况如图3-34所示。

(a) 柔性加固前

(b) 柔性加固后

图3-34 工作面煤壁“棕绳＋注浆”柔性加固前后

瑞隆矿放顶煤工作面仰斜推进时，对工作面煤壁进行了“棕绳＋注浆”柔性加固，同时进一步加强现场采场顶板控制措施，很好地防治了工作面煤壁片帮、端面冒顶，从而进一步确保了仰斜放顶煤工作面的高安全、高效率开采。

3）王庄煤矿8101大采高工作面应用

王庄煤矿8101大采高工作面由于煤质松软、一次采出厚度大，工作面煤壁片帮问题严重，尤其是当工作面推进到F286断层附近时，片帮冒顶事故得不到有效控制，工作面生产受到严重影响，导致工作面一度停产，而后采取了相应的煤壁片帮防治措施，工作面煤壁稳定性得到明显改观。8101软煤层大采高工作面地质构造复杂，特别是在地质构造影响段、工作面围岩破碎段，需采用马丽散材料对工作面前方煤壁进行注浆加固，浆液固结体具有提高煤体力学性质，形成承载结构、网络骨架结构等作用。再采用煤壁片帮防治措施后，提高了工作面煤壁稳定性，煤壁片帮次数、片帮深度、片帮高度均显著降低，片帮深度大于 1.2m、片帮高度大于 1.7m 的工作面大块煤壁片帮事故不再发生，工作面煤壁破坏得到了有效控制，提高了采煤机开机率，确保了工作面的安全、高效推进，工作面产能得到了恢复和提高。

3.4 大断面巷道支护技术

由于大采高开采强度与产量的大幅度提高，所需设备不断大型化，巷道断面尺寸逐渐增大，大断面巷道维护成为制约煤矿安全高效开采的难题。

3.4.1 巷道锚杆支护原理

锚杆支护促使围岩由载荷体转化为承载体。尽管锚杆在不同地质条件下作用机理有些不同，但都是在巷道周边围岩内部对围岩加固，形成围岩承载体，有利于围岩的稳定性。传统的锚杆支护理论都是以一定假说为基础，从不同角度、不同条件阐述锚杆支护的作用机理。近年来，锚杆支护理论研究有了进一步发展，提出了巷道锚杆支护围岩强度强化理论，并且把锚固技术作为一个系统进行整体研究，进一步揭示了锚杆支护的实质[16]。

3.4.1.1 悬吊理论

悬吊理论认为，锚杆支护的作用是将巷道顶板较软弱岩层悬吊在上部稳定岩层上，增强较软弱岩层的稳定性。对于回采巷道经常遇到的层状岩体，锚杆的支护悬吊作用如图 3-35(a)所示。如果巷道浅部围岩松软破碎，顶板出现松动破裂区，锚杆的支护悬吊作用是将这部分易冒落岩体锚固在深部未松动的岩层上，如图 3-35(b)所示。

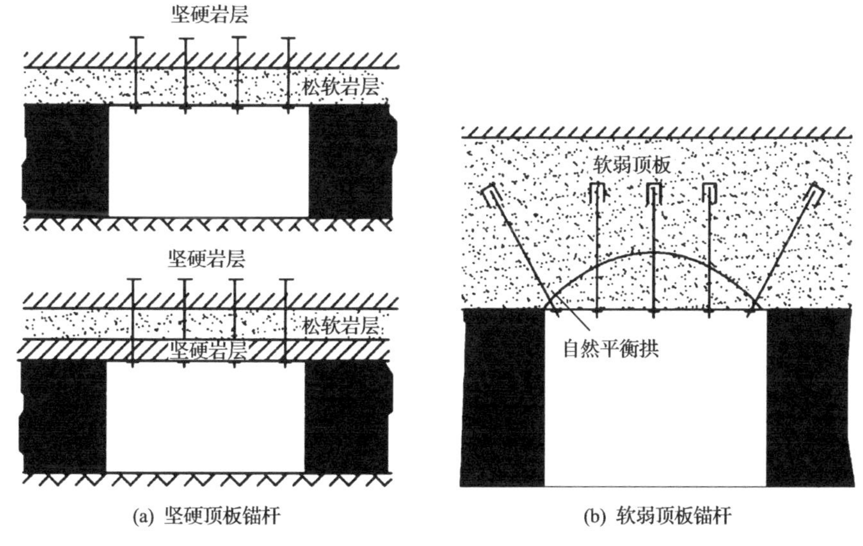

(a) 坚硬顶板锚杆　　(b) 软弱顶板锚杆

图 3-35 锚杆支护悬吊作用

3.4.1.2 组合梁理论

如果顶板岩层中存在若干分层，组合梁理论认为，锚杆的作用一方面提供锚固力增加各岩层间的摩擦力，阻止岩层沿层面继续滑动，避免出现离层现象；另一方面锚杆杆体可增加岩层间的抗剪刚度，阻止岩层间的水平错动，从而将巷道顶板锚固范围内的几个薄岩层锁成一个较厚的岩层，如图 3-36 所示。

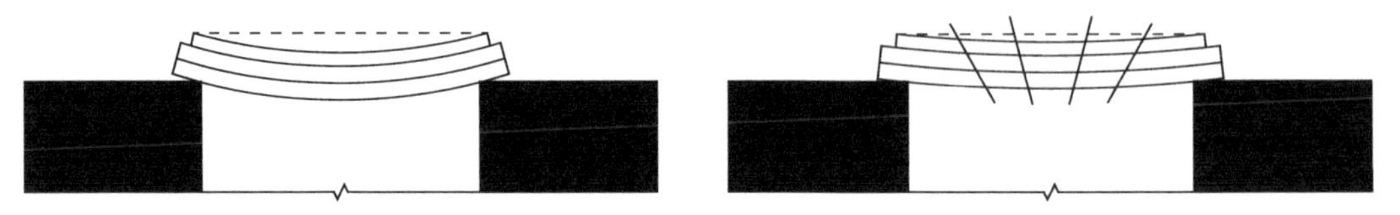

图 3-36 层状顶板锚杆组合梁

3.4.1.3 组合拱(压缩拱)理论

组合拱理论认为，在拱形巷道围岩的破裂区中安装预应力锚杆，从杆体两端起形成圆锥形分布的压应力区，如果锚杆间距足够小，各个锚杆形成的压应力圆锥体相互交错，在岩体中形成一个均匀的压缩带，即压缩拱。压缩拱内岩石径向、切向均受压，处于三向应力状态，围岩强度得到提高，支承能力相应增大，如图 3-37 所示。

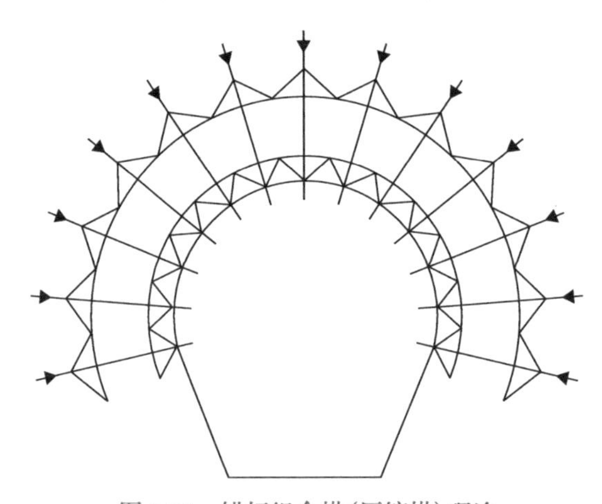

图 3-37 锚杆组合拱(压缩拱)理论

3.4.1.4 最大水平应力理论

该理论认为矿井岩层的水平应力通常大于垂直应力，巷道顶底板的稳定性主要受水平应力的影响；围岩层状特征比较突出的回采巷道开挖后引起应力重新分布，垂直应力向两帮转移，水平应力向顶底板转移；垂直应力的影响主要显现于两帮而导致两帮破坏，水平应力的影响主要显现于顶底板岩层，如图 3-38 所示。锚杆的作用是沿锚杆轴向约束岩层膨胀和在垂直锚杆轴向方向约束岩层剪切错动。

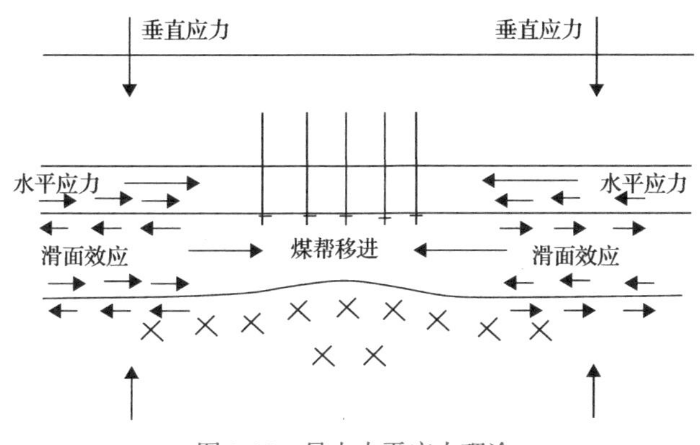

图 3-38 最大水平应力理论

3.4.1.5 围岩强度强化理论

围岩强度强化理论是针对软岩煤巷围岩特点提出的。通过巷道围岩锚固前后相似材料模拟试验和理论分析，围岩强度强化理论的要点如下。

(1)巷道锚杆支护的实质是锚杆和锚固区域的岩体相互作用形成统一的承载结构。

(2)巷道锚杆支护可提高锚固体的力学参数(E、c、φ)，改善被锚固岩体的力学性能。

(3)巷道围岩存在破碎区、塑性区和弹性区，锚杆锚固区的岩体则处于破碎区或处于上述2～3个区域中，相应锚固区的岩石强度处于峰后强度或残余强度。锚杆支护使巷道围岩特别是处于峰后区的围岩强度得到强化，提高了峰值强度和残余强度。

(4)煤巷锚杆支护可以改变围岩的应力状态，增加围压，从而提高围岩的承载能力。

(5)巷道围岩锚固体强度提高以后，可减少巷道周围破碎区、塑性区的范围和巷道的表面位移，控制围岩破碎区、塑性区的发展，从而有利于保持巷道围岩的稳定。

3.4.2 巷道支护技术

3.4.2.1 锚杆支护

锚杆是锚固在煤岩体内维护巷道围岩稳定的杆状结构物，对巷道围岩以锚杆作为支护系统的主要构件，就形成锚杆支护系统。其本质是用金属件、木件、聚合物件或其他材料制成杆柱，打入围岩预先钻好的孔中，利用其头部、杆体的特殊构造和尾部托板，或依赖于黏结作用将围岩与稳定岩体结合在一起而产生悬吊效果、组合梁效果、补强效果，以达到支护的目的[17]。

1)机械锚杆

机械锚杆是通过锚杆根部的机械锁定装置锚固在钻孔内，包括胀壳式锚杆和槽楔式锚杆。

(1)胀壳式锚杆。胀壳式锚杆由两端带螺杆的实心杆、锚杆根部的膨胀壳、托盘和螺母组成。图3-39中的膨胀壳仅仅是目前使用的几种类型中的一种。膨胀壳是由楔块和2～4片壳叶组成的锚固装置。楔体拧到锚杆根部的螺杆上，旋转螺杆，楔形件被拉向钻孔方向，壳体叶片张开压到钻孔壁上，在壳体和孔壁间建立起接触力。壳体-岩石界面上的锚固力与接触力成正比。只要在锚杆上施加足够高的扭矩，锚杆在硬岩中就能很容易地被牢固锚住。然而，在软岩中，当扭矩过高时，孔壁岩石有被膨胀壳压碎的风险。如果岩石被压碎，锚杆的锚固力会大幅降低。因此，在软岩中安装胀壳式锚杆时扭矩要适当。在膨胀壳安装完成后，拧紧螺母，对锚杆施加预紧力。预紧力 P 与施加的扭矩 T 的关系见式(3-13)。胀壳式锚杆的失效很少是因为杆体断裂，通常是因为螺杆和托盘失效，或者是由于膨胀壳处锚固不紧滑移。

$$P = BT \tag{3-13}$$

式中：B 为一个与锚杆直径和安装参数有关的常数。根据经验，直径 16mm 的锚杆 B=164；直径 19mm 的锚杆，B=131。锚杆预紧力通常为 50～60kN，预紧力不应超过锚杆屈服载荷的 60%。

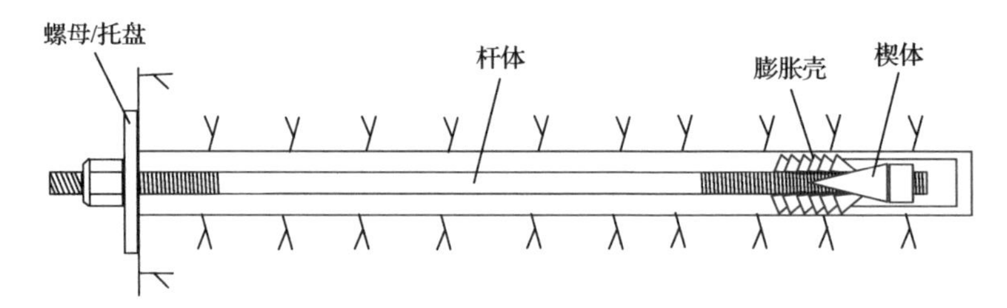

图 3-39 胀壳式锚杆

(2)槽楔式锚杆。槽楔式锚杆在根部有一个纵向切槽，槽内插有一个楔块(图 3-40)。安装时，将锚杆推入钻孔内，楔块接触到孔底后撞击锚杆杆头，楔块被挤入槽中撑开锚杆根部的分叉，杆体分叉被挤压到孔壁上。随后安装托盘并拧紧螺母，完成安装。槽楔式锚杆通过杆体根部与岩石间的摩擦力被固定在钻孔内。这种锚杆的预紧力不大，直径 20mm 的钢筋锚杆的最大预紧力为 30～50kN。为了使杆体能够接触到钻孔底部，钻孔长度必须小于锚杆长度。由于该锚杆的预紧力低且不可靠，目前槽楔式锚杆使用并不广泛。

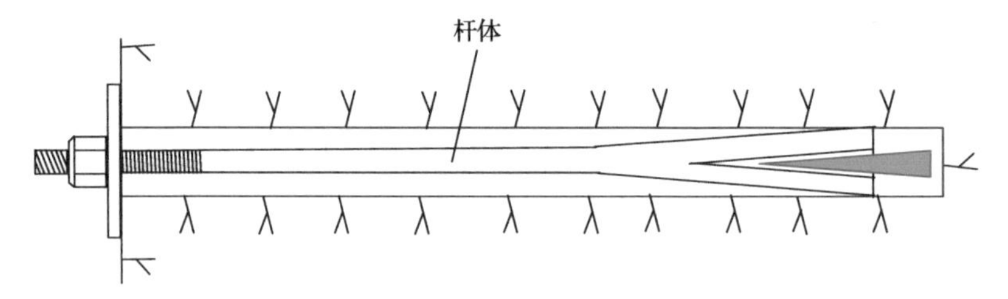

图 3-40 槽楔式锚杆

2)注浆锚杆

(1)全长注浆钢筋锚杆。全长注浆钢筋锚杆是指用水泥浆或者树脂注满钻孔，使锚杆全长包裹在注浆体内的锚杆。锚杆杆体表面的肋条与固化后的注浆体咬合，使锚杆固定在岩体内，如图 3-41 所示。水泥注浆锚杆安装后不能立即施加预紧力。如果需要预紧，可在水泥浆硬化后(如注浆一周后)再施加预紧力。过早施加预紧力会造成锚杆和注浆体之间的黏合被破坏。

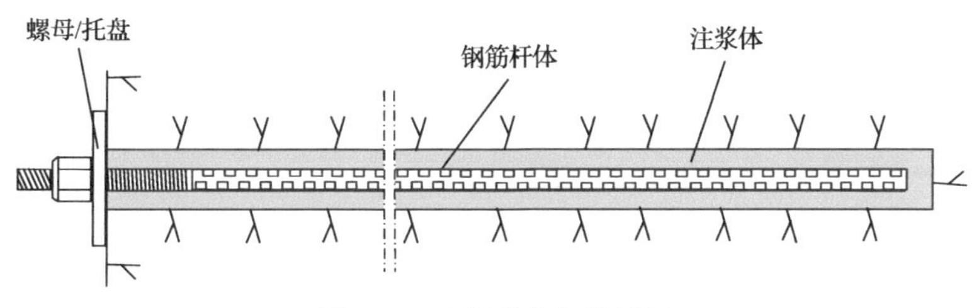

图 3-41 全长注浆钢筋锚杆

(2)全长注浆螺纹钢锚杆。螺纹钢杆体与钢筋杆体类似，不同之处在于其表面为粗螺距螺纹，如图 3-42 所示。螺纹钢杆体通过热轧沿其长度形成粗螺纹(螺距 10mm)。螺纹钢杆体杆头处不需要另外加工螺纹，螺母直接拧到杆体的粗螺纹上。螺纹钢杆体的强度沿整个长度相同。锚杆的安装既可以使用树脂，也可以使用水泥浆。

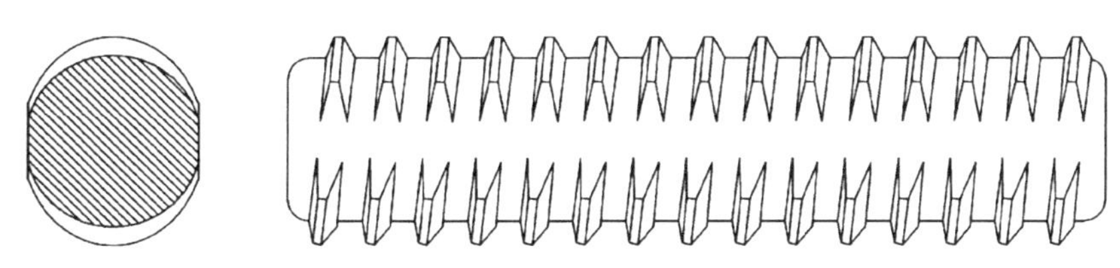

图 3-42 螺纹钢杆体

(3)端部注浆锚杆。端部注浆锚杆是用树脂将锚杆根部的一段黏结在钻孔内，如图 3-43 所示。锚杆杆体可以是钢筋或者螺纹钢，端部注浆锚杆安装后可立即施加预紧力。在抑制岩体位移方面，端部注浆锚杆的作用与胀壳式锚杆相似。由于端部注浆锚杆采用树脂注浆黏结，它的锚固比胀壳式锚杆更可靠。端部注浆锚杆的技术参数与钢筋锚杆和螺纹钢锚杆相同。

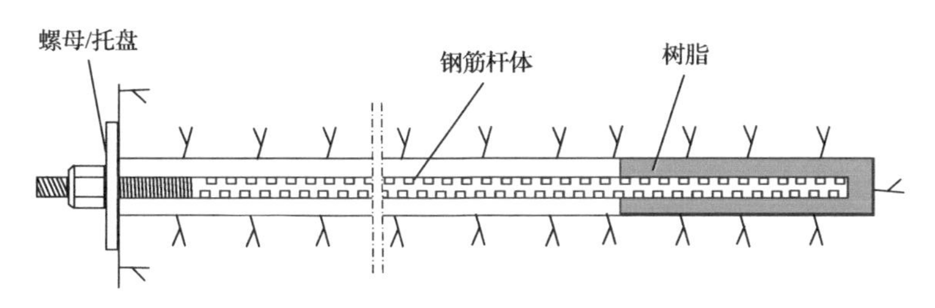

图 3-43 端部注浆锚杆

(4)全长水泥注浆槽楔式锚杆。全长水泥注浆槽楔式锚杆由锚杆远端带楔块的钢筋制成，如图 3-44 所示。锚杆长度通常不超过 3m。安装时，先把水泥浆泵入钻孔内，然后插入锚杆，当锚杆接触到孔底时在锚杆杆头施加一个冲击推力，楔块被挤压进入杆端槽内，劈裂的杆端被挤压到钻孔孔壁上。随后拧紧螺母、托盘，施加预紧力。直径 20mm 的钢筋锚杆的最大预紧力为 30～50kN。注浆体固化后，全长水泥注浆槽楔式锚杆与传统的全长注浆钢筋锚杆的作用相同。在杆端增加楔块是为了能给锚杆施加预紧力。

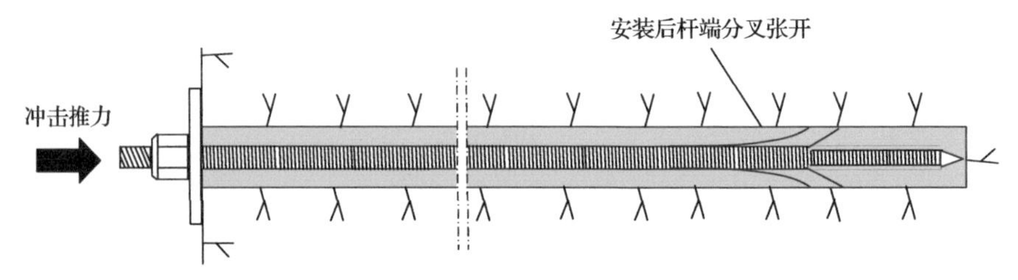

图 3-44 全长水泥注浆槽楔式锚杆

3）自钻式锚杆

水泥注浆锚杆的一般安装工艺是先钻孔，然后将水泥浆泵入孔内，最后推入锚杆。在煤岩体极度破碎的情况下，钻孔过程中或钻孔完成后可能会发生孔壁坍塌，使得很难或者完全无法将浆液注入孔内，或者无法将锚杆插入孔中。这种情况下可以使用自钻式锚杆。自钻式锚杆由空心杆体和锚杆远端的钻头组成。锚杆的柱面滚压成粗螺纹，不仅用于连接螺母的螺栓，还用于增强杆体与水泥浆的黏结。安装时，杆体随钻头钻入地层，钻孔结束时杆体留在孔中，然后通过杆体中心孔向孔内注水泥浆，当水泥浆从锚杆和钻孔之间的环空流出时，注浆停止。钻孔时锚杆就是钻杆，锚杆强度必须足以承受钻进扭矩。几根锚杆可以通过接头连接在一起成为加长锚杆。

3.4.2.2 锚索支护

锚索有单股、双股和多股之分，锚索通常由水泥浆黏结在钻孔中，如图 3-45 所示。某些长度较短的锚索可使用树脂黏结剂安装。一根锚索可由多股钢绞线构成，每一股钢绞线是由多根钢丝围绕一根中心钢丝缠绕而成。钢丝断面一般是圆形，通过模具冷拔而成。一股钢绞线通常有 7 根、19 根或 37 根钢丝，几股钢绞线拧在一起就构成锚索。图 3-46 为 1×7 型锚索和 3×7 型锚索的横截面。锚索标注的第一个数字是锚索中钢绞线的股数，第二个数字是每股钢绞线中的钢丝线数。例如，1×7 型锚索的意思是单股钢绞线锚索，每股钢绞线有 7 根钢丝。每股钢绞线或锚索中的钢丝线数量越多柔度越大。1×7 型锚索比 3×7 型锚索的硬度高、柔度小。

锚索由不同等级的不锈钢或碳素钢制成。不锈钢锚索具有良好的耐腐蚀性，但是成本较高。普通锚索通常是由较便宜的碳素钢制成。由镀锌碳素钢制成的锚索具有一定的耐腐蚀性，防腐蚀效果比较好。必要时，可在锚索表面涂耐腐蚀材料，增加抗腐蚀性。由未经特殊处理的钢绞线制成的锚索称为普通锚索。为提高锚索在砂浆中的锚固力，可每隔一定长度把钢绞线直径撑大或者在钢绞线上加装固定件。

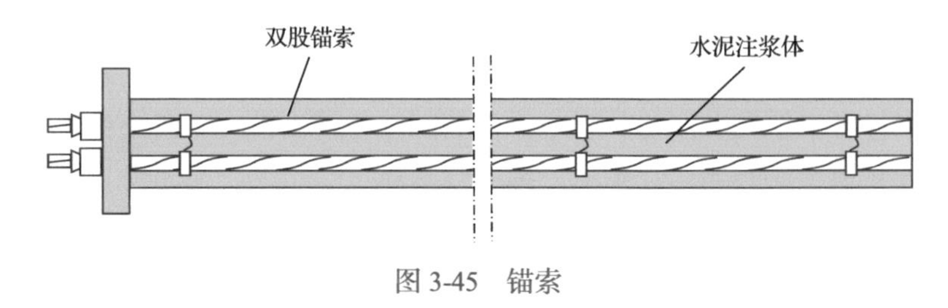

图 3-45 锚索

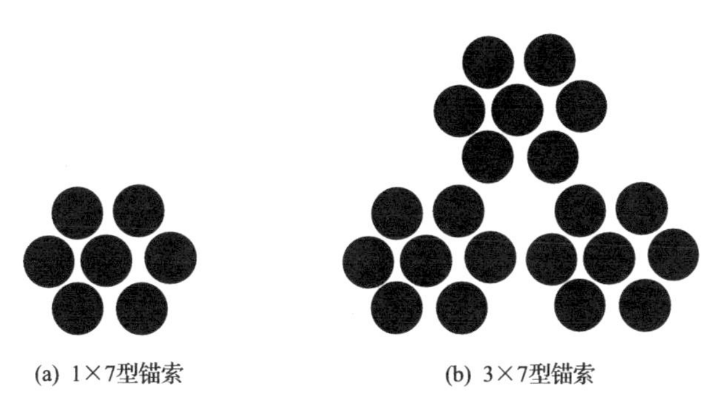

图 3-46 1×7 型锚索和 3×7 型锚索的横截面

锚索的优点是长度可调，承载力高，可以缠绕在卷筒上，方便运输。由于锚索钢丝是冷拔制造的，锚索的缺点是变形能力差。锚索的最大伸长率为 3%～5%，比热轧钢普通锚杆的伸长率低很多。为了改善锚索的变形能力，使用时经常将锚索的中间段用塑料套包裹，使锚索与注浆体分隔，如图 3-47 所示。采用这种脱黏技术，锚索的变形能力显著提高。

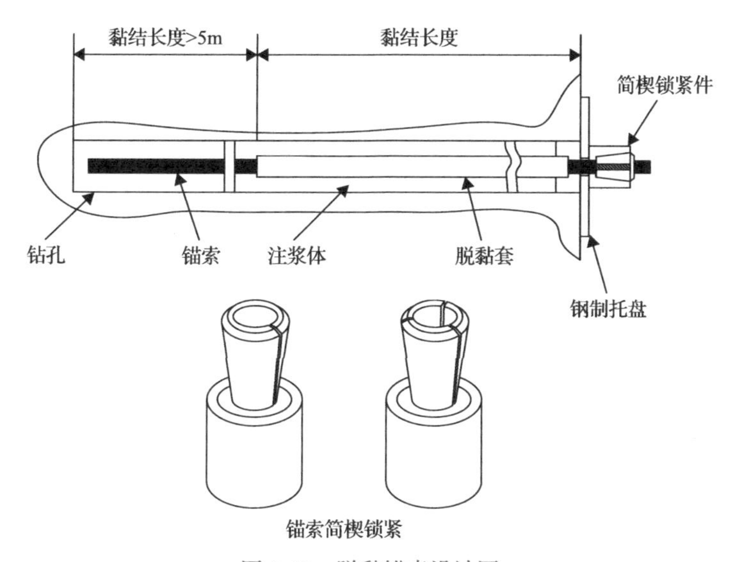

图 3-47 脱黏锚索设计图

托盘通过筒楔锁紧件连接到锚索上，如图 3-47 所示。安装托盘时，先将筒楔锁紧件的筒体和楔块松套在锚索头部，拉紧锚索，把楔块压入筒体内，放松锚索，锚索收缩把楔块锁紧在筒体内。当使用水泥浆在拱顶垂直孔内安装锚索时，锚索的远端必须有悬挂装置，以防锚索在重力作用下滑落。常用的端部悬挂装置是“鱼刺倒钩”。“鱼刺倒钩”用钢丝固定在锚索端头。锚索插到孔底后倒钩把锚索挂在孔壁上，然后将水泥浆泵入孔内。如果使用树脂药卷黏结，锚索端部需要有树脂混合装置，以便搅拌树脂药卷中的黏结剂。有两种常用的树脂搅拌装置方法，一种是把锚索远端的钢丝鼓胀，另一种是除鼓胀钢丝外再在锚索端部缠绕一根粗钢丝。

3.4.2.3 联合支护

1) 锚梁网联合支护

当单体锚杆不能有效控制围岩时，常采用组合锚杆支护。锚梁网联合支护是将锚杆、掩护网、托梁联合使用。锚杆一般为树脂锚杆，金属菱形网、金属经纬网、塑料网、钢筋网均可作为掩护网。国内使用的脱梁和钢带主要有以下四种。

a) W 型钢带

W 型钢带由厚 2.5～3.0mm，宽 250～300mm 的薄钢板扎成“W”形的横截面，如图 3-48 所示。W 型钢带的抗弯强度较高，护顶护帮面积大，当顶板裂隙较为发育、压力不大时，用于顶板支护系统，但当巷道顶板压力大时，W 型钢带容易发生剪切破坏，不适宜使用。

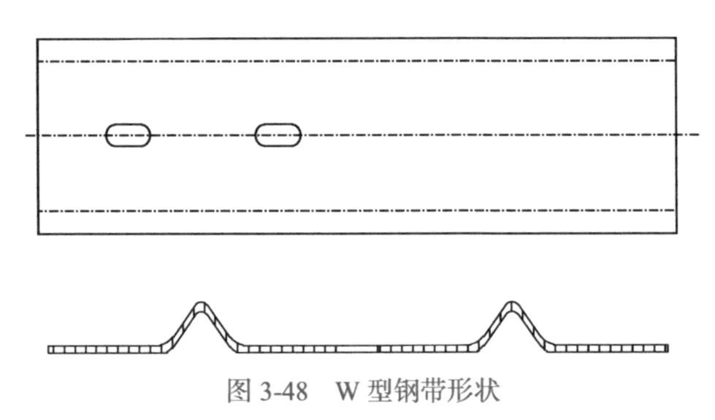

图 3-48 W 型钢带形状

b) 钢筋梯子梁

钢筋梯子梁一般是两根直径 12～18mm 的圆钢焊接而成，外形类似梯子，如图 3-49 所示。钢筋梯子梁加工方便简单，价格较低；但其抗弯强度和护顶护帮面积不如 W 型钢带，顶板压力大时，梯子梁的焊接处容易发生破坏，强度较低。

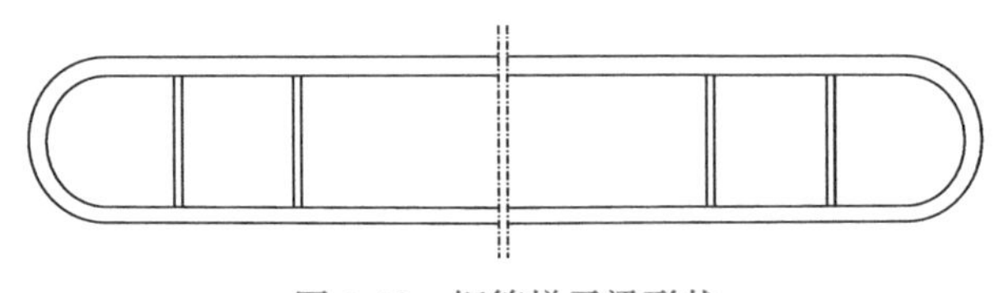

图 3-49 钢筋梯子梁形状

c) M 型钢带

M 型钢带的主要特点：钢带的凹变抗弯截面模量是凸变抗弯截面模量的 2.75 倍，安装时容易和顶板岩面贴紧，顶板下沉时钢带和围岩会组成一体，同时能够解决 W 型钢带容易撕裂的问题，其断面形状如图 3-50 所示。

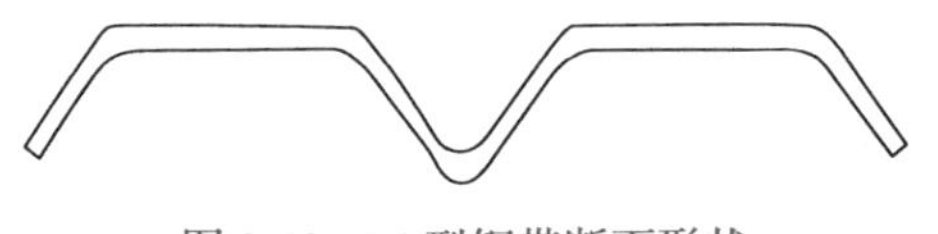

图 3-50 M 型钢带断面形状

d) Ⅱ型轻型钢带

针对钢筋梯子梁焊接不牢靠、整体性不好、与围岩接触不良的问题开发了Ⅱ型轻型钢带，该钢带整体性好，用量节省，适合巷帮支护。

锚梁网联合支护可以形成整体性的支护结构。锚杆与梁、网形成的整体性结构使巷道围岩整体性得到增强，钢带和托梁的高抗拉作用使锚杆的托锚力转化成钢带和托梁的顶托力，使围岩表面锚杆的托锚力相对均匀，并增大锚杆的支承面积，防止锚杆之间的小块落石坠落。

2) 桁架锚杆支护

常见的桁架锚杆由四部分组成，分别为锚杆、拉杆、拉紧器、垫块。桁架锚杆主要有单式桁架锚杆(图 3-51)、复式桁架锚杆(在巷道跨度方向上由 2～3 个单式桁架锚杆组成)、交叉桁架锚杆(在巷道交叉处单式桁架锚杆交叉成十字形)、连续桁架锚杆(沿巷道轴向将单式或复式桁架锚杆连成整体)等。

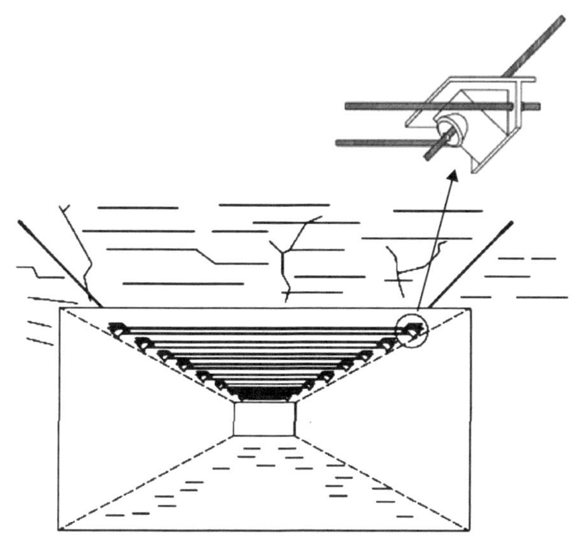

图 3-51 单式双拉杆桁架锚杆

无论是单式桁架锚杆还是复式桁架锚杆，在顶板岩层内部都会形成水平和垂直方向的挤压应力区，如图 3-52 所示。锚杆的锚固力和拉杆的预紧力，使顶板的“中性轴”下移，顶板岩层的抗弯能力增强，顶板内部和表面的张应力减小。对于破碎的顶板，桁架锚杆提供的水平压力增大了沿巷道横向一组裂隙的摩擦系数，使“裂隙梁”的完整性进一步提高，有利于顶板梁形成拱结构。通过拉杆，将同一拉杆的多根锚杆形成整体的支护结构。另外，当顶板发生弯曲变形或者弯曲下沉时，在拉杆和倾斜锚杆的共同作用下，顶板内部及其裂隙体中会产生更大的挤压应力和摩擦力，减小甚至抵消巷道顶板中部可能产生的拉应力，阻止顶板的进一步弯曲下沉。

桁架锚杆支护的关键就是拉杆和拉杆中产生的预紧力，因此拉杆的设计至关重要。拉杆一般由圆钢制成，其梁式结构能够提供预紧力，可分为接顶和不接顶两类。桁架锚杆的适用性较强，可用于支护顶板完整或者节理裂隙发育、破碎的回采巷道，以及断面

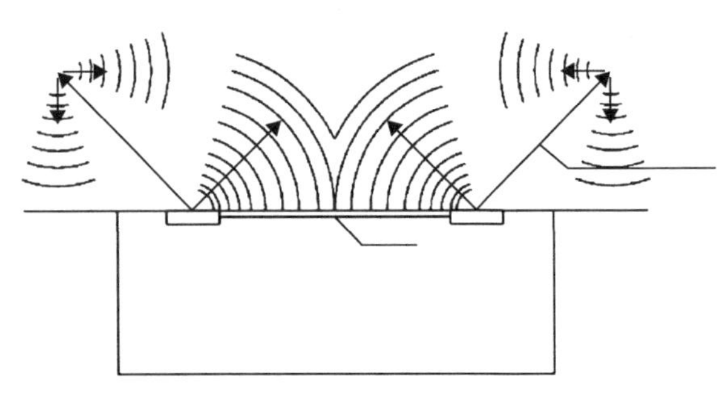

图 3-52 桁架锚杆支护作用力

较大或者悬顶面积较大的硐室或巷道交叉点。目前，在国外，单式桁架锚杆已经在最大跨度达到 7m 的巷道中使用，复式桁架锚杆支护的巷道宽度最大达到了 9m。在房式采煤法中，复式桁架锚杆支护的矿房宽度最大达到了 12m。我国采用复式桁架锚杆支护的巷道宽度最大也达到了 9m。

3.4.3 大断面巷道支护案例

3.4.3.1 王庄煤矿大断面巷道支护案例[18]

王庄煤矿主采 3# 煤层，煤层平均厚 6.52m，倾角为 2°～12°，煤层瓦斯含量较低，属于低瓦斯矿井。9105 工作面开切眼长 339m，运输巷和回风巷长 3432m，巷道断面尺寸为宽×高=5.6m×4.2m，属于大宽度条件巷道。

顶板支护：采用“钢筋网+螺纹钢锚杆+预应力锚索”联合支护，首先对巷道顶板铺钢筋网支护，铺设时钢筋网要与顶板接实，网下用木背板与前探梁背紧、背实；随后打设 Φ22mm×2700mm 螺纹钢锚杆，间排距为 0.75m×0.75m，巷道中部锚杆垂直顶板及两帮布置，巷道边侧锚杆与巷道顶板及两帮呈 45°夹角，按从中间到两边逐根迈步式依次进行，打设顶部中间第一根顶锚杆时先将该处对应前探梁后缩至不影响该锚杆排距打设位置；最后打设 Φ18.9mm×8000mm 低松弛预应力钢绞线锚索，间排距为 1.7m×1.2m，排与排之间采取“232”交错布置方式，安装好的锚索应戴帽并在锚索锁具下用 10 号铁丝将锚索十字捆绑缠绕三圈，使锚索及托板与顶部金属网片捆绑连接固定到一起。

两帮支护：采用“工字钢棚+螺纹钢锚杆+预应力锚索”联合支护，两帮施打锚杆孔时，煤柱帮和回采帮锚杆布置方式与顶锚杆一致。由于原巷道在布置过程中煤柱帮变形较大，在煤柱帮每排补打两根 Φ18.9mm×5000mm 钢绞线锚索，间排距为 1.8m×1.2m。同时采用工字钢棚支护，钢棚采用 11 号矿用工字钢做成梯形棚，棚间距 0.8m，钢梁长 3500mm，棚腿长 2839mm/根，扎脚为 450mm。钢棚腿间采用 4 根 Φ18mm 圆钢拉杆连锁，上下拉杆间距 1m，拉杆展开长度 1.1m/根，4 根/棚，拉杆杆座焊接在棚腿上，杆座焊接位置位于棚腿垫板上 1m 和 2m 处各一个。其大巷道断面支护方案如图 3-53 所示。结果显示巷道顶底板移近量和两帮移近量较小，实现了对大断面巷道围岩变形的有效控制，可满足工作面安全回采要求。

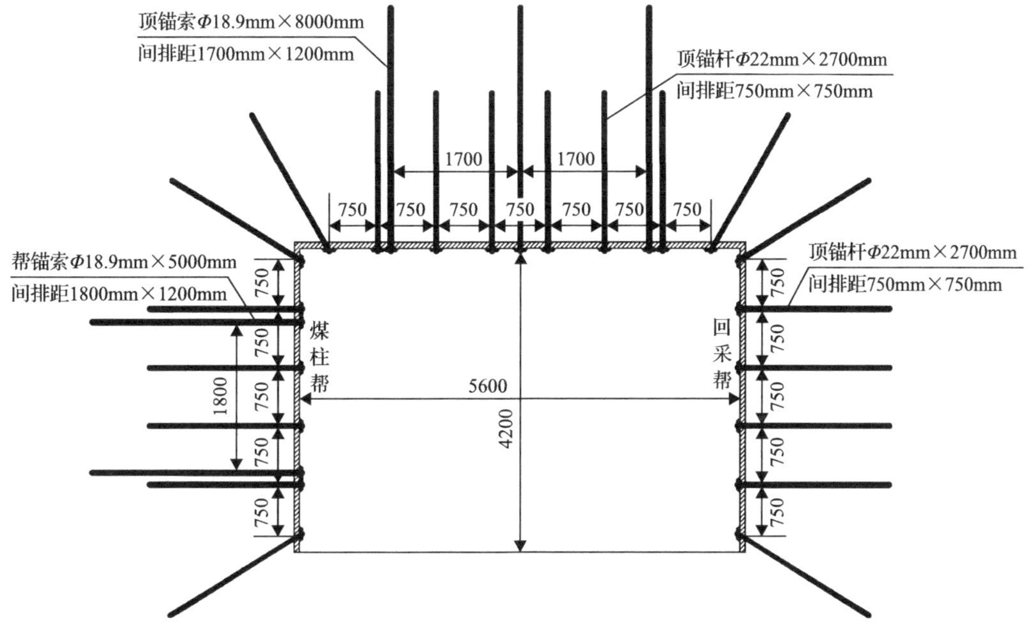

图 3-53 王庄煤矿 9105 工作面大断面巷道支护断面图(mm)

3.4.3.2 曹家滩煤矿大断面巷道支护案例[19]

曹家滩煤矿 122109 工作面位于 2^{-2} 煤层 12 盘区，煤层底板标高+957～+972m，地面标高+1261～+1300m。2^{-2} 煤层结构简单，属于稳定型煤层，密度为 1.32t/m^3，普氏硬度系数 f<3。曹家滩煤矿 122109 运输巷断面尺寸为宽×高=6.5m×4.35m，由于原支护方案中巷道回采帮布置的玻璃钢锚杆及配套托盘、螺母强度不足，且与煤柱帮布置的螺纹钢锚杆强度存在一定差异，在回采帮工作面附近(端头支架前方 0～15m 范围内)出现了大面积玻璃钢锚杆退丝、托盘碎裂的情况，以及产生较大范围的围岩破坏、裂隙扩展，甚至是片帮。

在保证安全的前提下，建立了以高强度、高预紧力和高系统刚度为技术核心并适应于煤巷快速掘进的大间排距高性能锚杆支护体系。

1) 煤柱帮支护：螺纹钢锚杆+钢筋网

锚杆采用规格为 Φ20mm×2000mm 的 BHRB335 号左旋无纵筋螺纹钢锚杆，间排距为 1000mm×1000mm，每排 4 根锚杆，最上部锚杆距顶板 300mm，带 15°上仰角施工，其余锚杆垂直岩面施工，锚杆孔深 1950mm。每根锚杆采用 1 只 MSK2380 型树脂药卷锚固，预紧力要求不小于 120N·m，锚固力不小于 10t。锚杆托盘选用规格为 150mm×150mm×10mm 蝶形铁托盘。钢筋网规格为 3600mm×1100mm 的电弧焊钢筋网，钢筋直径为 4mm，网格尺寸为 100mm×100mm，帮网顶部弯曲 100mm，与顶网搭接宽度 100mm，帮网与帮网搭接宽度 100mm。

2) 回采帮支护：玻璃钢锚杆+塑钢网

锚杆采用规格为 Φ22mm×2400mm 的 GQN60 型高强抗扭玻璃钢锚杆及配套托盘、

螺母，间排距为 1000mm×1000mm，每排 4 根锚杆，最上部锚杆距顶板 300mm，垂直岩面施工，锚杆孔深 2300mm。每根锚杆采用 1 只 MSK2380 型树脂药卷锚固，预紧力要求不小于 50N·m，锚固力不小于 10t。网片选用塑钢网，规格为 3600mm×5000mm，走向铺网，帮网与顶网搭接宽度 100mm，帮网与帮网搭接宽度 100mm。帮部塑钢网内不含钢丝，网孔规格为 50mm×50mm。

3）顶板支护：锚杆+锚索+钢筋网

（1）锚杆支护：顶板锚杆采用规格为 Φ22mm×2600mm 的 BHRB335 号左旋无纵筋螺纹钢锚杆，间排距为 1200mm×1000mm，每排 6 根锚杆，最外侧锚杆距帮部 250mm，带 15°外扎角施工，中间 4 根锚杆垂直顶板施工，锚杆孔深 2550mm。每根锚杆采用 1 只 MSK2380 型树脂药卷锚固，预紧力要求不小于 200N·m，锚固力不小于 10t。锚杆托盘选用规格为 150mm×150mm×10mm 的拱型高强度托盘。钢筋网规格为 6500mm×1100mm 的电弧焊钢筋网，钢筋直径为 4mm，网格尺寸为 100mm×100mm，搭接宽度为 100mm。

（2）锚索支护：顶板每排布置 2 根锚索，采用规格为 Φ17.8mm×6250mm 的钢绞线，锚索孔深 6000mm。锚索间排距为 2400mm×3000mm，均垂直岩面施工。每根锚索采用 2 只 MSK2380 型树脂药卷锚固，锚索预紧力 14t，锚固力不小于 24t。锚索托盘的规格为 250mm×250mm×20mm 的高强度拱形可调心托板。巷道支护断面图如图 3-54 所示。

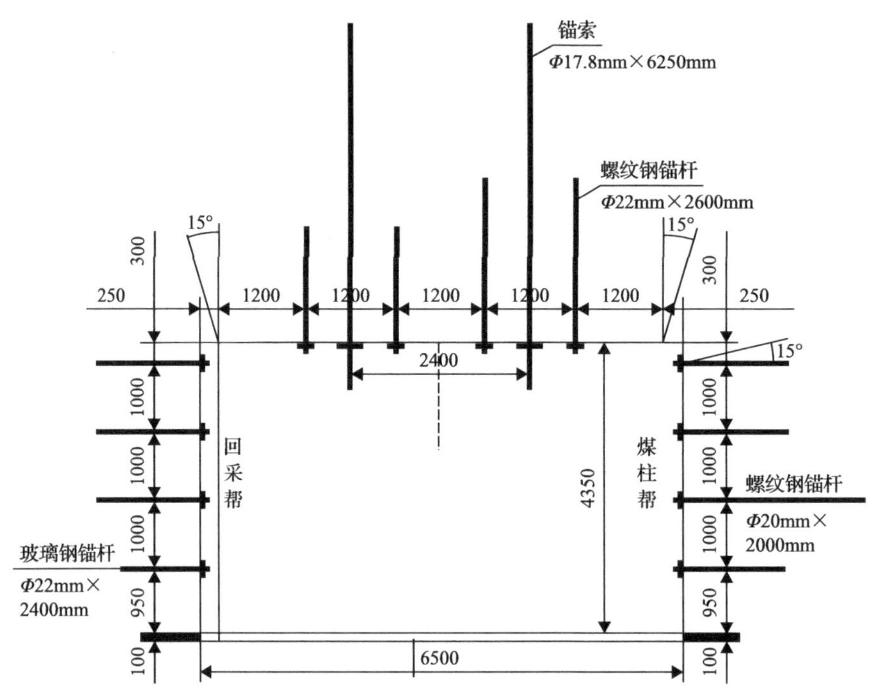

图 3-54 曹家滩煤矿胶带运输巷大断面支护图（mm）

3.4.3.3 干河煤矿大断面巷道支护案例[20]

干河煤矿 2# 煤层结构相对简单，煤层平均厚度 3.75m，煤层夹矸 0.3m 左右，煤层平均倾角 3°，普氏硬度系数 f=1.5。2-1081 掘进巷道断面为 5m×3.8m。由于巷道断面较大，2[#] 煤层煤体相对比较松软，矸石层上下煤体的强度不一，且巷道水平应力大于垂直应力，导致在掘进过程中容易出现偏帮现象；同时，巷道顶底板岩层层理发育，岩体较易破碎，掘进和回采过程中易造成围岩风化，加之地应力偏高，在巷道方向又有断层带的影响，使巷道在掘进和回采过程中可能发生冒顶或者底鼓；采用一般的支护设计时，巷道围岩会产生过大的变形，以致影响矿井的正常生产，以上这些问题都给支护设计带来了很大的困难。巷道支护方案如图 3-55 所示，采用了锚网梁锚索联合支护方案。

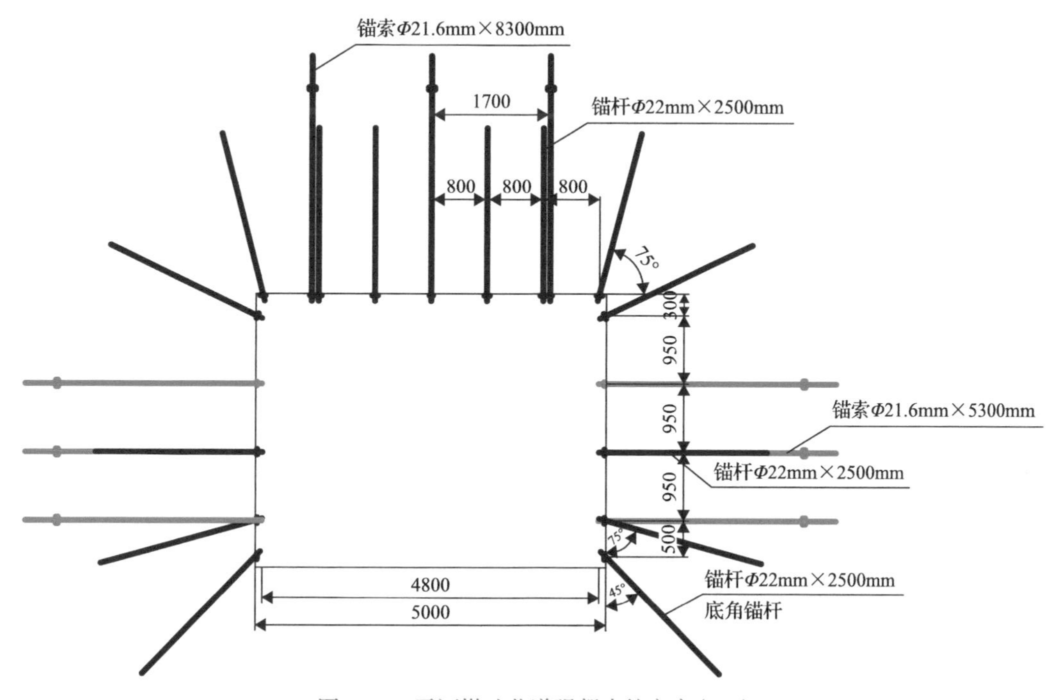

图 3-55 干河煤矿巷道强帮支护方案(mm)

顶部锚杆每排 7 根，选用 Φ22mm×2500mm 高强螺纹钢锚杆，间排距 800mm×800mm，每根锚杆采用 1 只 CK2340 型树脂锚固剂和 1 只 Z2388 型树脂锚固剂锚固，两边肩角锚杆距巷帮 100mm，与顶板夹角为 75°，安装 Φ130mm×8mm×25mm 楔形垫片，其余垂直于顶板，施加锚杆预紧力不小于 50kN。

帮部锚杆每排每帮 4 根，选用 Φ22mm×2500mm 高强螺纹钢锚杆，间排距 950mm×800mm，最上一根锚杆距顶板 300mm，与巷帮夹角为 70°，其余垂直于巷帮，最下一根锚杆距底板 650mm，与巷道夹角为 75°，距离底板 150mm 处施加底角锚杆，选用 Φ22mm×2500mm 高强螺纹钢锚杆，施加锚杆预紧力不小于 50kN。

锚索为“三·三”布置，间排距 1700mm×3200mm，锚索规格 Φ21.6mm×8300mm，采用 2 只 CK2340 型、3 只 Z2388 型树脂锚固剂锚固，钢板规格为 400mm×400mm×10mm。巷道帮部中部加 3 个中等长度锚索，间距为 950mm，排距为 1600mm，规格 Φ21.6mm×5300mm，采用 2 只 CK2340 型、3 只 Z2388 型树脂锚固剂锚固，施加锚索预紧力不小于 200kN。

强帮支护方案有效控制了两帮和顶底板移近量，保证了巷道围岩的稳定性。强帮支护主要是使巷道围岩帮部形成牢固的厚墙体，减小巷道围岩帮部塑性区范围。由于帮部稳定性加强，顶板围岩下沉量和底鼓量也相应减小，保障了巷道围岩的稳定性。

参考文献

[1] 杜计平，孟宪锐. 采矿学[M]. 徐州：中国矿业大学出版社，2009.

[2] 尹希文. 我国大采高综采技术及围岩控制研究现状[J]. 煤炭科学技术，2019，44(8)：37-45.

[3] 侯朝炯团队. 巷道围岩控制[M]. 徐州：中国矿业大学出版社，2013.

[4] 王国法，庞义辉，许永祥，等. 厚煤层智能绿色高效开采技术与装备研发进展[J]. 采矿与安全工程学报，2023，40(5)：882-893.

[5] 康红普，徐刚，王彪谋，等. 我国煤炭开采与岩层控制技术发展 40a 及展望[J]. 采矿与岩层控制工程学报，2019，1(2)：1-33.

[6] 宋高峰，杨胜利，王兆会. 基于利兹法的煤壁破坏机理分析及三维相似模拟试验研究[J]. 煤炭学报，2018，43(8)：2162-2172.

[7] 王家臣，王兆会，孔德中. 硬煤工作面煤壁破坏与防治机理[J]. 煤炭学报，2015，40(10)：2243-2250.

[8] Wang J C, Yang S L, Kong D Z. Failure mechanism and control technology of longwall coalface in large-cutting-height mining method[J]. International Journal of Mining Science and Technology, 2016, 26(1): 111-118.

[9] 程才. 松软煤体煤壁注水增稳机理及工艺参数研究[D]. 徐州：中国矿业大学，2014.

[10] 周大为. 松软煤层煤壁浅孔注水防片帮技术研究[D]. 淮南：安徽理工大学，2009.

[11] 李晓飞. 深孔预注水技术在提高大采高工作面煤壁稳定性上应用[J]. 山东煤炭科技，2019(7)：1-3.

[12] 陈鹏鹏. 杜儿坪矿 72909 工作面煤壁注水防片帮技术研究与应用[J]. 煤炭与化工，2019，42(5)：4-7.

[13] 李永宾. 综采工作面过断层区域注浆加固技术应用[J]. 江西煤炭科技，2023(4)：36-38，42.

[14] 李世慧. 夏店煤矿工作面过陷落柱煤壁片帮防治技术[J]. 山东煤炭科技，2022，40(5)：48-50，54.

[15] 杨胜利，孔德中. 大采高煤壁片帮防治柔性加固机理与应用[J]. 煤炭学报，2015，40(6)：1361-1367.

[16] 钱鸣高，许家林，王家臣，等. 矿山压力与岩层控制[M]. 徐州：中国矿业大学出版社，2021.

[17]〔瑞典〕李春林. 岩石锚杆加固原理与应用[M]. 赵同彬，李玉蓉，译. 北京：科学出版社，2021.

[18] 杜晓刚. 王庄煤矿构造应力扰动下大断面巷道围岩控制技术研究[J]. 山东煤炭科技，2024，42(1)：1-5.

[19] 韩存地，许兴亮，雷亚军，等. 曹家滩煤矿胶带顺槽大断面巷道围岩控制优化[J]. 陕西煤炭，2020，39(6)：32-35，42.

[20] 李国彪. 干河煤矿大断面巷道围岩稳定性分析及控制技术研究[D]. 北京：中国矿业大学(北京)，2013.

4 分 层 开 采

分层开采技术是我国早期开采厚与特厚煤层的主要方法之一[1]。分层开采通常把近水平、缓倾斜、倾斜与急倾斜厚煤层用平行于煤层层面的斜面划分为若干个 2.0～3.0m 的分层，然后逐层开采，同时，为确保下分层开采安全，上分层一般要铺设人工假顶以隔开冒落的矸石和之下的煤层[2]。由于分层开采高度小，使其采场矿压显现不明显，围岩易于控制，开采设备要求低；但也存在因为回采高度小，煤层回采效率低、经济成本较高、经济效益差的缺点[3-4]。在 20 世纪 80 年代，随着放顶煤技术的发展，在厚煤层中迅速推广放顶煤技术[5]；同时随着液压支架等煤机研发水平与制造能力不断提高，大采高开采的高度不断增加，形成了放顶煤开采技术与大采高技术齐头并进的局面。因此，近年来厚煤层分层开采技术的应用显著减少，但对于西部 20m 及以上的特厚煤层与急倾斜煤层依然采用分层开采技术(分层开采或分层放顶煤技术)。

4.1 分层开采的巷道布置

4.1.1 分层开采参数与巷道布置

4.1.1.1 分层开采分类

分层开采可分为两种形式，一种是在同一区段内，待上分层全部采完或推进一定距离后，再掘进下分层的回采巷道，而后回采，称为分层同采，如图 4-1(a)所示；另一种是在同一采区或井田范围内，待上分层全部采完后，再掘进下分层的回采巷道和回采，称为分层分采，如图 4-1(b)所示。前者可缩短人工假顶腐蚀时间，后者则相反。

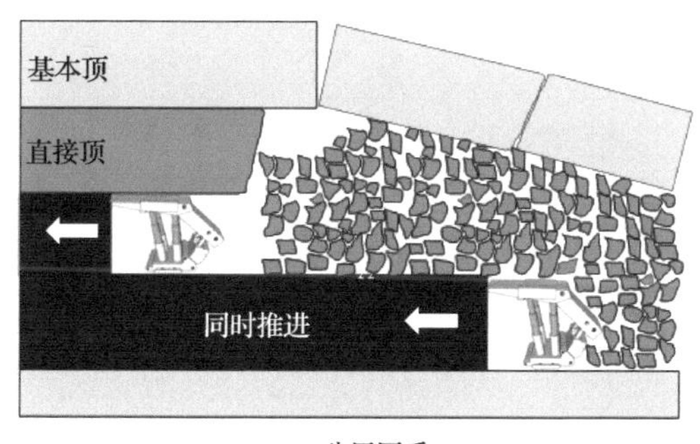

(a) 分层同采

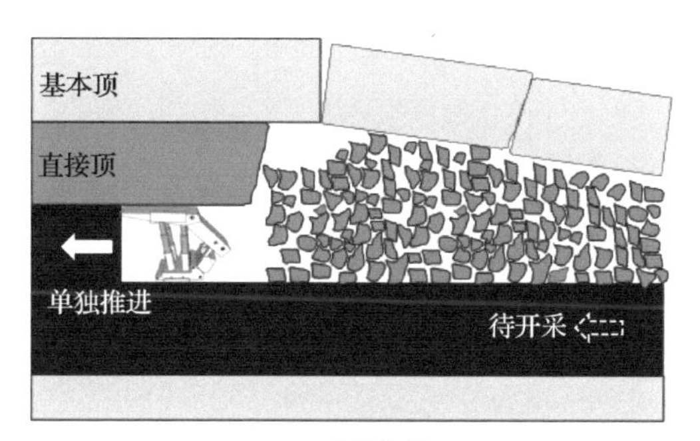

(b) 分层分采

图 4-1 分层开采分类

对于分层同采而言，上下分层工作面开采时间间隔较短，若采用人工假顶，可以减少假顶的腐蚀时间，若采用再生顶板，则上分层开采时的破碎顶板在较短时间内无法形成再生顶板，或再生顶板胶结性更差，无法保证下分层的安全开采。对于分层分采而言，两次回采时间间隔较长，上分层的破碎顶板对人工假顶的腐蚀性强，无法保证下分层开采时的安全性；同理，间隔时间长也有利于再生顶板的形成，提高再生顶板的稳定性。

4.1.1.2 采煤工艺参数

1) 倾斜分层厚度

采用综采工艺时分层厚度一般为 3m 左右，随着煤机设备发展，分层厚度可相应增加。由于煤层厚度常发生变化，而人工假顶或再生顶板的下沉量均较大，必须保证下分层有足够的采高，使采煤机能在该层正常工作。为控制分层采高，部分矿井开采第一分层时，上下平巷以及工作面每隔 30～50m 向底煤方向钻孔探测煤层厚度，以决定分层数量和分层采高。

2) 工作面长度

分层开采工作面长度确定方法与单一长壁采煤法相同，但考虑增加铺网工序和网下作业带来的困难，工作面长度一般较短。同时由于厚煤层多有自然发火倾向，为防止煤层自燃，工作面必须加快推进速度以保证有足够的月进度，因此工作面不能太长。

不同矿区部分分层开采工作面参数见表 4-1。

表 4-1 部分分层开采工作面参数

序号	煤矿	分层	工作面	分层厚度/m	工作面长度/m	工作面推进长度/m
1	谢一煤矿	上分层	5111B_{11b}(上)	1.9	172	831
		下分层	5111B_{11b}(下)	3.5	182	845
2	潘一煤矿	上分层	1331(3)顶	2.0	125	600
		下分层	1331(3)底	2.2	125	600
3	东大煤矿	上分层	3310(上)	2.9	176	1248
		下分层	3310(下)	3.2	176	1248
4	鹿洼煤矿	上分层	$23_{\text{上}}03$	3.0	160	860
		下分层	2303(1)	4.3	125	720
5	岳城煤矿	上分层	1308(上)	3.1	116	870
		下分层	1308(下)	3.0	175	2129
6	东川煤矿	上分层	5103(上)	3.4-3.8	200	1696
		下分层	5103(下)	3.0	200	1696
7	大柳塔矿活鸡兔井	上分层	12 下 208(上)	4.0	287	4156
		下分层	12 下 208(下)	6.0	287	4156
8	顾北煤矿	上分层	13121(上)	4.5	205	1049
		下分层	13121(下)	3.1	205	1049
9	张集煤矿	上分层	1613A(上)	4.5	200	1503
		下分层	1613A(下)	2.0-4.0	200	1503

续表

序号	煤矿	分层	工作面	分层厚度/m	工作面长度/m	工作面推进长度/m
10	潘北煤矿	上分层	11113	5.3	129	401
		下分层	11111	3.6	164	401
11	马口煤矿	上分层	8401	6.0	120	500
		下分层	8402	2.0	120	500

4.1.2 分层开采巷道布置

巷道布置到合理位置一直是研究巷道布置时不可忽视的问题。将巷道布置到合理位置，既能保证巷道围岩受力比较小和均匀，不会因为巷道两帮受力的巨大差异导致帮部岩体变形严重，巷道支护和维护困难，同时会引发其他的地质灾害，严重影响生产的顺利进行。同时，将巷道布置到合理位置也能够使留设护巷煤柱的宽度比较合理，从而减小煤炭损失，最大限度地提高煤炭的回采率，降低生产成本，提高经济效益。

采用倾斜分层方法开采厚煤层时，分层平巷有倾斜布置、水平布置及垂直布置 3 种布置形式。

4.1.2.1 倾斜布置

如图 4-2 所示，各分层平巷呈 25°～35°倾斜布置，一般适用于倾角小于 15°～20°的煤层。上分层运输平巷与下分层回风平巷之间常留有区段煤柱，其大小视煤层厚度、倾角、煤质松软程度等因素而定，一般情况下不小于 15m，或更大一些。

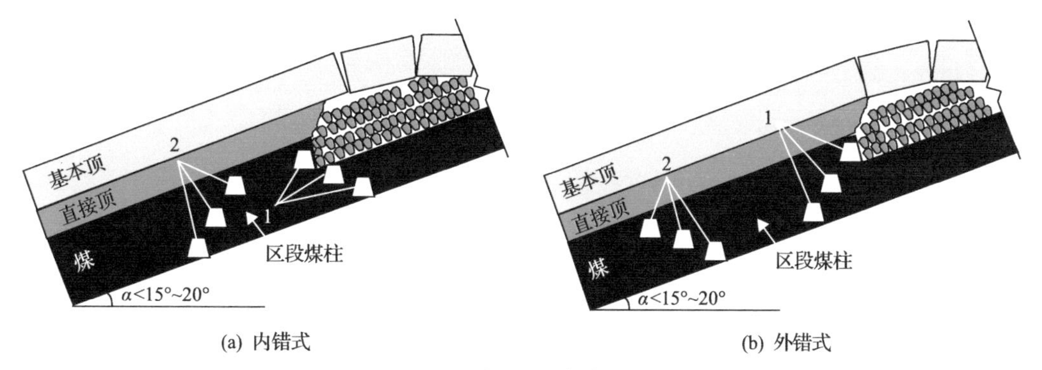

图 4-2 分层平巷倾斜布置

1-上分层运输平巷；2-下分层回风平巷

相对于中下分层工作面长度变化，倾斜布置又有内错式和外错式之分。内错式巷道布置方式是指下分层巷道布置在上分层工作面内侧，即在上分层巷道采空区下方，与上分层区段煤柱有一定距离，形成正梯形煤柱，如图 4-2(a)所示。该种布置方式由于下分层巷道是在上分层工作面的内侧，煤柱尺寸从上往下越到下面越大，下分层工作面也随之变短，该必然会降低煤炭回采率，增加煤炭损失量。但是该种布置方式是将平巷布置在卸压区，易于巷道的掘进和生产维护，减少巷道维护成本。内错式布置的中下分层平巷内错半个至一个巷道宽度，使工作面变短，煤柱加大，巷道在采空区下方沿假顶掘进，容易维护，也容易向上漏风。

外错式布置是下分层巷道布置在上分层工作面的外侧，即在上分层区段煤柱内，形成倒梯形煤柱[图 4-2(b)]，即将中下分层平巷置于上分层平巷的外侧，使工作面变长，煤柱尺寸越到下面越小。平巷位置处于上分层煤柱侧向固定支承压力影响范围。这样会使平巷维护困难，且在中下分层工作面的上、下出口处没有人工假顶，导致采煤和支护均较困难，因而这种布置方式应用较少。

4.1.2.2 水平布置

如图 4-3 所示，各分层平巷布置在同一水平标高上，区段煤柱呈平行四边形。这种布置方式有利于材料运输、行人和通风。分层运输平巷处于上分层采空区下方，压力小，易于维护；但分层回风平巷位于区段煤柱下方，承受固定支承压力作用，维护比较困难。对于区段煤柱尺寸，应注意使上、下分层平巷间的垂距不小于 5m，因此一般用于倾角大于 20°～25°的煤层，否则区段煤柱太大。

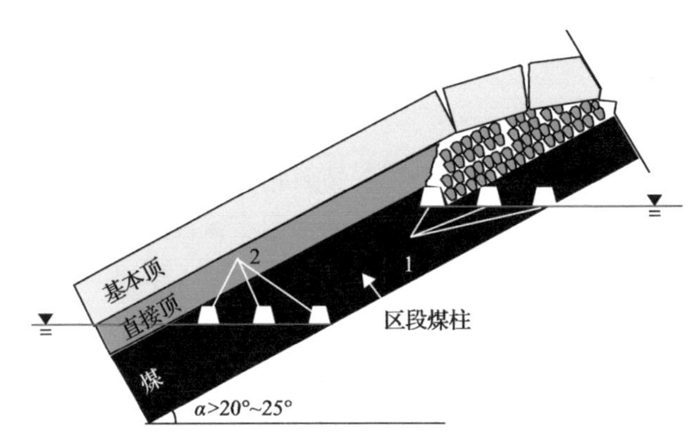

图 4-3 分层平巷水平布置

1-上分层运输平巷；2-下分层回风平巷

4.1.2.3 垂直布置

如图 4-4 所示，各分层平巷沿垂直方向呈重叠式布置，区段煤柱呈近似矩形。在煤层倾角小于 8°～10°(特别是在近水平厚煤层)条件下，这种布置方式可减小区段煤柱尺寸。同时，下分层平巷沿上分层平巷铺设的假顶掘进，容易掌握方向。通过分析上分层采场围岩应力分布规律，将下分层工作面巷道布置在上分层相应巷道正下方，提出分层开采垂直布巷技术[6]。上分层开采过程中引起的采场周围岩层运动和应力重新分布，对下分层巷道的布置、支护方式产生了很大影响，在采动影响下，沿回采工作面推进方向，回采空间两侧煤体和煤柱的应力随着与工作面的距离、时间不同而发生很大的变化，一般出现三个应力区，即远离工作面的两侧，未受采动影响的原始应力区；在工作面附近和前后，受采动影响的应力增高区；工作面内受采动影响趋向稳定的应力降低区。应力增高区由应力升高、强烈和减弱三部分组成，回采结束后，随着采空区上部岩层沉降，垮落带的矸石逐步垮落压实，采空区及两侧煤柱的压力趋于稳定。

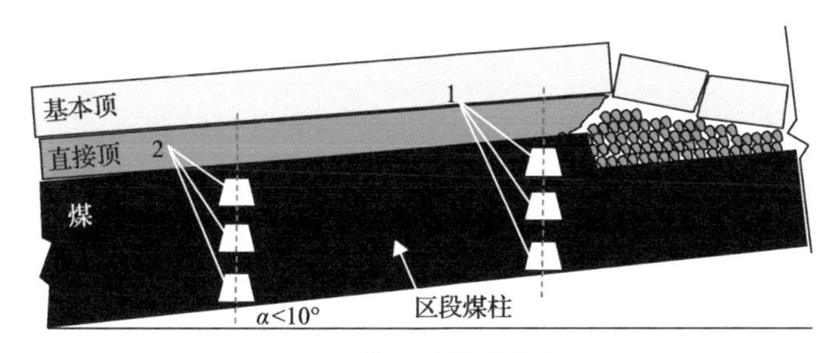

图 4-4 分层平巷垂直布置

1-上分层运输平巷；2-下分层回风平巷

垂直布巷时巷道位于采空区边缘，处于应力降低区，是较为理想的布巷位置，但上分层工作面回采期间两巷均未铺网，自然形成的再生顶板胶结强度较差，掘进巷道支护不及时或控顶距较大时易造成掉渣、冒顶事故，同时，巷道一侧属于应力集中区，后期修整工程量大，且上分层巷道顶板存在二次垮落情况，对于巷道维护不利。邢台矿采用架棚支护，针对垂直布巷局部巷道两帮侧压力大、变形剧烈的特点，对两帮使用锚杆支护加固，主动支护与被动支护相结合，进一步加强两帮煤壁承载能力，并辅以优化后的施工工艺实现厚煤层分层开采的垂直布巷，如图 4-5 所示。其中，最大应力集中系数为 K_y，γ 为上覆岩层容重，h 为采深。

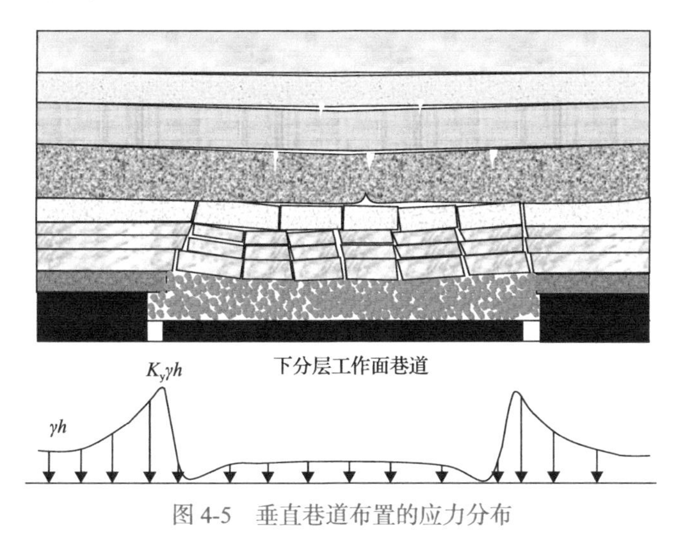

图 4-5 垂直巷道布置的应力分布

4.2 分层开采工艺与装备

4.2.1 分层开采工艺

上分层煤层顶板为原生顶板、底板为煤层，其采煤方法与中厚煤层长壁采煤法基本相同。为隔离上分层开采后顶板垮落矸石与之下的煤层，为下部煤层开采提供安全的环境，在上分层开采时需铺设人工假顶或形成再生顶板。

4.2.1.1　人工假顶

人工假顶主要有竹笆或荆笆假顶、金属网假顶和塑料网假顶。

1) 竹笆或荆笆假顶

我国有些矿区，特别是南方的一些矿区，就地取材，采用竹笆或荆笆作为人工假顶材料，如图 4-6 所示，竹笆是用竹片或细竹竿经铁丝编织而成的笆片，宽 0.7～1.0m，长 2.2～2.4m。荆笆是用荆条交织编成的笆片。竹笆或荆笆假顶只能在底板上铺设，一般沿工作面倾斜由下向上铺设，笆片之间相互搭接，搭接处用铁丝连接，接头要固定在底梁上以防笆片滑落。当垮落在采空区中的矸石具有较好的胶结性能时，也可不用底梁而改铺双层笆片。除最下部的一个分层外，每一分层都需铺设。竹笆或荆笆假顶的整体性较差，强度较低，假顶下允许的悬顶面积较小，易腐烂失效，故逐渐少用。

2) 金属网假顶

金属网假顶一般用 12～14 号镀锌铁丝编成，采用 8～10 号铁丝织成高强度网边。常见网孔形状有正方形、菱形和蜂窝形等，如图 4-7 所示。金属网假顶具有强度高、柔性大、体积小、质量轻、便于运输和铺设、耐腐蚀、使用寿命长等优点，因此在分层工作面得到广泛应用。

图 4-6　竹笆假顶

图 4-7　金属网假顶

工作面的金属网由液压支架自动铺设，铺设方式有沿顶铺设和沿底铺设两种。沿顶铺设一般是在液压支架的前探梁或顶梁下增设托架，如图 4-8(a) 所示。将金属网卷装在托架上，网从托梁前端绕过后被紧压在顶板上，当支架前移时网卷自行展开，一卷网铺完后再换上新网卷，并将新网的网边与旧网的网边连接。联网工作在支架托梁下方由手工完成，铺设的顶网长边垂直于工作面方向，这种方式的主要缺点是联网必须在托梁下方由手工完成，联网效率较低。由于网在靠近煤壁处下垂，当采高较低时，托梁下方没有足够的空间安置金属网卷，或金属网卷有碍于采煤机顺利通过。

沿底铺设是在支架后端掩护梁下(有的支架则在底座前端)安设有架间网和架中网的网卷托架，前后排网卷交错间隔安放，网片长边搭接 150～200mm，短边搭接 500mm 左右。支架前移时，网卷在底板上自行展开，如图 4-8(b)所示。联网工作在掩护梁下进行，与采煤作业互不干扰。

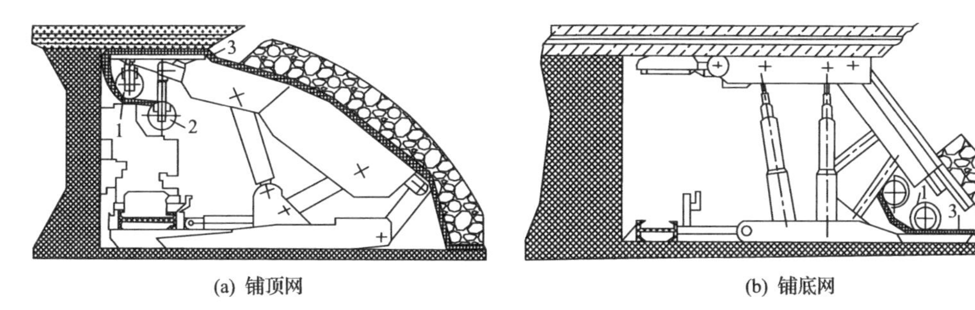

(a) 铺顶网　　(b) 铺底网

图 4-8　液压支架机械化铺顶、底网作业

1-架中网卷；2-架间网卷；3-金属网

3) 塑料网假顶

塑料网假顶由聚丙烯树脂塑料带编织而成，其铺设方法与金属网假顶基本相同。塑料网较轻，其质量只有相同面积金属网的 1/5 左右，具有无味无毒、阻燃、抗静电、柔性大、耐腐蚀等优点，进一步降低成本后将具有推广应用价值。

目前也有采用矿用高强聚酯纤维柔性网作为人工假顶材料，其铺网整体性强、强度高、施工简单，降低了人工作业劳动强度，实现了高产高效。

4.2.1.2　再生顶板

顶分层开采期间，含泥质成分较高的直接顶垮落后，在上覆岩层压力作用下，加上上分层回采时向采空区注水或注浆，冒落矸石经过一段时间后就能重新胶结成为具有一定稳定性和强度的再生顶板，下分层即可在再生顶板下直接回采，不必铺设人工假顶。再生顶板形成的时间和整体性与岩层的成分、含水性、顶板压力等因素有关，一般需要 4～6 个月，有的甚至需要 1 年时间。上下分层采煤工作面的滞后时间应大于上述时间。

当再生顶板受到采动影响易破碎、下分层支护困难时，可以采用注浆的方式提高再生顶板的强度与稳定性，保证下分层开采的安全性[7]。顶板注浆加固技术可以采用井下注浆技术或地表注浆技术。井下注浆受场地影响，注浆设备较为简单，施工不便，难以采用高压注浆，地表注浆技术可以提高注浆压力，但注浆区域的选择有困难[8]。

在人工假顶或再生顶板下采煤时，顶板是已垮落的岩石，故周期来压不明显，顶板管理的关键是护好破碎顶板。假顶下的综采工作面宜选用掩护式或支撑掩护式支架，应尽量缩小端面距。采煤机割煤后，应紧追采煤机擦顶移架、及时支护，其滚筒距顶网不应小于 100mm，以免在煤壁处出现网兜或割破顶网，发现金属网有破损时应及时补网。

4.2.2　分层开采装备与支架选型

4.2.2.1　分层设备选型原则

分层开采工作面设备选型时，对采煤机、刮板输送机没有特殊要求，选型的重点是液压支架，对上分层及中、下分层开采时，支架各有不同的要求[9-11]。

1）液压支架选型的基本原则

⑴液压支架质量合理。支架的质量应控制在矿井辅助运输设备的运输能力范围内。液压支架的质量如果太重，超过了矿井辅助运输设备的运输能力，支架需要解体运输，耗费大量的人力和物力，所以支架应尽可能降低质量，必要时采用高强度材料。

⑵支架的运输高度尽可能小。支架的最小高度通常就是其运输高度，支架高度低，重心低，装车平稳，对运输巷道的高度没有特殊要求。生产矿井，对于井下主要巷道、风门等尺寸已经定型，在不需要改造的情况下，能够满足支架运输的要求。

⑶支架的支撑高度有较大的变化范围。液压支架的高度伸缩性大，能够适应的采高范围就大，液压支架不但能够满足不同采高工作面支护的需要，而且也能适应断层、煤层厚度变化条件下开采的需要。

⑷支架结构有较强的适应性。在支架设计时，应满足矿井不同地质条件下对支架结构的要求，使支架尽可能适应下分层、中分层、下分层和单一煤层开采的需要。

2）上分层开采对液压支架的要求

⑴由于上分层工作面顶板为岩石，所以上分层开采对液压支架支护强度的要求比下分层大，可根据实测矿压或顶板类型估算，确定支架的支护强度。如果基本顶周期来压显现明显，立柱和平衡千斤顶的安全阀要采用中流量或大流量，否则支架卸、让压速度较小，造成支架构件的损坏。

⑵上分层工作面底板为煤层，属于软底板，所以支架底座前端对底板比压越小越好，可以防止支架扎底。

⑶上分层开采瓦斯涌出量较下分层大，所以较大的通风量要求工作面支架应有较大的通风断面。

3）中、下分层开采对液压支架的要求

⑴下分层工作面顶板为再生顶板，底板为煤层或软岩层，要求支架底座前端对底板比压越小越好，防止支架扎底。

⑵中、下分层开采要求支架的最大支撑高度比采高要有较大富余量，顶板漏、冒顶时也能有效支护顶板，防止空顶、倒架。

⑶液压支架与刮板输送机、采煤机配套，按及时护顶方式进行，实际生产中可以超前移架，使支架顶梁紧靠煤壁，防止片帮漏顶。液压支架也可采用带压移架方式，防止漏、冒顶发生。

⑷支架应具有完善的侧护装置。

4.2.2.2 分层开采装备案例

1）工作面地质条件

赵固二矿 11012 工作面位于一盘区西部，为已回采结束的 11011 工作面下分层工作面，回风巷设计长度 2038.2m，运输巷设计长度 2056.7m，切眼设计长度 167.5m。工作面顶底板岩性如下。

伪顶：在实体煤段由灰色泥岩、碳质泥岩组成，厚度 0～0.5m，分布不均匀，随采随落(11011 工作面停采线与 11012 工作面设计停采线之间为实体煤段)。

直接顶：11011 工作面停采线与 11012 工作面设计停采线之间实体煤段附近直接顶以泥岩和砂质泥岩为主，厚 1～6.5m，稳定性较好。

人工假顶：在下分层段人工假顶厚 0.5～12m，由上分层开采后垮落的灰黑色泥岩、砂质泥岩组成，顶板锈结较差，较为破碎。

基本顶：由灰色大占砂岩组成，平均厚度 6.68m，成分以石英为主，星点状矿物和白云母碎片，具有明显水平层理，稳定性好。

直接底：由灰黑色砂质泥岩和灰色泥岩组成，平均厚度 14.06m，富含植物根部化石，遇水易膨胀。

基本底：L9 灰岩，深灰色，平均厚度 1.33m，局部方解石脉发育，致密、坚硬。

2)11012 工作面设备选型

11012 工作面选用 ZZ9000/16/32D 型液压支架(图 4-9)，工作阻力为 9000kN。11012 切眼预计安装 112 台支架，液压支架技术参数见表 4-2，11012 工作面设备配置见表 4-3。

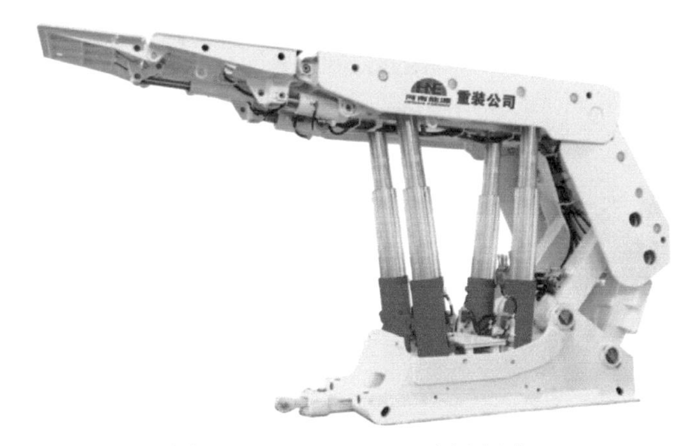

图 4-9 ZZ9000/16/32D 型液压支架

表 4-2 ZZ9000/16/32D 型液压支架技术参数

项目	参数
型式	四柱掩护式液压支架
支架高度(最低/最高)	1600mm/3200mm
支架宽度	1430mm
支架中心距	1500mm
支架初撑力(P=31.5MPa)	7752kN
工作阻力(P=34MPa)	9000kN
对底板比压	3.17MPa
支护强度	大于 1.22MPa
泵站压力	31.5MPa

续表

项目	参数
操作方式	电液控制
支架总重	24t
整架运输尺寸(长×宽×高)	5051mm×1.43mm×2685mm

表 4-3 11012 工作面设备配置

序号	名称	型号与规格	单位	数量	备注
1	采煤机	MG300/720-AWD	台	1	1140V
2	液压支架	ZZ9000/16/32	台	112	—
3	刮板输送机	SGZ764/630	台	1	1140V
4	转载机	SZZ730/110	台	1	1140V
5	破碎机	PCM-110	台	1	1140V
6	皮带机自移	ZY2300	台	1	—
7	皮带输送机	DTL100/63/2×110	套	2	1140V
8	皮带输送机	DTL100/63/2×75(单驱)	套	2	1140V
9	乳化液泵站	BRW400/31.5	台	1	1140V
10	清水泵	BPW315/12.5(两泵一箱)	台	1	1140V
11	组合开关	QJZ-1600/1140(660)-8	台	2	1140V

4.3 分层开采顶板控制

分层开采的上分层开采与一般大采高开采相比，顶板运移规律与破断特征较为类似，顶板控制并无明显区别，但下分层开采有其显著的特点。如前文所述，下分层开采的顶板主要是由人工假顶或者再生顶板组成，与上分层开采的顶板相比，再生顶板胶结强度低、稳定性差，易产生塑性变形，使顶板出现较大的离层下沉，容易导致局部冒顶和由局部冒顶诱发的大面积冒顶事故，这为其顶板控制带来较大的难度[7, 12]。下分层开采的矿压显现规律具有以下特点。

(1)支架静载荷增加、动载荷减小。由于下分层开采时的直接顶板为再生顶板，其悬露性和完整性较差，矸石的随动性较好，表现为来压及时，因此支架的初撑力和工作阻力均小于相同地质条件下的顶层开采。

(2)超前支承压力的影响范围减小。由于预采顶分层，降低了直接顶的强度和刚度，因而使得煤壁前方应力集中程度降低，应力集中范围减小。

(3)支架的载荷分布发生变化。根据实测结果，支架左右柱的受载较为均匀，基本不出现偏载情况，而支架的前柱受载均大于后柱。

因此，厚煤层分层开采的顶板控制难点主要是下分层开采时的顶板控制。目前，常用的分层开采的顶板管理技术主要是确定合理的工作面布置方式；对工作面顶板应采取以护为主、支为辅的顶板控制准则，进而确定合理的支柱初撑力与控顶距[13]，加强工作面的安全管理，提高顶板的稳定性。

4.4 分层开采巷道支护

4.4.1 分层开采巷道支护技术

分层开采巷道支护相比于大采高的巷道支护而言，巷道断面较小，矿压显现程度较低，支护难度整体上较为容易。对于上分层开采的巷道支护技术，其与一般性的大采高巷道支护相比，巷道断面较小，巷道变形量较小，支护原理类似，技术特点上并没有明显区别；对于下分层的巷道支护技术，上分层开采采动影响下巷道围岩稳定性降低，使得下分层巷道围岩更加破碎，强度较低，支护难度比上分层开采更大。分层开采下分层工作面巷道围岩破坏主要由应力集中引起，上分层留设护巷煤柱形成应力集中，使下分层巷道在开采过程中同时受煤柱集中压力和采动压力影响。

因此，分层开采的巷道支护技术重点在于下分层开采的巷道支护。常用的支护思路是研究分层开采时不同巷道布置方式的特点及优缺点，并确定巷道错距大小，也可以通过采用顶板压力破碎区注浆技术解决下分层巷道围岩破碎问题，进而选择更为合适的下分层巷道位置[14]。目前，巷道支护技术主要集中在以下几个方面：①确定合理煤柱尺寸；②改进巷道支护，提高支护质量；③合理确定分层开采采掘顺序及时间安排；④合理进行巷道卸压[15]。

4.4.2 分层开采巷道支护案例

4.4.2.1 赵固二矿 11012 工作面

(1)断面形状：正梯形，顶部净宽 3330mm，底部净宽 4930mm，中线处净高 2900mm。

(2)支护形式：锚网索+12#工钢梯形棚+叉子棚联合支护。

(3)帮部采用锚索支护，锚索规格 Φ21.6mm×4250mm，间排距 1100mm×1000mm，锚固长度不小于 1500mm，呈五花布置，锚索托盘为 12mm×200mm×200mm 钢板。帮部锚索从上到下共打设三排，第一排锚索距顶梁上沿 600mm，排距 1000mm；第二排锚索距顶梁上沿 1700mm，排距 1000mm；第三排锚索距顶梁上沿 2800mm，排距 1000mm。

(4)顶板使用 2100mm×3000mm 金属菱形网，长边平行巷道中线铺设，网孔规格 70mm×70mm，网片搭接宽度不少于 3 格(210mm)，每间隔 2 格(140mm)使用 14#电镀锌丝双股双道绑扎，三花布置，顶梁上菱形网与帮部钢筋网搭接处采用 14#电镀锌丝双股绑扎，电镀锌丝头朝向煤壁侧；帮部金属网片使用 Φ6mm 钢筋焊接，网幅 1100mm×1700mm，短边平行巷道中线铺设，纵筋朝里，横筋朝外，网片搭接 100mm，每格采用 14#电镀锌丝对角绑扎，电镀锌丝头朝向煤壁侧。

(5)工字钢棚统一采用 12#工钢加工，巷道采用 3600mm(梁)×3200mm(柱)正梯形工钢单棚支护，棚距 500mm，棚腿扎脚 800mm，柱窝深度不小于 200mm。

(6)工字钢棚顶梁梁爪与棚腿接口处、工钢棚顶梁梁头与棚腿接口处必须加设木垫板，木垫板规格 10mm×90mm×120mm。棚顶使用荆棍、菱形金属网裱褙，荆棍间距 500mm，直径不小于 30mm，所褙荆棍要均匀且打牢，两头透头。

(7)每棚布置 6 块连接板，距顶梁两端 500mm 的位置各布置一块，两帮距柱腿上端 200mm、2600mm 位置各布置一块，连接板采用 12mm 厚钢板加工，固定连接板用的 U 型卡采用直径 20mm 圆钢加工。支架柱腿上端焊接 12#槽钢作为工钢顶梁限位槽，长度 125mm。支架柱腿下端焊接 12mm 厚钢板，规格 150mm×120mm，长边与巷道施工方向一致。

支护断面如图 4-10 所示。

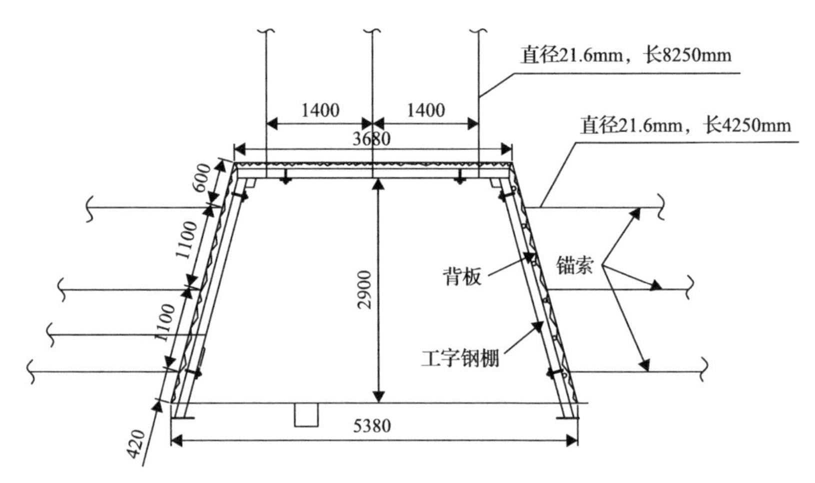

图 4-10 赵固二矿工作面巷道支护方案(mm)

4.4.2.2 老公营子煤矿[16]

1) 工程概况

老公营子煤矿 5#煤层平均厚度 14.2m，平均倾角 4°，煤类为褐煤，该煤层结构简单，矸石岩性以泥岩、粉砂岩为主，局部可见碳质泥岩。顶板以泥岩、细粒砂岩为主，局部为粗粒砂岩。顶板含水，岩性较为松散，泥质胶结，遇水膨胀，易破碎。底板以细粒砂岩、粉砂岩为主，胶结松散，遇水膨胀，易破碎。5#煤层分三层采用垂直式巷道布置分层开采，每层采用综合机械化采煤，分层间留 2.0m 煤层作为假顶。

2) 支护方式

I05(8)$_2$工作面为八区段中分层工作面，工作面长 196m，推进长度 1241m，其上方为 I05(8)$_1$工作面采空区，西侧为上分层 I05(7)$_1$工作面和中分层 I05(7)$_2$工作面采空区，区段煤柱为 9m。巷道断面为梯形，断面尺寸为上宽 3000mm，下宽 5010mm，高 3160mm，原巷道采用“架棚锚索+钢带”支护方式，顶板铺设工字钢 6 排，间距 500mm，然后铺设背板；两帮铺设工字钢 6 排，间距 500mm，铺设背板，然后进行锚索支护，锚索采用 Φ22mm×4200mm 高强度预应力低松弛钢绞线，每排打设 3 根，间距 700mm，如图 4-11 所示。

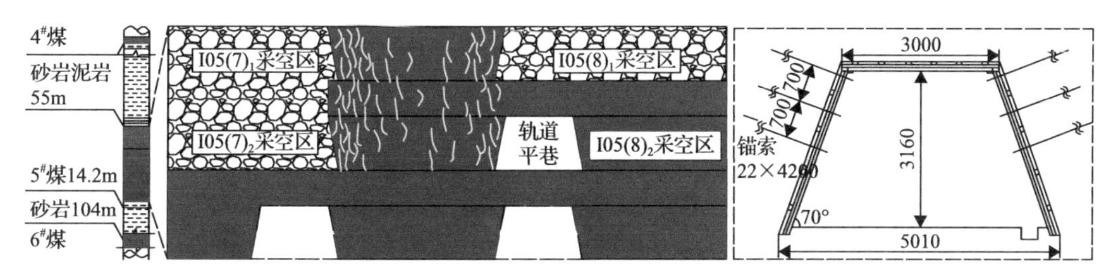

图 4-11 老公营子煤矿工作面巷道布置与支护方案(mm)

3)巷道变形

(1)巷道煤柱帮出现严重的鼓帮和片帮现象，沿巷道走向出现15m以上范围的鼓帮，位移量达1500mm左右，鼓帮导致工字钢发生明显的弯曲变形，鼓帮至一定程度后，发展为大面积的片帮，致使工字钢与煤帮间形成较大的空洞，严重区域片帮深度达1000mm以上，导致锚杆、工字钢、背板等支护体失效，并且扩帮返修后煤柱帮大变形仍然持续发生。

(2)实体煤帮变形程度较煤柱帮变形程度低，巷道掘进阶段变形量较小，当受工作面回采扰动影响时，巷道变形严重，鼓帮位移量为 500～750mm，部分工字钢发生弯曲变形，沿巷道轴向破坏范围为3m左右。

(3)巷道顶板下沉量较小，主要发生在工作面前方20m范围内，下沉量在300mm左右，钢带发生轻微弯曲变形；超前工作面20m范围内巷道有底鼓现象，实测最大底鼓量在200mm左右，对工作面安全生产影响较小。

4)巷道加固方案

(1)煤柱帮支护：在原有支护的基础上，巷帮表面喷射厚度为100mm的C20混凝土层，然后进行壁后注浆，注浆孔垂直于煤帮按照间距 1200mm 进行布置，注浆孔直径50mm，注浆深度4500mm，注浆材料选用马丽散，注浆泵选择ZBQ-5/12型风动双液注浆泵，设置泵站压力大于 6MPa，一旦发现漏浆跑浆后，停止注浆。另外，浆液凝固需要一定时间，同时考虑覆岩运动对注浆效果的影响，选择提前 150m 在巷道进行注浆加固。巷帮补设锚杆，锚杆参数为Φ20mm×1800mm，间排距800mm×1000mm，锚杆与巷帮表面垂直布置，如图4-12所示。

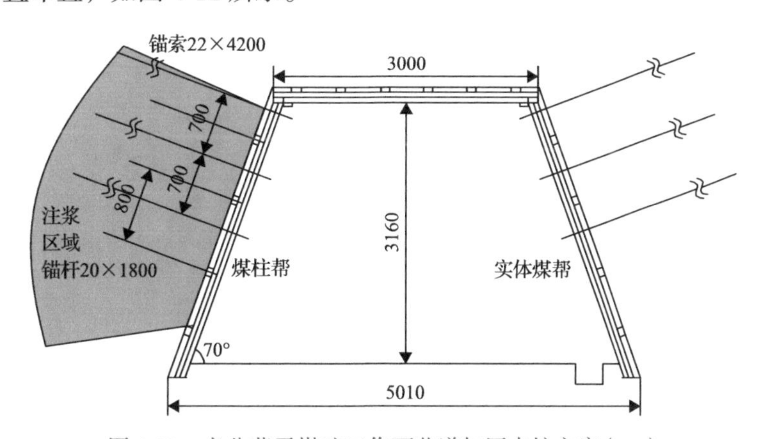

图 4-12 老公营子煤矿工作面巷道加固支护方案(mm)

(2)顶板支护：在原支护基础上，对顶板喷射厚度为 80mm 左右的 C20 混凝土层。

(3)实体煤帮支护：在原支护基础上，对巷帮表面喷射厚度为 100mm 左右的 C20 混凝土层，不对煤体进行注浆。

4.4.2.3 岳城煤矿[17]

1)工程概况

岳城煤矿隶属山西晋城煤业集团沁秀煤业有限公司，设计产量为 150 万 t/a，井田面积为 13.81km^2。现主要开采 3 号煤层，煤层厚度为 5.04～7.16m，平均 6.11m。由于该矿为晋煤集团的整合矿井，若采用大采高综采或放顶煤开采技术，则原有矿井的井筒、巷道、开采设备等设施就不能继续使用，需投入大量资金对矿井进行改造，因晋煤集团具有丰富的分层开采经验，开采技术成熟，经综合考虑，矿井仍采用分层开采方式，有助于减少初期投资、缩短建设周期。

2)支护方案

顶板支护：顶锚杆采用直径为 22mm、长度为 2200mm 的左旋螺纹钢锚杆，锚杆间排距为 800mm×900mm，均垂直顶板布置；托盘规格为 150mm×150mm×10mm，采用 1 只规格为 K2335 型和 1 只规格为 Z2360 型的锚固剂；使用长度为 3.8m 的加厚钢带，选用 6#钢筋网护顶，网孔规格为 80mm×80mm；选用直径为 21.6mm，长度为 7300mm 的钢绞线锚索，矩形布置，间排距为 2000mm×1800mm。

两帮支护：帮锚杆采用直径为 18mm，长度为 2000mm 的玻璃钢锚杆，锚杆间排距为 900mm×900mm，每帮每排布置 3 根，均垂直两帮布置；采用 1 只规格为 K2335 型低黏度树脂锚固剂；采用菱形网护帮，网孔规格为 50mm×50mm，网片规格为 3300mm×1100mm。支护断面如图 4-13 所示。

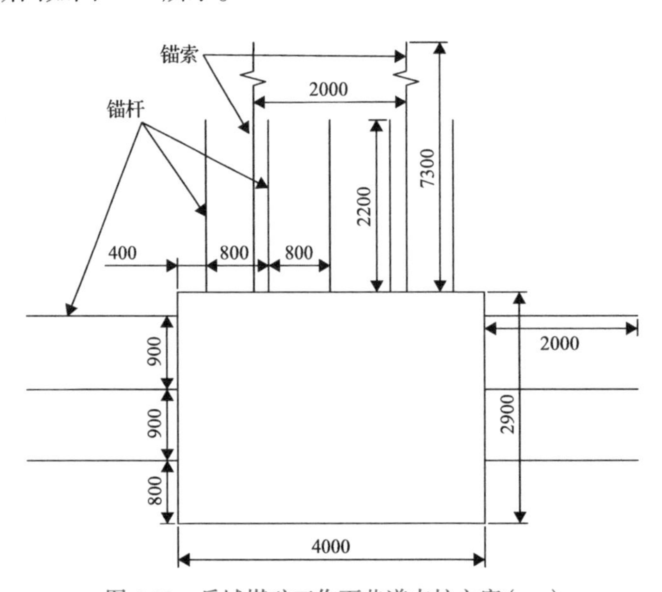

图 4-13 岳城煤矿工作面巷道支护方案(mm)

参考文献

[1] 王家臣, 仲淑姮. 我国厚煤层开采技术现状及需要解决的关键问题[J]. 中国科技论文在线, 2008, 3(11): 829-834.

[2] 王家臣. 厚煤层开采理论与技术[M]. 北京: 冶金工业出版社, 2009.

[3] 钱鸣高, 许家林, 王家臣, 等. 矿山压力与岩层控制[M]. 徐州: 中国矿业大学出版社, 2021.

[4] 孟宪锐, 王鸿鹏, 刘朝晖, 等. 我国厚煤层开采方法的选择原则与发展现状[J]. 煤炭科学技术, 2009, 37(1): 39-44.

[5] 王家臣. 我国综放开采 40 年及展望[J]. 煤炭学报, 2023, 48(1): 83-99.

[6] 闫卫国. 邢台矿厚煤层分层开采垂直布巷技术[J]. 煤炭科学技术, 2007, 35(3): 13-15.

[7] 池小楼, 杨科, 付强, 等. 大倾角厚煤层走向长壁分层开采再生顶板力学行为与稳定控制[J]. 煤炭科学技术, 2023, 51(6): 1-10.

[8] 翟晓荣, 吴基文, 胡儒, 等. 分岔煤层下分层再生顶板地面预注浆加固区域研究[J]. 煤炭科学技术, 2022, 50(11): 30-39.

[9] 王建国. 急倾斜特厚煤层分层开采工作面设备选型研究[J]. 煤矿机械, 2015, 36(9): 228-231.

[10] 杨胜利, 张鹏, 李福胜, 等. 急倾斜厚煤层水平分层综放工作面支架载荷确定[J]. 煤炭科学技术, 2010, 38(11): 37-40.

[11] 杨书召, 翟新献, 康全玉, 等. 厚煤层分层开采再生顶板和设备配套问题研究[J]. 焦作工学院学报(自然科学版), 2003, 22(1): 5-8.

[12] 池小楼, 杨科, 付强, 等. 大倾角煤层分层综采再生顶板应力分布规律研究[J]. 采矿与安全工程学报, 2022, 39(5): 891-900.

[13] 赵和松. 再生顶板的结构形式及其顶板控制[J]. 煤炭科学技术, 1993, 5: 2-5, 63.

[14] 张农, 何亚男. 剪切应力对下分层巷道布置的影响[J]. 矿山压力与顶板管理, 1994, 1: 37-40.

[15] 周立新. 厚煤层分层开采巷道布置与支护探析[J]. 煤矿开采, 2002(4): 19-20, 26.

[16] 李国志, 孙立军. 分层开采中分层煤柱巷道失稳机理与控制技术研究[J]. 煤炭工程, 2020, 52(12): 46-50.

[17] 李志全. 厚煤层分层开采回采巷道布置及支护研究[J]. 能源技术与管理, 2018, 43(6): 51-53.

5 智能化开采

综采工作面的自动化开采起步于 1984 年美国西弗吉尼亚州的莫加利县煤矿，标志性技术是首次使用电液控液压支架，实现了液压支架的自动推移，减少了液压支架的操作时间，保证了支架初撑力和推移到位规范。1990 年以后，工作面采煤机、液压支架、刮板输送机的三机自动化技术基本成熟，运行可靠。近 10 余年来，我国在前期引进、借鉴美国、德国、澳大利亚等先进的工作面自动化技术，以及大量自主研发后，将综采工作面的自动化开采技术，与人工智能、大数据等相结合，逐步形成了我国综采工作面的智能开采技术，也制定了相应的技术标准，极大地推动了我国煤矿智能开采技术的进步。其中基于机器视觉的远程控制和智能化开采进步迅速[1]。

5.1 煤矿智能化开采发展历程

5.1.1 智能化开采基本概念

随着综合机械化开采技术的全面发展和新一代信息技术的应用，智能化开采技术应运而生，推动了我国从煤矿综合机械化向煤矿智能化的重大技术变革。智能化开采是指应用物联网、云计算、大数据、人工智能等先进技术，使工作面采煤机、液压支架、输送机及电液动力设备等形成具有自主感知、自主决策和自动控制运行功能的智能系统，实现工作面落煤(截割或放顶煤)、支护、运煤作业工况自适应和工序协同控制的开采方式[2-3]。

对于厚煤层放顶煤开采工作面，可采用智能化操控与人工辅助放煤模式。由于放顶煤工作面采煤机割煤高度不受煤层厚度限制，因此不需要采用采煤机智能调高技术，但仍需要根据煤层底板起伏变化对采煤机的下滚筒卧底量进行智能控制。由于现场环境比较复杂，智能放煤技术处于研发的初步应用阶段。

对于大采高开采工作面，可采用大采高工作面智能耦合人机协同高效综采模式。由于大采高工作面多为重型装备，且采高增加导致设备稳定性变差，重型装备群之间易发生干涉，现有大采高智能化开采装备的控制精度、智能协同控制精度等尚难以满足无人化开采的要求，因此，大采高工作面智能化开采应以智能化操控为主、人机协同控制为辅。

5.1.2 智能化开采发展历程

20 世纪 60 年代，我国开始尝试煤矿自动化控制相关研究和试验，煤矿通过专用电缆进行简单的设备控制，利用空触点作为传感器，小灯泡或其他物件显示设备的开停，闹钟进行计时，此阶段严格来说还不能称为自动化，此阶段我国煤矿自动化开采发展进程缓慢。

20 世纪 80 年代，随着单片机技术的发展，计算机在矿井局部生产环节集中监控的应用进行了初步的尝试，如阳泉三矿二号井皮带输送机监控技术、夹河煤矿洗煤厂精煤装车站集中控制等。此外，当时辽源矿务局西安煤矿，在各部门的大力协助下，积极推广应用计算机，并在瓦斯监测方面取得了一定进展，不同型号的瓦斯遥测报警和断电装置不断涌现，在矿井通风自动化方面个别矿井已安装远程监视及遥控装置，工作人员能够在地面控制室遥控井下风门的起闭和局扇的开停。随着煤矿生产机械化程度的不断提高，煤矿自动化技术研究有了较大发展，取得一批可喜的成果。例如，刮板输送机集控装置、CK-2 采区通信信号和集控装置、井筒电话、斜井人车信号装置、矿用自动电话调度通信系统以及具有国际 80 年代水平的 KJ-1 型矿井环境监测和生产监控系统等科研成果均已应用于生产，并取得了明显的经济效益和社会效益。但是，从总体来说，此时我国煤矿自动化水平与世界先进产煤国家相比，还是相当落后的。

20 世纪 90 年代，我国开始在煤矿中推广可编程逻辑控制器(programmable logic controller，PLC)自动化系统，得到了较好的效果。随后，以分散控制系统(distributed control system，DCS)和数据采集与监控系统(supervisory control and data acquisition，SCADA)为代表的大型控制系统逐渐应用。

进入 21 世纪以来，我国煤矿自动化开采得到了进一步的发展，安全高效的综采技术与装备得到了快速发展。随着煤矿开采技术的发展，对于煤矿自动化的要求逐渐提高，井下设备数量众多，各个系统间的配合与交互十分重要，这也为煤炭开采自动化发展带来了大难题。近年来，随着工业互联网的发展，煤矿在实现多系统集合、建立综合自动化平台中得到了快速发展，实现了信息间的交互。

随着我国经济发展方式的转变，煤炭行业由粗放的生产方式向集约化、精细化方向转型，智能化开采成为煤炭安全高效开采的发展方向与必然趋势。《能源技术革命创新行动计划(2016—2030 年)》《国家安全监管总局关于开展“机械化换人、自动化减人”科技强安专项行动的通知》都将煤炭智能化开采技术列为重点研究方向。

2020 年 2 月，国家发展改革委、国家能源局等八部委共同印发的《关于加快煤矿智能化发展的指导意见》，指出了要加快推进煤炭行业供给结构改革和高质量发展，这对于中国煤炭工业发展具有里程碑意义，同时正式拉开了煤矿智能化建设的帷幕。

2020 年 11 月，中国煤炭工业协会、中国煤炭科工集团及煤矿智能化创新联盟共同发布了《中国煤矿智能化发展报告(2020)》，系统总结了中国煤矿发展及信息化建设的基本情况，阐述了煤矿智能化基础理论及关键技术研究进展，详细介绍了智能化示范煤矿的建设实践情况，布局了煤矿智能化建设标准体系。

2020 年底，国家发展改革委、国家能源局启动了 71 处首批智能化示范建设煤矿，全力推动智能化建设的示范培育，加速行业智能化水平提升。

2020 年以来，国家能源局会同七部门加快推进煤矿智能化建设，着力运用 5G 通信、人工智能等新一代信息技术改造升级传统煤炭产业，助力煤矿实现减人增安提效，煤炭在能源安全中的兜底保障作用进一步夯实。目前，全国已累计建成 1043 个智能化采煤工作面、1277 个智能化掘进工作面。在国家相关部门的共同推动下，近年来各产煤省区、煤炭企业大力实施煤矿智能化建设，加快推进机械化换人、自动化减人、智能化少人，优化提升了煤矿生产和安全素质，增强了煤炭供给的韧性和弹性，为保障煤炭安全稳定供应奠定了坚实基础。国家能源集团、中煤集团等 7 家重点煤炭企业，已建成智能化产能 13.93 亿 t/a，占总产能的 74.7%，综采工作面平均人员劳动工效提升 27.7%，掘进综合单进平均水平提升 32.8%，智能化煤矿为近两年煤炭增产保供发挥了关键作用。同时，煤矿智能化发展有力推动了煤炭上下游产业转型升级。初步统计，目前我国煤矿智能化建设总投资近 2000 亿元，投资完成率超过 50%，智能化市场需求的增加有效带动了矿山物联网、煤机装备制造、智能控制系统、安全监测预警等新产业新业态的快速发展。

5.2 智能化开采设备及控制技术

采煤机、液压支架及刮板输送机是综采工作面最为重要的三个开采设备，俗称三机。采煤机的左右行走轮骑在刮板输送机的销排上，处于相互啮合状态，液压支架布置于刮板输送机的上方，保护开采作业空间以及隔离采空区。这三种设备相互配合、协同工作，共同完成采煤流程，即三机配套。这三种设备实现自动化、智能化联动控制是煤矿智能化开采的基础。

5.2.1 采煤机记忆截割及煤岩界面识别技术

5.2.1.1 采煤机记忆割煤

采煤机记忆截割技术是指在采煤机上设置一套记忆系统，可记录采煤机在工作过程中的每一步操作，并根据实际情况对该次操作的切割参数进行优化。这样可以在后续工作中，针对同一类煤层的采煤作业进行参数自适应调节，提高作业效率和切割精度。在采煤机工作过程中包含三个方向的运动，分别是沿刮板输送机方向往复的牵引运动、向煤壁方向的推溜运动和滚筒上下的调高运动。在一个截割周期内，由于煤层厚度是变化的，采煤机司机需不断调整滚筒高度，以尽量使滚筒切割边缘贴近煤层顶部。切割完一个周期后，液压支架将刮板输送机推向煤壁方向，然后液压支架跟进，完成推溜动作，准备开始下一刀截割。同时由于煤层厚度的变化是缓慢的，在每个截割周期内，对于同样的采煤机位置，滚筒的适合高度总是相差不大，因此可以通过采煤机位置、倾角等信息，确定滚筒截割下一刀的路径。只需要经验丰富的采煤机司机进行一次人工示范操作，后面的操作可根据第一刀的截割路径自动进行。

记忆割煤的工作原理如图 5-1 所示。在司机操作采煤机进行第一刀“示范刀”截割时，工作面的各类型传感器实时采集采煤机位置和姿态数据并将其存储在计算机中，这些信息包括牵引方向和速度、滚筒位置、工作面长度、横纵倾角。在自动截割模式下，计算机通过历史数据确定下一个截割周期的滚筒高度，以此实现路径记忆。以工作面方向为 X 轴正方向，采煤机推进方向为 Y 轴正方向，滚筒向上调整方向为 Z 轴正方向，建立空间直角坐标系。在进行第一刀截割时，在 X 轴上均匀设置 N 个采样点，将其对应的采煤机位姿信息和当时每个点的滚筒高度记录下来作为示范截割路径，记为$\{A_1, A_2, \cdots, A_n\}$，第二次截割时，可结合采煤机的实时位姿信息和前一次截割的截割路径，重复第一次的截割路径$\{B_1, B_2, \cdots, B_n\}$，以此作为循环进行采煤作业。在循环过程中，如果采煤机司机发现滚筒高度调整不合适，可以手动进行调整，调整后的路径会作为新的截割路径被记忆下来。需要注意的是，由于控制精度问题，记忆截割的循环次数不宜过多，一般以 4～5 次循环为宜。循环结束后需要再次将采煤机设置为手动操作模式，重新进行基准参数的设置，然后进行“示范刀”截割。

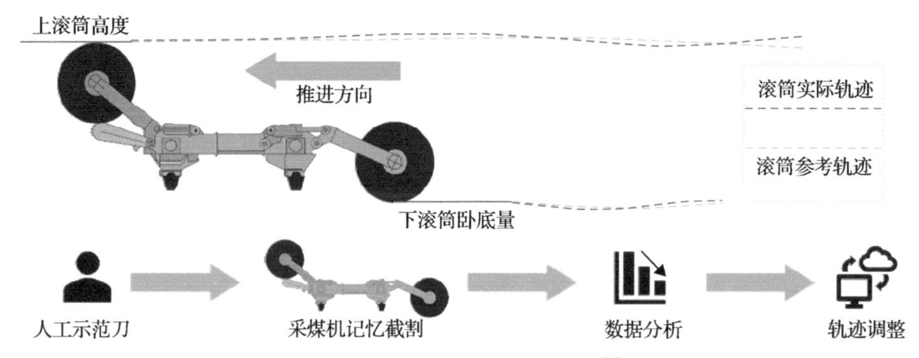

图 5-1 记忆割煤的工作原理[2]

采煤机上安装红外线发射器、惯性导航系统。惯性导航系统由惯导模块、机载天线、无线基站、采煤机和集控中心组成。惯导模块安装在采煤机上，采用防爆罩保护，由采煤机上输入 3300V 的电力，将惯导数据传送至集控中心，并在采煤机上装有 CPE(无线 CPE 是一种接收移动信号并以无线 WiFi 信号转发出来的移动信号接入设备，可取代无线网卡等无线客户端设备)和一根天线，与固定在机架上的无线基站进行通信系统与支架电液控制系统配合，在采煤机通过设定的学习模式学习 1～2 刀后，实现自动记忆截割，支架通过设置跟机模式自动跟采煤机动作，并通过惯性导航系统自动找直，如图 5-2 所示。

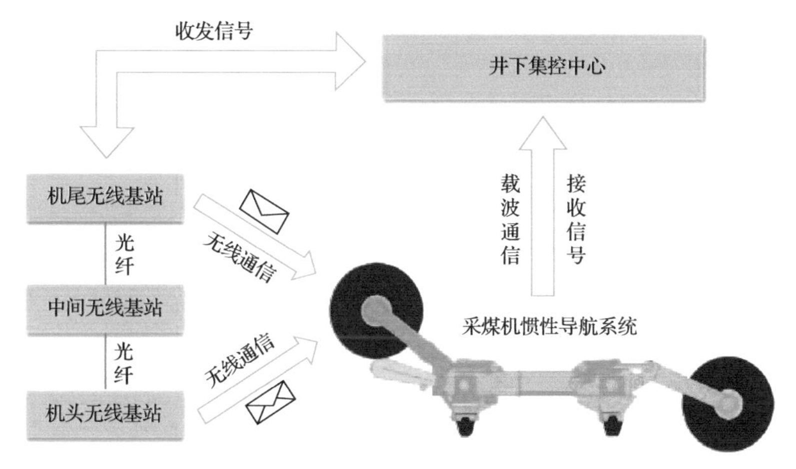

图 5-2 采煤机惯性导航系统

无线基站一般在工作面端头、端尾、中部各安装一个即可覆盖全工作面，如果工作面过长，视具体情况在中部增加几个即可。无线基站接入工作面视频交换机，采用千兆级以太网传送至巷道网络，主要用于与集控中心和惯性导航系统之间的高速数据通信。

采煤机自动调直主要包含 4 个步骤：对准、测量、计算和调直，循环往复执行。

5.2.1.2 煤岩界面高频电磁波探测技术

记忆割煤一般适用于煤层赋存较稳定的工作面，美国、澳大利亚等均采用该技术，当煤层厚度变化较大时，需对工作面的煤岩进行实时识别，目前主要是通过图像、滚筒输出功率、高光谱等技术探测采煤机截割的煤岩界面。近年来，中国矿业大学(北京)开发了一种利用高频电磁波法对煤岩界面进行探测的技术。如图 5-3 所示，采煤机上安装有专用地质雷达，通过信号发射天线发射高频宽频带电磁波，接收天线接收来自目标体介质界面的反射波。电磁波在介质中传播时，其路径、电磁场强度与波形将随所通过介质的电磁性质及几何形态而变化。因此，根据接收到的电磁波的旅行时间(亦称双程旅行时)、幅度与波形资料，可推断目标体介质的分布情况及煤岩界面的位置。

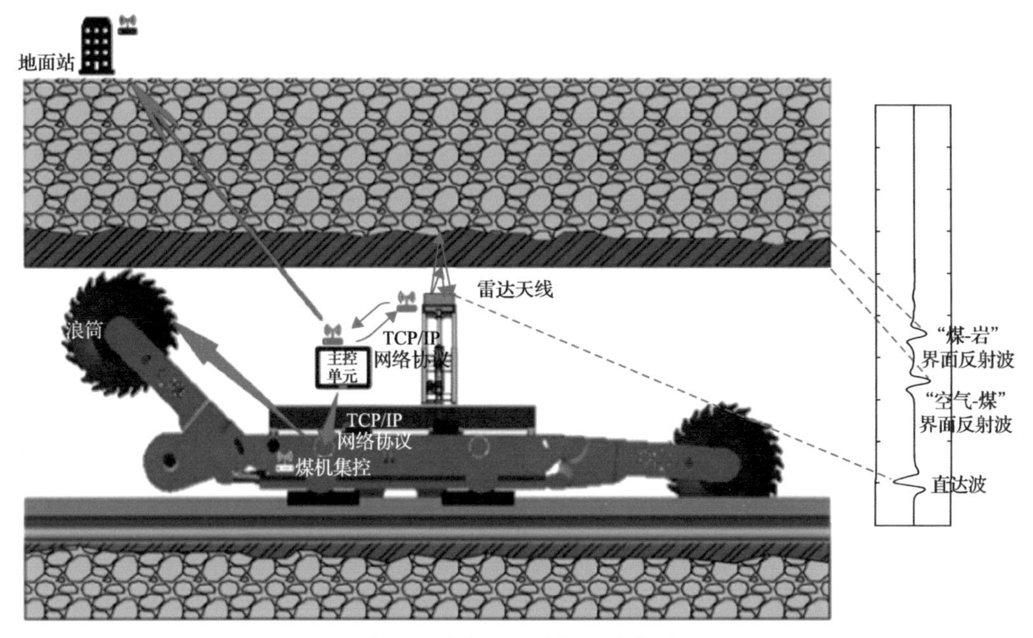

图 5-3 高频电磁波探测示意图

如图 5-3 所示，利用采煤机机载非接触探测雷达天线，实时获取顶板煤厚信息或下一刀煤岩界面位置信息，其技术核心在于非接触探测雷达天线的设计，天线能量反射损耗特征及其电磁辐射空间分布特性，设计具有良好阻抗匹配的天线辐射面与屏蔽装置，提高天线辐射方向性、电磁能量聚焦性和发射效率，屏蔽外界电磁波信号干扰。在获取高信噪比煤岩界面雷达数据的基础上，结合界面智能识别与追踪算法获取“空气-煤”界面、“煤-岩”界面信息，建立干扰源判别机制，保障识别追踪算法在复杂矿井环境下的鲁棒性；天线智能支架以“空气-煤”界面信息作为控制信号实现其姿态自适应调控，保持天线悬空距离，并将“煤-岩”界面信息和位置信息发送给采煤机控制系统，实现三维地质模型的动态更新，并实现采煤机对煤层截割作业的自主运行[4-7]。

1）空气耦合雷达天线

天线作为雷达辐射或接收电磁波的基本单元，其性能直接影响整个雷达系统的定位精度、探测分辨率和目标识别水平，使天线具有宽频带、高增益、高发射率是雷达系统研发的重要方向。矿井环境下要实现煤岩界面的快速实时探测，要求雷达天线采用非接触探测方式，天线悬空放置后其耦合方式产生变化，会产生较强的驻波干扰，同时容易受到周围环境干扰，因此，具有优良聚焦特性的空气耦合雷达天线是煤岩界面随采探测的关键[8]，可根据被测目标体深度要求设计天线中心频率，通常在900～1500MHz。

2）智能支架自适应调控

工作面煤层顶板起伏变化，固定在采煤机上部的空气耦合雷达天线离顶板的距离也随之发生变化，距离过大则会直接影响雷达回波信号的质量，距离过小则会直接影响空气耦合雷达天线的安全。在随采工作过程中，设定探测装置与顶煤表面间的安全有效探测距离，通过雷达数据拾取天线距离顶板表面空耦距离，检测到空耦距离变化量，根据智能支架装置几何关系对应调整支架结构的伸缩量，实现实时智能调节，避免仪器装置与环境干涉损坏，并且保证雷达探测有效耦合距离[9]。

3）煤岩界面智能识别及追踪

在雷达数据中，界定数据零点时间以及反射界面的准确回波时间（即对应深度位置）是煤岩界面精准识别关键。通过正演模拟和物理模拟方法，分析“空气-煤-岩”层位在矿井全空间巷道条件下的层位反射特征；然后分别对不同悬空高度天线、不同煤层厚度模型条件下的界面探测精度和误差进行分析，根据主瓣极值点区间内层厚相对误差二维图谱以及最小二乘法拟合直线，得到层位样点序号间的关系式，进而得到煤岩层位选点方案，保证层位识别精度以及系统的稳定性[10-11]。

煤岩界面雷达图谱在追踪过程中，因煤岩层介质中会出现一些矸石，或者是破碎带、含气带等干扰源情况，这些现象极易引起波的绕射，即在界面上形成一些类似于双曲线的波形，影响追踪效果。当某个位置出现追踪错误时，导致后续错误的层位追踪结果，这种状况称为“串层”。以“多级窗口”的思想建立层位追踪算法，建立干扰源判断和纠错机制，减少“串层”现象的发生，可提高层位追踪算法的鲁棒性[12]。

4）煤岩界面定位及信息交互

空气耦合雷达天线在煤岩识别应用中，通过智能支架安装在采煤机机身，随采煤机采掘行进过程对煤岩界面实时探测。结合采煤机机载惯性导航系统、智能支架位姿以及雷达天线实测煤厚数据，建立大地坐标系（X, Y, Z）、采煤机坐标系（U, V, W）和天线坐标系（I, J, K）三者空间关系模型（图5-4），实现煤岩层位绝对坐标位置的获取。

煤岩界面雷达数据通过WiFi或以太网实时传输给主控单元。主控单元处理经过识别追踪、空间转换得到精确的位置数据，通过局域网络实时下发给采煤机集控中心，由采煤机集控系统解析并指导摇臂动作，实现截割滚筒的位置调节；同时，利用井下5G网络将煤岩界面位置信息实时回传给地面集控中心，用于智能平台动态更新煤矿三维地质

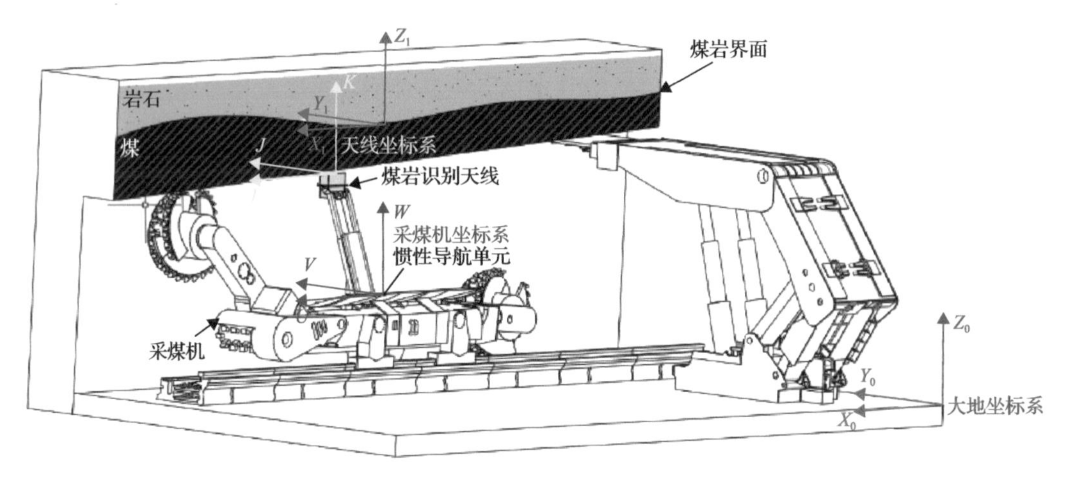

图 5-4 煤岩层位置空间坐标转化

模型，满足矿井生产建设中智能、动态与实时性的需求。

该技术在神东煤炭集团锦界煤矿对顶板截割后留煤厚度探测时进行煤岩层位识别，顶板下留有 10～20cm 煤层护顶，避免软弱直接顶漏冒。通过煤岩识别系统可探测所留煤层厚度，作为指导下一刀割煤的依据，确保在设定预留煤厚的情况下，保证煤炭资源的最大采出。在开采过程中，选取部分区域，对顶板预留煤层进行开挖并实测，与探测结果相比较进行验证。如图 5-5 所示，结果表明该煤岩识别系统探测数据平均误差为±1.23cm，平均误差百分比为 8.632%。

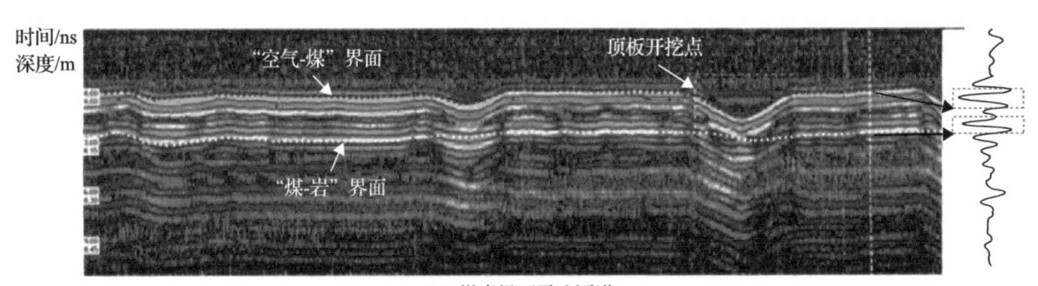

(a) 煤岩界面雷达图谱

(b) 综采工作面煤岩界面探测现场

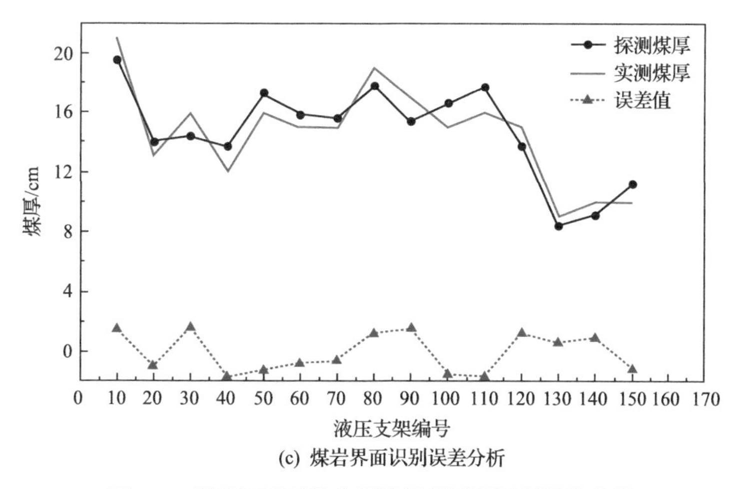

(c) 煤岩界面识别误差分析

图 5-5 煤岩识别系统应用及煤岩界面识别误差分析

5.2.2 液压支架电液控制系统

5.2.2.1 液压支架智能化发展历程

20 世纪 50 年代，英国研制出世界上第一台垛式液压支架，成功在澳大利亚科里曼尔煤矿进行应用。1985 年研制出第二代电液控制系统，该系统设计在运输巷内安装控制台，通过远程控制完成对所连支架控制，从而实现整个工作面支架的集中控制。同时期，德国、美国等先后开始电液控制系统的研究。德国威斯特伐利亚公司与西门子股份公司联合研制成功的 PANZERMATIC-E 系统，是德国国内第一套液压支架电液控制系统。20 世纪 90 年代到 21 世纪初，电液控制技术突飞猛进，取得大规模应用。以美国的电液控制系统应用作为参考，1994 年末期，美国全国共计 81 个煤矿综采工作面，其中有 73 个配备了电液控制系统，电液控制系统应用已经达到了 90%多，两年后该比例逼近 92.7%。与西方国家相比，我国在液压支架及其电液控制技术方面的研究起步较晚。20 世纪 70 年代开始引进德国、英国的液压支架。1991 年郑州煤矿机械集团股份有限公司自行研制电液控制系统 DYZK-l 型，开始试验应用。1996 年煤炭科学研究总院研制 YLT 型电液控制系统，并开展试验应用。2008 年 3 月郑州煤矿机械集团股份有限公司研制的电液控制系统通过国家试验检测中心的测试认证获得相关资质证书。目前我国的支架电液控制系统已经成熟，可满足各种煤层的智能化开采需求。

5.2.2.2 液压支架智能化控制

目前煤矿支架电液控制系统是集机械、电子计算机技术、工业控制技术、网络通信技术等于一身的系统。通过程序的相互参数设置，达到侦测煤机位置、驱动支架完成各种动作、自动采煤的目的。实现采煤的自动化，减少采煤工作面工人数量，降低采煤工人的劳动强度。

煤矿支架电液控制系统的核心部件是控制器，所有支架控制的功能键都集成到了控制器的面板上，电液控制的核心执行部件为先导阀，它是将电信号转换为液压控制的部件。液压支架是工作面安全支护的核心设备，长壁综采工作面通常有上百架液压支架同时作业完成顶板支护、煤壁护帮、刮板输送机推移等工序。自电液控制系统成熟以来，液压支架的升架、降架、移架、护帮板和伸缩梁的伸缩等动作均已能实现程序控制。目前，在智能化综采工作面中，液压支架智能控制的关键技术主要集中在支架姿态感知、跟随采煤机的自主移架和工作面直线度调整三个方面。图 5-6 为综采工作面支架自动调直示意图。

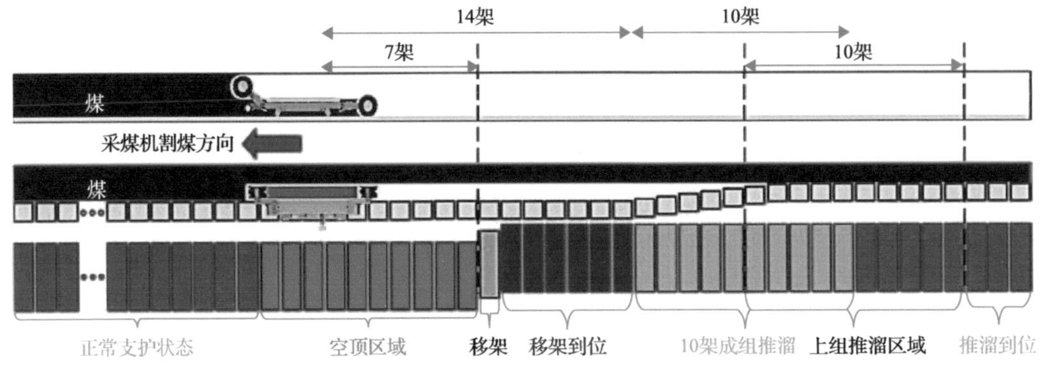

图 5-6 综采工作面支架自动调直示意图

煤矿支架电液控制系统如图 5-7 所示，主要包括地面调度监控中心、井下监控中心、控制器、各类传感器(红外线接收器、压力传感器、位移传感器等)、驱动器等。

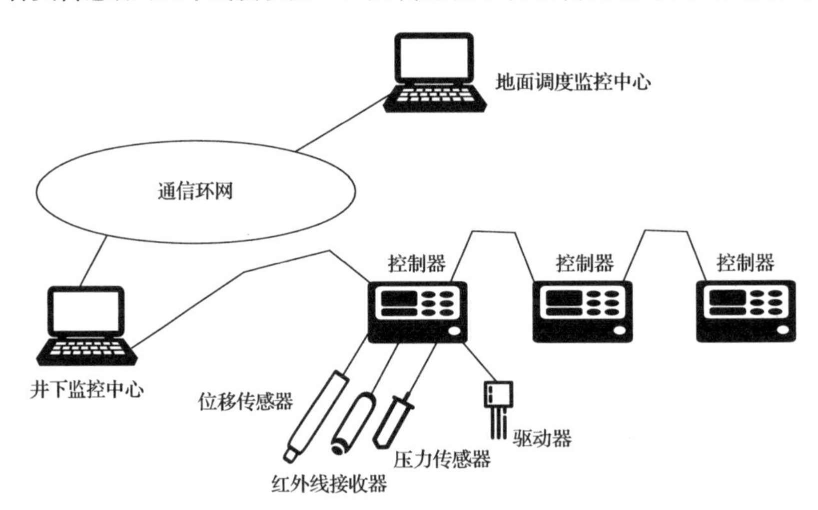

图 5-7 煤矿支架电液控制系统示意图

在电液控支架中，单架配备 1 套电液控制器、1 个红外线接收器、1 个位移传感器、2 个压力传感器(图 5-8)。成套配置：工作面支架配备电液控制系统(端头支架无电液控制器)，每 6 架设置一组隔爆和本安型稳压电源、屏蔽耦合器、中继器、交换机。中继器给对应组控制器供电；屏蔽耦合器用于隔离电信号，传递信号，实现分组控制，通过红外线接收器，实时识别煤机位置；通过位移传感器，精准掌握推移千斤顶动作行程；通过压力传感器，实时监测支架前后柱初撑力；通过控制器，按照规程规定的作业工序及间距等进行参数设置，可实现成组操作、跟机自动推溜拉移等支架各项动作。电液主控制阀保持手动操作按键，在电气控制系统发生故障时，仍然可以利用电磁阀的按键来控制液压支架工作。支架电液控制系统具备的主要功能为：①单架、邻架、隔架成组控制；②局部成组闭锁，全部电液控制支架急停；③实时在线显示煤机位置、推移杆行程和支架压力；④具有自动补压功能，定期自动反冲洗或手动反冲洗；⑤自动拉架、降压移架，自动喷雾；⑥支架移架自动跟机移动。

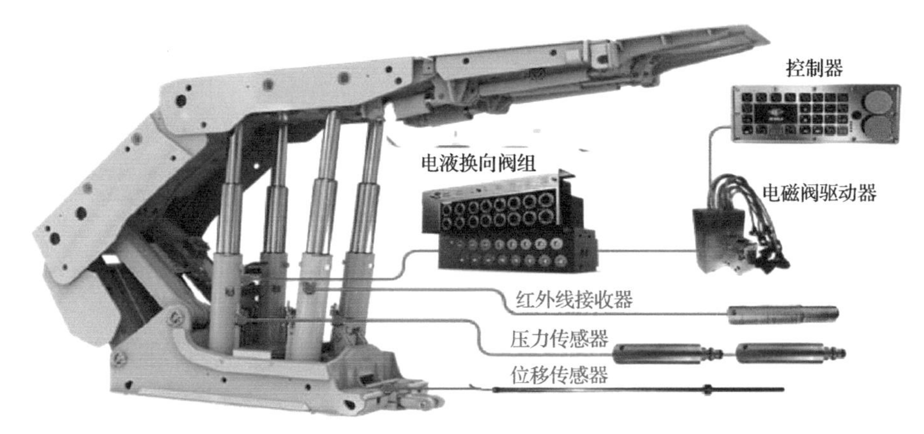

图 5-8 单个电液控支架

5.2.2.3 液压支架群组自适应支护

液压支架群组自适应支护是指液压支架具有根据载荷变化与围岩变形自主调整支护阻力、支护状态与支护方式的能力。

1) 支护阻力自适应调节

液压支架支护阻力包括支架初撑力和工作阻力。建立工作面围岩-液压支护系统自适应控制模型，支护阻力自适应调节是基于立柱下腔压力观测结果，基于立柱快速增压、卸压装置及可调节开启压力大流量安全阀的立柱压力调节方法，通过液压支架位置信息、顶底板岩性及结构的立柱压力控制策略，实时调整液压支架支护姿态，实现液压支架支护特性(支护强度、刚度及稳定性)的自适应控制。

2) 支护方式自适应支护

当工作面起伏变化时，通过红外感知、高清视频图像自动捕捉，结合工作面设备精确定位系统，自动提取采煤机位置信息与滚筒截割轨迹线，实时分析截割曲线与地质模型扫描线偏差，修正记忆截割模板，规划滚筒截割路径，结合液压支架防止咬架和左右支架最大载割量，自动调整滚筒高度，实现液压支架根据工作面煤层变化自适应支护。

3) 支护状态自适应原理与方法

在底座、顶梁、掩护梁上安装角度传感器，在立柱上设置压力传感器收集支架姿态与支护阻力参数信息，获取支架几何参量，通过支架多维度姿态控制器实时感知支架姿态，判断支架平衡状态，通过电液控制系统调控立柱支护高度和相关千斤顶行程，改变顶梁和掩护梁姿态，调整支架支护状态。

5.2.3 运输设备自动化控制

5.2.3.1 自动化刮板输送机

刮板输送机是煤矿井下物料运输的核心设备，直接关系到井下物料运输的效率和经济性，矿山生产活动中，刮板输送机是用于物料输送的牵引设备，具体运行中在刮板链条上牢牢固定刮板，通过液力耦合器以及传动装置驱动链条运行，链条运行同时带动刮板实现物料的传输。在设备运行过程中，围绕链轮促使刮板输送机循环运行，提升矿山企业物料输送。目前多数刮板输送机主要采用了定转速运行模式，由于受综采速度的影响，刮板输送机多数情况下处于轻载状态，因此能量浪费量大，无法满足经济、联动作业的需求，而且刮板输送机长期在恶劣环境下工作，故障率高。现有的控制系统无法对刮板输送机的工作状态进行自检，人工检测效率低、安全性差。

1) 自动化刮板输送机的功能

为了实现对煤矿刮板输送机的自动化运行，必须明确控制系统要实现的功能。根据煤矿智能化开采的需要，刮板输送机智能控制系统要实现的主要功能有位置自动调节、运行状态参数实时监测及故障自动报警等。

a) 位置自动调节

在刮板输送机运行过程中，必须保证采煤机与液压支架平行，不能发生碰撞。为了实现刮板输送机的智能化控制，必须实现位置自动调节。也就是说，当刮板输送机与液压支架的相对位置发生较大偏离时，应该进行调节，以免刮板输送机与液压支架碰撞。刮板输送机的位置参数主要有倾角、水平度及方位角等。在实际运行过程中，刮板输送机通常是由液压支架拖动的。但是液压支架是分组移动的，如果刮板输送机在局部出现较大的弯曲，不仅会导致在运输时撒料严重，还会导致弯曲处承受较大的剪切力而出现局部断裂问题。这就要求在检测刮板输送机的位置时，还应该检测液压支架的位置。

b) 运行状态参数实时监测

刮板输送机智能控制的目标是对刮板输送机的运行状态进行实时控制，从而使性能达到最优。要实现对运行状态的控制，就要对主要的运行状态参数进行监测。刮板输送机的主要运行状态参数有电机功率、电机转速、电机电流及电机温度等。这些主要的状态参数都与时间有关，为此，需要对这些参数进行实时监测。在刮板输送机运行过程中，当装载的岩块或煤块的质量不同时，电机的转速和功率也不同。通过将这些关键量作为控制量，实时对电机运行状态进行调节，从而实现节能运行。在实现最优控制过程中，需要采用一些相应的算法。

c) 故障自动报警

由于煤矿井下恶劣的工作环境，刮板输送机会发生一些故障。 如果不能及时发现这些故障，则可能发生严重的机电安全事故。对刮板输送机的一些状态参数进行监视，一旦发现运行参数偏离了预定值，则应该立即发出警报，从而及时采取最佳的处理方案。例如，当电机运行电流偏离预定值较大时，可认为刮板输送机的电机出现了故障或过载；

当电机运行温度过高时，可认为刮板输送机的电机有故障，此时应停机进行处理。报警的形式有多种，可以是警报灯，也可以是警报声音。

2) 自动化刮板输送机的实现

a) 位置检测

位置检测主要分为水平度检测和方位角测量。在进行方位角测量时，可采用激光测量仪或红外测量仪。考虑到刮板输送机和液压支架是联动控制，只需要测量刮板输送机与液压支架的相对位置即可。液压支架的轨迹是采煤机决定的。为了便于控制，通常记录采煤机行走的位置信息，一旦采煤机位置发生了偏离，则可立即根据校准位置进行调整。在进行采煤机运行轨迹校正时，通常选择机头作为调整点。

在实际运行过程中，刮板输送机的位置调整过程如下：①通过安装在刮板输送机机头的传感器实时采集刮板输送机的位置；②对采集的位置信息进行处理，主要是与设定的位置进行对比，查看偏离程度；③将对比的结果传递给采煤机，通过采煤机的位置调整，实现对刮板输送机的整体拉直。

b) 运行状态控制

为了实现刮板输送机运行的最优状态，需要对刮板输送机运行状态进行控制。运行状态控制的关键在于对刮板输送机电机的运行状态进行精准控制。在实际生产过程中，由于刮板输送机的装煤量或装矸量发生变化，对输出的功率要求也会发生变化。通过对刮板输送机的装物量进行监测，标定运行速度与装物量之间的关系，进而对刮板输送机的运行速度进行定量调节。

通常采用变频控制系统实现对刮板输送机速度的智能调节。电机变频调速主要是通过改变交流电的频率实现的。当运行速度较快时，输入较大的电源频率，反之，则采用较小的频率。为了实现转速的智能调节，应采用反馈控制系统。所谓的反馈就是将输出的转速与给定的转速进行对比，进而确定是否需要调节。通过反馈，可实现对转速的自动调节。需要注意的是，反馈的参考转速需要提前根据需要进行给定，即转速和频率要存在一定的对应关系，这个关系是根据运行的需求来确定的。在实现对转速的智能控制后，不仅可以实现刮板输送机运行的无人值守，还可以实现节能。

c) 自动张紧功能

刮板输送机的自动张紧装置控制系统的构建是基于PLC控制传感器来检测位移和压力等参数，实时监测伸缩缸的压力变化情况，并结合链条张力变化来自动化控制伸缩缸，进而实现物料运输。在合理范围内动态调整刮板输送机链条松紧度，在理想的松紧状态下满足作业需要，提升作业效率。就刮板输送机自动张紧装置控制系统构成来看，包含液控单元和电控单元两部分。其中电控单元，包含PLC、直流电源、防爆数字输入模块、防爆数字输出模块、防爆模拟量输入模块以及传感器等部分。液控单元涵盖安全阀、液控伸缩阀、伸缩缸、电磁换向阀以及液控先导阀等部分，接收控制系统发送的伸缩信号控制电磁换向阀运行，打开液控先导阀，注油到伸缩缸中来动作，实现链条张力自动化调节，提升生产自动化水平。矿井工作面生产环境较为复杂，面对不断增加的生产要求，积极推动生产技术和设备优化改良是必然选择。为了更好地满足矿山企业生产需要，积极推动刮板输送机自动张紧装置控制系统优化改良，有助于提升生产过程可靠性，提升设备运行性能的同时，延长设备使用性能。通过此种方式，积极优化生产流程，及时发现和解决刮板输送机运行中的故障问题，为企业带来更加可观的经济效益。

d)故障诊断和报警

为了实现刮板输送机的安全运行，还应该实现故障诊断和报警功能。故障诊断有利于刮板输送机的故障维修，而报警则有利于保证设备安全运行。总的来说，故障诊断和报警都是通过监测刮板输送机的运行参数实现的。报警功能实现起来通常比较简单，只需要通过设定有关参数的阈值即可。一旦监测的某个状态参数超过了阈值，则应该立即发出特殊的声光信号。该功能的实现依赖于在刮板输送机上安装的传感器以及这些传感器连接的上位机。

5.2.3.2 自动化皮带输送机

井下皮带输送机是煤矿生产的重要组成部分，也是直接影响生产效益的关键环节。然而，由于煤矿井下恶劣的环境以及高负荷条件，煤矿皮带输送机经常会发生各种故障。为了提高煤矿皮带输送机的稳定性，对皮带输送机的运行进行自动化控制，实现皮带输送机运行的无人值守。煤矿生产过程中，井下皮带输送机消耗能量，支撑煤矿开采运输，运输效率和速度与煤矿生产存在难以分割的联系，生产效益是煤矿持续发展的关键。传统的井下皮带输送机受设计及技术水平限制，耗能较大，与节能减排、绿色环保目标违背，煤矿应积极结合新时期发展趋势，将节能减排、降低支出作为发展目标，优化井下皮带输送机，围绕智能化和自动化建设思路，将自动化控制技术融入井下皮带输送机，利用现代化技术，实现升级优化，为煤矿持续发展提供更多支持。

传统的井下皮带输送机也是自动控制的，借助电子技术等实现皮带科学有序传动，带动整体系统实现持续运转，完成生产运输。在系统运转过程中，速度等参数极为重要，自动化控制难以脱离各项参数的支持，但由于技术限制，部分细节与理想目标存在差距。新时期自动化技术得到发展，依靠现代理论提供的坚实地基，井下皮带输送机实现了优化升级，系统整体的智能化、自动化水平大幅度提升。具体来看，新时期的井下皮带输送机传送带分布的信号更科学，施业信号与中枢系统的联系更紧密流畅，为调速电机提供了更精准的信息，便于下达下一步动作指令，完成自动化监控。此种方式不仅有效降低能源消耗量，符合节能减排目标要求，还能延长传统部件的使用寿命，降低维护成本。

自动化皮带输送机的实现需要通过以下几个方面。

(1)科学利用计算机和多种传感器优势。依靠计算机和传感器的技术发展优势，构建高效的工况监测及控制体系，弥补传统井下皮带输送机的不足，实现持续化监测，进一步提升监测精准度和效率，通过系统便可准确、全面地了解整体系统各项参数，有效降低人力劳动。

(2)实现自动化控制。井下皮带输送机应用自动化控制后，可以大幅度简化工序，降低人力工作量，依靠技术优势，让工作人员实现远程多站点自动化监测管理及数据采集，依托互联网、物联网、5G 技术等构建更完善庞大的监控网络，最大限度地提升工作效率，为系统安全稳定运行提供保障。

(3)具有强大的通信联网能力。自动化控制的应用,为井下皮带输送机提供通信渠道,依靠先进技术,可实现多级联动及信息交互式传播共享。

(4)具有较完善的保护体系。当井下皮带输送自动化控制系统运行时,会配套编制较为完善的规章制度和管理流程,科学组建管理体系。将传感器等介入系统时,会预先采集皮带输送机的运行信息并进行风险预测,提前预防可能出现的安全风险,设置故障量语音提示、安全提示以及报警信号,为系统安全运行奠定基础。

5.2.4 三机联动自动化技术

综采三机联动控制系统是实现无人工作面的前提。根据生产使用现状,工作面三种核心装备即采煤机、液压支架、刮板输送机一般由不同厂家生产和提供,要实现智能控制存在各厂家协议不对外开放、只能监测不能实现集中控制等问题。综采三机联动的基础就是三机信息的获取[13],主要包括以下几方面。

5.2.4.1 由采煤机提供的联运控制信息

(1)割煤方式。工作面端部斜切进刀,不留三角煤(截割三角煤),往返截割 2 刀,预先设定后不变,确定采煤机牵引轨迹。

(2)采煤机-液压支架的相对位置。确定液压支架的开始推移位置。

(3)运行方向。采煤机运行方向用于确定液压支架的移架和推溜及其相关的工步动作。

(4)牵引速度。采煤机的牵引速度直接决定了支架追机速度和推移方式,同时也受到支架所能达到的追机速度的制约。

5.2.4.2 由液压支架提供的信息

(1)液压支架与采煤机的相对位置,用于确定拉架、推溜的起始位置。

(2)移架方式预先设定,影响液压支架的追机速度。

(3)移架速度预先设定,不参与三机联动。

(4)推移步距预先设定,用于确定液压支架推移液压缸的行程,不参与三机联动。

(5)推移液压缸行程预先设定,只与液压支架自动移架有关,不参与三机联动。

5.2.4.3 由刮板输送机提供的信息

(1)刮板输送机负荷量(负荷电流)与采煤机落煤量(截割速度)联动有关。

(2)刮板输送机链速与采煤机联动有关。

(3)机头卸载口煤流信息与采煤机截割速度或刮板输送机链速有关。

综采三机联动控制系统的核心功能是通过对采煤机的位置和牵引方向进行检测,实现液压支架的自动收伸护帮板、自动移架及推溜控制。三机联动控制系统主要解决采煤机、液压支架和刮板输送机三者之间的协调运作,控制系统的主要功能包括以下几个方面。

(1)控制系统通过对三机联动相关参数进行检测采集,送给监测中心计算机进行处理、存储、显示等操作,监测中心与三机实现信息的交互通信,通过三机联动控制器对工作面综采设备进行全面控制，完成顺序开机和顺序停机功能。

(2)采煤机自动牵引截煤,同时将当前采煤机的位置和牵引速度方向信息传递给控制系统，控制系统根据接收到的信息控制液压支架跟机自动收伸护帮板和前探梁，在采煤机后方自动降架、移架、升架及推溜等，支架的移架速度如果跟不上采煤机牵引速度可以发出信号请求采煤机减速，实现液压支架跟机自动化，完成电液控制。

(3)刮板输送机将其当前运输能力和负荷信息传递给控制系统,以此调整采煤机牵引速度。

(4)实现系统连锁，工作面设备具有急停闭锁功能，工作面输送机与采煤机具有互锁功能，采煤机与喷雾泵具有联动功能。

5.3 巷道掘进自动定位与纠偏

掘进装备自动化控制技术经历了“断面监视、视距遥控、记忆截割”“工况监控、远程控制、自动截割”“自主导航、智能截割、单机智能”“成套装备协同推进”四个阶段。目前我国国有重点煤矿每年新掘巷道长度超过 1.2 万 km，规模巨大。主要掘进支护方式为悬臂式掘进机掘进配合单体锚杆钻机进行支护，占比达 90%以上。近年来，为攻克掘进连续作业难题，各类快速掘进设备发展迅速。以掘锚一体机为核心，搭载锚杆转载机、可弯曲带式输送机、迈步式自移机尾等，实现掘进、锚固、运输的平行作业，大幅提高了掘进效率[14]。

5.3.1 巷道掘进技术发展

5.3.1.1 钻爆法掘进[15-16]

钻爆法即钻孔爆破法，通过钻孔、装药、爆破开挖岩石的方法。钻爆法开挖隧道的历史要追溯到 16 世纪产业革命开始后。产业革命开始后，炸药的出现加速了近现代隧道开挖技术的发展。风动凿岩机的发明使得钻爆技术发生了划时代的飞跃。随着硝化甘油炸药及风洞凿岩机的推广使用，钻爆法施工技术渐渐发展起来。此后经过 100 多年的发展，钻爆法的施工方法也得到了迅猛发展。其主要优点是作业准备快，对岩石适应性强，移动灵活，对技术故障和遇到地质断层较容易处理，而且工效高、成本低。近年来，钻爆法在施工机械设备与施工技术方面均有很大的改进和提高，尤其是美国、德国、瑞典、南非等国家发展很快。以瑞典、美国为例，可达到工效 $30m^3$/工班以上。但仍存在平均掘进速度较低，难以组织多工序交叉作业，各工序技术水平参差不齐，爆破时常产生超爆，有炮烟危害等缺点。

凿岩爆破是钻爆法掘进的主要工序，所用时间占总循环的 30%～50%。在岩巷中传统的凿岩方法是使用气腿式轻型凿岩机，在岩石强度较低的条件下也可以使用电钻凿岩。气腿式轻型凿岩机移动灵活、便于操作，每台凿岩机占地面积小，可多台钻机同时钻眼，并且可以钻装平行作业。但是目前广泛使用的气腿式轻型凿岩机仍然存在劳动强度大、打眼速度和深度受限制等缺点。从 20 世纪 80 年代开始，液压凿岩机以其诸多的优点受到普遍欢迎，主要优点为：①钻眼速度快、效率高，一般在中硬岩中钻速可以达到1.5～2.0m/min，冲击效率可达45%～55%，能量利用率为30%～40%；②推力恒定、无回弹现象、噪声小、油雾少，改善了工作环境；③扭矩大，可钻深孔、大孔，为深孔光面爆破提供了有利条件。

1979年法国蒙塔贝特(Montabert)公司制造出第一台实用的液压凿岩机，其质量为70kg左右，一般是安装在钻车上使用。几十年来国内外研制了多种类型的钻车，其中液压钻车使用最多，行走方式多为无轨履带式或胶轮式。

使用炸药的破岩成本远比机械破岩低。在对两种方法进行比较时，主要看钻孔和机械开挖的能耗指标。在硬岩中采用掘进机掘进时电耗为9～22(kW·h)/m³，用风动凿岩设备每钻1m炮孔的电耗为0.9～1.6kW·h，如每平方米工作面上钻4个炮孔，正常情况下电耗为4(kW·h)/m³。

5.3.1.2 综合机械化掘进技术[17]

综合机械化掘进，即悬臂式掘进机与单体锚杆钻机配套作业线，主要掘进设备为悬臂式掘进机。该方式适用范围广，是煤矿掘进应用中最常用、最普遍的技术。综合机械化掘进由悬臂式掘进机、单体锚杆钻机、转载机、可伸缩带式输送机(或刮板输送机)、供电系统及通风除尘设备等组成，如图5-9所示。其中，悬臂式掘进机是关键设备，其性能对于掘进效率提升及掘进进尺具有重要作用。

图5-9 EBZ200H型掘进机

悬臂式掘进机在我国的研制及应用始于20世纪60年代，传统的悬臂式掘进机功率较小，80年代初引进了以AM50型、S-100型掘进机为代表的机型，并在引进机的基础上研发出了适合我国自身煤炭储藏特点的机械化掘进设备，推动了我国掘进机技术的发展。近年来，我国开发了以EBJ-120TP型为代表的替代机型，在整体技术性能方面达到了国际先进水平。我国研制的新一代掘进机具有设计合理、结构紧凑、工作稳定、产能高、破岩能力强、适应性好、可靠性高等特点，以及具有工矿检测和故障诊断功能。

悬臂式掘进机在我国煤矿中普遍应用，为煤矿稳定高产发挥了重要作用。但因是单巷掘进，且采用单体锚杆进行锚杆支护，导致掘进和支护不能平行作业，从而制约掘进速度的进一步提高。

5.3.1.3 连续采煤机掘进技术[18]

连续采煤机是一种具有较大截割宽度的集落煤、装运及行走于一体的联合机械化综掘设备，广泛应用于矩形断面煤巷的双巷或多巷快速掘进，以及房柱或房式开采、边角煤开采、残留煤及煤柱回收，已成为现代高产高效矿井的重要设备，如图 5-10 所示。我国引进连续采煤机始于 1976 年，迄今为止大体经历了单机和成套引进两个阶段。目前我国神东矿区、兖州矿区、晋城矿区及黄陵矿区等使用了连续采煤机。神东矿区为近水平煤层，煤巷占 90%以上，煤层赋存稳定，顶底板条件好，瓦斯含量低，采用锚杆支护，矩形断面掘进，具有连续采煤机使用的理想条件，连续采煤机用于煤巷快速掘进在神东矿区取得了骄人成绩，月进尺均在 2000m 以上，最高月进尺为 3273m(后配运煤车)。神东矿区的使用经验表明，连续采煤机用于长壁工作面双巷掘进，完全可以满足高产高效综采工作面月推进速度的要求，而且掘进成本比采用悬臂式掘进机要低。

图 5-10 EML340 型连续采煤机

连续采煤机掘进工艺系统中，巷道掘进落装煤作业与巷道锚杆支护作业是由连续采煤机和锚杆钻机两台不同的设备来完成的。因此，连续采煤机在完成了一定长度巷道的掘进(一个截深)作业后，必须调动转移到另一个巷道作业，让锚杆钻机调入这段巷道来完成锚杆支护作业，它们必须始终如此交叉作业。

5.3.1.4 掘锚一体机[19]

为提高掘进速度、实现单巷掘进下的掘锚平行作业，奥钢联(Voestalpine)采矿设备公司于 1991 年研制了第一台掘锚一体机——ABM20，并在澳大利亚 Tahmoor Colliery 矿试验成功，该设备设计了可相对滑移的主副机架，主机架安装多组锚杆钻机及临时支护，副机架安装与巷道同宽的截割机构并相对主机架滑动实现割煤，从而实现掘锚平行作业，减少了设备反复碾压对巷道的破坏，巷道一次成型，同时设备空顶距小(≤2m)，可适应围岩条件较差的工况。目前，掘锚一体机已在综采准备巷道掘进领域中广泛应用，共 400 余台，主要分布在美国、南非、澳大利亚、俄罗斯、中国等地，其中我国在用掘锚一体机近 100 台。经过近 30 年的发展，奥地利、美国、日本、德国等国家的掘锚一体机制造企业已经研制了采高 1.2～5.5m、截宽 4.0～7.2m、截割功率 200～340kW、整机质量 60～115t、30 余种型号、适应不同工况条件的全系列掘锚一体机产品，并在智能掘锚、掘锚探一体化、钻机电液控制、自动铺网等掘锚一体机相关研究领域开展了大量理论与试验研究。

在掘锚一体机研发过程中，结合我国煤矿井下巷道工程实际，开展了大量相关创新技术研究，提高了掘锚一体机的适应性，满足了我国不同地质条件下的使用要求。主要创新如下。

(1) 宽履带低比压底盘。研制了轻型宽履带底盘及辅助支撑机构，将整机行走接地比压及截割与支护作业接地比压降低 20%左右，增强了整机对底板的适应性，如图 5-11 所示。同时，采用交流变频行走驱动技术，通过大启动转矩和高精度定量调速减少了“卧机”现象。

图 5-11 EJM340/4-2H 低比压型掘锚一体机

(2) 双驱动高速合流重型截割减速器。研制了高可靠性截割减速器，该减速器内置齿轮泵和冷却回路，实现截割减速器主动润滑和强制冷却，并通过多种传感器对截割润滑状态监测预警；截割减速器通过双电机驱动、高速级合流，既解决了传统单电机维护不便的难题，同时增加了截割功率及截割能力。

(3) 前探式临时支护。针对传统临时支护因空顶距大不能适应破碎顶板的技术难题，研制前探式机载临时支护，将临时支护空顶距由 1.0m 减至 0.4m，提升了锚护作业安全性，同时提高了锚杆及时主动支护效果。

掘锚一体机煤巷掘进采用一次成巷工艺，即在一个作业循环内，掘进和支护同步进行，当锚杆支护完成一个排距后，系统前移进行下一个作业循环，其后配套一般采用梭车或桥式转载机进行间断或连续的转运。神东矿区是我国应用掘锚一体化技术较成熟的矿区，采用一次成巷工艺平均月进尺达 800m 左右。与连续采煤机双巷掘进工艺相比，该工艺适用范围广，支护效果好，掘进工效显著，安全性高。

5.3.1.5 “掘锚一体机+锚运破+大跨距转载”远程控制智能快速掘进技术[20]

张家峁煤矿位于陕北侏罗系煤田，条件相对较好，支护简单，易于实现快速掘进。

基于装备成套化、监测数字化和控制自动化的“三化”发展理念，提出“掘锚一体机+锚杆转载机组(锚运破)+双跨过渡运输”三机集约化配套模式。

为保障连续可靠掘进，掘锚一体机采用 MB670-1 机型，其高可靠性及掘-锚并行作业能力保证了快速连续截割，单循环时间降到 10min 以内；锚杆转载机组起到煤流转运、大块破碎和锚杆(索)支护的多重作用，也称为锚运破一体机，配套 3 个顶锚、2 个帮锚钻臂，两侧顶锚可以进行 1200mm 的水平移动，实现全断面顶锚的支护，可按照支护设计方位和角度进行锚杆施工作业，保证了掘锚平行作业；增加长跨距桥式转载机与带式输送机有效搭接长度，减少刚性架续接次数，是提高巷道掘进速度的有效措施之一。采用双跨距转载后，将搭载距离提高到 100m，进一步提高了平行作业能力，如图 5-12 所示。

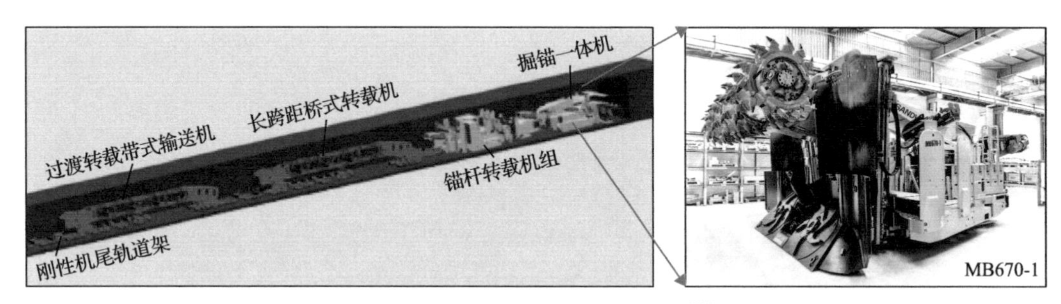

图 5-12 快速掘进设备配套模式[20]

开发了组合导航技术，充分发挥激光制导误差稳定、倾角传感器(或惯导系统)可实时在线监测的特点，二者互相弥补不足、提高总体性能，形成一种全新的导航系统。井下实测表明在 100m 距离内，激光接收器的分辨率可达 1mm，精度为 3mm。将倾角传感器更换为惯性导航系统后可实现测距，与大地坐标相融合。

为解决多机协同控制关键技术，基于矿用高精度超声波和激光传感器，建立多机精准定位体系及协同控制算法，实现掘锚一体机锚、运、破和后部桥式转载机的自动运行。在掘进设备间共布置 10 个激光测距传感器、14 个激光测距传感器、2 个编码器和 6 个行程开关，采用超声波和激光测距传感器组合感知方法，基于设备位置信息和状态信息，进行多设备之间的信号交互和联锁控制，监测设备的运行状态信息，实现所有设备“一键启停”。

开发了远程集控可视化集控平台，具有掘进工作面三维地质模型构建功能，根据掘进过程中揭露的实际地质信息对模型进行修正，将设备三维模型与超前探测信息、巷道成形质量与三维地质模型进行有效融合，再现工作面真实场景。监测系统对掘进工作面环境(粉尘、瓦斯、水等)进行智能监测与智能分析决策功能，利用工作面超宽带(ultra wide band，UWB)人员精确定位系统，具备危险区域人员接近识别与报警功能，实现掘、支、锚、运、破等工序的智能联动。实现基于组合导航定位系统和截割头空间位置计算的定位截割功能，实现井下集控仓和地面远距离控制掘进工作面掘锚一体机、输送机等设备的启停和截割。

5.3.2 巷道自动化掘进技术现状

5.3.2.1 掘进机组成及其工作原理

通常情况下，悬臂式机械多是由执行结构、装运结构、行走结构、转载机以及有关电气控制、液压驱动等组成。矿井掘进中，掘进机工作时主要通过控制系统对前端截割机进行控制，使其在矿井巷道进行不同方位的作业移动，最终根据矿井巷道作业要求截割形成不同的断面。值得注意的是，矿井掘进中掘进机的类型可根据掘进机截割头的驱动轴安装分为纵轴式(图 5-9)与横轴式(图 5-11)两种。当前，与其他掘进机相比，由于悬臂式掘进机具有结构紧凑且技术先进，在各种煤层赋存条件下均可实现连续、高效、安全作业等优势，能够有效改善矿井作业人员的工作环境，因此，在实际生产中被广泛应用。

矿井掘进面作业中，掘进机工作是以整个机械系统的液压结构作为动力源，通过液压结构的驱动作用促进截割机构转动，在截割结构的轴旋转和刀盘转动以及行走机构运行作用下，推动掘进机按作业路线向前推进，最终在连续作业下完成对矿井岩石的切割、装运和转载，并向井外运输。另外，在上述掘进机的作业运行中，为满足矿井巷道自动掘进作业需求，需在矿井掘进面的机械装置中安装相应的自动控制系统，该自动控制系统能够在掘进机作业中对系统事先设定的三维运动轨迹进行自动识别，从而在作业过程中对掘进机推进位置和掘进机大臂的截割位置实现有效控制，并及时实现掘进机运行的实际位置信息及系统发布作业指令获取，以通过自动对比分析与误差纠正，满足矿井掘进面的作业要求，实现矿井掘进面自动掘进。

与传统的矿井掘进相比，在具体作业中，结合地面发布的矿井巷道掘进工作指令，自动控制各机械结构开展作业，满足矿井巷道无人化掘进作业要求，有效提高矿井巷道掘进的安全，具有更加突出的作用优势。矿井掘进面工作中，煤层储存具有突出的多样化特征，再加上矿井掘进面开采的环境条件较为复杂，煤层厚度差异也比较大，矿井掘进面的单巷道掘进情况较多，掘进应用设备多样，包含悬臂式掘进机、转载机、锚杆钻机等。为此，在开展矿井掘进面自动化技术研究中，就需要不断加强各类技术特征与应用的开发测试，从而加快矿井巷道掘进面自动化发展[19]。

5.3.2.2 矿井掘进面自动化控制关键技术

巷道掘进机的工作内容包含掘进、摆动截割、后退收煤等，涉及纠偏、定位、截割、扫底、收煤等工艺环节。巷道掘进机的自动化需要利用智能感知技术和自适应技术来达到巷道断面自动成形的目的。智能感知包含位姿感知、成形感知及状态感知等，自适应作业包含自适应的纠偏、诊断、截割等。

1) 自动化掘进技术

矿井生产中，掘进是矿井开采的重要工作之一，矿井掘进作业中的支护技术则是实现矿井生产的重要基础，通过矿井掘进与支护作业，能够为矿井生产提供重要的渠道支持。矿井掘进中，其掘进作业的开展会受到矿井地区的外部环境与气候条件等因素的影响。因此，为满足复杂环境下矿井掘进作业要求，就需要加强对自动化系统和设备的应用，如可通过自动化矿井开采设备与器械运用，来满足矿井开采的挖掘以及运输、装载等作业需求，从而提高矿井开采的工作效率。矿井巷道掘进面作业中，掘进机作为必不可少的作业设备，也是确保矿井巷道掘进以及实现开采矿产资源运输的重要设备。一般情况下，矿井掘进面作业中使用的掘进机设备，其所采用的自动化控制系统主要包含自动截割、自动误差纠正、自动定位等。在实际作业中，通过设备系统中的集成液压以及电子、机械等技术综合运用，实现对矿井巷道掘进以及掘进机自动控制的有效支持。由于我国国土面积较大且各地区的地理环境复杂，在矿井掘进中采用上述自动控制系统与技术，通过矿井掘进机的自动控制作业，并配合简单的人员操作支持，能更好地满足矿井掘进自动化生产与作业要求，加快矿井智能化开采与生产的发展。

2) 安全控制自动化技术

矿井开采的安全性不仅直接关系着矿井的正常生产与作业开展，而且对整个国家的生产安全都有着重要的影响。其中，对矿井生产中的巷道掘进安全性与可操作性进行保障，也是促进矿井企业安全生产与正常运行的重要基础条件。通常情况下，由于作业环境与生产设备等因素的影响，矿井巷道掘进的安全隐患较为突出。因此，加强矿井巷道掘进的环境监测与分析，开展矿井巷道掘进应用设备的及时检修和维护，也是实现矿井巷道掘进作业安全保障的重要因素之一。

在对矿井巷道掘进的作业环境与设备运行情况监测时，可利用自动化监测与控制设备，针对矿井巷道掘进中的空气、湿度等作业环境进行监测，根据监测数据进行实时分析，从而对矿井巷道的掘进计划以及具体掘进实施方案进行确定，确保该作业方案与掘进计划下的作业具有安全性和可操作性。另外，矿井巷道掘进中，由于其作业环境的危险性与不确定性，还需要在实际作业中针对环境条件开展实时监测和分析，从而对矿井巷道掘进的安全进行保障。矿井巷道掘进中，针对掘进作业环境进行实时监测的主要内容包括：矿井巷道掘进中的粉尘、瓦斯、煤尘以及掘进对周围地层产生的扰动影响等，在确保各项监测内容的数值处于合理范围时，才能够实现矿井巷道安全掘进与高效作业开展。此外，矿井巷道掘进中，对作业环境的具体变化和情况监测，还包含作业设备在运行中通过自身反馈系统实现设备作业及运行情况监测、设备老化程度监测等，通过对设备运行与使用情况监测，实现设备安全与可靠运行应用下的矿井巷道掘进作业安全和效率保障。图 5-13 为基于自动化技术的煤矿掘进工作面安全监测与预警系统。

3) 自动化运输技术

掘进产生的土石、废料等，需要通过巷道向外运输，从而对矿井掘进面的正常作业以及巷道畅通性进行保障，满足矿井巷道开采的不断掘进等作业要求。此外，矿井巷道掘进面掘进中，为满足掘进作业的有关物资设备供应需求，也需要进行相应的巷道运输与传递，并且采用自动化运输系统。与传统的矿井巷道运输相比，不仅能够结合矿井巷道掘进的物料运输需求进行有效作业开展，而且对矿井巷道掘进效率提升，也具有十分积极的作用和影响。近年来，随着矿井巷道掘进中应用技术的不断发展和提升，采用皮带集中控制运输系统在实际工程中应用越来越多，并且为矿井掘进面掘进的物料运输提

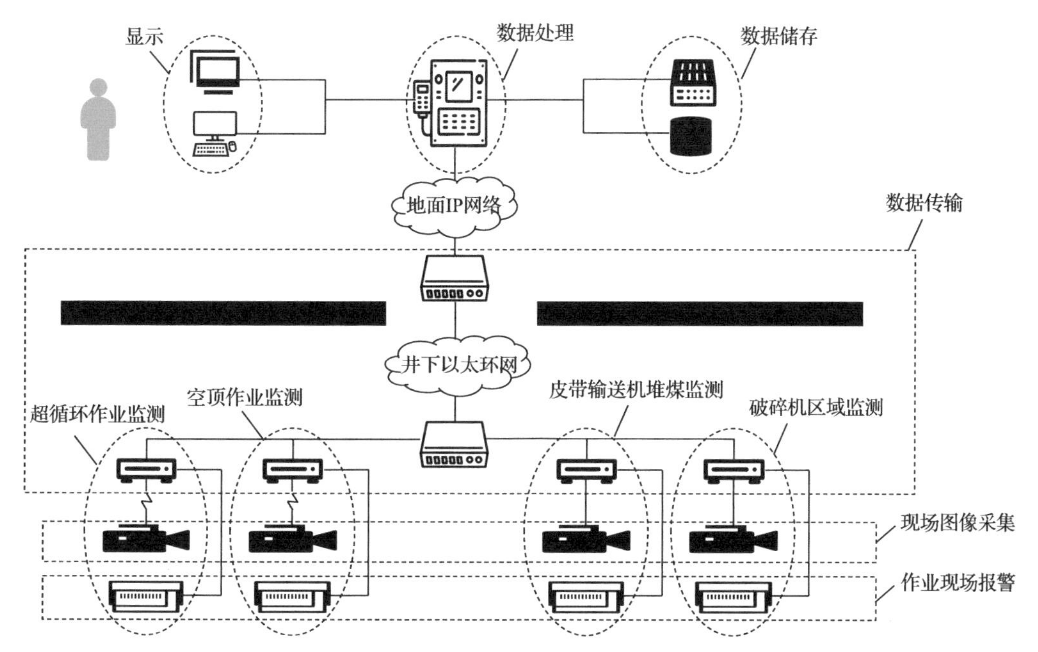

图 5-13 基于自动化技术的煤矿掘进工作面安全监测与预警系统

供了有力的保障。随着矿井掘进工作量的不断增加，在采用皮带集中控制运输系统进行矿井掘进运输时，还可以加强对新技术、新系统的引入应用，通过不断改善矿井掘进面运输胶带的设计和加工，从而满足矿井掘进面更加高效与安全运输的需求。矿井掘进面作业中，为满足矿井作业的安全性要求，也需要加强矿井掘进的支护材料改进，通过皮带输送系统来不断改善和提升矿井掘进的物料运输有效性。

4) 信息传输自动化及其技术分析

矿井掘进面掘进中，由于作业现场存在较大的突发性与不可预测性，如果施工中不能对现场作业情况进行了解和控制，就会导致矿井巷道掘进面作业的安全风险增加，降低矿井巷道掘进面的作业效率。针对该情况，在矿井掘进面自动化技术应用中，为满足矿井掘进面作业信息的实时传递与控制效果，需要根据矿井掘进面作业的信息传递机制，采用自动化技术对其进行有效改进与优化，增强地面作业控制与掘进面作业开展的信息反馈和交流时效性，满足矿井掘进面作业的信息传输自动化需求。其中，现阶段的信息传输与控制发展中，采用以太网建立的信息自动化传递与控制系统实践应用的越来越多，尤其是针对恶劣作业环境下的信息传递和控制，通过以太网建立相应的信息传递和控制系统，也能够满足其作业过程中信息传递的有效、及时和快速性等特征要求，从实现工程作业中将施工现场的数据信息与设备状态，向工程管理与指挥系统有效传递，最终促进工程作业开展与方案制定的高效进行[21]。

5.3.2.3 自动化技术在煤矿巷道掘进机中的应用

1) 定位技术

掘进机通常在空间有限的地下运行，采用室内导航定位。按照检测信号的差别，一般运用的定位技术有机械视觉定位技术、超声波定位技术和无线电定位技术等，这些技术的优缺点见表 5-1。

表 5-1 常用定位技术优缺点分析

技术	优点	缺点
机械视觉定位技术	位置判断准确，光谱响应范围宽，可长久运行	可能受巷道环境影响而误判
超声波定位技术	系统结构简单，易实现，检测时效性较高	成本高，且对人员技术操作要求高
无线电定位技术	系统可利用网络实现共享，传输协议完善，可集成化	信号可能受到干扰，影响定位精度
惯性导航定位技术	适应性较强，检测时效性高且具有动态性	巷道空间狭窄，惯性导航没有标定的参考，器件可能出现定位的累积误差问题
激光标靶定位技术	系统结构简单易实现，巷道断面表面光洁度较好时检测结果准确	检测效率较低，并且可能会受巷道噪声影响，需要断面具有一定的平整度

由表 5-1 可知，常用的定位技术很多都会受巷道环境及掘进机运行条件影响，单独某一个定位技术并不能保证定位检测的准确性，也没办法对掘进机的位姿进行高效且自动化的检测。对此，国外的一些学者也开始研究组合定位检测技术，捷联惯导组合定位技术便是其中一种，其不但不会产生累积误差问题，而且即便巷道空间有限也能保证定位的精确性。捷联惯导/UWB 组合定位原理，如图 5-14 所示。

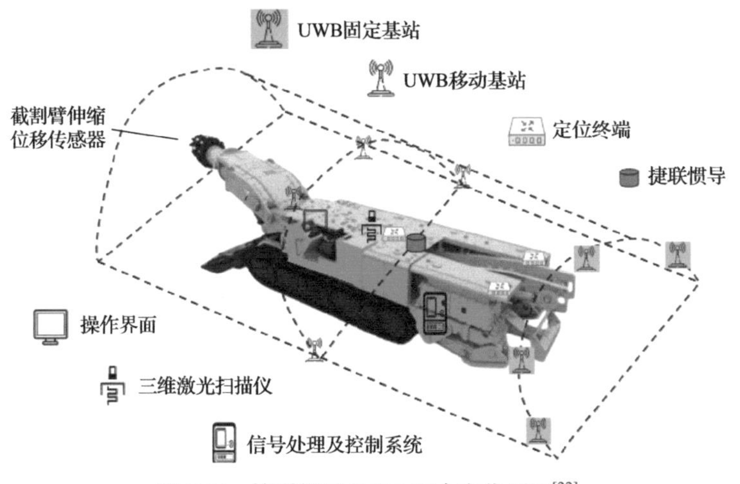

图 5-14 捷联惯导/UWB 组合定位原理[22]

该定位系统由 4 个 UWB 移动基站、4 个 UWB 固定基站及安装在掘进机上的捷联惯导构成。选择模拟巷道坐标系的原点，固定掘进机后的 4 个模块并标定三维坐标，通过激光测距仪标定机身来快速测量坐标值，构建姿态估算方程，按照掘进机的机身节点坐标来计算掘进机的位姿情况。掘进机位姿偏差对于断面质量有着举足轻重的影响，若截割期间产生偏差，必须及时纠正。巷道掘进机的位姿纠偏大多表现在截割载荷下的掘进机相应位姿和仰俯位姿纠偏、定向行走纠偏等。仰俯位姿纠偏可利用前铲板液压缸及后支撑液压缸实现，定向行走纠偏可选择调节履带液压马达完成。巷道掘进机行走位姿的纠偏依然可能出现行走控制难度大和纠偏控制准确性不足等问题。

2）断面自动成形及自适应截割技术

巷道断面形状一般有梯形、矩形、半拱形等多种。为确保断面形状规格满足要求，并提高作业效率，通常需要将截割头的路径控制为S形。按照掘进机位姿状态计算断面检测系统在坐标系中的相对位姿，需要利用云图完成误差分析，设计截割轨迹及行走轨迹，保证断面能自动成形。断面截割分为扫地、刷帮、类S路径截割等。扫地的目的在于方便断面截割，控制底板煤岩累积造成的偏差。刷帮则是对断面的修正，改善成形质量。类S路径截割需要确保截割断面的高度与宽度，尽可能将误差控制在合理范畴。断面自动成形技术中，巷道断面自动截割成形及自动刷帮工艺都是较为先进的技术手段。有关学者开发了能满足巷道横截面精度需求的自动截割路径规划系统。而在自适应截割技术的研究中，为保证截割参数和载荷平衡，可利用人工神经网络技术实现截割头的自动化调控，或利用比例-积分-微分（proportional-integral-derivative，PID）神经元网络设计截割自适应控制。巷道断面中煤矸石较多，截割期间可能会出现载荷突变等问题，对于小面积煤矸石巷道断面可调整截割速度或控制横摆速度来调整截割；若煤矸石带面积较大，在巷道断面就需要尽可能规避煤矸石带，先进行其他煤岩的截割。大面积煤矸石带的规避也为截割方法自适应提出了新的方向，但煤矸石带的位置检测方法也成为一个问题。

3）智能化截割技术

若支护条件固定，利用掘进机智能化理论可实现自动化的截割、装料、运输等目标。自动运输与自动行走的实现难度较低，因此实践工作中需要重点关注自动截割环节。由于掘进机截割力度较强，可能会为整个掘进机设备带来强烈的反作用力，而且机体的稳定性相对不足，可能会在工作期间出现较大的震感。对此应尽可能提高掘进机的整体稳定性及截割期间掘进机底盘的稳定安全性。很多生产厂家生产的掘进机都设计了断面监视等功能，但在掘进机截割作业过程中，需要了解断面监视的主要内容，分析截割机与截割头的位置信息、机体振动信息、截割力匹配状况等，从而对截割力进行调整，确保截割力与截割速度能达到生产要求。掘进机后方可增设位姿测定设备，针对掘进机运行中的位姿进行动态化控制，若掘进机出现倾斜或跑偏等问题，则及时发出指令对掘进机位姿进行调控，确保掘进机的运行能正常实现，并提高巷道截割的整洁性及掘进作业的前后连贯性。掘进作业设备较为特殊，需要通过支护结构保证其稳定性，一些顶板质量优秀的矿井也可掘进到3排。掘进机难以实现长断面截割，需要在一个截割循环结束后才能进行支护。

在自动化智能化截割技术中，小距离断面自动化智能化截割技术相较于传统截割工艺来说，特点如下：①截割效率更高。智能化掘进机可对截割路线进行改进，有效缩短总行走路线，运用机身的振动与退刀情况来合理控制进刀量。通过合理分析截割力和牵引力之间的联系与协同作用，可实现切割巷道利用率的有效提高，改善整体切割效果。与传统截割工艺相比，合理的截割力能规避掘进机空刀等问题，减少人工切割巷道断面存在的修圆等环节，提高截割效率。②截割巷道的断面更加平整。利用对应的程序设计，截割路线能配合后方定位仪工作，不管掘进机在哪一位置区间，截割部都能根据预定的路线完成截割作业，确保巷道断面能一次成形，并且外观的平整度更高，也规避了超采等问题的出现，避免了人工截割工艺的截割量难以控制和视野受限等问题。③有利于成本的控制。自动化智能化截割可降低劳动强度。传统的人工截割作业需要操作人员辅助截割人员完成掘进机切割作业，而自动化智能化截割可实现这些工作的一键完成，让断面可以迅速成形，其间不需要人为主动干预，操作人员只需要对掘进机工作状态进行远程监控，人工劳动强度的降低使得成本控制更加简单。④安全性更高。自动化智能化截割能让操作人员实现人机分离的远程操作，规避截割期间刀具和碎石迸溅带来的伤害，而且自动化智能化截割还可以让操作人员尽可能远离粉尘污染位置，提高作业的安全性。

4)机械化支护技术

在传统巷道掘进作业中，支护过程进度缓慢是掘进进尺慢的主要原因，支护环节甚至能占用进尺时间的65%～70%。为实现机械化支护的目标，掘进机智能化是基本前提，掘进机应用智能化技术需要将机械化支护纳入其中。支护机具较为特殊，通常都要定期进行钻杆与锚杆的更换工作，因此完全意义上的机械化支护实现起来仍具有一定的难度。当前掘进机的支护工作大多为人工支护，机械化支护的实现可有效配合掘进机施工作业，提高支护效率等。当前我国只有部分矿区可应用掘进机或配套四臂锚杆机等设备，实现机械化支护的目标，但在生产作业中需要保证空顶距离在1台掘进机的长度(10m)以上，很多矿井都没办法达到这一标准。对此在掘进机的设计上，可考虑将锚杆机设计到掘进机内部，集成2台锚杆机，从而有效提高支护环节的作业效率。在掘进机完成截割作业之后，锚杆机可由掘进机内部转到掘进机前部完成支护，若矿井条件支持，还能在掘进机与锚杆机一体化的基础上配置1台运锚机，利用掘进机配套锚杆机的方式实现顶部支撑，其余侧帮及锚索的支护工作可利用后方配置的运锚机执行。运锚机在支护工作中，掘进机可顺带执行后续的截割与支护作业，将支护所需时间合理分配，提高掘进效率。运锚机能接收并运输掘进机物料，也能为掘进机配置锚杆机，完成后续的锚杆及锚索支护作业。图5-15为一台煤矿用双臂液压锚杆钻车。

图5-15 煤矿用双臂液压锚杆钻车

5.4 智能化开采信息化技术

5.4.1 矿山信息化系统

矿山信息化系统是信息系统逐渐用于矿山开采系统并进行行业创新的结果。经过多年的发展和演化，矿山信息化系统已发展成以井下特殊环境安全开采为本质要求的具有矿山行业特色的信息化系统，一般由感知执行层、传输层、存储分析层、控制层、决策层组成。

随着信息化技术的逐渐成熟及信息技术带来的技术变革，基于广连接和敏响应的网络技术的支撑，打破初期的垂直层级结构和中心化思想，重塑决策层级和数据流，整体架构由中心化思想主导的主从式层级架构演化为分布式决策和微服务支撑的扁平式架构。该架构最大的特点是从矿山开采和安全的核心需求出发，基于新一代网络技术、人工智能和云边端计算技术等对流程和管理进行再造，既能利用物联网和边端智能的能力保证终端系统的敏捷响应，又能充分发挥云端智能和大数据分析的优势，实现智能化开采的整体优化和高效管控。新一代信息化系统总体架构如图 5-16 所示。

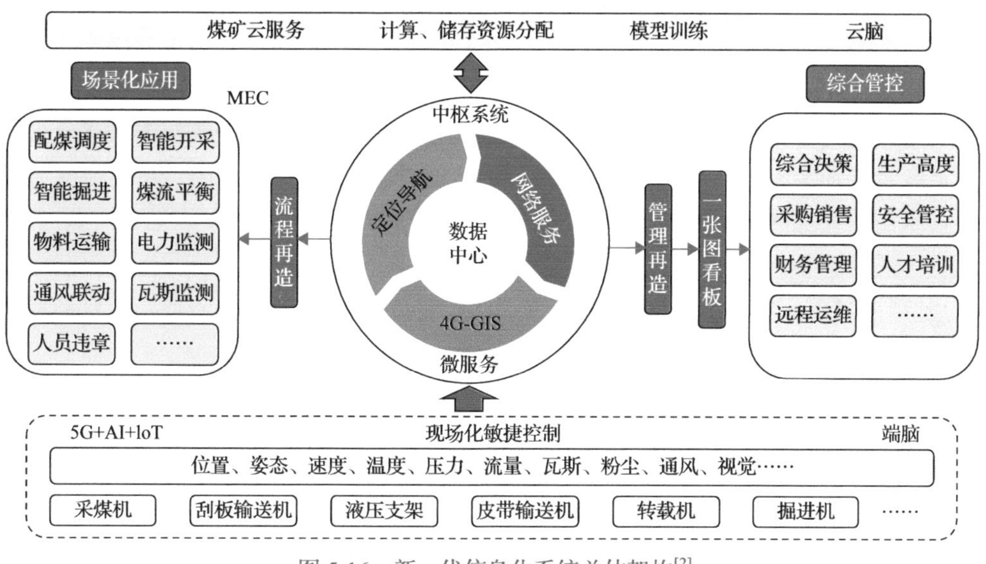

图 5-16 新一代信息化系统总体架构[2]

矿山基础感知主要指涵盖矿山地质条件信息、危险源信息、采动空间环境信息、设备信息、人员信息等全维度的信息感知，即综合采用多传感技术实现矿山不同系统信息的全域感知。在此基础上，统一时间基准，以时间关联构建矿山各空间信息，即形成了矿山统一时空信息体系。以煤矿为例，煤矿井下人、机、环等信息感知是进行灾害预测、预警的基础，致灾信息的全面、实时感知及融合分析预测是实现灾害防治的关键。信息感知方法可分为接触式感知方法和非接触式感知方法两种。其中，接触式感知即指传感仪器与被测物体产生接触从而达到感知和测量目的的方法，比如常见的矿用气体传感器、风速和流速传感器、温度传感器、粉尘浓度传感器、矿用压力传感器等。非接触式感知主要包括红外光谱气体传感器、超声波时差法风速传感器、超声波频差法流量传感器、红外温度传感器、超声波物位传感器、激光雷达传感器等。

5.4.2 矿山通信与网络

5.4.2.1 智能化开采通信要求

通信与网络是工作面智能化开采的基础，通过采用有线、无线等通信技术实现矿山井上下设备之间、人与设备之间的信息交互、实时控制、协同作业等功能，对矿井的自动化、信息化乃至智能化具有重要的支撑作用。煤矿因其井下环境特殊，存在瓦斯等爆炸性气体、粉尘、潮湿、淋水、空间狭小、巷道弯曲等情况，制约着地面通信技术直接在煤矿井下的应用。煤矿通信具有独特的电气防爆要求、无线通信距离受限、无线传输干扰多、缺少定位授时基础设施支撑、有线无线网络融合互补等显著特征。随着智能化工作面建设的深入，对矿山通信系统提出了更高的要求。

(1)高可靠多源数据承载。满足数据、文件、视频等实时传输要求，支持井下语音通话、数据传输、视频监控和人员定位等信息共网传输。

(2)高宽带主干网络。为满足矿井上下高清视频、海量监测监控信息的传输需求，需建设传输宽带≥10Gbit/s、冗余环形结构的主干网络。其核心设备采用三层交换机，具备自诊断功能，具有网络流量管理及网络拓扑自带生成功能，网络自愈时间小于50ms。

(3)高宽带无线通信。煤矿生产设备、安全监测传感器、监控摄像头等设备众多，数据节点数量多达上万个，这些设备的接入及传输需要大容量接入及高宽带传输能力。系统可接入基站容量满足矿井无线通信全覆盖的最低要求，单个基站支持不少于32个用户开发。

(4)超低时延、精准时钟同步。井下通信网络能够满足自动驾驶、采掘装备远程操控等系统高实时性要求。

(5)网络融合满足多场景应用需求。各种有线和无线通信网、网络管理系统等能实现异构网络融合，互联互通，将海量不同来源的矿山信息资源进行全面、高效和有序的管理整合。煤矿智能化应用涉及采、掘、运、提、排、通、机修、监测、调度、控制、洗选等各生产及附属环节，涉及的高带宽应用类、高可靠低时延应用类及多用户接入应用类场景，需选用合适的网络通信技术来满足现场需求，并能实现信息共享及综合利用。

5.4.2.2 智能化开采主干网络

目前，智能化开采主干网络主要为高带宽工业以太网(千兆/万兆及以上工业以太网)。工业以太网技术在商用以太网基础上进行了适应性方面的调整，结合工业生产安全性和稳定性的需求，增加了相应的控制功能，提出了符合特定工业应用场所需求的相应解决方案，工业以太网能够满足工业生产高效性、稳定性、实时性、经济性、智能性、扩展性等多方面的需求，可以真正延伸到实际企业生产过程中现场设备的控制层面，并结合其技术应用的特点，给予实际企业工业生产过程的全方位控制和管理，是一种非常重要的技术手段。

工业以太网主干网络主要技术特点如下。

(1)支持10000Mbit/s及以上通信速率，核心设备采用三层交换机，支持路由、冗余功能。

(2)基于端口的虚拟局域网(virtual local area network，VLAN)、IEEE 802.1Q VLAN和通用VLAN注册协议(generic VLAN registration protocol，GVRP)，可简化网络规划。

(3)全方位的工业网络安全功能。

(4)支持快速生成树协议(rapid spanning tree protocal，RSTP)、生成树协议(spanning tree protocal，STP)、多生成树协议(multiple spanning tree protocal，MSTP)等多种标准的冗余协议，如介质冗余协议(media redundancy protocol，MRP)的环网或多子环协议应用。具有网络流量管理及网络拓扑自动生成功能，网络自愈时间小于50ms。

(5)端口模块化设计，介质模块支持热插拔。

(6)支持服务质量(quality of service，QoS)(IEEE 802.1p/1Q和TOS/DiffServ)，提高网络稳定性。

(7)支持IEEE1588等时间同步协议。

(8)支持Ethernet/IP、PROFINET、MODBUS-RTPS等工业以太网协议。

5.4.2.3 智能化开采无线通信技术

在矿井无线通信方面，可承载通话、高清视频的4G、WiFi已经广泛应用，新一代的5G、WiFi6也已进入矿用化阶段。在适用于低功耗感知终端的无线传输网络技术中，LoRa、ZigBee、Bluetooth等技术较为常见，技术特点各有优劣；UWB、NB-IoT、Wave Mesh等通信方案在部分产品中有少量应用，由于受到网络节点容量、吞吐量、实时性等性能影响，目前尚在技术瓶颈攻克阶段。

1) WiFi无线通信

目前矿用WiFi无线通信系统仍以WiFi4(802.11n)为主，WiFi5(802.11ac)由于采用5GHz高频段，目前在矿井应用较少。随着支持2.4GHz频段的WiFi6(802.11ax)的应用，将推动矿用WiFi系统升级。

矿用WiFi6无线通信系统由调度交换机、录音服务器、无线管理控制器、触摸屏调度台、地面无线基站、矿用本安型无线基站、矿用本安型手机、矿用隔爆兼本安型电源及其他配套设备组成，系统接入矿井在用工业以太环网，无须额外建设专用的语音传输线路，可减少线路建设资金的投入。

此外，矿用WiFi6无线通信系统具有传输带宽高、系统简单、建设维护成本低等优点，但也存在移动性差、传输时延较5G大、通话质量相对4G/5G系统低等劣势，适用于矿井下有大量并发流量、移动性/通话质量要求不高的场景，除提供语音通信外，还可用于移动宽带传输、高清视频传输、应急救通信、井下无线互联等，同时，还可与人员定位、调度通信等系统深度融合，构建多系统融合一体化网络，推动智能化矿山的建设与发展。

2)5G 技术

5G 技术，即第五代移动通信技术(5th generation of mobile communication technology)。国际电信联盟(International Telecommunication Union，ITU)定义了 5G 的三大类应用场景，即增强移动宽带(enhanced mobile broadband，eMBB)、超高可靠低时延通信(ultra reliable and low latency communications, URLLC)和海量机器类通信(massive machine type communications，mMTC)，具备大宽带(用户体验速率达 1Gbit/s)、低时延(低至 1ms)、广连接(用户连接能力达 100 万连接/km^2)的特性。

5G 技术具有以下特点。

(1)连续广域覆盖。最传统的通信场景，以保证用户的移动性和业务连续性为目标，为用户提供 100Mbit/s 以上无缝的高速业务体验。

(2)热点高容量。主要面向局部热点区域，为用户提供 1Gbit/s 的数据传输速率，满足网络流量密度需求。

(3)低功耗大连接。针对物联网中部署大量终端的应用场景，满足每平方千米百万连接数的密度指标要求，终端功耗低。

(4)低延时高可靠。主要面向车联网、工业控制等垂直行业的极端性能需求，为用户提供毫秒级的端到端时延或接近 100%的传输可靠性。

5G 技术在煤矿专网的应用，为煤矿提供了井上下一体化无线高可靠宽带传输平台，实现移动语音通信及调度、移动高宽带传输、高清视频传输、实时远程操控、应急救灾通信、井下无人驾驶、井下工业互联等功能，为矿山信息化、自动化、智能化建设提供可靠的通信保障，满足了井下人-人、人-物、物-物互联的通信需要。矿用 5G 通信系统采用独立组网(standalone，SA)架构组网，5G 核心网本地化部署，5G 无线专网与公网物理隔离，核心网、基站均在煤矿本地部署，以保证数据不出矿区，从而提高数据传输的安全性和可靠性。

5.5 厚煤层智能化开采

5.5.1 放顶煤开采智能化放煤技术

煤炭开采过程中主要涉及两类煤岩识别问题，一是综采工作面采煤机割煤过程中的煤岩界面识别，二是放顶煤工作面放煤过程中的煤矸识别。无论综采工作面采煤机割煤过程中的煤岩界面识别，还是放顶煤工作面放煤过程中的煤矸识别都具有很大难度，还都没有成熟的技术。割煤过程的煤岩识别尽管已经有 30 余年的研究历史，但目前仍然是以记忆割煤为主。放煤过程中对后部刮板输送机上快速运动的煤矸堆积体进行煤矸识别，比工作面割煤过程的煤岩识别难度更大，精度和可靠性要求更高。目前，放顶煤工作面仍普遍采用人工放煤方式，放煤工人从液压支架间隙观察后部刮板输送机上的煤矸流，观察垮落的矸石是否被放出，以及放出的煤矸量，进而决定是否关闭放煤口，停止放煤。这种方法劳动强度大、生产效率低、环境粉尘大，且容易出现误操作，不能准确区分顶煤中的夹矸和顶板岩石的情况。

智能化放顶煤开采是以智能化综采技术为基础，通过实现智能放煤最终达到放顶煤工作面的智能化控制。在智能化放顶煤开采相关技术领域，近年来国内进行了初步的探索试验，如兖矿能源集团兴隆庄煤矿试验程序控制与人工补放结合的放煤方式；潞安王庄煤矿试验了声音频谱煤矸识别技术；中国矿业大学进行了基于声波、近红外光谱、自然射线等放煤过程自动控制系统的实验研究，利用高性能多次回波信号反射激光雷达扫描技术对后部刮板输送机上的运煤量进行监测；河南理工大学提出了微波加热-红外探测的主动式煤矸识别方法；山东科技大学通过分析尾梁振动信号进行放顶煤工作面的煤矸识别；山东工商学院等提出综合运用多种监测手段实现精准放煤控制的思路；北京天地玛珂电液控制系统有限公司试验了记忆放顶煤方式；晋能控股集团同忻煤矿采用煤矸冲击振动传感器识别矸石到达放煤口的时间。

上述技术研究的核心是聚焦于放煤过程中如何识别、检测煤矸，即识别放煤过程中放出的是煤流还是矸石流，至于放出煤矸混合流中的含矸率没有研究，也无法计算煤矸流中的含矸率，无法分辨放出矸石是来自煤层夹矸还是顶板。为了识别放出的矸石是来自煤层夹矸还是顶板，基于自主研发的顶煤运移跟踪仪（发明专利号：ZL200910080005.9），又研发了顶煤运移时间测量系统，构建了基于该技术的智能放煤控制系统，可以实现精准控制的多轮顺序智能放煤，已在淮北朱仙庄煤矿 8105 工作面进行了初步应用。最近几年，深度学习发展迅猛，已广泛渗透于各个行业、各个领域，用于解决复杂环境下的场景理解问题，为图像识别智能放煤技术提供了技术保障，通过语义分割可以对放顶煤工作面后部刮板输送机上煤流中的煤矸边界进行提取，进而获得含矸率，指导智能放煤。

国外放顶煤开采技术仅在土耳其、孟加拉国、澳大利亚等少数几个国家有相关应用且大多为国内放顶煤技术的输出，如兖矿能源集团将放顶煤开采技术应用到澳大利亚澳斯达煤矿，并探索了基于时间控制的自动化放煤方式。2018 年，卡特彼勒公司提出了基于记忆支架位态的智能放煤技术。此外，以惯性导航技术，超声波、热红外、太赫兹光谱等煤岩识别技术，虚拟现实技术，多传感器技术为代表的综采工作面自动化技术使综采工作面的智能化成为可能，这也为智能化放顶煤开采技术的研究提供了一定的技术参考。

实现智能放煤的核心是正确把握放煤口开启和关闭的时机，但目前尚未取得关键突破。作者团队经过 10 余年的联合科技攻关，通过对图像、声音、振动等多种煤矸识别技术的不断探索和研究，最终聚焦到图像识别技术，创新了放顶煤工作面后部刮板输送机上煤矸堆积体灰度差异特征的图像快速识别方法，发明了适用于放顶煤工作面高粉尘条件的煤矸图像采集系统，实现了放顶煤工作面的智能放煤，攻克了放顶煤工作面智能开采的关键技术难题，在淮北矿区和开滦矿区进行了现场应用[23-24]。

5.5.1.1 煤矸图像特征的照度因素影响机制与煤矸识别特征选取

目前，在放顶煤工作面通常是放煤工人通过观察放煤口附近后部刮板输送机上煤流的颜色（或灰度）来判断矸石是否已经被放出，或者估计放出的量，进而决定是否关闭放煤口。40 多年的放顶煤生产经验也表明，在大多数煤层赋存条件和生产环境下，通过人工肉眼辨识煤矸，进而控制放煤口的开关是可行的、有效的。因此，完全可以使用成熟的图像识别算法代替人工来识别煤和矸石，达到减人增效的目的。关于图像识别，主要有两条思路。

第一种研究思路是利用经典的图像处理算法计算含矸率。灰度和纹理是图像识别最常用的两个特征指标，分形维数可以用于反映煤矸表面纹理的复杂程度。该方法原理简单，在图像识别煤矸分选领域得到了广泛应用，其可靠性得到了验证。

第二种研究思路是利用深度学习算法对煤矸图像进行语义分割，进而计算含矸率。不论是经典的图像处理算法，还是基于深度学习的语义分割算法，分析的对象都是图像，而图像又是目标物体、光源、环境以及图像采集系统等多种因素共同作用的结果，同一物体放置在不同的光照环境下，或者使用不同的传感器进行采集，得到的图像也是不同的，进一步通过算法得到识别的结果可能也是不同的，特别是对于煤和矸石的识别，这类问题更加显著。因此，将照度概念引入图像识别自动化放煤技术的研究中，为煤矸图像识别提供最优照度或最优特征，这也是煤矸图像识别有别于其他领域进行图像识别的地方。

5.5.1.2 煤矸图像精准分割与含矸率计算

相比于其他识别技术或手段，图像识别自动化放煤技术的一大优势是可以实现含矸率的识别。含矸率(rock mixed ratio，RMR)是指从放煤口放出并落在后部刮板输送机上快速移动煤流中的矸石体积(矸石表面积或二维图像中的投影面积)与煤矸总体积(总表面积或二维图像中的总投影面积)的比值，取值范围为 0%～100%。

目前，常用的一些自动化放煤技术，如基于声音或者振动信号的技术，仅能对“放煤”“放矸”两种放煤阶段进行区分，而无法对含矸率进行判别，这是典型的“见矸关门”原则。最近的研究发现，当含矸率为 10%～15%时，才可使顶煤采出率达到最大化，这就要求对煤矸识别时，要对含矸率给出定量精准判断，否则会造成较大的顶煤损失。

对含矸率的精准判断离不开高精度的图像分割结果，放顶煤领域的图像分割不同于其他领域。比如在煤矸分选过程中，待分选的煤和矸石被平铺在皮带输送机上，然后通过传感器，而放顶煤工作面，后部刮板输送机带动煤流快速移动，煤和矸石相互堆积叠压(图 5-17)，不利于边界识别与含矸率计算。

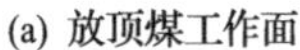
(a) 放顶煤工作面

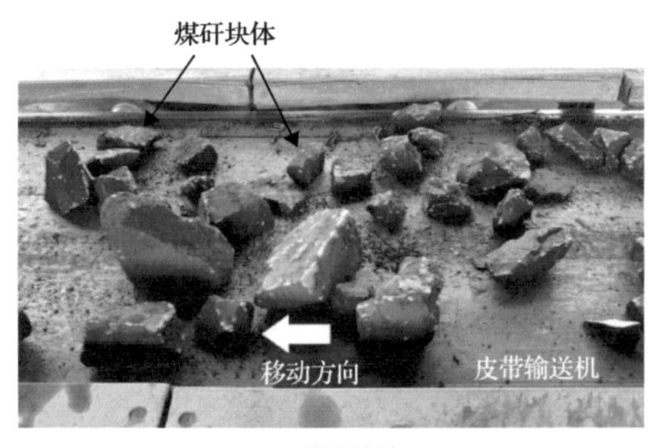

(b) 煤矸分选

图 5-17 不同研究领域的煤矸识别

为了实现图像的精准分割，从经典算法与深度学习算法两个思路开展研究。在经典算法方面，提出了一种适用于煤矸图像分割的基于多尺度重建及标记控制分水岭算法，实现了煤矸混合图像的分割(图 5-18)，但是对图像中阴影区域的辨识能力较差。

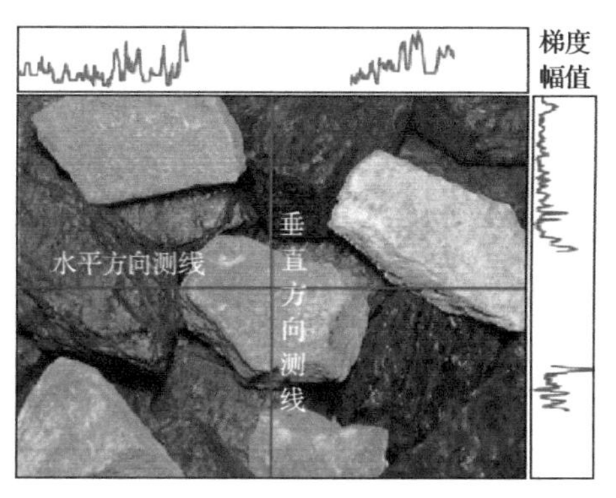

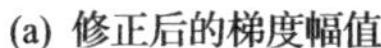

(a) 修正后的梯度幅值

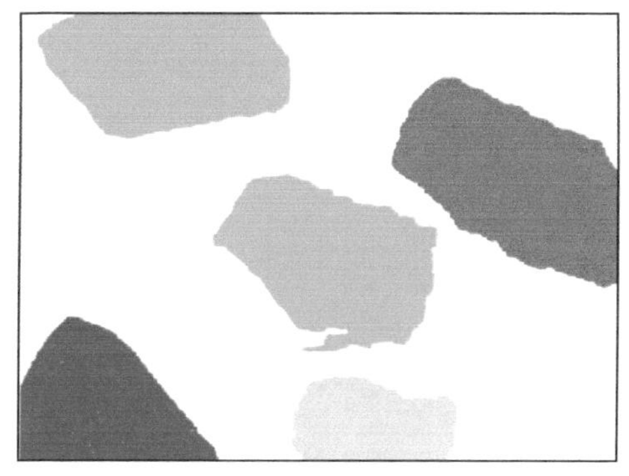

(b) 分割后的图像

图 5-18 经典算法分割结果

将深度学习算法引入含矸率识别研究中，提出了一种轻量级的放顶煤工作面矸石识别及边界测量模型(图 5-19，其中，r 为空洞率)。图像低级特征由深度可分离的轻量级卷积结构提取，提高特征提取速度。高层图像信息由多尺度模块提取。低级和高级多尺度信息融合后，获得了图像中矸石目标的完整边界。通过标注煤矸图像数据集训练，快速获得放顶煤图像中的矸石准确边界(图 5-20)。

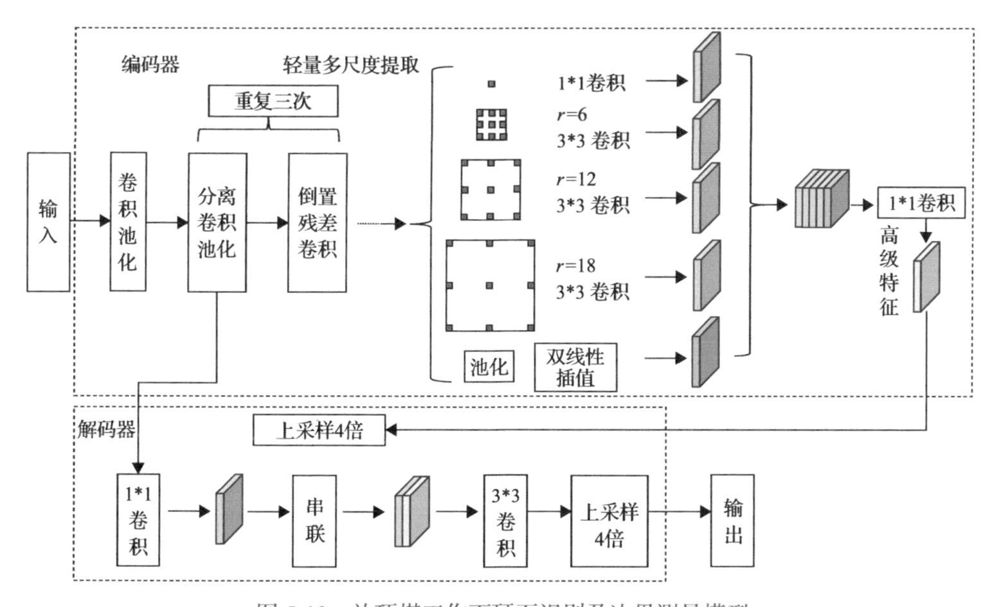

图 5-19 放顶煤工作面矸石识别及边界测量模型

含矸率是一个广义的概念，不仅可以用投影面积比表示，还可以用表面积比或者体积比表示。通过统计二维图像中像素点个数，可以得到用投影面积表示的含矸率。实际上，放顶煤工作面后部刮板输送机上煤流中的煤和矸石是三维块体，且相互叠压堆积，所以，通过煤矸二维图像反演煤矸块体三维堆积形态，获得煤流表面的体积含矸率，并且对叠压在煤流内部的体积含矸率进行预测(图 5-21)，这是一种提升含矸率测量精度的方法，也是图像识别自动化放煤技术有别于且领先于其他监测手段或方法的地方。

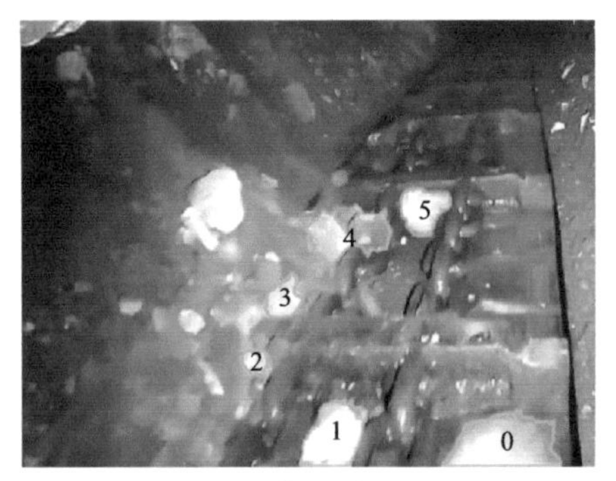

(a) 图像分割结果

(b) 二值化处理

图 5-20 图像采集与分割

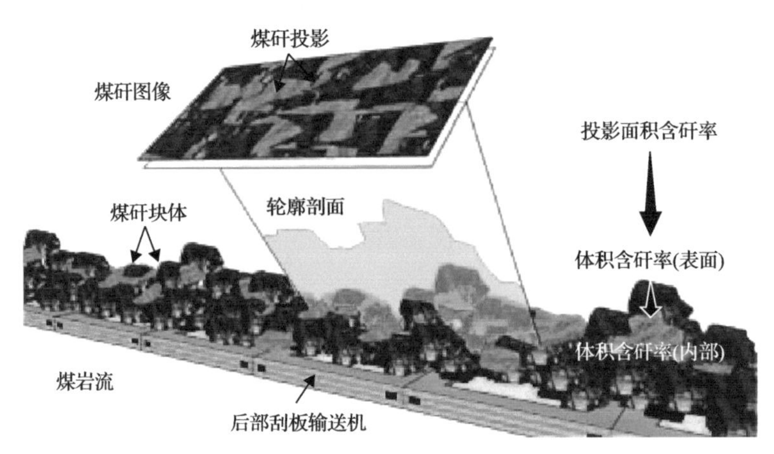

图 5-21 图像识别自动化放煤技术涉及的几种含矸率

5.5.1.3 基于立体视觉的照度智能监测与自适应调节

照度是图像识别智能放煤技术中需要考虑的重要因素，照度的准确测量和控制是获得高质量图像和实现高精度识别的前提。在放顶煤工作面放煤过程中，被放出的煤和矸石在后刮板输送机上快速移动，照度测量困难。为此，提出了一种利用立体视觉深度测量技术来监测照度的新方法。放出的煤矸表面的照度与光源功率有关，也与光源和煤矸表面的距离(光照距离)有关。光源功率可以用功率计来测量。在图像识别自动化放煤技术中，基于立体视觉的深度测量技术可以在不增加设备和工作量的前提下完成图像采集工作，在获得距离数据的同时，还可以提取物体的灰度、颜色或纹理特征，实现语义分割。

因此，本书提出了一种基于立体视觉的照度自动化监测与自适应调节方法，为图像识别自动化放煤技术提供最优照度。在放顶煤工作面，利用图像深度信息确定光照距离，配合功率监测确定实时照度，进而通过调节功率获得最佳照度，然后在最佳照度下对图像进行采集和识别(图 5-22)，实现图像识别自动化放煤过程中的照度自适应调节。实际上，如果相机和光源并列放置，那么可以直接用图像深度近似代替光照距离。如果分散布置，则也可以通过几何关系换算确定光照距离。

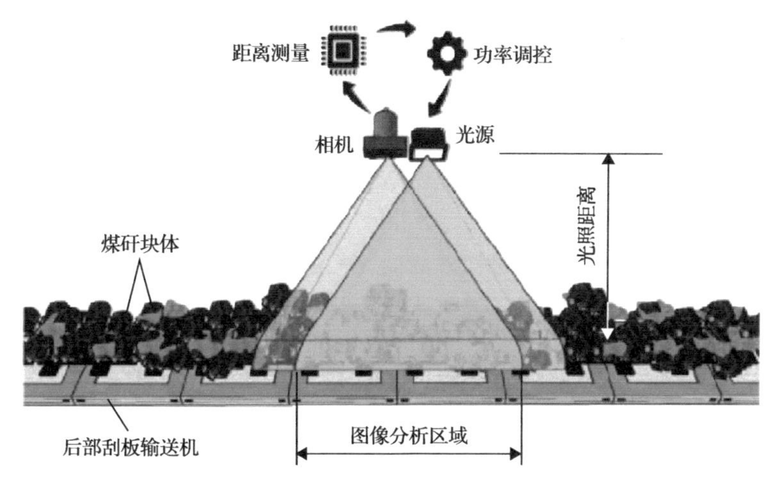

图 5-22 基于立体视觉的照度自动化监测与自适应调节原理

5.5.1.4 煤矸堆积体投影面积含矸率与体积含矸率关系

二维和三维形态特征是表征不规则煤矸块体形状的重要指标。二维形态特征很容易从二维图像中获得，但它不能全面反映块体的形状。三维形态特征包含许多指标，对块体的描述更全面，但三维形态特征很难测量，尤其是在放顶煤工作面要求对后部刮板输送机上的煤岩流进行实时监测的环境下。因此，从二维图像中快速、直接、准确地估计三维形态特征是一个重要的课题。在实验室实验和数值模拟的基础上，揭示了煤矸块体的三维形态特征与二维形态特征之间的关系。

二维形态特征与图像采集的视角有关，即不同视角下的煤矸块体的二维形态特征不同(图 5-23)，所以，在分析煤矸块体二维特征时，需要首先确定观察视角。在放顶煤工作面，从放煤口放出煤矸块体在经过放落、碰撞后，会倾向于以优势方位(preferred orientation)堆积在后部刮板输送机上。因此，有必要确定对后部刮板输送机上的煤矸块体的观察视角，而不是随意观察，在优势方位下提取的形状特征才有意义。基于这一假设，利用多视图像序列精准重建煤矸块体模型，用离散元法进行自由落体数值计算，确定具有不同形状特征参数块体的优势方位(图 5-24)。

在此基础上，分别计算煤矸块体在优选方位下的二维形态特征和三维形态特征，对两者进行相关分析，揭示二维形态特征与三维形态特征之间的关系。结果表明，二维形态特征与三维形态特征具有较高的相关性(图 5-25)。因此，可以通过对二维图像分析，估计煤矸块体的三维形态特征，进而修正含矸率数据，作为 S2I 含矸率高精度预测两步走策略的第一步，实现投影面积含矸率向表面体积含矸率过渡。在此基础上，进一步对煤矸块体堆积特征进行分析，获得煤岩流表面体积含矸率与内部体积含矸率的关系，达到利用二维图像预测三维含矸率的目的，实现含矸率的高精度测量。

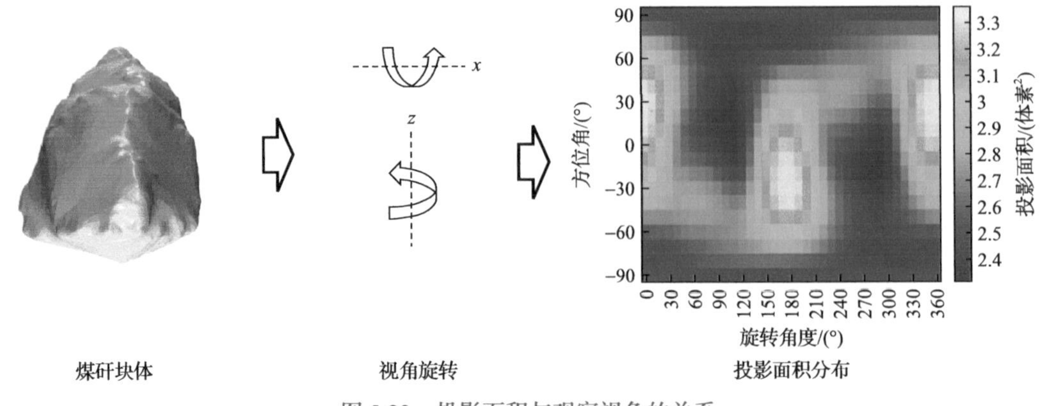

图 5-23　投影面积与观察视角的关系

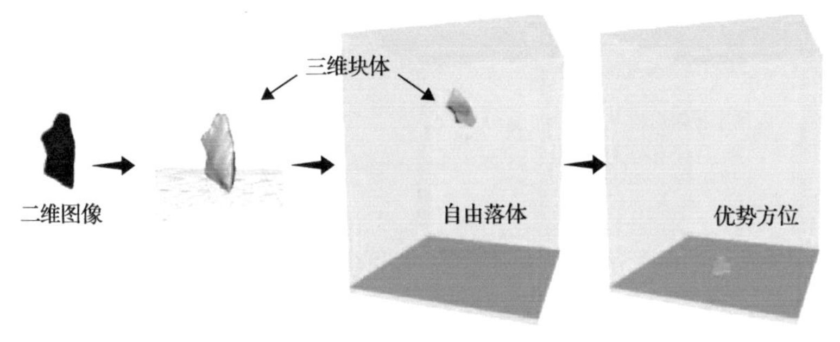

图 5-24　优势方位确定过程

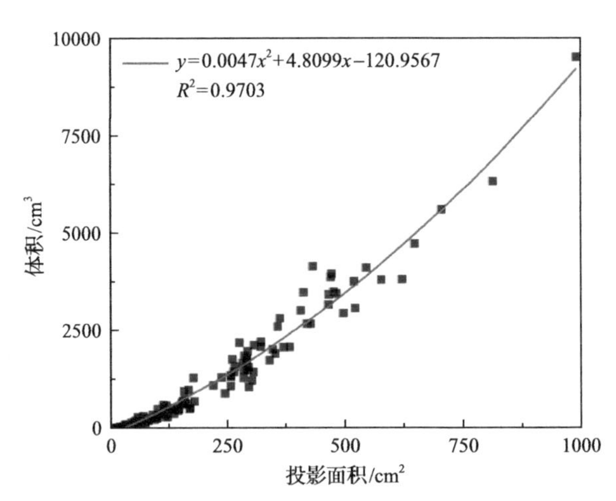

图 5-25　煤矸块体投影面积与体积的关系

5.5.1.5　图像识别智能放煤技术及装备

1) 图像采集系统

放煤过程粉尘极大，如何保证摄像头的清洁并获取清晰高质量的图像成为制约能否实现图像识别智能放煤的关键。图 5-26 和图 5-27 为 2020 年课题组研制出能够适应井下高浓度粉尘、水雾环境、具有数据独立处理功能的图像采集系统第一代原理样机——“慧眼一号”（Insight-I）。

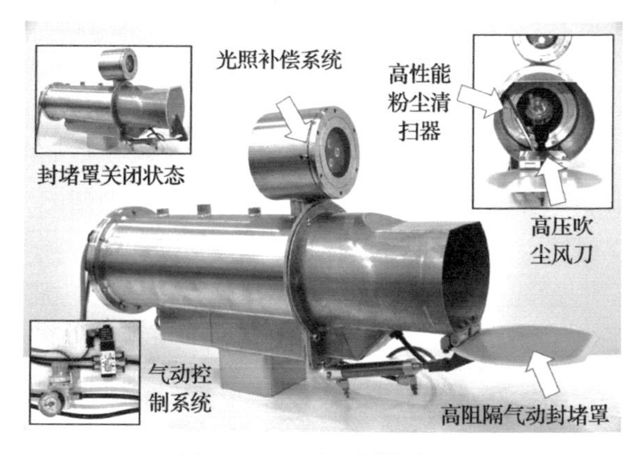

图 5-26　自清洁摄像头

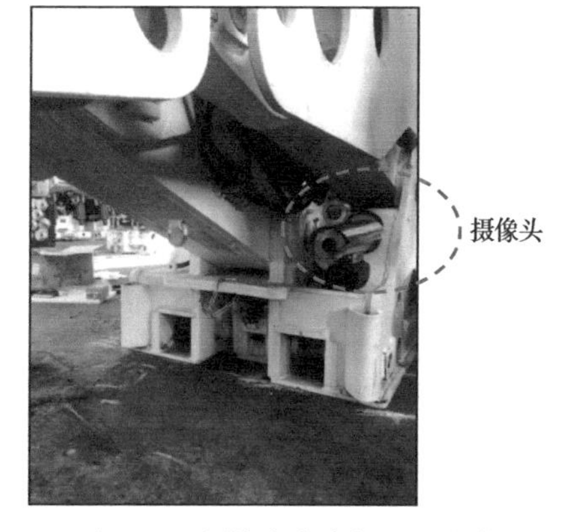

图 5-27　摄像头在支架上的安装

该系统基于人体仿生学以及边缘人工智能(artificial intelligence，AI)技术，分别模仿眨眼、揉眼、吹灰等动作，通过高阻隔气动封堵罩、高性能粉尘清扫器、高压吹尘风刀，实现图像采集系统粉尘自主感知与清除功能，并实现了在图像采集端完成数据处理工作，降低了数据传输压力，提升了系统可靠性和响应速度。

2) 智能放煤在线监测软件

a) 软件架构

图像识别智能放煤在线监测软件主要包括采集模块、场景模块、图像模块、通信模块等四个部分，涵盖摄像头数据采集、人机交互接口、煤矸目标识别与测量算法、检测结果的图形化显示、数据通信等核心内容，可以实时采集视频/导入视频数据，处理图像数据获取，弹窗提示，远程传输，以及实时存储放煤环节含矸率数据。含矸率的实时检测结果以图形化形式显示，串口通信将含矸率传输至控制器，实施放顶煤的智能控制。软件架构如图 5-28 所示。

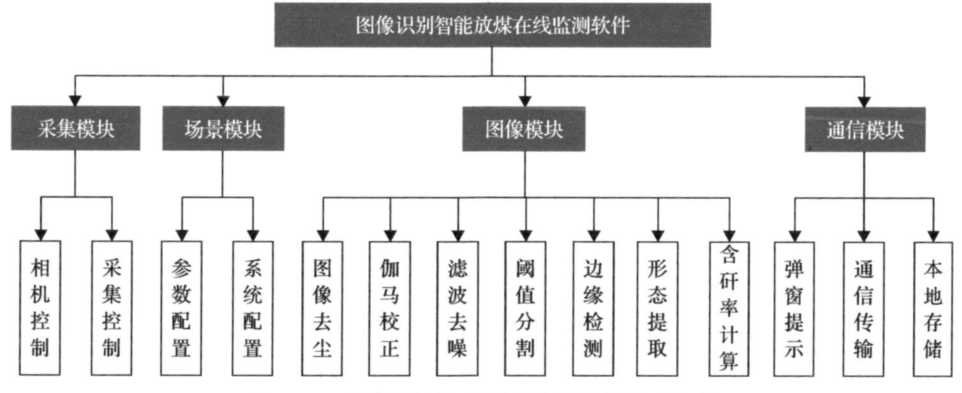

图 5-28　图像识别智能放煤在线监测软件架构

b)软件界面设计

主界面包括：菜单栏、文件的打开保存操作、摄像头的打开关闭操作。手动选择文件夹下单张图片或者视频进行煤矸识别，或者选择打开登录界面，配置摄像头采集视频图像。主界面从左到右从上至下分成四个图像区域，分别是：采集视频、视频图像检测区域选择、检测结果展示、含矸率曲线图。界面最右侧分别是：检测结果通信参数设置和含矸率实时输出。

为减小复杂背景对识别过程的干扰，使用手动选取区域的方式进行刮板输送机的区域定位，将图像识别范围约束在刮板输送机工作区域，提高图像处理速度和识别精度。为方便工作人员对图像中刮板输送机的区域圈定，采用鼠标硬件设备和 Qt 实现区域选择任务。此任务的实现包括以下两步。

(1)初始矩形框圈定。将 Qt 鼠标事件与鼠标硬件设备进行关联，实现鼠标左键触发、移动与释放功能，进行区域选择定位。触发鼠标左键，触发点为选框起点；移动鼠标，到达所需终点位置；释放鼠标左键，所释放点即为选框终点。

(2)矩形框调节。当初始选框完成后，如需进一步调整选框，可将鼠标光标置于选框端点处，并触发鼠标左键进行相应选框位置的调整。选框完成后，即可确定选框起始点位置，从而计算其宽高。刮板输送机图像区域选择，如图 5-29 中的右上图像框。

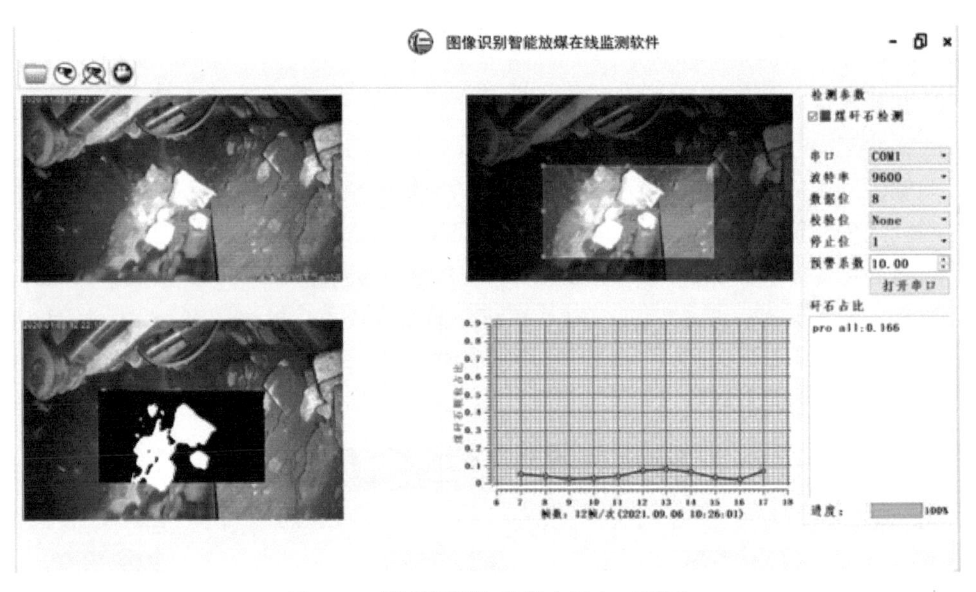

图 5-29　煤矸识别与监测人机交互界面

图像识别自动化放煤技术相关成果在淮北矿业朱仙庄煤矿 8105 放顶煤工作面、袁店一矿 824 放顶煤工作面以及开滦(集团)有限责任公司唐山矿 0291 放顶煤工作面进行试验，取得了良好效果，顶煤采出率预计可以提高 5%以上。近两年又开始在神东保德煤矿、潞安王庄煤矿进行应用。

5.5.2 大采高智能开采关键技术

5.5.2.1 智能化超大运量运输技术[25]

设计了 SGZ1400/3×1500 型超大运量中双链刮板输送机，采用 Φ56mm×187mm 规格 F 级链条，输送能力达到 5000t/h。首次采用双中板结构交叉侧卸式机头架，双层盒状结构的大行程电液控制自动伸缩机尾等新结构，能够根据油缸压力变化自动调整油缸伸缩量，始终保持刮板链合理的张紧度。采用高压变频软启动技术，通过对刮板链自动张紧、驱动部、链条等系统的运输状态进行监测，具有智能启动、智能调速、煤量检测、功率协调、双向协同控制等功能。研制了新型 172mm 大节距销排与 2050mm 规格的刮板机匹配，配套 1600mm 槽宽大功率转载机与破碎能力达到 7000t/h 的破碎机，形成完整的超大采高工作面运输系统。

5.5.2.2 综采智能化系统集成技术

基于“无人跟机作业，有人安全值守”的开采理念，通过工作面巷道的可视化远程遥控监控中心实现了对采煤机、液压支架、刮板输送机等设备的实时远程监测与控制，通过采用适应于狭长工作面支架电液控制系统的双总线冗余网络及无延时的信号中继器（系统响应时间小于 300ms），解决了信号传输延时的技术难题。

通过采用新型倾角传感器、压力传感器、摄像仪、监视器等装备，实现了对工作面煤壁片帮、液压支架姿态、设备运行状态等实时监测。利用接近传感器可以有效判断支架护帮板的收回状态，避免采煤机与护帮板发生干涉，缩短整体移架时间；通过激光测距仪、压力传感器、行程传感器等识别工作面高度、顶底板条件等，智能决策相应的动作过程；利用液压支架一级护帮板上安装的行程传感器和压力传感器，实现对煤壁支撑压力的实时检测与智能控制，有效提高对工作面煤壁片帮的管理水平。

基于上述多种传感器的感知信息，实现了工作面设备间的智能联动控制，解决了采煤机、液压支架、刮板输送机协同控制的难题。

5.5.2.3 工作面围岩支架耦合控制技术

根据大采高综采智能化工作面的特点，需要实现工作面围岩支架耦合控制。工作面围岩支架耦合控制可以实现支架姿态监测、顶板围岩耦合、帮部围岩耦合及支架倾倒控制等功能。

1）支架姿态监测

根据支架底座、顶梁、掩护梁、前连杆的倾角传感器元件，实时检测支架的工作姿态，防止支架的倾斜或咬架等发生，及时给予停止或闭锁。

2）顶板围岩耦合

根据支架立柱压力传感器、一级护帮板的压力传感器和行程传感器、三级护帮板的接近开关等感知元件，对工作面顶板围岩参数进行实时监测，对工作面顶板垮落、冒顶等情况进行有效监控，以便及时发现顶板围岩的危险性情况。

3）帮部围岩耦合

通过支架的行程传感器、压力传感器及接近传感器等深度智能感知工作面帮部围岩的变化情况，采取有效的护帮行为。通过在支架护帮板上安装行程传感器，使成组收护帮板时形成逐渐打开的形状，防止在收护帮板以后有大块煤垮落砸坏立柱油缸或卡在支架与电缆槽之间造成支架无法推移等事故；通过在护帮板上安装压力传感器，使护帮板对煤壁支撑效果进行感知，防止大采高综采智能工作面发生片帮事故；通过在三级护帮板上安装接近传感器，防止护帮板动作干涉造成设备损坏，在接近传感器出现故障的情况下，系统自动进行护帮板动作闭锁，对于没有收回或无法收回护帮板的支架进行报警。帮部围岩耦合现场应用效果如图 5-30 所示。

图 5-30 帮部围岩耦合现场应用效果

4）支架倾倒控制

当工作面有倾角或处于仰采、俯采时，大采高综采支架可能会在移架过程中出现咬架、倾倒等事故，采用角度传感器检测液压支架工作状态，在支架运动过程中进行姿态控制，当支架的相关部件角度大于规定值或支架与相邻支架构件的角度大于限定值时，实施对支架动作的闭锁控制，防止支架咬架和倾倒等事故的发生。

5.5.2.4 工作面高清可视化技术

根据煤矿综采工作面的特殊应用环境，经过对国内外已有摄像仪的对比分析，研制出了一款矿用本安型高清云台摄像仪。采用 720P（分辨率为 1280 像素×720 像素）的高清镜头，支持彩色和黑白的自动或手动切换，可以在低照度条件下获得较优视频，满足了对工作面的监控要求。同时通过外部通信对内部云台电机进行控制，实现了旋转精度达到 1°的电机控制功能；实现了对步进电机的灌封工艺处理，满足煤矿通用设计要求。通过井下主控计算机进行视频图像接力技术和图像追踪技术的研究，实现视频画面对采煤机等综采设备的实时追踪，将工作面运行画面自动推送至操作人员的面前，完成工作面的远程人工干预。

5.5.2.5 工作面快速移架控制技术

大采高综采智能化工作面需要可以快速移架的控制技术，以达到有效避开工作面周期来压及冲击地压的危害。采用直驱动快速供液控制技术，可以提高液压支架的动作响应速度。FHD500/31.5 型大流量电液控换向阀具有 2 个 DN25 进液口、5 个 DN25 工作口和快速回液功能的 1000L/min 大流量立柱液控单向阀及大流量倒拉推移单向阀配合，可满足 7m 支架快速移架的需求，使液压支架移架速度能够达到 8s/架。

通过液压支架移架动作仿真分析，设定立柱动作距离为 0.1m，推溜千斤顶动作距离为 0.96m，单台支架的降移升时间分别为 3s、3s、2s，整个动作循环时间为 8s。液压支架的移架降移升动作模拟仿真曲线如图 5-31 所示，图中 L 代表行程距离，m；t 代表时间，s。

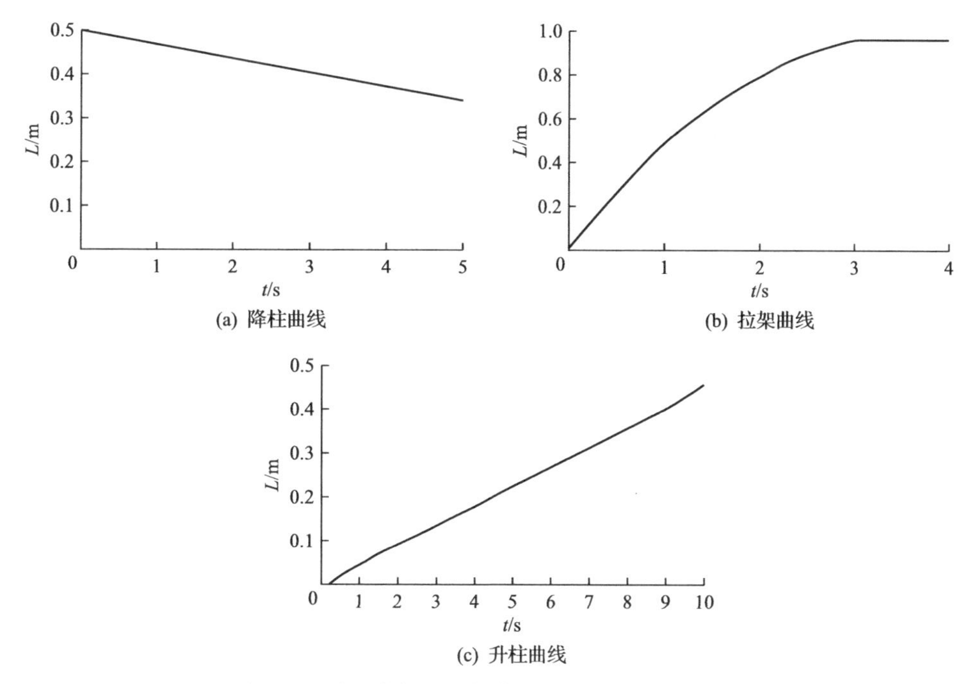

图 5-31 液压支架的移架降移升动作模拟仿真曲线

5.5.2.6 工作面设备三维虚拟现实技术

采用三维动画技术，建立工作面设备的三维模型，解决三维模型与工作面设备运行数据的有机融合，实现具有实时运行数据驱动的三维监视系统。建立的综采工作面三维监视系统可实现采煤机的开采割煤、垮落过程、煤块运出、支架推溜等效果的展现。大采高综采智能工作面三维虚拟现实生产场景如图 5-32 所示[26]。

5.5.3 厚煤层智能化开采案例

5.5.3.1 智能放煤关键技术

同忻煤矿在特厚煤层智能放煤关键技术和放顶煤工作面装备方面实现了自动化。同忻煤矿 8102 工作面作为首个自动化放煤工作面，较之前工作面相比，在原有的压力传感器、推移行程传感器、支架红外线传感器等基础上，又增加了主顶梁、掩护梁、后摆梁

图 5-32 大采高综采智能工作面三维虚拟现实生产场景

及测高传感器等智能设备。根据顶煤厚度、放煤时间、放煤方式选择在地面操作台上进行远程放煤操作，采用三轮顺序放煤、每轮间隔 3 个支架，每个支架从接收信号到放煤结束时间为 40s，通过选择放煤顺序(机组上行还是下行、放煤范围等)，根据倾角传感器进行 1 个月的试验,确定了最佳放煤口的大小为 210～280mm(回高位行程为 260mm)；同时结合测高传感器，根据支架行程，可以适当调整放煤口大小，这样三轮顺序放煤保证了后流煤量充足，同时放煤口的大小又进一步保证了大块矸石不会掉入后部刮板输送机，从而避免了对设备的损坏和对煤质的影响。根据目前试验情况，8102 工作面实现了自动化放煤[27]。

5.5.3.2 智能煤量过载放煤报警装置

同忻煤矿配备了智能煤量过载放煤报警装置，皮带斜巷控制中心增加了煤量监测报警系统(图 5-33)。设置当前后部刮板输送机的电机电流超过 180A、转载电流超过 200A 时，此时位于斜巷配电点的报警系统就会预报：“电机过热”语音。该报警语音通过斜巷配电点经塞瓦向工作面各个塞瓦发出语音报警，从而使工作面人员能够意识到煤量大，岗位工种就会做出相应的反应，如机组司机停止割煤、支架工停止走架、放煤工停止放煤，保证各部运输机煤量不过载，避免安全事故的发生。

(a) 斜巷配电点语音报警装置

(b) 工作面塞瓦语音及报警装置

图 5-33 煤量监测报警系统

5.5.3.3 液压支架升级改造

为了更好预防 8102 工作面在初次来压期间和见方来压期间矿压治理以及在工作面煤流系统方面的影响，较之前工作面存在以下改变。

(1)改变支架选型。中间支架阻力由之前的 15000kN 增大到 21000kN，端头支架阻力由之前的 21000kN 增大到 30000kN。目前，工作面共来压 17 次，每次来压过程中工作面最大压力达到 58MPa 以上。但是通过来压情况看，来压过程中工作面炸帮小，有的几乎没有，说明 21000kN 的支架能够很好地应对工作面压力，对工作面顶板能够很好地进行支撑。

(2)改变支架护帮板的大小。21000kN 支架的护帮板较之前工作面有很大改变，增加了护帮板的长度，能够有效地支护煤壁和顶板破碎区域的顶板。

(3)增加前梁侧护。该工作面支架较之前增加了前梁侧护功能，工作面自开采至今，前半部分顶板破碎，架间漏煤严重，增加了前梁侧护功能后，能够有效减少架间漏煤。

(4)增大前后部刮板输送机电机功率。工作面前后部刮板输送机电机由之前的 1050kW 增大到 1200kW。开采至今，未出现压死后部刮板输送机现象。增加电机功率主要考虑该工作面是目前同忻煤矿倾斜长度最长的工作面，同时又考虑到该工作面煤层较厚。

5.5.3.4 远距离供液供电的应用

8102 工作面首次使用远距离供液供电，同时将操作台人员从串车位置迁至皮带头位置，真正实现了将人员从工作面和巷道中解放出来。使用远距离供液供电有以下优势。

(1)减少了移动串车工作量。远距离供液供电缩短了串车的长度，由原来的 230m 缩短为 88m，极大方便了检修班拉移串车，减少了工作量。

(2)对巷道的适应性更强。之前遇到巷道起伏坡度比较大时，必须稳设 2 个回柱车，同时必须增加阻车器的数量，保证不发生跑车危险。但是现在串车数量大幅减少后，对巷道的适应性更强，安全系数更高。

(3)适应复杂地质条件的能力更强。8102 工作面为同忻煤矿首个孤岛工作面，与两侧采空区均留设 6m 的小煤柱，按照 8305 单侧小煤柱开采情况，6m 小煤柱比之前 38m 大煤柱开采压力有所缓解，但是压力显现仍然严重，采用远距离供液供电后，因为无移变和液泵等重型车，当发生底鼓和帮鼓等情况时，适应能力更强。

(4)泵站的稳定性增加。采用远距离供液后，三台液泵均稳设在远距离供液站处，不用随串车迁移，增加了泵站的稳定性，便于安装、管理和维护，拆卸更加方便，维修空间增加，同时输送乳化油时，不再使用人工进行搬移，节省了大量的劳动力。

(5)可重复服务多个综采工作面。选取合适的远距离供液站位置，可以供多个回采工作面使用，减少设备拆除、安装、修理等费用，降低生产成本。

(6)避免停采时串车长带来的困难。现阶段煤炭企业为多回收煤炭资源，减少停采煤柱过大造成的煤炭损失，要求缩短停采煤柱，最低为 80m，而采用远距离供液供电后，串车长度的减少，有效避免了小煤柱停采时设备列车过长存放带来的困难。

5.5.3.5 远程控制一体化

8102工作面远程控制一体化操作台位于进风巷与盘区搭接斜巷处，将人员从放顶煤工作面解放出来。该远程控制和监控系统(图5-34)主要包括机组远程控制系统、液压支架远程控制系统、三机远程控制系统、皮带远程控制系统、贝克语音通信系统、视频监控系统等。其中，机组远程控制系统可实现采煤机记忆割煤、智能调高和远程干预控制；液压支架远程控制系统可实现“可视化远程控制+自动化控制”以及自动决策并控制液压支架中部跟机、斜切进刀、端头清浮煤、转载机自动推进等动作和工作面自动连续生产；贝克语音通信系统可实现工作面语音通信、急停闭锁机组和支架功能；视频监控系统是在每6个支架配备3台矿用本安型摄像仪，安装于支架的顶梁上，实时跟踪采煤机，自动完成视频跟机推送、视频拼接等功能，实现了生产系统无盲区高清视频监控。该装置的优点可概括为：安全，工作环境好，作业人员少，生产效率高等。

(a) 智能集控室

(b) 远程控制中心

图5-34 智能集控台远程控制中心

5.5.3.6 智能皮带机巡检机器人

在运输皮带巷安装智能皮带机巡检机器人(图5-35)，实现对巡检区域的环境监测、设备状态监测，并与集控中心进行可靠、稳定、即时的数据交互，将现场温度、声音、图像等数据实时传输给集控中心，可以实现对胶带机的带面、托辊、机架、物料等实时

图5-35 智能皮带机巡检机器人

监视，遇到异常情况可以智能识别并拍照上传、报警等；同时可对经过区域的环境、电缆、管路异常状况进行智能识别报警，与经过区域的传感器、基站等进行数据交换，达到代替人工巡检的目的。

参考文献

[1] 王家臣, 魏炜杰, 张国英, 等. 放煤规律与智能放煤[M]. 北京: 科学出版社, 2022.

[2] 王国法, 郭永存, 王家臣. 智慧矿山概论[M]. 徐州: 中国矿业大学出版社, 2023.

[3] 檀静. 我国煤矿自动化建设的现状及发展趋势研究[J]. 企业家天地, 2013, 513(7): 47-48.

[4] 许献磊, 彭苏萍, 马正, 等. 基于空气耦合雷达的矿井煤岩界面随采动态探测原理及关键技术[J]. 煤炭学报, 2022, 47(8): 2961-2977.

[5] 许献磊, 马正, 陈令洲. 煤矿地质灾害隐患透明化探测技术进展与思考[J]. 绿色矿山, 2023, 1(1): 56-69.

[6] 许献磊, 彭苏萍, 马正, 等. 一种矿井煤岩界面智能探测识别系统及方法[P]. 中国, ZL202010304390.7, 2022-02-08.

[7] Xu X L, Peng S P, Ma Z, et al. Intelligent detection and recognition system and method for coal-rock interface of mine[P]. The United States of America; US11306586B2, 2022-4-19.

[8] Zheng M, Xu X L, Peng S P, et al. Development and application of air-coupled GPR antenna for coal-rock interface detection in mines[J]. Journal of Applied Geophysics, 2023, 219: 105238.

[9] 许献磊, 马正, 孙焘, 等. 一种矿用煤岩层位识别的地质雷达天线支架装置[P]. 中国, ZL202010004915.5, 2022-5-17.

[10] Zhu P Q, Xu X L, Ma Z, et al. Research on accuracy and error analysis of coal and rock strata detection based on air-coupled GPR[J]. IEEE Geoscience and Remote Sensing Letters, 2022, 19: 1-5.

[11] Zhu P Q, Xu X L, Peng S P, et al. Research on intelligent identification algorithm of coal and rock strata based on Hilbert transform and amplitude stacking[J]. Geophysical Prospecting, 2024, 72(5): 1764-1777.

[12] 许献磊, 王一丹, 朱鹏桥, 等. 基于高频雷达波的煤岩层位识别与追踪方法研究[J]. 煤炭科学技术, 2022, 50(7): 50-58.

[13] 王力军, 王会枝, 吴宗泽. 煤矿综采工作面“三机”联动控制策略研究[J]. 煤矿机械, 2015, 36(3): 90-91.

[14] 王国法, 杜毅博, 陈晓晶, 等. 从煤矿机械化到自动化和智能化的发展与创新实践——纪念《工矿自动化》创刊 50 周年[J]. 工矿自动化, 2023, 49(6): 1-18.

[15] 中国公路学报编辑部. 中国隧道工程学术研究综述 2015[J]. 中国公路学报, 2015, 28(5): 1-65.

[16] 王宗禹, 王建武, 渠俐. 钻爆法掘进与掘进机掘进施工方式的优化探讨[J]. 煤炭科学技术, 2008(9): 59-61.

[17] 李雪林. 巷道掘进技术发展研究[J]. 能源与节能, 2015(11): 187-188.

[18] 任葆锐, 刘建平. 煤巷快速掘进设备的使用与发展[J]. 煤矿机电, 2003(5): 52-54.

[19] 王步康. 煤矿巷道掘进技术与装备的现状及趋势分析[J]. 煤炭科学技术, 2020, 48(11): 1-11.

[20] 王国法. 煤矿智能化最新技术进展与问题探讨[J]. 煤炭科学技术, 2022, 50(1): 1-27.

[21] 王庆虎. 探讨矿井掘进工作面自动化技术[J]. 冶金与材料, 2023, 43(8): 94-96.

[22] 张兴国. 智能化技术在煤矿巷道掘进机中的应用及发展趋势[J]. 能源与节能, 2022(4): 197-199.

[23] 王家臣, 潘卫东, 张国英, 等. 图像识别智能放煤技术原理与应用[J]. 煤炭学报, 2022, 47(1): 87-101.

[24] 王家臣, 李良晖, 杨胜利. 不同照度下煤矸图像灰度及纹理特征提取的实验研究[J]. 煤炭学报, 2018, 43(11): 3051-3061.

[25] 王国法, 庞义辉, 张传昌, 等. 超大采高智能化综采成套技术与装备研发及适应性研究[J]. 煤炭工程, 2016, 48(9): 6-10.

[26] 王国法. 综采自动化智能化无人化成套技术与装备发展方向[J]. 煤炭科学技术, 2014, 42(9): 30-34.

[27] 李征祥, 赵丽娟, 李迎, 等. 同忻矿井安全高效开采智能技术[J]. 山西大同大学学报(自然科学版), 2023, 39(1): 88-93.

6　厚煤层采场围岩控制

顶板压力确定是综采工作面岩层控制研究的核心内容之一。其目标就是使工作面顶板控制在经济合理的前提下达到良好效果，满足工作面安全生产与高效开采。对于普通采高工作面，顶板压力确定的理论和方法基本成熟，但对于厚及特厚煤层条件下放顶煤开采与大采高开采的顶板压力确定仍处于探索阶段，往往是基于现场开采经验进行类比确定。在顶板控制探索过程中，有些矿山付出了相当沉重的代价。如某放顶煤工作面30余个支架一次性压死，支架前柱穿透顶梁、后柱拉断，顶煤与顶板台阶下沉等；又如某些大采高工作面开采过程中支架经常出现压死、压坏等现象，这给顶板压力确定带来了新的课题。

6.1　顶板压力计算常用理论

6.1.1　“砌体梁”理论

6.1.1.1　“砌体梁”结构模型

通过对以往大量采动岩层内部移动观测，以及在总结铰接岩块假说及预成裂隙假说的基础上，钱鸣高院士于20世纪70年代末和80年代初提出了岩体的“砌体梁”结构模型[1]，如图6-1所示。宏观上，“砌体梁”结构模型将开采工作面的上覆岩层自下而上分为三个带，即垮落带Ⅰ、裂隙带Ⅱ、弯曲下沉带Ⅲ。自工作面前向后分为三个区，即煤壁支撑区 *A*、离层区 *B* 和重新压实区 *C*。从受力角度讲，煤壁支撑区也称高应力区，离层区为卸压区，重新压实区为应力恢复区。

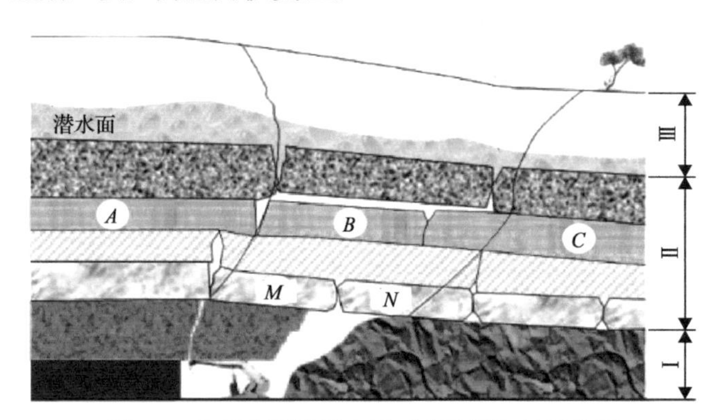

图6-1　采场上覆岩层中的“砌体梁”结构模型

1) 垮落带Ⅰ

垮落带是指煤层开采以后直接顶呈不规则垮落的部分。煤层开采后，回采工作面从开切眼开始向前推进，直接顶悬露面积增大，当达到其极限垮落步距时，开始垮落，一般说来，直接顶具有一定的稳定性，但与基本顶相比其稳定性较差，刚度较小，所以直接顶初次垮落前，其变形相对基本顶变形大，容易出现直接顶与基本顶的离层。若按连续弹性介质分析(图 6-2)，由材料力学可得基本顶的最大挠度为

$$\gamma_{\max}=\frac{(\gamma_1 h_1+q)L_1^{\ 4}}{384E_1J_1} \tag{6-1}$$

直接顶的最大挠度为

$$\gamma_{\max}=\frac{\sum h\gamma_2 L_1^{\ 4}}{384E_2J_2} \tag{6-2}$$

式中：γ_1、γ_2 为基本顶、直接顶的容重，kN/m^3；h_1 为基本顶的厚度，m；$\sum h$ 为直接顶的厚度，m；q 为基本顶上的载荷集度，kN/m；E_1、E_2 为基本顶、直接顶的弹性模量，MPa；L_1 为直接顶的初次垮落步距，m；J_1、J_2 为基本顶、直接顶的断面惯性矩。

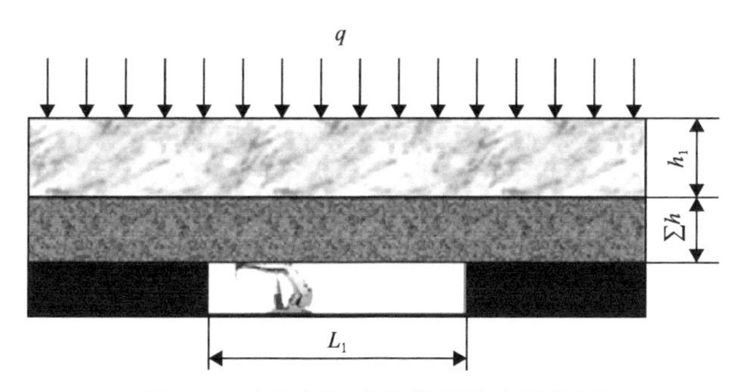

图 6-2 直接顶初次垮落前的离层分析

直接顶与基本顶之间不形成离层的条件为

$$\frac{\sum h}{h_1}\geqslant\sqrt{\frac{E_1}{E_2}\frac{h_1\gamma_2}{\gamma_1 h_1+q}} \tag{6-3}$$

式(6-3)表明，若直接顶与基本顶不产生离层，直接顶必须有一定的厚度。若考虑到直接顶初次垮落前工作面支架的支撑作用，则不形成离层的条件为

$$\frac{(\gamma_1 h_1+q)L_1^4}{384E_1J_1}\geqslant\frac{\left(\sum h\gamma_2-p\right)L_1^4}{384E_2J_2} \tag{6-4}$$

式中：p 为支架支护强度，即单位面积的支撑力。

直接顶初次垮落后，随着工作面推进，直接顶会连续在采空区垮落，杂乱堆积下来，垮落直接顶总体力学特性类似于散体，形成垮落带。直接顶垮落破碎后，体积增大，用碎胀系数 $K_{\rm P}$ 反映体积增大程度。直接顶垮落后，体积膨胀，如图 6-3 所示。

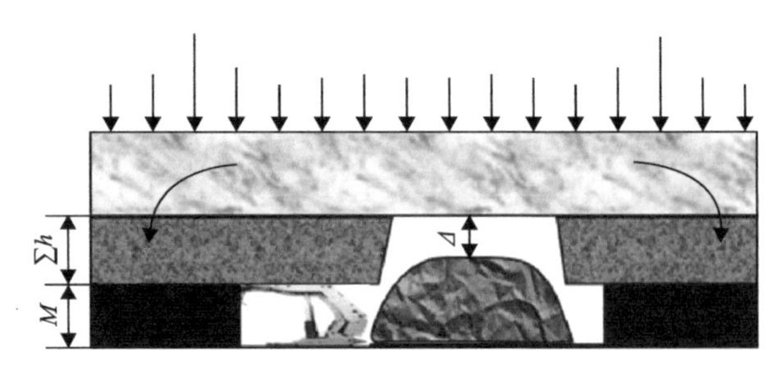

图 6-3 直接顶初次垮落后采空区情形

垮落后的直接顶与基本顶间的空隙为 $\varDelta$，若垮落后的直接顶能够充填满采空区，即 $\varDelta=0$，则所需的直接顶厚度为

$$\sum h = \frac{M}{K_{\mathrm{P}} - 1} \tag{6-5}$$

式中：M 为工作面采高。式(6-5)中直接顶厚度是指按直接顶垮落后能够充填满采空区来计算的，与顶板的岩性组成无关，则由式(6-5)可得垮落带高度 H_1 为

$$H_1 = \frac{M}{K_{\mathrm{P}} - 1} + M = M\left(\frac{1}{K_{\mathrm{P}} - 1} + 1\right) = \frac{K_{\mathrm{P}} M}{K_{\mathrm{P}} - 1} \tag{6-6}$$

在实际开采和分析研究中，有时也根据顶板的岩性组成来确定直接顶厚度，如将直接顶定义为煤层上方的一层或几层性质相近的岩层称为直接顶，它通常由具有一定稳定性且易于随工作面推进而垮落的页岩、砂岩或粉砂岩等组成。

2）裂隙带Ⅱ

a）基本顶断裂的极限跨距计算

从总体上讲，裂隙带居于垮落上覆岩层中基本顶的范畴。随着工作面自开切眼向前推进，直接顶发生初次垮落，由于基本顶的强度较大，因而直接顶初次垮落后，基本顶继续呈悬露状态，如图 6-4 所示。对于工作面上方第一层基本顶而言，可以将其简化为两端固支的梁。第一层基本顶之上的岩层质量可简化为作用在第一层基本顶上的载荷，用载荷集度 q 表示。

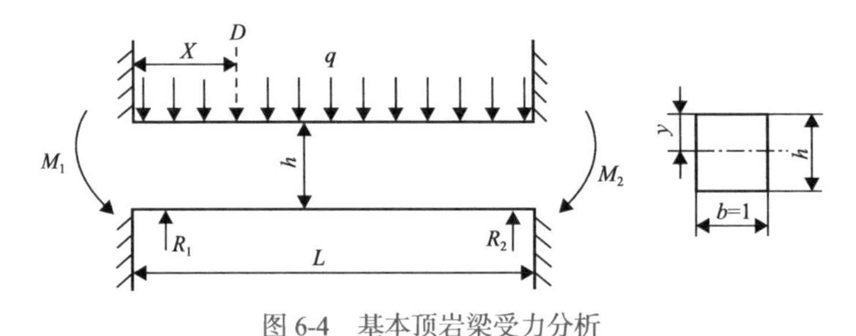

图 6-4 基本顶岩梁受力分析

X-梁上任意一点 D 距离原点的长度；b-梁的厚度，设为 1

因为是对称梁，所以梁端的反力 $R_1=R_2=qL/2$，弯矩 $M_1=M_2$，梁上的最大剪力和最大

弯矩发生在梁的两端。随着工作面推进，基本顶悬露的面积逐渐加大。作为岩梁分析时，岩梁的长度 L 逐渐增大，当达到岩梁初次断裂时的岩梁长度时，称为初次断裂跨距。一般来说，按剪切破坏计算出的极限跨距远大于按抗拉破坏计算出的极限跨距 L_T，因此，在实际计算中通常使用抗拉破坏准则计算基本顶岩梁的极限跨距。

由材料力学可知，在梁的两端梁内任意一点的正应力 σ 为

$$\sigma = \frac{M_{\max} y}{J_z} \tag{6-7}$$

式中：$M_{\max}$ 为梁的两端弯矩；y 为该点离断面中性轴的距离，m；J_z 为对中性轴的断面距，m^3，$J_z=h^3/12$。当 $y=h/2$（h 为基本顶岩梁的高度，m）时，梁内任一点的正应力达到该断面的最大值，则：

$$\sigma_{\max} = \frac{qL^2}{2h^2} \tag{6-8}$$

当 $\sigma_{\max}=R_T$ 时，即基本顶岩梁在该处的正应力达到该处的极限抗拉强度 R_T 时，基本顶在该处将断裂，则基本顶岩梁断裂时的极限跨距 L_T 为

$$L_T = h\sqrt{\frac{2R_T}{q}} \tag{6-9}$$

b）基本顶载荷计算

式（6-9）中 R_T 可由试验确定，h 可通过钻孔资料确定，第一层基本顶之上的载荷集度 q 计算如下，如图 6-5 所示：

$$(q_n)_1 = \frac{E_1 h_1^3(\gamma_1 h_1 + \gamma_2 h_2 + \cdots + \gamma_n h_n)}{E_1 h_1^3 + E_2 h_2^3 + \cdots + E_n h_n^3} \tag{6-10}$$

式中：E_i 为上覆岩层第 i 层的弹性模量，MPa；h_i 为上覆岩层第 i 层的厚度，m；γ_i 为上覆岩层第 i 层的容重，kN/m^3。$(q_n)_1$ 表示工作面之上 n 个岩层对第一层基本顶的载荷，计算中，由工作面自下而上逐层计算岩层载荷 $(q_n)_1$，当 $(q_{n+1})_1 < (q_n)_1$，时，则不再继续计算，以 $(q_n)_1$ 作为作用于第一层岩层的单位面积上的载荷 q。

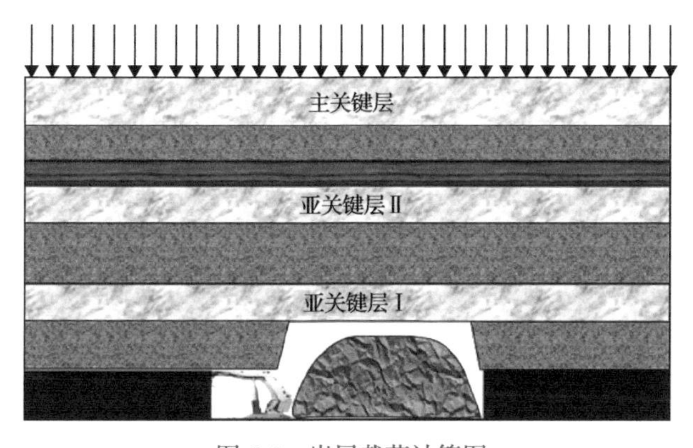

图 6-5　岩层载荷计算图

c）基本顶断裂后“砌体梁”结构稳定分析

随着工作面推进，直接顶垮落，基本顶岩层暴露跨距逐渐增大，达到极限跨距后，基本顶岩层破断，如图 6-6 所示。在岩梁的两端，剪力与弯矩均达到最大值，因此在岩梁的两端上部首先产生拉裂破坏，而后在梁中间的底部拉裂破坏。岩梁破断成块体后，岩块将产生转动，随着岩块转动，形成了强大的水平挤压力，在岩块的接触点形成了相互咬合关系，以及由于水平挤压力形成的摩擦力，从力学关系上形成了三铰拱式平衡，从外形上看似乎是一种梁的平衡，这种表面上似梁，实质上是拱的裂隙体梁的平衡结构称为“砌体梁”。

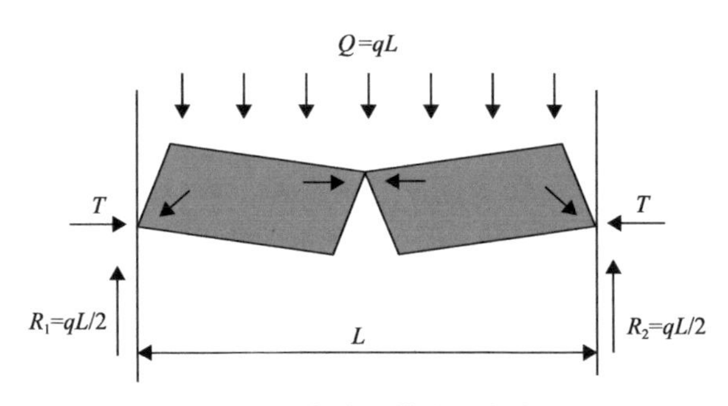

图 6-6　破断岩块拱式平衡分析

“砌体梁”结构主要存在于离层区的裂隙带内，随着工作面推进，基本顶破断岩块逐渐形成“砌体梁”结构，在工作面来压前，“砌体梁”平衡结构达到相应条件下的最大跨度。此时梁的前咬合点在工作面煤壁上方，工作面支架在“砌体梁”的保护下只承受直接顶重量，当“砌体梁”失稳时，破断岩块垮落在采空区，支架上方的基本顶载荷突然作用在支架上，形成工作面来压。根据三铰拱的平衡原理，岩块成拱且使岩块保持平衡的水平推力 T 为

$$T = \frac{qL^2}{8h} \tag{6-11}$$

式中：q 为成拱岩块的载荷集度；L 为跨距，m；h 为成拱岩块（基本顶岩层）的厚度，m。可以得出，岩块越薄，跨距越大，三铰拱结构平衡所需的水平推力 T 就越大。

如图 6-7 所示，基本顶岩块断裂时，断裂面与垂直面成一断裂角 θ，对于图 6-7（a）的情况，沿断裂面 a—a 建立平衡方程，岩块稳定的条件为

$$(T\cos\theta - R\sin\theta)\tan\phi \geqslant R\cos\theta + T\sin\theta \tag{6-12}$$

化简得

$$\frac{R}{T} \leqslant \tan(\phi - \theta) \tag{6-13}$$

式中：ϕ为破断岩块的摩擦角。

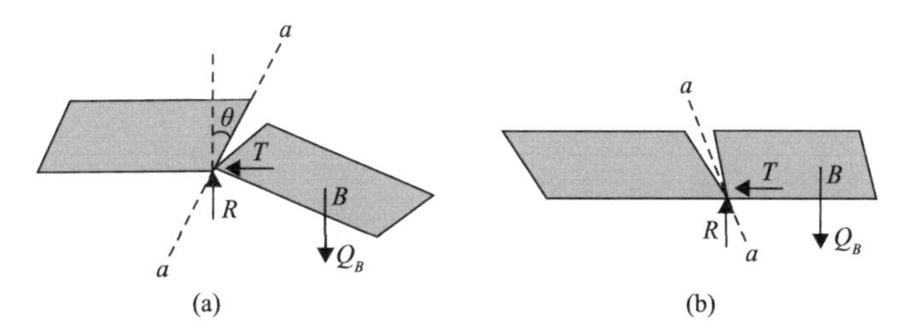

图 6-7 岩块咬合点处的平衡

Q_B-岩块 B 的重力

对于图 6-7(b)的情况，岩块稳定的条件为

$$\frac{R}{T} \leqslant \tan(\phi + \theta) \tag{6-14}$$

式(6-13)与式(6-14)表明，水平推力 T 越大，破断岩块越容易取得平衡。岩块在破断平衡过程中，将发生回转变形，由于回转挤压，在岩块的咬合点处局部挤压应力集中，致使咬合点处的岩块局部进入塑性状态，或者压坏，甚至促使岩块进一步回转，从而导致平衡结构失稳，如图 6-8 所示。

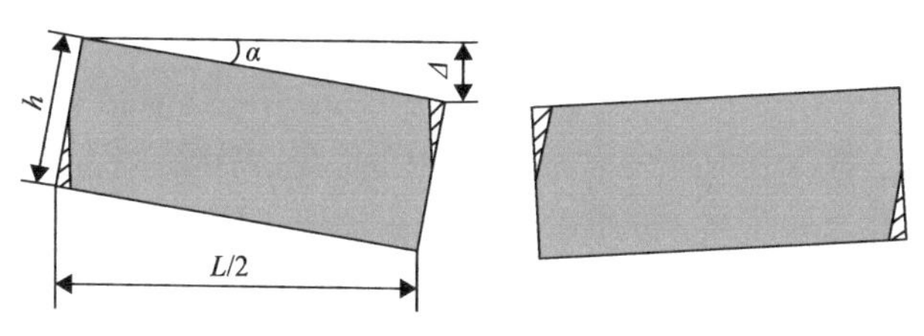

图 6-8 岩块回转分析

由岩块回转变形与局部挤压应力分析，可求得岩块平衡时的最大回转角 α 满足：

$$\sin\alpha = \frac{2h}{L}\left(1 - \sqrt{\frac{1}{3nk\bar{k}}}\right) \tag{6-15}$$

岩块回转变形时的最大下沉量为

$$\Delta\omega = h\left(1 - \sqrt{\frac{1}{3nk\bar{k}}}\right) \tag{6-16}$$

式中：h 为岩块的厚度，m；$L/2$ 为破断岩块的长度，m；n 为岩块的抗压强度 R_C 与抗拉强度 R_T 的比值；k 为岩梁的固支或简支状态系数，0.33～0.5；$\bar{k}$ 为岩块间的挤压强度与抗压强度之比。

6.1.1.2 “砌体梁”结构力学分析

“砌体梁”结构是指存在于离层区裂隙带内由破断岩块组成的表面似梁，实质是拱的一种结构，通常整个结构可能由多组岩层的破断组成，如图 6-9 所示，可以从中任取一组结构来分析“砌体梁”结构的受力特点。在进行“砌体梁”结构受力分析之前，有以下几个基本假设。

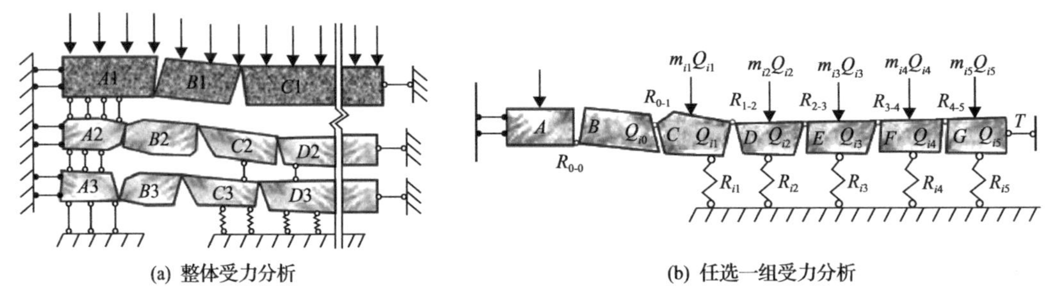

图 6-9　采场上覆岩层“砌体梁”结构的力学分析

(1)采场上覆岩层岩体结构的骨架是覆岩中的坚硬岩层，可将上覆岩层划分为若干组，每组以坚硬岩层为底层，其上部的软弱岩层可视为直接作用于骨架上的载荷，同时也是上层坚硬岩层与下部骨架连接的垫层。

(2)随着工作面推进，采空区上方坚硬岩层在裂隙带内将断裂成排列整齐的岩块，由于回转变形而产生水平挤压力，使岩块间形成铰接关系。

(3)由于垫层传递剪切力的能力较弱，因而两层骨架间的连接能用可缩性支杆代替。

从图 6-9(a)结构中任选一组，见图 6-9(b)，并设有一岩块 B 处于悬露状态，图中每个符号有两个脚标，第一个脚标表示岩层的层位，第二个脚标表示沿走向方向岩块的位置。例如 L_{i1}，表示此岩块是第 i 分组中第 C 块岩块的长度。以图 6-9(b)为例，对每个岩块的前后两个铰接点分别列矩平衡方程，可得

$$\{M_i\}=[F_i]\{R_i\} \tag{6-17}$$

式中：$\{M_i\}$为力矩列阵；$[F_i]$为系数矩阵；$\{R_i\}$为力列阵。为了对此结构间力的关系作粗略估算，根据岩层移动曲线的特点，可将相邻两块岩块的斜率近似地视为相等，则可求得形成此结构平衡所需的水平推力 T_i 为

$$T_i=\frac{L_{i0}Q_{i0}}{2(h_i-S_{i0})} \tag{6-18}$$

式中：L_{i0} 为悬露岩块的破断长度，m；h_i 为岩层的厚度，m；Q_{i0} 为悬露岩块上的载荷，kN；S_{i0} 为悬露岩块的下沉量，m。在结构平衡条件下，并设岩块的回转下沉量与破断岩块的长度相比是一个很小的量，可求得各铰接点的铅垂作用力为

$$\begin{aligned}(R_i)_{0-1}&=0\\(R_i)_{0-0}&=Q_{i0}\\R_{i1}&=m_{i1}Q_{i1}\\R_{i2}&=m_{i2}Q_{i2}\\&\vdots\\R_{in}&=m_{in}Q_{in}\end{aligned}$$

式中：Q_{ij}为 i 层岩梁 j 岩块的质量，kN；m_{ij}为 i 层岩梁 j 岩块的载荷系数。由上述分析可得出此结构的特征如下。

(1)离层区悬露岩块(B)的质量及上覆载荷几乎全部由前支撑点承担。

(2)岩块 B 与 C 之间剪切力接近于零，此咬合点相当于半拱的拱顶。

(3)此结构的最大剪切力发生在岩块 A 与 B 之间，等于岩块 B 本身的质量及其载荷。

上述分析表明，形成“砌体梁”结构必须具备一定的水平推力 T_i。见式(6-18)，基本顶岩层越厚(h_i越大)、回转下沉量越小(S_{i0}越小)，则形成“砌体梁”结构所需水平推力 T_i也越小。当 $S_{i0}=h_i$时，T_i将趋近于∞，这种结构将无法形成。因此在上覆岩层中，只有具有一定厚度的岩层才能形成此结构。小的回转下沉量 S_{i0}有以下几种情况：直接顶较厚，冒落后能够充满采空区，与基本顶岩层接触，可限制基本顶破断岩块的回转下沉变形；采空区采用充填法处理，也可限制基本顶破断岩块的回转下沉变形；采高较小的煤层以及远离开采煤层的岩层。

从岩块间的滑落失稳分析，见式(6-13)，则要求结构平衡必须满足的条件为

$$T_i \tan(\varphi-\theta) > (R_i)_{0-0} \tag{6-19}$$

式中：φ 为岩块间的摩擦角，(°)；θ 为破断面与垂直面的夹角，(°)。在岩块咬合处未遭破坏的情况下，可将式(6-18)中的 T_i代入式(6-19)，从而可得

$$\frac{L_{i0}Q_{i0}}{2(h_i-S_{i0})}\tan(\varphi-\theta) > (R_i)_{0-0} \tag{6-20}$$

6.1.1.3 顶板压力确定

工作面来压前，支架在“砌体梁”所形成的结构保护下(图 6-10)，结构的前拱脚在工作面煤壁内，随着工作面推进，“砌体梁”的前拱脚到达工作面支架上方，此时支架要承担着“砌体梁”前拱脚的作用力及上部直接顶的载荷。因此，由“砌体梁”理论，防止 B 岩块及上部岩层沿煤壁切落，避免基本顶滑落失稳(图 6-11)，则支架的工作阻力 P 为

$$P = Q_{A+B} - \frac{L_B Q_B}{2(H-S_B)}\tan(\varphi-\theta) + Q_{\mathrm{D}} \tag{6-21}$$

式中：Q_{A+B}为岩块 A 和 B 的质量及其上部载荷，kN；L_B为 B 岩块(悬露岩块)的长度，m；Q_B为 B 岩块的质量及其上部载荷，kN；H 为基本顶岩层的厚度，m；S_B为 B 岩块的下沉量，m；Q_{D}为作用在支架上的直接顶重量，kN。直接顶载荷 Q_{D}与煤层上覆岩层的结构有关，作为估算，可以认为冒落的直接顶高度主要与采高有关，岩块 B 在回转过程中触矸，否则不易形成“砌体梁”结构，见式(6-5)。Q_{D}可由式(6-22)求得

$$Q_{\mathrm{D}} = L_{\mathrm{D}} \cdot \sum h \cdot \gamma \tag{6-22}$$

式中：L_{D}为支架上方的直接顶岩梁长度，m；$\sum h$ 为按冒落的直接顶与基本顶接触计算的直接顶厚度，m；γ 为直接顶的容重，kN/m³。

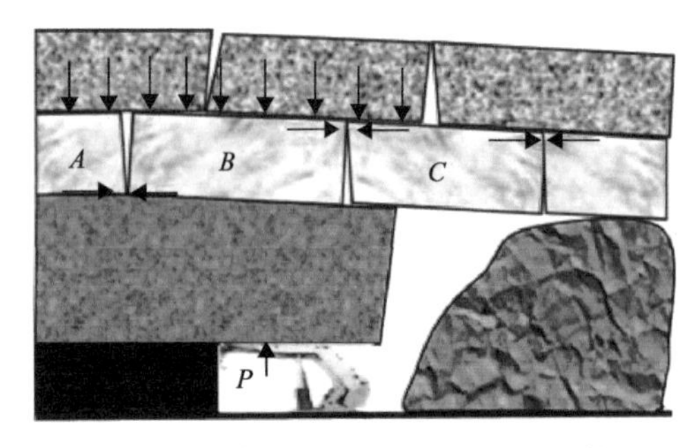

图 6-10　工作面来压前，支架在“砌体梁”结构保护之下

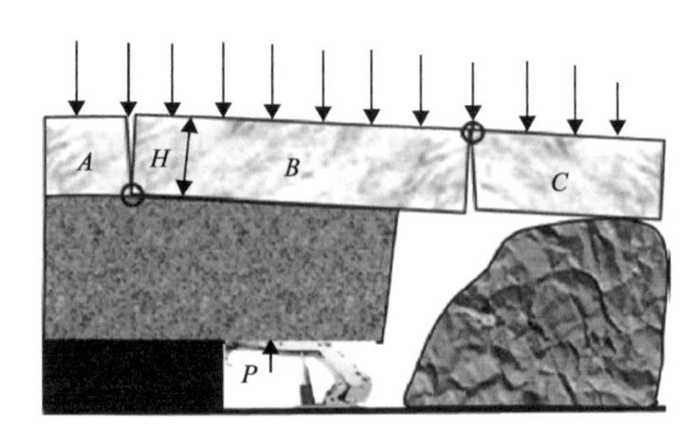

图 6-11　工作阻力计算的“砌体梁”模型

对于煤层顶板岩层分界明显时，可按实际情况确定直接顶高度。放顶煤开采时：

$$Q_{\mathrm{D}} = Q_{\mathrm{T}} + L_{\mathrm{D}} \cdot \sum h \cdot \gamma \tag{6-23}$$

式中：Q_{T} 为顶煤的载荷，kN。

6.1.2 “传递岩梁”理论

6.1.2.1 “传递岩梁”结构模型

“传递岩梁”理论认为，随采场推进上覆岩层悬露，悬露岩层在重力作用下弯曲沉降。随跨度进一步增大，沉降发展到一定限度后，上覆岩层便在伸入煤壁的端部开裂和中部开裂形成“假塑性岩梁”，其两端由煤体支承，或一端由工作面前方煤体支承，一端由采空区矸石支承，在推进方向上保持力的传递。当其沉降值超过“假塑性岩梁”允许沉降值时，悬露岩层即自行垮落。把每一组同时运动(或近乎同时运动)的岩层看成一个运动整体，称为“传递力的岩梁”，简称“传递岩梁”。采场上覆岩层中“传递岩梁”结构模型，如图 6-12 所示，该结构模型是由宋振骐院士提出的[2]。

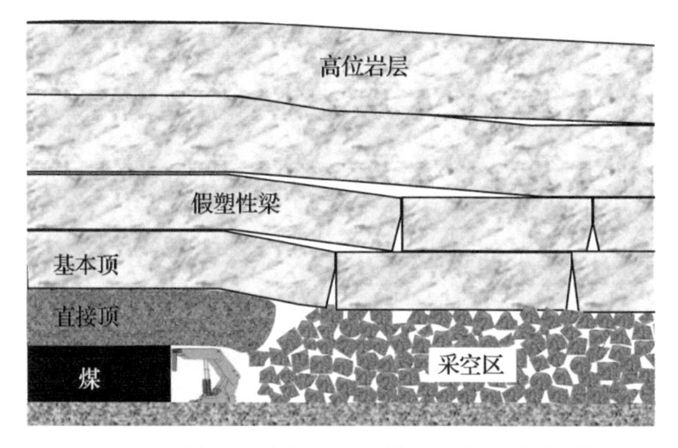

图 6-12　采场上覆岩层中“传递岩梁”结构模型

根据节理面的莫尔-库仑准则和岩层沉降的最大曲率($\rho_{\max}$)和最大挠度($W_{\max}$)，判断各岩层是否同时运动或是否离层，当 $\rho_{\max 上} \geqslant \rho_{\max 下}$或 $W_{\max 上} \geqslant W_{\max 下}$时，两岩层组合成一个传递岩梁同时运动。反之，两岩层将形成两个传递岩梁单独运动。由以上判据可将采

场到地面划分为垮落带、裂隙带和弯曲下沉带。其中，对采场矿压显现有明显影响的是垮落带和裂隙带中的下位1～2个传递岩梁。一般情况下，把垮落带称为直接顶；对采场矿压显现有明显影响的1～2个下位传递岩梁称为基本顶，直接顶与基本顶的全部岩层为采场需控制岩层范围。

由此可见，“传递岩梁”的岩层控制理论强调的是控制岩层运动。在确定液压支架工作阻力时，首先要找到需要控制直接顶和基本顶的范围及其运动的发展规律，然后确定达到控制要求的程度所需要的支架工作阻力。其中直接顶是指随着工作面推进在采空区垮落，并在采场支架支撑作用下形成的悬臂梁，结构特点是在工作面推进方向上不能持续传递水平力，这就要求支架能够承担直接顶运动时的全部质量。基本顶是指运动时对采场矿压显现有明显影响的传递岩梁的总和。在初次来压后，基本顶是一组在工作面推进方向上能传递水平力的裂隙梁。其力学特性是无论在稳定状态还是回转下沉中，始终能将载荷传递到煤壁、支架和采空区矸石上，这一过程是通过岩梁本身产生变形来实现的。所以，支架承担压力的大小与所控制的岩梁位态有关。因此，顶板给支架作用力来自直接顶“给定载荷”作用力和基本顶岩梁“给定变形”作用力。

6.1.2.2 支架-围岩关系

采场来压时支架-围岩关系的研究，是采场矿压显现与上覆岩层运动关系理论的重要组成部分，同时也是确定液压支架工作阻力的重要依据。

1) 支架对直接顶的工作状态

直接顶在初次垮落后，在煤壁和采场支架支撑下呈悬臂梁状态，随工作面推进悬臂加长，当达到极限强度时在煤壁前方断裂。工作面继续推进，直接顶以煤壁为支点作回转运动，此时，作用力将完全由液压支架承担。理论和实践证明，在对直接顶载荷进行计算时，按最危险状态，即按直接顶在煤壁处切断考虑是合理的，并且在顶板岩层沉降过程中，对直接顶的工作状态按“给定载荷”考虑是接近实际的。其值可表示为

$$P_z = \sum h\gamma_z f_z = A \tag{6-24}$$

式中：P_z为直接顶给支架的载荷，kN；$\sum h$为直接顶厚度，m；γ_z为直接顶容重；f_z为直接顶悬顶系数；A为直接顶载荷，kN。由式(6-24)可知，直接顶给支架的载荷与支架所处位置无关，该值可近似看成一恒定值。

2) 支架对基本顶的工作状态

基本顶岩梁的结构特点是组成基本顶的各“传递岩梁”无论是在相对稳定阶段，还是进入端部迅速回转下沉运动过程中，始终保持着能将其自重及上方岩层作用力传递到煤壁和采空区矸石上的力学性质。对于控制基本顶各岩梁的基本要求是把基本顶岩梁运动结束时顶板下沉量控制在要求范围，防止基本顶运动形成的动压和基本顶大面积切顶事故。支架对基本顶的工作状态分为以下两种情况。

a) “给定变形”工作状态

支架对基本顶岩梁的运动处于“给定变形”工作状态。在岩梁由端部到沉降至最终

位置过程中，支架只能在一定范围内降低岩梁运动速度，而不能阻止梁的运动。岩梁运动稳定时的最终位置由岩梁强度决定，所以在岩梁运动这一全过程中，并无法直接建立支架与顶板之间的力学关系方程。直接顶与基本顶的下沉量如图 6-13 所示。

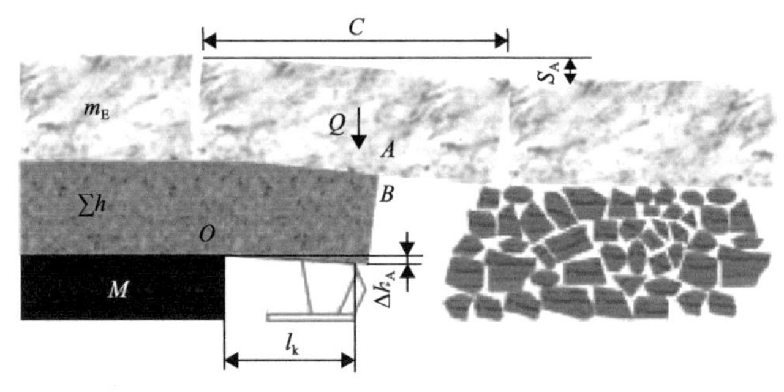

图 6-13 直接顶与基本顶下沉量

在“给定变形”工作状态下岩梁最终状态下沉量(即岩梁无阻碍时最终沉降值)为

$$\Delta h_{A}=\frac{M-\sum h(k_{A}-1)}{C}l_{k} \tag{6-25}$$

式中：Δh_A 为岩梁无阻碍时最终沉降值，即岩梁处于最低位态条件下最大控顶距处的顶板下沉量；M 为煤层采出厚度，m；$\sum h$ 为直接顶厚度，m；k_A 为直接顶岩石碎胀系数；l_k 为控顶距长度，m；C 为基本顶岩梁运动步距，m。式(6-25)不考虑直接顶的压缩变形量。

此种状态下，为了防止支架在岩梁运动过程中被压死，所要求的最大压缩量必须大于岩梁无阻碍时最终沉降值(Δh_A)与支柱钻顶底的压缩量$\left(\sum\xi\right)$之差，即

$$\xi_{\max}>\Delta h_{A}-\sum\xi \tag{6-26}$$

岩梁运动结束时采场支架实际受力(R_T)，在不发生钻顶和钻底时为

$$R_{T}=E_{T}\Delta h_{A} \tag{6-27}$$

式中：E_T 为支架综合刚度。由式(6-27)可知，支架受力由支架的刚度(支架力学特性)和基本顶岩块下沉量所决定。

b)“限定变形”工作状态

支架对岩梁运动采取“限定变形”，是指在支架作用下，岩梁不能沉降至最低位置，支架对岩梁运动进行了必要的限制。岩梁进入稳定时的位态由支架工作阻力所限定。在“限定变形”工作状态下，采场顶板下沉量小于岩梁无阻碍时最终沉降值，岩梁显著运动结束时，悬顶距离大于周期来压步距，即

$$\begin{cases}\Delta h_{i}<\Delta h_{A}\\ l_{i}>C_{i}\end{cases} \tag{6-28}$$

式中：Δh_i 为在支架限定下采场顶板下沉量，m；l_i 为悬顶距离，m；C_i 为周期来压步距，m。不同于“给定变形”工作状态，支架在“限定变形”工作状态下，可以建立支架阻力与取得平衡的岩梁位置之间的力学关系方程：

$$P_T = f(\Delta h_T) \tag{6-29}$$

式中：P_T 为控制岩梁运动在某一位态的支架强度，kN/m²；Δh_T 为要求控制的顶板下沉量，m。

支架对顶板的作用力由岩梁的位态决定。只要支架合理作用点不变，控制岩梁在同一位态所需要的力是恒定的，要求控制的位态越高，所需支架的阻抗力越大。

6.1.2.3 支架工作阻力确定

无论是直接顶还是基本顶，在处于相对稳定状态时，对工作面威胁很小，支架受力也不会有明显变化，一旦平衡破坏，进入显著运动，就会发生一系列明显的矿压显现，所以，在确定液压支架工作阻力时，应考虑支架阻力与顶板破坏位置状态的力学关系。支架与直接顶力学关系模型如图 6-14 所示。

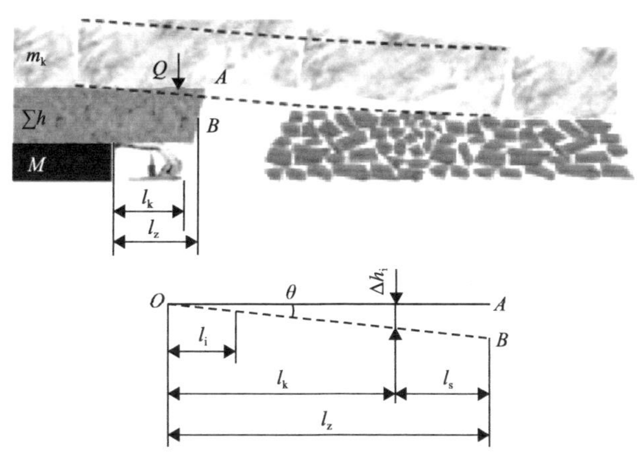

图 6-14　支架与直接顶力学关系模型

m_k-基本顶厚度；l_i-控顶区内支护反力合力作用位置；l_k-支架控顶距；
l_s-支架控顶距范围外直接顶悬梁长度；Δh_i-基本顶沉降量；$l_z=l_s+l_k$

如图 6-14 所示，直接顶在自重 G 及基本顶岩梁外载荷 Q 作用下，由 OA 位置开始逐渐沉降，当沉降量达到 Δh_i 时静止，此时直接顶处于 OB 位置。直接顶给支架最大作用力 R_{zi} 满足力矩平衡方程：

$$R_{zi} l_i = G\frac{l_z}{2}\cos\alpha \tag{6-30}$$

式中：G 为直接顶自重；l_z 为直接顶悬顶距；α 为直接顶最大回转角。

由此得到：

$$f_z = \frac{(l_k + l_s)^2}{2l_i l_k} = \frac{1}{2n_i}\left(1 + \frac{l_s}{l_k}\right)^2 \tag{6-31}$$

式中：f_z为直接顶悬顶系数，该值与控顶距大小和采场支架合力点有关；n_i为控顶区内支护反力合力作用位置l_i与控顶距l_k的比值，$n_i=l_i/l_k$。显然，可以看出，直接顶给支架的作用力可近似看成是与直接顶位态无关的常数，直接顶的悬顶情况对该值大小将有明显影响。

当直接顶在采空区内随采随冒无悬顶条件时，即$l_s=0$，$l_i=l_k/2$时，$f_z=1$。此时：

$$R_{zi} = \sum h\gamma = A \tag{6-32}$$

即直接顶对支架的作用力仅取决于直接顶的厚度及岩石容重。当直接顶由厚层砂质页岩、钙质砂岩、石灰岩等较硬岩层组成时，悬顶距l_s多大于零，即$l_s>0$，此时，直接顶悬顶系数$f_z>1$。高出的数值与控顶距l_k和支架反力合力作用位置L_i选择关系极大，即$f_z\infty(l_k^{-1}, n_i^{-1}, l_s)$。

6.1.2.4 基本顶载荷计算

在计算基本顶对支架的载荷时，岩梁运动状态及受力分析如图6-15所示，Q为岩梁载荷，为岩梁断裂岩块自重与其上软弱层作用力之和，即

$$Q = (m_1 + m_2)\gamma_E C \tag{6-33}$$

式中：m_1为基本顶岩梁支托层厚度，m；m_2为基本顶岩梁上的软弱层厚度，m；γ_E为基本顶上软弱层平均容重，N/m^3；C为基本顶岩梁运动步距，m。

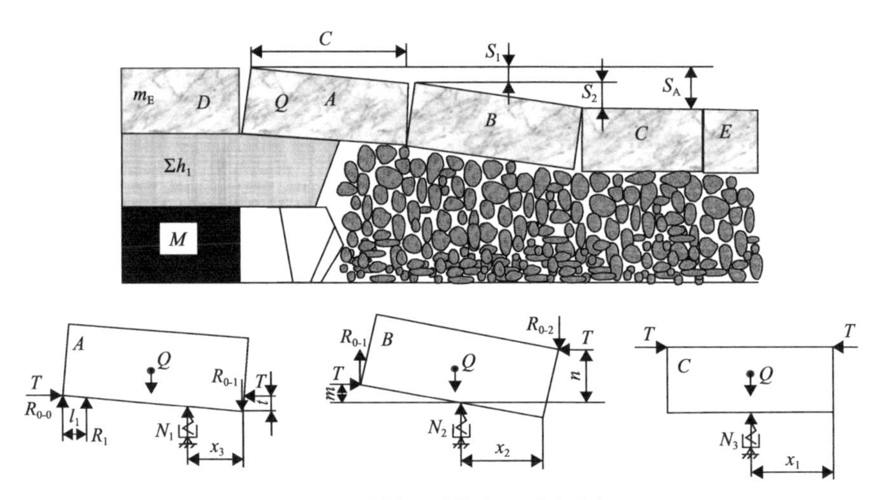

图6-15 岩梁运动状态及受力分析

图6-15中，R_1为基本顶岩梁与直接顶之间作用力的合力，主要取决于采场支护强度和直接顶的作用力；l_1为R_1距前咬合点的距离，主要取决于采场内支护反力分布及直接顶的稳定状况；t为A和B两岩块之间咬合处咬合点距岩块下边缘的距离，m；m_E为基

本顶与其上软弱层厚度和；$\sum h_1$为直接顶厚度；T为水平推力；$R_{0\text{-}0}$为岩块A左端所受剪力；$R_{0\text{-}1}$为A、B两岩块咬合处所受剪力；$R_{0\text{-}2}$为B、C两岩块咬合处所受剪力；N_1、N_2、N_3为矸石反力，取决于矸石支撑范围L_s、支撑刚度K等因素。$N_1 \approx Q$、$R_{0\text{-}2} \approx 0$，N_2、N_3随岩梁沉降而增加。

基本顶岩梁端部断裂后，脱离整体。以“载荷”形式作用于煤壁，支架及采空区矸石上，由于岩梁与上方岩层产生离层。在一定范围内运动呈现独立性。此时支架作用是提高反向弯矩，用于阻止基本顶发生回转下沉运动。岩梁运动状态线性简化模型，如图 6-16 所示。

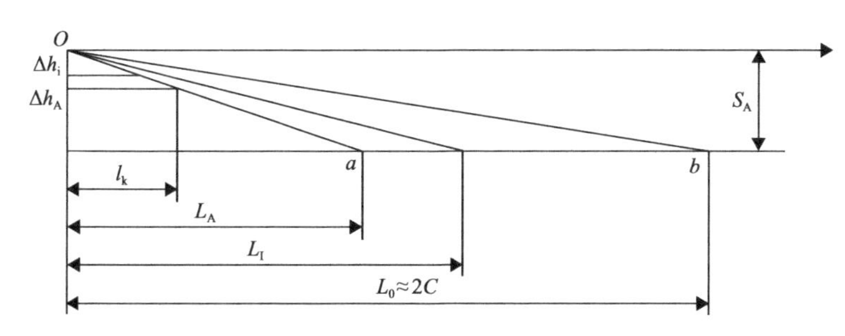

图 6-16 岩梁运动状态线性简化模型

当基本顶岩梁下沉至最终位态(无阻控力作用)时，A、B两岩块铰接点a有最大下沉值S_A，岩梁悬跨度接近L_A，(近似为基本顶岩梁运动步距C)，此时，控顶距处的顶板下沉量为Δh_i，由几何关系：

$$\Delta h_i = \frac{S_A}{L_A} l_k \approx \frac{S_A}{C} l_k \tag{6-34}$$

在此位态下，岩梁给支架最大载荷(按防切顶考虑)为

$$P_{EA} = \frac{m_E \gamma_E L_i}{K_T l_k} \tag{6-35}$$

式中：K_T为支架承担岩梁质量的比例系数，$K_T \leqslant 2$。当岩梁未达到最终位态时，即处于Ⅱ位态时，岩梁跨度为L_i，此时控顶距l_k处顶板下沉量为Δh_i，由几何关系得

$$\Delta h_i = \frac{S_A}{L_i} l_k \tag{6-36}$$

岩梁可能最大载荷：

$$P_{Ei} = \frac{m_E \gamma_E C}{K_T l_k} \cdot \frac{\Delta h_A}{\Delta h_i} = K_A \frac{\Delta h_A}{\Delta h_i} \tag{6-37}$$

式中：K_A为岩梁位态常数，即当顶板下沉量为Δh_A时单位面积岩梁作用力。一般在开采条件一定时，$\frac{m_E \gamma_E C}{K_T l_k} \Delta h_A$是一常数，记为$B$，则式(6-37)可写成

$$P_{\mathrm{Ei}}=\frac{B}{\Delta h_{\mathrm{i}}} \tag{6-38}$$

“限定变形”工作状态下基本顶岩梁给支架载荷与要求控制的顶板下沉量之间呈双曲线关系。所以综合考虑“限定变形”工作状态下，支架与围岩的关系。在控顶距 l_k 处产生 Δh_i 下沉量时，合理支护强度分为两部分，即直接顶作用力和基本顶岩梁作用力，可表示为

$$P_{\mathrm{T}}=P_{\mathrm{zi}}+P_{\mathrm{Ei}}=A+K_{\mathrm{A}}\frac{\Delta h_{\mathrm{A}}}{\Delta h_{\mathrm{i}}} \tag{6-39}$$

式中：P_T 为控制顶板下沉量在 Δh_i 时顶板给支架的作用力；$P_{Ei}=A$ 为与控制位态无关的常数。

式(6-39)反映了岩梁运动与支架间的相互作用关系。即在支护强度 P_T 作用下，岩梁显著运动将发展到位态 Δh_i 形成稳定结构。当岩梁处于某一位态时，采场内不同控顶距处顶板下沉量是不同的。因此，式(6-39)应当看成岩梁运动稳定时状态(位态)与支架间的相互作用关系方程，即式(6-39)为“岩梁位态方程式”。两者间的关系是以 $\Delta h_i=0$ 及 $P_T=A$ 为渐近线的双曲线，如图 6-17 所示。

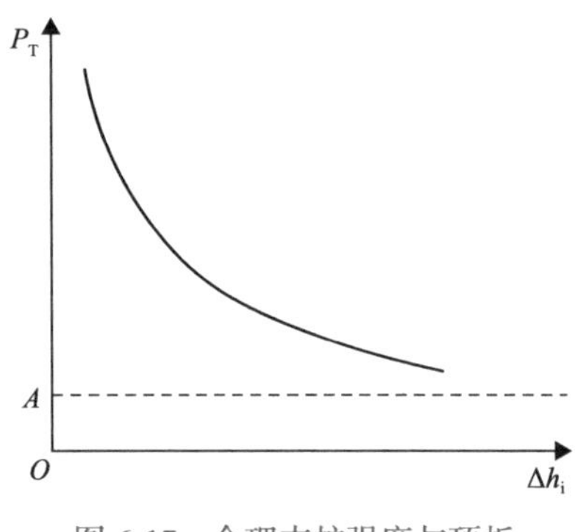

图 6-17 合理支护强度与顶板下沉量之间的关系

式(6-38)中位态常数因岩梁所处位态不同表达式不同，当已知岩梁运动参数 m_E 和 C 时，位态常数 K_A 可以直接用岩梁运动参数表示为

$$K_{\mathrm{A}}=\frac{m_{\mathrm{E}}\gamma_{\mathrm{E}}C}{K_{\mathrm{T}}l_{\mathrm{k}}} \tag{6-40}$$

这时位态方程又称为极限位态方程，K_A 称为极限位态常数。

6.1.3 欧美等常用计算方法

6.1.3.1 “S.S.Peng”计算方法

支架所受的外部载荷包括作用在支架顶板和掩护梁上的载荷。作用在支架顶板的载荷包括由覆岩质量或移动引起的竖向载荷，以及由顶板水平移动引起的平行和垂直于工作面的侧向力。作用在掩护梁上的载荷是堆积在掩护梁上的岩石碎块的质量[3]。大多数研究者在过去几年中集中研究推导了由顶板岩层质量引起的垂直载荷。虽然各个模型的顶板载荷存在差异，但可以将其归纳为如图 6-18 所示的模型。顶板沿工作面与煤壁分界线断裂，采空区边缘沿垂直或向采空区倾斜一定角度 θ 处断裂。根据顶板岩石性质和地质条件的不同，顶板有时会悬挂突出，有时会沿采空区边缘或在采空区边缘前断裂。因

为顶板悬挂体积从工作面向采空区方向增大，以及顶板的结构刚度和支架支柱的位置，所以作用在顶板上的力是不均匀的。因此，顶板载荷的分析应包括两个部分：合力的位置和合力的大小。

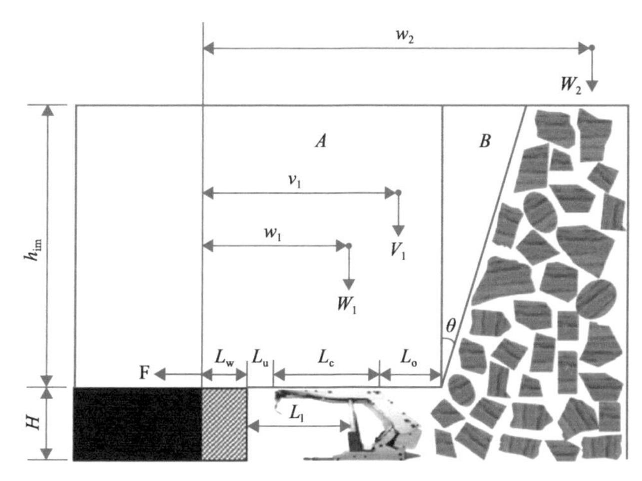

图 6-18 广义顶板载荷模型

1) 顶板载荷合力位置

直接顶作用于支架上的作用力 W_1 为

$$W_1 = h_{im}\gamma_{im}B\left(L + \frac{h_{im}}{2}\tan\theta\right)\cos\alpha \tag{6-41}$$

式中：h_{im} 为直接顶厚度；γ_{im} 为直接顶容重；$L=L_w+L_u+L_c+L_o$；B 为支架中心距；α 为煤层倾角。W_1 顶板上的作用位置为

$$w_1 = \frac{L + h_{im}\tan\theta}{2} \tag{6-42}$$

当直接顶较坚固且悬露时，$w_1 > L_C$，L_C 为从支架顶梁前段到后端的距离，支架后部将承受较大的载荷。反之，当直接顶较弱时，直接顶未超过顶板采空区边缘即发生断裂，$w_1 < L_C$，说明支架前部承受较大载荷。当周期来压时，支架将承受额外的重量 W_2。W_2 作用于直接顶的位置非常重要。因为

$$v_1V_1 = w_1W_1 + w_2W_2 \tag{6-43}$$

并且：

$$V_1 = W_1 + W_2 \tag{6-44}$$

式中：V_1 为作用在支架上的总合力；v_1 为从工作面到合力 V_1 作用点的距离；w_1、w_2 为工作面到力 W_1 和 W_2 作用点的距离。

V_1由 W_1和 W_2所决定，当直接顶较强且 W_2较大时，V_1可能也较大。这意味着顶板载荷合力作用在采空区边缘附近甚至更远的地方。相反，当直接顶较弱且没有悬露时，顶板载荷合力作用在支架前缘。在理想条件下，顶板载荷合力与支架的支撑力沿同一条线作用。然而在实践中，很少作用在同一条线上。

2)顶板载荷的确定

利用分离顶板砌块法计算顶板载荷，已被支架制造商和煤炭运营商普遍使用。该方法利用地层层序和体积因子两个因素估算分离顶块体的高度。首先，打孔确定工作面推进后立即跨落的直接顶与将悬露的基本顶之间的接触面。(请注意，直接顶不一定是单层的，它可能由几种不同的岩石类型和厚度组成)。煤层顶部上方到接触面的位置为直接顶厚度，直接顶厚度决定其是否会充填煤层完全开采后产生的采空区(或采高 H)。充填某一采高产生的采空区所需要的直接顶垮落高度由膨胀系数决定。若开采后垮落岩石的堆积高度等于或超过所确定的垮落高度，则说明垮落岩块能够充填空隙，对上覆岩层提供支撑。因此，岩块高度为支架所支撑的岩块高度。则分离岩块的质量为

$$W_{\mathrm{f}}=\frac{HB\gamma_{\mathrm{im}}L}{K_{\mathrm{o}}-1} \tag{6-45}$$

式中：K_o为直接顶的碎胀系数，1.1～1.5。因此，支架上的岩石质量相当于开采高度的2～10倍的岩石质量。在使用该方法时，由于煤炭工业从20世纪70年代到90年代后期所采用的支架支护能力不断增加，为了与不断增加的承载能力相匹配，所需的碎胀系数必须相应地从1.5降低到1.1以下，这是一个相当大的范围。如前所述，在18世纪60～70年代，使用最大的碎胀系数1.5确定的支撑能力导致低估了直接顶产生的载荷，而近年来使用等于或小于1.1的碎胀系数导致高估了直接顶产生的载荷。如果采用体积系数法确定支护能力，必须采用顶板岩层的实际体积系数，由此确定的支护能力可能小于实际使用的支护能力。Peng推荐的碎胀系数为1.25。

6.1.3.2 英国威尔孙估算方法

英国威尔孙(Wilson)将工作面直接顶的平衡问题作为确定工作阻力的研究依据，考虑了岩层断裂角和煤层倾角，认为支架应控制的直接顶厚度为2倍采高，即认为垮落岩石的松散系数为1.5。如图6-19所示，岩石断裂角 α(与铅垂线夹角)有不同的值：顶板非常破碎、松软，α=0°；顶板破碎，α=15°；顶板中等稳定，α=30°；顶板坚硬，α=45°；顶板非常坚硬，α=60°。支护强度 R 按式(6-46)计算：

$$R=\frac{W}{BD}\left(L+\sum h\tan\alpha\right) \tag{6-46}$$

式中：W 为直接顶岩块质量，kN，$W=\gamma LH$，γ 为顶板岩石容重，kN/m^3；B 为支架中心距，m；D 为工作面煤壁至支架合力作用点距离，m；L 为工作面煤壁至顶梁后端距离，m；$\sum h$ 为直接顶冒落高度，m，一般$\sum h=2M$，M 为采高，m。

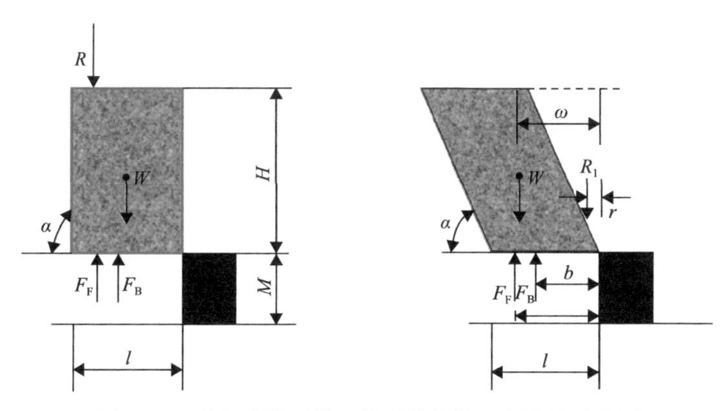

图 6-19　威尔孙模型关于前后排支柱阻力计算示意图

对于倾斜煤层，需要考虑沿倾斜层面的滑移，则支护强度 R_K 的修正公式是

$$R_K = \frac{W}{BD}\left(L + \sum h\tan\alpha\right)\left(\frac{\sin\alpha}{\sin\theta} + \cos\delta\right) \tag{6-47}$$

式中：δ 为煤层倾角；α 为岩石断裂角。$\tan\theta$ 为层面摩擦系数，一般，$\tan\theta=0.4$，$\theta=21.8°$。

$$F_B = \frac{1}{f-b}\left[f\left(W+R_1\right)-\left(W\omega+R_1 r\right)\right] \tag{6-48}$$

$$F_F = \frac{1}{f-b}\left(W+R_1\right)-\frac{\left(W\omega+R_1 r\right)}{f-b} \tag{6-49}$$

式中：F_B 为前柱阻力，kN；F_F 为后柱阻力，kN；R_1 为作用在顶板上的附加力，kN；f、b、r、ω 为图 6-19 所示的各力作用点的尺寸。

英国煤炭局根据威尔孙公式，规定回采工作面支护强度初撑力 R_0：

$$R_0 \geqslant 75M \tag{6-50}$$

其依据是：支架降柱时，邻架要承受 1.5 倍的附加载荷，因此：

$$R_0 = 1.5\times25\times2M = 75M \tag{6-51}$$

式中，25 为岩石容重。

支架额定工作阻力必须考虑最恶劣的情况：采煤机通过后，支架尚未前移，且处于最大控顶距情况，取 2 倍安全系数：

$$R_H = 2\times R_0 = 150M \tag{6-52}$$

6.1.3.3　德国方法

德国规定，支架最小支护强度 R(kPa)应考虑承担直接顶岩石质量(采高的 2 倍)，并考虑 1.6 倍安全系数，即

$$R = 1.6 \times 25 \times 2M = 80M \tag{6-53}$$

对于倾斜煤层，支架支护强度 R_K 需要考虑如下修正公式：

$$R_K = (50 + 1.5E_\alpha)M \tag{6-54}$$

式中：E_α 为煤层倾角，以 gon 表示，1gon=0.9°。

20 世纪 70 年代，德国规定的最小额定工作阻力 R_H(kPa) 为

$$R_H = 80M$$

按德国 EVANS 方法(图 6-20)计算，支架支护强度 P 为

$$P = \frac{l_s\left(\gamma - \frac{2c}{l_s}\right)M}{2k\tan\varphi}\left[1 - \exp\left(\frac{-2k\tan\varphi}{l_s}\right)H_m\right] \tag{6-55}$$

式中：c 为岩石内聚力；k 为水平应力与垂直应力之比；H_m 为开采深度，m；φ 为岩石内摩擦角，(°)；γ 为岩石容重，kN/m³。

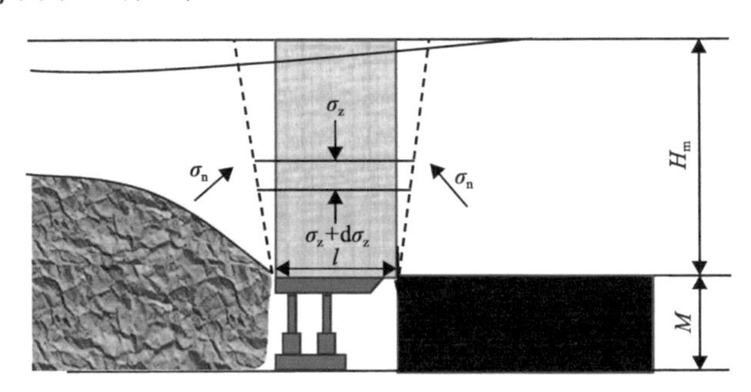

图 6-20　EVANS 计算力学系统

当 c=0，H-∞时，则支护强度：

$$P = \frac{l_s\gamma}{2k\tan\varphi}$$

6.1.3.4　法国方法

法国提出了根据顶板下沉量确定额定支护强度的经验公式：

$$C_s = 200(q_c M)^{\frac{3}{4}} H_m^{-\frac{1}{4}}\left(\frac{340}{P} + 0.33\right) \tag{6-56}$$

式中：C_s 为每米推进下沉量，mm/m；M 为采高，m；H_m 为开采深度，m；q_c 为考虑采空区充填程度的系数，垮落法 q_c=1，风力充填 q_c=0.5，水砂充填 q_c=0.2；P 为每延米支护强度，kN/m。

当临界下沉量 C_k 确定后，代入式(6-56)，可确定必需的额定支护强度 P。

6.2 动载荷计算方法

厚煤层高强度开采工作面来压期间，基本顶断裂和失稳导致弹性应变能快速释放，转变为破断岩块的动能，破断岩块动态启动导致其与下位直接顶发生非静态接触，引起动载效应，因此，该类采场液压支架普遍承受动载荷。动载荷通常大于“砌体梁”结构平衡法给出的顶板压力，是液压支架损坏、煤壁片帮的原因之一。为揭示厚煤层高强度开采条件下顶板动载现象产生机理，将直接顶(含顶煤)视为弹性体，在“砌体梁”结构模型的基础上构建了动载效应力学模型，如图 6-21 所示。工作面推进至基本顶断裂线位置时，若支架提供的支撑力难以满足结构平衡条件，结构发生失稳。借助动力学方法分析了“砌体梁”结构失稳后，关键块对下位直接顶和液压支架的动载效应，提出了顶板动载荷确定方法。直接顶为弹性体，且直接顶与基本顶无离层的条件下，动载系数恒等于 2。根据直接顶(顶煤)破碎程度提出了动载系数修正方法，直接顶离层会加剧动载效应剧烈程度。顶板动载理论解释了高强度采场基本顶来压引起的动载现象，是对“砌体梁”理论的有益补充与发展。

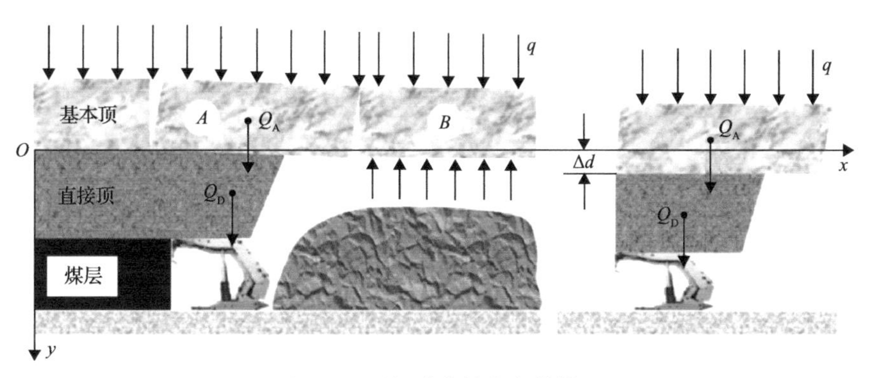

图 6-21　顶板动载效应力学模型

6.2.1　顶板动载理论解析

基本顶岩块在其结构平衡失稳瞬间将对直接顶产生动载，动载荷大小与基本顶岩块质量及其上面的载荷、基本顶与直接顶的离层量等有关[4]，也与直接顶的厚度与刚度、支架的刚度等有关。其中传递到支架上的动载荷还受到基本顶断裂处和煤壁的相对位置影响。

6.2.1.1　动载效应范围

基本顶破断位置与基本顶的厚度、强度，以及直接顶的刚度有关，基本顶越厚，强度越高，直接顶刚度越小，基本顶的破断位置越超前工作面，相反则越滞后煤壁，并在支架上方发生破断，这是对支架形成动载效应最严重的位置。理论上分为如图 6-22 所示的两种情况，即超前煤壁断裂与落后煤壁断裂。当基本顶超前煤壁断裂时，动载荷经过煤层的缓冲作用之后，真正落到支架上的力会很小。但如果基本顶落后煤壁断裂，动载效应刚好发生在支架上方，将会对支架产生较大的动载荷。因此，分析支架动载荷前必须要判断基本顶断裂位置与煤壁的相对关系。

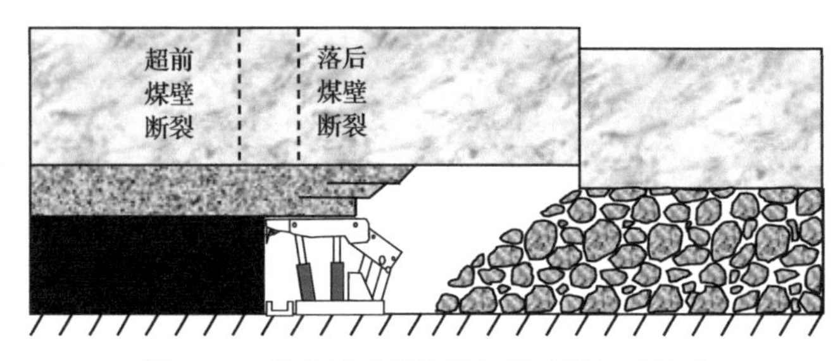

图 6-22 基本顶破断位置与煤壁的相对关系

岩层控制的关键层理论指出，基本顶必然超前支撑边界断裂，超前断裂距可以通过弹性地基梁力学模型求得。如图 6-23 所示，以基本顶周期破断为例，在直接顶较完整或者支架初撑力足够的情况下，直接顶作为一层整体的垫层支撑基本顶。图 6-23 中 O 点处为采动影响的临界点，距离直接顶边界 a 长度为 b，B 点为基本顶的边界，Q_A、M_A 分别为截面的剪力和弯矩。基本顶超前断裂距可以通过联立方程组式(6-57)求得

$$
\begin{cases}
x=\dfrac{1}{\beta}\arctan\dfrac{1}{\beta l+1} \\
\left(\dfrac{2}{\beta}+l\right)\sin\beta x+l\cos\beta x=\dfrac{h^2\sigma_{\mathrm{s}}}{3ql}\mathrm{e}^{\beta x} \\
\beta=\sqrt[4]{\kappa/(4EI)}
\end{cases}
\tag{6-57}
$$

式中：x 为超前断裂距，m；β 为特征系数，是与基本顶(梁)和直接顶、煤层(地基)的弹性性质有关的一个综合性参数，它对基本顶的受力特性和变形特性有重要影响，m^{-1}；κ 为 Winkler 地基系数，GPa/m；l 为基本顶悬露长度，m；h 为基本顶厚度，m；σ_{s} 为基本顶抗拉强度，MPa；q 为载荷集度，MN/m；E 为基本顶的弹性模量，GPa；I 为基本顶截面的惯性矩，m^3。

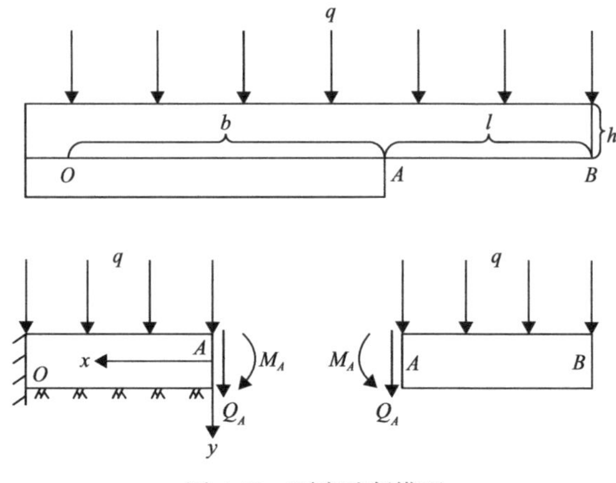

图 6-23 覆岩破断模型

式(6-57)求解非常复杂,难以采用常规手段获得精确解的表达式,可以结合 MATLAB 软件进行求解。一般情况下，坚硬岩层的弹性模量 E=30GPa、抗拉强度 σ_s=3.5MPa，上覆载荷 q=0.5MPa(可结合具体顶板条件采用组合梁方法求得)，直接顶岩层的硬度系数一般为 4～8，则作为垫层时地基系数 κ=0.5～2GPa/m[5]，代入基本顶的不同厚度条件，可以得到超前断裂距，见表 6-1。

表 6-1 不同条件下的基本顶超前断裂距(m)

h/m	κ			
	0.5GPa/m	1.0GPa/m	1.5GPa/m	2.0GPa/m
5	3.38	2.58	2.20	1.96
10	5.16	3.91	3.31	2.94
15	6.58	4.97	4.20	3.72
20	7.82	5.88	4.97	4.40

可以看出，通常情况下，尤其是西部薄基岩条件下，基本顶超前断裂距小于支架的控顶距(6m 左右)，则基本顶多数在支架上方断裂，断裂时对直接顶的动载效应基本都能传递到支架，造成工作面来压时支架上方作用较大的动载荷。

6.2.1.2 动载计算力学模型

动载荷最终要传递到支架上，支架的性能关乎工作面的支护效果。支架的特性主要由支柱的特性来决定，目前所使用支柱的工作特性主要有急增阻式、微增阻式和恒阻式。液压支柱是典型的恒阻式支柱，当支柱安设后，随着活柱下缩，很快达到额定工作阻力，以后尽管活柱继续下缩，支柱的工作阻力保持不变，其特性曲线如图 6-24 所示。图中 P 为工作阻力，P_0 为始动阻力，P_2 为额定工作阻力，Δs 为支柱伸缩量，Δs_0 为达到最大动载荷瞬间支架伸缩量。

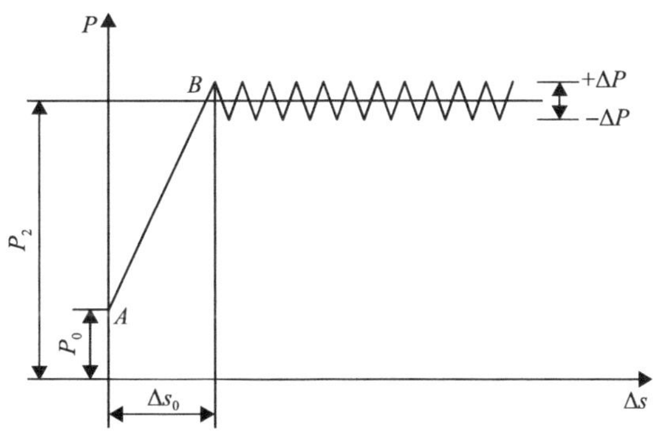

图 6-24 液压支架特性曲线

支架的初撑力 P_0' 一般为额定工作阻力的 60%～85%，大于始动阻力 P_0，所以基本顶破断滑落过程中，液压支架可视作弹性体，达到额定工作阻力后变成给定载荷状态，可视为恒力 P_2。假设：①基本顶视作刚体，直接顶视作弹性体；②支架上方直接顶自重相对于破断基本顶的质量很小可忽略不计，并且在动载效应中服从胡克定律；③在动载效应中，声、热等能量耗损很小，可忽略不计。然后考虑最不利的情况，即动载效应完全在支架上方完成并且期间基本顶并未接触采空区矸石或是形成了三角拱结构，断裂基本顶与两侧摩擦力可以忽略，自重全由支架上方直接顶承担。则基本顶滑落过程中，支架与围岩的关系可分为如图 6-25 所示的两种情况[6]。

若最大动载荷小于额定工作阻力，则动载效应只有如图 6-25(a)所示的情况；若支架达到额定工作阻力后，基本顶破断岩块仍有向下的速度，动载效应模型就会由图 6-25(a)变成图 6-25(b)，支架不断下缩并以恒力 P_2 阻止顶板下沉，直到顶板速度降为 0。若支架下缩量达到最大可缩量时顶板仍未停止运动，就会导致工作面压架造成顶板灾害。

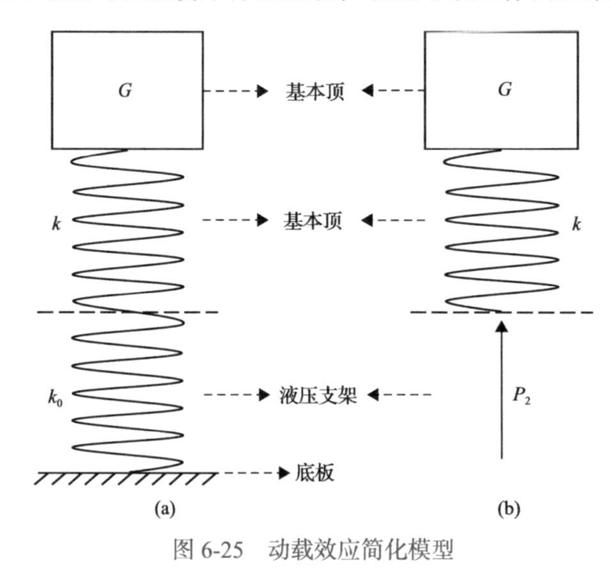

图 6-25 动载效应简化模型

6.2.1.3 最大动载荷的求解

1)最大动载荷小于支架额定工作阻力时

基本顶断裂前，自身结构能够承受大部分自重，支架以初撑力 P_0' 支承挤压直接顶，会在直接顶内产生初始变形 y_0'，直接顶刚度记为 k，同时支架初始伸缩量记为 $\Delta s_0'$，刚度记为 k_0，始动阻力记为 P_0，则可列出式(6-58)：

$$P_0' = ky_0' = P_0 + k_0\Delta s_0' \tag{6-58}$$

基本顶破断后，在重力作用下滑落，不断压缩直接顶，随着压缩量的不断增大，支架通过直接顶对基本顶的支撑力逐渐增大，基本顶下沉的加速度逐渐减小，当支撑力等于下沉顶板的自重时，顶板下沉的加速度等于 0，速度达到最大。由于惯性作用，顶板会继续下沉，直接顶压缩量继续增大，它对基本顶的支撑力大于下沉顶板的自重，下沉顶板的加速度方向转而向上，且加速度越来越大，速度越来越小。当速度等于 0 时，直接顶的压缩量达到最大值 y_m，它对基本顶的支撑力达到最大值，并等于最大动载荷，记为 P_m，同时支架伸缩量达到最大值 Δs_m。此时加速度向上增加到最大，下沉基本顶转而向上运动，压缩量逐渐减小，对直接顶的动载荷也越来越小，最终结构稳定时，作用在直接顶上的作用力为下沉顶板的自重。动载荷最大时，可列出式(6-59)：

$$P_{\mathrm{m}}=ky_{\mathrm{m}}=P_0+k_0\Delta s_{\mathrm{m}} \tag{6-59}$$

在达到最大动载荷过程中，以基本顶和直接顶为研究对象，同时考虑重力和支架做功，则由功能原理可得

$$G\left(y_{\mathrm{m}}-y_0'+\Delta s_{\mathrm{m}}-\Delta s_0'\right)-\frac{P_{\mathrm{m}}^2-P_0^2}{2k_0}=\frac{1}{2}k\left(y_{\mathrm{m}}^2-y_0^2\right) \tag{6-60}$$

式中：G 为基本顶破断岩块的重量。

联立式(6-58)、式(6-59)、式(6-60)可求得最大动载荷为

$$P_{\mathrm{m}}=2G-P_0' \tag{6-61}$$

则动载系数为

$$K_{\mathrm{d}}=\frac{P_{\mathrm{m}}}{G}=2-\frac{P_0'}{G} \tag{6-62}$$

由式(6-61)可以看出，最大动载荷与直接顶和支架的刚度无关，只受顶板自重和支架初撑力影响。当初撑力为 0 时，动载效应较为剧烈，动载系数达到最大值 2；当增大初撑力时，动载荷变小，动载系数变小。所以工作面支架设定合理的初撑力很重要。

支架的初撑力一般为额定工作阻力的 60%～85%，以 60%计算，可得最大动载荷小于额定工作阻力的条件是 $2G-P_0'<P_2$，即额定工作阻力大于 $1.25G$。

2) 最大动载荷达到支架额定工作阻力时

最大动载荷达到支架额定工作阻力后，支架载荷保持 P_2 不变，直接顶内变形稳定在 y_{m}，但支架不断下缩，以 P_2 抵挡基本顶的继续下沉。记达到最大动载荷瞬间支架伸缩量为 Δs_0，基本顶停止下沉时支架伸缩量为 Δs_{m}。则同样满足式(6-58)，并可列出式(6-63)：

$$P_2=ky_{\mathrm{m}}=P_0+k_0\Delta s_0 \tag{6-63}$$

在顶板下落至稳定过程中，以基本顶和直接顶为研究对象，由功能原理可得

$$G\left(y_{\mathrm{m}}-y_0'+\Delta s_{\mathrm{m}}-\Delta s_0'\right)-\left[\frac{P_2^2-P_0^2}{2k_0}+P_2\left(\Delta s_{\mathrm{m}}-\Delta s_0\right)\right]=\frac{1}{2}k\left(y_{\mathrm{m}}^2-y_0^2\right) \tag{6-64}$$

联立式(6-58)、式(6-63)、式(6-64)可求得支架最大伸缩量为

$$\Delta s_{\mathrm{m}}=\frac{2G-P_2}{2\left(P_2-G\right)}\left(\frac{P_0}{k_0}+\frac{P_2}{k}\right)+\frac{\left(P_0'-2G\right)P_0'}{2\left(P_2-G\right)}\left(\frac{1}{k_0}+\frac{1}{k}\right) \tag{6-65}$$

记：

$$\Delta s_1 = \frac{2G - P_2}{2(P_2 - G)}\left(\frac{P_0}{k_0} + \frac{P_2}{k}\right)$$

$$\Delta s_2 = \frac{(P_0' - 2G)P_0}{2(P_2 - G)}\left(\frac{1}{k_0} + \frac{1}{k}\right)$$

则：

$$\Delta s_{\mathrm{m}} = \Delta s_1 + \Delta s_2 \tag{6-66}$$

即支架下缩量由两部分组成，Δs_1 部分由支架固有设计参数和上覆载荷确定，Δs_2 部分受初撑力影响，并且由于初撑力小于上覆载荷，则初撑力越大，支架下缩量越小，可见较大的初撑力能够减缓动载效应的程度。同时直接顶和支架的刚度也会影响支架下缩量，其他条件相同的情况下，刚度越小，支架下缩量越大。

最大动载荷达到额定工作阻力的条件是

$$\Delta s_{\mathrm{m}} > \Delta s_0 = \frac{P_2 - P_0}{k_0} \tag{6-67}$$

记支架最大可缩量为 Δ_0，则不因动载效应发生压架事故的条件为

$$\Delta s_{\mathrm{m}} < \Delta_0 \tag{6-68}$$

6.2.2 高强度开采工作面顶板动载效应分析

岩石具有峰后应变软化特征，承受载荷达到强度极限后，应力、应变增量不再满足 $\mathrm{d}\sigma_{ij}\mathrm{d}\varepsilon_{ij}>0$，由材料稳定性概念可知，岩石属于非稳定材料，峰后变形阶段必然发生失稳现象。对于处于运动状态的大尺度采场，顶板岩层的断裂失稳存在必然性。长期以来，顶板事故发生次数、危害程度及造成的损失一直占据煤矿各类事故之首，因此，顶板控制问题一直是煤矿开采领域研究的重点。工程实践表明，覆岩渐进静态失稳形式不会引起工作面高危害程度灾变，但突发动力性失稳则会造成顶板大范围切落压架、飓风伤人事故，甚至引起冲击地压等动力灾害。

6.2.2.1 顶板动力破断的折迭突变模型

工作面正常推进过程中，基本顶悬露长度不断增加，达到极限跨距时，必然发生断裂失稳现象，而围岩系统的失稳同样存在静态和动态两种形式，若基本顶的断裂属于动力破断类型，则破断岩块伴生的初始动能会对工作面支架形成动载效应，造成高强度采场顶板沿煤壁大范围切落，甚至引起顶板断裂诱导的动载效应等灾害。

沿工作面倾斜方向可将基本顶稳定性问题简化为平面应变问题，基本顶断裂后，断裂面产生处失去约束，成为自由端，且由于高强度采场采高较大，基本顶再次断裂前自由端不易同采空区矸石接触，约束条件保持不变，另一端则嵌固于煤壁上方未断裂岩层中；基本顶承受最大载荷为基本顶同第 2 亚关键层之间的岩层自重，因此，可将基本顶

视为均布载荷作用下的悬臂梁系统(图 6-26)，悬臂梁系统由悬臂段和嵌固段组成[7]。

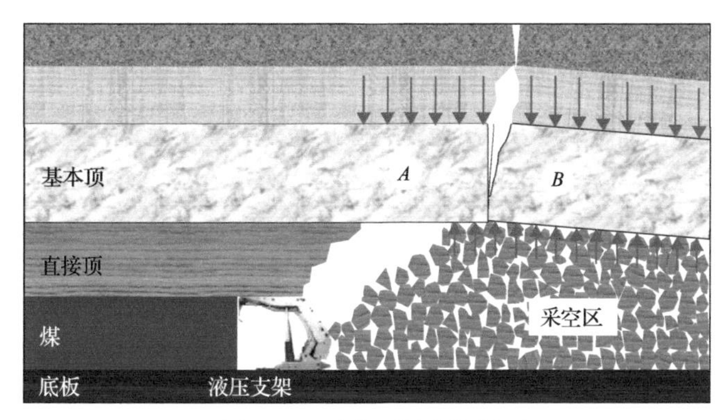

图 6-26 基本顶悬臂梁模型

将基本顶岩层悬臂段视为弹塑性软化岩体，将嵌固段视为理想弹性体而非理想刚体。以煤壁上方为原点，弹塑性软化岩体与理想弹性岩体的交界面为 $x=0$。此处认为岩石受拉过程中其材料微元强度同受压过程中相似，服从 Weibull 分布，则其加载过程中的力–位移曲线可由式(6-69)表示：

$$f(u)=\lambda u\exp(-u/u_0) \tag{6-69}$$

式中：$f(u)$为基本顶上表面 $x=0^+$处的水平拉力，N；λ 为基本顶初始刚度，N/m；u 为基本顶上表面 $x=0^+$处的位移，m；u_0 为基本顶上表面 $x=0^+$处达到抗拉强度时的极限水平位移，m。

嵌固段基本顶中的应力分布同梁中相似，仅由线应变产生，且服从胡克定律，由此可得嵌固段岩层对基本顶悬臂段作用力的表达式如下：

$$N=K_\mathrm{e}u_\mathrm{e} \tag{6-70}$$

式中：N 为基本顶上表面 $x=0^-$处的拉力，N；K_e 为嵌固段基本顶刚度，其值同 λ 相等，N/m；u_e 为嵌固段水平位移，m。

截取 $x=0$ 处的单元体，由于悬臂梁系统的悬臂段、嵌固段岩石选取不同的本构模型，因此 $x=0^-$侧拉力由式(6-70)确定，而 $x=0^+$侧拉力由式(6-69)确定。由变形协调方程可知，基本顶断裂前 N 和 $f(u)$ 可视为一对相互作用力，工作面推进时引起的基本顶悬臂段和嵌固段加载路径如图 6-27 所示。

基本顶在悬臂段进入峰后软化阶段才可能失稳，仅对峰后段变形特征进行分析。基本顶上表面 $x=0^+$处岩石达到抗拉强度后，随推进距离增加，其横向位移增加 $\mathrm{d}u$，嵌固段则开始卸载，横向位移减少 $\mathrm{d}u_\mathrm{e}$，这一过程中悬臂段需要吸收能量 $f(u)\,\mathrm{d}u$，而嵌固段释放弹性能 $N\mathrm{d}u_\mathrm{e}$。若 $f(u)\,\mathrm{d}u>N\mathrm{d}u_\mathrm{e}$，悬臂梁结构自身不会破断失稳，即工作面可继续安全推进。

基本顶悬臂梁系统在 $x=0^+$处首先屈服，取该位置微小单元体进行受力分析，如图 6-28 所示。

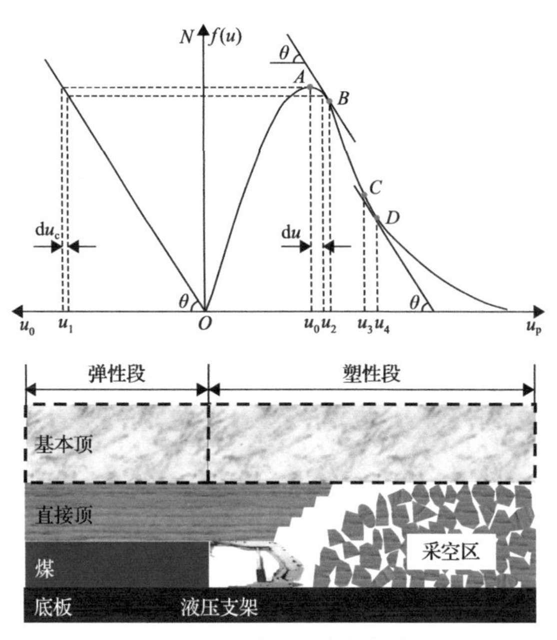

图 6-27 悬臂梁系统加载路径

u_p-基本顶上表面 x=0+处达到抗压强度时的极限水平位移，m

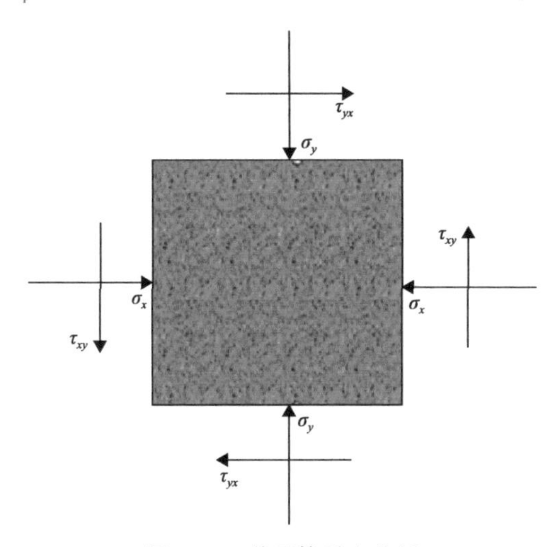

图 6-28 单元体受力分析

由挠曲梁中应力分布特征可知，拉应力 σ_x 远大于压应力 σ_y 和剪应力 τ_{xy}，基本顶破断条件采用最大拉应力强度理论，即基本顶稳定性取决于 x=0 处的拉应力，由梁理论可知基本顶悬臂梁垂直位移方程可由式(6-71)表示：

$$g=\frac{qx^2}{24EI}(x^2-4Lx+6L^2) \tag{6-71}$$

式中：g 为基本顶垂直位移，m；E 为基本顶弹性模量，GPa；L 为基本顶悬臂梁长度，m；q 为基本顶承受载荷集度，N/m；I 为竖直截面对 z 轴惯性矩，m^4，$I=\int y^2\mathrm{d}A$，A 为基本顶塑性区面积，m²。

由式(6-71)可得基本顶 x=0 处的曲率 $K=\mathrm{d}^2g/\mathrm{d}x^2$，将曲率代入弯矩与曲率的关系可得该点的弯矩为 $M=EIK$，将弯矩代入弯矩与拉应力的表达式 $\sigma_x=My/I$，可得 x=0 处的水平拉应力为

$$\sigma_x=\frac{3q}{H_{\mathrm{J}}^2}L^2 \tag{6-72}$$

式中：H_{J} 为基本顶岩层厚度，m。

由式(6-72)可得，水平拉应力 σ_x 与基本顶跨距 L^2 成正比，随工作面推进距离增加，基本顶跨距 L 增大，x=0 处的拉应力 σ_x 同样增加。为便于分析，将推进距离增加引起的微单元加载等效为推进距离不变而悬臂梁自由端增加外力 P，假设基本顶跨距 L 增加 l，则 $P=\int[\sigma_x(L+l)-\sigma_x(L)]\mathrm{d}A$，如图 6-29 所示，两分图中基本顶上表面 x=0 点的最大拉应力相等。对图 6-29(b)进行分析，可得基本顶悬臂梁系统发生静态破断时，系统内力及外力应满足的条件[8]为

$$f(u)\mathrm{d}u-N\mathrm{d}u_{\mathrm{e}}-P\mathrm{d}u_P=0 \tag{6-73}$$

式中：u_P 为集中力 P 作用点处的水平位移，m；$f(u)=N=\int\sigma_x\mathrm{d}A\ (N)$，此处 A 的值可取单位面积。

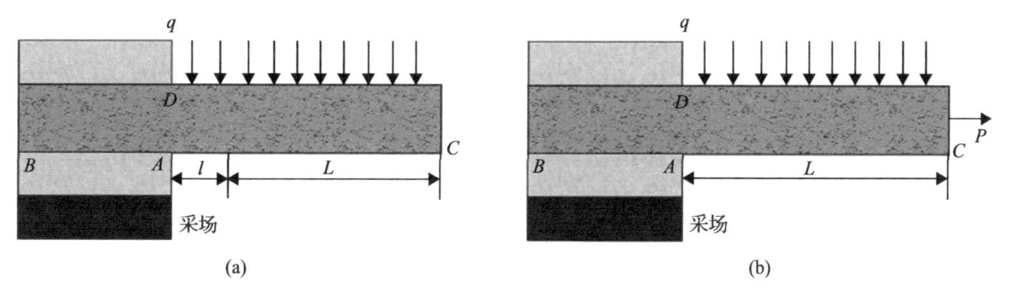

图 6-29 基本顶悬臂梁的等效加载

q-上覆岩层均布载荷

令式(6-73)两端同时除以 du 可得

$$f(u)+\frac{f(u)f'(u)}{k_{\mathrm{e}}}-J=0 \tag{6-74}$$

式中：$J=P\mathrm{d}u_P/\mathrm{d}u$ 为悬臂梁系统发生单位位移所需外界输入的能量。J=0 为系统自身保持静态变形破坏的临界状态。

式(6-69)对应曲线如图 6-27 所示，其峰值点 A 对应位移为 u_0，点 B、D 的切线斜率等于 k_{e}，对应的位移分别为 u_2 和 u_4，点 C 为曲线的拐点，曲线斜率在该点达到极值，该点对应基本顶横向位移 u_3，由曲线拐点性质 $f''(u)=0$ 可得 $u_3=2u_0$。将式(6-73)在拐点处利用泰勒级数展开，并忽略 $o[(u-u_3)/u_3]$ 项可得

$$\left(\frac{u-u_3}{u_3}+\frac{1-K_s}{4}\right)^2-\left(\frac{1-K_s}{4}\right)^2-\frac{1-K_s}{2}-\frac{K_s}{2f(u_3)}J=0 \tag{6-75}$$

式中：K_s为k_e同拐点处切线斜率绝对值之比。令

$$\begin{cases} x=\dfrac{u-u_3}{u_3}+\dfrac{1-K_s}{4} \\ a=-\left(\dfrac{1-K_s}{4}\right)^2-\dfrac{1-K_s}{2}-\dfrac{K_s}{2f(u_3)}J \end{cases} \tag{6-76}$$

则式(6-75)可转化为折迭突变模型的控制方程：

$$x^2+a=0 \tag{6-77}$$

由控制方程得折迭突变模型的控制曲面如图 6-30 所示。$K_s \geqslant 1$ 时，基本顶发生渐进静态破断；$K_s<1$ 时，基本顶发生突发动力破断。岩土材料的拉伸破坏属典型的脆性破坏，峰后阶段的软化模量大于峰前弹性模量，因此，基本顶悬臂梁系统平衡控制方程曲线属于 $K_s<1$ 类型，在点 B、D，悬臂梁系统均达到极限平衡状态，对应图 6-30 两分支上的点 x_2、x_4。根据稳定性原理，当基本顶变形处于分支 1 上时，曲线斜率小于 0，基本顶平衡状态属于不稳定类型，遭受较小扰动后平衡状态可能被破坏，而基本顶变形处于分支 2 上时，曲线斜率大于 0，基本顶平衡属于稳定类型，因此，点 B 悬臂梁系统处于不稳定极限平衡状态，而点 D 属于稳定极限平衡状态。在图 6-27 中点 B 满足 $du_P/du=0$，即基本顶最大拉应力处的水平位移存在突变，图 6-30 中 x 值由分支 1 上的点 x_2 突变至分支 2 中的点 x_4，悬臂梁系统发生动力破断，不稳定平衡状态突然失稳，这一过程中基本顶悬臂梁系统释放的弹性应变能转变为裂纹扩展所需的表面能及破断岩块的初始动能。

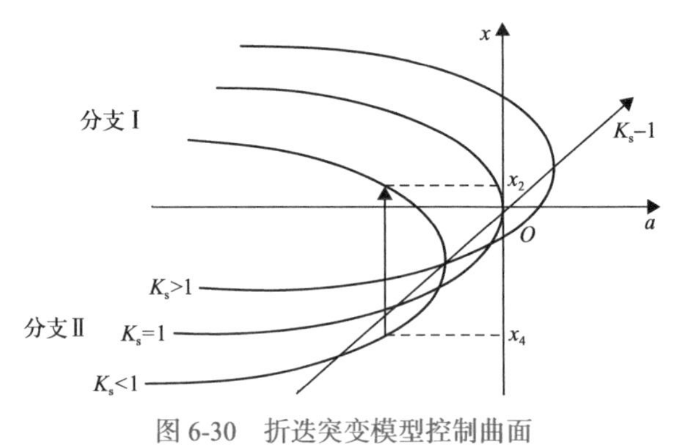

图 6-30 折迭突变模型控制曲面

6.2.2.2 顶板断裂形态与动载发生条件

1) 断裂线位于煤壁前方

岩层刚度比及工作面支护条件不同造成基本顶断裂位置出现较大差异。若基本顶刚

度明显大于直接顶及下位煤层刚度，其断裂线位于工作面前方，断裂形态如图 6-31(a)所示，岩块 A 断裂瞬间伴生的初始动能由下位直接顶和煤层吸收，若基本顶为坚硬厚岩层，应防止煤层因快速吸收瞬间释放的基本顶应变能而造成动载效应灾害。

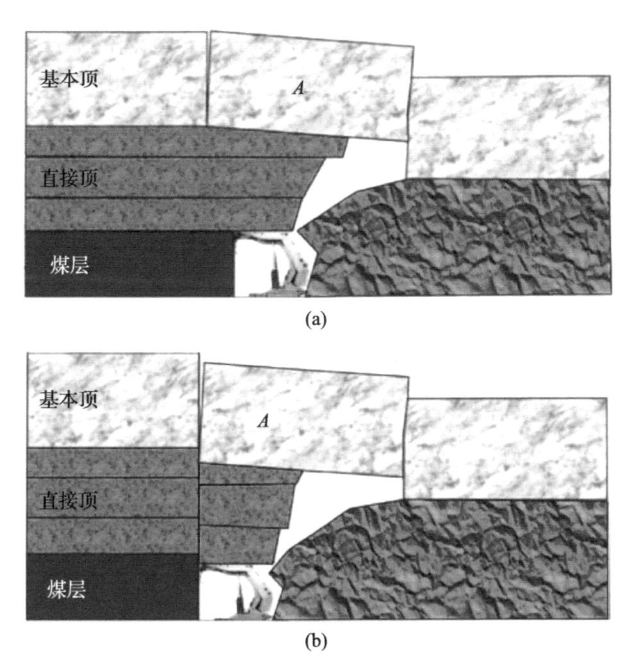

图 6-31 断裂线位于工作面前方

基本顶断裂后，岩块 A 在煤壁支撑下回转形成平衡结构，此时可认为岩块 A 中的应变能降至零水平，随工作面推进，岩块 A 缓慢回转至结构失稳的过程中同直接顶协调变形，两者之间不存在速度间断，如图 6-31(b)所示。由非静态接触条件可知，岩块 A 与直接顶发生动载效应的条件为两者接触瞬间存在速度差异，因此，该顶板结构条件下采场不存在动载效应，支架承受载荷均为静载，若支架选型合理，不会发生异常压架事故。若工作面支架额定工作阻力过小，直接顶与基本顶破断岩块之间出现离层，如图 6-32所示。

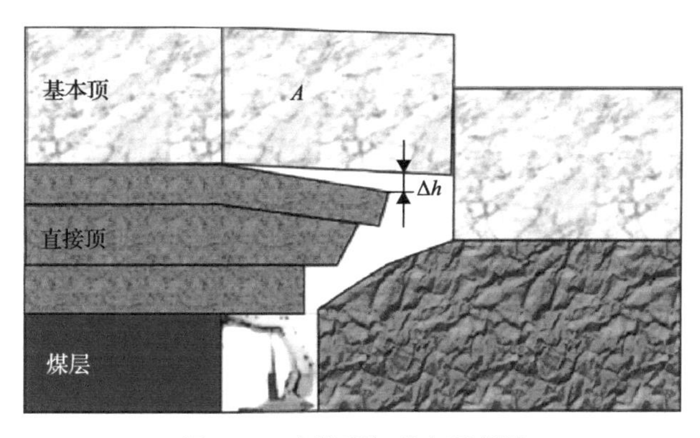

图 6-32 直接顶与基本顶离层

由于岩块 A 中的应变能很小，可忽略不计，平衡结构失稳瞬间岩块 A 初始速度等于0，岩块 A 与直接顶接触前做自由落体运动，两者接触时岩块 A 的速度可由式(6-78)确定：

$$v_1 = \sqrt{2g\Delta h} \tag{6-78}$$

式中：g 为重力加速度，N/kg；Δh 为基本顶与直接顶之间的离层量，m。

当基本顶破断岩块与直接顶之间存在离层时，岩块 A 通过直接顶对工作面支架造成的动载荷为

$$F = G + \frac{m\sqrt{2g\Delta h}}{t} \tag{6-79}$$

式中：m 为基本顶岩块质量，kg；G 为基本顶岩块重力，kN；t 为动载作用时间，s；F 为动载荷，kN。

2)断裂线位于煤壁上方

在神东煤田赋存有靠近地表的浅埋煤层，其覆岩沉积年代新、弱胶结、低强度是该区域基岩的主要特征，岩层刚度比值小，基本顶断裂线普遍位于煤壁上方，是基本顶沿煤壁切落现象的高发区，其顶板结构如图 6-33 所示。

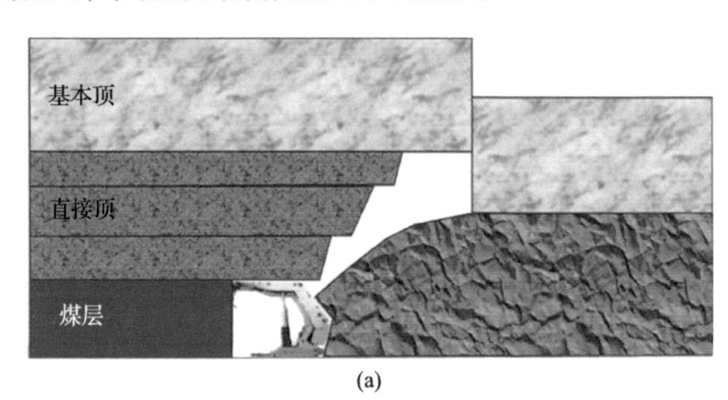

(a)

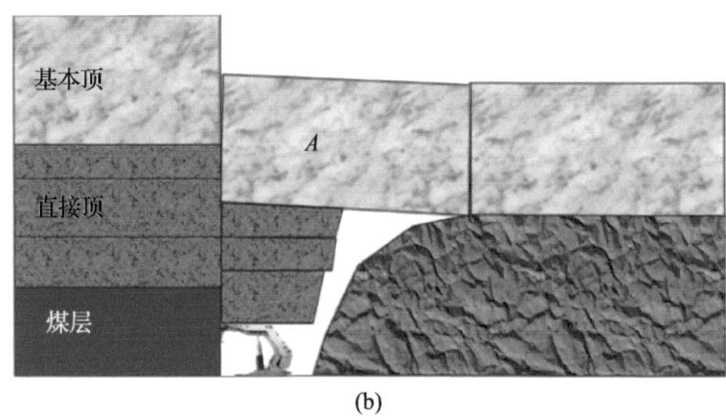

(b)

图 6-33 断裂线位于煤壁上方

基本顶断裂瞬间岩块 A 伴生的初始速度为[7]

$$v_z = \sqrt{\frac{2\alpha W_e}{m}} \tag{6-80}$$

式中：W_e为基本顶储存的弹性应变能；α为方程参数，$\alpha<1$。由此可得基本顶断裂线位于煤壁上方时，岩块A通过直接顶对工作面的动载荷为

$$F=G+\frac{1}{t}\sqrt{2\alpha mW_e} \tag{6-81}$$

由式(6-79)和式(6-81)可知，基本顶与直接顶之间出现离层现象、基本顶断裂线位于煤壁上方两种情况下，基本顶破断岩块通过直接顶传递至工作面支架的动载荷F大于基本顶破断岩块自重，工作面容易发生顶板切落压架事故。

6.2.2.3 推进速度与动载作用关系

假设工作面保持均匀速度v推进，则基本顶跨距$L=vt_1$，将其代入式(6-72)可得基本顶悬臂梁中的最大拉应力为

$$\sigma_x=\frac{3qv^2t_1^2}{H_J^2} \tag{6-82}$$

式中：v为工作面推进速度，m/s；t_1为上一次来压结束起工作面推进时间，s。

工作面不同推进速度条件下，基本顶悬臂梁中最大拉应力随推进时间的关系如图6-34所示，工作面的持续推进相当于对基本顶岩层的加载，由不同推进速度条件下拉应力随推进时间变化曲线的斜率可得，推进速度越快，加载速率越大。

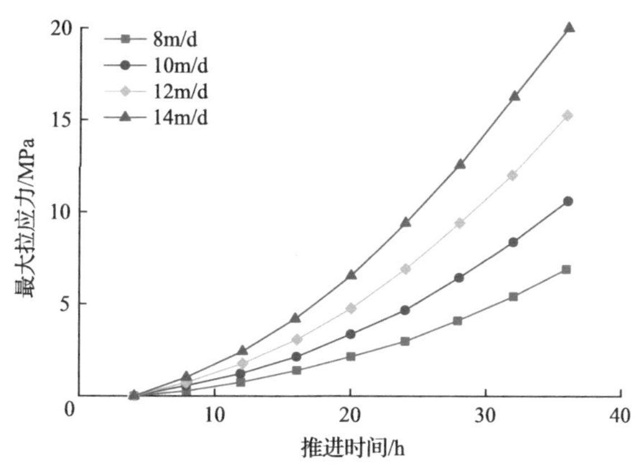

图6-34 不同推进速度下梁中最大拉应力与推进时间的关系

不同加载速率下岩石抗拉强度试验所得岩石应力–应变曲线如图6-35所示(由于试验机刚度较小，峰后曲线没有完全测得)。岩石加载速率增大，其应力状态可位于加载面之外，因此，岩石抗拉强度随着加载速率的升高表现出明显的伪增强特点，随加载速率提高，岩石的极限拉应变同样增大。

结合图6-34和图6-35可知，工作面推进速度加快，基本顶悬臂梁中的拉应力增长率变大，基本顶强度极限表现出一定程度的伪增强，且基本顶破断前的极限拉应变增大，由单元体应变能计算方法可知，基本顶断裂前贮存于每个单元体中的应变能增加。另外，

随着基本顶极限抗拉强度增大，基本顶极限跨距增大。因此，随着高强度开采工作面推进速度的提高，基本顶断裂前储存于悬臂梁中的弹性应变能增加，基本顶断裂时，破断岩块伴生的初始动能越大，通过直接顶对工作面支架造成的动载作用越明显，如图 6-36 所示。

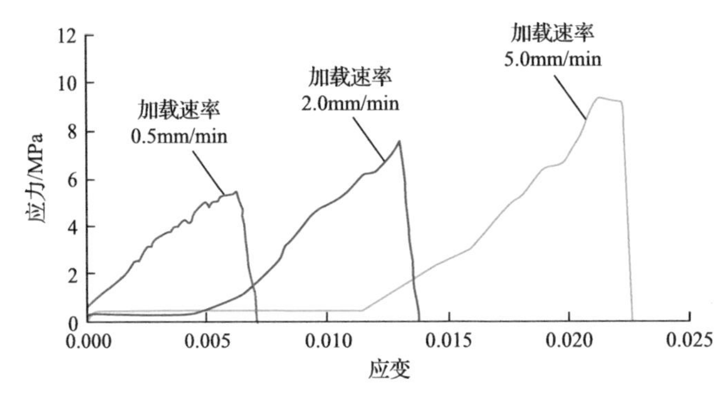

图 6-35 不同加载速率下岩石应力–应变曲线

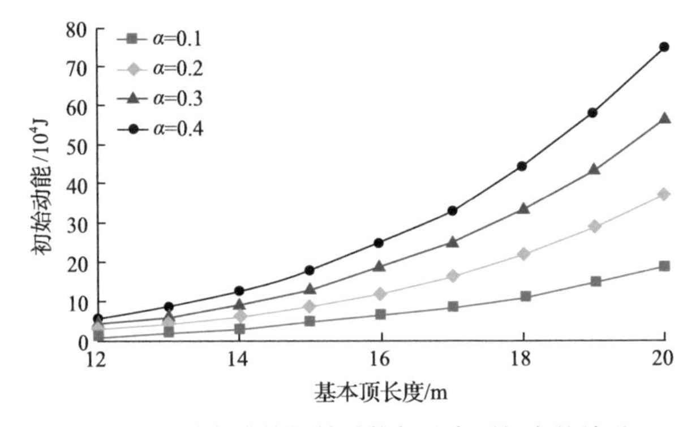

图 6-36 破断岩块初始动能与基本顶长度的关系

6.2.2.4 应用实例

1) 工程概况

某煤矿 8101 工作面为主采 3#煤，煤层厚度 3～7.2m，平均 6m，煤层倾角小于 10°，为近水平煤层，采用综采工艺进行回收，回采初期最快推进速度可达 10m/d。工作面倾斜长 270m，走向长 1014m，直接顶为厚 12m 的泥岩，基本顶为厚 9m 的细砂岩。为适应 7.2m 最大开采高度要求，自主开发研制工作面重型液压支架，经论证讨论该工作面支架可能承受的最大顶板压力为 14000kN，最终确定支架型号为 ZY15000/33/72D。

2013 年 10 月，工作面推进至 150m 时，采高达到 6.8m，煤壁出现片帮现象，并引起顶板泥岩破碎冒顶，支架接顶性能降低，承受载荷约为 25MPa，换算为压力 9800kN，约占支架额定工作阻力的 65%(图 6-37)。之后采取注浆加固煤壁和顶板，由于注浆量过大，提高了煤壁刚度，10 月 6 日，工作面上方顶板出现较大断裂声响，工作面支架压力迅速增大至接近额定工作阻力水平，其中 80#～120#支架发生较大范围的切顶压架事故，并有大量支架发生漏液、窜液和安全阀损坏现象。

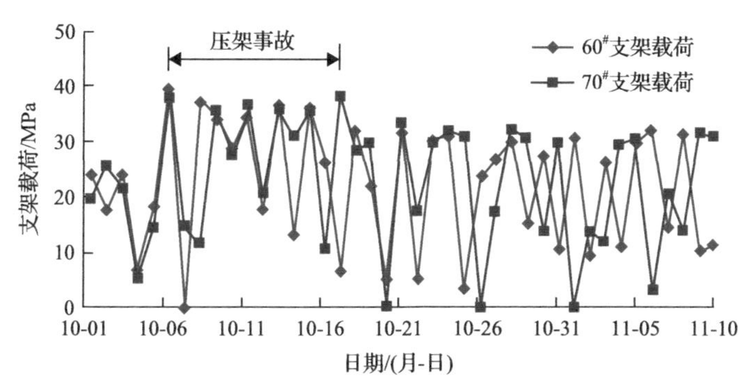

图 6-37 支架载荷变化曲线

2) 原因分析

由顶板断裂位置及支架载荷响应特征可以判断造成该次事故的原因为：注浆明显提高了煤壁及直接顶刚度，造成基本顶在煤壁上方发生动力破断，直接对工作面支架形成冲击。8101 工作面基本顶厚度 H_J=9m，抗拉强度σ_t=2MPa，脆性跌落系数取 3/4，由组合梁变形特征结合覆岩组合特征求得基本顶断前承受载荷为 0.4MPa，可得基本顶极限跨距为 16.2m，实测实际来压步距为 12～16m，误差不大。取基本顶岩层泊松比 ν=0.2，α=0.5，则破断岩块的初始动能为 0.78×10^6J，起动速度为 1.8m/s，直接顶最大变形量取 0.4m，且在基本顶压力及支架反复支撑下已完全进入塑性屈服状态，由岩土材料变形破坏特征可知其塑性变形远大于弹性变形，因此可忽略直接顶弹性变形而将基本顶与直接顶之间的接触碰撞视为完全非弹性碰撞，碰撞期间基本顶匀速运动，则撞击用时约为 0.2s，基本顶容重取 2700kg/m^3，则破断岩块的质量为 0.39×10^6g，将以上各参数代入式(6-81)可得单位宽度基本顶的冲击作用力为 7168kN，为基本顶自重的 1.8 倍。支架宽度 2.5m，则单个支架承受的基本顶冲击力为 17920kN，大于该工作面所选架型的额定工作阻力，最终导致大范围切顶压架事故的发生。

3) 事故治理

为防止同类顶板灾变事故的发生，8101 工作面将围岩“注浆”加固形式改变为“大直径棕绳+注浆”柔性加固形式，减少了注浆量，提高了煤壁的韧性并降低了其刚度，使基本顶断裂位置前移，为顶板平衡结构的形成创造条件。改变围岩加固形式后，顶板控制效果明显改善，基本顶来压期间支架载荷变化范围保持在 30～35MPa，为额定工作阻力的 80%～91%。

6.3 放顶煤开采的顶板压力计算

由于放顶煤开采采厚大，对上覆岩层的扰动也大，放顶煤开采支架的直接支护对象是即将放落的顶煤，而支架是处于“直接顶-支架-底板”支护系统中的，支护系统各部分的刚度特性对支架阻力有直接影响。因此，“顶煤的刚度”对支架阻力有着直接影响。放顶煤使直接顶，尤其是顶煤得到松动，成为“变形体”，顶煤刚度明显降低，导致顶煤难以传递上覆岩层对支架的作用力。此时基本顶的部分作用力可以转移为由煤壁支撑，转移力的大小随顶煤和直接顶刚度大小而变化，显然刚度大则支架受力就大。因此，在采用放顶煤时出现两种情况：其一，当顶煤松散时，支架工作阻力可能小于正常情况(有时仅为同样采高的 70%～80%)，此时支架前柱受力大于后柱，实践中多数放顶煤开采属于这种情况；其二，当顶煤刚度大时，顶煤就成为传递压力的介质，此时支架工作阻力将比一般工作面要大得多，且支架后柱受力大于前柱。

6.3.1 基于顶煤损伤的放顶煤开采支架工作阻力计算

顶煤体从煤壁前方随采场推进运移至支架上方，结构已发生破坏，基本呈松散体，而顶板岩层的变形压力引起了顶煤体的变形，并通过顶煤体介质层将垂直变形压力传递于支架，因此支架载荷 F 由两部分组成：支架上方顶煤体的重力 W($W=\delta_d Lb\rho$，δ_d 为顶煤厚度；L 为控顶距；b 为支架宽度，ρ 为煤的密度)和顶板岩层促使顶煤体垂直变形的压力 F_y。顶板岩层促使顶煤体垂直变形的压力按下述方法求得[9]。

6.3.1.1 顶煤体运移损伤物性方程的建立

根据多次顶煤体位移与变形的现场实测，损伤变量 D 与顶煤体合位移 s、裂隙条数 N 有类推关系，而且 s、N 与距工作面不同位置 l 呈指数变化关系，所以可设 $D=AB^l$(A、B 为常数)，根据损伤力学的基本原理，其基本弹性模量 E 与等效弹性模量 E_{ef} 有关系式：$E_{ef}=E(1-D)=E(1-AB^l)$，损伤性方程为

$$\sigma = E_{ef}\varepsilon = E(1-D)\varepsilon \tag{6-83}$$

式中：ε 为应变。

利用式(6-83)与顶煤体水平与垂直方向的位移特点，可分别建立水平与垂直方向的损伤物性方程。

6.3.1.2 在控顶区对顶煤体垂直方向物性方程积分求得所受变形压力

根据损伤力学原理，损伤是物体劣化的一种性质，劣化过程是由于外界条件，即外载、环境等变化引起的。顶板与顶煤相互作用，随工作面推进，顶板弯曲下沉，作用于顶煤中的应力发生变化，显现于煤体的变形、体积的膨胀。由于应力主向的不同，必然产生水平与垂直变形，即顶煤体同时发生水平与垂直方向的损伤，因此作用于顶煤体的垂直变形压力为

$$F_y = \frac{\eta_r EB}{\delta_d}\int_0^{L_k} D_h D_v \Delta \mathrm{d}l \tag{6-84}$$

式中：η_r 为煤体弹性模量弱化系数，考虑岩石与岩体的影响效应，η_r=1/8～1/25；D_h、D_v 分别为顶煤体水平与垂直方向的损伤变量；Δ 为顶煤垂直方向的变形量；L_k 为支架顶梁长度。

由式(6-84)可以看出，顶煤体承受岩层的变形压力与其弹性模量(强度)成正比，而与顶煤厚度成反比，如图 6-38 所示。

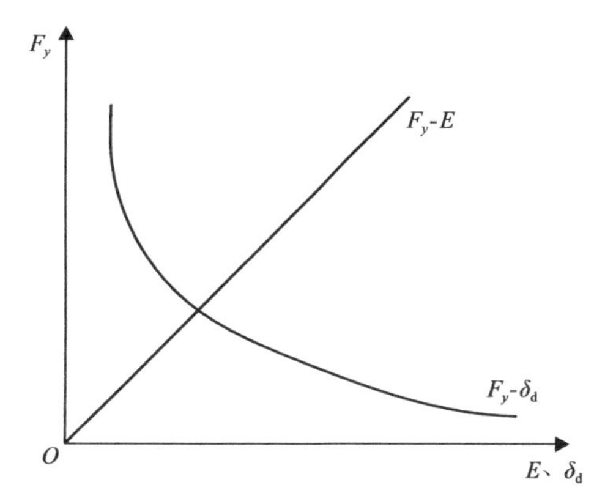

图 6-38　顶煤受顶板岩层垂直压力与其弹性模量及顶煤厚度的关系

上述关系可以有效地解释在同样的围岩条件下，煤层越软，支架载荷越小，支架承受顶板岩层的变形压力并不与采厚即采空区顶板活动空间成正比。支架所受载荷大小随顶煤体厚度的变化关系由呈线性增加的顶煤体重力与呈反比例函数的变形压力叠加而成，其总的变化趋势如图 6-39 所示。这种 F-δ_d 变化关系在同一放顶煤工作面调整采高以改变顶煤厚度情况下存在，而且在支架设计工作阻力、围岩条件及采高相近的放顶煤工作面也存在。图 6-40 为阳泉四矿、邢台(高位放顶煤)、乌兰、潞安、米村矿实测支架载荷与煤厚的变化关系。

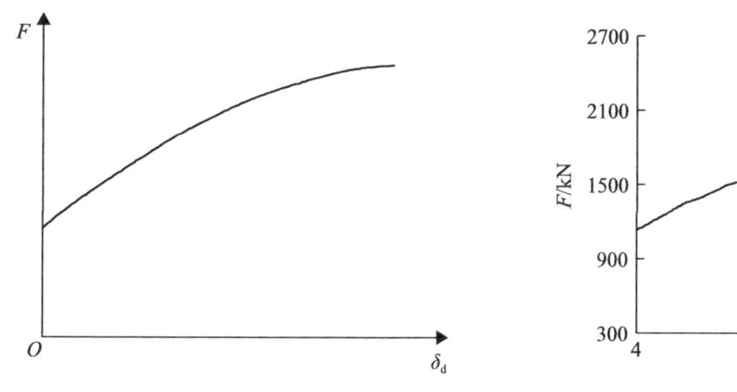

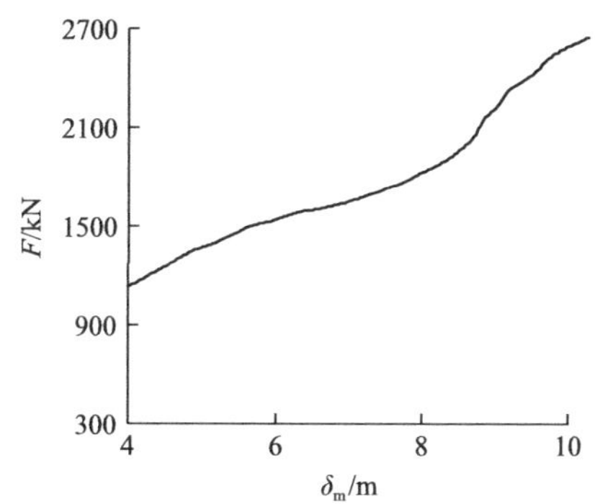

图 6-39　支架载荷随顶煤厚度的变化曲线图　图 6-40　支架载荷与煤厚 δ_m 的变化曲线实测结果

6.3.2　特厚煤层放顶煤工作面顶板结构与支架阻力计算

大采高放顶煤工作面采空区覆岩运动空间大，活动剧烈，形成稳定结构的层位高，对于一次开采厚度 15m 及以上的特厚煤层，在采高较小情况下上覆能形成稳定结构的基本顶岩层转化为大采高放顶煤情况下的直接顶，直接顶破断后不能传递水平力，但对于具有较高强度的直接顶来说易形成悬臂梁结构而作用于支架上，同时，高位坚硬岩层作为基本顶仍可形成砌体梁结构，如图 6-41 所示。当支架工作阻力较小，在难以阻止上覆顶板过大下沉量的情况下，砌体梁结构关键块将进一步下沉，迫使悬臂梁结构回转，悬臂梁回转下沉导致作用于砌体梁的支护阻力减小，尤其是来压阶段，易造成砌体梁滑落失稳，从而工作面矿压强烈、支架动载效应[10]。

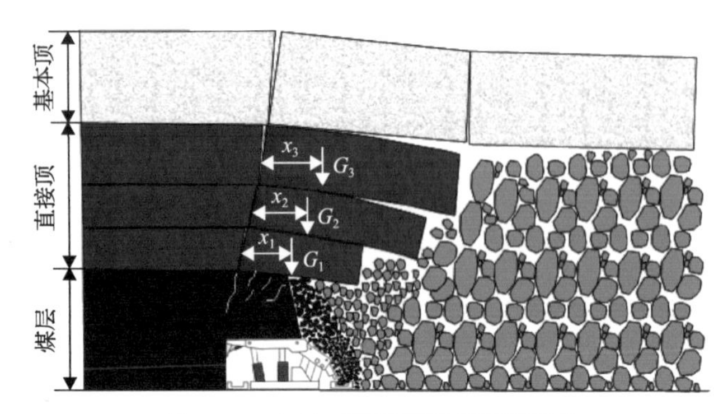

图 6-41 大采高放顶煤采场顶板结构

6.3.2.1 正常回采阶段

在工作面正常回采阶段，支架仅需承受悬臂梁结构对支架的作用力。由悬臂梁结构可得

$$L_i = h_i\sqrt{R_{\mathrm{T}i}/3q_i} \tag{6-85}$$

$$G_i = L_i b h_i \tag{6-86}$$

$$x_i = \frac{L_{bi}}{2} \tag{6-87}$$

$$F_{\mathrm{c}} = \gamma_{\mathrm{m}}\delta_{\mathrm{d}}bl_{\mathrm{d}} + \frac{k}{l_{\mathrm{r}}}\sum_{i=1}^{n}G_i x_i \tag{6-88}$$

式中：h_i为第 i 层一端固定悬臂梁的厚度，m；γ_{m}为顶煤的容重，kN/m^3；δ_{d}为顶煤厚度，m；b 为支架宽度，m；l_{d}为支架顶梁长度，m；L_i为第 i 层一端固定悬臂梁的长度，m；$R_{\mathrm{T}i}$为岩石的抗拉强度，其值可通过实验确定，MPa；q_i为悬臂梁单位长度上的载荷，MPa；G_i为第 i 层悬臂梁的自重，kN；x_i为煤壁至第 i 层悬臂梁重心的水平距离，m；l_{r}为煤壁至支架立柱作用中心线的距离，m；k 为考虑相邻支架前移后的设计系数，取 1.10～1.25；F_{c}为支架需承担悬臂梁作用力，kN。

6.3.2.2 来压阶段

随着工作面的推进，悬臂梁结构随着顶煤的放出而逐渐延长且回转破断，至来压阶段，支架控制采场覆岩稳定的关键是控制砌体梁结构，支架除提供支撑悬臂梁的阻力外，还要对砌体梁结构提供一定的支撑力，以控制悬臂梁与砌体梁组合结构的稳定。因此，有效控制顶板所需的工作阻力分为两部分：一部分用于防止高位砌体梁结构失稳的作用力；另一部分用于支护低位悬臂梁结构的作用力。由砌体梁结构可得

$$F_{\mathrm{j}}=\left[2-\frac{l\tan(\varphi-\theta)}{2(h-s)}\right]Q_0 b \tag{6-89}$$

式中：F_{j}为支架需承担顶板的作用力，kN；l为周期来压步距，m；φ为岩块间内摩擦角，(°)；θ为岩块破断角，(°)；h为关键块的层厚，m；s为关键块的下沉量，m；Q_0为关键层自身及其上控制岩层的载荷，kN。因此，大采高放顶煤工作面支架工作阻力的计算表达式为

$$F=\left\{\gamma h l_{\mathrm{d}}+\left[2-\frac{l\tan(\varphi-\theta)}{2(h-s)}\right]Q_0\right\}b \tag{6-90}$$

式中：γ为岩层容重。

在支架阻力不足以防止砌体梁失稳的情况下，砌体梁滑落失稳必然导致悬臂梁的剪切破坏，悬臂梁破断失稳后仅会在支架顶梁长度范围内作用于支架，此时“悬臂梁-砌体梁结构”演化为“砌体梁结构”。

6.3.2.3 算例分析

1) 工程概况

不连沟煤矿是位于鄂尔多斯准格尔煤田的千万吨级矿井，黄土高原地貌，沟壑发育。F6202放顶煤工作面为二盘区第2个回采工作面，开采6号煤层，煤层产状平缓，裂隙较发育，煤层厚11～21m，平均厚度15.2m，煤层倾角平均4°。采用大采高综采放顶煤开采，工作面倾向长240m，走向长1300m，机采高度3.8m，放煤高度11.2m，采放比为1∶2.95。采用中煤北京煤矿机械有限责任公司生产的ZF13800/27/42型四柱式放顶煤液压支架。

采用常规方法对F6202工作面前6次周期来压进行观测，从统计数据来看，大采高放顶煤工作面周期来压步距与普通放顶煤工作面周期来压步距差别不大，为7.6～16.8m，平均11.5m；正常回采阶段支架平均工作阻力7586kN，来压期间支架工作阻力急剧增大，来压一般持续1～3个割煤循环，平均工作阻力达14998kN，动载系数平均达1.83，说明顶板活动剧烈，动载现象明显，静压小、动压大，支架安全阀开启频繁，现场观测亦显示来压期间顶板下沉速度快、下沉量大，呈现所谓的“活柱急速下缩”现象，尤其是当工作面推进速度慢时，顶板下沉量更大，存在压架危险，可见额定工作阻力13800kN的液压支架不能满足顶板控制的需求。

2) 支架工作阻力计算

基于F6202工作面地质条件，根据式(6-85)～式(6-88)可计算出支架承担顶煤及直接顶悬臂梁作用的工作阻力为

$$F_{\mathrm{c}}=\gamma_{\mathrm{m}}h_{\mathrm{m}}bl_{\mathrm{d}}+k\left(\sum_{i=1}^{n}G_i x_i\right)l_{\mathrm{r}} \tag{6-91}$$

顶煤的体积力为 14kN/mm^3，顶煤厚度为 11.2m，支架宽度为 1.75m，支架顶梁长度为 5.5m，煤壁至支架立柱作用中心线的距离为 3.8m，将其他参数代入式(6-91)得 F_c=7403kN。这也是支架处在正常回采阶段支架工作阻力集中在 6500～8500kN 的原因。

在工作面来压阶段，为防止高位砌体梁结构失稳的支护阻力按式(6-90)计算，工作面平均周期来压步距 11.5m，岩块间内摩擦角取 45°，关键岩块下沉量 3.54m，关键岩块厚度 14.3m，将参数代入式(6-89)得 F_j=10576kN。防止砌体梁结构滑落失稳，支架需要提供的阻力为 F_j 的同时，保持悬臂梁结构的稳定，支架需要提供的阻力为 F_c。此时支架工作阻力为 $F=F_j+F_c$=18000kN。可见，支架有效控制倒台阶组合悬臂梁和砌体梁结构稳定的工作阻力至少为 18000kN，在支架工作阻力低于 18000kN 的情况下，砌体梁结构会发生滑落失稳，会造成支架承担更大的顶板作用力，甚至对支架造成冲击，这也是不连沟煤矿工作阻力为 13800kN 的支架易发生压架的原因。

6.3.3 急倾斜水平分段放顶煤工作面支架阻力计算

我国赋存有大量急倾斜煤层(倾角大于 45°)，随着缓倾斜煤炭资源的逐步减少，急倾斜煤层开采所占的比重越来越大。当急倾斜煤层厚度小于 5m 时，可以进行走向长壁综合机械化开采，四川省煤炭产业集团有限责任公司的绿水洞煤矿通过设计特殊的液压支架和改进采煤机等，工作面倾角达到了 70°，煤层厚度 5～20m 时，可以进行走向长壁放顶煤开采；峰峰集团山西大远煤业 2 号煤层通过改进液压支架并创新放煤工艺，工作面最大倾角达到了 62°，煤层厚度超过 20m 时，可以进行水平分段放顶煤开采，目前一次分段的高度已经超过 25m，在新疆乌东煤矿、包头阿刀亥煤矿都有应用。在急倾斜煤层开采中，无论是走向长壁工作面，还是水平分段放顶煤工作面，顶板破断形式、破断发生条件、冒落高度等都会发生变化，传统的矿压理论不能很好地解释覆岩移动和矿压显现规律，尤其是对于水平分段放顶煤工作面。

6.3.3.1 顶板破坏与移动形态

1) 工程概况

江仓一号井位于青海省东北部，江仓河南岸，海拔约为 3800m。井田面积为 3.31km^2，矿井设计年产能力 90 万 t/a。井田区域构造较简单，为一轴向近东西，两翼不对称的向斜构造，向斜南翼倾角由东向西渐陡，东部 50°左右，向西渐至 60°～70°。井田上部为煤系露头，浅部进行露天开采，深部转入井工开采。初步设计片盘垂高 50m，分为三个分段回采，为了提高效率计划改为两个分段回采，每个分段高度为 25m，其中机采高度为 2.8m，放顶煤高度为 22.2m，采放比接近 1∶8，工作面平均长度 17m，煤层倾角 55°。截深为 0.6m，割煤循环进度 0.6m。工作面采用超前爆破方式松动顶煤，放煤方法采用多轮、间隔、顺序放煤，从煤层底板向顶板方向放煤。工作面布置及顶底板情况如图 6-42 所示。

2) 上分段回采与放煤

上分段开采时，自底板向顶板分三次进行放煤，并对直接顶冒落过程中关键点位移

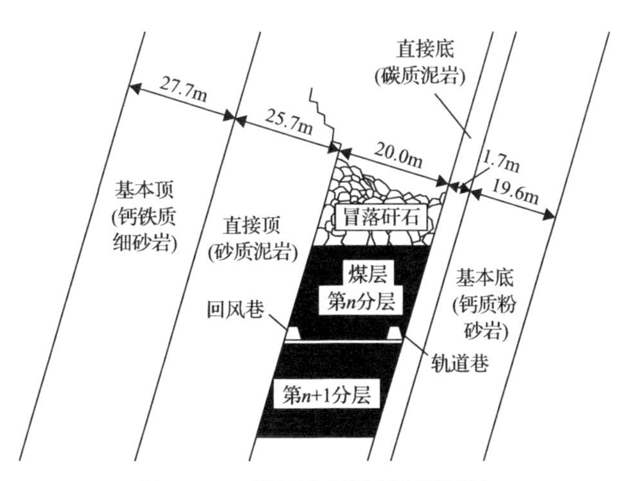

图 6-42 工作面布置及顶底板情况

进行观测。随着顶煤的逐渐放出，顶板逐渐悬空，在重力和上覆岩层载荷作用下，在顶板靠上位置会产生拉伸，当超过其抗拉强度时则会发生折断形成岩块，靠近煤层的直接顶较为破碎，形成的岩块高度较小，随着向顶板深处延伸，岩块高度逐渐增大至最大值后又逐渐减小，呈现“短—长—短”式分布。同时顶板在发生折断的一瞬间，顶板岩块发生突然的沿岩块底部支点的旋转，倾倒冒落在顶煤上，表现为倾倒式破坏，这主要是由煤层倾角、煤层厚度和水平分段高度决定的。倾倒式破坏依次向顶板深处岩块传递，倾倒的岩块依次叠压，表现出“多米诺骨牌”式的连锁破坏，如图 6-43 所示。对于岩块系统而言，如果倾倒破坏岩块有足够的运动空间，则发生倾倒破坏的岩块作用在下方岩块，使下方岩块有可能发生沿底面的滑动。随着开采水平的逐渐加深，这种现象更为明显，顶板更容易发生伴随滑动破坏的折断与倾倒，表现出“滑塌”破断形式，如图 6-44 所示。滑塌的机理也是岩层折断、倾倒，但是相对于单一的倾倒，滑塌对采空区的冲击更大。上分段回采中，岩块以倾倒式破坏为主。

图 6-43 上分段顶板倾倒式破坏模式

图 6-44 下分段顶板滑塌式破坏模式

3) 下分段回采

上分段倾倒的顶板岩块作用在下分段顶板上，促进了下分段顶板的折断与倾倒。下分段回采时，顶板破坏倾倒或滑塌在上分段顶板冒落形成的矸石和没有放出的残煤上。随着下分段顶煤的逐步放出，上分段的矸石和残煤会向下移动，而顶板此时由于上分段的垮落，在其上端相当于自由端，因此，顶板在折断成岩块前，相比较上分段回采阶段，储存更少的应变能。同时下分段回采时，靠近煤层的直接顶在采动影响下更为破碎，因此岩块高度比上分段更小，不容易发生沿支点旋转的倾倒破坏，更容易沿底面发生滑动，落入采空区。随着靠近煤层的直接顶的滑塌充填采空区，远离煤层的更上方的直接顶岩块由于运动空间受限，该处顶板完整性较好，折断后形成的岩块高度较大，更容易发生倾倒破坏，倾倒后的岩块促进了下方高度较小岩块的滑动，表现为滑塌式破坏。总的来看在下分段回采中，滑塌式破坏为主要破坏形式，如图 6-44 所示；当采空区充填充分，也可能表现为稳定式破坏，这种破坏形式往往是中间过程，最终多会演化为倾倒式或滑塌式破坏。

6.3.3.2 顶板倾倒-滑塌式破坏力学解析

为了获得直接顶冒落的厚度、范围，以及发生破坏的条件等，可以将顶板岩层简化为一组陡倾节理和裂隙分割形成的一个破坏面为台阶状的离散矩形岩块系统，建立顶板倾倒-滑塌破坏几何模型[11]，如图 6-45 所示。q 为覆岩载荷，为简化模型构建，将其视为均布载荷；Δx、y_n 分别为岩块的厚度和高度；ψ_d 为陡倾节理倾角；ψ_p（$\psi_p=90°-\psi_d$）为陡倾节理法向倾角；H 为直接顶竖直冒落高度；ψ_f 为下堆面角；ψ_s 为上堆面角；ψ_b 为岩块基底所形成的台阶状破坏面的倾角。该系统中岩块数量为 N，根据图 6-45 几何关系可以得出 N 的表达式：

$$N=\frac{H}{\Delta x}\left[\csc\left(\psi_b\right)+\frac{\cot\psi_b-\cot\psi_f}{\sin\left(\psi_b-\psi_f\right)}\sin\psi_s\right] \tag{6-92}$$

从底部最小的岩块开始，对岩块依次进行编号，即底部最小岩块记为岩块 1，最高处岩块记为岩块 N，其上部任意一个岩块记为岩块 n，将长度最大的岩块所在位置称为堆顶，该岩块记为 n_m。岩块 n 的高度 y_n 为

$$y_n=\begin{cases}n\left(a_1-b\right), & n\leqslant n_m\\ y_{n-1}-a_2-b, & n>n_m\end{cases} \tag{6-93}$$

其中，由几何关系可知：

$$\begin{cases}a_1=\Delta x\tan\left(\psi_f-\psi_p\right)\\ a_2=\Delta x\tan\left(\psi_p-\psi_s\right)\\ b=\Delta x\tan\left(\psi_b-\psi_p\right)\end{cases} \tag{6-94}$$

对于岩块发生倾倒稳定性分析的前提是系统不发生整体的滑动，即需要满足：

$$\psi_p<\Phi_p \tag{6-95}$$

式中：ψ_p 为陡倾节理法向倾角，(°)；Φ_p 为岩块底面摩擦角，(°)。

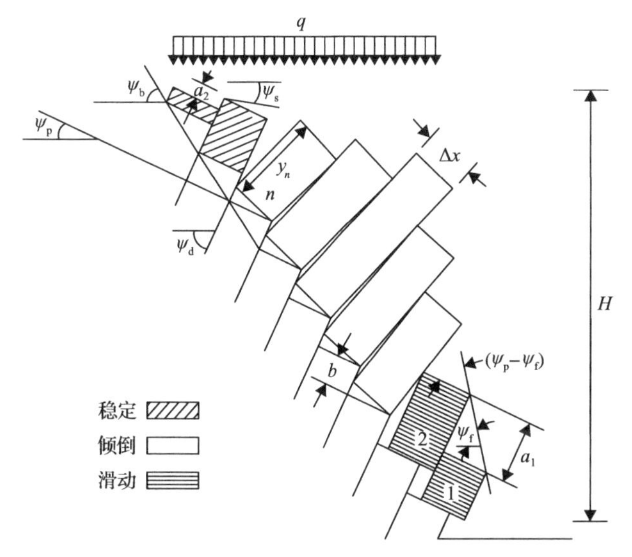

图 6-45 倾倒-滑塌破坏几何模型

1）顶板岩块破坏形式判别

顶板岩层所形成的岩块，主要有三种状态：稳定、倾倒和滑动，判别破坏形式是顶板冒落形式分析的基础。将其中第 n 个岩块作为研究对象，并简化为矩形进行受力分析，如图 6-46 所示。λ 为覆岩载荷 q 与岩块容重 γ 的比值，P_n、P_{n-1} 分别为岩块 n+1、岩块 n–1 给岩块 n 的侧向力，其作用点至岩块 n 底面的距离分别为 M_n、L_n，定义 M_n、L_n 分别为

$$M_n=\begin{cases} y_n, & n<n_{\mathrm{m}} \\ y_n-a_2, & n\geqslant n_{\mathrm{m}} \end{cases}$$
$$L_n=\begin{cases} y_n-a_1, & n\leqslant n_{\mathrm{m}} \\ y_n, & n>n_{\mathrm{m}} \end{cases} \tag{6-96}$$

厚直接顶条件下急倾斜厚煤层水平分段放顶煤工作面顶板稳定性分析是以单个岩块为基础进行受力分析，此时可以忽略上下相邻岩块的作用，则 P_n、P_{n-1}、M_n、L_n 均为 0。由图 6-46 可知，在覆岩载荷作用下，单个岩块发生倾倒的必要条件是覆岩载荷与岩块重力对于旋转点 O 的转矩之和大于零，即：

$$\frac{y_n}{\Delta x}>\frac{\lambda+y_n}{y_n\tan\psi_{\mathrm{p}}+2\lambda\tan\psi_{\mathrm{p}}} \tag{6-97}$$

自岩块 N 依次向下，将第一个使式(6-97)成立的岩块记为 n_1，则岩块 n_1 及其以下岩块有可能发生倾倒破坏，而该岩块以上的岩块处于稳定状态。

通过该步骤，可以确定处于稳定状态和可能发生倾倒破坏的岩块数量，即确定了可能发生倾倒破坏范围，进而可以对这些具有潜在倾倒破坏可能性的岩块进行力学建模以深入分析。

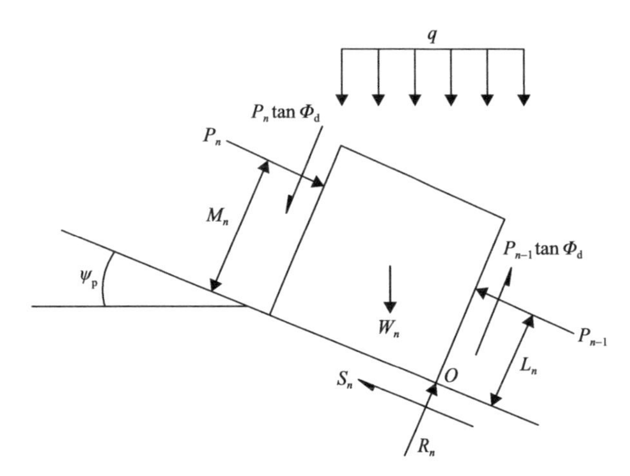

图 6-46 顶板第 n 个岩块倾倒分析图

S_n-反向摩擦力；R_n-法向支撑力

2)倾倒力学模型的构建

当厚直接顶破坏后满足块状倾倒破坏时，块状顶板会发生倾倒并堆砌，形成堆状形态，并且受采动影响，靠近煤层的直接顶更为破碎，形成的岩块高度更小，远处顶板由于运动空间的限制以及受采动影响减小，顶板破坏程度逐渐减小，岩块高度逐渐增大，但是由于陡倾节理的存在，岩块高度在增大到最大值后逐渐减小，如图 6-47 所示。位于堆顶以上($n>n_m$)、堆顶处($n=n_m$)、堆顶以下($n<n_m$)不同位置的岩块受力和边界条件不同，所以对不同位置的岩块分别构建倾倒力学模型进行讨论。

假设陡倾节理面满足极限平衡条件，令岩块两侧的极限静摩擦力分别为

$$
\begin{aligned}
F_n &= P_n \tan\Phi_d \\
F_{n-1} &= P_{n-1} \tan\Phi_d
\end{aligned}
\tag{6-98}
$$

式中：Φ_d 为岩块侧面摩擦角，(°)。

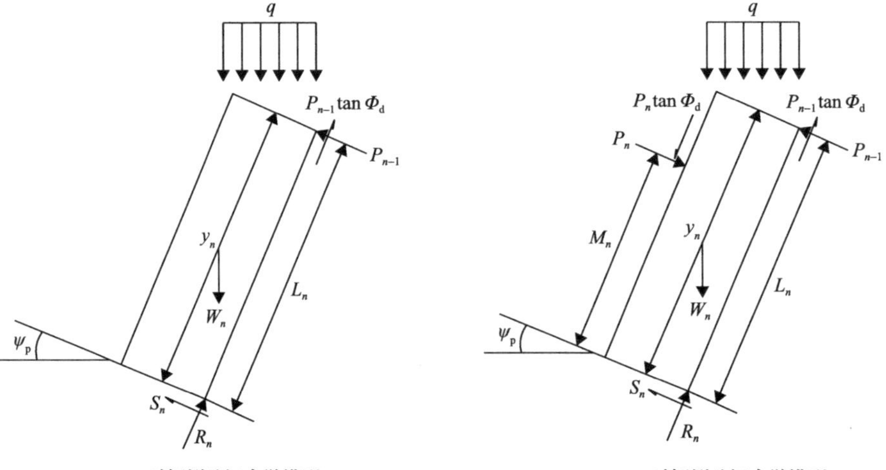

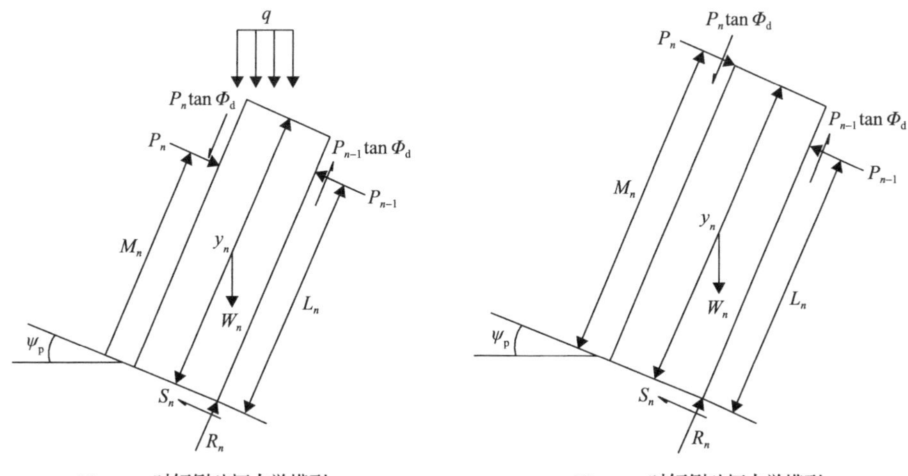

(c) $n=n_m$时倾倒破坏力学模型　　(d) $n<n_m$时倾倒破坏力学模型

图 6-47　不同位置岩块倾倒力学模型

(1)当岩块 n 位于堆顶以上，且为第一个出现倾倒破坏的岩块，即 $n=n_1$ 时，此时由于岩块 $n+1$ 处于稳定状态，岩块 n 和岩块 $n+1$ 之间存在一个由上至下逐渐变窄的张裂缝，因此岩块 n 在垂直于岩块侧面方向只受到来自岩块 $n-1$ 的侧向力 P_{n-1}，此时岩块 n 受到覆岩载荷的作用，如图 6-47(a)所示。

(2)当 $n_m<n<n_1$ 时，岩块 n 在垂直于岩块侧面方向除了受来自岩块 $n-1$ 的侧向力 P_{n-1}，同时受到来自岩块 $n+1$ 的侧向力 P_n，如图 6-47(b)所示。

(3)当 $n=n_m$ 时，由于岩块向自由空间旋转，使岩块顶部没有全部承受覆岩载荷的作用，假设此时覆岩载荷的作用范围仅为岩块厚度的一半，如图 6-47(c)所示。

(4)当 $n<n_m$ 时，此时岩块不受覆岩载荷的作用，如图 6-47(d)所示。

岩块 n 极限转动平衡方程为

$$P_{n-1,\mathrm{t}}=\omega_n P_n+\zeta_n W_n+\xi_n Q_n \tag{6-99}$$

式中：$P_{n-1,\mathrm{t}}$ 为防止岩块 n 发生倾倒破坏所需侧向力临界值；ω_n、ζ_n、ξ_n 分别为岩块倾倒传递系数、重力传递系数和覆岩载荷传递系数，并且：

$$\begin{aligned}
&\omega_n=\begin{cases}0, & n=n_1\\ \left(M_n-\Delta x\tan\Phi_\mathrm{d}\right)/L_n, & n<n_1\end{cases}\\
&\zeta_n=\left(y_n\sin\psi_\mathrm{p}-\Delta x\cos\psi_\mathrm{p}\right)/2L_n\\
&\xi_n=\begin{cases}\left(2y_n\sin\psi_\mathrm{p}-\Delta x\cos\psi_\mathrm{p}\right)/2L_n, & n_\mathrm{m}<n\leqslant n_1\\ \left(2y_n\sin\psi_\mathrm{p}-3\Delta x\cos\psi_\mathrm{p}\right)/4L_n, & n=n_\mathrm{m}\\ 0, & n<n_\mathrm{m}\end{cases}
\end{aligned} \tag{6-100}$$

因此，岩块 n 由于倾倒破坏而作用在岩块 $n-1$ 上的法向力为

$$P_{n-1,\mathrm{t}} = \sum_{j=n+1}^{N}\left[\left(\zeta_j W_j + \xi_j Q_j\right)\prod_{k=n}^{j-1}\omega_k\right] + \zeta_n W_n + \xi_n Q_n \tag{6-101}$$

3)破坏形式转变点判别

顶板岩层除了会发生单一的倾倒破坏，还有可能发生伴随着滑动与倾倒的滑塌破坏。滑塌破坏中存在着顶板破坏形式的转变，该转变意味着系统的稳定性发生了变化，破坏形式转变点附近岩块的状态对于系统整体的稳定性有着显著的影响。通过分析岩块沿法向和切向的受力情况可以对岩块滑动破坏进行判别，当岩块满足式(6-102)时，岩块就达到极限滑动状态：

$$S_n = R_n \tan\Phi_{\mathrm{p}} \tag{6-102}$$

通过受力分析得到岩块 n 极限转动平衡方程为

$$P_{n-1,\mathrm{s}} = \omega_n' P_n + \zeta_n' W_n + \xi_n' Q_n \tag{6-103}$$

式中：ω_n'、ζ_n'、ξ_n' 分别为岩块滑动传递系数、重力传递系数和覆岩载荷传递系数，并且：

$$\begin{aligned}
&\omega_n' = \begin{cases} 0, & n = n_1 \\ 1, & n < n_1 \end{cases} \\
&\zeta_n' = \frac{\sin\psi_{\mathrm{p}} - \cos\psi_{\mathrm{p}}\tan\Phi_{\mathrm{p}}}{1 - \tan\Phi_{\mathrm{d}}\tan\Phi_{\mathrm{p}}} \\
&\xi_n' = \begin{cases} \dfrac{\sin\psi_{\mathrm{p}} - \cos\psi_{\mathrm{p}}\tan\Phi_{\mathrm{p}}}{1 - \tan\Phi_{\mathrm{d}}\tan\Phi_{\mathrm{p}}}, & n_{\mathrm{m}} < n \leqslant n_1 \\ \dfrac{\sin\psi_{\mathrm{p}} - \cos\psi_{\mathrm{p}}\tan\Phi_{\mathrm{p}}}{2 - 2\tan\Phi_{\mathrm{d}}\tan\Phi_{\mathrm{p}}}, & n = n_{\mathrm{m}} \\ 0, & n < n_{\mathrm{m}} \end{cases}
\end{aligned} \tag{6-104}$$

通常，滑动破坏发生在堆顶以下($n<n_{\mathrm{m}}$)，将堆顶以下发生滑动破坏的岩块数 S_{s} 与发生倾倒破坏的岩块数 S_{b} 的比值记为滑-倾系数 m^*，以方便讨论覆岩载荷 q 对于破坏形式转变点的影响：

$$m^* = S_{\mathrm{s}}/S_{\mathrm{b}} \tag{6-105}$$

4)稳定性分析步骤

基于极限平衡分析并结合传递系数法，对于急倾斜厚煤层水平分段放顶煤工作面顶板岩块倾倒稳定性进行分析，其分析过程如下。

(1)首先对岩块的破坏形式进行分析。如果顶板岩块系统满足式(6-94)，说明顶板不会发生整体滑动破坏，可以进一步进行稳定性分析。

(2)对于岩块稳定性状态进行判别。从岩块 N 开始，根据式(6-97)依次判断岩块是否会发生倾倒，并将第一个发生倾倒的岩块记为岩块 n_1。从岩块 n_1 开始，针对岩块所处的不同位置，分别根据式(6-99)和式(6-103)计算防止该岩块发生倾倒及滑动破坏所需侧向力临界值 $P_{n-1,\mathrm{t}}$、$P_{n-1,\mathrm{s}}$，将两者的较大值记为

$$P_{n-1}=\begin{cases}P_{n-1,\mathrm{t}}, & P_{n-1,\mathrm{t}}>P_{n-1,\mathrm{s}}\\ P_{n-1,\mathrm{s}}, & P_{n-1,\mathrm{t}}<P_{n-1,\mathrm{s}}\end{cases} \tag{6-106}$$

如果 $P_{n-1}=P_{n-1,\mathrm{t}}$，说明该岩块有可能发生倾倒破坏；如果 $P_{n-1}=P_{n-1,\mathrm{s}}$，说明该岩块有可能发生滑动破坏。如果所有的岩块均满足 $P_{n-1}=P_{n-1,\mathrm{t}}$，说明倾倒破坏会延伸至最低处的岩块，而不发生滑动破坏；如果某一岩块满足 $P_{n-1}=P_{n-1,\mathrm{s}}$，那么包括这个岩块在内的以下所有岩块都处于滑动破坏临界状态。

根据计算结果，将第一个满足 $P_{n-1}<0$ 的岩块称为关键块，关键块的存在阻止了顶板岩块的继续倾倒而使系统趋于稳定，顶板无法及时垮落而造成大面积的悬顶，会造成顶板大面积来压，不利于安全生产。对关键块所在位置采取松动措施，破坏关键块稳定状态，可以实现用最小的能量来最大限度地降低系统整体的稳定性，避免大面积悬顶。

采空区的充填程度对顶板活动有重要的影响，充填对于力学模型的影响，体现在岩块 1 所受的垂直于岩块侧面的力 P_0，如果采空区堆积充填的矸石较为紧密，则该力较大，有助于该岩块系统的整体稳定；另外如果采空区充填较为充分，矸石堆积高度较高，那么该力学模型所涉及的岩块也会相应减少，表明顶板破坏程度较小，较为稳定。随着顶煤的继续放出和采动影响，顶板稳定性逐渐降低，最终将会发生倾倒或者滑塌破坏。

(3)确定滑-倾系数。顶板岩块发生失稳破坏落入采空区残煤上方，会对工作面支架施以冲击载荷作用。如果滑-倾系数越大，说明滑动岩块越多，顶板整体破坏越严重，对于采空区残煤的冲击也越大。因此对于滑-倾系数的研究，在一定程度上可以定性预测顶板冲击载荷的强度，保证安全回采。

6.3.3.3 算例分析

根据表 6-2 给出的算例物理力学参数，按照上述步骤进行稳定性分析，得到 $P_{n,\mathrm{t}}$、$P_{n,\mathrm{s}}$ 及 R_n、S_n 的变化情况，以及不同岩块厚度下覆岩载荷对滑-倾系数的影响。

表 6-2 算例物理力学参数

H/m	Δx/m	γ/(kN/m^3)	ψ_d/(°)	ψ_p/(°)	ψ_f/(°)	ψ_s/(°)	ψ_b/(°)	Φ_d/(°)	Φ_p/(°)
92.50	10.00	25.00	60.00	30.00	56.60	4.00	35.70	38.15	38.15

1) $P_{n,\mathrm{t}}$、$P_{n,\mathrm{s}}$ 及 R_n、S_n 变化情况

利用 Excel 计算可得该算例中 N=16，n_m=10。假设覆岩载荷 q=200kN/m，按照稳定性分析的步骤，得到岩块 16 和岩块 15 是稳定的，因此对岩块 14 及其以下岩块进行力学建模，$P_{n,\mathrm{t}}$ 及 $P_{n,\mathrm{s}}$ 的计算结果如图 6-48 所示。

岩块 14 上方为稳定岩块，对岩块 14 没有侧向力作用，并且岩块 14 高度也较小，因此岩块 13 为阻止岩块 14 倾倒所需要提供的力比较低，为 0.9MN；之后倾倒破坏向下部岩块传递，这个过程也伴随着岩块的质量逐渐增加以及侧向力作用效果的叠加，使倾倒

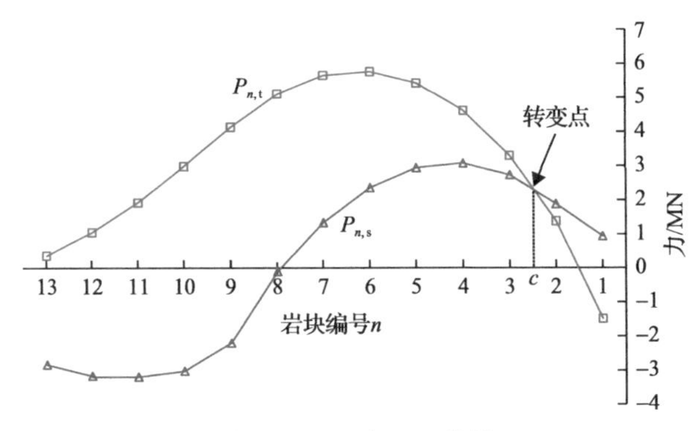

图 6-48 $P_{n,\mathrm{t}}$与$P_{n,\mathrm{s}}$曲线

更容易发生，而阻止倾倒所需的力也逐渐增大；倾倒破坏传递至堆顶以下时，由于岩块不再受覆岩载荷作用，同时岩块的质量也逐渐减小，岩块倾倒的趋势变缓，$P_{n,\mathrm{t}}$的增大速率降低，当n=6时，$P_{n,\mathrm{t}}$达到最大值，$P_{n,\mathrm{t,max}}=P_{6,\mathrm{t}}$=5.8MN；峰值之后$P_{n,\mathrm{t}}$逐渐减小，即越靠近堆脚处的岩块发生倾倒破坏的可能性越低。

从图 6-48 可以看出，当 $8<n<13$ 时，$P_{n,\mathrm{s}}<0$，说明在本算例所提供的参数条件下，岩块 14 至岩块 9 很难发生滑动破坏。之后$P_{n,\mathrm{s}}$先增大至峰值后逐渐减小，越靠近堆脚处岩块发生滑动破坏的可能性越低。两条曲线在图中存在一个交点，交点横坐标记为 $c[c\in(2, 3)]$，该点即为破坏形式转变点。当$n>c$时，有$P_{n,\mathrm{t}}>P_{n,\mathrm{s}}$，即岩块 14 至岩块 4 发生的是倾倒破坏；当$n<c$时，有$P_{n,\mathrm{t}}<P_{n,\mathrm{s}}$，即岩块 3 至岩块 1 发生的是滑动破坏。

岩块 16 至岩块 1 的R_n与S_n计算结果如图 6-49 所示。对于所有岩块均有$R_n>S_n>0$。岩块 16 所受法向力和切向力较小，分别为 2.6MN、1.5MN。之后随着倾倒向下部岩块传递，R_n及S_n以近似一次函数的趋势逐渐增大，且R_n的增大速率大于S_n。两者均在岩块 10(即岩块n_{m})处取得最大值，分别为 8.6MN、4.4MN，随后均逐渐减小至较低水平。

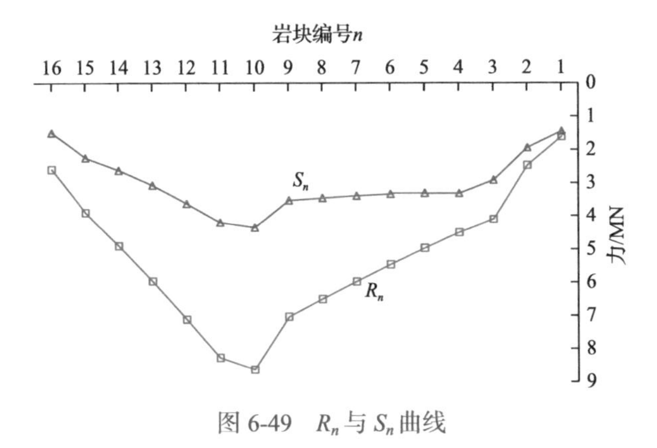

图 6-49 R_n与S_n曲线

2)覆岩载荷对滑-倾系数的影响

在其他条件不变的情况下，将岩块厚度Δx分别取 2m、4m、6m、8m、10m，讨论覆岩载荷对滑-倾系数的影响，计算结果如图 6-50 所示。

大体上，在覆岩载荷不变的情况下，滑-倾系数随着岩块厚度的增大而增大。

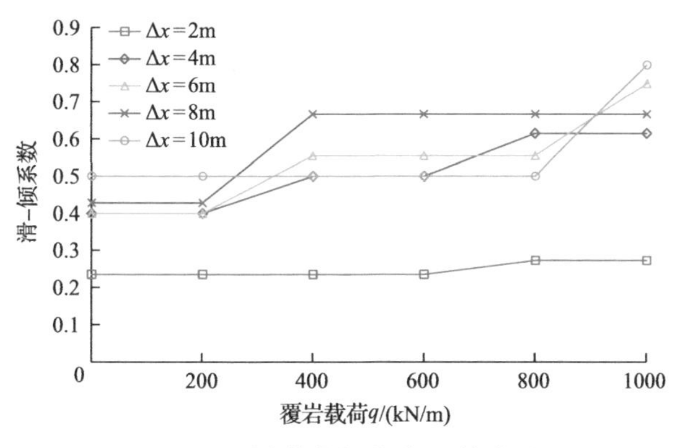

图 6-50 覆岩载荷与滑-倾系数关系图

当岩块厚度 Δx 分别为 4m、6m、8m，覆岩载荷的取值较小时（$0<q<200$），覆岩载荷对滑-倾系数影响不大，且不同岩块厚度的滑-倾系数没有明显差别；随着覆岩载荷增大（$200<q<400$），滑-倾系数也增大，且岩块厚度越大，其滑-倾系数的增大速率越大；当增大到一定值后，随着覆岩载荷的增大（$400<q<600$），滑-倾系数保持稳定；之后覆岩载荷继续增大，当 q=600 时，Δx=4m 的滑-倾系数再次变大，当 q=800 时，Δx=6m 的滑-倾系数也出现增大，表现出“滞后性”，而 Δx=8m 的滑-倾系数在该阶段并不随着覆岩载荷的变化而变化。

当岩块厚度 Δx=10m 时，在一定范围内随覆岩载荷的增大（$0<q<800$），滑-倾系数保持不变，表现出明显的“钝化”，只有当 q 达到一个较大的值时（q=1000），该滑-倾系数才出现明显的增大。可以看出，随着岩块厚度增大，覆岩载荷对于破坏形式转变点的影响降低。

在本算例中，当 Δx=2m 时，N=72，n_{m}=43，y_{43}=34.3m，块体高度大而厚度小，容易发生倾倒破坏，削减了覆岩载荷对破坏形式转变点的影响，使曲线没有出现明显变化。

6.3.4 松散顶煤对顶板动载荷缓冲效应

当煤层较软、裂隙发育时，在液压支架上方顶煤往往进入散体状态，散体顶煤对上覆岩层形成的动载荷会形成明显的缓冲作用。减缓的程度与顶煤的裂隙发育程度、破碎块度大小及放出规律相关。

6.3.4.1 动载荷缓冲效应计算

图 6-51 为松散顶煤对顶板动载荷缓冲效应计算模型。为简化计算，假设如下：①只考虑单个顶板岩块对工作面上方破碎煤矸的冲击，不考虑岩块间的相互作用；②破碎煤矸为理想弹塑性体；③顶板岩块简化为质量分布均匀的长方体，动载是由于长方体侧面与煤矸接触引起的；④顶板岩块的刚度远大于煤矸刚度，顶板岩块可认为是刚性体。

假设一个质量为 m 的岩块从高度 H 向煤矸（厚度$\sum h$）“滑塌”。初速度为 v_0，与水平线夹角为 $90°-\theta$，其中 θ 为煤层倾角。初始速度 v_0=0 表示顶板岩块为单一倾倒破坏；当 $v_0 \neq 0$ 时，表示顶板岩体为倾倒-滑塌破坏。当顶板岩块撞击破碎煤矸时，破碎煤矸仍处于

弹性状态。撞击后最大变形为 Δ_d，动能变为 0，故动能变化量为

$$\Delta T=\frac{1}{2}m\left[v_0\sin\left(90°-\theta\right)\right]^2 \tag{6-107}$$

势能变化量为

$$\Delta V=Q\left(H+\Delta_d\right) \tag{6-108}$$

式中：Q 为长方体岩块的质量，kg。若忽略撞击过程中能量耗散和释放，根据能量守恒，系统的动能和势能变化量等于破碎煤矸的应变能，即：

$$\Delta T+\Delta V=V_{\varepsilon d} \tag{6-109}$$

式中：$V_{\varepsilon d}$ 为破碎煤矸的应变能。

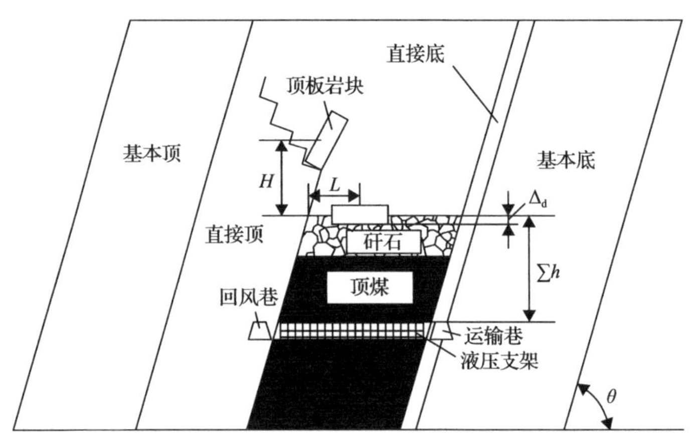

图 6-51 松散顶煤对顶板动载荷缓冲效应计算模型

当系统速度为零时，破碎顶煤与矸石所受动载荷为 F_d。在煤矸服从胡克定律条件下，F_d 与煤矸变形成正比。因此，动载荷在撞击过程中所做的功为 $F_d\Delta_d/2$，即

$$V_{\varepsilon d}=\frac{1}{2}F_d\Delta_d \tag{6-110}$$

根据线弹性变形特点，可推导出动载荷、变形和应力之间的关系：

$$\begin{cases}F_d=\dfrac{\Delta_d}{\Delta_{st}}Q\\[2ex]\sigma_d=\dfrac{\Delta_d}{\Delta_{st}}\sigma_{st}\end{cases} \tag{6-111}$$

式中：Δ_d 和 Δ_{st} 分别为破碎煤矸在动载荷和静载荷作用下的变形量。

$$\Delta_{st}=\frac{Q\sum h}{EA} \tag{6-112}$$

式中，E 为破碎煤矸的弹性模量，可由试验测得；A 为顶板岩块与破碎煤矸的接触面积。

将式(6-111)代入式(6-110)可得

$$V_{\varepsilon d}=\frac{1}{2}\frac{\Delta_d^2}{\Delta_{st}}Q \tag{6-113}$$

将式(6-107)、式(6-108)及式(6-113)代入式(6-109)可得

$$\Delta_d=\left(1+\sqrt{1+\left\{\frac{2HQ-m\left[v_0\sin\left(90^\circ-\theta\right)\right]^2}{Q\Delta_{st}}\right\}}\right)\Delta_{st} \tag{6-114}$$

将式(6-112)和式(6-114)代入式(6-111)，得到顶板岩块对松散煤矸动载荷为

$$F_d=K_dQ=\left(1+\sqrt{1+\left\{\frac{2HQ-m\left[v_0\sin\left(90^\circ-\theta\right)\right]^2}{Q^2\sum h}\right\}EA}\right)Q \tag{6-115}$$

式中：K_d 为动载系数。当 $v_0=0$，

$$K_{d0}=K_d\big|_{v_0=0}=1+\sqrt{1+\frac{2HEA}{Q\sum h}} \tag{6-116}$$

式中：K_{d0} 为顶板岩块单一倾倒破坏时的动载系数。在撞击过程中，破碎煤矸会发生塑性变形，同时耗散和释放能量，表现出显著的缓冲作用。因此，需要对得到的动载荷计算公式进行修正，即

$$F_d^*=\left(1-\alpha\right)F_d=\left(1-\alpha\right)\left(1+\sqrt{1+\left\{\frac{2HQ-m\left[v_0\sin\left(90^\circ-\theta\right)\right]^2}{Q^2\sum h}\right\}EA}\right)Q \tag{6-117}$$

式中：α 为缓冲系数，$0<\alpha<1$。α 越大，撞击过程中的能量耗散和释放也越大。

6.3.4.2 缓冲系数确定

如图 6-52 所示，为进一步确定动载缓冲系统大小，研制了顶板动载试验平台[12-13]。该平台包括重锤、试验箱、液压缸、压力传感器、数据采集与分析系统。顶板岩块产生的动载荷用直径 0.30m，高度 0.10m，质量 25kg 的重锤模拟。试验箱尺寸为 0.4m×0.4m×0.6m，质量为 55kg，由透明防弹玻璃组成。试验箱底部为厚度 0.03m 的不锈钢板，在钢板下安装 4 个 CST-502-30 压力传感器，实时采集系统动载荷和静载荷。压力传感器与数据采集和分析系统相匹配，采样频率大于 100Hz。

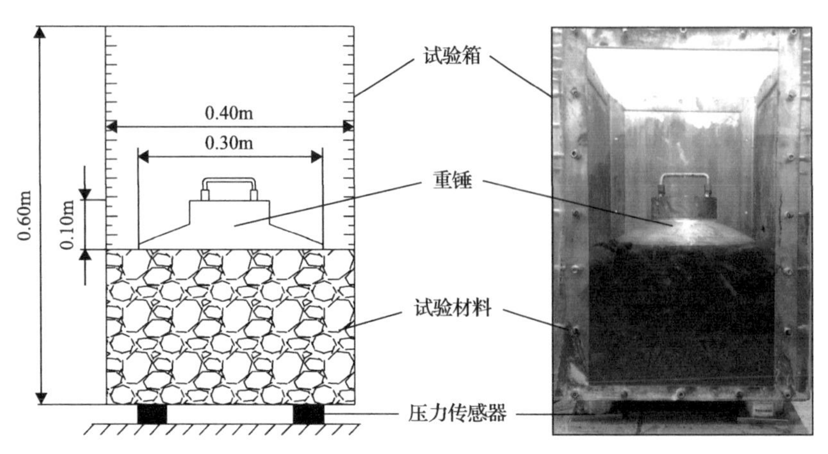

图 6-52　顶板动载试验平台

如图 6-53 所示，选取了 6 种粒径的煤样作为试验材料，煤样铺设厚度为 0.1m 和 0.2m。重锤降落高度分别为 0.05m、0.10m、0.15m、0.20m，共计 48 种试验方案。为确保试验精度，每个方案都进行了 25 组试验。

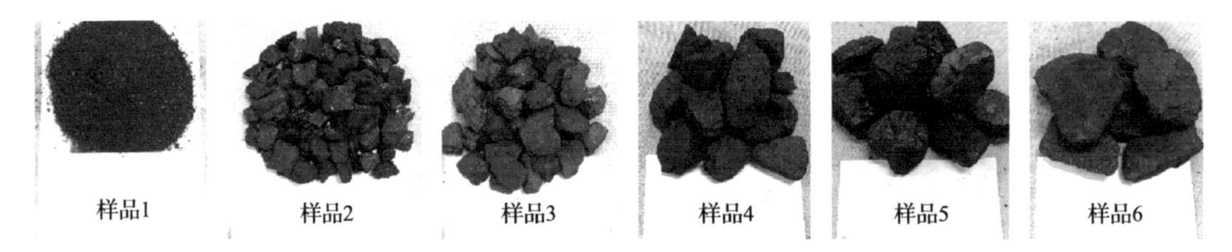

图 6-53　不同粒径顶煤模拟试验材料

图 6-54 为动载试验结果。可以看出，随着降落高度的增加，动载荷逐渐增大，而随着粒径和铺设厚度的增加，动载荷则呈减小趋势。也就是说，破碎顶煤块体尺寸和松散层厚度越大，撞击过程中的能量耗散越多，工作面支架稳定性越高。

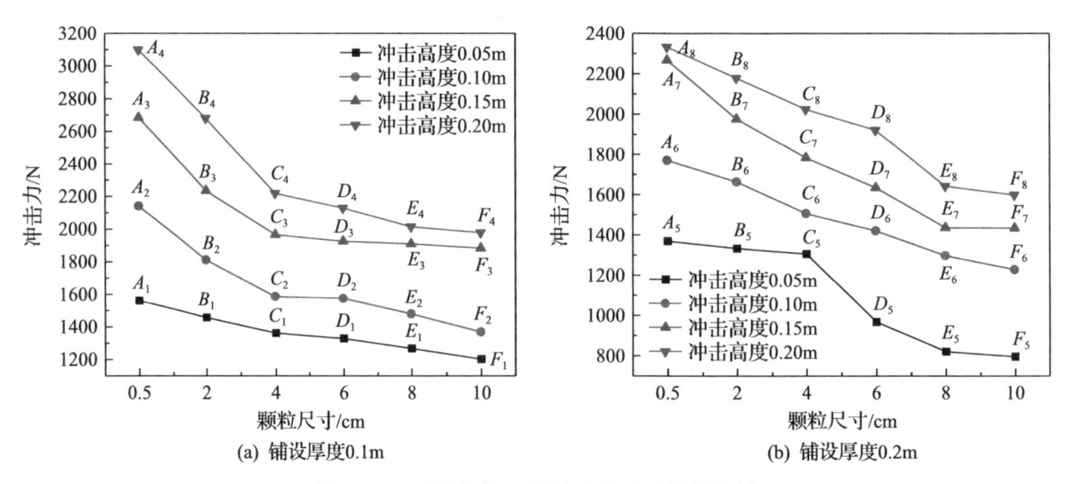

图 6-54　不同条件下顶板动载试验结果统计

将试验参数代入式(6-115)中计算动载荷大小，结果如图 6-55 所示。可以看出，理论计算结果与室内试验结果动载荷变化趋势基本一致，区别在于前者比后者大，主要原因是散体顶煤使得撞击过程有一部分能量耗散。

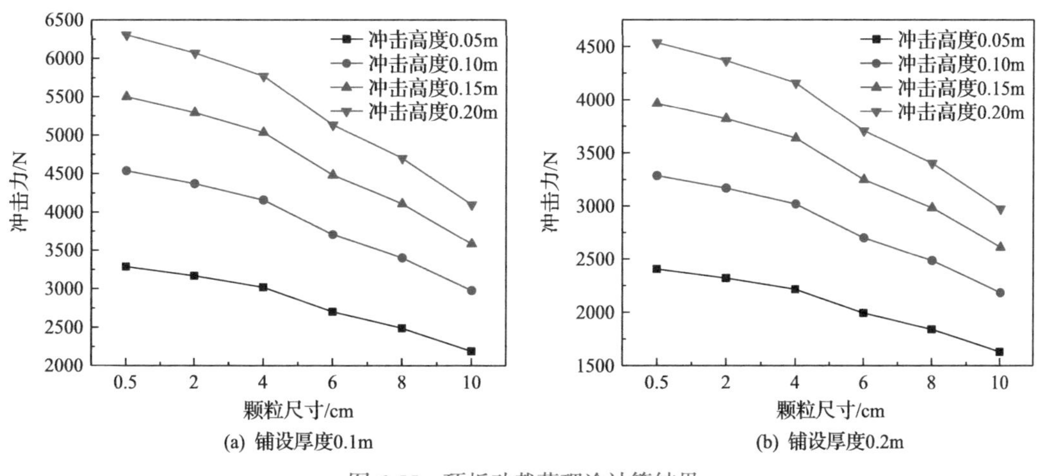

图 6-55 顶板动载荷理论计算结果

对比理论计算和室内试验结果可以得到缓冲系数 α，如图 6-56 所示。可以看出，动载缓冲系数 α 主要集中在 0.41～0.62。考虑 5%的剩余系数，最终确定缓冲系数 α 范围区间为(0.40, 0.65)。

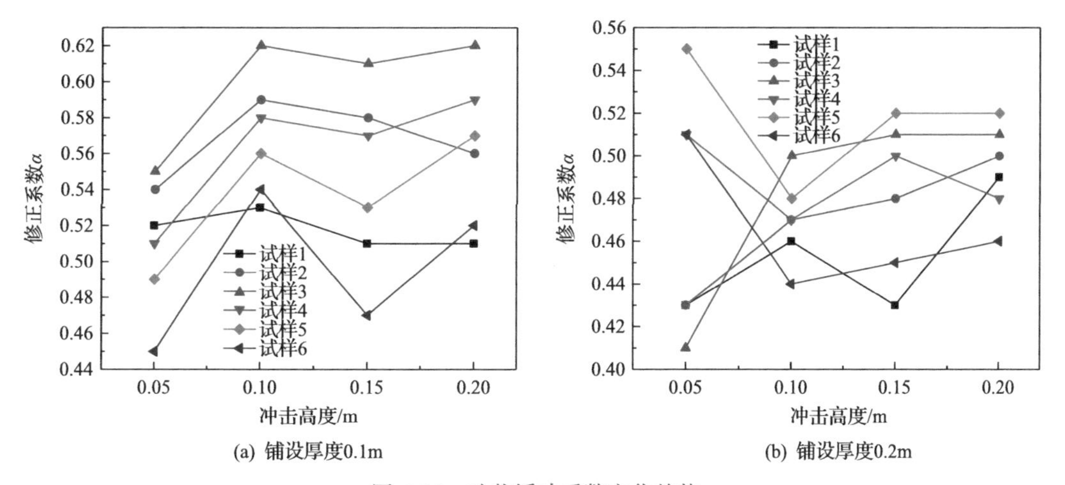

图 6-56 动载缓冲系数变化趋势

6.4 大采高开采的顶板压力计算

大采高开采技术的主要特点是采出空间大，回采工作对覆岩的扰动程度和范围升高，必然引起覆岩破断运动规律、顶板结构形态及煤壁破坏特征的改变。因此，理清大采高开采的顶板破断规律及顶板来压特征是顶板压力计算的前提，同时在计算支架阻力时，还应以控制采场围岩稳定为前提。特大采高综采工作面的矿压显现与控制主要面临两方面的问题：一方面，随着采高增加，工作面煤壁片帮问题会越来越严重；另一方面，由于采高很大，采空区顶板垮落高度增大，对工作面矿压显现产生影响的覆岩范围增大，导致工作面矿压显现强烈，顶板压力和支架载荷明显增大。因此需要掌握大采高综采工作面覆岩结构形态及其对工作面矿压显现的影响规律，根据关键层所形成的结构形态进行计算，其结果才能满足实际开采时顶板控制要求。

6.4.1 工作面支架与围岩相互作用关系

6.4.1.1 支架与围岩相互作用体系

采场支架作为支护顶板、维护采场安全生产的结构物，并不是孤立存在的，而是处在一个由支架与围岩组成的支撑体系中。从工作面推进方向看，整个回采工作面上覆岩层中邻近煤层的基本顶岩层形成的结构是由“煤壁-回采工作面支架-采空区已冒落的矸石”支撑体系所支撑。又由于煤壁与已冒落的矸石具有截然不同的特性，因此支架的性能对支架受力状况有很大影响。这样，为了使支架既能维护顶板，又能只需要使用最小的支撑力，研究支架的性能和受力特性就成为重要的课题[14]。

如图 6-57 所示，从垂直方向看，基本顶结构由“直接顶-支架-底板”支撑体系所支撑。在放顶煤工作面的支撑体系还应包括顶煤在内。由于采场内煤壁支撑影响角的存在以及回采工作面的不断推进，基本顶的回转是不可控的，因而其回转变形成为给定变形。因此，在支架与围岩这一相互作用体系中，基本顶的运动及作用是具有主导性的，而且支架与围岩是相互作用、相互影响的。围岩的运动状态影响支架的工作状况和承载特性，而支架的工作状况又反过来影响到对顶板的维护效果。

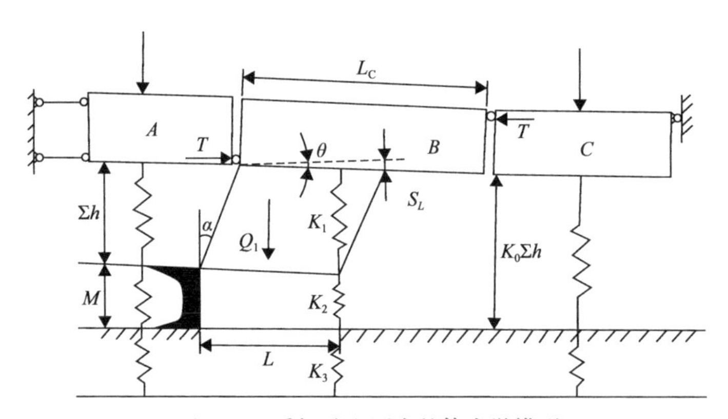

图 6-57 采场矿山压力整体力学模型

M-开采高度；$\sum h$-直接顶厚度；L-支架控顶距；Q_1-直接顶岩块自重；K_0-岩石膨胀系数；K_1-直接顶岩层刚度；K_2-支架刚度；K_3-底板刚度；α-岩层破断角；T-水平推力；θ-基本顶岩块最大回转角；S_L-岩块 B 最终下沉量；L_C-岩块 B 长度

总体来说，回采工作面的支架与其支撑的围岩是一对相互作用的矛盾统一体。支架结构及性能的设计必须符合回采工作面围岩运动规律，只有这样才能使支护结构设计既经济又合理。同时也只有支架的支撑力分布合适，护顶装置可靠，才有可能维护好顶板，以保证作业人员的安全和生产正常进行。因此，研究支架和围岩的关系实质上就是要分析支架性能、结构对支架受力及围岩运动的影响，以及在各种围岩状态下支架呈现什么反应，从中分析支架应具有的最合理结构及参数。

6.4.1.2 采场支架与围岩关系的特点

(1) 支架与围岩是相互作用的一对力。在小范围内，围岩形成的顶板压力可看作一个作用力，支架可以视为一个反力，两者应互相适应，使其大小相等，而且尽可能地作用在一个作用点上。

(2) 支架受力的大小及其在回采工作面分布的规律与支架性能有关。支架受力大小与围岩的性质有关，即支架与围岩形成的总特性有关。

(3) 支架结构及尺寸对顶板压力的影响。实际生产中证明，当支架架型选择合适时，以用最小的工作阻力维护好顶板。例如，在有些条件下使用短梁的掩护式支架(工作阻力仅 800kN)却能取得比使用四柱垛式(工作阻力 2400kN)更好的维护效果。

从上述情况可知，支架结构设计必须适应围岩条件，支架性能应尽可能设计成恒阻式，在支架受力过程中应尽可能使其与顶板压力相一致。在支架参数中最主要的是确定工作阻力与可缩量。对围岩来说，主要是考虑在各种支架反力作用下的顶板状态。

6.4.1.3 支架工作阻力与顶板下沉量的关系

支架工作阻力与顶板下沉量的关系在一定程度上反映了支架与围岩的相互作用关系，早在 20 世纪 60 年代，国内外曾多次进行了支架工作阻力 P 与顶板最终下沉量ΔL之间关系的试验。结果证明了工作阻力 P 与顶板最终下沉量ΔL 是一近似的双曲线，或称为 P-ΔL 曲线。我国当时是在实验室内进行的试验，有些国家是根据现场实测资料加以统计，其中最完整的是苏联在一个工作面进行了支架调压试验，结果与实验室所得结果大致相同，如图 6-58 所示。图中纵坐标为每米采高每米推进度的下沉量，即下沉系数。

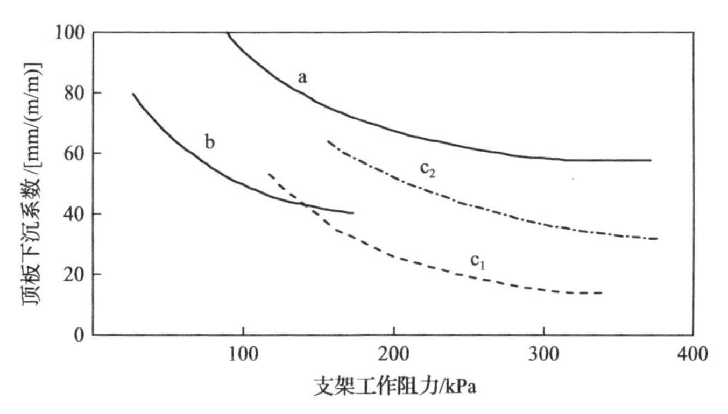

图 6-58 支架工作阻力与顶板下沉系数曲线

a-苏联；b-英国；c_1、c_2-德国鲁尔矿区

早在 20 世纪 50 年代初，有学者根据单体支架工作面实测的结果，在一定条件下得出了控制顶板即控制顶板下沉量的结论，在实际工作中，也曾经在某些工作面中证实，减少顶板下沉量之后对顶板管理带来了一定好处。但从上述 P-ΔL 曲线理论分析可知，控制顶板下沉量是有一定限度的，超过此限度，支架也是无能为力的。因而，事实上只能在工作阻力偏低(例如使用单体支架的一定条件)情况下，提高工作阻力才有可能对顶板

下沉有显著的影响。除此之外，$P\text{-}\Delta L$ 曲线并未给出顶板下沉量与顶板赋存情况的完整关系，事实上各类岩层的允许下沉量也是不一样的。例如，对于坚硬岩层，虽然顶板下沉可能导致整体破断，但局部仍很完整；对一些强度低而脆性大的岩层，下沉量很小就可能导致顶板破碎不堪。因此，在实际工作中常常辅以护顶措施，掩护式液压支架的发展更证明了在一定条件下采用护顶方法改善顶板状况是可行的。

在周期来压比较剧烈而且常发生台阶下沉的工作面，合理的工作阻力是指控制顶板不发生上述现象时所需的工作阻力，也就是平衡基本顶初次来压或周期来压时，不能自身取得平衡的直接顶与基本顶岩块的质量。前提是支架必须具有与基本顶岩层活动过程中形成的顶板下沉量相适应的活柱下缩量。

6.4.2 支架与围岩体系刚度模型

6.4.2.1 支架-围岩系统刚度构建

在长壁开采工作面支架与围岩体系中，基本顶岩层一般为厚且坚硬的岩层，随着工作面的开采，基本顶变形、破断、结构失稳一般是不可控的，基本顶以上的软弱随动岩层可以按照载荷处理，可视基本顶岩层为刚性体，而且是煤层、支架与围岩体系的上部边界。在竖直方向上，采场支架与围岩体系可以视为由一定刚度直接顶、煤层、底板串联组成的体系 1，或由直接顶、支架、底板串联组成的体系 2，再或由采空区矸石、底板串联组成的体系 3；在水平方向可以看作是体系 1、体系 2 和体系 3 三个体系的并联。整个支架与围岩相互作用体系中，如果变形与刚度协调，则支架性能就能得到最大的发挥。其刚度模型如图 6-59 所示。

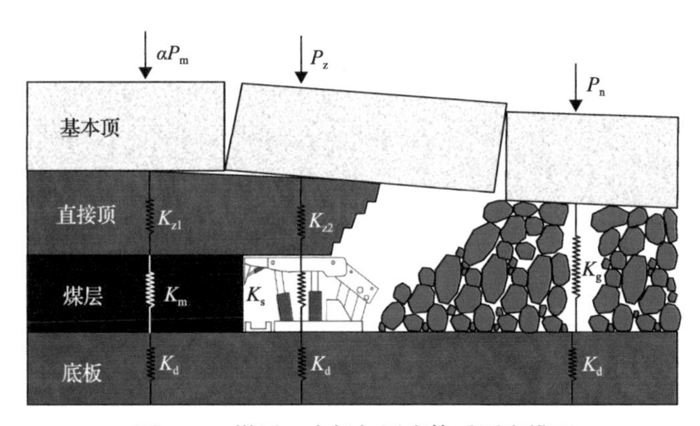

图 6-59 煤层、支架与围岩体系刚度模型

αP_m 为煤壁前方体系 1 基本顶所受垂直应力，为了保守计算，该值可以取煤壁前方支承压力的峰值大小；P_z 为控顶区体系 2 所受竖向顶板压力，完整基岩条件可以按照岩层挠度计算载荷传递大小，在薄基岩、厚松散层工作面，按照松散层成拱后拱内松散砂体质量进行计算；P_n 为采空区体系 3 所受平均垂直应力，该值一般小于原岩应力，保守计算可以按照原岩应力大小取值；K_{z1} 为体系 1 中直接顶刚度；K_{z2} 为体系 2 中直接顶刚度；K_g 为采空区松散矸石刚度；K_d 为底板刚度；K_m 为煤层刚度；K_s 为支架刚度[15]。

1) 支架刚度

液压支架是由底座、液压缸、顶梁及后部四连杆结构组成，其力学特性受液压缸及结构共同影响，液压支架的刚度一般是指液压缸增阻阶段的刚度。液压支架刚度越大，支架单位活柱缩量的增阻量越大，对顶板的控制所起的作用越好，即

$$K_s = N \cdot k \cdot \cos\beta \tag{6-118}$$

式中：N 为支架立柱个数；k 为支架立柱的刚度；β 为支架立柱与竖直方向的夹角，(°)。

2) 直接顶刚度

直接顶刚度反映了其整体力学特性，也反映了其承载能力。以往研究发现，直接顶刚度是由其弹性模量 E 和直接顶的厚度与其承载宽度的比值 n 决定的，即 $K_{z1}=E/n$。

3) 煤层(体)刚度

煤体裂隙发育程度、煤质、含夹矸数量与层位等都会影响其刚度 K_m，不同刚度煤层在开采过程中工作面煤壁稳定性也不同，刚度越小越容易破坏，相反煤壁则越稳定。实际开采过程中，除了片帮严重工作面注浆加固煤壁外，一般也很难或者没有必要进行刚度的改变。

4) 采空区冒落矸石的刚度

由于采空区具有顶板冒落情况复杂的特点，采空区冒落后矸石刚度 K_m 是指冒落后的矸石结构在受力时抵抗弹性变形的能力，其大小与直接顶的冒落高度、矸石破碎块度、矸石堆积厚度以及压实情况等因素相关。

5) 底板刚度

底板刚度小容易造成支架底座下陷，如煤层底板，相当于立柱增阻量一定时增大了活柱缩量，从而减小了支撑系统的刚度，底板刚度 K_d 可通过对反映底板抗压入特性的底板比压的分析获得。不同岩性底板有不同刚度，为了建立支架与围岩刚度的耦合模型，确定以下假设。

(1) 煤层、支架与围岩体系所受垂直方向的应力，在顶板破断之前或者顶板破断形成结构失稳之前，可以假设为大小相等，$\alpha P_m=P_z=P_n$。

(2) 底板刚度无限大即 $K_d\to\infty$，可以看成刚性体。

(3) 不考虑工作面采动影响对体系刚度模型建立的影响。

(4) 体系 1、体系 2 的煤层高度与工作面高度相等，直接顶厚度相等。

对于煤层、支架与围岩体系可以将三个小体系分散联合进行刚度耦合分析，解决不同的实际问题：问题一，讨论支架活柱下沉量与煤壁变形的关系；问题二，讨论支架活柱下沉量与采空区矸石变形的关系。

6.4.2.2　支架活柱下沉量与煤壁变形的关系

对分析变形问题中出现的物理量进行符号定义：K_1 为体系 1 刚度，K_2 为体系 2 刚度，K_3 为体系 3 刚度；Δs_1 为体系 1 总变形量，Δs_2 为体系 2 总变形量，Δs_3 为体系 3 总变形

量；Δs_{z1}为体系 1 中直接顶变形量，Δs_{z2}为体系 2 中直接顶变形量；Δs_g为采空区矸石变形量，Δs_m为煤层变形量，Δs_s为支架变形量。

问题一的讨论存在两种假设，假设一：体系 1、体系 2 总变形量相同，即 $\Delta s_1=\Delta s_2$；假设二：体系总变形量不相同但直接顶刚度相同，即 $\Delta s_1\neq\Delta s_2$，$K_1=K_2$。

1）假设一的讨论

由于假设一前提是底板为似刚性体，故体系 1 的刚度由直接顶、支架的刚度共同决定：

$$\frac{1}{K_1}=\frac{1}{K_{z1}}+\frac{1}{K_m} \tag{6-119}$$

结合胡克定律得

$$\frac{K_{z1}K_m}{K_{z1}+K_m}\Delta s_1=K_{z1}\Delta s_{z1}=K_m\Delta s_m=\alpha P_m \tag{6-120}$$

α是超前支承压力集中系数，大量实测发现α一般在 1～2 之间，在刚度耦合分析中体系 1 所在的位置将α取 1.5 求出对应近似结论。

同理体系 2 有

$$\frac{1}{K_2}=\frac{1}{K_{z2}}+\frac{1}{K_s} \tag{6-121}$$

$$\frac{K_{z2}K_s}{K_{z2}+K_s}\Delta s_2=K_{z2}\Delta s_{z2}=K_s\Delta s_s=P_z \tag{6-122}$$

由于在该假设中$\Delta s_1=\Delta s_2$，则$\dfrac{\Delta s_m/\Delta s_1}{\Delta s_s/\Delta s_2}=\dfrac{\Delta s_m}{\Delta s_s}$，联合式（6-119）与式（6-122）得

$$\frac{\Delta s_m}{\Delta s_s}=\frac{\alpha}{K_m/K_s} \tag{6-123}$$

设$x=K_m/K_s$，$f_1(x)=1/x$，则$f_1(x)$函数定义域为$(0,+\infty)$，值域为$(0,+\infty)$，构造复合函数$Z(x)=f_1(x)/(1+f_1(x))$，则函数$Z(x)$定义域为$(0,+\infty)$，值域为$(0,1)$，即把变形比投射到复合函数上，根据概率论的逻辑判断通常来讲小于 20%则认为事情发生的概率较小，大于 80%则认为事情发生的概率较大，即对函数$Z(x)$进行定义域发生范围的求解得到：$x<\alpha/4$时，$Z(x)>80\%$；$x>4\alpha$时，$Z(x)<20\%$；$\alpha/4\leqslant x\leqslant 4\alpha$时，$20\%\leqslant Z(x)\leqslant 80\%$，并同时认为$\alpha=1.5$，能得到如下结论。

（1）当$K_s>4K_m/\alpha$，即$K_s>8K_m/3$时，煤层与支架的变形主要取决于煤层。

（2）当$K_s<K_m/4\alpha$，即$K_s<K_m/6$时，煤层与支架的变形主要取决于支架。

（3）当$K_m/4\alpha\leqslant K_s\leqslant 4K_m/\alpha$，即$K_m/6\leqslant K_s\leqslant 8K_m/3$时，煤层与支架的变形由两者共同承担。

2）假设二的讨论

假设二认为体系总变形量不同且直接顶刚度相同，即 $\Delta s_1 \neq \Delta s_2$、$K_{z1}=K_{z2}$，故变形比重的比值不是绝对变形的比值，联合式(6-120)与式(6-122)得

$$\frac{\dfrac{\Delta s_{\rm m}}{\Delta s_1}}{\dfrac{\Delta s_{\rm s}}{\Delta s_2}}=\frac{\dfrac{K_{z1}}{K_{z1}+K_{\rm m}}}{\dfrac{K_{z2}}{K_{z2}+K_{\rm s}}}=\frac{K_{z1}}{K_{z2}}\cdot\frac{K_{z2}+K_{\rm s}}{K_{z1}+K_{\rm m}} \tag{6-124}$$

由于假设 $K_{z1}=K_{z2}$，则暂且用 K_{z1} 代表其值，在分析实际问题中通常支架的刚度是可以人为控制的，而煤层赋存等地质条件是已经固定的，故可以认为 $K_{\rm m}$、K_{z1} 已知，$K_{\rm s}$ 为变量。设 $x=K_{\rm s}/K_{\rm m}$，$f_2(x)=\Delta s_{\rm m}/\Delta s_{\rm s}$，由式(6-124)整理得 $f_2(x)=(x/C_1)-(1/C_1)+1$，其中 $C_1=1+K_{z1}/K_{\rm m}$，$C_1\in(1,+\infty)$。

3）图形分析

由于当煤层与支架刚度相等时体系 1、体系 2 完全相似，则此时煤层与支架的相对变形比重为 1，即函数 $f_2(x)$ 必过(1, 1)点，函数为关于 x 的一元一次函数，故为直线，且在 y 坐标轴的截距是 $1-1/C_1$，因此函数图像(图 6-60)必然绕(1, 1)点转动，不会超过两条虚线包络的①、②区域，故得出如下结论。

(1) 当 $K_{\rm s}>K_{\rm m}$ 时，$1<\dfrac{\Delta s_{\rm m}/\Delta s_1}{\Delta s_{\rm s}/\Delta s_2}<\dfrac{K_{\rm s}}{K_{\rm m}}$，即煤层与支架的相对变形比大于 1 且不会超过其刚度比的反比。

(2) 当 $K_{\rm s}<K_{\rm m}$ 时，$\dfrac{K_{\rm s}}{K_{\rm m}}<\dfrac{\Delta s_{\rm m}/\Delta s_1}{\Delta s_{\rm s}/\Delta s_2}<1$，即煤层与支架的相对变形比小于 1 且不会低于其刚度比的反比。

(3) 当 $K_{\rm s}=K_{\rm m}$ 时，$\dfrac{K_{\rm s}}{K_{\rm m}}=\dfrac{\Delta s_{\rm m}}{\Delta s_{\rm s}}$，即煤层与支架的相对变形比等于 1 且等于其刚度比的反比。

6.4.2.3 支架活柱下沉量与采空区矸石变形的关系

在该问题的讨论中假设体系 2、体系 3 的变形量相等即 $\Delta s_2=\Delta s_3$。那么由体系 2、体系 3 联合变形量相等并联立式(6-122)有

$$\frac{\Delta s_{\rm s}}{\Delta s_3}=\frac{\Delta s_{\rm s}}{\Delta s_2}=\frac{K_{z2}}{K_{\rm s}+K_{z2}}=\frac{K_{z2}/K_{\rm s}}{1+K_{z2}/K_{\rm s}} \tag{6-125}$$

则设 $x=K_{z2}/K_{\rm s}$，$f_3(x)=x/1+x$，函数图像如图 6-61 所示。

由图 6-61 分析可得出如下结论。

(1) 当 $\Delta s_{\rm s}/\Delta s_3>80\%$，即 $K_{\rm s}>0.25K_{z2}$ 时，煤层与支架的变形主要取决于支架。

(2) 当 $\Delta s_{\rm s}/\Delta s_3<20\%$，即 $K_{\rm s}<4K_{z2}$ 时，煤层与支架的变形主要取决于采空区。

(3) 当 $20\% \leqslant \Delta s_s/\Delta s_3 \leqslant 80\%$，即 $0.25K_{z2} \leqslant K_s \leqslant 4K_{z2}$ 时，采空区与支架的变形由两者共同承担。

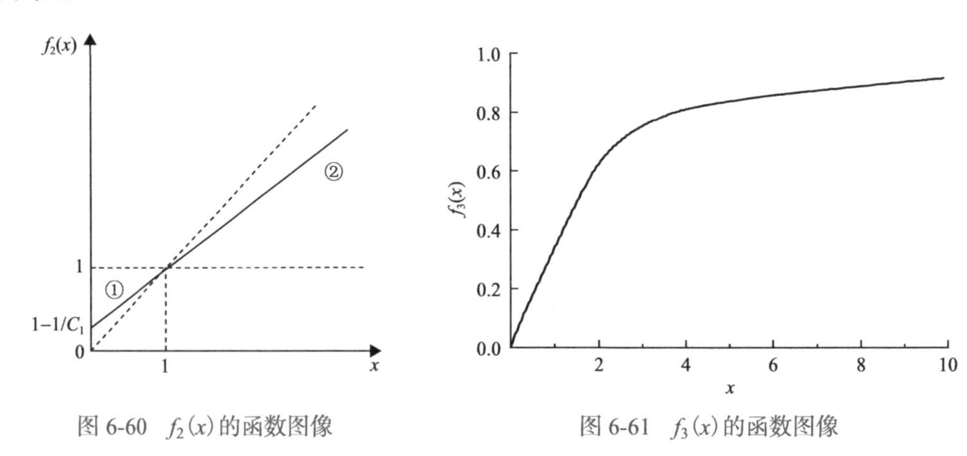

图 6-60 $f_2(x)$ 的函数图像

图 6-61 $f_3(x)$ 的函数图像

上述分析发现，在支架与围岩关系体系中，支架对整个系统的刚度影响显著，而且可以通过支架设计和选型，确定合理的支架刚度，使支架既不被压坏，又能够减缓煤壁的压力，以及足够的刚度控制坚硬厚顶板切落动载荷。因此，在坚硬顶板条件下，液压支架选型要充分考虑动载荷的作用，还要兼顾支架的压缩变形特征，即综合考虑支架动载荷和刚度耦合作用，这是采场围岩控制和支架选型非常关键的因素。

若通过合理的支架选型仍然不能控制坚硬顶板切落形成的动载，则要考虑对坚硬顶板进行处理，如水压致裂、预裂爆破等，缩短基本顶破断的步距，从而减小动载荷，但是工程上实现起来较困难。在支架选型时，不仅要考虑支架有足够的支护强度，还要有与围岩相互匹配的刚度，因此，在坚硬顶板条件下应该按照动载荷方法计算顶板载荷，从而确定合理的支护强度；同时，也要考虑坚硬基本顶切落时的下沉量，确定合理的支架刚度，来保证支架不被压死，同时也不至于刚度过大造成支架压坏等事故。因此，坚硬顶板条件下，液压支架的支架选型应该考虑“动载荷法-刚度耦合”双因素。

工程中，合理的支架选型是基础，还要加强工作面的管理，如及时移架、提供足够的初撑力等，如果仍然不能满足生产，则可以采取必要的顶板预裂措施，缩短来压步距；工作面回采中还可以适当提高工作面的推进速度，以此来减缓工作面的矿压显现，但是过快的推进速度也可能加剧坚硬顶板的切落失稳。

6.4.3 不同顶板结构下支架工作阻力确定

6.4.3.1 关键层“砌体梁”结构形态支架工作阻力确定

当关键层所处层位距离煤层较远时，一般可形成“砌体梁”结构，此时关键层的回转空间较小，工作面矿压显现与一般采高工作面类似，因此，可按 4～8 倍采高岩重法或者“砌体梁”结构平衡关系的理论公式来估算支架的工作阻力。但由于特大采高综采工作面采高较大，4～8 倍采高岩重法计算值的上、下限范围较大，不易确定其合理值，但可将其作为其他计算方法的参考值。按“砌体梁”结构的平衡关系计算时，计算公式为

$$P = Bl_k \sum h_i \gamma + \left[2 - \frac{l\tan(\varphi - \theta)}{2(h-\delta)}\right] Q_0 B \tag{6-126}$$

式中：B 为支架宽度；l_k 为支架控顶距；$\sum h_i$ 为关键层下部直接顶厚度；h 为关键层厚度；l 为关键层断裂步距；φ、θ 分别为岩块间内摩擦角和岩块破断角；δ 为破断岩块下沉量；Q_0 为关键层破断岩块自身及其上部控制岩层的载荷；P 为支架工作阻力；γ 为岩层容重。

6.4.3.2 关键层"悬臂梁"结构形态支架工作阻力确定

当关键层距离煤层较近，且处于覆岩垮落带中时，将以"悬臂梁"结构形态破断。由于其上覆岩层的回转量越来越小，因此裂隙带铰接岩层将可能在两亚关键层之间的某个位置出现，此时支架阻力的计算模型如图 6-62 所示。由于亚关键层破断回转过程中始终无法形成稳定的结构，因此支架阻力应能保证其不发生滑落失稳，避免垮落带岩层和裂隙带岩层产生离层，同时要给裂隙带下位铰接岩层以作用力，以平衡其部分载荷，保证其结构的稳定[16]。

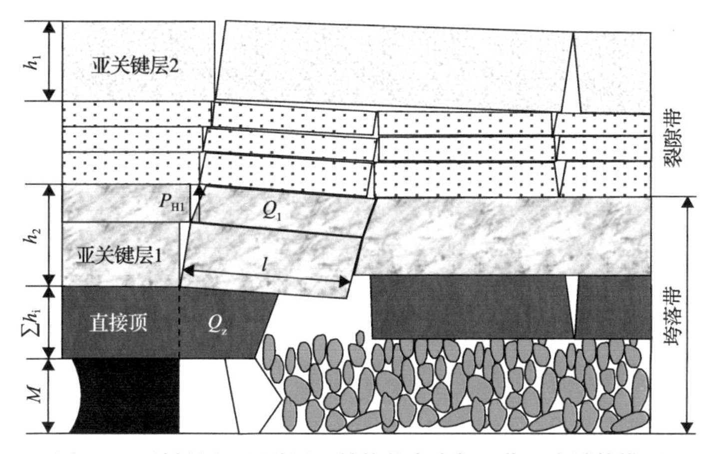

图 6-62 关键层"悬臂梁"结构状态支架工作阻力计算模型

因此，关键层形成"悬臂梁"结构状态时支架阻力应分两个部分进行计算，一部分为垮落带岩层的质量，另一部分为平衡裂隙带下位铰接岩层的平衡力。其中，垮落带岩层的载荷应分成两个部分进行计算：亚关键层下部直接顶载荷 Q_z 按照支架控顶距长度计算，而亚关键层 1 及其上部直至垮落带顶界面岩层的载荷 Q_1 则以亚关键层的破断长度进行计算。裂隙带下位铰接岩层所需支架给予的平衡力 P_{H1} 则可按照"砌体梁"结构理论计算公式进行。支架工作阻力计算公式为

$$P = Q_z + Q_1 + P_{H1} \tag{6-127}$$

其中：

$$Q_z = Bl_k \sum h_i \gamma$$

$$Q_1 = Blh_2\gamma$$

$$P_{H1} = \left[2 - \frac{l\tan(\varphi - \alpha)}{2(h - \delta_r)}\right] Q_r B$$

式中：h_2 为亚关键层及其上方垮落带内岩层的厚度；δ_r 为裂隙带底界面铰接岩块的下沉量；Q_r 为裂隙带底界面铰接岩块自身及其上部控制岩层的载荷；α 为直接顶垮落角。

6.4.3.3 亚关键层对矿压产生影响时支架工作阻力确定

若亚关键层 2 的破断对下部亚关键层 1 的破断及采场的矿压产生影响时，工作面支架阻力的计算则需考虑亚关键层 2 的作用，计算时按亚关键层 1 为“悬臂梁”结构这种危险的情况进行，其支架工作阻力计算模型如图 6-63 所示。

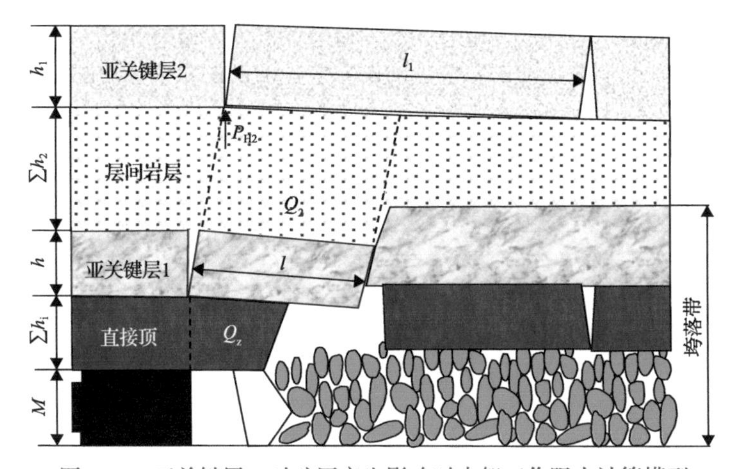

图 6-63 亚关键层 2 对矿压产生影响时支架工作阻力计算模型

当亚关键层 2 的破断对亚关键层 1 的破断产生影响时，将迫使两个亚关键层之间岩层的载荷都施加到亚关键层 1 破断块体上，因此，此时支架的载荷将由三部分组成：亚关键层 1 下方直接顶的载荷 Q_z，亚关键层 1 及其与亚关键层 2 之间岩层在破断距内的岩重 Q_2，以及平衡亚关键层 2 铰接结构所需的平衡力 P_{H2}。所以，上部邻近亚关键层 2 破断对矿压产生影响时，支架工作阻力计算公式为

$$P = Q_z + Q_2 + P_{H2} \tag{6-128}$$

其中：

$$Q_z = Bl_k \sum h_i \gamma$$

$$Q_2 = Bl\gamma(h + \sum h_2)$$

$$P_{H2} = \left[2 - \frac{l_1\tan(\varphi - \alpha)}{2(h_1 - \delta_1)}\right] Q_3 B$$

式中：$\sum h_2$为两亚关键层之间岩层的厚度；h_1为亚关键层 2 的厚度；δ_1为亚关键层 2 铰接岩块的下沉量；Q_3为亚关键层 2 铰接岩块自身及其上部控制岩层的载荷。

6.5 深埋薄基岩厚煤层开采顶板压力与岩层控制

深埋薄基岩厚煤层在河南焦作煤田、山东巨野煤田和安徽淮南煤田广泛赋存，类属我国东部矿区优质煤炭资源。此类厚煤层的安全、高效开发为满足东部地区日益增长的能源需求提供保障，但赋存条件的特殊性极大增加了该类厚煤层的开采难度。厚冲积层承载能力差，以随动载荷形式作用于薄基岩顶板，导致工作面支架阻力大，动载效应明显；萌生于高位厚冲积层的采动裂隙快速下行扩展，导致薄基岩破断产生贯通工作面与冲积层的采动裂隙，大张开度采动裂隙形成水沙流动通道，引发突水溃沙灾害，威胁生产安全。

6.5.1 工程背景

6.5.1.1 煤层赋存与开采条件

赵固二矿 14030 工作面埋深 750～800m，倾斜长度 200m，走向长度 2100m。工作面上侧为 14021 采空区，下侧为未开采实体煤区域。14030 工作面主采二$_1$煤，煤层厚度介于 3.9～6.5m，平均厚度 5.9m，煤层倾角 3°～5°，类属近水平厚煤层，坚固性系数 1.25～1.62，采用大采高开采工艺回采，垮落法管理顶板。工作面基岩厚度介于 0～50m，多区域存在基岩缺失现象，直接顶为厚 3.6～7.3m 的泥岩和砂质泥岩互层，水平层理发育，可随采随冒，单轴抗压强度 18MPa，基本顶为厚 6.2～13.5m 的大占砂岩，泥硅质胶结，含大量泥质条带，弱富水性，单轴抗压强度 36MPa。基本顶之上为泥岩和粗砂岩互层，单层厚度小于 5m，孔隙结构明显，基岩之上为冲积层，内含厚度小于 2.0m 且全区不连续分布的泥岩、砂质泥岩和粗砂岩层状结构，厚度可达 700m，类属深埋厚冲积层薄基岩厚煤层工作面，地质条件与开采特征如图 6-64 所示。工作面安装 ZY18000/30/65D 型液压支架进行顶板支护，支护强度可达 1.9MPa。

6.5.1.2 工作面顶板动压显现特征

14030 工作面开采实践表明厚冲积层作用下深埋薄基岩采场矿压显现强烈，液压支架频繁承受顶板破断引发的动载效应，动载系数达到 2.1，立柱安全阀开启现象时有发生。工作面推进过程中支架工作阻力空间分布特征如图 6-65(a)所示，顶板来压周期性明显，初次来压步距 42m，周期来压步距介于 8～15m；支架工作阻力呈现工作面中部大、两端小的特征，受基本顶动载效应影响，局部支架工作阻力峰值明显，最大支架工作阻力达到 50MPa；截取 3 次来压期间 66#液压支架工作阻力分布如图 6-65(b)所示，正常推进阶段顶板压力增加趋势较为平稳，但来压速度快，支架工作阻力突然升高，峰值曲线陡峭，表明顶板动载效应明显；强矿压影响下，14030 工作面发生多次压架事故，支架有效支撑高度降至 3.5m，14030 工作面采煤机滚筒直径 3.0m，无法通过被压支架，影响正常生

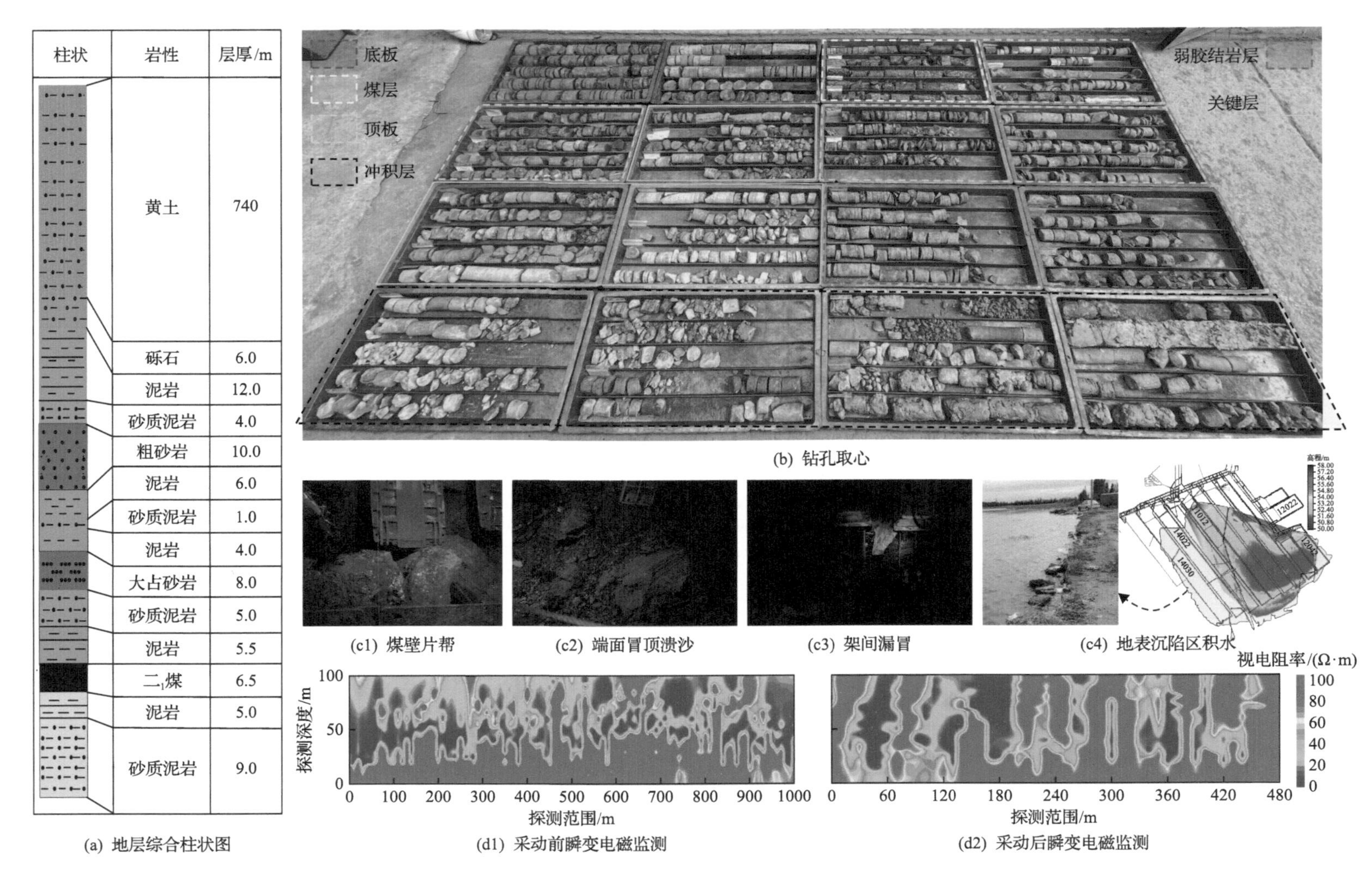

图 6-64 赵固二矿14030工作面地质条件与开采特征

产，如图 6-65(c)所示；顶板动载荷同样传递至煤壁，导致煤壁纵向劈裂裂隙高度发育，大块煤体从煤壁脱落，堵塞采煤机机道，降低开机率，如图 6-65(d)所示。现场调研结果表明深埋薄基岩采场非动载影响阶段，液压支架立柱压力介于 30～40MPa，立柱下缩量小，动载影响下立柱迅速下缩，压力可达 50MPa，属于低静载-高动载类型，若安全阀开启不及时，支架存在爆缸风险，顶板控制难度大。深埋薄基岩采场的上述矿压显现特征有异于浅埋薄基岩采场高静载-低动载类型，该类采场顶板压力主要源于静载，支架立柱下缩速度慢，动载仅造成支架的强烈震动，安全阀具有充足的开启时间，保证支架具有足够的强度和可缩性即可有效控制顶板[17]。

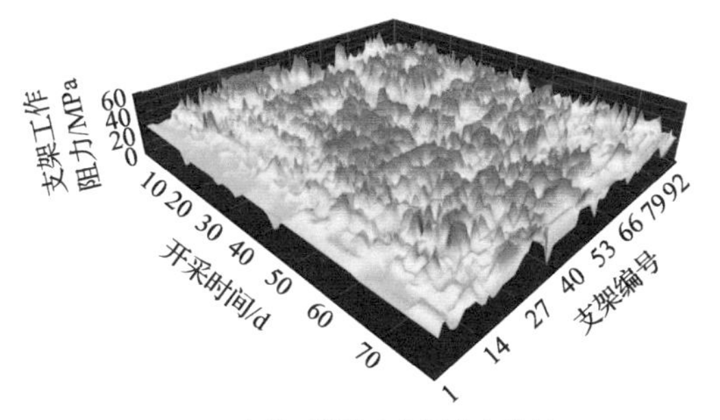

(a) 支架工作阻力空间分布特征

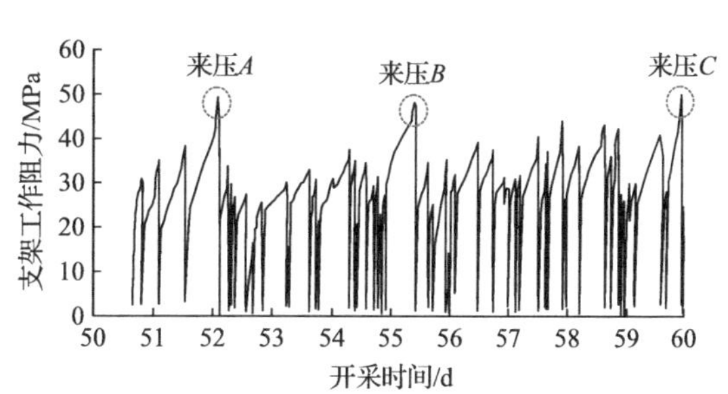

(b) 3次来压期间66#液压支架工作阻力分布

(c) 压架事故

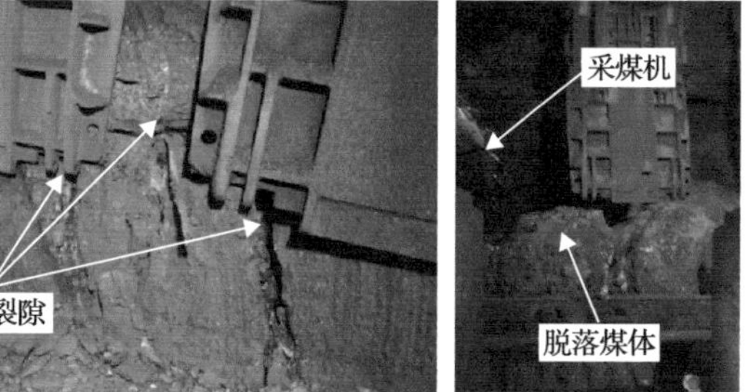

(d) 劈裂裂隙及脱落煤体

图 6-65 工作面强矿压显现特征

6.5.2 深埋薄基岩顶板破断特征试验

6.5.2.1 深埋覆岩垮落形态

图 6-66 为深埋薄基岩厚煤层采场覆岩破坏运移特征。开切眼设置在距离模型边界 30m 处，跨度 10m，采用支架及时支护顶板，防止大跨度开切眼发生冒顶现象，如图 6-66(a)所示。工作面推进至 30m 时，直接顶破坏，垮落高度约 7m，垮落边界形态呈梯形，受工作面支架支撑作用，采空区前后两侧顶板断裂角差异明显，工作面与开切眼侧分别为 60°和 45°，如图 6-66(b)所示。直接顶初次垮落后，基本顶下表面失去支撑，工作面推进距离增加至 50m 时，基本顶达到极限跨距，发生拉伸破断，破断岩块回转下沉，铰接点产生高水平挤压力，岩块发生二次破坏，未形成稳定结构，如图 6-66(c)所示。基本顶初次断裂后，覆岩垮落形态呈梯形，垮落高度达到 13.7m。采空区前后两侧岩层断裂角分别增加至 70°和 50°，表明液压支架对基本顶初次断裂具有较大影响。此时，厚冲

积层悬露跨距小，仅出现高位采动裂隙发育现象，如图 6-66(c)局部放大区域所示。工作面继续推进 10m，基本顶发生第二次断裂，冲积层首次垮落形成对称覆岩冒落拱，拱高达到 24.6m，如图 6-66(d)所示。采空区前后两侧岩层断裂角一致，表明支架对基本顶断裂的控制作用微弱。覆岩采动裂隙扩展轨迹表明基本顶第二次断裂由冲积层采动裂隙下行扩展引起，快速扩展裂隙抵达冲积层与基本顶交界面，并在惯性作用下穿越该交界面进入基本顶，形成惯性裂纹，劣化基本顶悬臂梁承载能力。采动裂隙上行扩展导致冲积层冒落，冒落体载荷快速传递至含惯性裂纹的基本顶，惯性裂纹呈Ⅱ类扩展，基本顶发生剪切破断，导致采场强烈来压。

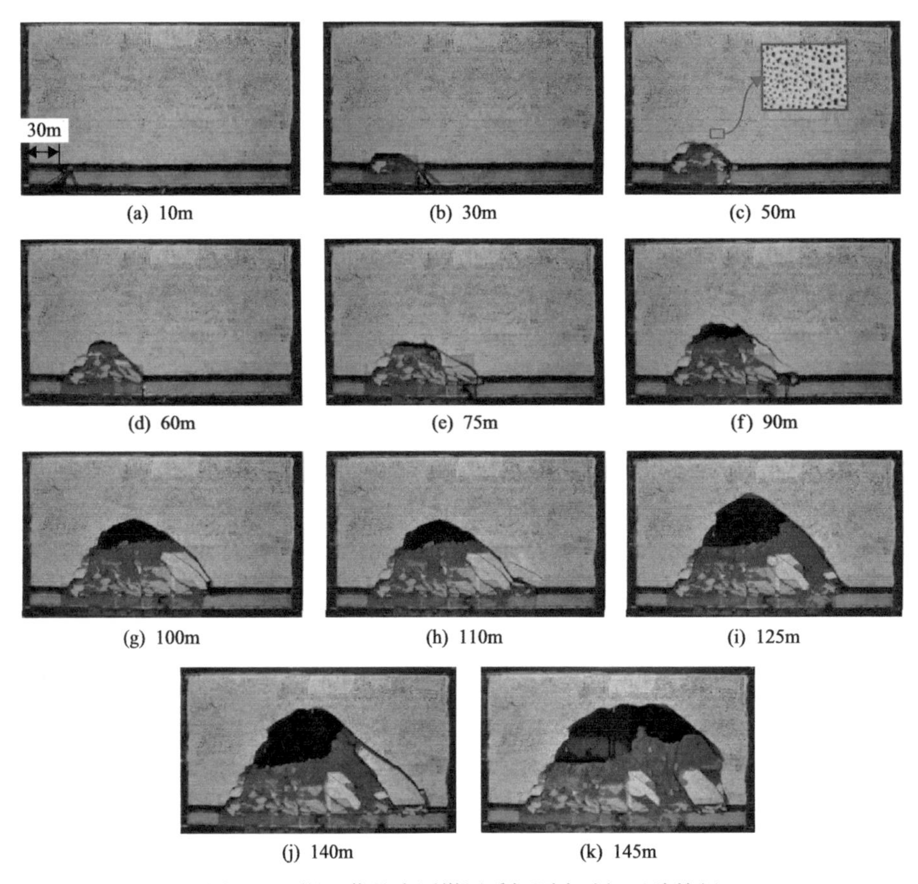

图 6-66 深埋薄基岩厚煤层采场覆岩破坏运移特征

煤层开采范围继续增加至 75m 和 90m 时，基本顶发生两次周期性破断，断裂步距等于 15m。高位采动裂隙同样萌生于冲积层，其上行扩展引发冲积层局部冒落，覆岩冒落拱保持整体稳定。基本顶惯性裂纹在冲积层载荷作用下呈Ⅰ类扩展，断裂角小于开切眼侧，新生冒落拱呈非对称形态，拱高分别增加至 28.5m 和 38.7m。上述特征表明该阶段覆岩冒落拱具有自稳能力，作用于基本顶的冲积层载荷较小，支架对顶板断裂角的影响明显，基本顶发生拉伸破断，工作面来压相对缓和。工作面推进至 100m 时，覆岩冒落拱达到极限跨距，采动裂隙上行扩展导致冒落拱结构失稳，冲积层发生大范围冒落，冒落体重力快速传递至基本顶，基本顶惯性裂纹发生Ⅱ类扩展，断裂角同开切眼侧一致，表明支架对岩层破断的控制作用微弱，新生冒落拱呈对称形态，拱高增加至 58.1m，基本顶发生剪切破断，造成工作面高强度来压。此后，工作面推进至 110m、125m、140m 和 145m 时，基本顶发生四次破断现象，其中在 110m 和 140m 位置处，覆岩冒落拱具有自稳能力，冲积层局部垮落，新生冒落拱呈非对称形态，基本顶发生拉伸破断，工作面来压缓和；在 125m 和 145m 处，覆岩冒落拱达到极限状态并发生整体失稳，冲积层大范围垮落，新生冒落拱呈对称形态，基本顶发生剪切破断，工作面来压强烈。

综上，随着工作面推进距离增加，覆岩冒落拱形态呈现非对称拱与对称拱交替出现的现象。非对称拱演化阶段，冲积层局部垮落，拱高增加幅度小；对称拱演化阶段，冲积层大范围垮落，拱高增加幅度大。由图 6-67 得到工作面 9 次来压导致的覆岩冒落拱跨度和高度变化特征。工作面推进至 145m 时，采空区冒落压实体支撑作用下，冒落拱高度增加幅度明显减小。试验所得基本顶初次断裂步距达到 50m，周期性断裂步距介于 10～20m。受物理模拟试验材料物理力学参数和开挖步距(5m)的影响，试验所得基本顶初次断裂步距稍大于 14030 工作面实际初次来压步距，周期来压步距试验结果与 14030 工作面实际数据吻合，表明本次物理模拟试验较高程度再现了 14030 工作面推进过程中覆岩破断运移特征。

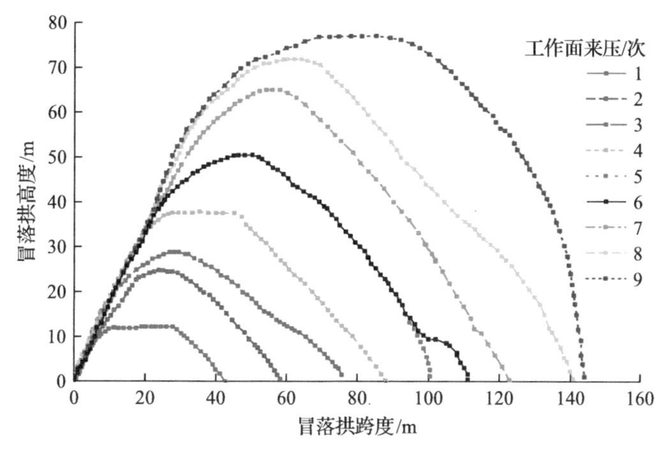

图 6-67 覆岩冒落拱演化特征

6.5.2.2 工作面顶板压力变化特征

厚冲积层冒落拱稳定与否造成基本顶破断类型和破断岩块运动轨迹均存在两种模式，从而导致工作面支架的不同工况。物理模拟试验第 7 次和第 8 次来压作用于工作面支架上的顶板压力变化特征如图 6-68 所示。试验过程中支架立柱初撑载荷设置为 2MPa，第 7 次来压时，覆岩冒落拱失稳，基本顶发生剪切破断，破断岩块直接冲击下位直接顶，造成支架工作阻力急剧上升，最大值达到 4.3MPa，但峰值载荷持续时间极短，之后支架工作阻力回落至 3.5MPa，表明支架承受顶板动载效应。顶板受动载荷影响瞬间，若支架立柱液压达到容许值，安全阀却来不及开启，则立柱存在爆缸风险。第 8 次来压时，覆岩冒落拱局部失稳，基本顶发生拉伸破断，支架工作阻力缓慢上升，仅承受破断岩块回转下沉造成的变形压力，支架工作阻力最大值约 3.8MPa，明显小于基本顶剪切破断引起的动载荷。

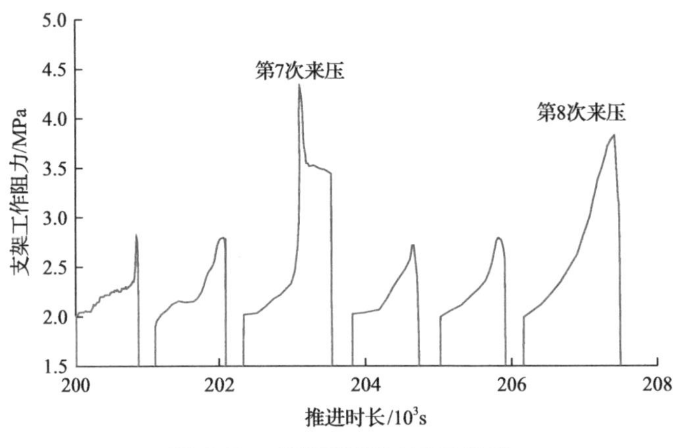

图 6-68 支架工作阻力变化特征

6.5.2.3 *覆岩采动裂隙扩展路径*

相似模拟试验结果表明深埋薄基岩厚煤层开采过程中，覆岩采动裂隙首先萌生于高位厚冲积层，在裂隙扩展模式影响下，基本顶存在拉伸和剪切两种破断形式。若覆岩冒落拱保持结构稳定，采动裂隙上行扩展导致冲积层局部垮落，下行扩展引发基本顶拉伸破断，新生冒落拱呈非对称形态，工作面来压缓和；若覆岩冒落拱结构失稳，采动裂隙上行扩展导致冲积层大范围垮落，下行扩展引发基本顶剪切破断，新生冒落拱呈对称形态，工作面来压强烈。工作面异常来压现象是本节研究重点，为得到基本顶剪切破断来压期间覆岩采动裂隙发育过程，采用数字图像相关(digital image correlation, DIC)监测系统得到覆岩应变场分布。岩石破坏最明显的前兆信息是局部应变集中现象，应变集中程度达到极限值引发裂隙萌生和扩展，根据应变分布特征可以分析覆岩采动裂隙扩展路径。物理模拟试验第 5 次和第 7 次来压覆岩应变场演化特征如图 6-69 所示。由于非均匀模拟材料冒落过程中存在局部块体粘连，未及时脱离冲积层母体，这些局部块体与冲积层母体之间已存在非连续变形，因此，冒落拱边界存在不连续分布的应变集中现象。冒落拱周边应力集中造成的弹性应变同非连续变形存在数量级上的差异，本次采用的 DIC 应变监测设备难以捕捉，且不是本节分析的重点。

图 6-69 表明工作面第 5 次和第 7 次来压前夕，覆岩采动裂隙首先在冲积层中萌生，萌生位置位于非对称冒落拱前上方。采动影响下破坏裂隙向上、下两侧扩展，上行扩展至冒落拱顶部的时间与下行扩展至拱脚的时间基本一致。高频率 DIC 应变监测设备没有捕捉到采动裂隙在冒落拱左侧的扩展过程，表明工作面侧采动裂隙充分发育后，冒落体快速垮落，同时引起冒落拱左侧采动裂隙的突变式扩展，迅速形成新的覆岩冒落拱。试验过程发现冲积层冒落过程中存在二次折断现象，图 6-69 表明冒落拱右侧采动裂隙发育充分后，折断区已出现明显的应变集中现象，二次折断位置大致位于冒落拱高度的二分

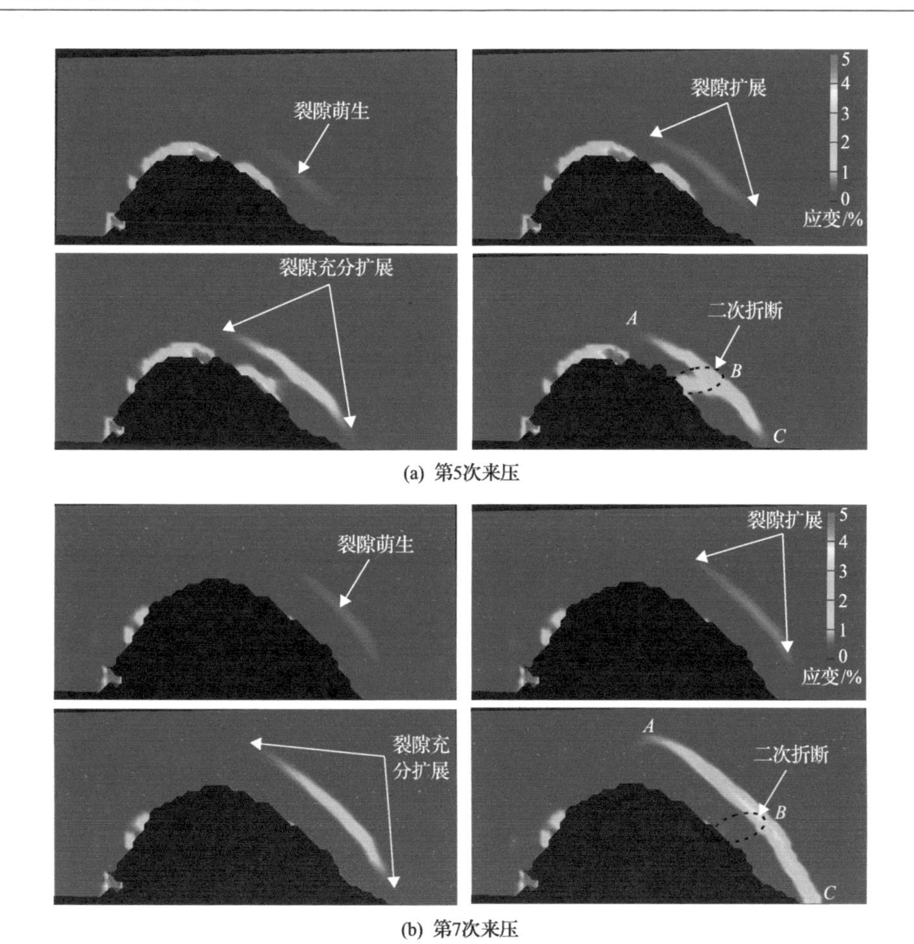

图 6-69 薄基岩应变场演化特征

之一处。冒落拱结构失稳后，作用于基本顶之上的冲积层载荷主要为当前冒落拱边界、新生采动裂隙和二次折断裂隙包络区域内的冒落体重力。

根据覆岩采动裂隙发育特征，在采动裂隙上、中、下位置布置 *A*、*B*、*C* 三个监测点。工作面推进过程中 3 个监测点的最大主应变演化特征如图 6-70 所示。未受采动影响条件下，覆岩最大主应变初始值等于 0。随着工作面开采范围的增加，监测点 *B* 首先受到采动影响，最大主应变首先增大，局部应变集中现象首先在该点出现，表明覆岩采动裂隙首先在 *B* 点萌生，即萌生于高位厚冲积层。萌生于 *B* 点的采动裂隙向上、下两侧扩展，*A*、*C* 两点应变开始增大的时间滞后 *B* 点 3～5s，且两点的应变同时增大，表明 *B* 点萌生的采动裂隙用时 3～5s 后同时扩展至 *A*、*C* 两点。第 5 次和第 7 次来压时，覆岩冒落拱高度已达到 50～60m。覆岩采动裂隙萌生于冒落拱高度的中部，若扩展用时取 4s，则采动裂隙的扩展速度达到 7～8m/s，高速扩展的采动裂隙在惯性作用下进入基本顶岩层。冒落体脱离冲积层母体后，DIC 监测系统丢失焦点，无法继续捕捉监测点应变变化，由图 6-70 应变演化曲线结束点坐标可知冒落体首先在 *B* 点脱离冲积层母体，*A*、*C* 两点的脱离时间基本一致。冒落体脱离冲积层母体瞬间，裂隙萌生点 *B* 应变最大，其次是拱脚 *C* 点，拱顶 *A* 点应变最小。

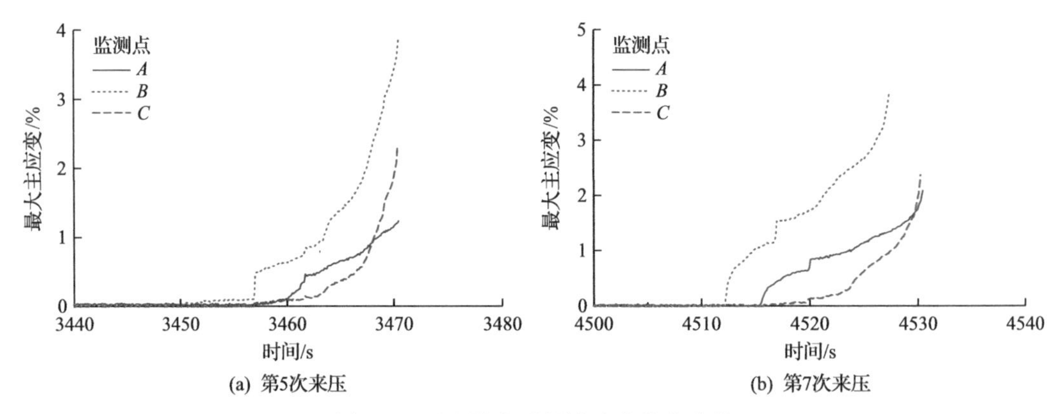

(a) 第5次来压 (b) 第7次来压

图 6-70 来压期间监测点应变演化曲线

6.5.3 顶板动载效应产生机制

深埋薄基岩厚煤层采场覆岩采动裂隙发育模式如图 6-71 所示。采动裂隙首先在厚冲积层萌生，萌生位置位于覆岩冒落拱右前方 O 点。

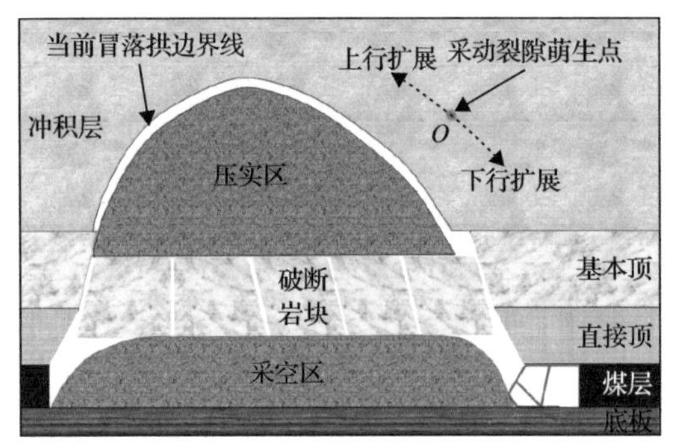

(a) 采动裂隙萌生 (b) 采动裂隙扩展

图 6-71 深埋薄基岩厚煤层采场覆岩采动裂隙发育模式

外界扰动下采动裂隙迅速向上、下两侧扩展，上行扩展裂隙导致覆岩冒落拱形态演化，下行扩展裂隙在惯性作用下穿越冲积层与基岩交界面进入基本顶，劣化基本顶承载能力。采动裂隙扩展轨迹同时抵达冒落拱顶部和拱脚，形成新的冒落拱断裂线。由于基本顶强度高于冲积层，采动裂隙在 P 点停止扩展，在基本顶中形成小尺度惯性裂纹。上行扩展的采动裂隙与冒落拱左侧边界贯通后，厚冲积层大范围垮落，惯性裂纹再次扩展，造成基本顶断裂。

覆岩采动裂隙由低强度冲积层扩展至基本顶，扩展路径穿越冲积层与基本顶交界面，在岩层交界面处的扩展机制与弱–强岩石组合体破坏裂隙发育过程类似。组合体上部岩石强度低，代表厚冲积层，下部岩石强度高，代表薄基岩。单轴抗压条件下组合体中两种岩石的应力–应变曲线如图 6-72(a)所示，硬岩强度高于软岩。对组合体施加单轴载荷，轴向载荷首先达到软岩初始屈服点 A，微裂纹开始在软岩中萌生，软岩进入非线性变形阶段，继续增大的轴向载荷，在 B 点达到软岩极限承载能力，表明软岩中萌生的微裂纹扩展形成大尺度贯穿型裂隙，并发育至组合体中部岩石交界面。软岩峰值强度 B 远小于硬岩承载能力 C，即硬岩在 B'点仍处于弹性变形阶段，但试验结果表明快速扩展的破坏裂隙在惯性作用下可以穿越岩石交界面进入硬岩部分，导致存储于硬岩中的弹性应变能突然释放，转变成裂隙表面能，驱动破坏裂隙在硬岩中继续扩展。组合体上部软岩存在轴向劈裂和楔形剪切两种破坏形式，如图 6-72(b)所示。两种破坏形式均导致上部软岩径向变形程度高于下部硬岩，在两者交界面上产生高水平径向剪应力。径向剪应力的出现进一步增加了硬岩惯性裂纹尖端的拉应力水平，惯性裂纹发生 I 类扩展，最终导致组合体硬岩部分呈现轴向劈裂破坏模式。

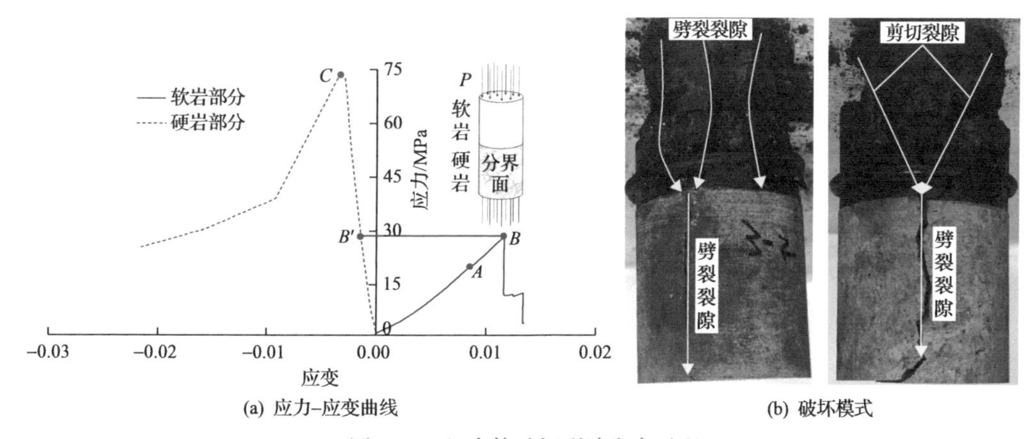

(a) 应力–应变曲线　　(b) 破坏模式

图 6-72　组合体破坏裂隙发育过程

深埋薄基岩厚煤层采场覆岩采动裂隙由冲积层进入基本顶的惯性发育模式与组合体破坏裂隙相同。但破坏裂隙穿越交界面后，组合体硬岩经历峰后卸载阶段，基本顶载荷则呈增加趋势，因此，惯性裂纹在基本顶中的后续扩展模式与组合体劈裂模式不同。若覆岩冒落拱保持结构稳定，冲积层局部垮落，新生覆岩冒落拱呈非对称形态。冒落体下落运动过程中沿直线 MN 发生二次折断，将冒落体划分为 A、B 两部分，A 区受采空区矸石支撑，B 区重力快速向下传递至基本顶，惯性裂纹在 P 点发生 I 类扩展，基本顶发生拉伸破断。破断岩块迅速回转，并与采空区岩块形成平衡结构，支架仅承受变形压力，如图 6-73(a)所示。若覆岩冒落拱结构失稳，冲积层大范围垮落，新生冒落拱呈对称形态。

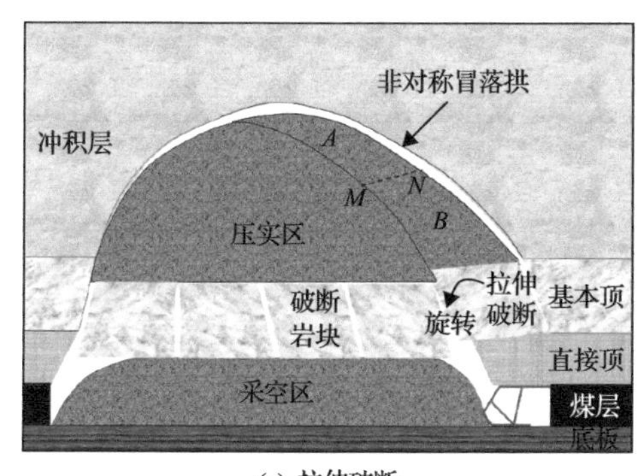

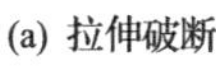
(a) 拉伸破断

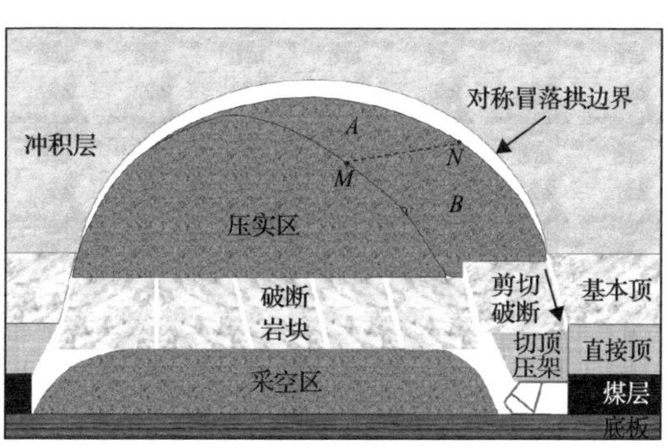

(b) 剪切破断

图 6-73　深埋薄基岩厚煤层采场基本顶破断模式

二次折断后 B 区冒落体的重力作用于基本顶，惯性裂纹在 P 点发生Ⅱ类扩展，基本顶发生剪切破断，存储于其中的弹性应变能快速释放，并转变成破断岩块初始动能。破断岩块沿剪切破断面垂直下移，无法与采空区岩块形成平衡结构，与下位直接顶发生动态接触现象，产生远大于破断岩块重力的动载荷，并经直接顶传递至工作面液压支架，形成顶板动载效应，如图 6-73(b)所示。

6.5.4 顶板动载荷确定方法

6.5.4.1 厚冲积层冒落拱载荷边界线

由深埋薄基岩厚煤层采场覆岩采动裂隙发育特征可知，基本顶剪切破断与冲积层冒落拱结构失稳密切相关。确定顶板动载荷，首先需要得到冲积层冒落拱边界线表达式。本节采用上限定理确定冒落拱边界方程，冒落拱通常采用抛物线和椭圆方程进行表示，本节采用后者，为便于计算，拱跨与拱高之间的关系借鉴普氏拱理论结果，即 $h=l/f$，其中 h 和 l 分别为冒落拱高度和跨度，f 为冲积层普氏硬度系数。冲积层强度低，普氏硬度系数小于 1，因此，拱高为椭圆冒落拱长轴，跨度为椭圆冒落拱短轴。

厚冲积层初次冒落拱边界线方程：

$$\frac{1}{a_1^2}x^2+\frac{f^2}{a_1^2}y^2=1 \tag{6-129}$$

厚冲积层采动裂隙是因冒落体自重作用产生的拉应力，根据上限定理，冲积层裂隙扩展的能量消耗功率与冒落体重力下沉的做功功率相等，由以上原理可知厚冲积层初次冒落瞬间满足以下条件：

$$\frac{1}{2}\gamma\pi a_1h_1=\sigma_t(\pi a_1+2h_1-2a_1) \tag{6-130}$$

式中：a_1、h_1 为冲积层首个冒落拱跨度和高度，m；γ 为冲积层容重，N/m^3；π 为圆周率；σ_t 为冲积层抗拉强度，MPa。

初次冒落后，随着工作面的推进，冲积层冒落拱会发生周期性结构失稳，引发基本顶剪切破断和工作面动压现象，冒落拱失稳瞬间满足以下条件：

$$\frac{1}{2}r\pi(a_ih_i-a_{i-1}h_{i-1})=\sigma_t(\pi a_i+2h_i-2a_i) \tag{6-131}$$

式中：a_i、h_i 分别为冲积层冒落拱第 i 次结构失稳的跨度和高度，m。

厚冲积层普氏硬度系数取 0.8，抗拉强度取 0.25MPa，采用上述方法可得到冲积层冒落拱形态演化特征，如图 6-74 所示。计算所得冒落拱初次垮落步距 38m，略小于 14030 工作面初次来压步距；计算所得冒落拱第 1 次周期垮落步距为 23m，之后随着失稳次数的增加缓慢降低至 20m 左右，并保持稳定。由于冒落矸石的支撑作用，工作面推进至 100m 后，覆岩冒落拱高度基本保持不变。冒落拱周期垮落步距明显大于基本顶断裂步距，这是由覆岩冒落拱失稳周期内，冲积层局部垮落引起基本顶拉伸破断造成的。

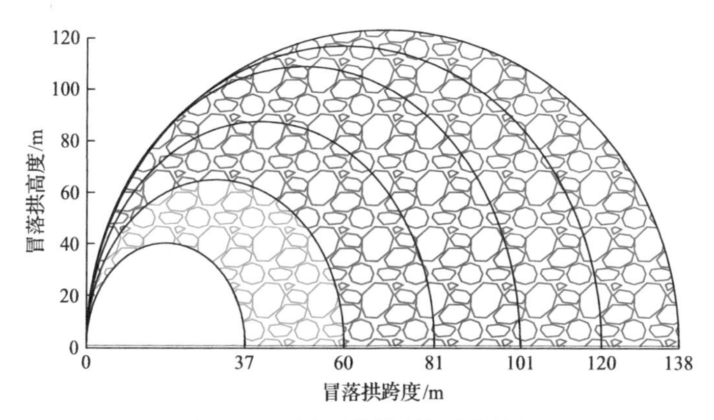

图 6-74 覆岩冒落拱形态演化特征

6.5.4.2 基本顶惯性裂纹扩展致裂条件

冲积层冒落拱结构失稳后，冒落体下落过程中发生二次折断，断裂线大致位于冒落拱高度中部，可通过分步积分求取冒落体 B 的重力，但通过多次分析发现将冒落体 A 形状简化为三角形，冒落体 B 形状简化为平行四边形，简化后 B 区域重力为冒落体的 2/3，该方法确定的冒落体重力与积分结果之间的误差小于 5%，因此，采用简化方法确定冒落体 B 的重力 Q 为

$$Q=\frac{\pi\gamma}{3f}\left(a_i^2-a_{i-1}^2\right) \tag{6-132}$$

冲积层冒落体自重载荷作用下，基本顶悬臂梁固支端产生的剪应力为

$$\tau=\frac{\pi\gamma}{3fL_{\max}H}\left(a_i^2-a_{i-1}^2\right) \tag{6-133}$$

式中：H 为基本顶厚度，m；$L_{\max}$ 为基本顶极限垮落步距，m。

将式(6-133)确定的剪应力视为基本顶上表面惯性裂纹的远场载荷，则在远场剪应力作用下，边缘裂纹尖端产生的应力强度因子为

$$K_{\mathrm{II}}=Y\tau\sqrt{\pi s} \tag{6-134}$$

式中：K_{II} 为Ⅱ型裂纹应力强度因子；s 为基本顶上表面惯性裂纹发育长度，m；Y 为无量纲几何修正因子，其表达式为

$$Y=1.12-0.23\frac{s}{H}+10.55\left(\frac{s}{H}\right)^2-21.72\left(\frac{s}{H}\right)^3+30.39\left(\frac{s}{H}\right)^4 \tag{6-135}$$

冲积层冒落体结构失稳后，在冒落体自重载荷作用下，薄基岩基本顶上表面边缘裂纹发生Ⅱ类扩展的条件为

$$K_{\mathrm{II}}\geqslant K_{\mathrm{IIc}} \tag{6-136}$$

式中：K_{IIc}为基本顶断裂韧度，$\mathrm{MPa \cdot m^{1/2}}$。

6.5.4.3 破断岩块启动速度与动载荷确定

冲积层载荷作用下，基本顶悬臂梁中存储了弹性应变能。惯性裂纹Ⅱ类扩展导致基本顶剪切破断过程中，一部分弹性应变能转变为破断裂隙表面能，一部分转变为破断岩块初始动能，从而与下位直接顶和液压支架产生非静态接触，引发动载效应。基本顶破断前为承受式(6-131)载荷的悬臂梁结构，存储于其中的弹性应变能可由式(6-137)确定[18]：

$$W_{\mathrm{e}}=(1+\nu^{2})\left(\frac{q^{2}L^{5}}{40EI}+\frac{q^{2}HL}{2E}\right)+(1+\nu)\frac{q^{2}L^{3}}{3E} \tag{6-137}$$

式中：E为基本顶的弹性模量，GPa；ν为基本顶的泊松比；L为基本顶悬露跨距，m；I为单位宽度基本顶悬臂梁截面惯性矩，$\mathrm{m^4}$；q为传递至关键层的载荷。

基本顶上表面边缘裂纹发生Ⅱ类扩展过程中消耗的能量可由式(6-138)确定：

$$W_{\mathrm{f}}=\frac{1}{2}H\tau_{\mathrm{c}}\varepsilon_{\mathrm{c}} \tag{6-138}$$

式中：τ_{c}为基本顶的抗剪强度，MPa；ε_{c}为基本顶抗剪强度对应的极限应变。

由式(6-137)和式(6-138)可以确定基本顶破断岩块的初始动能$W_{\mathrm{k}}=W_{\mathrm{e}}-W_{\mathrm{f}}$，进而得到破断岩块的初始启动速度为

$$V=\sqrt{\frac{2W_{\mathrm{k}}}{m}} \tag{6-139}$$

式中：m为基本顶破断岩块质量，kg；V为基本顶破断岩块初始启动速度，m/s。

根据动量守恒定理，可以确定基本顶破断岩块对下位直接顶和支架的动载荷为

$$F=Q_{\mathrm{m}}+\frac{mV}{t} \tag{6-140}$$

式中：Q_{m}为基本顶破断岩块重力，kN；t为动载效应时间，s。

直接顶在支架反复支撑作用下进入屈服状态，因此，可将基本顶与直接顶之间的动载效应视为完全非弹性碰撞，动载效应中基本顶速度保持式(6-139)确定的初始启动速度不变，则基本顶动载效应时间可由式(6-141)确定：

$$t=\frac{s}{V} \tag{6-141}$$

式中：s为液压支架立柱下缩量，m。

6.5.5 工作面动载效应分析

6.5.5.1 工作面压架事故描述

2020年11月14030工作面推进至200m时，采高达到6.5m，距上次来压位置约12m，

工作面矿压显现开始增强，如图 6-75 所示。30#～38#液压支架范围内煤壁破坏严重，煤壁破坏引发顶板漏冒，支架工况变差，接顶范围减小，支架立柱载荷较小甚至处于空载状态；随后工作面来压，动载效应显现强烈，顶板下沉量突然增加，动载效应下 32#、33#和 34#液压支架活柱下缩量达到 0.8m，支架护帮板和前探梁触及底板，移架困难，支架处于压死状态。为确定基本顶破断模式，在围岩控制效果较好的 55#架和 73#架端面顶板布置钻孔，钻孔探测顶板采动裂隙发育情况。在钻孔深度 12.9m 和 10.4m 处观测到近垂直采动裂隙，该层位处于基本顶砂岩内，采动裂隙面两侧岩体存在明显的剪切错动痕迹，表明基本顶发生剪切破断。

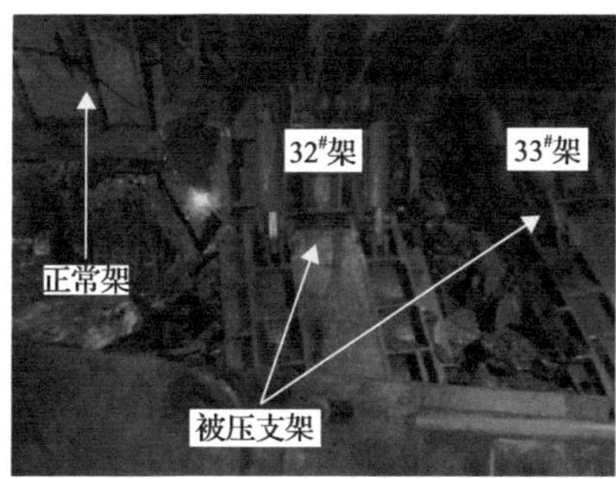

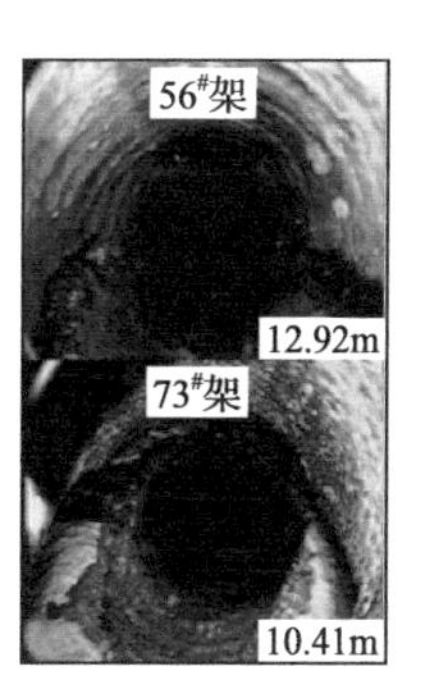

图 6-75 工作面动压导致压架事故

6.5.5.2 顶板动载效应分析

现场监测结果表明，14030 工作面压架事故形成原因如下：覆岩冒落拱整体失稳引起冲积层大范围垮落，基本顶发生剪切破断并释放应变能，破断岩块迅速启动，对下位直接顶和液压支架形成动载效应。钻孔探测结果表明，压架位置处基本顶厚度 13m，悬臂长度 12m，试验结果表明，基本顶弹性模量 2.0GPa，泊松比 0.2，抗剪强度 2.0MPa，极限剪应变 0.01；冲积层普氏硬度系数 0.8，抗拉强度 0.25MPa，岩石容重 2500kg/m^3；液压支架中心距 2.05m，压架期间活柱最大下缩量 1.0m。将上述参数代入顶板动载荷计算公式，可得动载荷、冒落拱跨度、高度与其失稳次数的关系曲线如图 6-76 所示。初采阶段，顶板动载荷小于支架额定工作阻力 18000kN，因此 14030 工作面初采期间未出现大范围压架现象。随着冒落拱失稳次数的增加，冒落拱高度和跨度增大，冲积层垮落范围增加，基本顶剪切破断释放的应变能增加，破断岩块初始启动速度增大，顶板动载荷逐步升高。但岩石破坏后具有碎胀特性，冒落拱参数不会无限制增大。厚煤层一次采全厚条件下，覆岩破坏高度 H_f 可由经验公式(6-142)确定：

$$H_{\mathrm{f}}=\frac{100M}{0.2M+6.0}+10.5 \tag{6-142}$$

式中：M 为工作面割煤高度，m。14030 工作面最大开采高度 6.5m，由式(6-142)计算可得，覆岩冒落拱最大发育高度约 100m。本节提出的冒落拱边界确定方法表明 14030 工作面覆岩冒落拱第 7 次失稳时，拱高增加至 101m，跨度为 162m。结合经验公式计算结果可知，工作面若继续开采，覆岩冒落拱仅跨度增加，高度不会呈现图 6-76 中的增加趋势，而是在采空区冒落压实体的支撑作用下保持不变。14030 工作面压架位置距开切眼 200m，表明覆岩冒落拱高度已达到最大值。冒落拱达到 101m 时基本顶破断引起的动载荷达到 15000kN，基本顶破断岩块自重 7900kN，两者比值 1.9，与实测动压系数 2.1 较为接近。控顶距 6m，直接顶厚度 11m 条件下，作用于支架的直接顶重力为 3400kN，与基本顶动载荷之和达到 18400kN，大于液压支架额定工作阻力，最终引起 14030 工作面大范围压架事故。

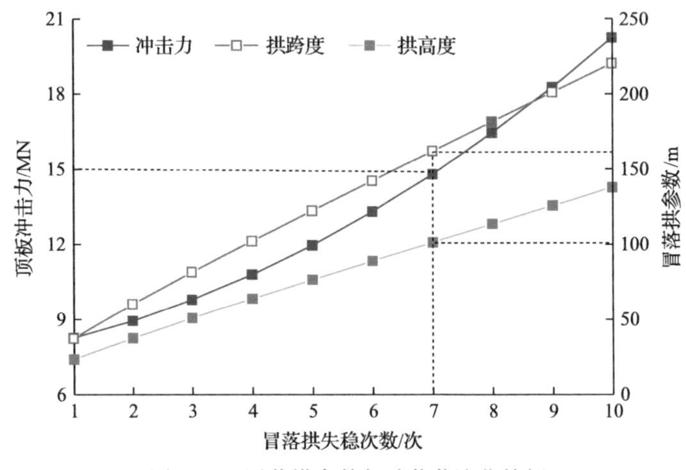

图 6-76 冒落拱参数与动载荷演化特征

6.5.5.3 顶板动压控制原则与方法

深埋薄基岩厚煤层采场顶板动载效应产生机制表明，基本顶剪切破断和破断岩块非静态启动是造成压架事故的直接原因。为防止该类事故的发生，需避免基本顶发生剪切破断或降低破断岩块的初始启动速度。14030 工作面开采实践表明采用下述两种方法可较高程度地降低工作面动压强度：①工作面推进至覆岩冒落拱整体失稳阶段，减少割煤进尺，增加移架次数，从而增加液压支架反复支撑对控顶区顶板的扰动次数，同时降低移架压力，提高初撑力。通过该手段可使覆岩承受高频率、高幅值的循环压力，升高覆岩损伤程度，增加冒落拱结构稳定阶段冲积层局部垮落范围，同时增大基本顶弹性应变能损耗，从而降低动载荷。②工作面推进至覆岩冒落拱整体失稳阶段，对基本顶进行预裂，释放其中存储的弹性应变能，避免破断岩块与下位直接顶的非静态接触，从而防止动载荷的出现。

赵固二矿 14030 工作面采用预裂爆破方法对基本顶进行超前预裂，释放其中的应变能。在工作面运输巷顶板实施深孔预裂爆破措施，钻孔沿走向布置，钻孔直径 50mm，深度 16m，间距 1.8m，倾角 90°，钻孔位置距巷道外帮 1.5m，两个爆破钻孔之间布置 1 个导向孔，导向孔参数与爆破孔一致。爆破钻孔装药长度 9m，封孔长度 7m，采用直径 40mm 的双缝定向预裂管作为药卷载体，管缝方向与钻孔布置方向一致。爆破后可在顶板中形成沿走向的大尺度裂隙，如图 6-77 所示。预裂爆破后基本顶的左、右、后侧全部成为自由或简支边界，应变能聚程度明显降低，基本顶破断后转变成破断岩块动能的应变能减少，从而达到预防破断岩块非静态启动的目的。采用预裂爆破措施后，14030 工作面的顶板动载效应得到改善，液压支架工况转好，来压期间立柱载荷降至 40～45MPa，支架安全阀开启频率降低，顶板控制效果升高。

图 6-77 顶板走向爆破裂隙

6.5.6 覆岩冒落拱与拱脚高耸岩梁复合承载结构

构建深埋薄基岩采场覆岩形成厚冲积层冒落拱与拱脚高耸岩梁复合结构力学模型，冒落拱与拱脚高耸岩梁复合结构的稳定性共同保障工作面开采空间安全，任一结构失稳都会造成工作面矿压剧烈显现。为避免对开采活动造成影响，分别对高位冒落拱和低位高耸岩梁结构承载能力进行分析[18]。

6.5.6.1 厚冲积层冒落拱稳定性分析

此处认为厚冲积层冒落拱厚度与变形集中带宽度一致，则冒落拱结构的极限承载能力可由式(6-143)确定[19]。冒落拱形成后，采动范围内的厚冲积层载荷快速向下位承载结构传递，若实际载荷达到冒落拱的极限承载能力 q_{max} ，则冒落拱发生结构失稳。

$$q_{max} = \frac{6E_s}{25}\frac{W^3}{L_s^3} \tag{6-143}$$

式中：E_s 为厚冲积层弹性模量，GPa；W 为冲积层变形集中带宽度，m；L_s 为冒落拱极限跨度，m。

厚冲积层非均匀沉降引起应力拱效应，具备一定的自承载能力，因此，并非所有受采动影响的冲积层载荷均由冒落拱承担。厚冲积层冒落拱结构承载机理如图 6-78 所示。冒落拱上方任取一薄层进行受力分析，薄层之上受采动影响的冲积层范围为 h_a，采动影响范围内的冲积层载荷作用在薄层之上，则薄层位置处的最大主应力 $\sigma_1=\gamma_a h_a$，借鉴土力学理论忽略冲积层内聚力，则根据极限平衡原理可得薄层位置处的最小主应力σ_3=(1–sinφ)/(1+sinφ)σ_1，其中，γ_a和φ分别为冲积层容重和内摩擦角。非均匀沉降后薄层变形为圆弧条带，假设厚冲积层沉降范围与冒落拱跨度一致，非均匀沉降在两侧边界引发剪切效应，剪应力发育促使采动应力发生旋转。变形后的最小主应力迹线与条带形状一致，最大主应力沿条带径向分布。

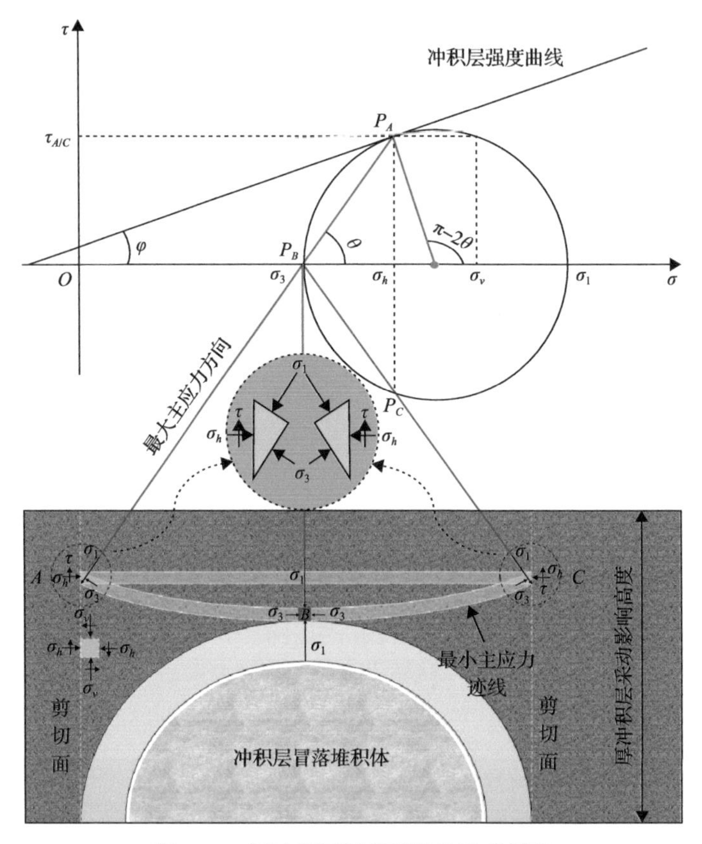

图 6-78 厚冲积层冒落拱结构承载机理

厚冲积层薄层两端和中间位置 A、B、C 三点应力状态在莫尔应力圆上的相对位置如图 6-78 所示。两侧剪切面上的主应力旋转角度为 π/2–θ，其中 θ 为最大主应力与水平面的夹角。厚冲积层沉降边界处的 θ_0 值一般取 π/4+φ/2。根据莫尔应力圆中的几何关系可以确定薄层条带任意位置处的水平应力、垂直应力和剪应力分别为

$$
\begin{aligned}
\sigma_h &= \left(\cos^2\theta + k\sin^2\theta\right)\sigma_1 \\
\sigma_v &= \left(\sin^2\theta + k\cos^2\theta\right)\sigma_1 \\
\tau &= \sigma_1\left(1-k\right)\sin\theta\cos\theta
\end{aligned}
\tag{6-144}
$$

式中：σ_h、σ_v、τ 分别薄层任意点处的水平应力、垂直应力和剪应力，MPa；k 为最小主应力与最大主应力之比，其值一般取(1–sinφ)/(1+sinφ)。

由式(6-144)可得冒落拱跨度方向上承受的垂直应力、水平应力变化趋势，如图 6-79所示。图6-79中相对距离定义为薄层上的点与冒落拱中心水平间距与冒落拱半跨度之比。薄层位置最大主应力本质为采动范围内冲积层自重载荷。采动应力旋转作用下，高位厚冲积层垂直应力呈现降低趋势，水平应力呈现升高趋势。冒落拱中心 B 点采动应力未发生旋转，该位置垂直应力与受采动影响的冲积层自重载荷相等，水平应力同样未得到强化。由冒落拱中心向拱脚位置，水平应力增大，垂直应力减小，即应力拱效应。采动应力旋转引起的应力拱效应导致冲积层载荷向沉降边界两侧转移，缓解传递至冒落拱结构之上的载荷。随着采动应力旋转角度的增加，传递至冒落拱之上的冲积层载荷呈减小趋势，即采动应力旋转现象有利于增强厚冲积层冒落拱的稳定性。

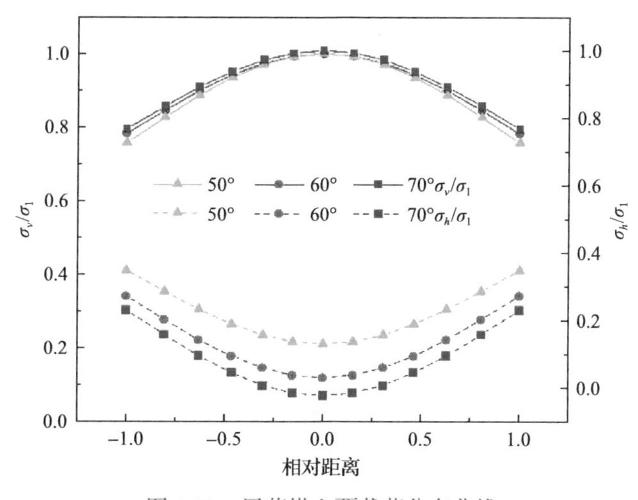

图 6-79 冒落拱上覆载荷分布曲线

式(6-143)是按拱结构承受均布载荷得到的极限承载能力，式(6-144)和图 6-79 则表明厚冲积层冒落拱实际承受的覆岩载荷呈现非均布特征。为确定冒落拱结构的稳定性，对式(6-143)和式(6-144)第二式沿拱跨度方向进行积分，确定拱结构上允许的最大集中力和实际集中力分别为

$$
\begin{aligned}
F_{\max} &= \frac{12}{25}\frac{W^3}{L_s^2}E_s \\
F_v &= \frac{1}{2}\sigma_1\left[(1+k)\left(\frac{\pi}{2}-\theta_0\right)+\frac{1}{2}(1-k)\sin 2\theta_0\right]
\end{aligned}
\tag{6-145}
$$

式中：$F_{\max}$ 和 F_v 分别为冒落拱结构可承受的最大集中力和传递至其上的实际集中力，kN。冒落拱上覆载荷满足 $F_{\max}=F_v$，则拱结构达到极限平衡状态。若覆岩载荷继续向下位传递，则冒落拱发生结构失稳，威胁采场安全。厚冲积层冒落拱结构失稳步距小于材料失稳引起的新生冒落拱跨距，前者造成冒落拱局部失稳，后者造成冒落拱整体失稳，两种失稳模式在工作面推进过程中交替出现。

6.5.6.2 基岩高耸岩梁稳定性分析

厚冲积层冒落拱形成后，薄基岩发生全厚剪切破断并在拱脚形成高耸岩梁平衡结构，如图 6-80 所示。岩梁高度大于跨度，破断岩块的回转运动受到抑制，其运动模式以下沉为主。下沉过程中，基岩剪切破断面保持闭合状态，破断岩块与周围岩体保持面接触模式。高耸岩梁沉降过程的本质是沿基岩前后两次破断面发生剪切滑移，且剪切滑移受到前方未断裂岩层和后方重新压实岩块的约束。工作面后方基岩破断岩块保持相对完整状态，岩块刚度与完整岩石刚度基本一致，压实后可与工作面前方完整岩层一同视为弹性边界，则高耸岩梁下沉导致前后破断面经历的剪切滑移过程可视为恒定法向刚度边界条件。此外，基岩剪切破断面起伏不定，具有一定的粗糙度。粗糙断裂面和恒定法向刚度边界为高耸岩梁结构达到平衡状态奠定了基础。

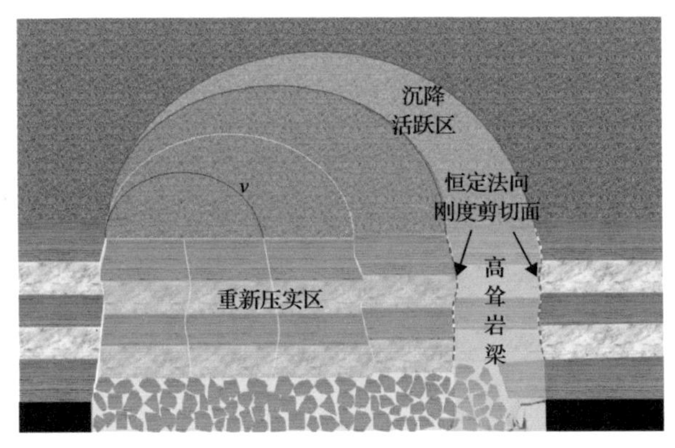

图 6-80 基岩高耸岩梁结构承载机理

v-剪切

高耸岩梁恒定法向刚度剪切滑移过程中，剪切面上的力学行为与恒定法向应力条件差异巨大。恒定法向应力条件下，破坏面剪切力学行为如图 6-81(a)所示，剪切位移曲线存在峰值点，峰值过后破坏面抗剪能力下降，高耸岩梁进入不稳定状态，传递至支架之上的载荷将持续增大，顶板失稳和压架事故发生概率升高。恒定法向刚度条件下，破坏面剪切力学行为如图 6-81(b)所示，粗糙破坏面上的剪胀效应受到边界条件抑制，剪应力随着剪切面粗糙度和剪切位移的增大呈单调升高趋势，高耸岩梁承载能力随着顶板下沉量的增大而增强，顶板稳定性升高。

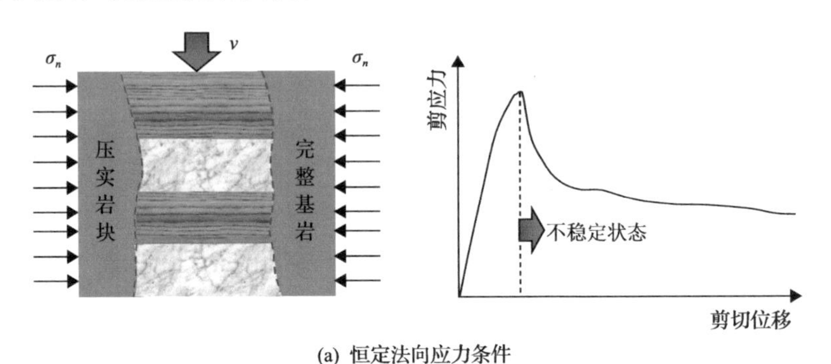

(a) 恒定法向应力条件

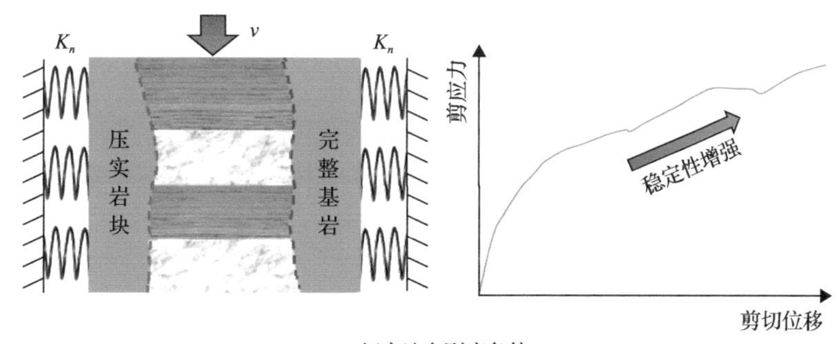

(b) 恒定法向刚度条件

图 6-81 不同边界条件下高耸岩梁剪切力学模型

K_n-刚度

综上可知，在不影响开采安全的条件下，深埋薄基岩厚煤层采场应允许顶板存在一定的下沉量，从而发挥高耸岩梁承载能力，提高采场支架-围岩系统结构的稳定性。为确定高耸岩梁承载能力，需分析基岩破断面上的剪应力随下沉量的变化特征。恒定法向刚度条件下岩石裂隙剪切力学模型[20]如下：

$$
\begin{aligned}
&\sigma_n = \sigma_{ni} + 4.1\times 10^{-3}\left(\frac{\mathrm{UCS}^{0.44}\mathrm{JRC}^{0.94}}{\sigma_{ni}^{0.06}}\right)(K_s u_s)^{0.62} \\
&\tau_s = \sigma_n \tan\left[\varphi_r + \mathrm{JRC}\lg\left(\frac{\mathrm{UCS}}{\sigma_n}\right)\right]
\end{aligned}
\tag{6-146}
$$

式中：σ_{ni} 和 σ_n 分别为基岩破断面上的初始法向应力和法向应力，MPa；τ_s 为剪应力，MPa；JRC 为基岩破断面粗糙度；φ_r 为基岩内摩擦角，(°)；UCS 为基岩单轴抗压强度，MPa；K_s 为滑移面剪切刚度，GPa/m；u_s 为滑移量，m。

对式(6-146)第二式在基岩剪切破断面上进行积分即可得到高耸岩梁自承载能力。积分结果表明基岩破断面粗糙度越大，高耸岩梁下沉过程中剪切面上孕育的剪应力和剪切面面积呈现升高的趋势，高耸岩梁承载能力得到增强。高耸岩梁停止剪切滑移进入稳定状态所需支架提供的支撑力由式(6-147)确定：

$$
F_s = G - \lambda H_r L_r \tau_s \tag{6-147}
$$

式中：F_s 为保证高耸岩梁结构稳定所需支架具备的支撑能力，kN；G 为基岩和冲积层块体重力，kN；L_r 为基岩断裂步距，m；H_r 为基岩厚度，m；λ 为侧压系数。

6.5.7 顶板复合承载结构工程应用

6.5.7.1 液压支架双参数选型

由式(6-146)和式(6-147)可得传递至支架之上的实际顶板压力随顶板下沉量的变化曲线，通过压架试验或实测可得支架支撑力随立柱下缩量的变化曲线，如图 6-82 所示。工作面允许的顶板最大下沉量为 $w_{\max}$，则该下沉量对应的顶板压力为液压支架所具备的额定工作阻力下限 $F_{\min}$，连接原点与 C 点的直线斜率为液压支架刚度下限 $K_{\min}$。确定支架额定工作阻力上限 F_{cap}，连接原点与 B 点的直线斜率为液压支架刚度上限 K_{max}。直线 OB 与 OC 所夹区域斜率为理想刚度区，其上方区域为高刚度区，下方区域为低刚度区。若支架额定工作阻力小于下限值 F_{min} 或支架刚度小于下限值 K_{min}，均会造成顶板下沉量大于允许值 w_{max}，导致顶板失稳。若支架刚度大于上限值 K_{max}，容易引发顶板动载效应，支架吸收能量来不及释放，导致液压缸损坏现象。

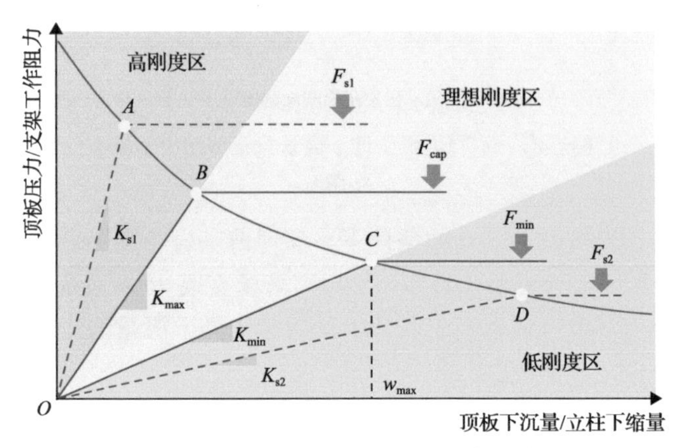

图 6-82　液压支架工作阻力和刚度双参量确定原则

赵固二矿顶板基岩主要由泥岩和砂岩组成，泥岩强度 30～50MPa，砂岩强度 60～80MPa，由式(6-131)可得高耸岩梁跨度约为 20m，岩梁高度与基岩厚度下限一致为 40m。高耸岩梁由两者共同组成，考虑到破断基岩力学性能劣化效应，高耸岩梁单轴抗压强度此处取 40MPa，岩梁破坏瞬间因轻微回转与完整基岩和重新压实岩石之间形成挤压应力取 20kPa，破坏面摩擦角取 30°，破坏面两侧岩石剪切刚度取 20kPa/m，传递至岩梁之上的冲积层厚度取 20m。高耸岩梁两侧剪切滑移面上的剪应力还与基岩破断面粗糙度有关。为确定破断面粗糙度，制备边长 100mm 的立方体砂岩试件，如图 6-83(a)所示。开展立方体砂岩试件直剪试验，并对剪切破坏面空间形态进行扫描重构，结果如图 6-83(b)所示。剪切破坏面呈现高低起伏趋势，受起伏程度影响，剪切破坏面面积是方形砂岩试件侧面面积的 1.35 倍。采用文献[21]给出的裂隙面粗糙度确定方法计算得到顶板砂岩剪切破坏面粗糙度介于 14～17，此处取平均值 15。

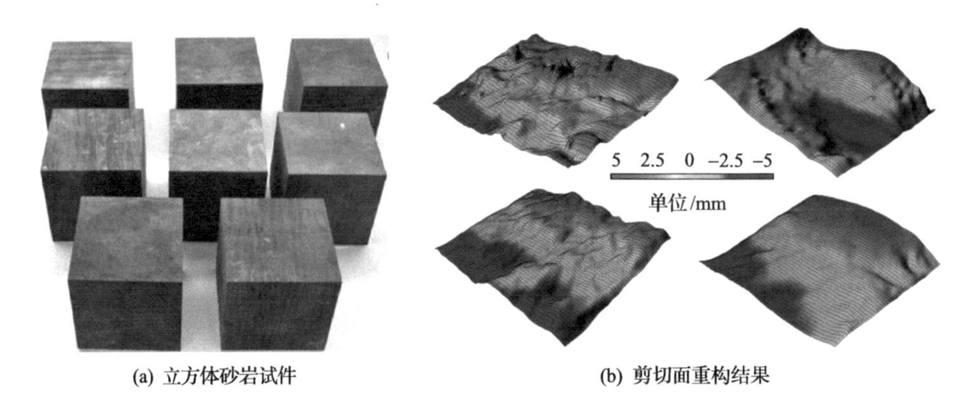

(a) 立方体砂岩试件　　(b) 剪切面重构结果

图 6-83　顶板砂岩剪切破坏面扫描重构

将上述参数代入式(6-135)和式(6-136)可得保证高耸岩梁处于稳定状态所需支架工作阻力随顶板下沉量的变化曲线如图 6-84 所示。随着高耸岩梁下沉量的增加，传递至支架上的顶板载荷呈现减少趋势。赵固二矿 14030 工作面安装 ZY18000/30/65D 型液压支架共计 100 架，当顶板下沉量达到 0.2m 时，传递至液压支架上的顶板载荷减小至支架额定工作阻力 18000kN，支架和顶板进入稳定状态，高耸岩梁停止下沉。14030 工作面最大采高 6.5m，顶板下沉量小于 0.2m 的条件下，对工作面安全回采工作无影响，得到该条件下液压支架刚度的最大值为 90MN/m。支架工作阻力与立柱下缩量实测曲线如图 6-84 所示，液压支架实际刚度达到 120MN/m，大于理论计算所得上限值。14030 工作面推进过程中，由于支架刚度较大，承受顶板动载效应明显，动载荷达到支架额定工作阻力导致局部压架现象，但没有造成工作面长时间停滞，因此，14030 工作面支架选型基本合理，但从支架刚度优化角度来看，仍存在优化空间，可从降低支架刚度层面进一步提升支架与围岩的耦合性能。

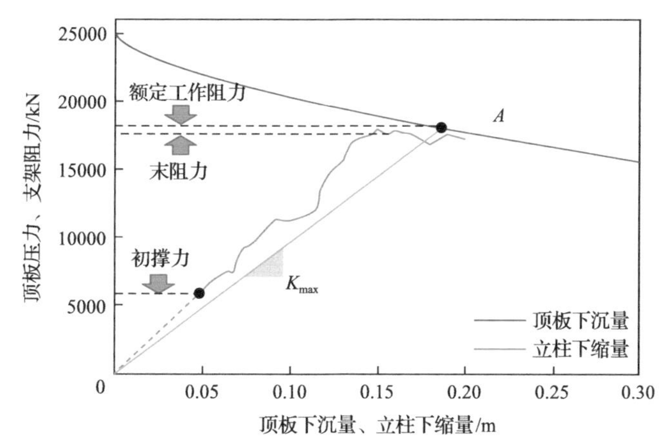

图 6-84 14030 工作面液压支架工作阻力与刚度评价

6.5.7.2 突水溃沙快速识别

赵固矿区曾发生突水溃沙事故，造成工作面停滞整顿，威胁生产安全。突水溃沙发生的必备条件为：充足且具备补给能力的物源、贯通物源与采场的裂隙通道和足以携带沙体流动的水压。快速识别突水溃沙通道位置可为灾害防治工作奠定基础。厚冲积层冒落拱边界的函数表达式为

$$\frac{1}{L_{si}^2}x^2+\frac{f^2}{L_{si}^2}y^2=1 \tag{6-148}$$

式中：L_{si} 为冒落拱第 i 次周期性结构失稳时的极限跨距；f 为普氏硬度系数。

由式(6-148)可以确定厚冲积层冒落裂隙的发育轨迹，结合顶板砂岩破坏面三维形态重构结果可以预估冒落裂隙进入基岩后的扩展路径。厚冲积层冒落裂隙和基岩破断裂隙共同形成贯通突水溃沙物源与采场的流动通道。采用瞬变电磁法对冲积层中潜水赋存特征进行实测，掌握含水区的位置，瞬变电磁蓝色低阻区代表含水区，如图 6-85 所示。将

覆岩含水区实测结果与覆岩采动裂隙预测结果重叠覆盖，根据采动裂隙与含水区的连通性即可实现对突水溃沙通道的快速识别。根据突水溃沙通道识别结果，可以判别工作面是否受突水溃沙灾害威胁和威胁程度等级，并为注浆钻孔参数确定提供借鉴，有效封堵突水溃沙通道，实现灾害防控。

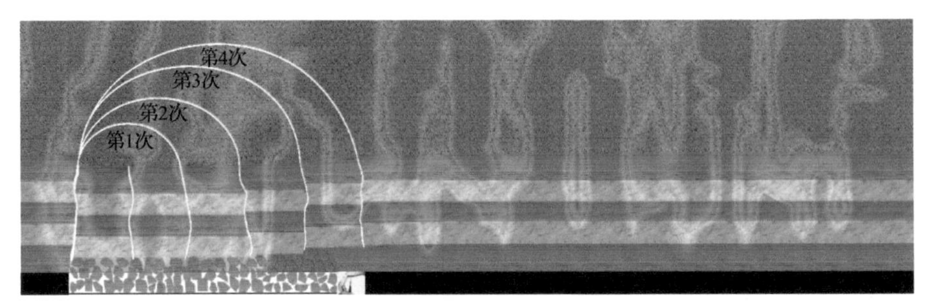

图 6-85　14030 工作面覆岩突水溃沙通道识别结果

14030 工作面推进过程中覆岩采动裂隙预测结果和含水区分布的瞬变电磁实测结果覆盖叠加效果如图 6-85 所示，前 4 次工作面来压期间，覆岩采动裂隙均导致冲积层潜水向下流动，但对工作面威胁程度差异明显。第 1 次来压采动裂隙导通含水区位置位于开切眼一侧，对工作面开采无影响。第 2 次来压采动裂隙在工作面上方导通含水区，工作面受到突水溃沙灾害威胁，实际来压过程中端面存在局部突水溃沙现象。第 3 次来压覆岩采动裂隙在冲积层冒落拱顶部位置导通含水区，水流下渗过程中导致冲积层采动裂隙再次闭合，实现弥合隔水，对工作面开采无影响。第 4 次来压采动裂隙大范围贯通含水区，工作面存在大范围突水溃沙危险，根据实测结果 14030 工作面对顶板采取注浆措施，封堵水沙流动通道，有效防控了突水溃沙灾害对开采的威胁。

6.6　超长工作面应力分布与岩层控制

我国煤炭资源开采深度以 10～25m/a 的速度增加，特别是开采时间已久的东部矿区，目前已有近 50 个矿井达到千米以深。深部矿井具有地应力水平高、开采扰动效应强、煤岩裂隙发育程度高、力学性质由线性向非线性转化及变形时效性强等特点，工作面推进过程中异常矿压显现和煤岩动力灾害发生频率升高，增大了围岩控制难度。此外，为减少煤柱损失，降低支护成本，提高单面产能，工作面长度逐年增加，当前最大工作面长度已达 460m。深部超长工作面开采扰动效应进一步增强，采动应力环境更为复杂。

6.6.1　工程背景

口孜东煤矿隶属淮南煤田，140502 工作面为该矿 14 采区首采面，工作面长度 270m，推进长度 820m，主采 $5^{\#}$煤层，埋藏深度介于 900～1000m，煤层厚度介于 4.0～8.0m，平均 6.6m，倾角介于 3°～15°，平均 10°，类属缓倾斜厚煤层。140502 工作面平面布置如图 6-86 所示，采用大采高开采技术。工作面靠近运输巷一侧存在两条落差位 0～5m 的正断层。钻孔取心得到 140502 工作面岩层柱状图如图 6-86(b)所示，直接顶为砂质泥岩和煤线组成的复合顶板，厚度介于 0.98～11.71m，普氏硬度系数介于 3.0～3.9；基本顶为细砂岩，厚度介于 2.35～9.90m，普氏硬度系数介于 6.2～7.3。主采煤层上方基岩厚度介于 210～350m，覆岩中存在厚度小于 10m 的不稳定砂岩层，基岩之上为厚冲积层，强度极低。

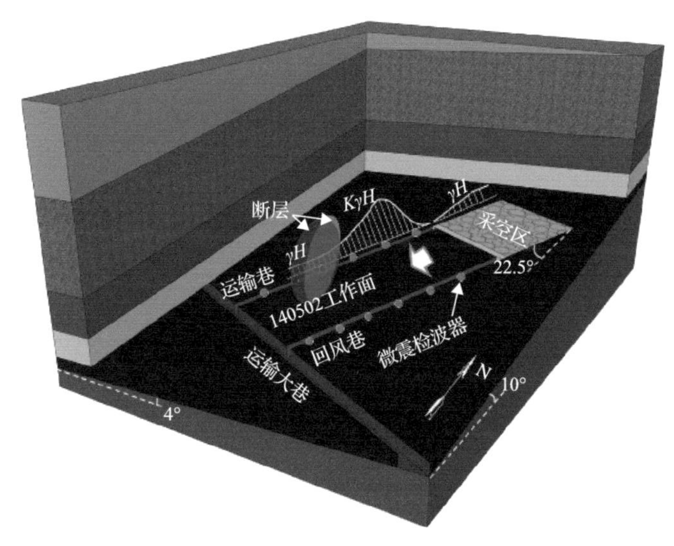

(a) 工作面平面布置

层厚/m 300 200 100 0
冲积层
基岩
$5^{\#}$煤
底板
煤 泥岩 砂质泥岩 细砂岩

岩性	层厚/m	埋深/m
砂质泥岩	18.06	−829.84
泥岩	9.08	−838.92
细砂岩	6.05	−844.97
砂质泥岩	44.59	−889.56
泥岩	3.41	−892.97
砂质泥岩	8.89	−901.86
$9^{\#}$煤	1.07	−902.93
泥岩	3.00	−905.93
$8^{\#}$煤	2.70	−908.63
泥岩	8.51	−917.14
细砂岩	3.07	−920.21
泥岩	3.34	−923.55
砂质泥岩	7.92	−931.47
细砂岩	5.18	−936.65
砂质泥岩	3.82	−940.47
煤线	1.48	−941.95
砂质泥岩	2.65	−944.60
$5^{\#}$煤	6.53	−951.13
砂质泥岩	3.13	−954.26
细砂岩	3.93	−958.19
泥岩	5.63	−963.82

岩性	层厚/m	埋深/m
冲积层	约680	
泥岩	13.21	−648.84
砂泥	19.38	−668.22
细砂岩	5.01	−673.23
泥岩	24.04	−697.27
砂质泥岩	14.04	−711.31
泥岩	6.92	−718.23
砂质泥岩	15.04	−733.27
泥岩	5.28	−738.55
13-1煤	6.19	−744.74
泥岩	9.61	−754.35
细砂岩	9.04	−763.39
泥岩	3.01	−766.40
细砂岩	8.09	−774.49
泥岩	6.99	−781.48
砂质泥岩	17.32	−798.80
细砂岩	4.50	−803.30
泥岩	3.35	−806.65
11-2煤	1.23	−807.88
泥岩	3.90	−811.78

(b) 岩层柱状图

图 6-86 140502 工作面概况

6.6.2 工作面矿山压力显现特征

6.6.2.1 工作面围岩控制难题

140502 工作面埋深达到 1000m，地应力水平和裂隙发育程度升高。厚煤层开采后，超前采动应力峰值接近基本顶单轴抗压强度，煤岩中的原生裂隙超前工作面发生扩展，同时伴有新采动裂隙萌生。随着工作面推进，煤壁揭露后发生高程度片帮现象，片帮深度达到 1.0m，累积片帮范围达到工作面长度的 1/3，如图 6-87(a)所示。

(a) 煤壁片帮　(b) 架间漏冒

(c) 顶板破碎块体卡架　(d) 巷道局部大变形破坏

图 6-87　超长工作面矿压显现特征

揭露顶板破碎成不规则块体，块体形状、尺寸与裂隙分布密切相关。若支架姿态控制不当，导致架间空隙过大，容易引发架间漏冒现象，如图 6-87(b)所示；若顶板破碎块体位于支架顶梁上方，移架过程中容易发生破碎块体卡架，导致支架移动困难甚至构件损坏，工作人员维修后方可正常移架，如图 6-87(c)所示。若煤壁片帮范围和片帮深度增大，裂隙发育顶板悬露面积增加，顶板破碎程度进一步升高，容易引发架前漏冒现象，埋没采煤设备，威胁人员安全。此外，高峰值采动应力驱动下，巷道两帮煤体破碎严重，整体向巷道空间挤出，锚网限制下形成网兜，破碎煤体挤压作用下钢带发生断裂，锚杆可于破碎煤体中抽出，锚固作用消失，最终导致超前采动影响区巷道发生整体大变形破坏，如图 6-87(d)所示。上述围岩控制难题由采动应力驱动产生，为提高超长工作面围岩控制效果，开展围岩破坏机理和采动应力分布特征研究势在必行。

6.6.2.2　超前采动影响范围

回风巷布置测站确定采动影响范围，超前工作面 300m 安装锚杆、锚索拉力计各 7 套，监测受力情况。由于巷道围岩破碎区范围大，部分锚杆(索)未能进入围岩稳定区发挥锚固作用，导致传感器所得数据异常，仅对有效数据进行分析。将锚杆(索)实际受力与初始预紧力之比定义为应力集中系数，得到有效锚杆(索)应力集中系数随工作面推进的动态变化过程如图 6-88 所示。

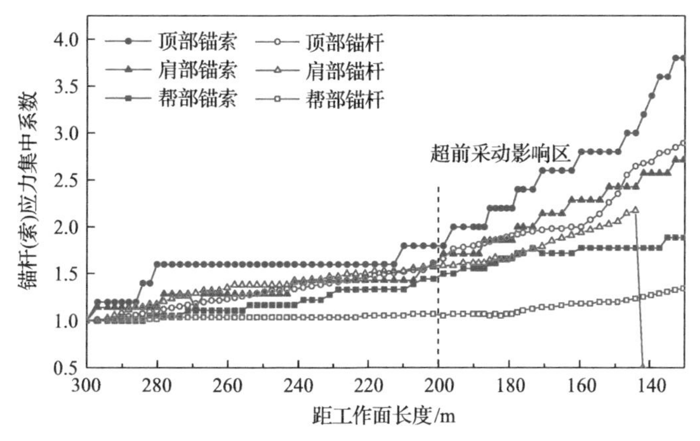

图 6-88 锚杆(索)应力集中系数随工作面推进的动态变化过程

监测初期巷道围岩未受采动影响，巷道掘进促使锚杆(索)受力保持慢速增加趋势；测点超前工作面距离减小至 200m 时，锚杆(索)应力集中系数升高速度加快，测点进入超前采动影响区，即 140502 工作面超前采动影响范围达到 200m。监测期间最大应力集中系数达到 3.8，表明深部开采具有强扰动特征。由于回风巷肩部破碎严重，肩部锚杆超前工作面 140m 发生脱落现象，应力集中系数迅速跌落至 0。为不影响巷道二次修缮工作，实测工作于超前工作面 130m 位置处结束。

6.6.2.3 顶板裂隙发育特征

为探测顶板受不同程度采动影响下裂隙发育情况，在回风巷超前工作面 50m、100m、200m 位置处布置 3 个测站。采用钻孔成像仪观测顶板裂隙分布特征，钻孔直径 42mm，深度 15m，方向垂直于顶板岩层，裂隙观测结果如图 6-89 所示。

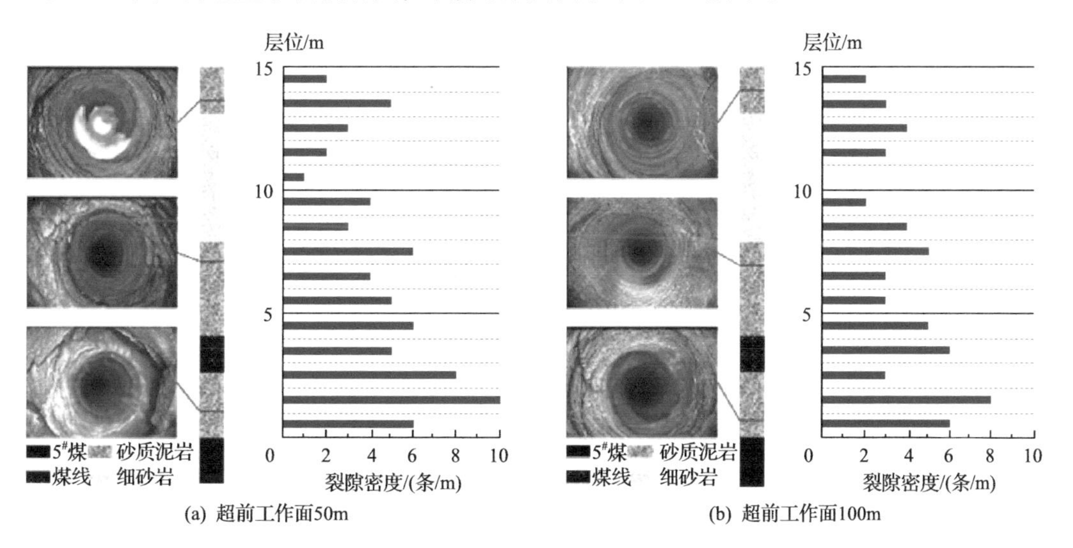

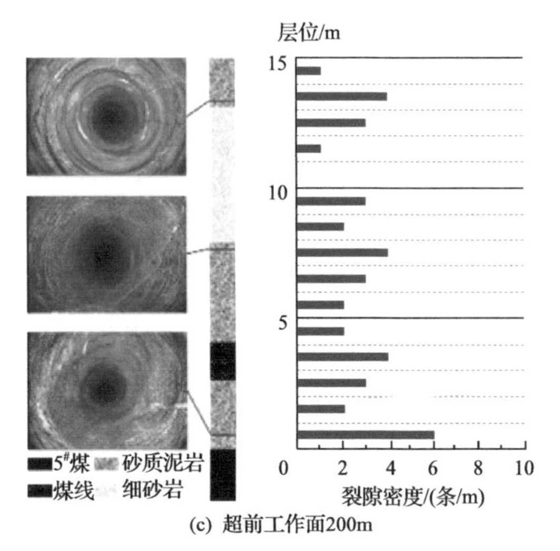

(c) 超前工作面200m

图 6-89 顶板裂隙钻孔成像结果

顶板岩层受地质构造、地应力和采动应力等因素影响钻孔内壁存在横向、纵向、倾斜等不同形态的裂隙。工作面前方 50m 位置受采动应力影响最大，该区域顶板破坏严重，特别是距离孔口 0～5m 的砂质泥岩范围内，孔壁受纵横交错的裂隙影响有碎石脱落，深部的细砂岩层位出现离层和错动现象，裂隙平均间距为 0.21m，如图 6-89(a)所示。工作面前方 100m 位置处，采动影响程度降低，顶板裂隙减少，以横向离层裂隙为主，纵向张开裂隙为原生裂隙扩展所致，裂隙平均间距增加至 0.30m，如图 6-89(b)所示。工作面前方 200m 处采动影响极低，顶板中以纵向的原生裂隙为主，裂隙平均间距为 0.37m，如图 6-89(c)所示，表明深部地层中原生裂隙发育程度升高。

6.6.2.4 顶板压力分布特征

121304 工作面共计安装 190 台液压支架，工作面推进过程中监测得到支架工作阻力空间分布如图 6-90(a)所示。支架工作阻力沿工作面长度方向表现出明显的非均布性，呈现中间小、两端大的谷形分布特征。不同区域的来压步距具有明显差异，工作面中部来压步距小，持续时间短；工作面两侧来压步距大，持续时间长。其中 20#、100#和 170#液压支架工作阻力变化曲线如图 6-90(b)所示，工作面中部区域顶板来压步距介于 8～12m，来压期间支架工作阻力最大值约为 38MPa；两侧区域顶板来压步距介于 10～15m，来压期间支架工作阻力可达 42MPa，现场观察结果表明部分支架存在安全阀开启现象。此外，工作面正常推进阶段支架工作阻力沿倾斜方向分布曲线如图 6-90(c)所示，整体呈现谷形分布特征，在工作面两侧区域存在峰值，中部区域存在谷底，两端头附近在实体煤和煤柱支撑作用下支架工作阻力呈现降低趋势。上述顶板来压特征差异性引发围岩控制难题。

121304 工作面支架工作阻力实测结果表明，超长工作面顶板压力总体呈现两端高、中部低的分布特征，有异于常规工作面中部高、两端低的分布形式，“砌体梁”理论认为基本顶破断岩块回转变形压力或切落岩块自身重力是顶板压力的主要力源，因此，支架

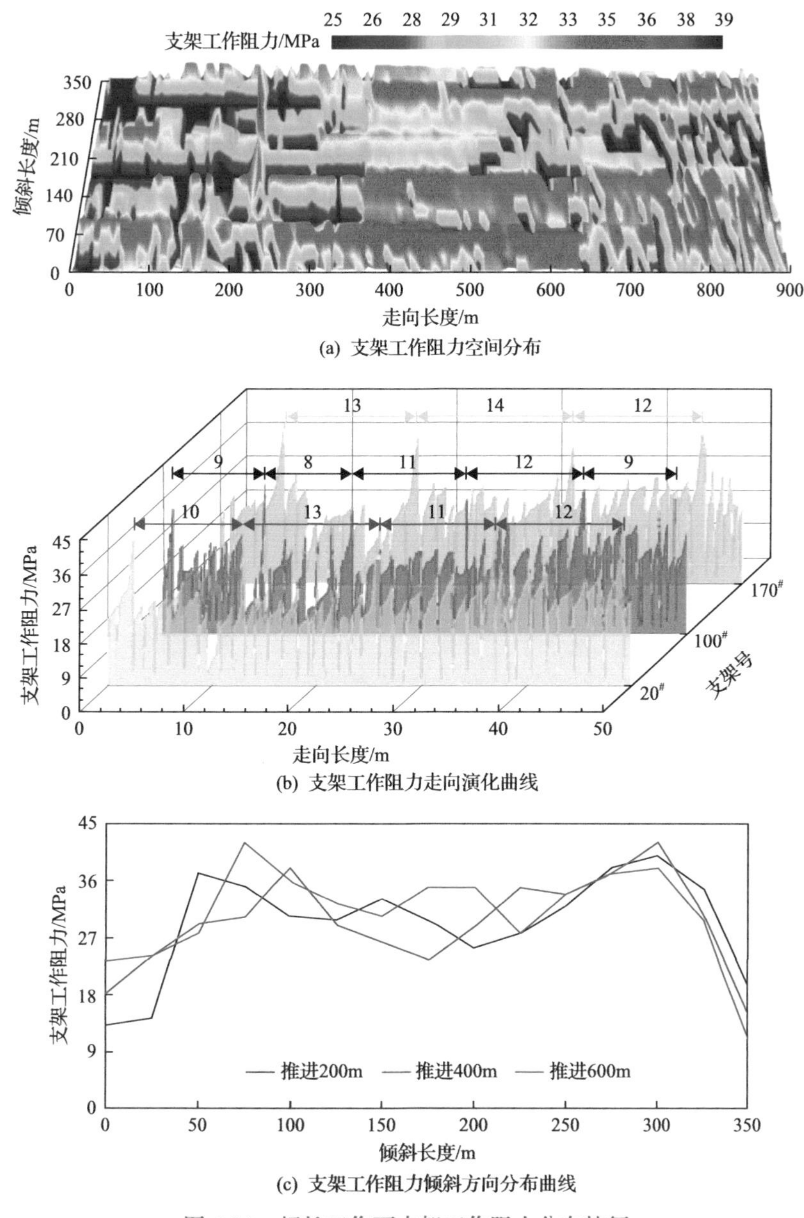

图 6-90 超长工作面支架工作阻力分布特征

工作阻力分布与基本顶破断运动模式密切相关，由此可以推断埋深和工作面长度的增加改变了基本顶破断运动形式，进而影响工作面液压支架响应特征。根据基本顶状态的不同，工作面液压支架存在给定变形和给定压力两种工况，前者是指基本顶未断裂或基本顶“砌体梁”结构未失稳条件下，工作面液压支架仅承受基本顶下沉产生的变形压力，即正常推进阶段的支架工作阻力；后者是指基本顶结构失稳后，破断岩块重力主要由液压支架承担，即来压阶段的支架工作阻力。给定压力工况条件下，支架工作阻力主要受基本顶破断块度的影响，破断块度越大，作用于支架上的顶板载荷越大，反之越小。工作面埋深增加，采动应力增大，超前采动应力驱动下，基本顶中出现超前裂隙发育的现象。超前采动裂隙诱导下，基本顶发生局部破断现象，从而影响顶板压力在工作面长度方向上的分布特征。给定变形工况条件下，作用于液压支架上的顶板载荷主要受控于顶板下沉量，而悬露顶板下沉量主要受顶板载荷和采空区矸石支撑作用的影响。350m 超长工作面条件下，采空区矸石压实特征沿工作面长度方向必然存在更为明显的分区现象，采空区对顶板的支撑能力不同，悬露顶板下沉特征出现差异，进而影响顶板压力在工作面长度方向上的分布特征。

6.6.3 超长工作面基本顶破断特征

6.6.3.1 超长工作面基本顶破断特征分析

实测与理论研究结果均表明随着开采深度增加，岩体中的裂隙发育程度升高，并对岩体破断类型产生影响。研究超长工作面顶板破断和运动规律时，需考虑因裂隙而产生的差异[22]。

1) 含裂隙基本顶的三维重构

现场实测结果表明裂隙长度服从对数正态分布，裂隙倾角和倾向服从正态分布，裂隙空间位置服从泊松过程。基于上述裂隙参数分布形式，采用蒙特卡罗模拟生成对应不同裂隙产状参数的随机数。结合随机数和离散裂隙网络(discrete fracture network, DFN)模拟方法，在基本顶覆盖区域生成随机分布的裂隙，利用生成的随机分布裂隙对完整基本顶进行切割，从而实现含裂隙基本顶的三维重构，如图 6-91 所示。裂隙随机分布在基本顶中，将基本顶切割成尺寸和形状差异性很大的块体，提高了基本顶破断形态的不确定性。由于裂隙在空间中的随机分布特征，不同位置基本顶的被切割程度存在明显差异，白色曲线包围的工作面中部区域基本顶块度较小，而两端头区域基本顶块度较大。

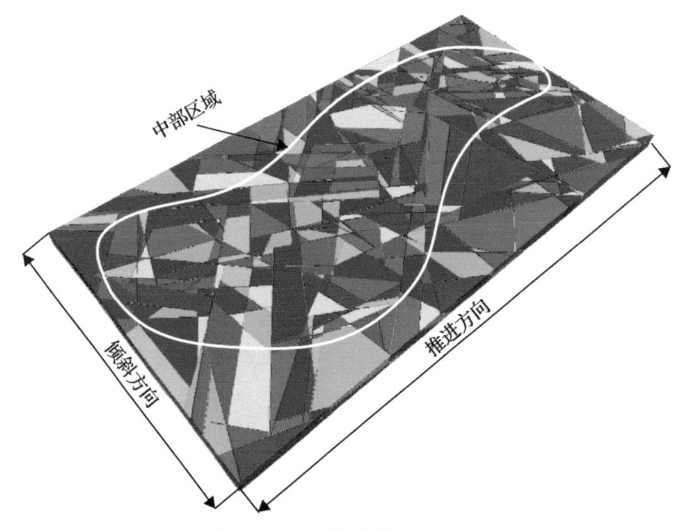

图 6-91 含裂隙基本顶重构

2) 工作面长度对基本顶破断特征的影响

不考虑裂隙的条件下，“砌体梁”理论认为基本顶发生 *O-X* 型破断，如图 6-92 所示，工作面沿走向推进，基本顶破断后，工作面中部形成梯形板，两端形成弧形三角板，三角板和梯形板沿推进方向和工作面方向均形成外表似梁实质为拱的“砌体梁”结构。

由图 6-92 可知，在工作面长度 b 一定的条件下，两端弧形三角板影响范围为 m，中部梯形板的影响范围为 b–$2m$。顶板中的原生裂隙在空间上服从泊松过程，即裂隙在基本顶任意一点出现概率相同。随着工作面推进，原生裂隙在中部梯形板覆盖区域出现的概率与在两侧弧形三角板覆盖区域出现的概率之比可由式(6-149)表示：

$$\frac{P_{\mathrm{b}}}{P_{\mathrm{m}}}=\frac{b}{2m}-1 \tag{6-149}$$

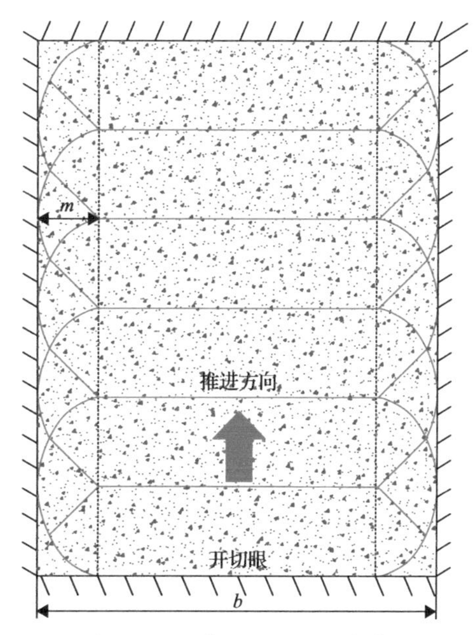

图 6-92 基本顶 O-X 型破断模型

式中：P_{b} 为基本顶在工作面中部存在裂隙的概率，%；P_{m} 为基本顶在工作面两端存在裂隙的概率，%；m 为弧形三角板的影响范围，m；b 为工作面长度，m。

工作面两端三角板影响范围主要受区段煤柱宽度和回采巷道宽度的影响，受工作面长度影响较小，因此，随着工作面长度的增加，式(6-149)的值呈现增大的趋势，即基本顶中部存在裂隙的概率与两端存在裂隙的概率比值呈线性增加。与岩石强度相比，裂隙强度很小，基本丧失抗拉能力。随着工作面推进，悬露基本顶出现裂隙时，裂隙影响区的局部承载能力大幅度降低，基本顶容易发生局部破断现象。上述分析表明在超长工作面，工作面中部基本顶易首先发生破断，继而向两侧迁移，即工作面基本顶易形成分区破断与迁移现象。

6.6.3.2 超长工作面顶板分区破断模型

1) 完整基本顶 *O-X* 型破断条件

初次来压前，基本顶可视为四周固支的薄板。若不考虑裂隙的影响，基本顶发生 *O-X* 型破断，断裂线如图 6-93 所示。完整基本顶 *O-X* 型破断共产生 9 条断裂线，工作面两侧形成三角板 *ADE* 和 *BCF*，工作面中部形成梯形板 *CDEF* 和 *ABFE*。

采用上限定理确定基本顶发生 *O-X* 型破断的上限条件，得到初次来压前基本顶可承受的极限载荷 q_{si} 与工作面长度和推进距离的关系为

$$q_{\mathrm{si}}=8M_{\mathrm{s}}\frac{2bm+a^2}{ma^2(3b-2m)} \tag{6-150}$$

式中：M_{s} 为极限抗弯矩，N·m；a 为工作面推进距离。

当基本顶自重及随动载荷 q_{r} 达到其极限承载能力满足式(6-151)时，基本顶发生初

次破断：

$$q_{r} \geqslant q_{si} \tag{6-151}$$

基本顶初次断裂后，工作面进入周期来压阶段，靠近开切眼侧的长边 CD 成为自由边，此时，基本顶可视为三边固支、一边自由的薄板。由于边界条件的变化，基本顶破断形式发生改变，如图 6-94 所示，周期破断时，基本顶中产生 5 条断裂线，工作面中部仍然形成梯形板，两端形成三角板。

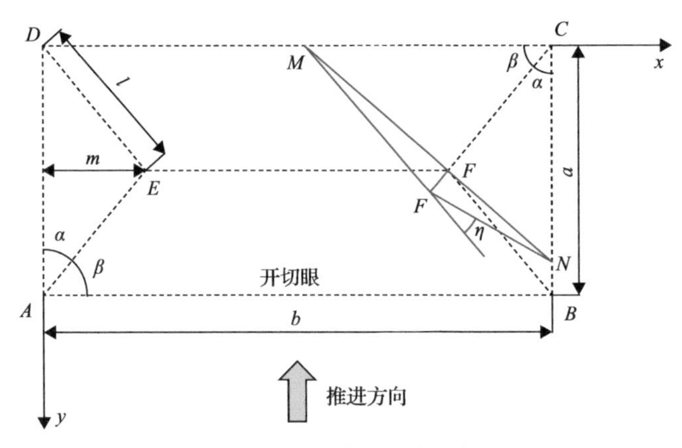

图 6-93 基本顶初次破断

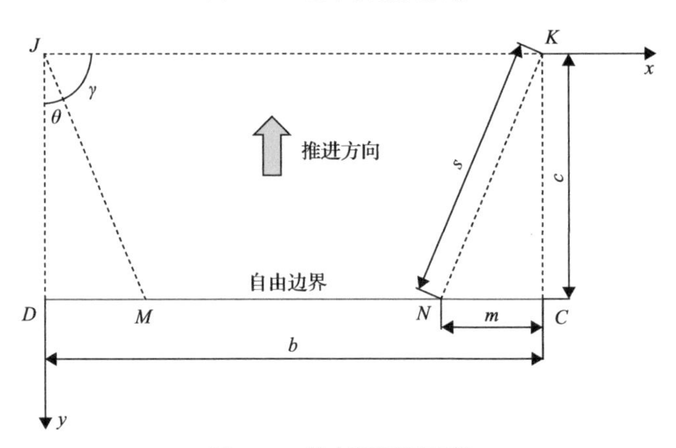

图 6-94 基本顶周期破断

得到周期来压前基本顶可承受的极限载荷 q_{sp} 与工作面长度和推进距离之间的关系为

$$q_{sp} = 6M_{s}\frac{2m^{2} + bm + 4c^{2}}{mc^{2}(3b - 2m)} \tag{6-152}$$

式中：c 为周期破断时工作面推进距离。

当满足式(6-159)时，基本顶发生周期破断：

$$q_{r} \geqslant q_{sp} \tag{6-153}$$

完整基本顶发生 O-X 型破断时，沿工作面方向在两端头形成的三角板块度明显小于中部的梯形板，因此，常规工作面支架工作阻力分布通常表现为中部大、两端小的特点。

2) 初次来压时含裂隙基本顶分区破断条件

裂隙发育程度升高增加了深部采场基本顶破断形式的不确定性，裂隙随机分布条件下，确定基本顶破断类型极为困难，此处仅考虑基本顶含有 1 条和 2 条裂隙的情形。初次来压阶段，含 1 条裂隙的基本顶如图 6-95 所示(红色实线为裂隙)：裂隙无抗拉能力，基本顶首先沿裂隙发生破坏，继而长边中部出现裂隙发育现象。裂隙发育程度升高增加了基本顶破断形式的不确定性，从而使微震事件呈现动态非均布特征。构建了裂隙发育顶板分区破断力学模型，裂隙无抗拉能力，基本顶破断时首先由原生裂隙诱导，发生局部破断，破断后在新的边界条件下基本顶破断转为以拉应力为主导，覆岩载荷传递作用下驱动局部破断现象向工作面两侧迁移。含裂隙基本顶破坏形态演化过程如图 6-95 所示。

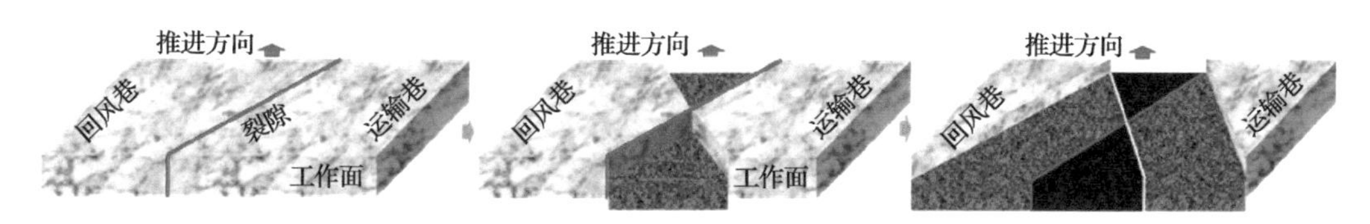

图 6-95 含裂隙基本顶破坏形态演化过程

3) 基本顶分区破断对支架工作阻力的影响

工作面支架承受的顶板压力主要由基本顶破断岩块及上覆随动载荷提供，破断岩块块度的减小必然减缓支架承受的顶板压力，因此，同常规采场支架工作阻力相比，超长工作面支架工作阻力(特别是工作面中部支架承受的顶板压力)不会出现急剧升高的现象。此外，超长工作面基本顶破断岩块块度由中部向两端头逐渐增大的趋势会导致该类采场支架工作阻力呈现中部小、两端大的分布特征或沿工作面方向支架工作阻力分布规律性不强的现象，这有异于常规采场支架工作阻力中部大、两端小的分布特征。

6.6.4 采动应力分布对支架工作阻力的影响

6.6.4.1 超长工作面采动应力分布特征

为得到 121304 工作面超前采动应力分布特征，在工作面两侧巷道内帮安装钻孔应力计，实测工作面推进过程中采动应力变化特征。每条巷道安装 8 台应力计，安装深度介于 3～20m，安装位置距超前工作面距离大于 150m。采动应力实测结果如图 6-96 所示，得到工作面两侧距离巷道内帮 20m 范围内的采动应力变化特征，受限于钻孔应力计安装难度和钻孔施工难度，距离两巷内帮大于 20m 位置处的采动应力无法实测。采动应力在工作面前方约 150m 处开始出现升高现象，表明煤层开始受到采动影响，采动应力在工作面前方约 10m 处达到峰值，之后煤层发生破坏，采动应力降低，并在煤壁位置处降低至残余值。此外，采动应力峰值大小沿工作面长度方向存在较大差异，在距巷道内帮 3～5m 位置处出现明显的应力峰值。超长工作面超前采动应力在两侧峰值的分布特征与常规工作面中部单峰值分布存在明显差异，工作面中部区域为常规工作面超前采动应力分布示意图，采动应力峰值出现在工作面中间位置，结合实测所得工作面两侧的采动应力峰值现象，可以推测超长工作面超前采动应力呈现三峰值空间分布形态，两侧峰值的存在将极大增加工作面两巷超前支护难度[23]。

图 6-96 超前采动应力实测结果

为验证实测结果的准确性，根据 121304 工作面顶底板综合柱状图建立 $FLAC^{3D}$ 数值计算模型开展数值分析，模型尺寸如图 6-97(a)所示，模型底部和四周为固定位移边界条件，模型顶部为应力边界。地应力实测结果表明工作面垂直应力为 25.2MPa，最大和最小水平应力分别为 21.8MPa 和 13.3MPa，三维数值模型中的初始地应力根据实测结果设置。采动后岩体力学行为采用莫尔-库仑软化模型表征，物理力学参数根据室内实验结果确定。121304 工作面超前采动应力(支承压力)空间分布特征模拟结果如图 6-97(b)所示。煤层开采后，采空区上覆岩层失去支撑，覆岩重力向未采实体煤区域转移，因此，工作面超前采动应力出现明显的集中现象，应力峰值超前工作面 8～12m，采动应力超前影响范围达到 150m。应力峰值超前工作面距离和超前影响范围均大于浅部采场，表明超长工作面开采扰动效应增强。此外，超前采动应力沿工作面长度方向呈现明显的非均匀分布

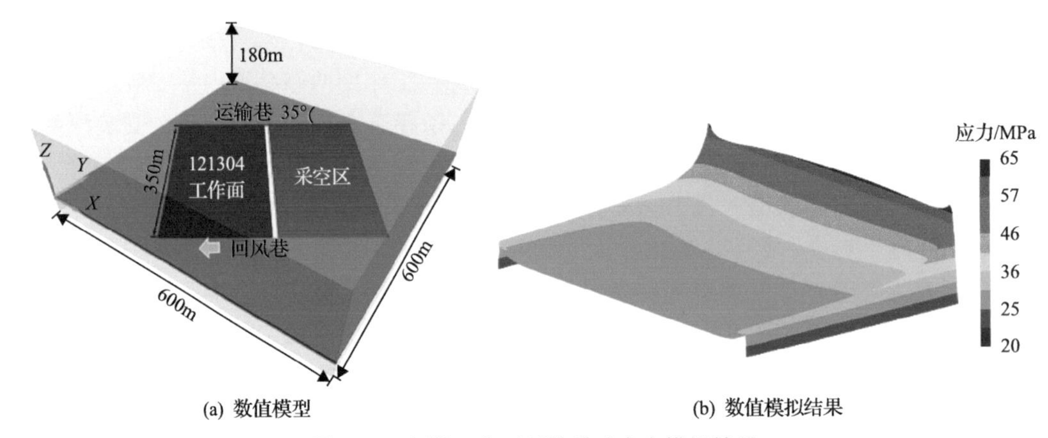

(a) 数值模型 (b) 数值模拟结果

图 6-97 超长工作面超前采动应力模拟结果

特征，在工作面中部和两端头出现 3 个明显的应力峰值，即超长工作面超前采动应力空间分布为三峰值类型，与实测结果一致。但是，两端头处的应力峰值沿工作面长度方向的影响范围较小，局限于距回采巷道 10～15m 范围内，工作面中部的应力峰值影响范围达到 150m，约为 121304 工作面长度的 1/2。

6.6.4.2 支架工作阻力分布的采动应力效应

由图 6-98 可知，工作面两端头和中部的应力峰值均达到 60MPa，接近基本顶的单轴抗压强度。高支承压力作用下，围岩自稳能力降低。除了支承压力集中现象外，工作面开采和顶板断裂运动同样会引起侧向卸荷现象，即工作面推进方向上的水平应力降低。特别是基本顶岩层，悬臂梁结构形成后，在以下位直接顶和煤层为主体的弹塑性地基支撑作用下，基本顶中的侧向水平压应力超前工作面于 O 点降为 0，之后水平应力转变为拉应力，如图 6-98 所示。常规条件下，当 A 点拉应力水平达到抗拉强度时，基本顶发生拉伸破断，产生平行于工作面的大尺度拉断裂隙，引起工作面来压现象。121304 工作面基本顶岩层单轴抗压强度介于 60～75MPa，O 点基本顶岩层处于单轴抗压状态，支承压力最大值 σ_{max}=60MPa，小于单轴抗压强度。

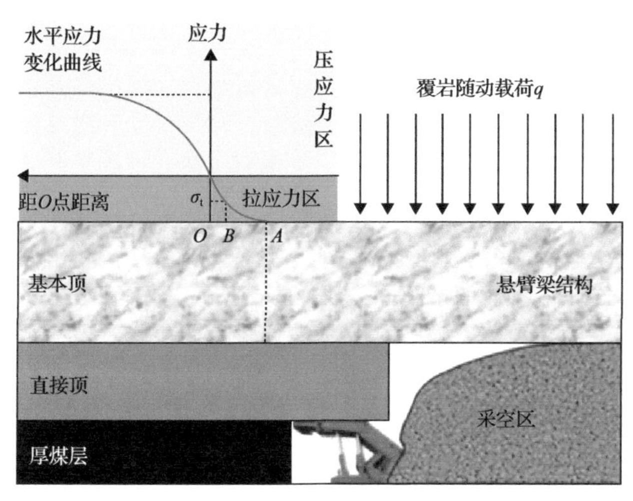

图 6-98 基本顶悬臂梁结构

绘制 O 点莫尔应力圆与强度曲线的关系如图 6-99 所示，右侧莫尔应力圆代表该点基本顶应力状态，倾斜直线为基本顶强度曲线，莫尔应力圆与强度直线相离，支承压力不会导致 O 点基本顶发生破坏现象。但在区域 OA 范围内，悬臂梁作用下基本顶岩层水平应力进入拉伸区。即 OA 阶段基本顶处于单向受拉状态。根据莫尔-库仑强度理论，该阶段基本顶的承载能力 R_1 明显小于单轴抗压强度 R_c。基本顶内部水平应力在 B 点增加至 σ_t，该点的极限承载状态对应图 6-99 左侧莫尔应力圆，图中基本顶的极限承载能力 R_1 可根据几何关系进行确定：

$$R_1 = \frac{c}{\cos\varphi}(1+\sin\varphi) \tag{6-154}$$

式中：c 和 φ 分别为基本顶岩层的内聚力和内摩擦角；R_1 为基本顶在 B 点的极限承载能力，MPa。

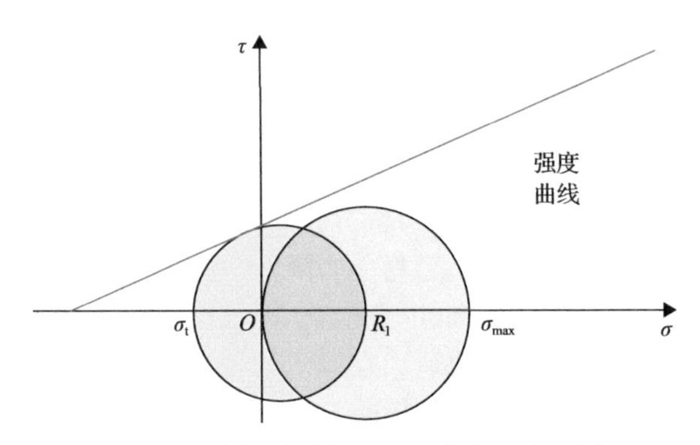

图 6-99 顶板应力状态对应的莫尔应力圆

由于 R_1 小于超前支承压力峰值，B 点基本顶在超前支承压力作用下将发生局部破坏。岩石力学实验结果表明破坏裂隙扩展方向沿最大主应力方向，即竖直方向，该类超前破坏裂隙的产生有效减小了基本顶断裂步距和破断岩块尺寸。超前支承压力沿工作面长度方向分布曲线如图 6-100 所示，将支承压力大于 55MPa 的区域定义为峰值影响区，即工作面中部的紫色区域和两侧的蓝色区域。上述区域基本顶内部存在因支承压力驱动产生的局部破坏裂隙，导致基本顶发生局部分区破断，断裂步距和破坏块度减小，因此，作用于工作面液压支架之上的顶板载荷较小。工作面两侧巷道附近的灰色区域内，基本顶受实体煤(柱)的支撑，形成弧形三角板平衡结构，结构保护作用下，该区液压支架上的顶板载荷快速减小。黄色区域基本顶完整性不受超前支承压力影响，断裂步距和破坏块度大，顶板来压时传递至工作面液压支架上的载荷大。综上，三峰值超前采动应力影响下，基本顶内部出现局部采动裂隙，局部采动裂隙诱导基本顶发生局部分区破断，导致工作面来压阶段支架工作阻力呈现两端高、中部低的分布特征，与支架阻力实测结果一致。

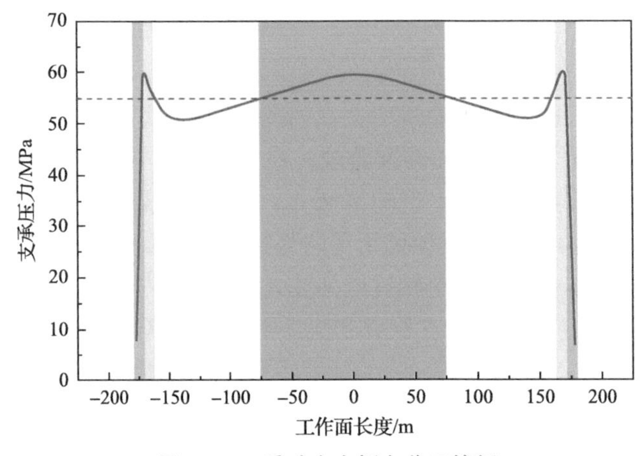

图 6-100 采动应力侧向分区特征

6.6.4.3 采空区压实特征对支架工作阻力的影响

121304 工作面长度显著增加，开采扰动后，覆岩沉降速度加快，顶板破断后采空区冒落矸石压实速度和程度升高。由此可以推断，超长工作面后方采空区中部存在充分压实区，充分压实区两侧为非充分压实区，再向两侧扩展则进入悬露顶板支撑区，如图 6-101 所示。采空区冒落矸石压实特征不同，其支撑能力存在显著差异，对工作面上方未垮落岩层的下沉特征产生明显影响，进而对工作面正常推进阶段，作用于液压支架上的顶板变形压力产生影响。

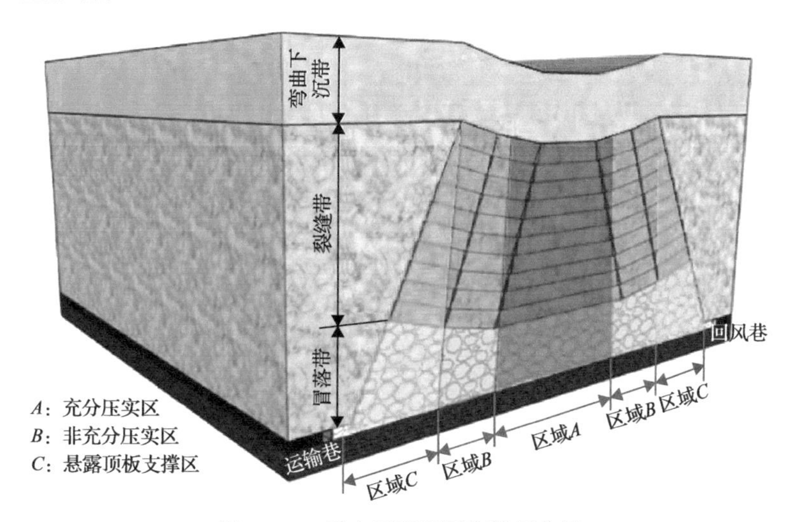

图 6-101 采空区矸石压实特征分区

为定量分析工作面正常推进阶段，支架工作阻力分布的采空区承载特征效应，将采空区三个承载区域视为刚度不同的弹簧，采空区中部充分压实区刚度为 K_m 保持不变，随着距采空区中部距离的增加，非充分压实区刚度呈线性降低，在非充分压实区与悬露顶板支撑区交界处降至最低值 K_n，由该交界处至工作面两侧实体煤(柱)区域，悬露顶板支撑区刚度呈线性增加趋势，并在实体煤侧升高至完整煤(柱)刚度 K_r。充分压实区范围与超前支承压力中部峰值影响范围一致，即 150m。为简化分析，此处认为非充分压实区和悬露顶板支撑区沿工作面长度方向的范围相等，均为 100m。

基本顶前方受煤壁和支架支撑，后方受采空区冒落矸石支撑。根据支架与围岩系统刚度模型简化原理，将采空区 3 个分区视为刚度不等的弹簧，基本顶悬臂梁结构简化为受弹簧支撑的悬臂梁模型，如图 6-102 所示。

基本顶结构力学模型的总势能包括顶板弯曲应变能、采空区弹簧弹性势能和顶板载荷做功而产生的外力势能，可由式(6-155)确定：

$$\Pi=\frac{1}{2}\int_0^l EIw''^2\mathrm{d}x+\frac{1}{2}Kw^2l-\int_0^l qw\mathrm{d}x \tag{6-155}$$

式中：w 为基本顶下沉曲线，m；l 为基本顶悬露跨距，m；E 为基本顶弹性模量，GPa；

I 为基本顶惯性矩，其值为 $bh^3/12$，b 和 h 分别为基本顶单位宽度和总厚度，m；q 为作用于基本顶悬臂梁上的随动载荷，MPa；K 为采空区的支撑弹簧刚度，kN/m。

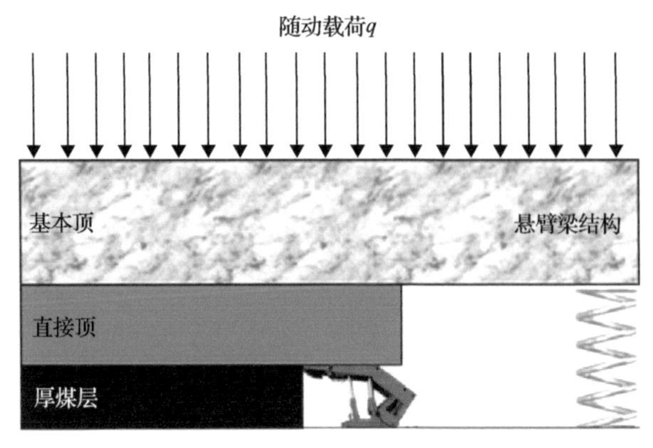

图 6-102　基本顶悬臂梁结构简化力学模型

结合边界条件可得微分方程的解为

$$w=\frac{1}{EI}\left(\frac{1}{24}qx^4+\frac{1}{6}Ax^3+\frac{1}{2}Bx^2\right) \tag{6-156}$$

其中：$A=-\dfrac{24EIql+5Kql^4}{24EI+8Kl^3}$；$B=\dfrac{12EIql^2+Kql^5}{24EI+8Kl^3}$。

基本顶下沉特征如图 6-103(a)所示，基本顶沿工作面推进方向下沉特征与常规采场一致，悬露跨距越大，下沉量越大。由于工作面长度增加，采空区冒落矸石压实程度差异增大，导致顶板下沉量沿工作面长度方向呈现非均匀变化特征，工作面中部下沉量小，这是由于采空区充分压实区支撑能力强。非充分压实区支撑能力弱，导致该区对应的顶板下沉量增加，下沉量在与未垮落顶板支撑区交界处达到最大值，之后随着向工作面两侧实体煤区域靠近，顶板受到边界煤(柱)支撑，下沉量再次减小。沿工作面长度方向，基本顶下沉曲线呈现 W 形分布特征。将液压支架视为弹性体，支架刚度取 1500kN/m，则基本顶下沉作用于支架顶梁上的变形载荷空间分布如图 6-103(b)所示。由于基本顶下

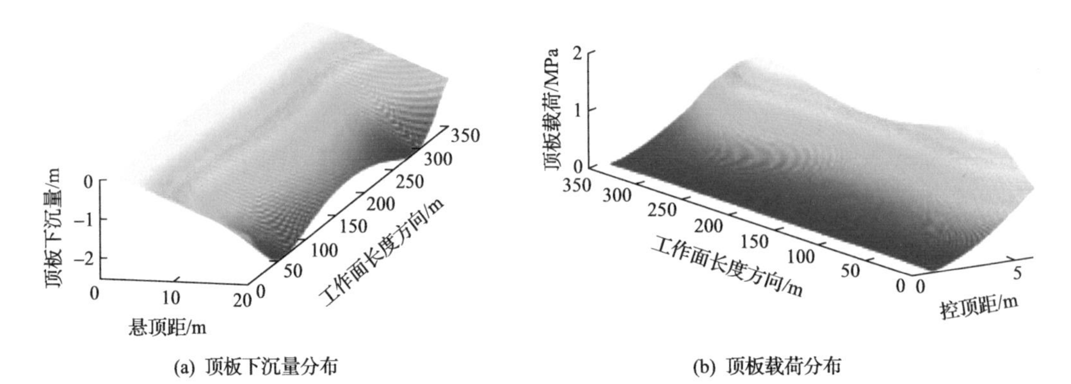

图 6-103　超长工作面支架工作阻力分布理论分析结果

沉量沿工作面倾斜方向的非均匀分布特征，作用于支架上的顶板载荷在工作面长度方向上呈现两端高、中部低的M形分布特征，在支架顶梁上呈现前柱载荷小、后柱载荷大的分布特征，与实测结果一致。

6.6.5 采动应力旋转特征及应用

6.6.5.1 采动应力驱动围岩破坏机理

由于工程围岩尺度大，国内外学者普遍采用小尺度岩石试件进行力学实验，反演工作面围岩在不同采动应力路径下的破坏条件。超长工作面围岩稳定性除受采动应力集中和开挖卸荷的影响外，还受采动应力旋转的影响。当前实验设备难以实现加载方向旋转控制，因此，采用数值实验研究采动应力驱动下的围岩破坏机理[24]。

1)采动应力演化驱动围岩破坏

为分析采动应力演化对围岩破坏的驱动效应，采用轴向加载模拟采动引起的应力集中现象，采用侧向卸载模拟开挖引起的侧向卸荷现象。如图6-104所示，最大主应力(轴向)加载条件下岩石破坏过程显示，初始加载阶段，岩石处于弹性变形阶段，内部无破坏现象；最大主应力增加至45MPa时达到岩石初始屈服强度(*A*)，岩石表面开始出现微单元破坏现象，由于破坏单元较少，岩石仍保持整体稳定；最大主应力增加至48MPa时达到岩石极限强度(*B*)，岩石内破坏微单元数量快速增加，破坏区域由岩石表面向内部扩展，

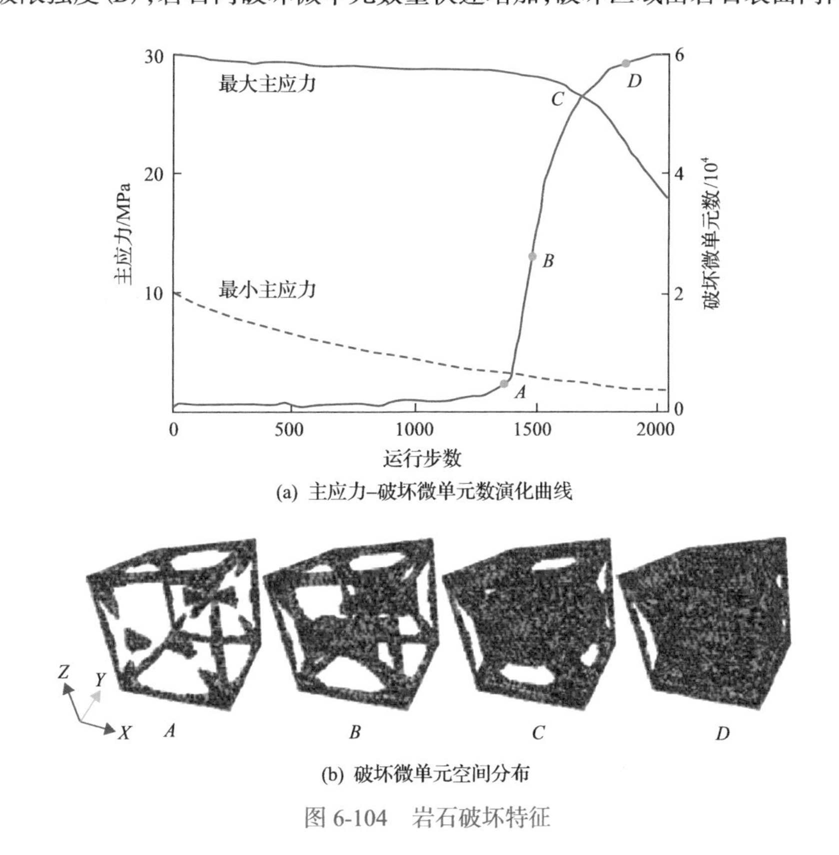

(a) 主应力–破坏微单元数演化曲线

(b) 破坏微单元空间分布

图6-104 岩石破坏特征

岩石承载能力开始降低；最大主应力在 C 点跌落至残余强度，破坏微单元在岩石内聚集成簇，岩石出现宏观破坏裂隙；残余变形阶段，最大主应力基本保持稳定，岩石内部因局部应力集中仍存在微单元破坏现象，但破坏微单元增长速度降低，最终岩石在 D 点完全破坏。

最小主应力(侧向)卸载条件下岩石破坏过程显示，初始卸载阶段，岩石处于弹性变形状态，内部无微单元破坏现象，该过程中最大主应力保持不变；当最小主应力减小至4MPa 时(A)，岩石表面开始出现微单元破坏现象，承载能力降低，最大主应力开始减小；最小主应力继续卸载，岩石内破坏微单元增长速度迅速升高，当最小主应力减小至3.5MPa 时(B)，破坏微单元在岩石内部聚集成簇，岩石中开始出现宏观破坏裂隙；当最小主应力减小至 C 点时，岩石中破坏微单元聚集现象更为明显，但破坏微单元增长速度开始降低，最终岩石在 D 点完全破坏。

因此，加载最大主应力和卸载最小主应力均会驱动围岩破坏，但不同应力路径条件下围岩破坏特征具有明显差异。最大主应力加载条件下，岩石中破坏微单元增长速度较慢；最小主应力卸载条件下，岩石中破坏微单元增长速度较快，即开挖卸荷现象比采动应力集中现象更容易导致围岩破坏。

2)采动应力方向旋转驱动围岩破坏

为分析采动应力旋转对含裂隙围岩破坏的驱动效应，采用 DFN 构建原生裂隙场，该方法将裂隙形状简化为圆盘，采用随机分布函数描述裂隙位置、裂隙尺寸、裂隙倾角等裂隙参数。基于 DFN 在数值模型微单元中均增加一条微裂隙，裂隙尺寸、裂隙倾角、裂隙倾向服从均匀分布，对岩石力学性质的影响采用式(6-157)控制。本次模拟裂隙内聚力和内摩擦角分别取 2MPa 和 26°，由式(6-157)可得含裂隙岩石承载能力变化特征如图 6-105 所示，夹角 γ 增大，含裂隙岩石承载能力先降低后升高，存在极小值 $R_{\min}$。含裂隙岩石承载能力极小值对应的夹角 γ_{m} 称为优势裂隙扩展角。

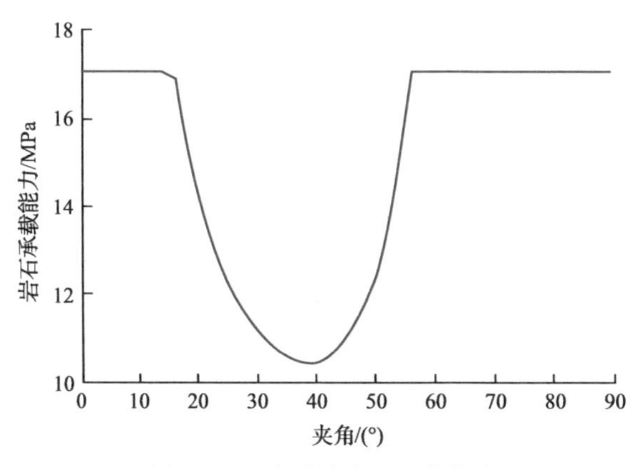

图 6-105 含裂隙岩石承载能力

模拟过程中首先沿 z 轴将最大主应力加载至 15MPa 并保持不变，然后控制最大主应力和数值模型以 y 轴为中心旋转 90°，旋转过程中微裂隙角度保持不变，从而模拟采动应力旋转对含裂隙围岩破坏的驱动效应。

$$R_c = \frac{2c_f}{(1-\tan\varphi_f\tan\gamma)\sin 2\gamma} \tag{6-157}$$

式中：R_c为含裂隙岩石极限承载能力，MPa；γ为最大主应力与微裂隙面的夹角，(°)；c_f为微裂隙的内聚力，MPa；φ_f为微裂隙的内摩擦角，(°)。

最大主应力旋转过程中，沿 x 轴和 z 轴方向的应力变化(σ_x, σ_z)及微裂隙发育特征如图 6-106 所示：最大主应力旋转角度增大，其方向逐渐向 x 轴靠近，因此，沿 z 轴方向的应力分量逐渐减小，沿 x 轴方向的应力分量逐渐增大，但两者合力始终等于初始最大主应力(15MPa)。最大主应力发生旋转时，微裂隙方向不变，因此，每个微单元中的夹角 γ 发生变化。若式(6-157)确定的微单元强度小于模型承受的最大主应力，含裂隙微单元破坏，微裂隙发生扩展现象。随着最大主应力旋转角度的增加，模型中微裂隙数量不断增多，即最大主应力旋转过程中，不断有微单元的承载能力降至 15MPa。最大主应力旋转角度达到 90°时，微裂隙已遍布岩石试件，岩石完全破坏。由图 6-106 可知，采动应力旋转过程中，若采动应力旋转方向使最大主应力与裂隙面之间的夹角向优势裂隙扩展角靠近，则采动应力旋转对含裂隙围岩破坏具有驱动作用，且采动应力旋转角越大，围岩稳定性越差。

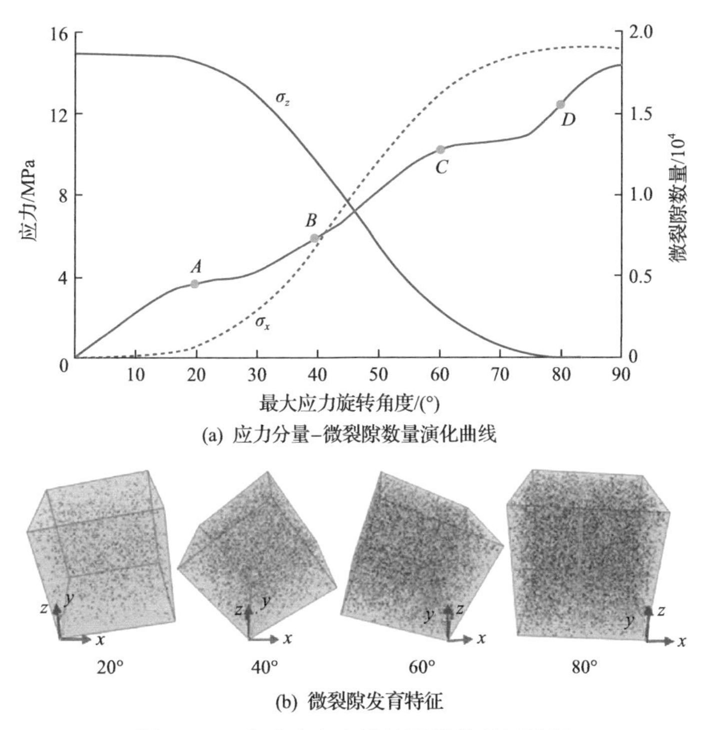

(a) 应力分量-微裂隙数量演化曲线

(b) 微裂隙发育特征

图 6-106 主应力方向旋转下煤体破坏特征

上述分析结果表明，超长工作面围岩裂隙发育程度升高，其稳定性同时受采动应力大小和方向的影响。采动应力演化特征已得到充分研究，因此，可以重点分析该类工作面采动应力旋转特征。以口孜东煤矿 121304 工作面为工程背景分析超长工作面采动应力旋转轨迹，埋深和工作面长度对采动应力旋转轨迹的影响将在后续研究中开展。

6.6.5.2 超长工作面采动应力旋转特征

1)煤层采动应力旋转特征

采动前，煤层最大主应力与 z 轴平行，最小主应力与 x 轴平行，采动后，若煤层主应力发生旋转，则最大、最小主应力与 z 轴、x 轴方向应力分量会出现差异。提取工作面前方煤体最大主应力(σ_1)、最小主应力(σ_3)、x 轴方向应力分量(σ_x)、z 轴方向应力分量(σ_v)，进行对比分析。

最大主应力与垂直应力大小差异如图6-107(a)所示,最大主应力旋转轨迹如图6-107(b)所示(注：赤平投影图中 0°—180°轴线与模型 y 轴平行，90°—270°轴线与 x 轴平行，工作面由 N60°E 向 S60°W 方向推进)。超前工作面很远处(O)，最大主应力与垂直应力差异很小，其方向保持初始垂直方向。超前工作面距离减小，最大主应力与垂直应力差异增加，A 点达到峰值，该阶段最大主应力在与工作面推进方向平行的竖直平面内向采空区旋转。A 点之后，最大主应力与垂直应力差异开始降低，B 点达到极小值，该阶段最大主应力发生反向回旋，与垂直方向夹角减小。B 点之后，最大主应力与垂直应力差异再次增加，C 点达到峰值，该阶段最大主应力在平行于工作面推进方向的竖直平面内向工作面前方旋转。C 点之后，最大主应力与垂直应力差异再次降低，D 点消失，该阶段最大主应力方向再次向垂直方向旋转，在 D 点恢复至垂直方向。D 点之后，最大主应力与垂直应力差异再次增加，该阶段最大主应力在平行于工作面推进方向的竖直平面内再次向采空区旋转。最大主应力旋转角度在工作面煤壁处(E)达到最大值，约为 18°。

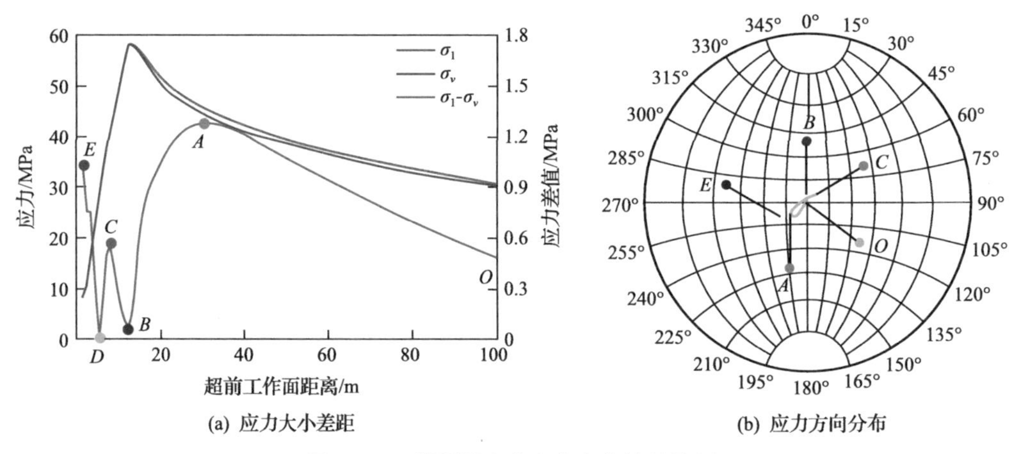

图 6-107 煤层最大主应力方向旋转特征

赤平投影图中，数据点的密集程度与采动应力旋转速度成反比，超前工作面距离减小，采动应力旋转速度增大，这是由于煤体靠近工作面越近，受到的采动影响程度越强。最大主应力在平行于工作面推进方向的竖直平面内向水平方向旋转，最小主应力首先向平行于工作面推进方向的竖直平面内旋转，继而在该平面内向垂直方向旋转，两者倾角变化量在煤壁处达到最大值，均为 18°，最小主应力在水平面内旋转角度等于工作面推进方向与初始最小主应力方向的夹角。

2)覆岩采动应力旋转特征

煤层上方20m岩层主应力旋转特征如图6-108所示，该岩层位于垮落带，采动后岩层冒落，因此，采空区测线上采动应力旋转轨迹无规律。采空区前后测线上的最大主应力偏离初始垂直方向，在与工作面推进方向平行的竖直平面内向采空区旋转，倾角减小。开切眼附近冒落矸石压实后承载能力升高，对该侧采动应力旋转具有抑制作用，因此，工作面前方岩层最大主应力旋转量大于开切眼后方，前者旋转角度达到35°，后者约25°。由于测线长度较小，采空区左右测线上的最大主应力在远离采空区一端就偏离初始垂直方向。距采空区边界距离减小，采空区左右测线上的最大主应力在垂直于工作面推进方向的竖直平面内向采空区方向旋转，倾角减小，旋转角度约25°。

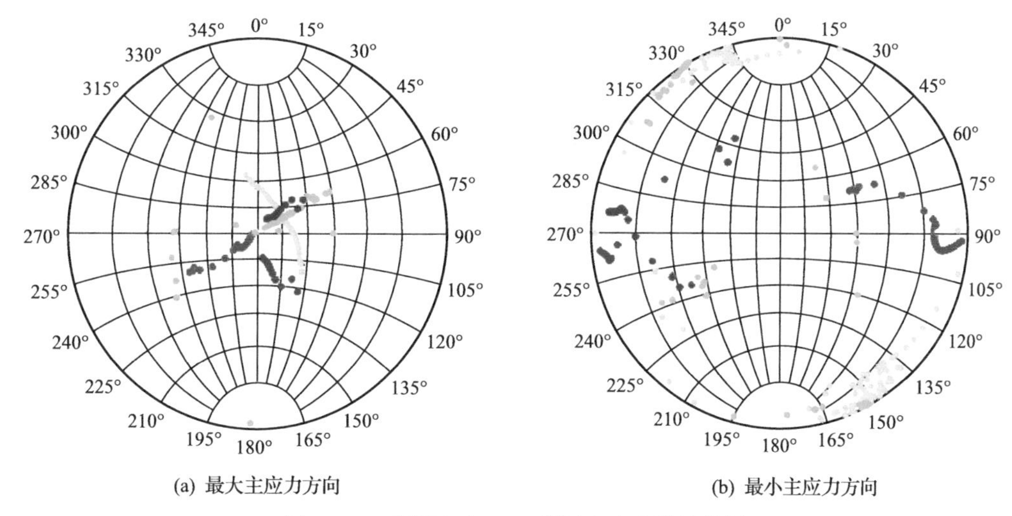

图6-108 煤层上方20m岩层主应力旋转特征

煤层上方40m岩层主应力旋转特征如图6-109所示，该岩层位于裂隙带，具有一定的完整性，采空区测线上采动应力旋转轨迹能向采空区周围测线上采动应力旋转轨迹连续过渡，但采空区采动应力旋转轨迹不存在明显规律。受121303工作面采空区影响，采空区周围测线远离采空区一端的最大主应力均偏离初始垂直方向。距采空区边界距离减小，采空区前后测线上的最大主应力在平行于 N50°E-S50°W 方向的竖直平面内向采空区旋转，倾角减小，该竖直平面与平行于工作面推进方向的竖直平面呈 10°夹角。采空区边界处两条测线上的最大主应力的旋转角度分别为45°和27°。采空区左右测线上最大主应力在平行于 N20°W-S20°E 的竖直平面内旋转，倾角减小，该平面与垂直于工作面推进方向的竖直平面呈10°夹角，采空区边界处，最大主应力旋转角度均为27°。

煤层上方80m岩层主应力旋转特征如图6-110所示，该岩层位于弯曲下沉带，不存在裂隙发育现象，因此，采空区测线上的采动应力旋转轨迹与周围测线上的采动应力旋转轨迹能够连续过渡，且旋转轨迹平滑，最大旋转量达到 90°。采空区周围测线远离采空区一端的最大主应力从初始垂直方向的偏离量较图6-109(a)减小。距采空区边界距离减小，采空区前后测线上的最大主应力在平行于 N45°E-S45°W 方向的竖直平面内向采空区旋转，倾角减小，该竖直平面与平行于推进方向的竖直平面呈 15°夹角，采空区边界处两条测线上的最大主应力旋转角度分别为 40°和 25°。采空区左右测线上的最大主应力在平行于 N15°W-S15°E 的竖直平面内向采空区旋转，倾角减小，该平面与垂直于工作面推进方向的竖直平面呈 15°夹角，采空区边界处两条测线上的最大主应力旋转角度均达到 25°。

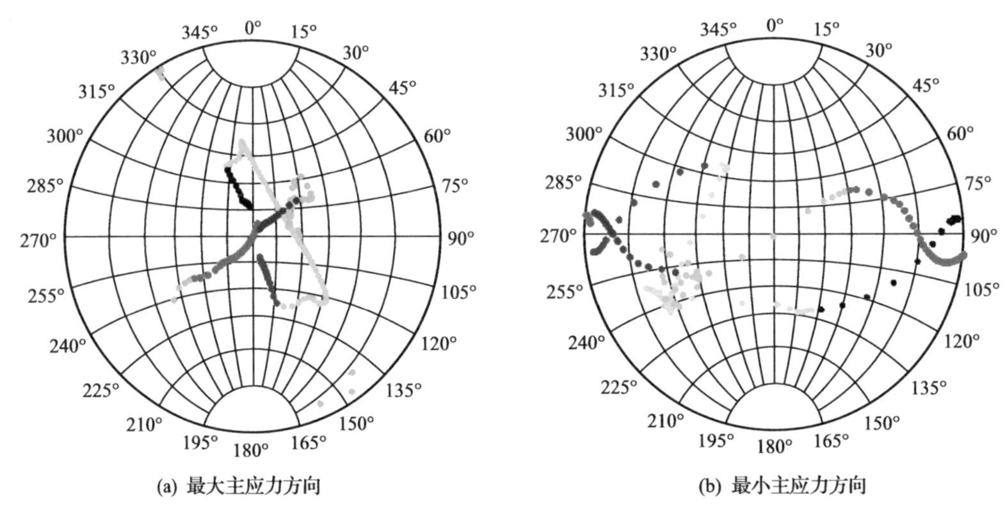

(a) 最大主应力方向　　(b) 最小主应力方向

图 6-109　煤层上方 40m 岩层主应力旋转特征

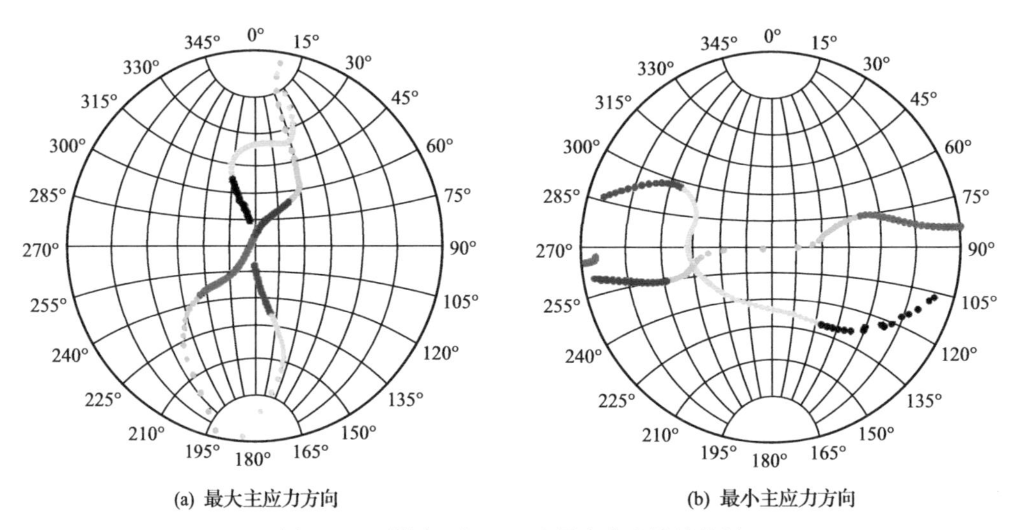

(a) 最大主应力方向　　(b) 最小主应力方向

图 6-110　煤层上方 80m 岩层主应力旋转特征

3) 煤层与覆岩采动应力旋转轨迹差异

围岩采动应力旋转轨迹受到工作面开采、距煤层垂直距离和临近工作面采空区的复合影响。为便于理解和推广，绘制工作面推进过程中，煤壁前方煤体和覆岩中采动应力旋转过程如图 6-111 所示。

可以看出：①初始地应力方向与坐标轴方向平行，煤层开挖后，采动应力发生旋转，受工作面采动影响越强，采动应力旋转速度越快，旋转角度越大；②采动应力旋转轨迹

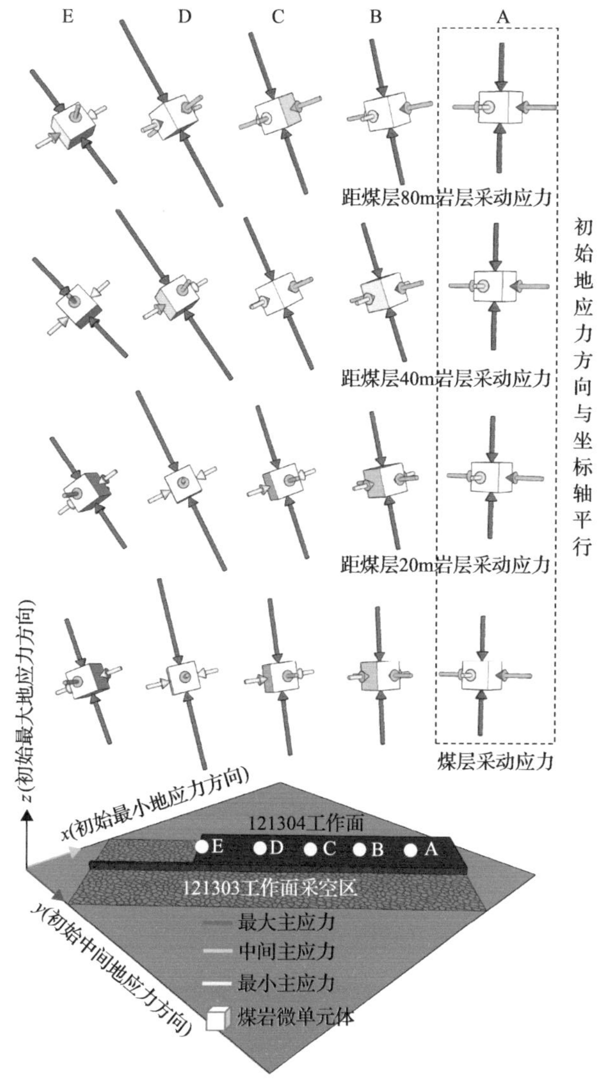

图 6-111 采动应力旋转过程示意图

与推进方向密切相关，煤层和低位覆岩采动应力旋转轨迹基本一致，最大主应力始终在与工作面推进方向平行的竖直平面内旋转，最小主应力首先向平行于工作面推进方向的竖直平面内旋转，继而在该平面内与最大主应力同步旋转，煤壁处最小主应力旋转角度在水平面的投影上与工作面推进方向同初始最小地应力方向之间的夹角相等，低位覆岩采动应力旋转角度明显大于煤层，高位覆岩采动应力旋转轨迹最终所在竖直平面与平行于工作面推进方向的竖直平面呈一定夹角；③随着距煤层垂直距离的增加，覆岩采动应力旋转角度先增大后减小，采空区边界处，覆岩采动应力所在竖直平面与平行或垂直于工作面推进方向的竖直平面之间的夹角逐渐增大；④临近采空区促使本工作面围岩采动应力整体向该采空区方向偏转，但煤层和低位覆岩中的采动应力受临近采空区影响较小。

6.6.5.3 围岩采动应力旋转现象应用原则

数值计算结果表明超长工作面采动应力旋转特征与采动影响程度、工作面推进方向、岩层位态、临近工作面采空区密切相关，而采动应力旋转现象对含裂隙围岩稳定性具有显著影响，因此，在工作面布置特别是推进方向选择时应使采动应力旋转轨迹最有利于围岩保持稳定。根据超长工作面围岩原生裂隙分布特征，在利用采动应力旋转现象提高围岩稳定性时应坚持以下原则。

1) 围岩中存在单组原生裂隙

该条件下围岩裂隙方向变异性小，工作面推进方向应使最大主应力在围岩揭露处旋转至含裂隙围岩承载能力最大的方向，保证最大主应力与原生裂隙面的夹角同优势裂隙扩展角的差值最大：

$$f(\text{推进方向})=|\gamma-\gamma_{\text{m}}|_{\max} \tag{6-158}$$

式中：f 为采动应力旋转角度，(°)；γ 为围岩最大主应力与原生裂隙面的夹角，(°)；γ_{m} 为优势裂隙扩展角，(°)。

2) 围岩中存在多组原生裂隙

该条件下组内裂隙方向变异性不大，但组间裂隙方向差异明显。此时，应首先确定含裂隙围岩承载能力极小值 $R_{\min}$，然后选择合理工作面推进方向，保证最大主应力旋转至含裂隙围岩承载能力大于其极小值的方向，即

$$\min\{R_{\text{c1}}, R_{\text{c2}},\cdots, R_{\text{c}i}\}>R_{\min} \tag{6-159}$$

式中：$R_{\text{c}i}$ 为第 i 组原生裂隙影响下的围岩强度，MPa。

3) 围岩原生裂隙随机分布

该条件下围岩裂隙方向变异性大，工作面推进方向无法满足式(6-159)，但工作面推进方向应使围岩采动应力旋转角度最小，保证围岩最大主应力与原生裂隙面夹角达到优势裂隙扩展角的概率最小。

4) 提高“砌体梁”结构稳定性

大采高工作面可形成“砌体梁”结构的基本顶层位上移，高位岩层采动应力旋转角度增大，可控性增强。基本顶断裂面扩展方向与最大主应力平行，即断裂处最大主应力旋转角度决定破断面倾角，而破断面倾角与“砌体梁”结构稳定性密切相关，因此，可通过控制采动应力旋转轨迹提高“砌体梁”结构稳定性。若基本顶破断形态为图 6-112(a)，则“砌体梁”结构保持平衡的条件为

$$R/T\leqslant\tan(\varphi+\theta) \tag{6-160}$$

式中：R 和 T 分别为作用于岩块铰接面上的剪切力和压应力，N；φ 为破断面摩擦角，(°)；θ 为破断面与垂直平面的夹角，(°)。

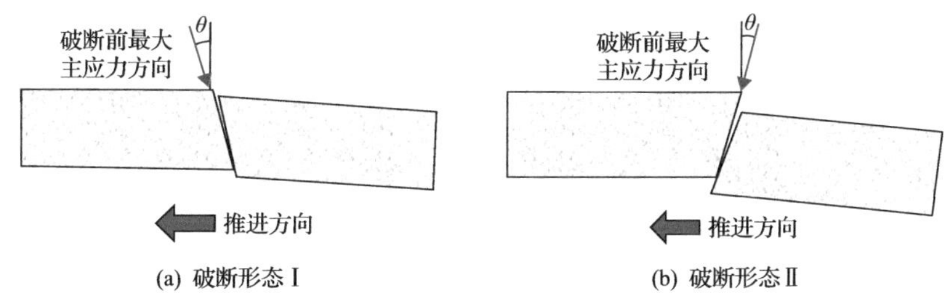

图 6-112　最大主应力方向对基本顶破断形态的影响

若基本顶破断形态为图 6-112(b)，则“砌体梁”结构保持平衡的条件为

$$R/T \leqslant \tan(\varphi - \theta) \tag{6-161}$$

为提高“砌体梁”结构稳定性，设计工作面推进方向时，应使基本顶断裂处的最大主应力旋转至图 6-112(a)所示的方向，且使最大主应力与垂直方向之间的夹角越大越好。若基本顶断裂处的最大主应力旋转至图 6-112(b)所示的方向，应设计工作面推进方向使最大主应力与垂直方向之间的夹角越小越好。

6.6.6 超长工作面顶板微震活动特征

6.6.6.1 微震事件时空分布特征

2021 年 3 月 19 日至 11 月 13 日期间，微震监测系统捕捉到工作面采动引起的顶板微震事件共计 6553 次。根据定位信息得到微震事件的三维空间分布特征如图 6-113(a)所示，140502 工作面开采区域由直线圈出，蓝色区域为微震监测期间的推进范围，采用小球代表微震事件，球体尺寸表示微震能量，颜色表示震级，震级由式(6-162)计算[25]：

$$\lg E = 4.8 + 1.5M \tag{6-162}$$

式中：E、M 分别为微震事件的能量和震级。

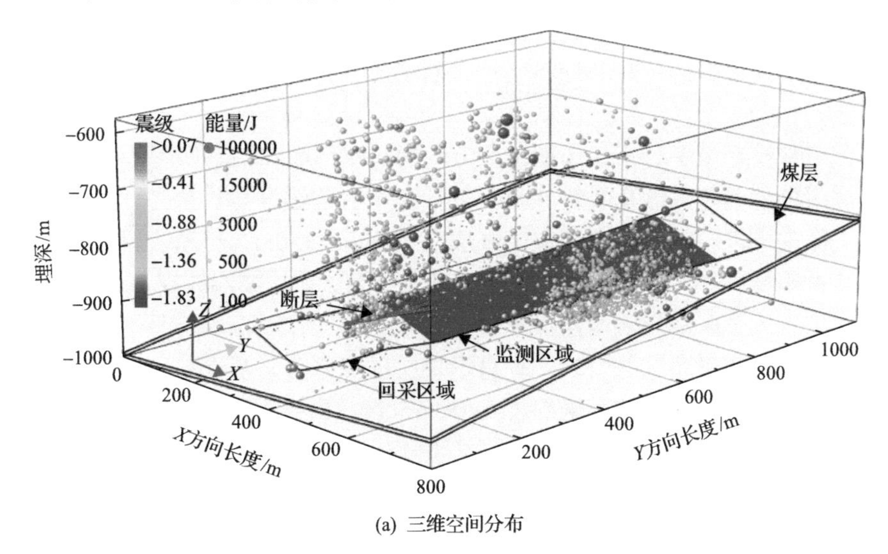

(a) 三维空间分布

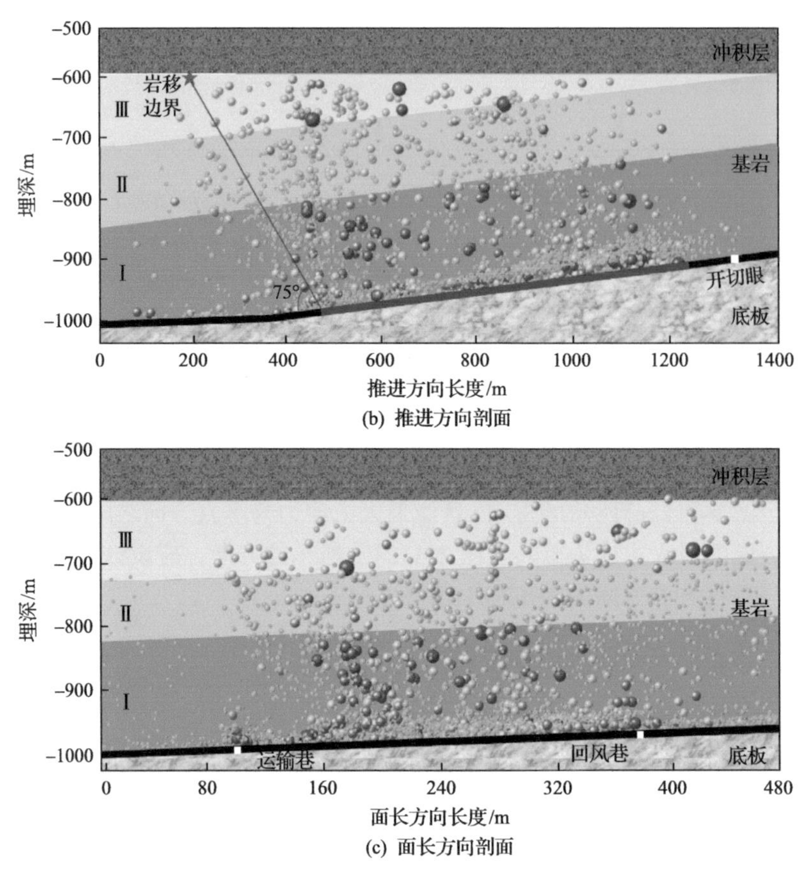

(b) 推进方向剖面

(c) 面长方向剖面

图 6-113 微震事件分布特征

图 6-113(a)表明微震事件主要分布于 140502 工作面附近采动影响强烈区域。煤层和直接顶强度低，采煤机截割影响下破碎程度高，因此，大量低能级微震事件分布于煤层附近。随着顶板层位的升高，微震事件数量逐渐减少，但高等级事件(震级≥0.5)明显增多，表明岩层强度增大，破碎程度降低，破碎块度增大，破坏过程中释放的能量多。此外，微震事件呈现明显的空间非均布特征，断层影响区和回风巷一侧顶板岩层的微震活动更为活跃。

将微震事件投影至平行于工作面推进方向的竖直剖面，结果如图 6-113(b)所示。顶板岩层微震事件超前监测停止线约 180m 开始萌生，与锚杆(索)拉力计确定的超前影响范围相当。微震事件空间发育高度位于煤层之上 300～350m，与基岩厚度相当，基岩之上为低强度冲积层，其破坏基本无能量释放现象，无法被检波器捕捉，即 140502 工作面上方基岩全厚进入强采动影响范围。连接监测终止时工作面位置与基岩上表面微震事件萌生位置得到岩层移动角约为 75°。垂直于煤层层位方向，基岩采动影响范围自下而上划分为Ⅰ～Ⅲ三个区：Ⅰ区位于煤层之上 0～150m，顶板运动剧烈，高能级微震事件数量较多，为强采动影响区；Ⅱ区位于煤层之上 150～270m，微震事件数量减少，高能级微震事件消失，表明岩层与煤层间距增大，进入弱采动影响区；Ⅱ区之上的岩层靠近基岩上表面，高位冲积层对基岩的约束作用较弱，该区微震活跃度再次上升，呈分散分布的高能级事件，为基岩表面活跃区。

将微震事件投影至平行于面长方向的竖直剖面，结果如图 6-113(c)所示。微震事件沿面长方向呈非对称分布特征。强采动影响区高能级事件主要分布于工作面中部和运输巷一侧顶板中，回风巷侧基岩表面活跃区出现少量高能级微震事件，该分布与顶板裂隙发育特征密切相关，其原理后文解释。基岩表面活跃区高能级微震事件主要分布于回风巷一侧，该分布受工作面倾角影响，导致回风巷侧基岩上表面进入受拉应力状态，拉伸破断促使高能级微震事件产生。

微震事件随工作面推进时间(距离)的动态和累积分布特征如图 6-114(a)所示。3 月 19 日开始微震监测工作，此时工作面推出开切眼 90m，11 月 16 日，监测工作结束，监测周期内工作面推进 768m。微震监测系统捕捉到的微震事件以小于 30000J 的为主，该类低能级微震事件由顶板局部破坏触发，在同层位顶板岩层中近似均匀分布，对下位工作面开采影响小，不会引起大范围围岩失稳现象。携带能量大于 30000J 的高能级微震事件显著减少，该类事件与顶板大范围断裂来压密切相关，在顶板岩层中呈分散且非均布模式，但其出现对下位工作面开采影响大，容易引发顶板动载效应。

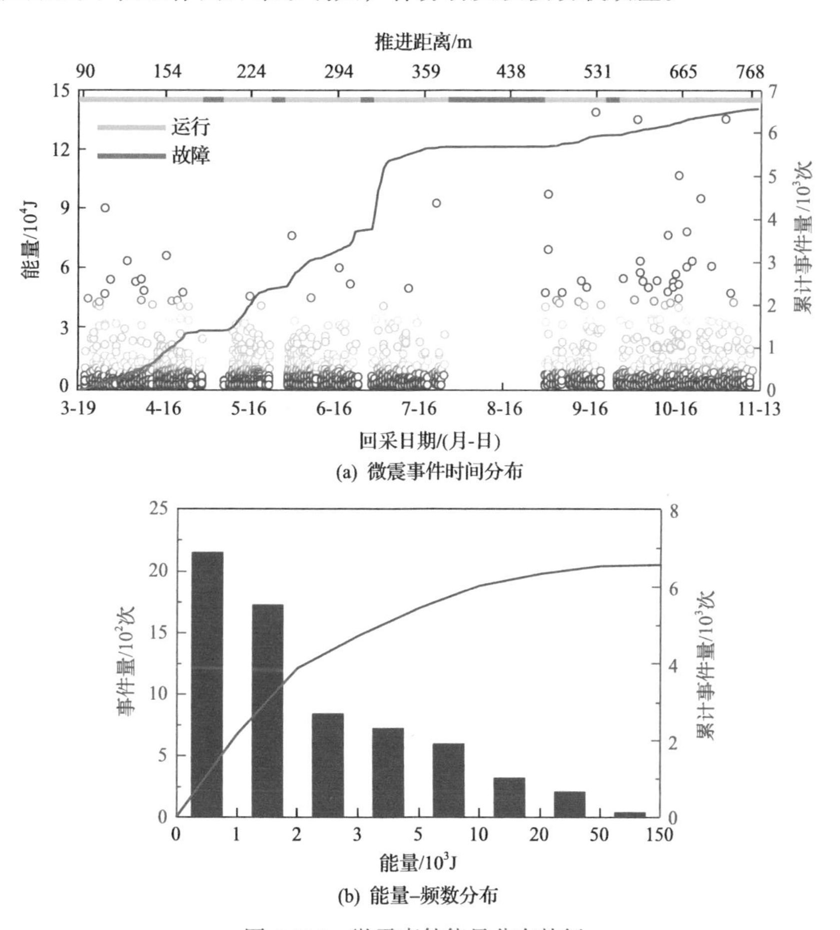

(a) 微震事件时间分布

(b) 能量–频数分布

图 6-114 微震事件能量分布特征

工作面推进距离小于 500m 时，微震事件数量增长速度较快，但高能级微震事件占比较小；推进距离达到 500m 后，微震事件数量增长速度降低，但高能级微震事件占比增加。上述差异由工作面推进速度变化引起，推进距离达到 500m 时，工作面推进速度由 3m/d 上升至 5m/d。推进速度增加本质上是对顶板岩层的加载速率升高，因此，顶板岩层承载能力呈现升高的趋势，破坏频率降低，高承载能力提高了岩层能量存储能力，应变能聚集程度升高，破坏瞬间能量释放率增大，导致顶板微震事件呈现数量整体减少，但高能级微震事件增多的趋势。工作面快速推进阶段，共计监测到 3 次超强微震信号，携带能量接近 150kJ。根据 3 次微震事件的定位信息对工作面相应位置的液压支架工作阻力进行分析：超高能级微震事件标志顶板大范围活动，下位工作面液压支架承受明显的顶板动载效应，液压支架最大瞬时工作阻力接近额定工作阻力，立柱安全阀存在开启现象，应注意超高能级微震事件引发顶板压架事故，甚至引发下位煤岩大范围动力破坏，诱发动载效应等动力灾害。

微震事件随能量大小的柱状和累积分布特征如图 6-114(b)所示，超过 90%的微震事件携带能量小于 10000J，对围岩稳定无明显影响。8.36%的微震事件携带能量超过 10000J，开采过程中应谨慎该类高能级微震事件带来的强矿压现象，特别是监测得到 34 次携带能量超过 50000J 的高能级微震事件，极易引起动载效应和大范围压架事故。

对工作面推进距离介于 0～200m、200～400m 和 500～700m 阶段内监测得到的微震事件震级进行统计分析，得到震级分布直方图如图 6-115 所示。三个推进阶段顶板微震事件的震级均服从正态分布，震级平均值分别为–1.06、–1.04 和–0.88，震级方差分别为

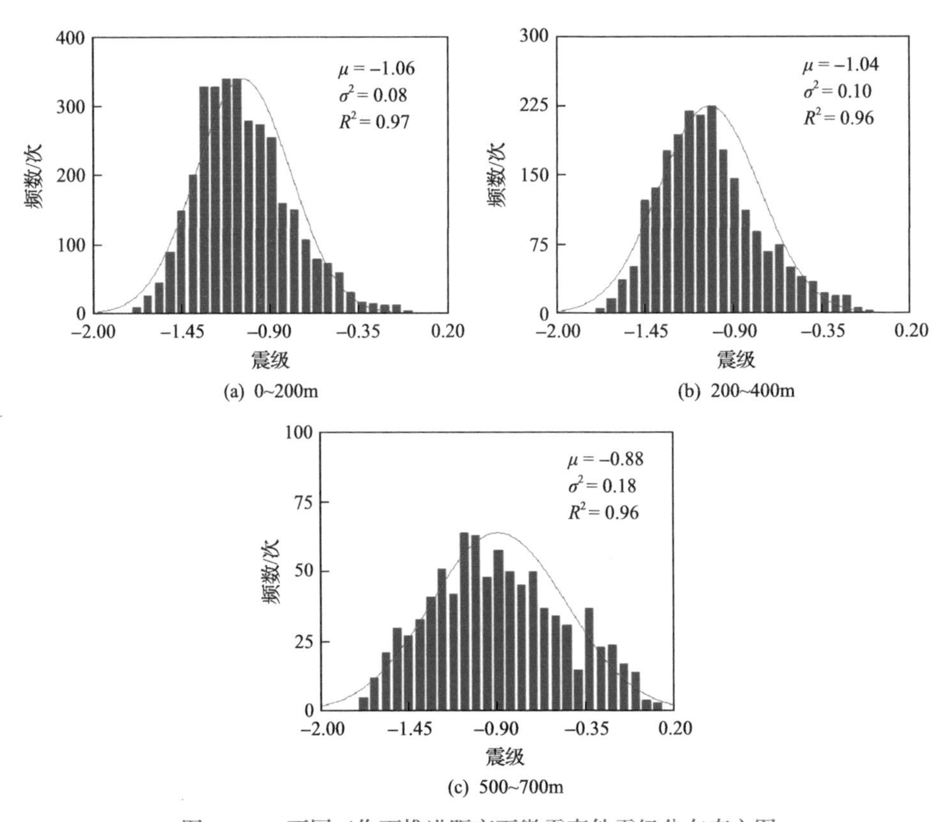

图 6-115 不同工作面推进距离下微震事件震级分布直方图

0.08、0.10 和 0.18，该特征与微震事件能级分布模式一致。由于工作面推进速度较慢，因此前两个阶段的震级平均值较小，且大致相等；最后一个阶段工作面推进速度增加至5m/d，因此，震级平均值呈现升高趋势。由于震级整体呈现升高趋势，震级离散度同样呈现增大趋势，因此，第三推进阶段的震级方差明显高于前两个阶段。震级均值和方差的增大表明工作面快速推进，开采对顶板岩层的扰动效应增强，顶板微震活动更为活跃，且顶板活动强度预测难度升高，增加了工作面顶板岩层控制难度。

6.6.6.2　基于微震信息的危险区预测方法

为构建基于微震信息的工作面围岩稳定性评价方法，选择低位岩层进行分析，在 iOj 平面布置测点 $N_{11},\cdots, N_{ij}$，叠加微震能量大于 10000J 的震源 P 应力波传播到目标点时的残余能量，计算原理如图 6-116 所示。应力波在球面传播过程中受传播距离和传播介质的内摩擦与热传导作用，造成震源能量的几何衰减与固有衰减，震源能量在传播过程中的衰减规律采用式(6-163)控制：

$$E' = ER^{-2}\mathrm{e}^{-\eta R} \tag{6-163}$$

式中：E'为应力波传递到预测平面各监测点的残余能量，J；E 为震源能量，J；R 为震源到监测点的距离，m；η 为衰减系数，取值为 0.00094。

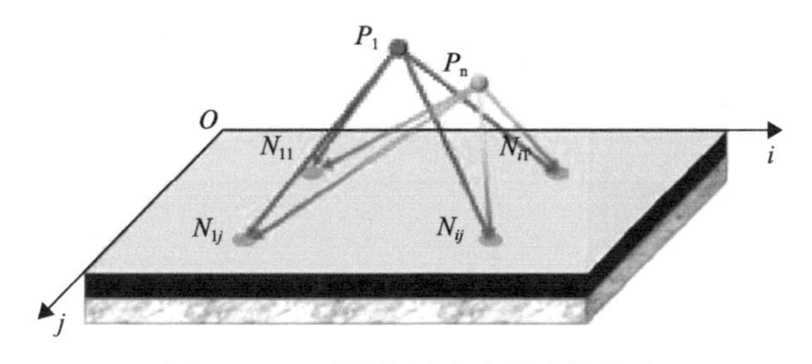

图 6-116　震源能量在岩层中的衰减

采用式(6-163)对微震残余能量在目标点的累积结果进行归一化处理，可得到区间为[0, 1]的顶板损伤度，从而实现对顶板稳定性的定量分级：

$$n = (E' - E'_{\min}) / (E'_{\max} - E'_{\min}) \tag{6-164}$$

式中：n 为损伤度；$E'_{\min}$ 为各监测点能量最小值，J；$E'_{\max}$ 为各监测点能量最大值，J。

震动能量从 1×10^2J 到 1×10^{10}J 对岩层的运动均存在不同程度的影响。岩层的结构失稳与岩块间的铰接结构、破断形态和岩块物理力学属性密切相关，将累积残余能量梯度代入式(6-164)中，1×10^2J 和 1×10^3J 分别对应的损伤度为 0.10 和 0.75，因此，将损伤度 0.10 作为影响区阈值，损伤度 0.75 为危险区阈值。工作面推进至 120m、260m 和 660m 时基本顶损伤度计算结果如图 6-117 所示。工作面推进至 120m 时，微震活动对基本顶的损伤主要集中在工作面前方区域，损伤度沿工作面全长较均匀分布，但运输巷一侧顶板破坏程度较高。顶板损伤区域超前工作面约 180m，计算所得扰动范围与实测结果相当。此时的顶板损伤度较低，约为 0.50。工作面推进至 260m，回风巷侧顶板损伤区域扩展至工作面前方 220m，高程度损伤区由工作面前方迁移至工作面附近区域。工作面推进至 660m 时，回风巷和中部顶板微震活动趋于稳定。受断层活化累积效应的影响，工作面运输巷附近 100m 范围顶板劣化严重。此时断层已经受开采扰动而活化，但高能级事件普遍分布于高位岩层，对低位岩层损伤程度较弱，因此，断层区域未出现顶板高程度损伤，从现场调研结果可知，期间工作人员未察觉到顶板异常现象。该阶段岩层高度损伤区域转移至滞后工作面的采空范围内，表明厚冲积层作用下采空区上覆岩层持续运动，基本顶发生二次破断现象，损伤度再次升高。

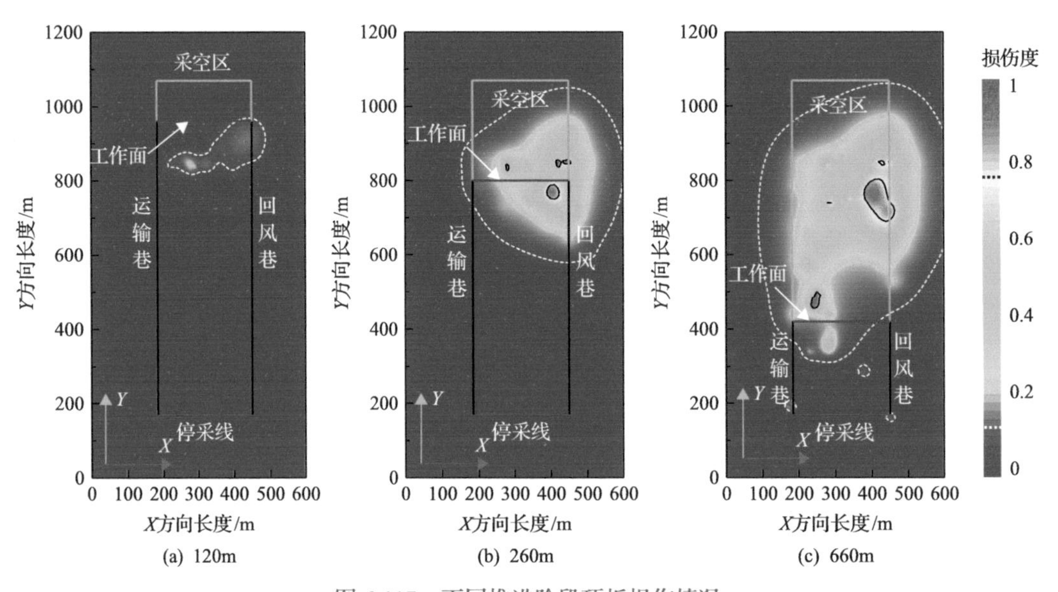

图 6-117　不同推进阶段顶板损伤情况

回采期间工作面支架工作阻力分布特征如图 6-118 所示，三个推进阶段基本顶损伤度计算结果与支架工作阻力中的高阻区分布一致。随着推进范围的增加，基本顶损伤度逐渐升高，支架工作阻力增加。顶板损伤度连续升高的区域表现出工作面液压支架大面积持续增阻，顶板由长时间完整到局部损伤，支架工作阻力表现出小面积短期剧烈增阻特征，此时支架表现出明显的动载特征，如图 6-117(c)中工作面前方靠近回风巷的影响

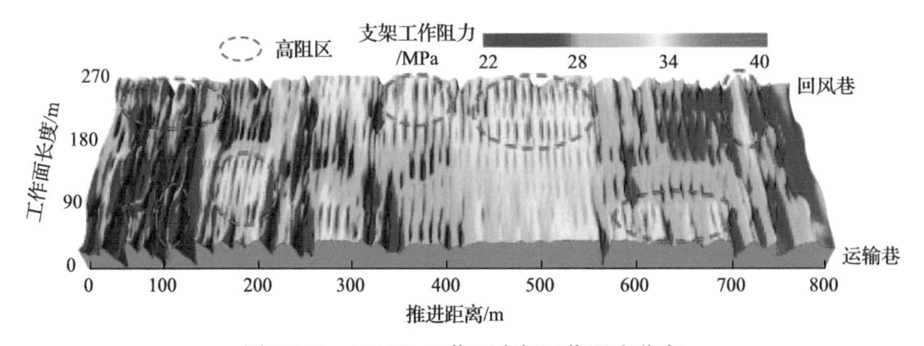

图 6-118　140502 工作面支架工作阻力分布

区与图 6-118 中推进度为 750m 时回风巷侧的高阻区一致，实测与预测结果的一致性验证了本书所提顶板稳定性定量评价方法的准确性。特别是工作面回采后期由于回采速度增加导致近场顶板损伤度降低，支架工作阻力普遍减小，但是高阻区出现的随机性增加，用顶板损伤度影响区预测工作面支架工作阻力突然增加具有可靠性，防范工作面受动载效应影响。

6.7 采场智能围岩控制技术

岩层破断力学模型经历了从“梁”、“薄板”到“中厚板”的发展过程，揭示了不同强度参数和几何参数顶板的破断条件和模式。坚硬岩层破断岩块相互咬合形成“砌体梁”结构，分析了关键块体的 S-R 稳定条件，从“砌体梁”结构平衡角度提出了顶板压力计算方法，实现了支架-围岩关系的定量分析。在“砌体梁”结构理论的基础上，发展了适用于高强度采场的支架-围岩三耦合关系、顶板动载荷模型、支架工作阻力确定的“二元准则”等顶板控制方法。岩层运动与控制理论的进一步发展需集中到岩层运动统一场理论、基于采动岩层控制的灾害防治与减损技术、复杂条件岩层运动规律、岩层运动可视化技术和智能围岩控制技术等方面。

6.7.1 采场智能围岩控制技术基本原理

工作面生产系统主要包括以支架为主的支护系统和由采煤机、刮板输送机构成的采运系统。采场环境除了包括顶底板与围岩，还包括水、火、瓦斯等危险源。在工作面推进过程中，生产系统会受到采场环境的影响和制约，只有建立采场环境-生产系统耦合关系，才能真正为采场围岩控制和生产系统实现智能化控制奠定基础。

将采场环境与生产系统联系起来，具体来说就是重点考虑地质条件与煤层变化对采煤机割煤的影响、顶板与围岩变化对支架支护系统的影响、空间感知与地质条件对刮板输送机推进的影响。利用采煤机截割时感知的信息和矿井地质管理平台中储存的三维信息，建立工作面前方未采区域的地质预测模型，实现超前预测；同时应对生产系统中重要设备(采煤机、液压支架、刮板输送机)的位置、姿态及对围岩的控制状况和效果等进行实时动态监测。此外，还要实现对于采场空间内水、火、瓦斯、粉尘、顶板等危险源的精准感知监测，建立灾害预测模型，实现对重大危险隐患的智能预测预警以及防治措施的智能联动。最终实现的目标是全工作面建有完善的智能感知系统，实时监测开采环境变化情况，生产系统能够自动根据采场环境(开采空间的地质条件)的变化实时修正开采行为，并对开采过程可能遇到的问题进行预判。开采系统能够进行自主学习，对不同条件的煤层开采方法进行学习与训练，找到特定条件下最优的工作行为，当开采过程中遇到类似条件时，系统能够自主决策，自动根据已经寻找、掌握的最优开采行为进行开采，提高生产和围岩控制的科学性与适应性，实现真正的智能化开采。

6.7.2 采场智能围岩控制技术要求

近几年智能开采技术快速发展，智能矿山建设势在必行。当前智能矿山建设的重点是智能矿山框架顶层设计、指标体系确定、智能设备研制、开采数据快速传输等方面。开采设备尺寸和稳定性提升，对岩层运动的控制能力增强。但是，开采设备处于围岩形成的开采空间，工作环境的优劣取决于岩层控制效果。将来应实现岩层运动信息的实时动态和多源异构感知，掌握岩层运动位态，并利用虚拟现实技术对岩层运动进程进行模型重构。根据岩层运动位态和控制目标快速搜索岩层控制方法并反馈给采场设备，对设备工况和姿态做出及时调整。借助先进物理信息系统实现岩层运动信息、开采环境的快速感知和开采设备的自适应控制，最后提出智能开采参数和工艺，完成智能围岩控制闭环。

6.7.2.1 技术路径

煤矿采场智能围岩控制是指利用计算机、人工智能等技术，以采场围岩控制相关理论为基础，研究采场围岩系统中各个要素、各种因素对围岩控制的影响，进而为工作面的智能化以及智能化开采提供安全可靠、智能可控的开采条件。要实现煤矿工作面采场围岩的智能控制，就要深入研究围岩系统中各要素以及相互之间的关系，明确各因素对围岩环境的影响以及采场围岩系统内各要素间的相互影响规律，使各要素能够相互平衡，达到采场围岩系统动态稳定的状态，为工作面智能化开采提供安全保障，如图 6-119 所示[26]。

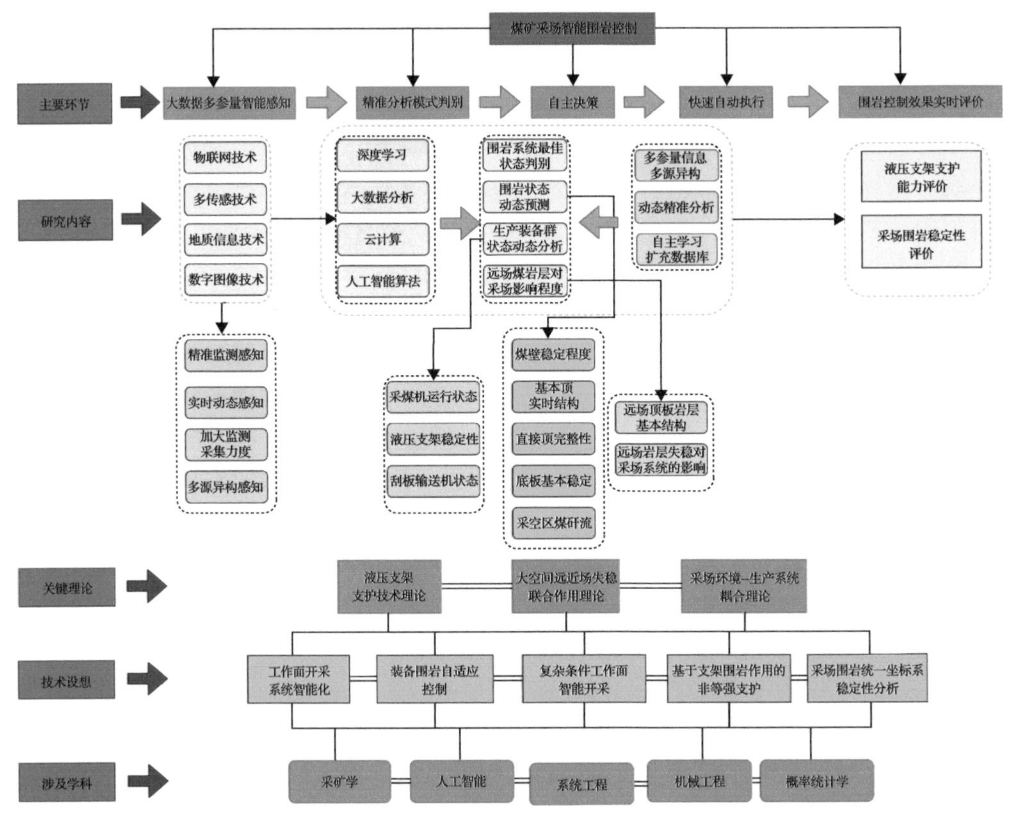

图 6-119 实现采场智能围岩控制的技术路径

“大数据多参量智能感知—精准分析模式判别—自主决策—快速执行—围岩控制效果实时评价”是实现采场智能围岩控制的主要环节。将工作面采场围岩控制相关理论及相关的采矿学科理论与人工智能、系统工程等相关学科相结合，以物联网和多传感技术为核心对采场围岩系统的多参量信息进行精准感知；运用以深度学习为核心的大数据分析、云计算以及人工智能算法对多源异构数据进行处理和挖掘，建立模型实现对岩层状态动态预测以及装备运行状态的实时分析，可实现对采场围岩系统当前所处状态优劣的智能判别；在分析过程中不断学习更新、扩充数据库，能够找到当前采场围岩系统各要素最佳参数，对工作面“可控因素”进行动态调整。“感知—分析—判别—调整”过程随工作面开采往复进行，并不断对围岩系统的控制效果进行实时评价与更新，根据围岩系统的状态制定出稳定可靠的风险防范措施，实现采场围岩系统的智能化控制。

6.7.2.2 关键科学技术

1)工作面开采系统智能化

工作面开采系统智能化是工作面智能化开采的基础，也是采场围岩实现智能化控制的保障和动力。当前，我国处于煤炭智能化开采的初级阶段，大多数智能工作面实现了以采煤机记忆截割、液压支架自动跟机及工作面集中控制技术为代表的采煤机与液压支架协调联动采煤，基本实现了工作面系统自动化控制为主、人工干预为辅的开采模式，能够基于工作面关键设备的工况与关键参数感知实现对开采系统的控制。但要真正实现开采系统的智能化，不仅需要对设备参数感知，更需要对采场地质围岩与地理信息感知，最终构建“透明工作面”，实现对采场环境因素的智能感知，如图 6-120 所示。基于此实

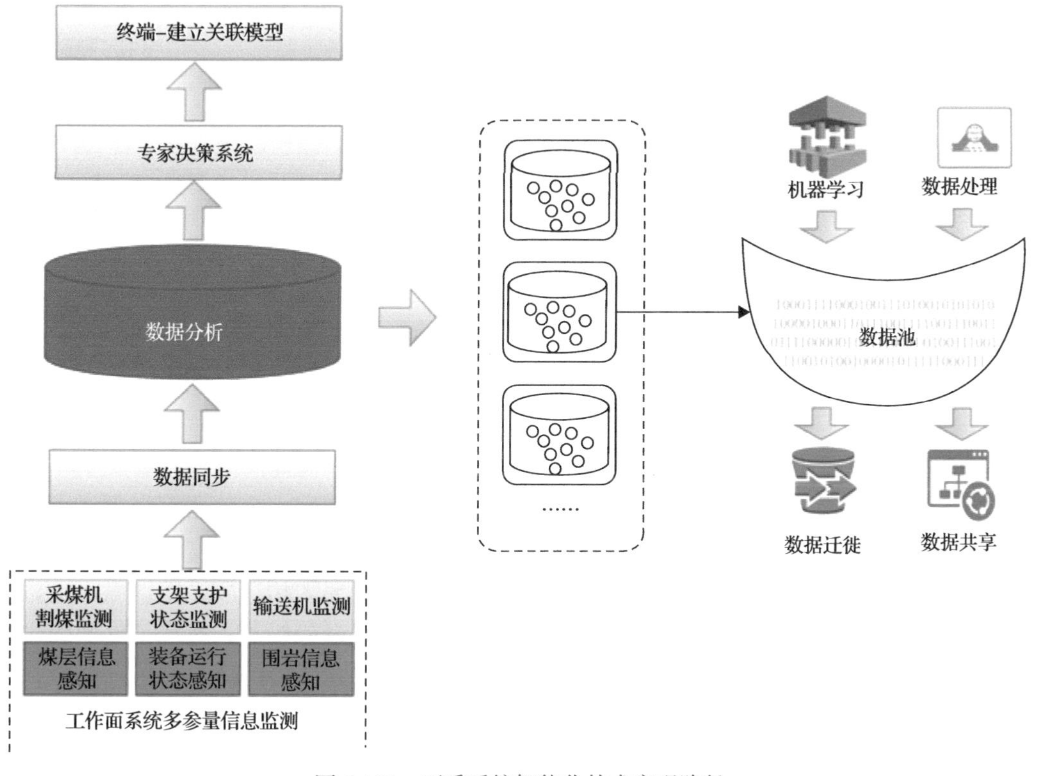

图 6-120 开采系统智能化技术实现路径

现工作面生产系统的设备自控制，才能为“无人化”完成整个生产过程奠定基础。

2) 装备围岩自适应智能控制

液压支架是煤炭安全开采的重要保障，液压支架与围岩作用是安全生产的核心。我国大多数智能工作面实现了液压支架的自动跟机，但在工作面整体协调推进以及液压支架与采场围岩的适应性上还未实现智能化。要大力探索发展液压支架与围岩自适应技术，对工作面围岩状态感知与液压支架智能控制方式进行系统研究。以建立围岩-液压支架耦合模型为目标，对液压支架进行实时监测，评价液压支架支护状态；对工作面围岩控制效果进行多方位评价，建立围岩控制效果评价模型，通过对比评价，实现液压支架对围岩的自适应，如图 6-121 所示。

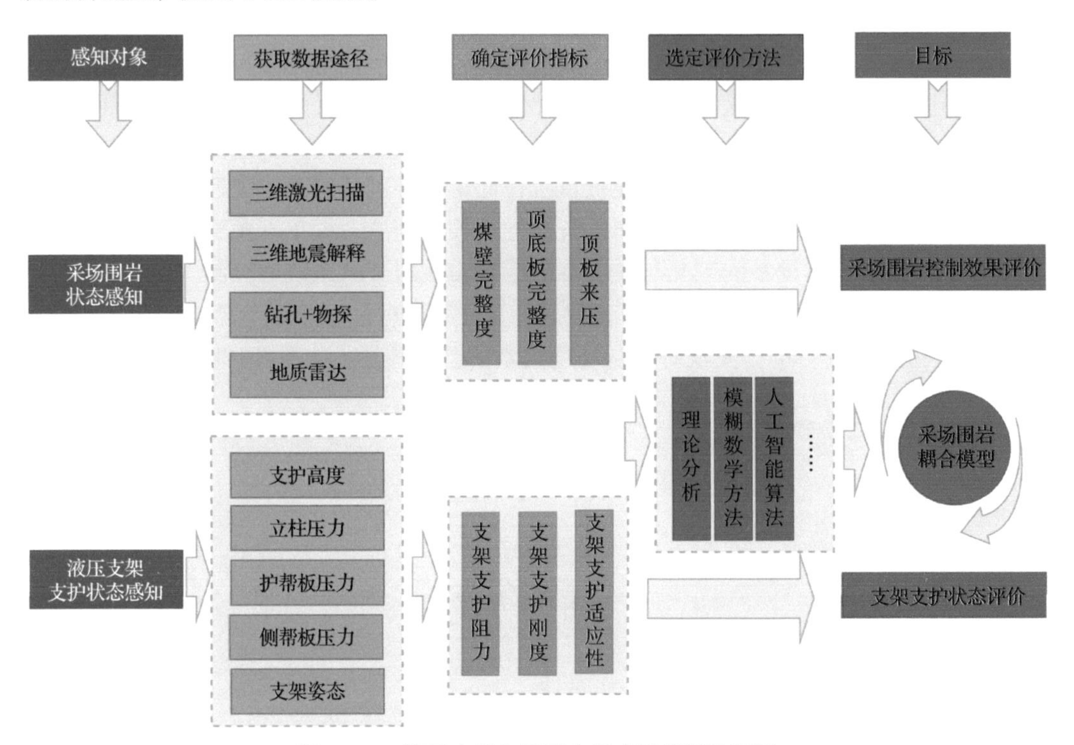

图 6-121 液压支架与围岩自适应效果评价逻辑

3) 复杂条件工作面智能开采技术

构建复杂条件下智能化工作面，最为重要的是探明工作面地质条件，发展工作面智能化监测技术手段，利用三维激光扫描、地质雷达以及物联网、多传感等先进技术精准探明采场系统的煤层地质与围岩情况，实现动态监测与实时修正，构建“透明工作面”；提高生产系统装备群的自适应技术，实现生产系统与采场环境相适应；工作面无人化是智能工作面的最终目标，大力发展机器人技术，实现井下巡检机器人替代工作面的巡检人员，实时监测工作面生产的采支运过程，利用机器人自身具备的“多传感、高精度、实时响应”特点实时处理所采集的设备、围岩和环境状况的感知数据，及时反馈给智能开采系统，如图 6-122 所示。

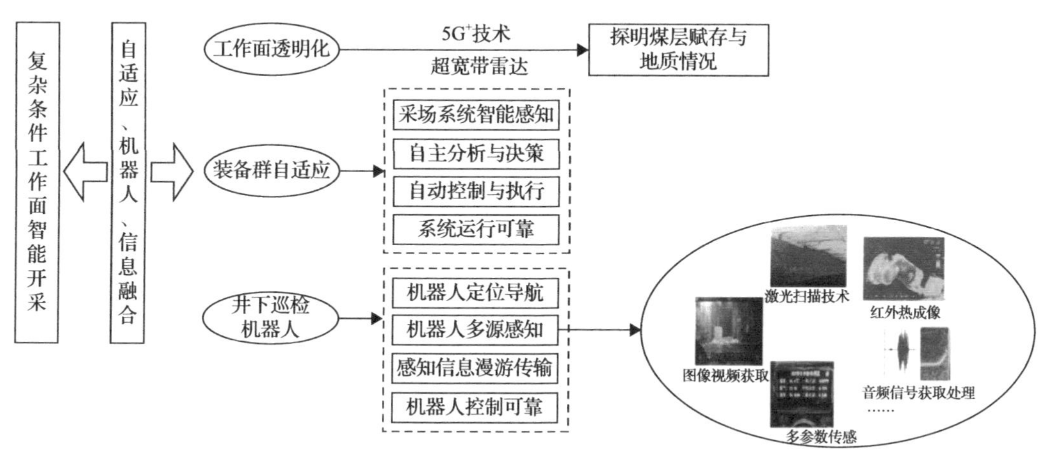

图 6-122　复杂条件工作面智能开采技术设想路线

4) 统一坐标系下采场围岩的智能控制

对于采场生产系统，传统设备位置以及设备之间的位姿关系的描述，主要是基于设备间的相互连接约束及相对于工作面、巷道间的位置关系来完成，无法满足智能化开采与精准开采的要求。王国法等基于智慧煤矿逻辑模型，提出考虑随机误差的强耦合设备群空间坐标统一描述模型及各设备空间关联坐标系转换方法，实现了采场生产系统设备群位姿关系建模。但在采场环境-生产系统的耦合关系场中，要实现采场围岩的智能化控制目标，这是远不够的。智能化开采下开采系统与围岩系统有高度耦合关系，在把握整体采场围岩环境准确坐标规整且不发生大变化的基础上，应在围岩系统内部建立覆盖范围更广、更为规范科学的采场围岩统一坐标系模型，如图 6-123 所示。基于统一坐标系模型为多源要素信息赋予统一的数据化特征，以统一特征化后的数据为驱动，利用不同

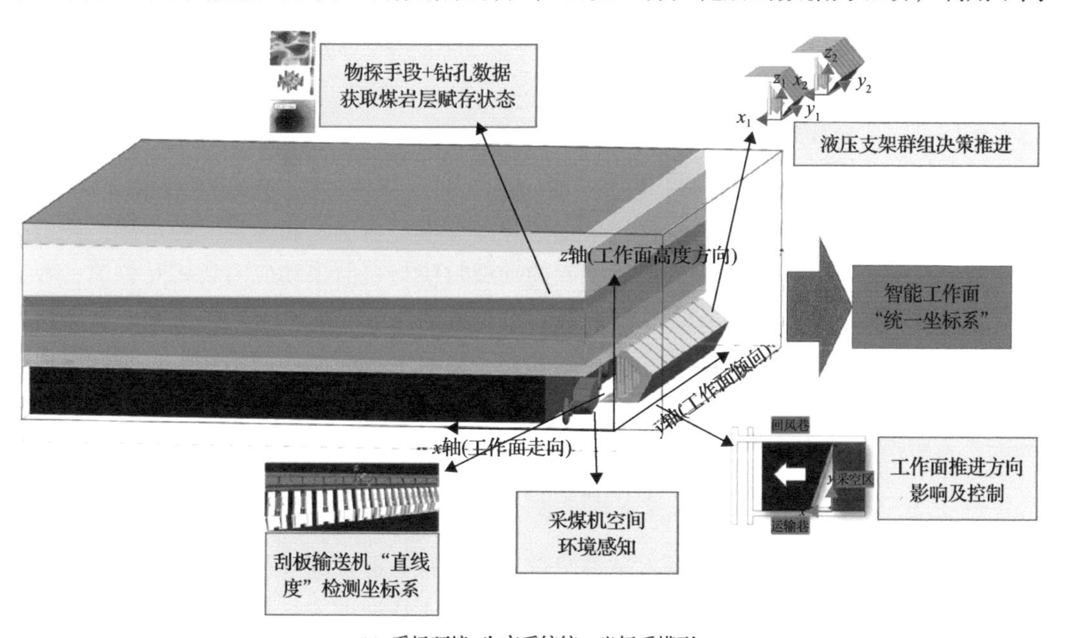

(a) 采场环境-生产系统统一坐标系模型

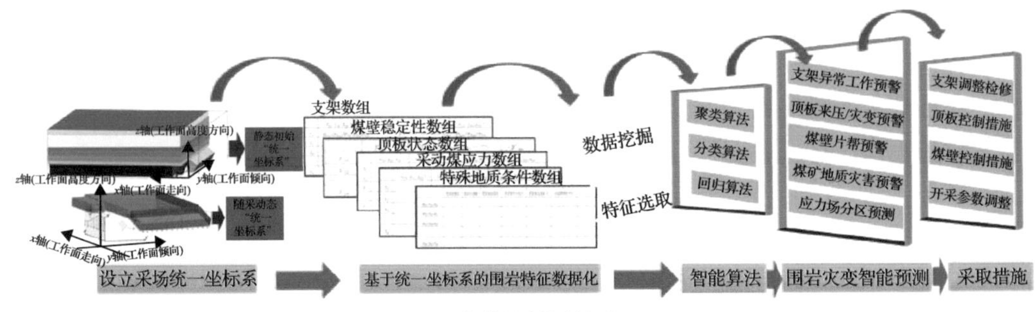

(b) 智能围岩控制方法

图 6-123 采场环境-生产系统统一坐标系模型及智能围岩控制方法

智能算法分别构建模型，实现对不同采场围岩灾变类型的智能预测与预警，根据预警结果针对性地采取围岩控制措施，最终实现采场围岩的智能控制。

6.7.3 采场智能围岩控制理论与技术保障

6.7.3.1 岩层运动的统一场理论

关键层理论的提出将采场矿压、岩层运动和地表沉陷有机结合起来，为了建立三者之间的定量关系，需在实现岩层运动全程描述的基础上，构建岩层运动的统一场理论，协调统一位移场、裂隙场、应力场和能量场之间的关系。从位移场角度提出基于岩层运动模式的地表沉陷预测技术；从裂隙场角度研究岩层内部地下水和煤层气运移规律与控制技术；从裂隙场和应力场角度分析采场围岩的多种破坏现象；从应力场与能量场角度分析岩层运动引起的各类动力灾害产生机理与防控技术。研究过程中要考虑覆岩中气-固-液多场耦合作用对矿山压力现象的影响。岩层运动统一场理论模型的构建可实现岩层运动与开采引起的各类矿山压力现象的定量关系，服务地下煤炭资源真正实现科学开采[27]。

6.7.3.2 减损与灾害防治技术

岩层运动是煤矿各类灾害与采动损害的根源。近场采动裂隙发育导致采场煤壁破坏、顶板失稳等各类围岩失稳现象，远场采动裂隙发育引发地下水和煤层气的运移，甚至破坏地表连续性。此外，岩层剧烈运动引起的动载效应与超前采动应力场相互叠加，容易诱发动载矿压、煤与瓦斯突出等动力灾害。为从源头实现对矿井灾害的防治，需要从岩层控制角度揭示致灾机理和灾变条件。在充分掌握岩层运动规律的基础上，将岩层运动模式和运动程度控制在工程允许的范围内，避免矿井灾害的发生，形成基于采动岩层控制的灾害防治技术体系和基于岩层运动规律的高效低成本减损开采技术。

6.7.3.3 特殊赋存条件岩层控制技术

我国煤层赋存条件复杂多变，随着复杂难采煤炭资源开发提上日程，需要进一步揭示复杂难采工作面覆岩运动模式，提出适用于该类工作面的岩层控制技术。当前坚硬顶板厚煤层、大倾角厚煤层、近直立巨厚煤层和深埋薄基岩厚煤层均进入开发阶段，特殊赋存条件导致采场矿压显现呈现出一系列新特点。目前提出了坚硬顶板井下预裂和地表压裂控制技术、大倾角工作面的 R-S-F 系统模型、近直立巨厚煤层分段放顶煤开采顶板倾倒-滑塌模型、深埋薄基岩采场厚冲积层冒落拱与拱脚高耸岩梁复合承载结构模型等。但是特殊赋存条件采场岩层运动与控制研究相对独立。将来应加大该方向的研究力度，完善岩层运动与控制理论。

6.7.3.4 岩层运动全程可视化技术

岩层运动与控制研究的高难度归根结底在于岩层内部运动过程的不可视性，因此，岩层运动问题最初被定义为“黑箱”问题。“砌体梁”结构模型与关键层理论的提出一定程度上揭开了岩层运动过程的神秘面纱。上述理论模型的构建基于大量假设性简化，从而实现对岩层破断前后所处状态的拟合性描述。为进一步实现对岩层运动轨迹的预测，今后研究中应借助多种地球物理探测手段，实现岩层运动全程的可视化。岩层运动可视化技术的形成将彻底改变当前对各类矿压显现的机理性描述现状，真正从定量层面分析岩层运动过程，提高岩层控制效率。

参考文献

[1] 钱鸣高, 许家林, 王家臣, 等. 矿山压力与岩层控制[M]. 徐州: 中国矿业大学出版社, 2021.

[2] 宋振琪. 实用矿山压力控制[M]. 徐州: 中国矿业大学出版社, 1998.

[3] Peng S S. Coal mine ground control (3edition) [M]. Englewood: Society for Mining, Metalluray, and Exploration, Inc., 2008.

[4] 杨胜利, 王家臣, 杨敬虎. 顶板动载冲击效应的相似模拟及理论解析[J]. 煤炭学报, 2017, 42(2): 335-343.

[5] 龙驭球. 弹性地基梁的计算[M]. 北京: 人民教育出版社, 1982: 6-7.

[6] 杨胜利, 王兆会, 吕华永. 大采高采场周期来压顶板结构稳定性及动载效应分析[J]. 采矿与安全工程学报, 2019, 36(2): 315-322.

[7] 王家臣, 王兆会. 高强度开采工作面顶板动载冲击效应分析[J]. 岩石力学与工程学报, 2015, 34(S2): 3987-3997.

[8] 潘岳. 岩石破坏过程的折迭突变模型[J]. 岩土工程学报, 1999, 21(3): 299-303

[9] 闫少宏. 放顶煤开采支架工作阻力的确定[J]. 煤炭学报, 1997(1): 15-19.

[10] 李化敏, 蒋东杰, 李东印. 特厚煤层大采高综放工作面矿压及顶板破断特征[J]. 煤炭学报, 2014, 39(10): 1956-1960.

[11] 王家臣, 杨胜利, 李良晖. 急倾斜煤层水平分段综放顶板“倾倒-滑塌”破坏模式[J]. 中国矿业大学学报, 2018, 47(6): 1175-1184.

[12] 杨胜利, 李兆欣, 魏炜杰, 等. 综放开采散体顶煤对支架与围岩关系影响的实验研究[J]. 煤炭学报, 2017, 42(10): 2511-2517.

[13] Yang S L, Li L H, Deng X J. Disaster-causing mechanism of roof “toppling-slumping” failure in a horizontal sublevel top-coal caving face[J]. Natural Hazards, 2020, 100(2): 757-780.

[14] 钱鸣高, 何富连, 王作棠, 等. 再论采场矿山压力理论[J]. 中国矿业大学学报, 1994(3): 1-9.

[15] 杨胜利. 基于中厚板理论的坚硬厚顶板破断致灾机制与控制研究[D]. 徐州: 中国矿业大学, 2019.

[16] 许家林, 鞠金峰. 特大采高综采面关键层结构形态及其对矿压显现的影响[J]. 岩石力学与工程学报, 2011, 30(8): 1547-1556.

[17] 王家臣, 王兆会, 唐岳松, 等. 深埋弱胶结薄基岩厚煤层开采顶板动载冲击效应产生机制试验研究[J]. 岩石力学与工程学报, 2021, 40(12): 2377-2391.

[18] 王兆会, 唐岳松, 李猛, 等. 深埋薄基岩采场覆岩冒落拱与拱脚高耸岩梁复合承载结构形成机理与应用[J]. 煤炭学报, 2023, 48(2): 563-575.

[19] 项海帆, 刘光栋. 拱结构的稳定与振动[M]. 北京: 人民交通出版社, 1991.

[20] Lee Y K, Park J W, Song J J, et al. Model for the shear behavior of rock joints under CNL and CNS conditions. Intemational Journal of Rock Mechanics & Mining Sciences, 2014, 70: 252-263.

[21] 汪丁建, 唐辉明, 李长冬, 等. 考虑主应力偏转的土体浅埋隧道支护压力研究[J]. 岩土工程学报, 2016, 38(5): 804-810.

[22] 王家臣, 杨胜利, 杨宝贵, 等. 深井超长工作面基本顶分区破断模型与支架阻力分布特征[J]. 煤炭学报, 2019, 44(1): 54-63.

[23] 王兆会, 唐岳松, 李辉, 等. 千米深井超长工作面支架阻力分布特征及影响因素研究[J]. 采矿与安全工程学报, 2023, 40(1): 1-10.

[24] 王家臣, 王兆会, 杨杰, 等. 千米深井超长工作面采动应力旋转特征及应用[J]. 煤炭学报, 2020, 45(3): 876-888.

[25] 王家臣, 唐岳松, 王兆会, 等. 千米深井综采工作面覆岩微震显现特征与损伤度计算方法[J]. 中国矿业大学学报, 2023, 52(3): 417-431.

[26] 杨胜利, 王家臣, 李明. 煤矿采场围岩智能控制技术路径与设想[J]. 矿业科学学报, 2022, 7(4): 403-416.

[27] 王家臣, 许家林, 杨胜利, 等. 煤矿采场岩层运动与控制研究进展——纪念钱鸣高院士“砌体梁”理论 40 年[J]. 煤炭科学技术, 2023, 51(1): 80-94.

7 放顶煤开采典型案例

7.1 条件适宜厚煤层放顶煤开采技术

7.1.1 潞安矿区放顶煤开采技术

7.1.1.1 潞安矿区放顶煤开采沿革

潞安矿区地处晋东南，太行山西麓长治盆地。矿区总体走向近北南向，向西缓倾。东部以正断层为主，北东向断裂构成垒堑，褶皱轴近东西向；西部以逆断层为主，断裂和褶皱的构造线近北南向。潞安矿务局所属各矿主要开采沁水煤田东部的3号煤层，煤层赋存稳定，厚度为5.61～7.23m，平均厚度6.42m；倾角3°～5°，局部可达10°，含夹矸1～3层；煤质中硬，普氏硬度系数f=1.0～3.0，随采随冒。顶板稳定，顶板及直接顶为砂岩，底板为泥质页岩。

潞安矿区从1987年开始调研、设计放顶煤技术。自1988年在王庄煤矿4309工作面开始第一次现场工业性试验，并成功实现放顶煤开采，经过多年的发展，放顶煤开采技术在装备配套、放煤工艺及采放协调控制等方面取得了很大的成就[1]。

1989年3月，王庄煤矿在4309工作面试验天窗式高位放顶煤开采技术，工作面长125m，割煤高度2.8m，放煤高度4.06m，采用“两刀一放”间隔放煤工艺，工作面月产煤9.2万t，顶煤采出率78.97%，年产量达100万t，试验取得成功[2]。4309工作面采用ZFD4000-17/23型高位放煤支架，配套使用的刮板输送机型号为SGZC-730/320。由于煤层属中硬，裂隙不发育，在工作面回采巷道向顶煤钻孔注水，软化顶煤，效果良好[3-4]。

1991年6月，采用ZZPF4000-1.7/3.5型支架在五阳煤矿进行低位放顶煤开采试验，煤层厚度6.42m，割煤高度2.6m，工作面长165m，采用“一刀一放”间隔顺序多轮放煤工艺，采放平行作业。工作面最高月产煤20万t，平均月产煤12万t，工作面采出率91.1%，充分证明了放顶煤开采的高产高效潜力。

1993年，潞安矿务局利用自行研制的ZZP4800-17/33F型低位放煤支架及配套设备，在王庄煤矿6111工作面创造了年产2.53Mt的当时全国最高纪录。这不仅实现了厚煤层一次采全高的目标，而且使煤矿生产高度集约化成为可能，达到高产高效的目的。该年潞安矿务局所属各矿全部采用放顶煤开采技术，对于推动我国放顶煤开采技术的发展发挥了重要作用。

1999年7月，王庄煤矿在4326工作面开展了270m超长放顶煤工作面的开采试验，适当增加了采煤机、前后部刮板输送机的功率，同时进行巷道支护技术改革，采用小煤柱锚网支护技术，工作面年产量达到400万t，工作面采出率达到88.4%[5]。

2005年，潞安矿区率先在王庄煤矿6203工作面进行了大采高自动化放顶煤工作面安全高效综合配套技术研究。液压支架型号为 ZF7000/20/40，支护强度为 0.88MPa；采煤机选用MGTY400/930-3.3D型电牵引采煤机；刮板输送机选用SGZ-960/1400型输送机。工作面最高日产量达 33186t，平均日产量 26068t，最高月产煤达 633168t，最高工效达 502t/工，平均工效 394t/工，工作面采出率平均达 91.6%，最高达 92.1%。大采高自动化放顶煤开采技术可增大工作面通风断面，有利于瓦斯排放，又可提高开采效率。近年来，在政策引导下智能化开采发展迅速，潞安矿区常村煤矿 2115 工作面等在智能化放顶煤开采技术方面进行了有益尝试。

7.1.1.2 王庄煤矿高产高效放顶煤工作面

1）基本条件

王庄煤矿 91-208 放顶煤工作面北为 91-207 设计工作面，南为 91-209 已采工作面，东接 540 皮带巷延伸段，西为井田边界。该工作面所采 $3^{\#}$煤，赋存于二叠系山西组中下部，煤层厚度稳定，煤层下部夹矸最厚的一层为 0.45m，煤厚为 7.28m。该工作面运输巷煤层整体上看为由东向西倾斜的单斜构造，局部有起伏，煤层倾角为 1°～5°。矿井为高瓦斯矿井，煤层不易自燃，煤尘具有爆炸性。

2）工作面布置及主要设备

91-208 放顶煤工作面主要设备包括采煤机、液压支架、前后部刮板输送机、转载机、破碎机、皮带输送机、乳化泵、喷雾泵等，如图 7-1 所示。

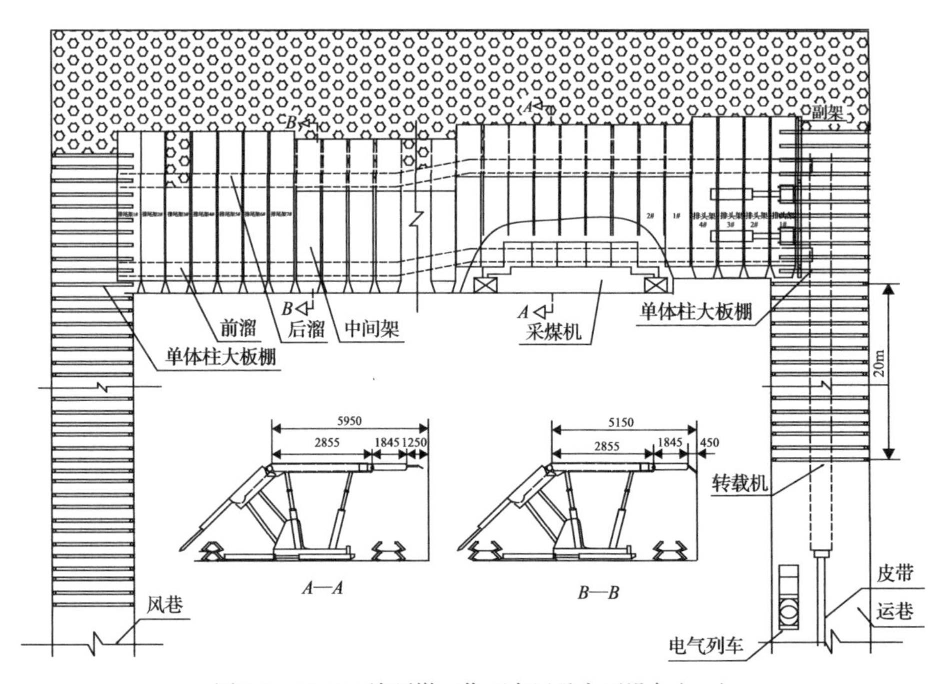

图 7-1 91-208 放顶煤工作面布置及主要设备（mm）

采煤机型号 WG400/930-WD，适用采高 2800～3500mm，牵引功率 110kW，总功率 930kW，适用工作面倾角 0°～25°。

工作面共布置 193 个支架，其中中间支架 182 个，型号为 ZF8000/20/38，工作高度 2000～3800mm，支护宽度 1430～1600mm，初撑力 6972kN，工作阻力 8000kN，额定供液压力 31.5MPa，平均支护强度 0.85MPa，适应煤层倾角≤20°。排头(尾)架 11 个，型号为 ZFG9600/23/38，机头处布置 4 架，机尾处布置 7 架，工作高度 2300～3800mm，工作阻力 9600kN。此外在机头处布置一端头架，型号为 ZT2200/25/40，工作高度 2500～4000mm，支护宽度 320mm。

前后部刮板输送机型号均为 SGZ1000/2×1000，数量共 2 部。中双链刮板输送机输送能力为 2000t/h，链速 1.35m/s，电机功率 1000kW。

转载机型号为 SZZ1200/525，输送能力 3000t/h，长度 50m，与皮带机尾搭接长度 12m，爬坡角度 10°，爬坡高度 1.45m。

破碎机型号为 PLM-3500，破碎能力 3500t/h，最大入口断面 1200×1000mm，出口粒度小于 300mm，装机功率 250kW。

91-208 运巷 1#皮带输送机型号为 DSJ-140/230/3*400，运输能力 2300t/h；2#皮带输送机型号为 SSJ-120/150/*315，运输能力 2000t/h。

乳化泵型号为 BRW-400/31.5，数量 3 台，同时配备 1 个液箱，公称流量 400L/min，公称压力 31.5MPa，电压等级 1140V/660V，配套电机功率 250kW，工作介质为含 4%～5%的乳化油中性水溶液，布置于运输巷。

喷雾泵型号为 BPW-400/16，数量 2 台，同时配备 1 个液箱，公称压力 16MPa，公称流量 400L/min，配套电机功率为 110kW，电压等级 1140V/660V，布置于运输巷。

3)巷道布置及支护

91-208 工作面设备安装期间采用“运巷、风巷、专用回风巷、高抽巷”四巷道布置方式，如图 7-2 所示。根据工作面设计 91-208 工作面运巷全长为 2462m，同时延用 91-209 风巷及 91-209 专用回风巷，切眼净长度为 290.5m。

91-208 运输巷巷道断面呈矩形，巷道平均净宽 6m，平均净高 3.6m，全长 2462m，平均净断面 21.6m^2；切眼为矩形断面，其中净宽 7.8m，净高 3.6m，净断面 28.08m^2。巷道顶板采用树脂药卷加长锚固 MSG LW-500Φ22L2400mm 高强度螺纹钢锚杆及钢带连锁锚索加强支护，铺设金属网、双抗网和钢筋梯子梁，如图 7-3 所示。

7.1.2 兖州矿区放顶煤开采技术

7.1.2.1 兖州矿区放顶煤开采技术沿革

兖州矿区包括兖州煤田大部和济宁煤田南部，均属于第四系冲积层覆盖的石炭系—二叠系隐蔽煤田。煤田基底为奥陶系灰岩，盖层为残存的上侏罗统红色砂岩。适于放顶煤开采的煤层是兖州煤田第 3$_上$煤层，厚度为 3.6～10.0m，平均 5.23m。济宁煤田 3$_下$煤层，厚度为 0～17.96m，平均 4.68～5.26m。矿区各矿井瓦斯涌出量较低，历年瓦斯鉴定结果均为低瓦斯矿井。各可采煤层均有煤尘爆炸危险。各层都有自然发火倾向，厚煤层自然发火期为 3～6 个月[6]。

1992 年，在兖矿能源集团兴隆庄煤矿首先采用综合机械化放顶煤技术，采用 ZFS-5200/

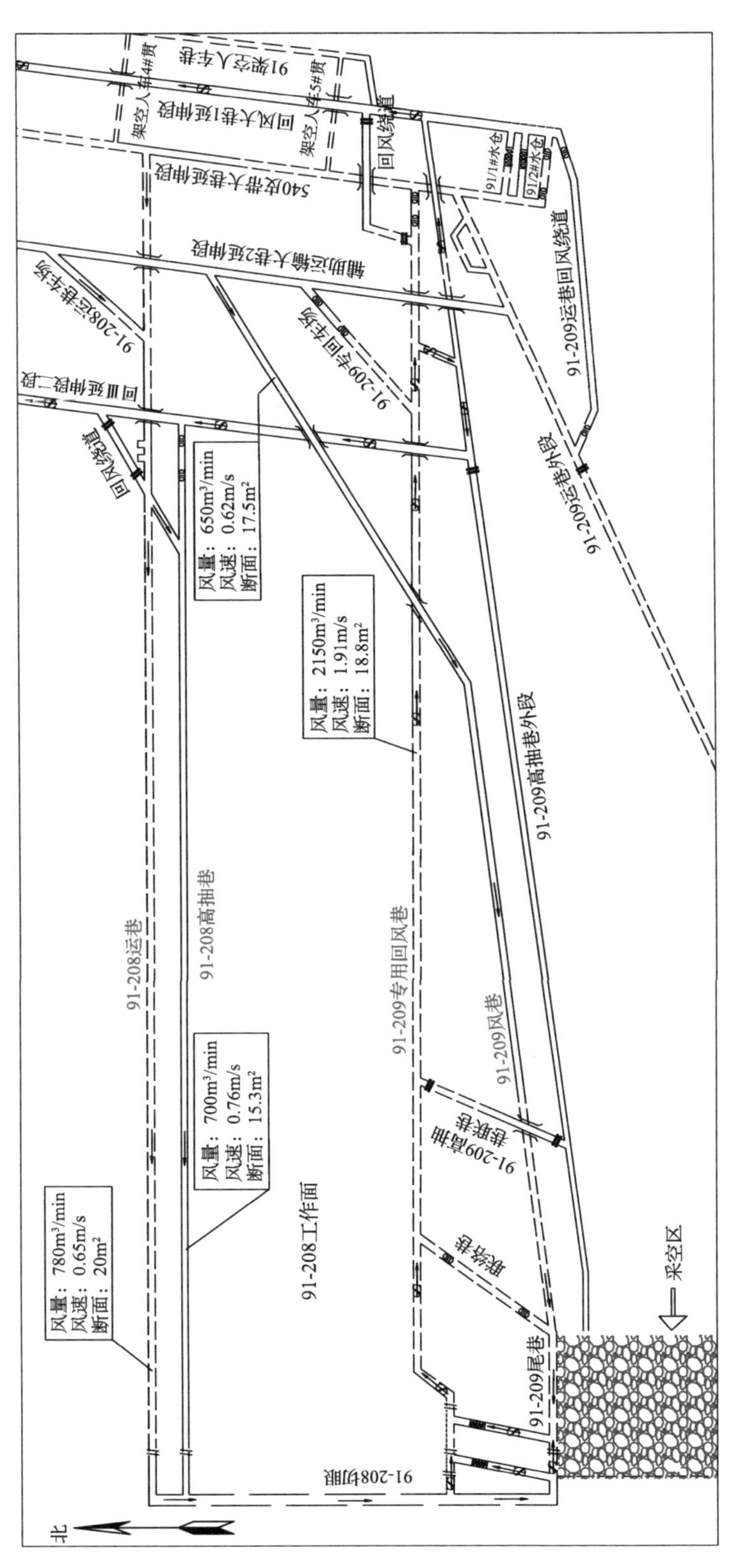

图 7-2　91-208工作面巷道布置

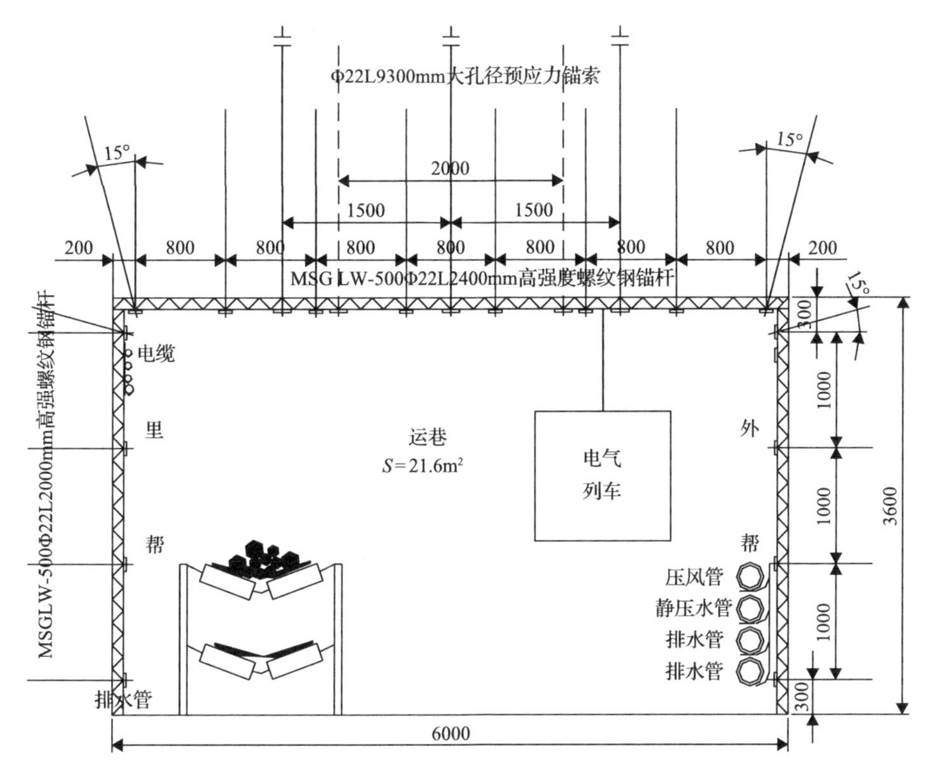

图 7-3 91-208 工作面运输巷顶板支护(mm)

17/35 型放顶煤支架、ZFG-5200/18/32 型过渡支架、AM-500 型采煤机、SGB-764/264W 型前部刮板输送机、SGZ-764/320D 型后部刮板输送机、SZB-764/132 型转载机、SDJ-150 型皮带输送机、MRB-125/3.5 型泵站，于 6 月在兴隆庄煤矿 5306 工作面试运转、试生产。从 7 月 1 日正式生产到年底，共生产原煤 64.4 万 t，采出率达到 81%，平均月产煤 99750t，回采工效达到 32.803t/工，达到了安全、高产的目的，为兖州矿区放顶煤开采奠定了基础。

1993 年 3 月，鲍店煤矿应用放顶煤开采，工作面煤厚 8.5m，工作面长 125m，工作面装备配套与兴隆庄煤矿基本一致，平均月产煤 17.17 万 t，工作面效率 74.8t/工，经济效益十分明显。1994 年，兴隆庄煤矿综采一队的放顶煤工作面产量达 230 万 t，鲍店煤矿综采二队的放顶煤工作面产量达 220 万 t。1995 年，兴隆庄煤矿综采一队实际产煤 3006036t，成为全国第一个年产量超过 300 万 t 的综采队。

1997 年，东滩煤矿综采队年产量突破 410 万 t，东滩煤矿煤层厚度 5.6～6.5m，煤层倾角 3°～8°。1998 年矿区有 4 个综采队达到年产量 300 万 t 以上的水平，其中东滩煤矿综采队首先突破年产 500 万 t 大关。

1999 年，兴隆庄煤矿采用 ZF6200-16/35 型较大阻力放煤支架，开采倾角为 4°～12° 的 8.2m 厚煤层，工作面长 162m，“一刀一放”单轮顺序放煤，采放平行作业，工作面平均月产煤 35 万 t，工作面采出率 85.17%，平均回采人员工效 177.98t/工。

2002 年，东滩煤矿综采队采用国产设备创年产量 607 万 t。兴隆庄煤矿综采队采用“十五”攻关实现的电液自动化控制的放顶煤工作面创年产量 640 万 t，双双突破 600 万 t。

进入 21 世纪后，兖矿能源集团开启了对外输出道路。2004 年，兖煤澳大利亚有限公司成立，同年收购新南威尔士州澳斯达煤矿，在澳大利亚首次采用了放顶煤开采技术。2019 年，金鸡滩煤矿成功应用世界首套 7m 超大采高放顶煤开采成套装备，开采成功，工作面年产量达到千万吨水平。

7.1.2.2 兖州矿区放顶煤开采装备配套

兖州矿区坚持走国产化装备的道路。在经历了“工业性试验—推广应用—完善提高—创新发展”的发展过程后，根据矿区煤层开采条件的不同，初步形成了低档(年产量 100 万～200 万 t)、中档(年产量 200 万～300 万 t)、高档(年产量 400 万～500 万 t)及超高档(年产量 600 万～700 万 t)并存，适应不同煤层赋存条件的高产高效放顶煤开采工艺装备配套模式。中档、高档、超高档三类装备配套模式的产量指标、工艺参数及装备配套特点见表 7-1。

表 7-1 兖州矿区不同产量层次放顶煤开采装备特征

产量层次		中档	高档	超高档	
年产量/万 t		200～300	400～500	600～700	
工艺参数	采高/m	2.8	2.8	3.0	3.2
	放煤高度/m	2.8～5.6	2.8～5.6	5.4	5～6
	截深度/m	0.6	0.8	0.8～1.0	
	放煤步距/m	0.6～1.2	0.8～1.6	0.8～1.0	
	工作面长/m	150～200	200～250	250～300	
装备配套	采煤机	AM500 三牵引	MGTY400/900-3.3D	SL300	SL750
	液压支架	ZFS5600/17/32 ZTF5400/22/32	ZFS6200/18/35 ZTF6500/19/32	ZFS6800/18/35 ZTF7000/19/32	ZFY8500/21/40 ZFG10800/22/38
	刮板输送机	SGZ-764/400 SGZ-830/500 SGZ-830/630H	SGZ-960/750 SGZ-900/750H	SGZ-1000/1200 SGZ-1200/1400H	SGZ-1000/1400 SGZ-1000/1400H
	转载机	SZZ-1000/375 SZZ-1000/400S	SZZ-1000/375(400)	SZZ-1200/525	SZZ-1200/700
	破碎机	PLM-3000	PLM200	PLM-3500	PCM250
	皮带输送机	SSJ-1200/3×200	SSJ-1200/3×200	SSJ-1400/3×400	SSJ-1400/6×400
	泵站	GRB-315/31.5	GRB-315/31.5	EHP-3KE	GRB-315/31.5
备注		“八五”设备	“九五”设备	“十五”设备	600 万 t 自动化信息化设备

7.1.2.3 放顶煤开采在澳大利亚的创新应用[7]

澳斯达煤矿位于澳大利亚新南威尔士州猎人谷地区，距悉尼以北 160km，纽卡斯尔以西 65km，塞斯诺克以南 8km。矿井井田面积约 63km^2，地质储量近 1.4 亿 t，可采出煤量为 5000 万 t。矿井煤层赋存稳定，厚度 4.5～7.5m，平均 6.0m，煤层倾角 4°左右，埋深 450～700m。直接顶岩性为厚度达 20m 的砂岩、砾岩、砂岩/粉砂岩互层，直接底岩性为薄层状泥岩/黏土岩/粉砂岩/砂岩，下覆较厚的砾岩层，煤层解理和节理发育。矿井为低瓦斯矿井，煤尘具有爆炸性，煤层有自然发火隐患，自然发火潜伏期为3～6个月，矿井总涌水量平均约2.0ML/d。矿井采用斜井、立井混合开拓方式。

工作面主要设备及性能参数如下。

液压支架架型为2-LEG-SHIELD-1800/3500-971T，工作阻力9710kN，支架中心距1.75m，支护范围1.9～3.5m，移架步距800mm，重量31t，操纵方式PMCR支架控制器。

采煤机装机功率1250kW，截深800mm，采高范围2.2～3.5m，牵引方式VVVF销轨电牵引，滚筒直径2.2m，电压等级3.3kV。

前部刮板输送机型号PF6封底式，功率2×540kW，链速1.12m/s，运量1800t/h，槽宽1000mm，软启动CST。

后部刮板输送机型号PF5敞底式，功率2×540kW，链速1.12m/s，运量1500t/h，槽宽1000mm，软启动CST。

转载机型号PF6/1342，功率400kW，运量3000t/h，槽宽1200mm，长度37m。

破碎机型号SK11/18，功率400kW，破碎能力3000t/h。

移动变电站容量6250kVA，输入电压11kV，输出电压3.3kV，移动方式履带自移。

泵站模式四泵一箱履带自移拖车，乳化泵数量2(35MPa、306L/min)，高压乳化泵数量1(42MPa、250L/min)，喷雾泵数量1(13MPa、630L/min)，乳化液箱容量10000L。

单轨吊储存长度200m，移动方式风动马达，用于材料等辅助运输。

澳斯达煤矿放顶煤工作面，实现了煤机自动记忆切割技术、支架自动跟机移架技术、煤流自动平衡技术、CST软启动技术、工作面工况监测技术和远程数据通信技术等多项世界先进采煤技术的技术集成，如图7-4所示。

图7-4 澳斯达煤矿放顶煤开采成套设备

工作面装备两柱掩护式放顶煤液压支架，与传统的四柱式放顶煤液压支架相比，该架型具有有效支护力大，适应性好；支架顶梁前端作用力大，有利于防止工作面架前片帮冒顶；管路设计简单，易于实现自动化等优点。

在工作面端头，应用了左右分离迈步式巷道端头成组支架。该组支架由独立的左右两部分组成，在左右顶梁上装有防倒千斤顶，支架和巷道转载机之间设有迈步推移千斤顶，它们互为支点进行移动。靠工作面侧支架一次迈步移动，外侧支架分前后部分两次迈步，以减少顶板无支护面积和时间。

泵站供液压力和安全阀开启压力高，支架自动补压系统保证了支架高支撑力。自 20 世纪 70 年代末引进综采以来，我国的综采工作面泵站压力一直为 31.5MPa，通过把两台乳化液泵压力和支架立柱安全阀开启压力分别调整到 35MPa 和 45MPa，在不增加费用的前提下，支架初撑力和工作阻力分别提高了 8.55%和 6.4%。为了进一步提高支架初撑力，对第 3 台乳化液泵进行改造，使出口压力达到 41MPa，并设置一路独立的高压进液管路，专门给立柱供液。该高压供液系统由电液阀先导回路控制的液控单向阀控制，当 35MPa 系统进入立柱下腔并达到压力后，电液阀先导回路就自动打开高压补压回路，使 41MPa 的高压乳化液进入立柱下腔。通过这个系统使支架初撑力提高了 27%。

工作面运输设备性能先进、工作可靠性高。通过调整前后部刮板输送机中心线距离、对排头支架重新设计、成功解决两端头支护空间问题，前后部刮板输送机都使用了 CST 软启动装置，有效防止了断链事故的发生；优化了工作面运输设备速度，刮板输送机链速降低为 1.12m/s，转载机链速相应降低到 1.5m/s，刮板输送机运输能力从 2806t/h 变为 2395t/h，转载机小时运输能力从 3945t 变为 3402t，完全能够满足工作面年产量的要求；将交叉侧卸布置方式引入到放顶煤后部刮板输送机机头位置，解决了前部刮板输送机机头、机尾上漂的难题，实现了无人值守，保证了工作面正常高效的生产，巷道掩护支架和巷道支架的配套使用，确保了端头支护的可靠和安全，较好实现了转载机、交叉侧卸式机头的推移，如图 7-5 所示。

图 7-5 后部刮板输送机交叉侧卸式机头

7.2 两硬厚煤层放顶煤开采技术

7.2.1 大同矿区地质概况

大同煤田位于山西省大同市西南方向，煤田大致为一长方形盆地，走向北东-南西，长 85km，倾向北西-南东，宽 30km，面积 1872km^2。煤田赋存有两个煤系，上煤系为侏罗系煤系，下煤系为石炭系—二叠系煤系。其中侏罗系煤系面积为 772km^2，倾角为 3°～

5°，主要含煤段大同组厚 230m，煤层总厚 21m，含煤系数 9.8%。可采煤层有 15 层，煤层顶底板多为硬质整体砂岩，煤质品种为二号弱黏结性煤，亦很坚硬。石炭系—二叠系含煤地层面积 1739km^2，地质储量 308.3 亿 t，平均厚度 83m，煤层总厚度 26.3m，含煤系数 31.6%[8]。

侏罗系煤层坚硬完整，顶煤不能自行破碎，顶煤放出困难。顶板多为整体性强的厚砂岩、砾岩，层理节理均不发育，性质坚硬，顶板普氏硬度系数 $f \geqslant 8$，顶板难以冒落，来压时常出现冲击性载荷，压力显现剧烈。

石炭系厚及特厚煤层主要有 3～5 号合并煤层和 8 号煤层两个可采煤层。3～5 号煤层，大部分地区稳定可采，可采厚度 1.63～29.21m，埋深 300～500m，煤层硬度中等以上，裂隙较发育。直接顶主要是高岭质泥岩、碳质泥岩；基本顶为中、粗粒石英砂岩，砂砾岩及砾岩，厚度 20m 左右。8 号煤层与 3～5 号煤层间距平均 35m，煤层厚度 0.60～14.59m，平均厚度为 6.12m。直接顶岩性为泥岩、砂质泥岩、粉砂岩，厚度为 3.59～16.89m，属中等坚硬岩石。基本顶为稳定的中、粗粒石英砂岩。

同煤集团基于最大限度地利用有限资源和企业可持续发展的需要，与高校、科研单位密切合作进行了 20 多年的放顶煤开采技术攻关，从 20 世纪 80 年代末的侏罗系上分层综采自动铺网，下分层高位放顶煤开采试验到一次采全高高位、中位、低位放顶煤开采，下分层低位放顶煤，石炭系特厚复杂煤层的高效低位放顶煤研究，最终探索出适用于大同矿区侏罗系和石炭系煤层条件的一整套放顶煤开采综合技术，实现了对“两硬”特厚煤层的高产高效高采出率的安全开采。

7.2.2 大同矿区放顶煤开采技术沿革

同煤集团从 1991 年开始在煤峪口、忻州窑等煤矿近 30 个工作面采用高位、中位、低位放煤支架进行了“下分层网下放顶煤”和“全厚一次放顶煤”试验。在煤峪口矿 11～12 号合并层 8809 工作面下分层(上层采用铺联网综采)采用 5600kN 高位放顶煤支架进行金属网假顶下的放顶煤开采。采煤机切割高度 2.8m，顶煤厚度 2.0m，先后研制出 ZFD5600、ZFD4500 和 ZFD4400 型放煤支架。由于铺网成本高，上下分层开采工艺复杂，工作面月产仅 6 万 t 左右。

1992 年，忻州窑煤矿采用 ZFS6000 型中位放煤支架进行硬煤条件下一次采全高的放顶煤开采试验，工作面煤厚 10m，近水平煤层，取得了较好效果。1993 年，在忻州窑煤矿 11～12 号合并层 8920 工作面先后采用中位、低位放煤支架进行放顶煤开采试验，但存在顶板难破断、顶煤损失大等问题。1995 年，研制出 ZFSG6000 型低位放煤支架，同时试验顶煤爆破弱化技术，取得了初步成功。1996～1998 年，大同矿务局、中国矿业大学(北京)、煤炭科学研究总院太原研究院、太原理工大学组成联合项目组，在煤炭工业部“九五”科技攻关项目中，研制出新型的 ZFS6000 型低位放煤支架，研究顶煤和顶板活动规律，实施顶板步距式爆破放顶，建立了煤体爆破分形能量释放模型，通过施工顶煤工艺巷进行顶煤深孔预爆破，极大地改善了顶煤爆破弱化效果，在 8911 工作面工业试验期间，月产煤达 12.14 万 t，工作面采出率 80.3%，硬煤条件下放顶煤工作面年产量达到百万吨以上，后来推广到煤峪口矿、云冈煤矿等[9]。

以上忻州窑煤矿、煤峪口矿等开采的是侏罗系煤层，煤层和顶板坚硬，石炭系煤层赋存条件和侏罗系煤层有较大差别，以塔山煤矿为例，主采煤层为石炭系3～5合并煤层，平均厚18.44m，倾角1°～3°，属较稳定型特厚煤层。针对大同石炭系煤层的特殊条件，同煤集团研究了大同石炭系特厚煤层开采专有技术，实现了安全高效高资源采出率开采。2008年在“十一五”国家科技支撑计划重大项目中，研发了ZF15000/28/52型四柱式大采高放顶煤液压支架及配套装备，建立了基于顶板压力和煤壁稳定的支架阻力确定的“二元准则”和三维放煤理论，提出了覆岩破断后的“悬臂梁-铰接岩梁”结构模型，开发了低瓦斯煤层高瓦斯涌出的防治技术等，工作面年产量1085万t，顶煤采出率86.7%。2018年在“十三五”国家重点研发计划项目中，研发了ZF21000/27.5/42D型四柱式大阻力液压支架，并针对大采高放顶煤开采技术进行了智能化方面的研究与技术开发。

7.2.3 大同矿区顶煤弱化技术

大同矿区侏罗系煤层坚硬，在放顶煤开采中单纯依靠采动应力作用顶煤不能够得到充分的破碎，达不到顶煤放出所需的块度，制约了顶煤采出率，且威胁着工作面的安全生产。坚硬顶煤预先弱化基本方法可以分为注水弱化、预爆破弱化和预先爆破煤层注水联合弱化三类，即通过手段在超前工作面前方支承压力区对顶煤进行预先破碎。

7.2.3.1 注水弱化技术

1）煤层注水工艺[10-11]

通过大同矿区云冈煤矿8826、8828、8824、8822和8818等放顶煤工作面的试验，获得了有效的注水参数与工艺。8820放顶煤工作面共布置五条巷道，沿煤层底板布置2820运输巷、5820回风巷，沿煤层顶板共布置两条工艺巷（2820^{-1}和2820^{-2}）和一条专排瓦斯巷（5820^{-1}）。注水弱化顶煤煤体工艺集中在两条工艺巷内[图7-6(b)]。

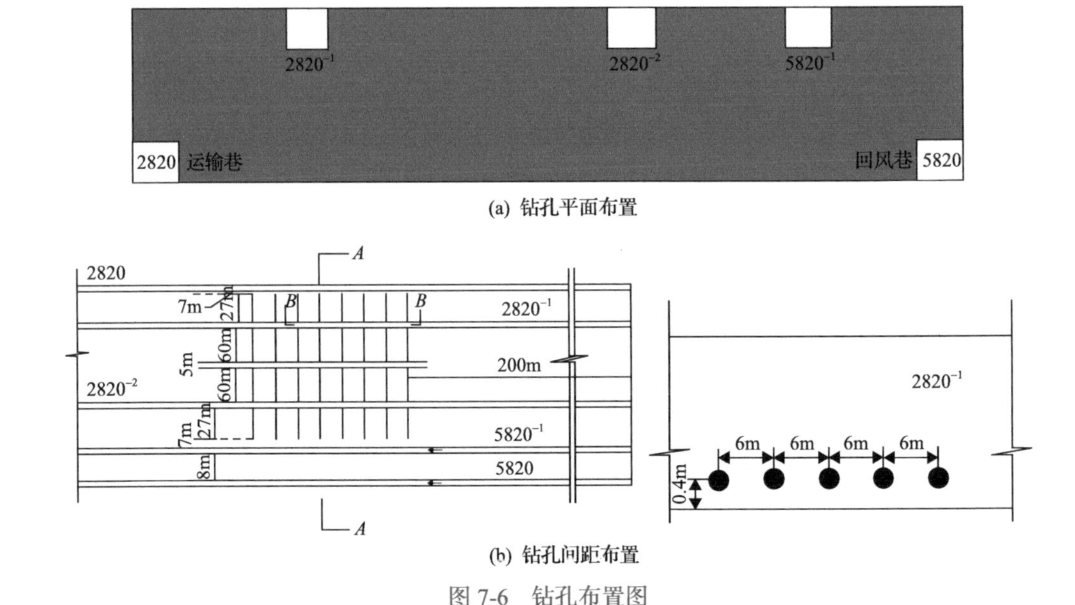

图7-6 钻孔布置图

(1)确定注水量。煤体注水钻孔施工超前工作面 100m，采用 KHYD75DIA 型钻机，孔径 62mm，使用叠加的三翼钻头和取心钻头，得到钻孔孔壁平滑，易于后期的钻孔。孔深 30m 和 27m，钻孔布置如图 7-6(b)所示，注水压力为 2.46MPa，单孔注水量 Q 约 32t。

(2)封孔。煤层注水的关键在于封孔，初期之所以采用钻探放水孔封孔器，是因为煤层本身存在节理裂隙，导致钻孔孔口封孔不良，渗水卸压，干扰了后期注水效果。设计了高压胶管封孔器，将控水闸门打开后，高压胶管会急剧膨胀挤压钻孔孔壁，导致其接触严密无缝，从而确保注水压力。

(3)静压注水所需设备及材料见表 7-2。单次注水 48m，两巷同时注水 32 个钻孔，合计注水量 Q=1054t。经过一周注水后能充分湿润煤体，会使原始应力状态的完整顶煤预先发育裂隙带和产生结构改变，即外加的预处理过程和诱导因素将煤层原生裂隙和地质弱面扩展与贯通，从而改变了煤的强度特征并使后续原生裂隙进一步扩展与贯通。

表 7-2 煤层注水设备配置

序号	名称	数量	规格型号	备注
1	钻机	2 台	KHYD75DIA	
2	高压胶管封孔器	32 个	1.5m	封注水孔
3	压力表	2 个		
4	流量表	2 个	DC-4.5/20	
5	三通	100 个		
6	软管	100m		与主管连接

2)地面水压致裂技术[12]

同煤集团马道头煤矿采用地面水压致裂技术对 8106 工作面顶煤、顶板进行弱化处理，以提高顶煤回收率和降低顶板垮落的冲击，压裂井中心距 8106 工作面切眼 849m，距工作面水平距离约 62m，压裂层位选择顶煤及煤层上覆 20.72m 厚组合砂岩层。

压裂时间为 40min，泵站排量为 3m^3/min，泵压为 20MPa，注入压裂液为 200m^3。压裂时采用电缆传输射孔，压裂液选取胍胶压裂液(0.2%增稠剂+有机硼交联剂)。压裂过程中实际压裂时间为 38min，泵站排量为 2～4.5m^3/min，总流量为 240m^3，泵压为 16.9～21.3MPa，压力变化曲线呈密集锯齿状，表示岩层内有新生裂隙扩展，达到了通过压裂破坏岩层完整性的目的，且压裂区域较未压裂区域顶煤回收率增加了 6.1%(表 7-3)。

表 7-3 马道头煤矿 8106 工作面顶煤弱化影响区内外各项指标对比

各项指标	日产量/t	日割煤量/t	日放煤量/t	日推进度/m	工作面回收率/%	顶煤回收率/%
弱化区域	28767	6604	22163	4.8	85.4	82.2
未弱化区域	30481	7430	23051	5.4	80.4	76.1

7.2.3.2 预爆破弱化技术

云冈煤矿除了对煤体进行注水外，也采用预先爆破的手段对顶煤进行松动。煤体松动预爆破工艺也主要集中在两条工艺巷内(图 7-7)，可直接将注水钻孔作为煤体松动炮孔，原钻孔受施工过程中钻杆自重等因素的影响，钻孔终孔后孔底段倾角往往小于 0°，使得孔内积存大量的煤粉和积水，导致钻孔提前装药后药卷被水浸泡时间过长不能正常起爆或发生残爆，通过分析将头向、尾向炮孔倾角变为 2°后孔内无积水存在，装药后炸药能充分起爆，达到预期效果。煤体松动预爆破炮孔施工超前工作面煤壁 60m，当钻孔距工作面最小距离为 20m 时实施预爆破，一次爆破距离 10m，同时爆破此范围内的顶板炮孔。通过增加煤体注水和改变松动炮孔工艺爆破后，工作面的回收率大幅提高，达到 83%。

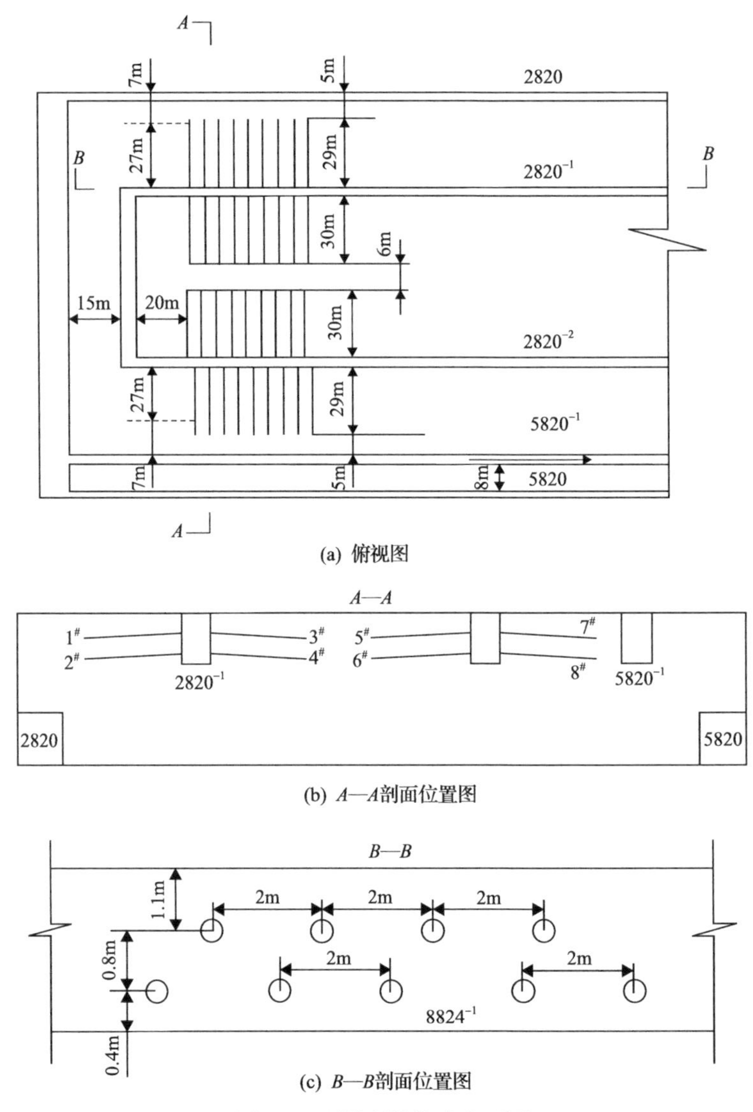

图 7-7 顶煤预爆炮孔布置图

此外，大同矿区煤峪口矿 81020 工作面也采用预爆破弱化技术对顶煤松动[13]，在工艺巷分别垂直于巷道两帮按单排眼布置，孔间距为 1m，炮孔距巷道顶板 1.2m，施工范围通尺至停采线 20m。从工艺巷向两头打钻，顶回风巷留 10m 煤柱，胶带巷留 10m 煤柱。装药孔的封孔长度 10m。采用的煤体爆破孔参数见表 7-4。

表 7-4 煤峪口矿煤体爆破孔参数

孔号	孔深/m	仰角/(°)	孔径/mm	封泥长度/m	装药长度/m	药卷直径/mm	装药量/kg	炸药类别
1号	57	3	63	10～12	47	50	94	Ⅲ级煤矿许用粉状乳化炸药
2号	67	3	63	10～12	57	50	114	

具体爆破工艺流程为装药、联炮、封孔、爆破。

(1)装药：采用正向装药结构，如图 7-8 所示。

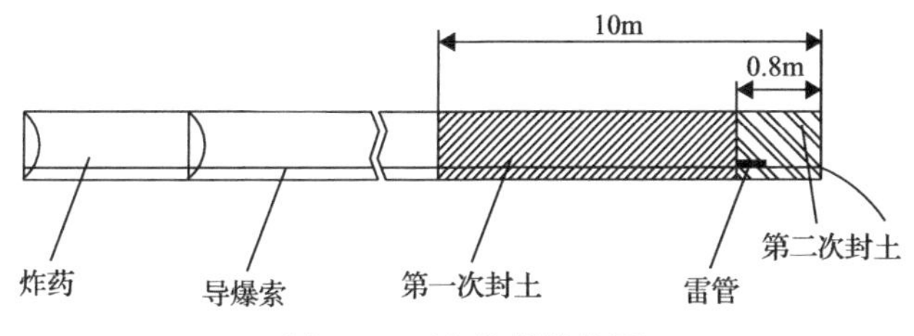

图 7-8 正向装药结构图

(2)联炮：使用单个瞬发雷管，孔与孔之间串联。

(3)封孔：采用导爆索导爆，使用水泡泥及黏土作为封泥，第一次先封至空口 0.8m 处，第二次封土时先将雷管与导爆索捆好，塞入该空段内，再封泥，直到封满捣实，将外露雷管脚线短路。

7.2.3.3 预先爆破煤层注水联合弱化技术

由于煤层赋存条件不同，有时单独采取一种弱化方式不能有效地弱化顶煤，此时可以采取多种手段。具体方法为：先进行顶煤以及顶板的预裂爆破，当预裂爆破不能满足现场生产要求时，再进行煤层注水弱化方式，从而使顶煤裂隙不断扩展，达到弱化顶煤的效果。

煤体注水、顶煤松动爆破和顶板预裂爆破之间的时空关系可以总结如下。

(1)注水钻孔施工超前工作面煤壁 200m，以确保一个月的注水时间。

(2)顶煤松动爆破炮孔和顶板预裂爆破炮孔的打钻均超前工作面煤壁 40m 以上。

(3)顶煤松动爆破炮孔和顶板预裂爆破炮孔超前工作面煤壁水平距离 20m 进行联放炮。

(4)当顶煤松动爆破炮孔与顶板预裂爆破炮孔位于同一位置时同时联放，但一条巷一次起爆数不得超过 8 个。

(5)装药与施工钻孔保持 10m 的安全距离。

这些时空关系的安排旨在确保施工过程中的安全性和效率，避免意外事件发生并有效控制爆破作业的影响范围。

7.2.4 千万吨级智能化放顶煤开采技术

7.2.4.1 地质条件

塔山煤矿 8222 工作面主采石炭系 $3^{\#}$～$5^{\#}$煤层，煤层厚度 8.17～29.21m，平均煤厚 15.76m，煤层倾角 1°～4°，平均倾角 2°。该煤层内生裂隙较发育，煤层结构较复杂，煤层中含夹矸 2～17 层，夹矸总厚度为 0.26～5.20m，平均 1.33m，夹矸岩性多为碳质泥岩、泥岩，局部有深灰色粉砂岩、煌斑岩及天然焦互层。$3^{\#}$～$5^{\#}$煤回采期间，顶煤可自行垮落，顶煤破碎块度较大。工作面直接顶以砂质泥岩和泥岩为主，岩层厚度为 1.51～14.52m，平均为 8.22m，中间夹存 $2^{\#}$煤层，平均厚度为 1.57m。基本顶以粗砂岩、砂砾岩为主，岩层厚度为 1.45～20.31m，平均厚度为 8.16m，基本顶成分以石英为主，性质较硬。直接底以砂质泥岩、细砂岩为主，岩层厚度为 1～10.42m，平均厚度为 5.32m，中间存在 $6^{\#}$煤，平均厚度为 0.25m。基本底多为粗砂岩和砂砾岩，岩层厚度为 0.85～18m，平均厚度为 8.9m。

7.2.4.2 工作面布置及主要设备[14]

8222 工作面倾向长 230.5m，工作面走向可采长度为 2471m。工作面割煤高度 3.8m，平均放煤高度为 11.96m，采放比为 1∶3.14，采用“一刀一放”放煤方式，放煤步距为 1.0m。8222 工作面采用 SL-500 型采煤机、PF6/1142 型前部刮板输送机、PF6/1542 型后部刮板输送机、ZF17000/27.5/42D 型放顶煤支架和 ZFG14000/29/42D 型过渡支架。根据工作面设计生产能力、设备性能、几何关系及装备配套关系，8222 工作面装备的选型参数见表 7-5，工作面装备布置情况如图 7-9 所示。

表 7-5 塔山煤矿智能化放顶煤开采成套装备明细表

设备名称	规格型号	技术参数	数量
采煤机	SL500	1715kW，3.3kV，2700t/h	1
中部支架	ZF17000/27.5/42D	支护强度 1.45MPa，50t/架	125
过渡支架	ZFG14000/29/42D	支护强度 1.2MPa，47.5t/架	8
端头支架	ZTZ30000/25/50D	支护强度 0.52MPa，100t/架	1
前部刮板输送机	PF6/1142	2×1050kW，3.3kV，3591～5002t/h	1
后部刮板输送机	PF6/1542	2×1600kW，3.3kV，5444～7582t/h	1
ST 转载机	PF6/1742	800/400kW，3.3kV，6236t/h	1
破碎机	SK1422	700kW，3.3kV，6000t/h	1

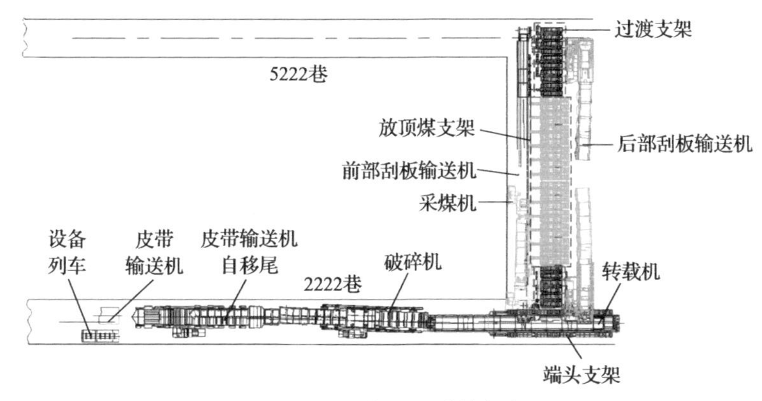

图 7-9 8222 工作面开采装备布置图

7.3 高瓦斯软煤放顶煤开采技术

7.3.1 淮北矿区高瓦斯软煤放顶煤开采

淮北矿区是我国大型煤炭生产基地之一，始建于 1958 年，已有 60 余年的开采历史，淮北矿区的放顶煤开采主要集中在一部分 10m 左右的厚煤层，以及间隔 2m 内、合层厚度 14m 以内的极近距离煤层，对于这些煤层的开采一直是技术难题，而且矿区内地质构造复杂，可供连续开采的块段小，给大规模的机械化生产带来困难。

煤层赋存极不稳定，煤层厚度变化大，煤层结构复杂，含 1～2 层夹矸，煤层极软(f=0.5)，煤壁难以控制，巷道支护困难。瓦斯含量高，有突出危险，煤层的透气性差，具有自然发火危险，如芦岭煤矿 8#煤层瓦斯含量 16m^3/t，最大瓦斯压力 2.83MPa，煤层透气性系数为 0.004843～0.098038m^2/(MPa^2·d)，建矿以来发生煤与瓦斯突出 20 余次，是我国典型的高瓦斯突出矿井。随着开采深度增加，开采规模增大，矿区开采的水患威胁越来越严重，而且水患类型齐全，顶板砂岩水、底板灰岩水、四含水等水害类型均有，其中以煤系地层的二叠系砂岩裂隙水含水层和太原组灰岩岩溶水含水层的威胁较大。矿区矿井涌水量最大 8900m^3/h，最小 2890m^3/h[15]。

由于地质条件复杂，淮北矿区曾经以炮采工艺为主，存在单产水平低、职工劳动强度大、安全性差等问题。为解决复杂条件下安全开采难题，淮北矿业对采煤工艺进行改革，先后采用了网格式支架放顶煤、Π 型梁简易放顶煤、轻型支架放顶煤等采煤工艺，最终形成了以综采、放顶煤开采为主的开采工艺及配套装备体系，矿区生产状况发生了根本性的变化。从 2000 年到 2012 年，淮北矿业原煤产量从 16.93Mt 增长至 40.19Mt，达到平均单工作面月产量 70000t 以上，采煤机械化程度 95%以上的开采水平[16]。2015 年以来，安徽省内煤炭产量总体呈缓慢下行趋势，2019 年触底，2020～2021 年平缓运行，略有增长。2022 年淮北矿业商品煤产量为 22.90Mt，占安徽省原煤总产量的 20%。针对淮北矿区的自然条件，实现高效放顶煤开采需要解决的主要技术难题如下：①防治极软煤层的片帮与端面漏冒；②高瓦斯煤层的瓦斯治理；③顶煤含夹矸的特厚煤层高效放煤与提高采出率。

7.3.2 朱仙庄煤矿软煤放顶煤开采技术

7.3.2.1 地质条件

朱仙庄煤矿 8#煤层属特厚极软煤层，煤层厚度 8～12m，平均 9.98m，顶、底板多以泥岩或泥质胶结的岩层为主，性软，属于典型的“三软”煤层，煤层的普氏硬度系数 f=0.30～0.57。自 1999 年以来，该煤层进行了轻型支架放顶煤开采，先后开采了 8413-2、8415、853、874、855、877、II867、857 等工作面，平均单产 5 万 t。单产较低的主要原因是工作面在回采期间煤壁极易片帮、漏顶。

7.3.2.2 片帮、漏顶防治措施

1) 局部加强锚固支护

朱仙庄煤矿 II867 轻放工作面过断层和向斜轴部时，煤壁片帮、漏顶严重。根据现场情况，煤壁及顶板为泥页岩段，补打玻璃钢制锚杆进行固化顶板，锚杆长度 1.8m 或 2m，直径 20mm。锚杆布置参数为：间距 750mm，紧贴顶梁下端，与工作面煤壁夹角为上仰 70°～80°，全长锚固。这种技术对煤壁顶板加固效果较好，起到了一定的防止片帮、漏顶作用，适用于工作面过断层或上山回采。

2) 煤壁注浆

在支架顶下 0.5m 位置，打注浆孔(孔深 6～7m，钻孔直径 42mm，上仰角 40°，孔间距 5～6m)，正常注浆情况下，注浆量每孔 6～8 桶，注浆时间每孔 20min，注浆压力小于 10MPa。注浆时，把两根吸料管分别插入马丽散树脂和催化剂桶中，活塞在气马达的作用下运动。由于压力作用使原料经过活塞进入输送管，输送到注射枪里，通过注射枪注入地层，原料渗入裂隙，进而快速反应达到加固煤壁的目的。

3) 煤壁注水

经过多次试验，在淮北矿区选择注水压力 5～8MPa，采用两组钻孔布置，一组钻孔以一定仰角(30°)向顶煤注水，另一组钻孔沿水平方向向工作面前方注水，分组隔天交替进行，注水孔间距选定 5m，孔长度选定 6m 较为适宜。注水时通过乳化液泵站供水，水压不得超过 8MPa，采用并联多孔注水时，一次注水 2～3 个孔，使用封孔器进行注水，利用液压支架片阀手把进行操作，控制注水流量。在注水过程中，如遇钻孔或钻孔附近煤壁出现大量跑水、漏水现象，应立即停止注水，进行处理。注水时，端面顶帮出现少量掉渣属正常现象，但出现大面积片帮时，应停止注水，将煤壁超前管理好。邻眼及邻架顶帮端面出水时应停止注水，一般每眼注水时间以 10～20min 为宜。

4) 提高支架初撑力

提高支架初撑力，对支架上方顶煤和顶板起到主动支撑，减少顶板对煤壁产生的压力，从而减少煤壁的片帮、漏顶次数。

5) 加强工作面管理

工作面采直采平，能够避免因应力集中而导致煤壁片帮、漏顶。在工作面割煤、抵

车、移架时必须拉通线，确保工作面采直，同时要尽量保持工作面能够衬平，这样对煤壁片帮、漏顶起到预防作用。对煤壁片帮、漏顶地段进行超前管理，管理方法：使用1.4m×0.2m×0.15m 伸缩梁作梁，单体支柱作腿，一梁两柱，一架两棚，顶上铺金属网过顶，支柱距链板机铲煤板距离(0.9m)以过采煤机滚筒为原则。这种方法能够非常有效地控制煤帮片帮、漏顶，但需要较多的工人和时间去管理顶板。

6)降低采高

如 ZF2400/24/16/BF 型液压支架高度在 1.6～2.4m，同时还要考虑过采煤机以及行人高度等，适当降低采高，对煤壁片帮、漏顶可以起到作用。

7)加快工作面推进度

对 8415 工作面进行观测，结果显示推进速度快，顶板破碎度、片帮、漏顶次数少；推进速度慢，顶板破碎度、片帮、漏顶次数多。因此，合理加快推进速度能够防止煤壁片帮、漏顶。

7.3.2.3 朱仙庄煤矿智能化放顶煤开采

朱仙庄煤矿 8105 工作面主采 8#煤层，可采走向长 600m，工作面长 170m，平均煤厚 8m，可采储量 119 万 t，煤层倾角为 5°～15°。基本顶为中细粒砂岩，平均厚度为 9.0m，直接顶主要是泥岩，平均厚度为 6.5m，底板为泥岩，平均厚度为 6.8m。该工作面采用智能化放顶煤开采新工艺，在视频、通信、信息采集、电控、液控等方面实现智能化控制和自动化监测，提高了自动化作业程度和安全生产效率，大大减轻职工劳动强度。工作面主要设备布置及信息如图 7-10 和表 7-6 所示。

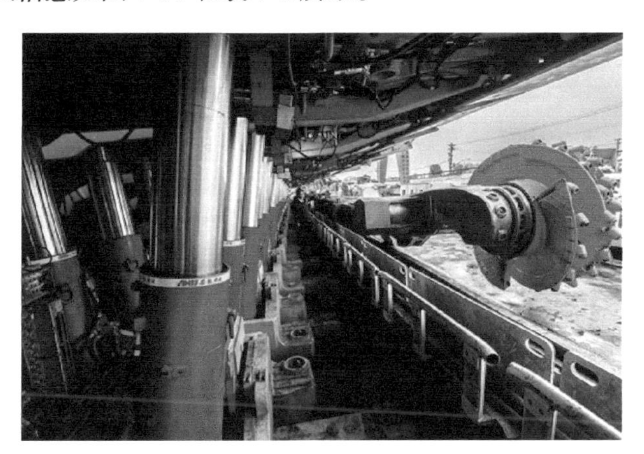

图 7-10 8105 智能化放顶煤工作面设备布置

表 7-6 8105 工作面主要设备配置

序号	设备名称	型号	数量	使用地点	电压等级/V	电机功率/kW
1	采煤机	MG500/1180-WD	1 台	工作面	3300	1180
2	前部刮板输送机	SGZ-764/630	1 部	工作面	3300	630
3	后部刮板输送机	SGZ-764/630	1 部	工作面	3300	630

续表

序号	设备名称	型号	数量	使用地点	电压等级/V	电机功率/kW
4	液压支架	ZF7000/18/28	110 架	工作面	3300	630
5	乳化泵	BRW-400/31.5	2 台	8105 车场	3300	2×250
6	破碎机	PLM-2000	1 部	运输巷	1140	200
7	转载机	SZZ-830/200	1 部	运输巷	1140	200
8	皮带输送机	DSJ-100/100/2×125	1 部	运输巷	1140	2×125
9	喷雾泵	BRW200/31.5	2 台	8105 车场	1140	125
10	喷雾泵	PBW320/6.3	2 台	8105 车场	1140	2×45

此外，在 8105 放顶煤工作面安装了智能放煤控制系统(见 5.5.1 节)，进行含矸率检测试验，利用图像识别智能放煤在线监测软件，进行了多次现场图像分析。试验结果表明，图像检测处的矸石投影面积数据可靠，基于图像监测的体积模型得到的矸石体积数据可靠；矸石在刮板输送机上的投影面积与建模体积比值范围波动小于 10%，即图像监测出的矸石面积可以代替矸石的体积及质量。

7.3.3 芦岭煤矿高瓦斯煤层放顶煤开采技术

芦岭煤矿Ⅲ811 放顶煤工作面为该采区 8#煤的首采面，工作面平均走向长 717.0m，倾向宽 175.9m，回采区域面积 126120.3m^2。该工作面地面标高+22.0～+23.0m，工作面标高–701.4～–587.7m。Ⅲ811 放顶煤工作面煤系地层为二叠系，8#煤层赋存较稳定，结构复杂，厚度 3.33～14.75m，平均煤厚 8.25m；9#煤层赋存不稳定，煤层结构简单，厚度 0～4.25m，平均煤厚 1.21m。Ⅲ811 工作面 8#煤层上距 7#煤层间距为 8.72～26.08m，平均 19.38m，直接顶为粉砂岩，厚 0～10.78m。8#、9#煤层夹矸为泥岩和粉砂岩，平均夹矸厚度为 0.59m。工作面直接底为泥岩，平均厚 3.48m[17]。

7.3.3.1 工作面开采工艺

回采位置：有 9#煤区域，跟 9#煤底板回采；无 9#煤区域，跟 8#煤底板回采。

工作面回采工艺流程：收护帮板—割煤—伸缩前梁—推前部刮板输送机—移架—放顶煤—拉后部刮板输送机。

落煤方式：采用“两刀一放”的落煤方式，采煤机(MG500/1080-WD)割煤两刀(进尺 1.2m)，然后从支架尾部低位放煤，放煤步距 1.2m。采取多轮间隔放煤，根据现场放煤情况随时调整放煤步距和放煤轮数，放煤时适当控制放煤量，防治瓦斯超限，并打开本架及相邻上下架喷雾消尘。由于工作面倾角较大，工作面下部煤体受到上部煤体的挤压作用，煤体相对更加紧密，选择“上向放煤”更有利于顶煤回收。

装、运煤方式：采煤机滚筒旋转割煤，割落煤体进入前部刮板输送机，顶煤经放煤口放落至后部刮板输送机，刮板输送机将落煤运至破碎机，经破碎机破碎后再由转载机转入皮带输送机，支架间少量浮煤由人工攉入刮板输送机内。

推溜方式：工作面支架正常生产期间，单向顺序推溜，滞后煤机大于 15m。沿单向方向逐架顺序推溜；移溜时，弯曲长度不得小于 15m。

移架方式：采用顺序移架和分段追机移架，移架必须滞后煤机 10～12 架，移架步距 630mm。

7.3.3.2 巷道布置及支护

1) 工作面运输巷

工作面运输巷跟 9#煤底板施工，运输巷东段采用马蹄形 U29 型钢棚支护，U 型钢棚支护规格为：底宽 4900mm，净高 3400mm，棚距 600mm。西段采用平顶 U29 型钢棚支护，U 型钢棚支护规格为：底宽 5409mm，净高 3300mm，棚距 600mm。采用铁背板和双抗网腰帮过顶，如图 7-11 所示。主要用于工作面进风、行人、供电、安设供水喷雾、排水、液体管路、隔爆设施，铺设运输设备(运煤)、安装无极绳以及各种安全设施和配件。

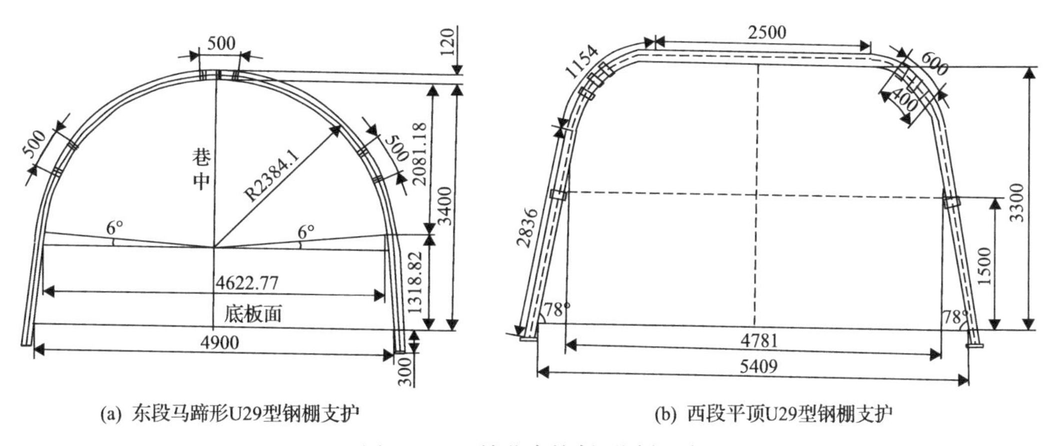

(a) 东段马蹄形U29型钢棚支护　(b) 西段平顶U29型钢棚支护

图 7-11 运输巷支护断面图(mm)

2) 工作面回风巷

工作面回风巷跟 9#煤底板施工，回风巷东段采用马蹄形 U29 型钢棚，U 型钢棚支护规格为：底宽 4900mm，净高 3400mm，棚距 600mm，采用铁背板和双抗网腰帮过顶。主要用于工作面回风、行人、运料、安设供水、排水管路及一通三防安全设施等。回风巷西段采用平顶 U29 型钢棚支护。工作面开切眼布置主要用于安设液压支架、煤体回采输送以及通风行人等。开切眼位置跟 9#煤底板施工，导硐切眼采用工字钢支护，刷大后用单体支柱配合 Π 型钢使倾向挑棚支护，刷大后下净宽 7920mm，净高 2800mm。其他巷道岩巷段使用锚网外加钢带支护，煤巷段与运输巷采用马蹄形 U29 型钢棚支护。

7.3.3.3 工作面瓦斯防治

8#煤层属于瓦斯突出煤层，煤层厚度比较稳定，平均煤厚 10m，由于该区域不具备保护层开采条件，因此提前消除 8#煤层突出危险性是重中之重。根据实际条件，只能采取大面积预抽瓦斯的方法。但由于松软煤层钻孔施工易发生喷孔、垮孔和卡钻等现象，施工难度大，煤层渗透性差，预抽效果一般，预抽时间动辄 8～12 个月，难以满足矿井生产接替需求。综上，芦岭煤矿难以通过穿层钻孔大面积预抽煤层瓦斯，消除 8#煤层的瓦斯突出危险。

基于以上分析，为了解决上分层工作面开采过程中的瓦斯问题，采用通风风排和瓦斯抽放的方法。瓦斯抽放采用综合方法，由于工作面的瓦斯涌出中大部分来源于下部分层和邻近煤层的卸压瓦斯，因此主要采用顶板高位钻孔抽放工作面采动卸压瓦斯，同时采用埋管的方法抽放采空区瓦斯和工作面上隅角瓦斯。上分层开采以后，进行下分层待采区域的瓦斯突出危险性评价，当下分层已经消除了煤与瓦斯突出危险后，进行下分层的放顶煤开采。

下分层放顶煤开采过程中，采用顶板高位巷道结合高位巷钻孔、回风巷高位斜交钻孔抽放工作面采动卸压瓦斯，在工作面回风巷、运输巷布置本煤层顺层钻孔预抽和边采边抽抽放煤层瓦斯，同时采用管的方法抽放采空区瓦斯和工作面上隅角瓦斯，如图 7-12 所示。

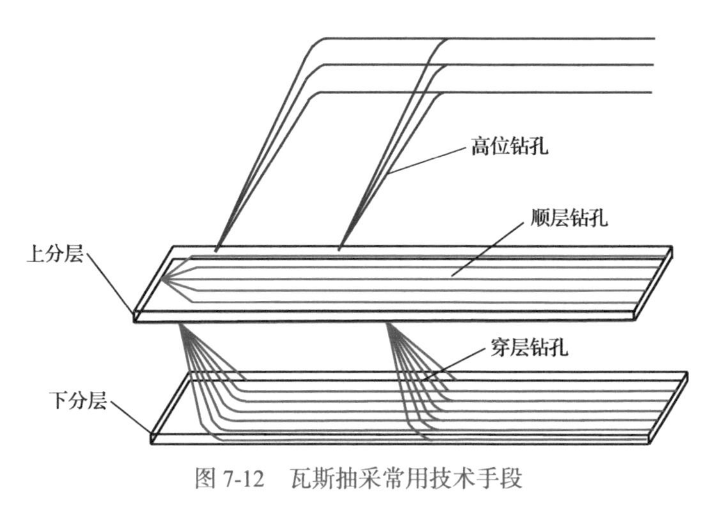

图 7-12　瓦斯抽采常用技术手段

7.4　大倾角厚煤层走向长壁放顶煤开采技术

7.4.1　大倾角厚煤层走向长壁放顶煤开采特点

大倾角厚煤层(煤层倾角大于 35°)走向长壁放顶煤开采的显著特点之一是垮落的顶板会沿着煤层底板向下滑移，在采空区形成不均匀充填，在工作面下部密实充填、中部不均匀充填、上部无充填而形成空洞，如图 7-13 所示。这种结果导致工作面支架受力不均匀，不同区域的支架与顶板作用关系不同。对于厚煤层的放顶煤开采，采出空间更大，工作面顶板垮落和充填的不均匀性更加明显，不合理的采放工艺会导致顶煤沿着支架的顶梁、掩护梁、煤层底板向下滑移，带动支架倾斜，更加恶化支架与围岩的关系。根据大倾角厚煤层走向长壁放顶煤开采的顶板垮落和运动特点，工作面上部支架以承受基本顶垮落的动载冲击为主，工作面下部支架以承受顶煤和破碎顶板的下滑挤压和上部支架挤靠静载为主。当支架选型计算时可以上部动载冲击计算支架工作阻力，以下部静载挤压计算支架侧护板的抗挤压能力。

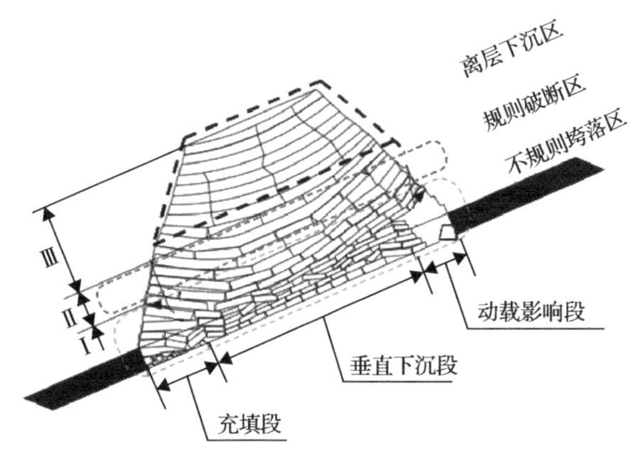

图 7-13 大倾角厚煤层放顶煤工作面覆岩破断双向分布特征

工作面顶煤采出率方面：上端的顶煤采出率较低，事实上通过数值模拟、顶煤放出的三维实验和现场实测，沿工作面方向的顶煤采出率呈“几”字形分布[18]，即工作面中部顶煤采出率高，可达 90%，工作面两端较低，75%左右。

放煤方式：对于大倾角厚煤层放顶煤开采，当工作面倾角大于破碎顶煤自然安息角，或破碎顶煤与支架掩护梁摩擦角时，整个工作面的自下而上放煤不再适用，工作面下部放煤时，会引起上部支架顶煤向下流动，减小上部支架与顶煤及顶板的作用力，减弱支架的稳定性。

7.4.2 大倾角厚煤层走向长壁放顶煤开采

7.4.2.1 地质概况

北辛窑井田所在的轩岗矿区资源地跨忻州市宁武、原平、神池三县市，资源主要位于宁武复式向斜鞍部及其南侧，含侏罗系、石炭系—二叠系两个煤系。井田内煤层埋藏较深，可采煤层为太原组的 2、5、6 号煤层。8103 工作面是北辛窑煤矿的首采面，位于北辛窑煤矿 11 采区，西邻+1040 回风巷。地面标高 1275.5～1352.7m，工作面标高 918.7～1063.8m。其两条巷道呈近东西向布置，切眼呈近南北向布置。工作面平均走向长度 1868.8m，倾斜长度 165.9m，可采储量 127.73 万 t。煤层厚度 4.3～7.0m，平均厚度 5.6m，煤层倾角 19°～25°，平均 22°，真密度 1.59t/m^3，视密度 1.48t/m^3。煤层厚度变化不大，以暗煤为主，次为亮煤，含镜煤条带，沥青光泽。煤层结构复杂，煤层中含 2～7 层夹矸，夹矸厚 0.1～1m，夹矸的岩性主要为泥岩、灰黑色碳质泥岩。8103 工作面顶底板情况见表 7-7。

表 7-7 8103 工作面顶底板情况

顶底板名称	岩石名称	厚度/m	岩性特征
基本顶	中细砂岩、中粗砂岩	1.1～22.81 11.96	灰白色，半坚硬—坚硬，裂隙发育，成分以石英为主，长石次之，为山西组与太原组界面 K3 砂岩含水层
直接顶	泥岩、砂质	0～17.25 8.63	深灰—灰黑色，较软

续表

顶底板名称	岩石名称	厚度/m	岩性特征
直接底	泥岩、砂质泥岩	3.11～9.02 4.18	灰色、灰黑色，质软
基本底	中细粒、中粗粒砂岩	2.81～5.25 3.83	灰白色，软弱—坚硬岩石，裂隙发育，成分以石英为主，长石次之，为含水层

7.4.2.2 液压支架改造及防倒防滑管理技术

1）大倾角液压支架关键结构设计

如图 7-14 所示，8103 工作面装配 ZFQ13000/25/38 型低位放煤支架 97 架，ZFQG13000/27.5/42 型过渡支架 8 架(头 3 架，尾 5 架)，以及 ZTZ20000/27.5/4 型端头支架 1 组(两架一组)。为了更好地适应北辛窑煤矿实际条件以及更好地发挥支架性能，使结构、系统更加合理优化，对 8103 工作面所使用的液压支架包括液压系统、护帮板、尾梁千斤顶、侧护板、调底梁、喷雾系统等关键结构进行一系列设计与改造。

(a) 工作面中部支架

(b) 工作面过渡支架

(c) 工作面端头支架

图 7-14 北辛窑煤矿 8103 工作面液压支架

a)护帮板改造

由于原配套过渡支架的护帮板支护范围小，不能满足实际使用要求，为了增加支架的支护范围，对原护帮板进行加长设计，如图 7-15(a)所示，加长部分材质同原护帮板材质 Q460 相同。改造完成后，该液压支架的支护范围长度增加 400mm，使用效果良好，工作面推进过程中未出现大面积煤壁片帮，如图 7-15(b)所示。

(a) 改造后的护帮板

(b) 煤壁控制效果

图 7-15 加长改造后的护帮板及煤壁控制效果

b)尾梁千斤顶改造

ZF13000/25/38 型液压支架原尾梁千斤顶安装后，接头座在后部刮板输送机正上方，在运输过程中经常会被矸石碰掉损坏，影响支架正常工作。为了解决这一问题，对尾梁千斤顶进行了改造，将上腔接头座转 90°方向，在接头焊接时电流不宜过大，以免使缸体产生变形。这样，支架装配后下腔接头座在支架侧面，避免了后部刮板输送机在运输过程中将其损坏。

c) 侧护板改造

通过分析现有类似条件矿井的液压支架侧护板在使用过程中的问题，发现侧护板在使用时经常出现侧护板无法完全收回的现象，主要是由侧护板出现变形引起的，当允许公差超过额定值时，就产生侧护板不收回现象。针对这一现象，北辛窑煤矿所使用的液压支架在生产过程中增加限位工装，采用专用校平设备等措施以控制侧护板与梁体上的对应定位孔公差，如图 7-16 所示。

(a) 支架平齐状态

(b) 支架错动状态

图 7-16 改造后的侧护板

此外，在对工作面回采的持续观察中，发现侧护板还存在漏煤漏矸现象，如图 7-17 所示，掉下的矸石对行人安全造成很大隐患。实际生产过程中，在侧护板之间采用具有一定柔软特性的橡胶挡板进行搭接，达到挡煤挡矸的目的，效果较好。同时，在后续工作面布置前，可以对液压支架侧护板进行改造，加长顶梁侧护板尾部长度，使其与掩护梁上的侧护板搭接，消除相邻支架顶梁与掩护梁之间的间隙，防止冒落矸石进入支护空间，有效保证支护空间安全。为了起到更好地侧推、导向等作用以适应北辛窑煤矿大倾角工作面，一方面可以在原有设计的基础上适当增大侧推千斤顶规格，以提供足够的侧推力；另一方面在推移千斤顶推进支架前移时，被移支架侧护板靠着下侧支架滑动前移，通过液压系统自动控制被移支架的上侧护板的千斤顶和上侧支架的防滑导向梁千斤顶的液压锁，保证液压锁处于游动状态，以消除支架间因挤压产生的摩擦力，提高被移支架在卸载降架、移架时的稳定性，保证支架上部动态稳定，实现支架顺利前移。

d) 支架底座侧推装置改造

在大倾角工作面，支架有向下滑动的趋势，因此，在支架底座上安装能够提供侧推力的装置对于保证支架的稳定是极其重要的。北辛窑煤矿 8103 工作面装配 ZFQ13000/25/38 型低位放煤支架对底座的侧推装置进行改造，原有的设计仅利用调底千斤顶作为底座侧推装置，改造后的侧推装置在两个调底千斤顶上增加了调底梁，如图 7-18 所示，改造后的侧推装置由点接触变为面接触，大大增加了接触面积，提升了侧推效果，提高了液压支架稳定性，在工作面推进过程中未发生支架的滑动与倾倒。

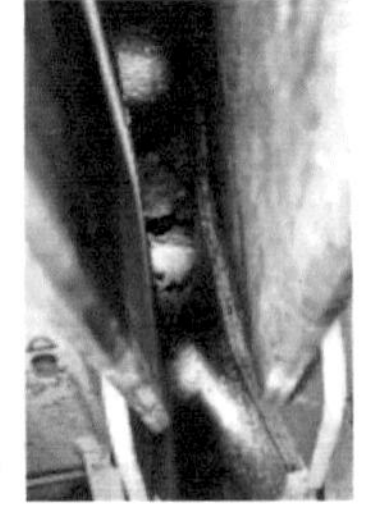

图 7-17 液压支架漏煤漏矸

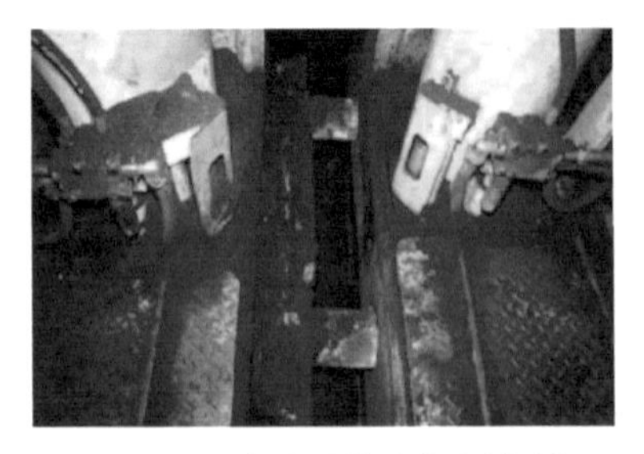

图 7-18 改造后的支架调底梁

e) 液压系统设计改造

ZF13000/25/38 型液压支架设计了双向进、回液系统，在原有进、回液系统基础上增加进、回液管路，即每 3 架液压支架增加进、回液三通各一件，同时在前连杆上焊接连接耳板。改造后在综采工作面可以用 2 台泵同时对液压支架供液，可以避免供液系统流量和压力不足的问题，从而极大提高了液压支架的执行速度和支撑工作效果。

f) 脚踏板改造

为了适应北辛窑煤矿煤层大倾角的特点，对原有的脚踏板进行改造，在支架前端盖板上焊接防滑条构成支架前通道的脚踏板。防滑条能有效增大摩擦力，起到防滑作用，配合利用液压支架上的安全扶手，保证井下工作人员在工作面上顺利行走，保证安全，如图 7-19 所示。

图 7-19 改造后的脚踏板

2) 支架“双调一配”防倒防滑管理

通过对 8103 工作面现场调研，认为四连杆机构是 8103 工作面放顶煤液压支架的重要组成部分，四连杆机构的存在使支架能够承受较大的水平力，有效提高支架的稳定性，同时支架前柱、后柱在操作过程中的相互协调也是有效保证支架稳定、支护效果、工作面顺利推进的前提。在实际生产工作中，总结形成了倾斜工作面支架“双调一配”防倒防滑技术，即在工作面正常推进中，应及时调整工作面支架的位态；当发生倒架时，按照自上而下的顺序进行依次调架；当发生咬架时，采用单体液压支柱作为戗柱配合调整支架位态，具体如下。

a) 预防倒架、咬架措施

①严格工程质量。采煤机必须割平顶底板，严格执行割煤时的顶底板平整原则。②严格控制机采高度，将采高控制在 3.3m±0.1m 范围内。③采取提高泵站压力与流量，控制升、降架的数量等措施，确保支架的初撑力。④减少顶煤的暴露时间，包括及时移架、及时打开伸缩梁和护帮板、及时处理小冒顶等。⑤工作面支架必须垂直煤壁；若调面时，支架仰俯角不得超过±7°。⑥相邻两架支架顶梁相错不得超过侧护板±150mm。⑦移架时，应由两人配合操作，观察相邻两支架的顶梁、尾梁和侧护板，防止出现咬架、挤架、歪架现象。⑧调采工作面时，每调采一个大循环后必须推采 2～3 个正规循环，及时调整支架，防止出现挤架现象。⑨移架时严格正规操作，随时调整支架状态，防止出现倒架、咬架、挤架、歪架现象。

b) 发生倒架、咬架时处理措施

①首先观察清楚挤架、歪架、咬架、倒架的现场情况，根据现场情况采取可行性措施进行处理。②处理时不少于两人操作，一人操作，一人监护，发现操作失误立即停止操作，待重新观察好后再进行施工。③处理前，应停止刮板输送机，并停电闭锁，安排专人看管开关。④处理前，应当将上下相邻支架的先导阀打到“零”位，防止发生误操作。⑤处理前，必须对上下支架进行二次注液，保证初撑力满足要求。⑥处理时，由经验丰富的职工进行操作，且跟班区长或班组长盯在现场负责安全。⑦当支架出现咬架、挤架、歪架时，使用相邻两架液压支架的顶梁侧护板、尾梁侧护板和底座调架千斤顶，随前移进行调整。⑧当支架出现挤架时，移架时使用好每个支架的顶侧、尾侧和调底，调整每个支架的架间距。⑨当支架发生被压“死”现象时，应采用单体支柱配合操作：先将被压“死”支架下方的一架降架，使其上方的顶煤松动放掉一部分，然后再用支柱支撑支架使其上升，最后再对该支架进行注液，使其达到一定高度；或采用人工卧支架底座下底板的方法，使支架达到一定的活柱量，再行移架，卧底前，至少卧到前立柱位置。

7.4.2.3 采煤机结构及防倒防滑管理技术

1) 采煤机结构

8103 工作面选用的采煤机型号是 SL500AC，如图 7-20 所示，采高约 4995mm，滚筒直径为 2300mm，截深为 800mm，最大牵引力为 771kN，最大牵引速度为 30.2m/min。采煤机装有可靠的制动器，适宜在大倾角煤层而不需要其他防滑装置。工作面割煤时采取采煤机组从上向下割煤方式，采煤机上行跑空刀，工作面前部刮板输送机和采煤机移到煤壁，并且保持前推供液，这样就可以防止采煤机割煤期间下滑，采煤机停止运转后，采煤机两个滚筒插到煤壁同时落至底板，而且在前部刮板输送机安设防滑销，确保采煤机停止后不下滑。

2) 采煤机“前推持续供液”防滑技术

在采煤工艺和工作面管理上，形成了有效控制采煤机下滑的“前推持续供液”防滑技术。主要内容包括：①采煤机下行割煤速度不得超过 6m/min；②每班试验采煤机制动装置，试验时下行速度不得超过 2m/min；③采煤机出现下滑紧急情况时，采煤机司机采

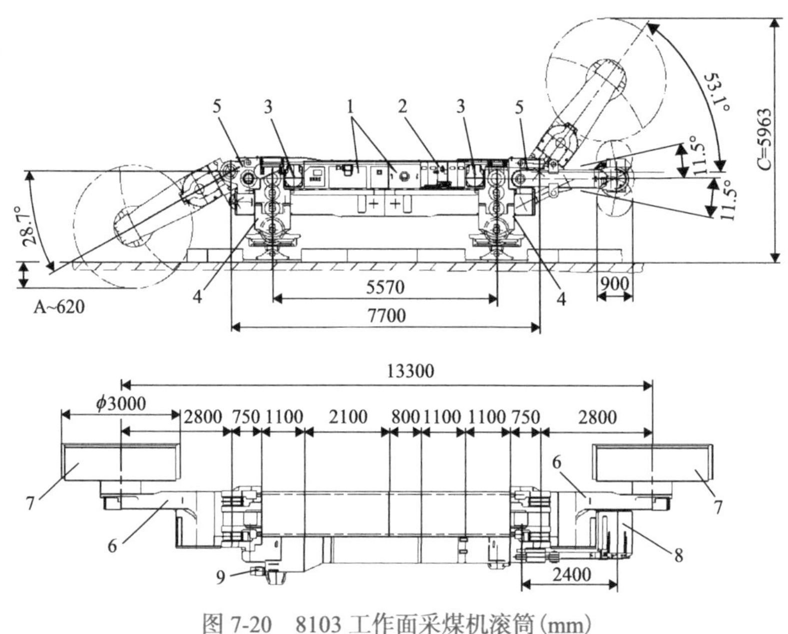

图 7-20 8103 工作面采煤机滚筒(mm)

1-带变压器箱的电器单元；2-液压单元；3-牵引部；4-链轮箱；5-摇臂托架；6-截割单元；7-滚筒；8-外喷雾装置；9-电缆线拖曳装置

取在齿轨上插挡销或紧急推前溜使采煤机靠帮停住，并使下滚筒强行靠底的应急措施；④为加强采煤机制动力，在左摇臂三轴加装一组制动器；⑤工作面割煤时采取采煤机组从上向下割煤方式，采煤机上行跑空刀，工作面前部刮板输送机和采煤机移到煤壁，并且保持前推供液，防止采煤机割煤期间下滑；⑥采煤机停止运转后，采煤机两个滚筒插到煤壁同时落至底板，而且在前部刮板输送机安设防滑销，确保采煤机停止后不下滑；⑦每小班对采煤机上、下导向滑靴的间隙及完好性进行详细检查，间隙过大时必须进行更换；⑧采煤机电缆托架上端 60m 采用 Φ10mm 钢丝绳辅助牵引，并每隔 5m 将钢丝绳用小 U 型卡固定在电缆夹上；⑨采煤机下行割煤时每割 30m 将下摇臂抬起一次，以保证一、二轴的良好润滑；⑩将上下行走箱 M36 的螺栓改制为 M30 的液压螺栓，以保证采煤机行走箱的紧固性，并在上下行走箱加限位块。

7.4.2.4 刮板输送机“压戗柱+防倒顶镐”防滑技术

8103 工作面装配 SGZ-1000/2100 型前部刮板输送机一部，SGZ-1250/2100 型后部刮板输送机一部，如图 7-21 所示。刮板输送机作为工作面运煤的主要装备，同时兼作采煤机的轨道，通过推移千斤顶和液压支架进行配合连接。在正常采煤循环过程中，液压支架在重力作用下会沿着煤层底板下滑，从而加剧支架的倒架、咬架发生。为了减缓刮板输送机下滑，在巷道布置上一般将下巷超前一定距离，这样在移架过程中每次循环刮板输送机都会有一个向上的量，用以平衡下滑量；在割煤方向上，可以采用下行割煤，不仅可以减缓刮板输送机的下滑，还可以降低刮板输送机断链发生的概率；还可以限定液压支架与刮板输送机连接液压缸的摆动角度等，达到限制下滑的目的。

图 7-21　8103 工作面前刮板输送机

还配合其他辅助设备进行防滑，如“压戗柱+防倒顶镐”防滑技术，关键技术包括：当工作面刮板输送机上窜或下滑时，必须立即调整支架状态，使支架底座与刮板输送机垂直；工作面刮板输送机机头必须在机头合适位置打设不少于 2 根压戗柱，将机头固定牢固；工作面后部刮板输送机安设防滑顶镐，发现后部刮板输送机下滑，必须及时利用防滑顶镐向上拉移后部刮板输送机，使其回到原来合理位置。SGZ-1000/2100 型前部刮板输送机的技术参数见表 7-8。

表 7-8　SGZ-1000/2100 型前部刮板输送机的技术参数

项目	参数
设计长度	300m
输送能力	3000t/h
装机功率	3×700kW
电动机	
型号	YBSD-700/350-4/8
额定功率	700/350kW
额定电压	3300V
冷却方式	水冷

续表

项目	参数
中部槽	
规格(长×内宽×高)	1750mm×1000mm×372mm
结构型式	铸焊封底
连接方式	哑铃销
连接强度	4000kN
刮板链	
链规格	48×152 扁平链
型式	中双链
链中心距	280mm
刮板间距	6×152mm
卸载方式	交叉侧卸
紧链方式	液压马达紧链、液压伸缩机尾辅助紧链
标准台总重	781.53t(300m)

7.4.3 急倾斜厚煤层走向长壁放顶煤开采

7.4.3.1 地质条件

峰峰集团山西大远煤业所开采的煤层属于典型的急倾斜(煤层倾角大于45°,包含于大倾角煤层)极软厚煤层。井田南北长2.33km，东西宽15km。煤层倾角平均53°，最大62°。煤层、顶板、底板普氏硬度系数小，属于典型的“三软”煤层。1201工作面埋深195.6～242.6m，煤层厚度6～8m，平均6.8m，煤层普氏硬度系数f=0.3。直接顶为灰色、层理发育的粉砂岩，厚度8m，普氏硬度系数f=4～6.14。基本顶为中砂岩，以浅灰—灰白色中粒砂岩为主，局部为细砂岩，钙质或泥质胶结，厚度5m，普氏硬度系数f=6.31。直接底为粉砂岩、煤与碳质泥岩互层等。1201工作面长80m，可采走向长度680m，工作面伪斜13°布置。

7.4.3.2 工作面巷道布置及采放工艺

1) 工作面巷道布置

1201工作面回风巷沿煤层底板布置。巷道断面规格：拱形断面，下宽3.80m，墙高2.00m，拱高1.15m；采用锚网+锚索+W钢带联合支护，主要用于材料运输与回风。回风巷内沿上帮安装2in(1in=2.54cm)防尘管路、4in压风管路、2in排水管路。

1201运输巷沿煤层顶板布置。巷道断面规格：拱形断面，下宽4.30m，高2.00m，拱高1.15m。采用锚网+锚索+钢带联合支护。运输巷主要布置工作面转载机和皮带输送机，用于煤炭运输与进风；同时在巷道下帮侧设有水沟，用于工作面排水。

2) 采煤工艺

工作面采用 MG200/500QWD 型无链交流变频电牵引采煤机落煤。工作面刮板输送机采用 SGZ730/400 型中双链刮板输送机，运输巷采用 SGW-620/40T 型和 SGB-630-150 型刮板转载机运煤，运输巷皮带采用 DSJ-1006.32x75 型皮带输送机运煤。液压支架采用 ZYF4800/17/28 型放顶煤液压支架支护顶板，采高 2.3m，循环进度为 0.6m，该支架为“铰接前梁、封底式、双侧活动宽侧护板、两柱式、框式四连杆机构”专用液压支架，具有支撑和控顶能力强、稳定性好等优点，有效解决了支架倾倒、下滑、扎底，以及架间煤矸漏冒等问题，支架侧护板发挥了很好作用。采用走向长壁、后退式采煤法。

3) 落煤方法

采煤机采用上端部自开缺口、斜切进刀的方式。缺口长度 30m，其中直线段长 20m，斜切进刀段长 10m，进刀深度 0.6m。采煤机上行至弯曲进刀段，提前从弯曲段到前部刮板输送机机尾推移至煤壁，采煤机上行斜切进刀，割三角煤。弯曲段以下自下而上将溜子推直，采煤机下行割煤，右滚筒升起割顶煤，左滚筒降下割底煤。采煤机割煤至溜头后，将右滚筒降下割底煤，返机空刀上行清理浮煤同时按照由下向上的顺序，滞后采煤机后滚筒 20m，从刮板输送机机头开始依次推移刮板输送机。提前从弯曲段到前部刮板输送机机尾推移至煤壁，采煤机上行至弯曲段斜切进刀，上行割透三角煤，然后下行割煤，进入下一个循环割煤。

4) 采煤机割煤方式

由于该工作面顶板稳定性差，煤层倾角大，刮板输送机易下滑，只能自下而上推移，故采取单向割煤，往返一次进一刀。每割一刀煤，支架溜子推移一个步距 0.6m，往返一次制一刀煤，完成一个循环。采煤机以大于 0～5m/min 的速度进行割煤，下行割煤时采用右滚筒割顶煤，左滚筒割底煤的方式；上行时降下右滚筒空刀清理浮煤。采煤机割煤时，采煤机上下 5m 范围内严禁与其他操作平行作业。采取自上而下的顺序分段追机拉架，拉架不及时需停机等待拉架。采用铸造销排做轨道自行牵引。

5) 铺网方式

采取架前铺网。当工作面支架安装完成后即开始架前铺网，铺网方式为：工作面上下端头各 5 架网，工作面片帮流煤时延长铺网架数，铺网以工作面走向展布，倾向覆盖，形成双层网，塑料网规格为 10m×1m 的正六方形孔网，网边与网边对接整齐，网扣与网扣间距大于 0.1m，联网使用尼龙绳双股打成死结，严禁逐孔缠绕式连接。首片网需用板梁进行加固，防止拉架时拖拉、搬移塑料网。随工作面推采，每完成一个循环即在割煤前铺联网，凡架前撕网处必须及时补联网。

6) 放煤工艺

放煤方式采取“一刀一放”，放煤步距为 0.6m。采取单轮间隔顺序放煤。即工作面移架完毕，由下向上依次进行放煤。首先收缩插板，降低尾梁，然后再升尾梁，反复进行，放出大约 2/3 的煤量后，再打开插板堵住放煤口，进行下一架放煤，直至本段第一轮放煤结束，等到有矸石放出时，打开插板，挡住矸石，防止矸石进入后部刮板输送机，再进行下一架的放煤工作。同样，另一组也按上述要求放煤。放煤高度 4.5m，采高 2.3m，采放比为 1∶1.96。

7.4.3.3 提高顶煤采出率及工作面管理措施

1) 高资源采出率采放工艺

为进一步提高急倾斜工作面顶煤采出率及支架稳定性，开发了急倾斜厚煤层走向长壁放顶煤开采的下行动态分段—段内上行放煤的采放工艺[19]。即采煤机自上而下割煤；自上而下移架；自上而下动态分段，每个放煤分段内自下而上放煤；自下而上整体推移前部刮板输送机和拉移后部刮板输送机。自上而下动态分段是指根据煤矸分界面和放出体形状，确定每个分段内的支架数量，根据开采工作面实际情况，上部第一个分段为 3 个支架、第二个分段为 4 个支架、第二个分段以后的分段均为 5 个支架。该采放工艺的顶煤采出率达 85%，工作面最高月产量达 8.6 万 t。

2) 围岩局部加固措施

根据工作面倾角大、煤层底板较软、煤层软、顶煤破碎易于流动等特点，在工作面开采初期实行了一些局部加固措施。

a) 工作面切眼底板加固

工作面安装前开切眼底板、枕木全部采用锚网加固。底板加固采用 Φ18mm×1800mm 全螺纹等强锚杆，锚杆与 150mm×150mm×10mm 托盘、350mm×280mm×3mm 钢带护板配合使用，五花布置，间排距 1300mm×1000mm，全底板铺设菱形金属网，每 200mm 用铁丝连接。为确保轨道的稳定性，枕木间距 500mm×500mm，且每根枕木用一根锚杆固定。底板加固如图 7-22 所示。

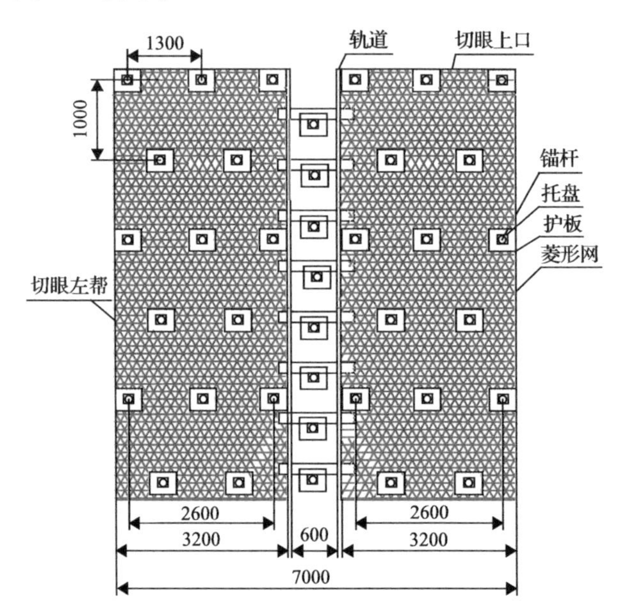

图 7-22 1201 工作面切眼底板加固图(mm)

b)上端头顶煤局部加固

工作面初次放煤之前，由于煤层软，顶煤流动性好，为防止放煤过程中回风巷受到影响而破坏，工作面上端5架支架上方顶煤暂时不放，并采用锚索进行加固。锚索参数Φ17.8mm×7m，排距3m，每组3根锚索，其中回风巷顶中、垂直岩层、水平各1根；工作面内向煤壁斜上方施工锚索(与水平夹角60°)，沿工作面方向间距2.5m，锚索长度至煤层顶板1.5m，如图7-23所示。

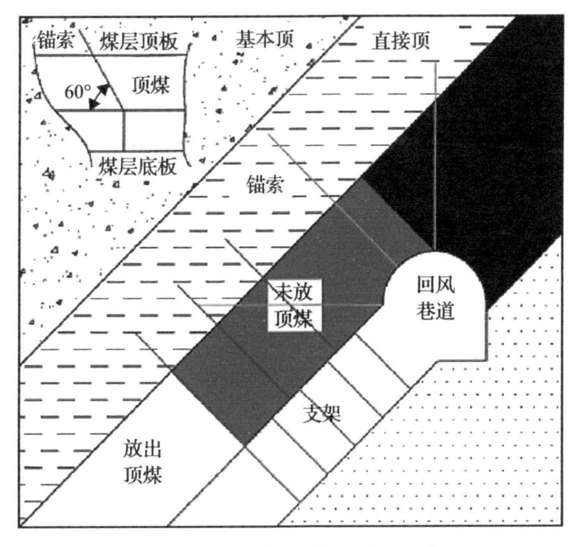

图7-23 上端头顶煤局部加固方案

通过实践摸索和采取合理的采放工艺，在工作面正常开采后，对上端顶煤不再采取加固措施，最上端两个支架不放煤，回风巷可以避免放煤带来的影响。

7.5 急倾斜厚煤层水平分段放顶煤开采技术

7.5.1 巷道布置及支护

乌东煤矿位于乌鲁木齐市东北部，隶属于国家能源集团新疆能源有限责任公司。该煤矿井田处于新疆准南煤田东南段，位于八道湾向斜南、北两翼。+443m$B_{3\text{-}6}$放顶煤工作面位于乌东煤矿西区副斜井东侧(主副斜井相距46m)，距副斜井中心线84～1892m。$B_{3\text{-}6}$煤层对应地表为条状塌陷区域，南侧为B_{1+2}煤层开采后形成的条状沉陷区域，北侧为荒山丘陵。工作面地面标高+765～+815m，井下标高+443～+449m。+443m$B_{3\text{-}6}$工作面位于+443m 石门东侧，上部为+469m$B_{3\text{-}6}$工作面开采完后形成的采空区范围；下部为+417m石门及实体煤层；北侧为B_6-B_7煤层间粉砂岩层；南侧为B_2-B_3煤层间粉砂岩层。工作面宽度53.6m，走向长度1780m，如图7-24所示。

煤层倾角83°～87°，煤层结构较简单，$B_{3\text{-}6}$煤层中B_5、B_6煤层稳定、较坚硬，层理、节理较发育，工作面回采区域无正断层、逆断层和其他地质构造，在局部地段可遇见煤层时厚时薄的现象，煤层有伪顶、伪底，且容易垮落。B_3煤层层理、节理极其发育，虽

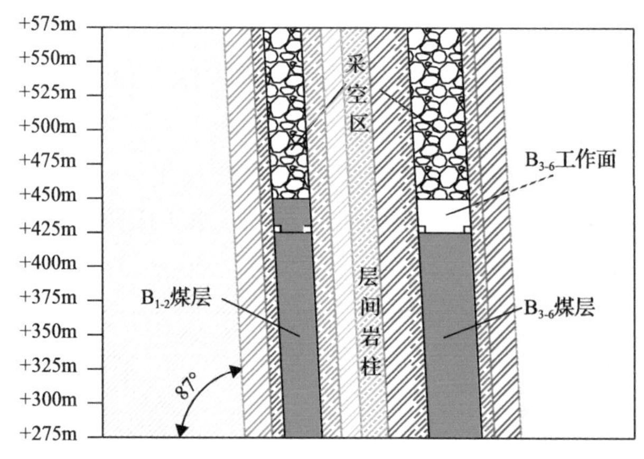

图 7-24 乌东煤矿煤层赋存与+443mB$_{3\text{-}6}$工作面布置示意图

无正断层、逆断层和其他地质构造，但煤层揭露时松散破碎，工作面巷道掘进和回采时容易偏帮冒顶，在局部地段可遇见煤层时厚时薄的现象，煤层有伪顶、伪底，且容易垮落。根据巷道掘进情况，掘进范围内无断层、褶皱。煤层顶底板情况见表 7-9。

表 7-9 煤层顶底板情况表

顶底板名称	岩石名称	厚度/m	岩性特征
基本顶	粉砂岩	56	灰色粉、细砂岩，夹灰白色中砂岩
直接顶	粉砂岩	8	灰色、深灰色含薄层细砂岩，层理节理发育，泥钙质胶结
伪顶	碳质泥岩	0.6	灰黑色，薄层状，易破碎
伪底	碳质泥岩	1	灰黑，泥质胶结，含薄煤
直接底	粉砂岩	49	较硬，灰白色，层状，节理发育

乌东煤矿为急倾斜煤层，巷道矿压显现为顶压大侧压小。巷道顶部易破碎垮落为自然平衡拱，因此，巷道断面选用直墙拱形断面，B_3、B_6巷道断面设计为圆弧拱形；开切巷根据工作面设备安装的需要，开切眼断面设计为矩形。+443mB$_{3\text{-}6}$ 工作面巷道布置如图 7-25 所示。

7.5.1.1 +443mB$_3$、B_6巷

+443mB$_6$回风巷宽 4.6m，高 3.45m，巷道净断面积 14.62m^2，采用锚网喷支护。+443mB$_3$运输巷宽 4.9m，高 3.45m，巷道净断面积 15.24m^2，采用锚网喷支护。喷砼标号 C20，喷厚 70mm。

7.5.1.2 绞车硐室

绞车硐室采用锚网支护，巷道净断面积 10.38m^2，锚杆采用Φ20×2500mm 等强锚杆，顶部锚杆间排距为 800×800mm，两帮锚杆间排距为 1000×800mm，锚网采用双抗网支护。

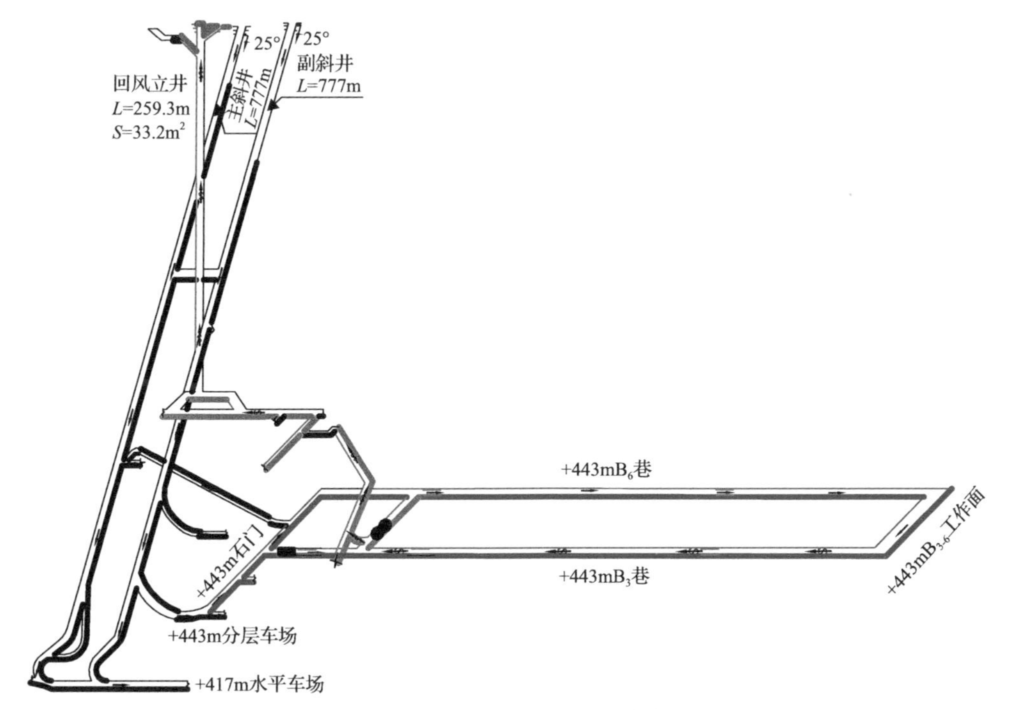

图 7-25 +443mB$_{3-6}$工作面巷道布置

7.5.1.3 开切巷

开切巷采用锚网、锚索、单体支柱联合支护，开切巷西帮采用Φ20mm×2000mm 树脂锚杆，开切巷顶部锚杆为Φ20mm×2500mm 等强锚杆（全螺纹）；开切巷东帮采用Φ20mm×2000mm 普通圆钢锚杆，巷道顶部及西帮锚杆间排距为 800mm×800mm，巷道东帮锚杆间排距为 800mm×800mm，锚网采用双抗网；锚索为Φ18.9mm×9000mm，锚索间排距为 2000mm×2400mm，单体支柱间排距为 1400mm×3500mm。

7.5.2 工作面设备配置

急倾斜水平分段放顶煤成套设备主要由采煤机、液压支架、刮板输送机、转载机、破碎机及皮带输送机等组成。这些设备不是孤立的“单机”，而是结构上需要相互配合、功能上需要相互协调的有机整体，具有较强的配套要求和较高的可靠性要求。组成放顶煤成套设备的每一种机械设备，都有严格限定的适用条件，选型不当会导致设备不配套、生产效率低、经济效益差。因此，设备的正确选型设计是充分发挥其效能，实现放顶煤工作面高产高效、经济安全运行的前提。+443mB$_{3-6}$工作面主要设备见表 7-10。

表 7-10 +443mB$_{3-6}$工作面主要设备

序号	设备名称	型号	单位	设备占用量			使用地点
				使用	备用	合计	
1	端头支架	ZFT44000/20/38	套	1	0	1	B$_3$端头

续表

序号	设备名称	型号	单位	设备占用量			使用地点
				使用	备用	合计	
2	过渡支架	ZFG11000/25/38D	架	3	0	3	工作面
3	液压支架	ZFY10000/22/40D	架	25	1	26	工作面
4	超前支架	ZCH18000/20/38	架	3	0	3	B_6巷道
5	短臂采煤机	MG380/435-NWD	台	1	0	1	工作面
6	刮板输送机(前)	SGZ-800/315	台	1	0	1	工作面
7	刮板输送机(后)	SGZ-1000/315	台	1	0	1	工作面
8	连续破碎机	PLM-2000	台	1	0	1	B_3巷道
9	转载机	SZZ-1000/525	台	1	0	1	B_3巷道
10	移动变电站	KBSGZY-1600/10/3.3KV	台	2	0	2	B_6巷道
11	移动变电站	KBSGZY-1600/10/1.14KV	台	1	0	1	B_6巷道
12	乳化液泵	BRW400/31.5	台	1	1	2	B_6巷道
13	胶带输送机	DSJ-120/160/3×200	台	1	0	1	B_3巷道
14	喷雾泵	BPW315/16(10)	台	1	0	1	石门
15	液压单体支柱	DW40-300/110X	根	80	10	90	B_6、B_3巷
16	超前支护液压支架	ZQ4000/19/40	架	50			B_6巷道

7.5.3 工作面采放工艺

7.5.3.1 采煤方法

+443mB_{3-6}工作面采用水平分段放顶煤开采方法，分段高度为26m，其中机采高度为3.2m，放煤高度为22.8m，截深为0.8m，割煤循环进度0.8m。初放结束后使用超前预裂爆破的方式处理顶板，初放最后一排爆破孔距超前预裂爆破孔4m，放煤方法采用多轮、间隔、顺序、等量放煤，随采随放，放煤步距1.6m，即“两刀一放”采煤工艺。

7.5.3.2 顶煤弱化工艺

+443mB_{3-6}工作面实施巷道超前预裂爆破，可实现两个目的：一是减弱顶板大面积垮落的冲击强度；二是保证冒落顶板能完全充填采空区，最终确保工作面的安全回采。超前预爆破炮孔采用CMS1-4200/55型履带式深孔钻机在B_6巷煤壁侧进行施工，钻头直径选用Φ113mm。工作面超前预裂爆破孔设计排距4m，每排施工8个炮孔，如图7-26所示。

超前眼采用乳化炸药人工装药，为保证炸药能够顺利起爆，每节引药内配两发雷管，两根引线，引药雷管线采用串联方式连接。炮孔位置距离工作面煤壁30m以外进行装药，装药完毕后立即起爆。封孔运用人工装黄土对其进行封孔，要求炮眼的封孔长度不小于设计值，封孔使用不少于3个水炮泥，在孔内封孔终端与黄土炮泥交错布置。每组炸药装完后脚线要扭结为短路，并用黑胶布包头。

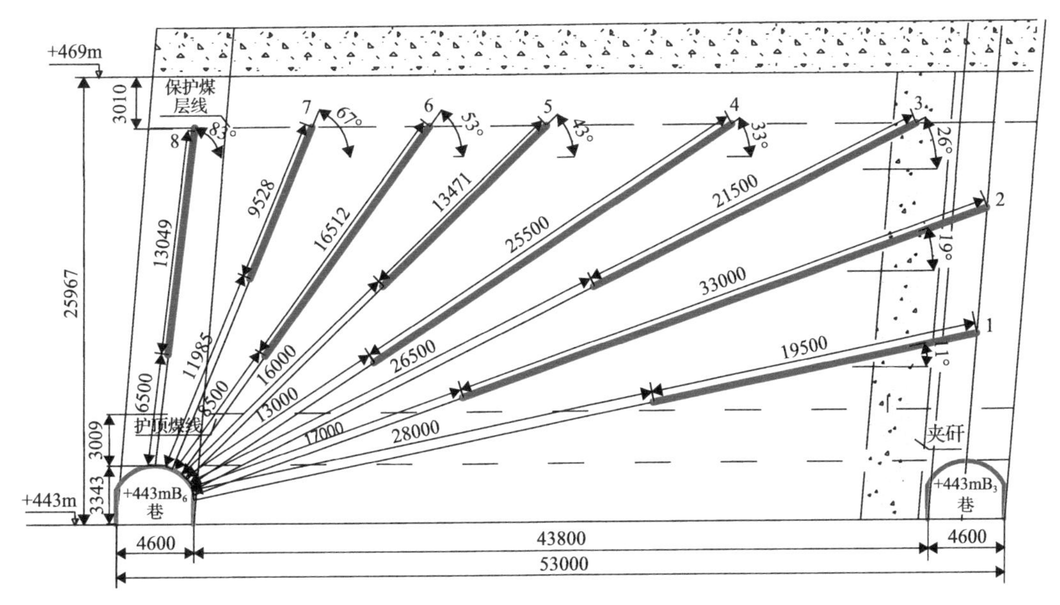

图 7-26 顶煤弱化炮孔布置及参数(mm)

装药完毕后立即进行爆破。爆破前对 B_3、B_6 巷超前支护段进行检查，所有人员撤至进风巷爆破点 300m 以外顶板支护完好处，并在+443m 第一联巷处安排专人进行警戒，待带班干部清点好人员后汇报生产指挥中心，待指挥中心下达起爆命令后，方可进行起爆，放炮警戒距离要求达到 300m。爆破位置距工作面不小于 30m，爆破后待炮烟吹散或等待 30min 后由瓦检员、安全员、班长、带班队长进入爆破地点进行安全检查。

7.5.3.3 智能放顶煤开采

水平分段放顶煤开采的工作面短、推进速度快、作业条件好，易于实现智能化开采，也有利于提高开采效率。进行智能开采时，割底煤不必进行煤岩识别，采煤机可采用记忆割煤，这可以绕开目前智能开采中采煤机煤岩识别精度不高、可靠性不够的难题。但是由于工作面短，采煤机在工作面两端需要反复斜切进刀割三角煤，以及大量放出顶煤，因此在进行智能开采时，主要是研发端部快速进刀智能控制和智能放煤技术。目前端部智能进刀技术基本可以满足生产需要，但是在可靠性、精度控制、设备之间防碰撞、人员接近预警技术等方面还有很大提升空间。

由于顶煤厚度大，提高放煤效率和顶煤采出率是重要工艺内容。采用自煤层底板向顶板多口多轮放煤，以便保持煤矸分界面均匀下沉，减少顶煤放出体与煤矸分界面的接触次数，是提高放煤效率和采出率、降低含矸率的有效放煤工艺。通过自主研发的第三代顶煤运移跟踪仪可以精确地记录不同层位的顶煤采出率和放出时间，以此作为确定多轮放煤参数的依据。在放煤即将结束之前采用图像识别的智能放煤技术，可以实现放煤的精准智能控制[20]。

参 考 文 献

[1] 本刊编辑部, 崔云朋, 潘利琴, 等. 先行先试战略引领顶天立地高位超越——“中国潞安”到“国际化新潞安”[J]. 品牌,

2012(2): 28-37.
[2] 王家臣. 我国综放开采 40 年及展望[J]. 煤炭学报, 2023, 48(1): 83-99.
[3] 苏燧. 放顶煤综采在山西煤矿的应用[J]. 山西煤炭, 1997(1): 14-20, 26.
[4] 王安民. 潞安矿区综采放顶煤技术的研究和应用[J]. 煤, 1998(1): 4-7.
[5] 曹胜根, 张东升, 杜卫新. 超长综放工作面开采关键技术[J]. 矿山压力与顶板管理, 2003(4): 69-71.
[6] 黄福昌. 兖州矿区综放开采技术[J]. 煤炭学报, 2010, 35(11): 1778-1782.
[7] 来存良. 兖矿综放技术在澳大利亚的创新应用与推广——中国综放技术进入澳大利亚澳思达煤矿应用实例[C]//中国煤炭学会. 中国煤炭学会成立五十周年高层学术论坛论文集, 2012: 18.
[8] 王玉锦. 大同煤田石炭系厚及特厚煤层采煤方法的选择[J]. 同煤科技, 2004(1): 1-2, 5.
[9] 吴永平. 大同矿区特厚煤层综采放顶煤技术[J]. 煤炭科学技术, 2010, 38(11): 28-31.
[10] 于斌. 大同矿区煤层开采[M]. 北京: 科学出版社, 2015.
[11] 黄好君, 李寿君, 郭洁, 等. 水压致裂顶煤弱化技术在综放工作面中的试验[J]. 煤矿开采, 2018, 23(S1): 67-69.
[12] 薛吉胜. "两硬"煤层条件下综放开采煤岩全区双效弱化技术研究[J]. 煤炭工程, 2023, 55(12): 5-10.
[13] 王志武. 煤峪口矿 81020 综放工作面顶煤爆破弱化技术研究与应用[J]. 煤, 2021, 30(12): 63-65.
[14] 王祖洸. 特厚煤层群组放煤理论及智能放煤控制方法研究[D]. 焦作: 河南理工大学, 2022.
[15] 王家臣, 李伟. 淮北矿区极软厚煤层综放开采理论与实践[M]//天地科技股份有限公司开采设计事业部(煤炭科学研究总院开采设计研究分院)采矿技术研究所. 综采放顶煤技术理论与实践的创新发展——综放开采 30 周年科技论文集. 北京: 煤炭工业出版社, 2012: 7.
[16] 李伟, 詹振江. 淮北矿区极复杂条件煤层综合机械化开采技术[J]. 煤炭科学技术, 2013, 41(9): 79-82.
[17] 陈天佑. 芦岭矿Ⅲ811 工作面综放开采工艺及矿压显现规律研究[D]. 淮南: 安徽理工大学, 2021.
[18] 王家臣, 张锦旺. 急倾斜厚煤层综放开采顶煤采出率分布规律研究[J]. 煤炭科学技术, 2015, 43(12): 1-7.
[19] 王家臣, 赵兵文, 赵鹏飞, 等. 急倾斜极软厚煤层走向长壁综放开采技术研究[J]. 煤炭学报, 2017, 42(2): 286-292.
[20] 王家臣, 潘卫东, 张国英, 等. 图像识别智能放煤技术原理与应用[J]. 煤炭学报, 2022, 47(1): 87-101.

8 大采高开采典型案例

8.1 10m 超大采高开采技术

8.1.1 工作面条件

曹家滩煤矿位于榆林市榆阳区孟家湾乡马大滩马场村结合部，井田属榆神矿区一期规划区，是国家煤炭工业“十二五”规划重点开发的大型煤矿示范项目。矿井井田宽约10km，长约12.5km，面积108.49km^2。矿井主采煤层4层，可采储量15.11亿t，核定生产能力17.0Mt/a。

首采12盘区东西倾向宽2.8km，南北走向长12.5km；区内构造简单，煤层产状平缓，一般小于1，煤层结构简单，完整性较好，普氏硬度系数f=2～3；煤层埋藏深度25～338m：煤层厚度8.1～12.7m，平均11.2m，不同区域煤厚有一定差异。基本顶岩性以厚层节理不发育的整体均质粉砂岩、中粒砂岩为主，厚度3.94～20.83m；直接顶岩性多为粉砂岩、砂质泥岩及中粒砂岩，厚度一般为2m，最大厚度8.33m；伪顶不发育，岩性为砂质泥岩、泥岩，夹薄煤线。

8.1.1.1 工作面情况

122104工作面位于12盘区东翼，工作面西部是为整个矿井服务的四条大巷，东临井田边界煤柱，北部为122102工作面(设计)，南部为122106工作面(已闭采)。122104工作面地表无水体、铁路(等级公路)等，开切眼位于井田东部边界，巷道开口位于12盘区大巷保护煤柱内。

8.1.1.2 煤层情况

122104工作面开采煤层2^{-2}煤，煤层平均厚度为10.5m，煤层赋存较稳定，煤层结构简单，平均倾角0°～6°，为黑色块状，弱沥青—沥青光泽，局部油脂光泽。以亮煤、暗煤为主，夹镜煤条带。煤层煤质较为坚硬，普氏硬度系数f=2～3。

8.1.1.3 顶、底板情况

基本顶岩性为中粒砂岩，平均厚度16.9m，颜色呈灰白色，成分以石英为主，长石次之，分选中等，次棱角状，泥质胶结，块状层理。直接顶岩性为粉砂岩，平均厚度21.7m，颜色呈浅灰色，泥质胶结，块状层理，含植物化石。直接底岩性为粉砂岩，平均厚度为6.31m，颜色呈深灰色，含炭化植物茎秆化石，泥质胶结，块状层理。基本底岩性为细粒砂岩，平均厚度为8.0m，颜色呈灰白色，成分以石英为主，长石次之，分选中等，次圆状，泥质胶结，块状层理。

8.1.1.4　井下瓦斯和煤尘

矿井绝对瓦斯涌出量3.76m^3/min，相对瓦斯涌出量0.10m^3/t，矿井为低瓦斯矿井。采煤工作面最大绝对瓦斯涌出量为0.84m^3/min，相对瓦斯涌出量为0.04m^3/t。煤尘有爆炸性，煤有自然发火倾向。

8.1.1.5　开采方法

122104工作面采用走向长壁后退式采煤法，全部垮落法管理顶板，采用端部斜切进刀方式。工作面沿煤层倾向布置，沿煤层走向推进，走向长度5977m，倾向长度300m。工作面共布置4条巷道，分别为辅运巷、主运巷、内回风巷和外回风巷，回采巷道皆为矩形断面。

8.1.2　工作面配套设备及技术参数

如图8-1所示，122104超大采高工作面布置了MG1200/3350-GWD型采煤机（图8-2）、

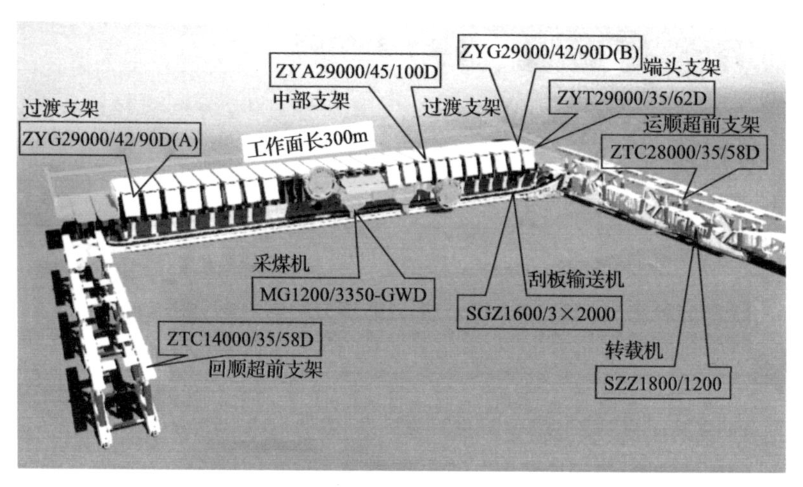

图8-1　122104超大采高工作面设备布置

图8-2　MG1200/3350-GWD型采煤机

ZYA29000/45/100D 型中部支架(图 8-3)、ZYG29000/42/90D(A/B)型过渡支架、SGZ1600/3×2000 型刮板输送机、PLM7500 型破碎机、BRW1250/40K 型乳化液泵、BPW1000/16 型喷雾泵等主要配套设备，各设备详细技术参数见表 8-1～表 8-11。

(a) 液压支架安装　　(b) 双层伸缩梁+三级护帮板结构

图 8-3　10m 超大采高工作面液压支架

表 8-1　MG1200/3350-GWD 型采煤机主要技术参数

项目	参数	项目	参数
采高范围	6.0～10.0m	滚筒直径	4800mm
生产能力	5000t/h	供电电压	3300V
机面高度	2250mm	滚筒截深	865mm
牵引驱动方式	交流变频调速	最大卧底量	572mm
装机功率	3350kW	机身重量	262t
截割电机功率	2×1200kW	牵引电机功率	2×250kW
泵电机功率	2×75kW	破碎电机功率	300kW

表 8-2　ZYA29000/45/100D 型中部支架主要技术参数

项目	参数	项目	参数
支架型式	两柱掩护式	支撑高度	4500～10000mm
支架中心距	2400mm	支撑宽度	2260～2610mm
支护强度	1.88～1.95MPa	推移步距	865mm
初撑力	22368kN	工作阻力	29000kN
操作方式	电液控制	支架总重	127t

表 8-3　ZYT29000/35/62D 型端头支架主要技术参数

项目	参数	项目	参数
支架型式	两柱掩护式	支撑高度	3500～6200mm
支架中心距	2400mm	支撑宽度	2260～2510mm
支护强度	1.42～1.47MPa	推移步距	865mm
初撑力	23368kN	工作阻力	29000kN
操作方式	电液控制	支架总重	101t

表 8-4　ZYG29000/42/90D（A/B）型过渡支架主要技术参数

项目	参数	项目	参数
支架型式	两柱掩护式	支撑高度	4200～9000mm
支架中心距	2700mm	支撑宽度	2560～2740mm
支护强度	1.50～1.57MPa	推移步距	865mm
初撑力	23368kN	工作阻力	29000kN
操作方式	电液控制	支架总重	125t

表 8-5　主运巷道 ZTC28000/35/58D 型超前支架主要技术参数

项目	参数	项目	参数
支架型式	四架一组迈步分体式	支护长度	24m
支撑高度	3500～5800mm	顶梁宽	5050mm
工作阻力	28000kN	支护强度	0.16MPa
巷道宽	7500mm	推移步距	865mm
操作方式	电液控制	支架总重	140t

表 8-6　回风巷道 ZTC14000/35/58D 型超前支架主要技术参数（12 组）

项目	参数	项目	参数
支架型式	迈步分体式	支护长度	45m
支撑高度	3500～5800mm	顶梁宽	5912mm
工作阻力	14000kN	支护强度	0.34MPa
巷道宽	6500mm	推移步距	865mm
操作方式	电液控制	支架总重	约 678t

表 8-7　SGZ1600/3×2000 型刮板输送机主要技术参数

项目	参数	项目	参数
生产厂家	天地奔牛	输送量	8000t/h
供电电压及频率	3300V，50Hz	电机功率	3×2000kW

续表

项目	参数	项目	参数
刮板链型式	中双链	刮板链速	0～1.83m/s
链条规格	60/135×181/197	溜槽规格	2400mm×1600mm×540mm
水平弯曲	±1°	垂直弯曲	±3°
紧链方式	液压紧链	紧链伸缩行程	800mm

表 8-8 SZZ1800/1200 型转载机主要技术参数

项目	参数	项目	参数
生产厂家	天地奔牛	输送量	8500t/h
供电电压及频率	3300V，50Hz	电机功率	1200kW
刮板链型式	中双链	刮板链速	2.2m/s
链条规格	48X152-C	溜槽规格	悬空段中部槽：3000mm×1600mm×1100mm 落地段中部槽：1500mm×1800mm×2275mm
链条间距	700mm	刮板间距	912(6×152)mm
紧链方式	液压紧链	紧链伸缩行程	500mm

表 8-9 PLM7500 型破碎机主要技术参数

项目	参数	项目	参数
生产厂家	天地奔牛	破碎能力	7500t/h
供电电压及频率	3300V，50Hz	电机功率	1200kW
最大入料粒度	2600mm×2100mm	出料口粒度	≤425mm(可调)
中板厚度	80mm	槽内宽	1800mm

表 8-10 BRW1250/40K 型乳化液泵主要技术参数

项目	参数	项目	参数
型号	BRW1250/40K	额定工作压力	40MPa
供电电源	3300V、50Hz	电机功率	1000kW
公称流量	1250L/min	乳化液箱总容积	10000L(2 箱)

表 8-11 BPW1000/16 型喷雾泵主要技术参数

项目	参数	项目	参数
型号	BPW1000/16	额定工作压力	16MPa
供电电源	3300V、50Hz	电机功率	315kW
公称流量	1000L/min	水箱有效容积	14000L(2 箱)

8.1.3 工作面循环作业方式

采煤机往返一次割两刀，每刀煤为一个作业循环，循环进度 0.865m，每日生产组织完成 17 个正规循环。循环作业包括：上(下)端头斜切进刀割煤→推移机头(机尾)及超前支架→采煤机割煤→跟机移架→推移刮板输送机→下(上)端头斜切进刀割煤→推移机尾(机头)及超前支架。

8.2 浅埋厚煤层大采高开采技术

神东矿区是我国厚煤层的主要聚集区，我国煤炭开采重心向西部转移至今，神东矿区的煤炭供应在我国能源储备和供应中占据着举足轻重的地位。与东部煤炭资源的赋存条件相比，神东矿区煤层埋深浅、煤层厚、赋存稳定。该区域矿井开采之初，定位为规模化、现代化、专业化和信息化的方向发展，神东矿区的成功得益于采煤方法的创新和配套设备的革新。神东煤田开发初期，各矿井的主采煤层厚度介于 3.5～7.0m，属于典型的厚煤层。为提高厚煤层回采工效及采出率，神东煤炭集团于 2007 年、2009 年和 2018 年分别进行了国内外首次 6.3m、7.0m、8.8m 大采高开采技术实践，创造了单工作面最高日产煤 6.55 万 t、最高月产煤 150 万 t 的纪录，为我国 7～9m 特厚煤层特大采高综采提供了样板，为晋、陕、蒙、宁、甘、新等区域厚及特厚煤层采用大采高一次采全高综采工艺技术提供了示范。

如图 8-4 所示，传统的采场上覆岩层运动形态有“砌体梁”结构、“传递岩梁”结构之分。神东矿区受浅埋深、薄基岩、厚松散层、大采高与超大工作面采动影响，当工作面埋深在 150m 之内时，其上覆岩层经常表现出“两带”特征，即采场上覆岩层呈整体切落式周期性破断，破断范围波及地表，此覆岩运动结构称为“切落体”结构[1]。

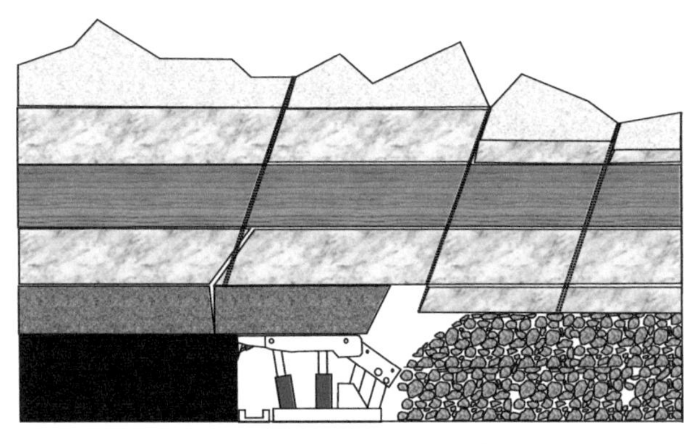

图 8-4　浅埋煤层工作面“切落体”结构

针对神东矿区采场上覆岩层“切落体”结构，需要加强对采场液压支架选型、支护参数选择与护帮参数确定等方面的研究。综采工作面每一次采高的增加，都是一次煤炭开采装备与回采技术的革命，也是一次我国煤矿开采装备制造水平提升的见证。神东矿区为逐步提高大采高一次采全高综采工作面的采高，在采场围岩控制、开采装备研发与开采工艺革新等方面做了诸多研究、探索与创新。

8.2.1 6.3m 大采高开采技术

神东煤炭集团 6.0m 以上煤层赋存量很大，上湾煤矿和补连塔煤矿 6m 以上煤层可采储量约 8 亿 t，在 2011 年前开采的有上湾煤矿二盘区 1^{-2} 煤，煤层厚度为 6.11～6.69m，平均采高为 6.3m；补连塔煤矿三盘区 2^{-2} 煤，煤层厚度为 6.75～7.5m，采高为 6.5～7.2m。上湾煤矿 51202 大采高工作面是国内首个 6.3m 大采高重型综采工作面，工作面开采过程中，工作阻力为 10800kN 的液压支架有效控制了顶板，同时也实现了煤矿综采、机电、装备、信息化与自动化等方面的技术创新和突破，最高日产煤达 40214t，最高月产煤达 109.5 万 t，单产水平提高到 1200 万/a，每年可以增加经济效益约 1 亿元，资源采出率达到了 94.2%，矿井服务年限延长了 4.5a。

51202 工作面成功开采主要归功于在采场上覆岩层以“切落体”结构理论指导下的液压支架选型及相关配套设备的创新，主要有以下两点：①依据传统矿压理论，采高由 4.3m 提高到 6.3m，液压支架工作阻力只需提高 2000kN 即可适应采场矿山压力。考虑 51202 工作面上覆岩层若以“切落体”结构运动，需估算“切落体”的残余载荷，因此把液压支架工作阻力提高了 4085kN，支护强度提高 0.38MPa，研发当时支护高度最大的 ZY10800/28/63D 型国产两立柱液压支架，配置了最大护帮高度 3.2m 的三级护帮结构。②为提高综采工作面的生产能力，开发应用了电机功率 3×1000kW、链条直径 48mm 及输送量 4200t/h 的刮板输送机；研发了当时最大功率 2390kW 的采煤机，并配备了直径 3.2m 的滚筒；开发了最大流量 430L/min 的乳化液泵。

8.2.2 7.0m 大采高开采技术

神东煤炭集团补连塔煤矿在综采一次采全高技术上积极实践，2009 年 22303 综采工作面装备了一次采全高采高为 7.0m 的重型工作面，液压支架工作阻力提升到 18000kN，中心距增加到 2.05m。7.0m 大采高综采工作面开始回采以来，分别在大柳塔煤矿、上湾煤矿和三道沟煤矿等进行了开采，共回采工作面 17 个，生产原煤 1.5 亿 t，百万吨死亡率为零，取得了良好的开采效果。

22303 工作面采用一次采全厚走向长壁后退式全部垮落法的综合机械化采煤方法。采用双滚筒采煤机割煤、装煤，液压支架支护，刮板输送机、转载机、皮带输送机运煤，自然垮落法处理采空区的方式来完成工作面的回采。采煤机进刀方式为端部斜切进刀，前滚筒割顶煤，后滚筒割底煤；割煤与移架、推刮板输送机顺序进行，利用后滚筒和刮板输送机铲煤板将煤自行装入刮板输送机，经过破碎机、转载机进入运输巷皮带输送机。工作面两巷超前支护采用超前液压支架支护。

工程实践表明，一次采全高采高由 6.3m 提高到 7m，液压支架最大工作阻力提高了 7200kN，支护强度提高了 0.575MPa。采煤机创新采用了全直齿传动、铸焊结合型壳体、时分性强制润滑和组合多路冷却等关键技术，实现了 7.0m 大采高的国产易维护全直齿摇臂五级直齿传动，提高了减速机构的稳定性。同时，为解决大采高工作面两端头煤炭损失严重的问题，开发了垂直过渡支架，提高了采煤工作面的煤炭采出率；采用辅巷多通道工艺，并配套 7.0m 的大采高成套装备回撤专用支架，系统解决了大采高综采工作面末采贯通难度大、矿压大及回撤难的问题。

22303 工作面回采期间，采场顶板基本可控，顶板的周期性运动比较明显，在推进方向上矿压大致呈现“大—小”相间变化趋势，来压步距 9.0～16.8m，平均 13m；在倾斜方向上周期来压步距以中间支架为中心呈对称分布，整体呈现中间小、两头大的运动特征。22303 工作面覆岩第一层关键层通常会以“悬臂梁”结构破断形式存在，又因采空区后方已断块体垮落位置、直接顶冒落矸石的碎胀系数不同而呈现不同的运动形式。在大采高“悬臂梁”结构下，关键层断裂步距将大于普通采高“砌体梁”结构的断裂步距，且工作面来压持续长度同样比普通采高“砌体梁”结构的长度要大。埋深对特大采高工作面的矿压显现强度影响较大，埋深大时上覆多层关键层同步破断传递至支架的载荷更大，从而也会导致特大采高工作面矿压显现强烈[2]。

8.2.3 8.0m 大采高开采技术

8.2.3.1 地质条件

补连塔煤矿 12511 大采高工作面位于 1^{-2} 煤层五盘区，工作面最大采高达 8.0m，工作面长度 319.1m，推进长度 3439.3m，煤层结构简单，煤层厚度 3.95～9.50m，平均厚度 7.44m，倾角 1°～3°，普氏硬度系数 f=2.5，密度 1.33g/cm^3，埋深 233～301m，回采面积 1002452.7m^2，地质储量 1013.3 万 t，可采储量 942.35 万 t。综采工作面沿倾斜布置，以正坡推进为主，采用倾斜长壁后退式开采，一次采全高综采工艺全部垮落法管理顶板。12511 综采工作面靠运输巷侧为实体煤，靠回风巷侧为 12510 采空区。12511 运输巷和 12512 回风巷中间留设 20m 隔离煤柱，巷道高度 4.1m，运输巷宽度 6.0m，回风巷宽度 5.4m，均沿底板掘进。

8.2.3.2 工作面布置及主要设备

12511 工作面选用 JOY07LS08 型采煤机，滚筒直径 4.5m，单个质量达 16t，是目前世界上直径最大的采煤机滚筒，采煤机装机总功率达到 2925kW，每刀生产原煤 2864t，每日按 20 刀煤组织生产，每日生产原煤 57271t。

选用双柱掩护式液压支架，其中综采工作面中部支架选用 ZY21000/36.5/80D 型支架，共 149 台；端头支架选用 ZYT18000/28/55D 型支架，共 6 台；短过渡支架选用 ZYG21000/36.5/80D 型支架，共 2 台；长过渡支架选用 ZYG21000/36.5/80DA、B 型支架，共 2 台，初撑力为 15443kN(35MPa)，工作阻力 21000kN，支护强度 1.67MPa，安全阀卸载压力 47.6MPa，支护高度 3.65～8.0m，配套长短过渡支架实现两级垂直过渡，可实现遥控器无线操作功能，现场实践效果显著，提高了支架对顶板的适应性。

采用 SGZ1400/4800 型刮板输送机，运输能力为 6000t/h，总功率 4800kW，智能化水平提升，实现变频调速功能，此外刮板链的张紧方式除传统的机械张紧装置外，还增加了伸缩机尾的液压自动张紧装置。采用 BRW630/37.5(BRW200/45)泵站组合，8 泵 3

箱式配置，功率 2994kW，采用超大流量、超高压双回路供液，实现压力控制数字化调节、远程起停、自动注油等自动化功能。运输巷皮带输送机带宽 1.6m，带速 4.0m/s，带长 3200m，功率 4×500kW。采用先进的大功率变频软启动技术、自动张紧技术、高速耐磨托辊、快速自移机尾等先进技术提高设备的开机率。

8.2.3.3 工作面矿压显现规律

为避免 12511 工作面初采期间顶板大面积来压，采用水力压裂初次放顶煤技术对顶板进行弱化处理，削弱其强度和完整性，使采空区顶板能够分层、分次垮落，缩短初次来压和周期来压步距。

1) 工作面初次来压

12511 工作面推进至 16m 左右的位置时，直接顶基本全部垮落并填满采空区。工作面机头推采至 36m，机尾推采至 40.6m 处，支架压力开始增大，且增幅较为明显，部分区域开始发生煤壁片帮现象，但未发生支架安全阀开启现象；随着推采，工作面整体片帮严重，片帮深度最大 1.2m，支架工作阻力超过安全阀开启值，可以判定为工作面基本顶初次来压。推算出 12511 工作面初次来压步距在 40～44m。

2) 工作面周期来压

根据矿压监测情况，工作面矿压具有一定的规律性。来压步距 6.4～16.8m，平均为 11.6m，动载系数约 1.4，来压较为明显，基本上符合一天来压一次的规律，偶尔会出现来压持续较长的现象，持续 8～10 刀。

3) 矿压影响因素分析

12511 工作面顶板存在两层关键层，第一层载荷层约 7.7m，亚关键层约 19.8m，主关键层约 35m，均为砂质泥岩，属于典型的双关键层顶板结构。亚关键层岩体断裂形成小周期来压，连续多次来压后出现一次大周期来压，来压强度大，显现明显，可以推断为主关键层断裂引发工作面矿压显现明显。从而也可以推断出亚关键层断裂步距与主关键层断裂步距，如遇构造或岩体内部发生特殊位移情况，关键层破断规律也发生变化[3]。

8.2.4 8.8m 大采高开采技术

神东矿区上湾煤矿 12401 工作面是世界上首个 8.8m 超大采高综采工作面，在设备配套、围岩控制、回采技术以及信息化方面进行了技术攻关和创新。实践证明 8.8m 超大采高工作面综采设备选型及配套合理，不仅能够满足综采工作面生产、支护以及运输需要，而且生产能力显著提升。8.8m 大采高工作面与同煤层 7.0m 大采高工作面相比，可多回采煤炭 405 万 t，采出率提高了 20.2%[4-5]。

8.2.4.1 地质条件

上湾煤矿 12 煤四盘区位于矿井中部，盘区东西倾向长度约 4.05km，南北走向长度约 5.7km，盘区面积 23.1km^2，煤层标高+1030～+1086m。盘区煤厚 7.32～10.79m，平均可采厚度 9.02m，煤层倾角 1°～3°，属较稳定煤层。盘区地质储量 2.5 亿 t，设计可采储量 1.82 亿 t，共布置 12 个超大采高工作面，服务年限 13a。

12401 工作面为 12 煤四盘区首采面，倾向长度 289.2m，走向长度 5254.8m，煤层倾角 1°～3°，煤层厚度 7.56～10.79m，平均厚度 9.16m，埋深 124～244m，回采面积 1.572km^2，地质储量 2059.4 万 t，可采储量 1930 万 t，采用倾斜长壁后退式一次采全高全部垮落法处理采空区的综合机械化采煤法。

12401 工作面伪顶为泥岩，厚 5.68～20.34m，抗压强度 11.3～13.2MPa，普氏硬度系数约 1.32，坚固性较低，属不坚硬类不稳定型；直接顶为灰白色细粒砂岩，细粒砂状结构，分选性好，孔隙式泥质胶结，含植物化石，厚 2.10～8.07m，抗压强度 18.7～36.9MPa，普氏硬度系数约 2.67，坚固性较强，属坚硬类不稳定型；基本顶为灰白色粉砂岩，灰白色，层面呈灰黑色，粉砂状结构，泥质胶结，水平层理、波状层理、交错层理均有出现，厚 0.20～0.52m，抗压强度 14.5～36.6MPa，普氏硬度系数约 2.32；直接底为黑灰色泥岩，黑灰色，泥质结构，断口平坦，致密，块状构造，含植物化石，厚 0.96～1.29m，抗压强度 13.2～354MPa，普氏硬度系数约 2.15。12401 工作面钻孔柱状图如图 8-5 所示。

厚度/m	柱状	岩性名称	岩性描述
5.50~18.40 14.16		细粒砂岩	灰白色，细粒砂岩状结构，次棱角状，分选差，孔隙式泥质胶结，局部基底是硅质胶结，有亮煤透镜体，具不明显斜层理
5.68~20.34 8.89		粉砂岩	灰白色，层面呈灰黑色，粉砂状结构，泥质胶结，水平层理、波状层理、交错层理均有出现
1.99~3.81 2.68		砂质泥岩	灰白色，砂泥质结构，断口平坦
2.10~8.07 6.54		细粒砂岩	灰白色，细粒砂状结构，分选性好，孔隙式泥质胶结，含植物化石
0.52~1.75 1.10		泥岩	灰白色，泥质结构，断口平坦，含植物化石，块状构造
7.56~10.79 9.26			黑色，光泽，暗淡，局部沥青光泽，粗条带构造，梯形断口，含黄铁矿薄膜及泥质包裹体，层状构造
0.96~1.29 1.10		泥岩	灰白色，泥质结构，断口平坦，含植物化石，块状构造
0.98~ 3.80 1.99		粉砂岩	灰白色，砂泥质结构，泥质胶结

图 8-5 上湾煤矿 12401 工作面钻孔柱状图

8.2.4.2 工作面设备配套

1) 8.8m 超大采高采煤机

神东煤炭集团主导研制了最大可承载 1250kW 的轻量化、大尺寸、高可靠性截割部；开发了高速、高可靠性重载采煤机行走系统，优化了链轮齿形与结构，确保了链轮承载能力和可靠性，为整机生产能力的发挥提供了保障。MG1100/2925-WD 型双滚筒采煤机(图 8-6)主要技术参数如下：采高 4.3～8.6m、生产能力 6000t/h、装机功率 2925kW、最大牵引力 982kN、机身高度 4145mm、滚筒直径 4300mm、滚筒中心距 17780mm、滚筒截深 865mm、最大挖底量 477mm、升起盖板后机身高度 4828mm。

图 8-6 MG1100/2925-WD 型双滚筒采煤机

2) 8.8m 超大采高液压支架

ZY26000/40/88D 两柱掩护式架型，支架工作阻力为 26000kN，立柱缸径为 600mm，支架中心距为 2.4m。支架采用三级护帮结构，最大护帮高度 4.38m，支架在支护强度选型、结构件抗冲击、支架主动支撑能力等方面进行了大幅提升；研究了大流量液压系统匹配性技术，实现降柱行程 10mm 同时抬底时间 4.3s/架，移架时间 3.49s/架，升柱行程 100mm 达到初撑力时间 2.467s/架，可以把液压支架 1 个工作循环时间控制在 10s 以内，跟机速度达到 14.03m/min，满足 8.8m 液压支架快速移架要求。

3) 高强度大运量刮板输送机

由于传统刮板输送机无法与 ZY26000/40/88D 型液压支架配套，研发了 SGZ1388/3×1600 型高强度大运量刮板输送机，具备变频自动调速、在线智能监测、在线故障诊断、断链自动检测与煤流量实时监测等智能化功能，达到国际先进水平。该刮板输送机在超重型中部槽设计、机尾自动张紧、智能调速与智能控制等方面取得创新。

(1) 研制了 2.4m 超重型刮板输送机的中部槽。国内外刮板输送机中部槽最大长度为 2.05m，无法与 ZY2600040/88D 型液压支架配套，创新了拼焊式 2.4m 超重型中部槽的设计及加工工艺，槽帮、铲板和中、底板采用整体拼焊结构，中部槽中板厚度为 60mm，底板厚度为 40mm。

(2) 为减缓刮板输送机各刚性部件的冲击，研发了国产重型刮板输送机机尾自动张紧系统。系统通过检测机尾伸缩油缸内部压力大小，将其与控制程序内部预先设定的压力范围进行比较，用电磁阀调节油缸进液或者泄液，控制油缸伸缩，使刮板输送机整个链条张力处于合理范围，延长了链轮、链条、刮板等主要部件的使用寿命。

(3) 为解决刮板输送机的能耗问题，研发了刮板输送机智能调速系统。刮板输送机配套 3 台 1600kW 变频一体电机，变频器和驱动电机集成一体设计，为国际首创。系统通过检测刮板输送机上的负载情况及采煤机反馈的相关参数，进行相应的速度调整，以最优的能耗比进行运转，实现节能降耗。

SGZ1388/3×1600 型刮板输送机输送量可达 60.0t/h，属于高产高效国产设备，较进口设备具有采购成本低、技术服务和备件供应及时有效等诸多优势，有效降低了生产成本。

4) 6km 超长运输距离智能单点驱动皮带输送机

成功研制了带宽 1.8m，6000m 超长运距，机头集中驱动皮带输送机，输送量 5000t/h，运输长度改写了国内煤矿用皮带输送机行业标准。发明了皮带输送机整机降阻技术，轻型低阻长寿命托辊，阻力低至 1.1N，与行业其他普通托辊相比，旋转阻力降低了 60%以上。考虑压陷阻力，选用 PVC 带面，带速由 4m/s 提高至 4.5m/s，整机阻力降低 20%以上。

8.2.4.3 工作面创新技术

1) 设计盘区支架运输专用巷

为了解决工作面大型设备的安装、回撤等运输问题，同时，要避免运输巷、回风巷因断面大、顶帮维护困难、成本增加等缺点，通过创新矿井 12 煤四盘区布置系统，在盘区中部开掘支架专用巷。综采大型设备从 2 号辅运平硐入井后经支架专用巷可以直达综采工作面开切眼，实现一条巷道可以为 12 煤四盘区 12 个综采工作面的安装、回撤服务。支架专用巷的布置使综采工作面的辅助运输形成环线，提高辅助运输效率。待盘区进行最后一个面(12412)回采时还可以作为回风巷使用，实现了一条巷道多次使用。工作面辅助运输巷道不再作为综采工作面安装、回撤时的运输通道，其断面尺寸从原设计的 6.0m×5.1m(宽×高)缩小为 5.4m×4.7m，巷道断面变小，顶帮围岩稳定性好、易维护，降低了后期锚杆、锚索、网片以及混凝土等材料消耗量。同时，增加了一个安全出口，提高了采场发生灾变时的抗灾能力。

2) 超大断面煤巷掘进技术

12401 综采工作面开切眼掘进断面宽×高为 11.4m×6.3m，端头处断面 14.4m×6.3m，联巷外抹角和工作面煤柱最大直线跨度 15.6m，属于在特厚煤层中掘进的超大断面煤巷。创新采用阶梯掘进、及时支护、二次拉底掘进工艺，保证了超大断面煤巷安全高效施工。

3）超大断面单巷超长距离掘进通风技术

12 煤四盘区支架专用巷掘进断面 6.0m×5.8m，单巷掘进长度 5340m，掘进工作面面临需风量大与供风难的问题。采用 FBDYNO7.5（2×55kW）变频局部通风机配口 1200mm 的柔性风筒压入式通风，并采用多项防漏风技术措施，解决了超大断面单巷超长距离掘进工作面通风问题。

4）大断面巷道支护技术

综采工作面开切眼设计断面 1.4m×6.3m（宽×高）（端头支架处宽至 14.4m），属于特厚煤层中掘进的超大断面煤巷，对于巷道施工工艺及支护参数，当时在全世界范围内尚无可借鉴的经验，上湾煤矿通过理论计算、数值模拟及工程类比等多种技术手段，确定了合理的巷道顶、帮支护参数。开切眼顶板采用锚杆+W 钢带+铅丝网+锚索联合支护，两帮采用玻璃钢锚杆+塑料网或钢筋网支护。锚索型号 T21.6mm×800mm，间排距 2m×2m，顶板锚杆型号采用口 22mm×220mm 螺纹钢，每排 11 套，排距 1m。正帮采用口 27mm×2400mm 玻璃钢锚杆，间排距 1.2m×1.0m。副帮采用 18mm×2100mm 圆钢锚杆，每排 5 套，间排距 1.2m×1.0m。

5）超前支护技术

根据两巷尺寸、相邻盘区矿压显现以及设备配套情况，运输巷超前支护采用新型 ZYDC33700/29/55D 型双柱支撑式液压支架，工作阻力为 33700kN，支护长度 23.2m。回风巷超前支护采用新型 ZFDC80000/29/55D 型双柱支撑式液压支架，工作阻力为 80000kN，支护长度 21.2m，提高了两巷超前支护强度，实现了超前支护的机械化。

6）超大采高综采工作面回采技术

工作面采用大采高综采一次采全高工艺，沿顶布置，工作面倾向长度 289.2m，推进长度 5254.8m，设计采煤机割煤平均速度为 7m/min，循环作业时间 57.7min。总共布置 128 台液压支架。为实时监测支架工作阻力及顶板下沉量，在支架立柱、顶梁及底座上分别安装具有自动监涎功能的溅射薄膜型立柱压力传感器和基于磁致伸缩原理的位移传感器，测量精度分别控制在±1MPa、±1mm，为 8.8m 超大采高综采工作面开采矿压显现特征及支架与围岩相互作用关系的分析提供了全面系统的基础数据。留底煤沿顶回采：对综采工作面辅运巷和回风巷顶板进行取心检测，顶板的抗压强度普遍大于煤的抗压强度，将工作面留顶煤回采工艺优化为留底煤沿顶回采，加强了综采工作面顶板控制。

7）智能控制与信息化技术

通过采集设备信息和设备智能控制数据，建立基于智能控制的集控平台和协同控制中心和基于大数据的故障诊断和专家决策中心，集成了智能控制、故障预警、大数据分析、视频可视化系统、高可靠供电系统、矿压监测预警等现代化新技术，实现了世界首套大采高工作面智能化开采。

8.3 高瓦斯厚煤层大采高开采技术

8.3.1 寺河矿高瓦斯煤层大采高开采

8.3.1.1 地质条件

寺河矿为山西晋城无烟煤矿业集团有限责任公司的主力生产矿井，主采 3 号煤层，煤体黑色，以亮煤为主，具有金属—玻璃光泽、坚硬、性脆，局部煤质松软、破碎，普遍含两层夹岩，盖山厚度 199～349m；煤层平均厚度 6.6m，煤层倾角 1°～10°，寺河矿 2005 年核定生产能力为 10.8Mt/a。寺河矿井分东、西两个井区，东井区为高瓦斯矿井，西井区为煤与瓦斯突出矿井。矿井绝对瓦斯涌出量为 1128.44m^3/min，矿井抽采率为 80.67%。其中，东井区绝对瓦斯涌出量为 497.8m^3/min（风排瓦斯量为 177.8m^3/min，抽采瓦斯量为 320m^3/min），抽采率为 64.28%，相对瓦斯涌出量为 20.66m^3/min；西井区绝对瓦斯涌出量为 630.64m^3/min（风排瓦斯量为 40.32m^3/min，抽采瓦斯量为 590.32m^3/min），抽采率为 93.6%[6]。寺河矿地质综合柱状图如图 8-7 所示。

8.3.1.2 工作面布置

寺河矿 4301 工作面长 300m，设备选用郑州煤矿机械集团股份有限公司、中煤北京煤矿机械有限责任公司及晋能控股装备制造集团金鼎山西煤机有限责任公司生产的最大支撑 6.0m、额定工作阻力 12000kN 的液压支架，共 173 架。采用中煤张家口煤矿机械有限责任公司 SZZ1200/315 型刮板转载机及 PCM250 型破碎机。选用中国煤炭科工集团上海研究院有限公司 MG400/920-GWD 型采煤机（采完后部刀把面改换为 SL-500 型采煤机），采用 JOY3×855kW 型三驱动刮板输送机，总装机功率为 5070kW。

4301 工作面巷道布置仍为成熟的三进两回五巷布置方式，工作面从 2009 年 10 月 1 日开始回采到 2010 年 7 月 30 日结束，共推进 2353m，采煤 6.85Mt。经历了初采、过陷落柱、过空巷、过大倾角、过断层、过薄煤层、正常回采、末采等阶段的多重考验，各项指标均达到预期效果。采高 6.2m、长 300m 大采高工作面主要技术指标：2010 年 6 月在 430 工作面回采中，最高单产 9.15×10^5t/月，平均日产 235.4Mt，最高日产 35232t。回采工效达到 218t/工，万吨掘进率为 23.4m，工作面采出率达 95%以上。

8.3.1.3 瓦斯治理

(1) 先后增加东风井井底和小东山井底抽放泵站，扩大抽放范围，提高瓦斯抽放能力。

(2) 由单一的本煤层近距离抽放发展到区域递进式抽放。

(3) 抽放瓦斯管路采用采空区抽放和工作面预抽双系统，保证采空区密闭安全进行。

(4) 采用千米定向钻机和国产系列普通钻机有计划有目的地施工本煤层瓦斯预抽钻孔，截至目前，寺河矿抽放进尺每天达到 8000 余米，抽放量每天达到 1.2×$10^6$$m^3$/min。

(5) 提高采高，减少采空区丢煤，降低采空区瓦斯涌出量。

地层系统				累厚/m	厚度/m	柱状	岩性描述
古生界	二叠系	下二叠统	下石盒子组	63.58~124.35 81.75	1.65~21.3 8.07	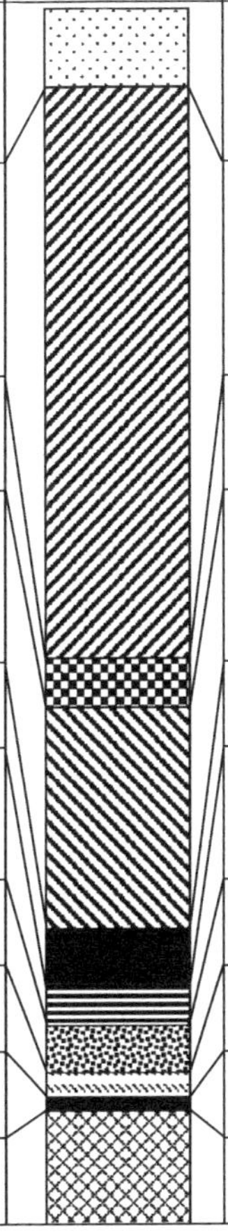	灰白色、灰绿色铝质泥岩。细腻，具滑感。具颤状结构，含铁锰质团块
					56.5~78.9 67.7		灰色、灰白色。顶部为中细砂岩，其下为粗砂岩。有时渐变为泥岩，中下部为铝土泥岩及粉砂岩，具有颤状结构，含植物化石
					1.20~17.25 5.96		灰色中细砂岩，以石英为主，含云母，斜层理发育
			山西组	30.70~58.60 48.88	11.0~46.2 26.96		深灰色粉砂岩，泥岩互层，顶部有两层小煤，有中砂岩穿插，含植物化石残片，底部局部为泥岩
					4.4~8.86 6.42		光亮型煤，含夹石1~4层，沉积稳定
					1.92~9.2 5.56		深灰色粉砂岩，底部局部为泥岩，含菱铁矿结核
	石炭系	上石炭统	太原群		0.39~12.4 4.85		深灰色粉砂岩、粉砂岩，局部为中砂岩
					0.26~5.08 2.67		深灰色粉砂岩、泥岩，含菱铁矿结核
					0~1.80 0.79		6号煤，光亮型煤。有夹石1~2层。煤层比较稳定
					9.5~26.1 17.8		深灰色粉砂岩、泥岩，含菱铁矿结核

图 8-7 寺河矿地质综合柱状图

(6) 切实做到多措并举、应抽尽抽、效果达标。大采高工作面区域配风量由 10000m^3/min 左右降低到 6000～8000m^3/min，作业环境大大改善。300m 工作面应用千米钻机和 MK 系列钻机打钻联合抽放，解决了大采高加长工作面瓦斯抽放问题。

8.3.1.4 初采工艺

大采高工作面初采最先在 2301 首采面采用顶板自行垮落的方式，开切眼顶板由于有锚杆、锚索等支护不能随支架推进及时垮落，造成支架后部顶板和掩护梁之间的空间不能及时充实，大量瓦斯积聚，直接顶来压后基本顶一次垮落面积大，初采过程始终受到顶板和瓦斯的双重威胁。随后 4301 工作面初采工艺优化为在支架安装过程中逐架退掉开切眼顶板支护锚索、托盘，支架安装完毕后采用在顶板打炮眼震动爆破的方式(每架 2 个炮眼，前后各 1 个，炮眼深度为 2.0m，每个炮眼放 7 个药卷)使开切眼顶板煤体遭到破坏，开切眼顶板随支架推进及时垮落充填采空区，顶板和瓦斯状况明显好转，保证了工作面初采期间连续推进。初采时间也由原来的 7～10d 缩短到 5～7d。

8.3.1.5 顶板控制

4301大采高工作面的顶板控制是现场管理的重要环节，主要从以下几方面加强管理。

(1)加强支架初撑力管理，不得低于24MPa；充分发挥支架伸缩顶梁和一、二级护帮板功能，严格控制梁端距，超前拉架、追机拉架，提高支架及时支护效果。

(2)加强工作面乳化液泵站压力管理，不得低于30MPa。

(3)针对煤壁三角区顶板控制这一难点，提前对三角区煤体进行注瑞米材料加固煤体，提高煤体自身支护强度。

(4)提高超前支护范围和强度，对动压影响巷道，超前100m架棚进行维护，支护强度不小于一梁四柱。

通过采取上述措施，在工作面回采过程中未发生冒顶事故，创造了该矿大采高工作面顶板控制佳绩。

8.3.2 焦坪矿区高瓦斯煤层大采高开采

8.3.2.1 工作面概况

2301工作面位于下石节煤矿井下+950m辅助水平下阶段，暗井筒西部，是3^{-2}煤层的首采工作面。3^{-2}煤层位于延安组中部、4^{-2}煤层上部，距4^{-2}煤层0～30m，常以煤层组出现，全井田除个别点未见煤外，大部分见煤。工作面总体为一背斜构造，轴部位于沿工作面中部偏北西方向，总体煤层倾角3°～8°，平均5°，局部为近水平煤层。煤层含2～3层粉砂质泥岩及泥岩夹矸，最多可达7层，煤层结构较复杂。工作面走向长度1720m，倾斜长度210m，煤层厚度4.75～6.29m，平均厚度5.53m。由于受瓦斯等因素制约，工作面设计生产能力为170万t/a。

8.3.2.2 大采高综采装备选型

2301综采工作面设备配套如下。

(1)ZY10500/27/58型掩护式液压支架，支护高度2700～5800mm，中心距1750mm，工作阻力10500kN(P=41.8MPa)，支护强度1.18～1.22MPa，移架步距800mm，操作方式为本架手动操作。

(2)MG750/1860-GWD型电牵引采煤机，生产能力4200t/h，采高范围3～5.5m，装机总功率1860kW，供电电压3300V，滚筒直径Φ2800mm，截深800mm，机载交流变频调速牵引，无线遥控、操作站线控、本机控制，可分别操作；交流变频调速；截割电机恒功率控制，温度保护，牵引系统短路及过流、过载等保护；内外喷雾降尘。

(3)SGZ1000/1400型刮板输送机，输送能力2500t/h，装机功率2×700kW，供电电压3300V，刮板链为中双链(紧凑链)规格Φ42mm×146mm，卸载方式为端卸。

(4)SZZ1000/400型转载机，输送能力2500t/h；电动机功率400kW，电压3300V；刮板链为中双链；圆环规格Φ34mm×126mm。

(5) PCM200 型破碎机，通过能力 2200t/h；电机功率 250kW，电压 3300V。

(6) BRW400/31.5 型乳化液泵站，流量 400L/min，压力 31.5MPa。

8.3.2.3 大采高首采工作面工业性试验

下石节煤矿 2301 工作面斜切进刀段长度 55m，其中采煤机机身长 16.27m，刮板输送机弯曲段长度平均为 22.46m；采煤机正常割煤段长度为 155m。采煤机上行、下行割煤速度相当，循环用时大致相同，每刀用时平均 94min，完成一个双向割煤循环用时约 188min。周期来压步距 10～26m，平均 17.4m。周期来压时动载系数 1.03～1.93，平均 1.37，来压明显。支架加权工作阻力平均 4824kN，占额定工作阻力 10500kN 的 45.9%，支架工作阻力富余量较大。

2301 工作面采用一进两回的“U+I”型通风系统，即运输巷进风，回风巷和高抽巷回风。工作面供风量稳定在 1500～1700m^3/min，回风瓦斯体积分数 0.25%～0.35%，平均 0.3%。上隅角、工作面没有发生瓦斯超限报警，对工作面开机率无影响。高抽巷瓦斯抽放浓度平均 5.5%，工作面二次见方期间，工作面总抽排量 29.2m^3/min，其中高抽巷抽放纯量高达 17.4m^3/min，占总量的 60%。

在 2301 工作面布置 3 组测温探头和 4 组测气束管，根据实测数据与数值模拟分析结果，采空区“三带”分布特征如图 8-8 所示。回风巷侧 0～25m 为散热带，25～80m 为氧化带，80m 以外为窒息带。运输巷侧 0～35m 为散热带，35～95m 为氧化带，95m 以外为窒息带。

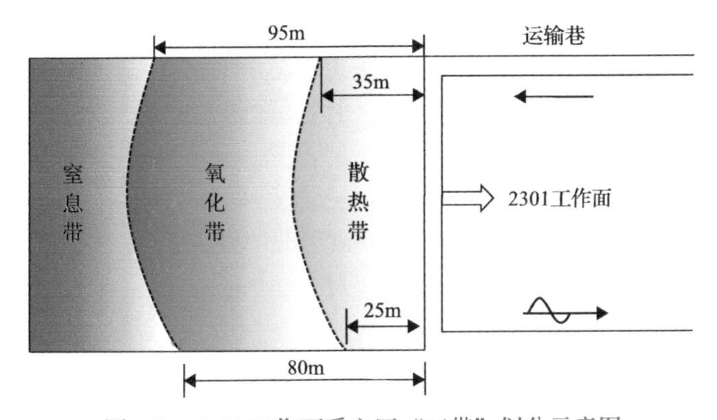

图 8-8 2301 工作面采空区“三带”划分示意图

根据“三带”划分，工作面两巷实测散热带与氧化带最大宽度之和为 95m，3^{-2} 煤层最短自然发火期为 28d，经计算，工作面最低安全推进速度为 3.39m/d。2301 工作面月推进度 100～135m，平均 119m。工作面平均推进速度 4m/d，大于最低安全推进速度，因此氧化带的遗煤处于低温氧化阶段，尚未进入加速氧化阶段就进入采空区。在观测期间，测试气体没有出现 C_2H_2，CO 浓度也较低，采空区没有发生自燃。

8.3.3 东曲矿高瓦斯煤层大采高开采

山西焦煤西山煤电(集团)有限责任公司东曲矿设计生产能力 400 万 t/a，采用平硐开拓方式，倾斜长壁采煤法开采，主采煤层有太原组和山西组的2#、4#、8#、9#煤，煤种为焦煤、瘦煤和盆煤，可采煤层总厚度 13.4m。随着矿井快速发展、井田合理规划及产量大幅提升，东曲矿由原来的+973m 单水平开采发展为双水平开采，即与+860m 水平同时开采。

+860m 水平首采 28202 工作面，是东曲矿首个大采高高瓦斯综采工作面。由于临近屯兰矿，瓦斯赋存量大，回采前预计绝对瓦斯涌出量 $45m^3/min$。虽然采用钻孔抽采，但因钻孔、封孔工艺等影响因素，仅靠通风方法和本煤层钻孔抽采已不能实现瓦斯彻底整治的目标。针对上述难题，东曲矿结合矿井实际，为有效治理工作面瓦斯，解决瓦斯超限、消除安全隐患，使工作面实现高产高效，采用瓦斯综合防治措施，利用以高、低抽巷、本煤层、上隅角及采空区埋管等瓦斯抽采为主，风排为辅的瓦斯综合治理技术，实现高瓦斯工作面在低瓦斯状态下运行，由原来的预防瓦斯事故向预防瓦斯超限进行转变，确保矿井的安全生产。

8.3.3.1 工作面概况

28202 工作面煤层结构复杂，赋存较稳定。8#煤层厚度在 2.2～3.8m，平均厚度 3.3m，容重 $1.37t/m^3$，煤层夹 1～3 层夹矸；8#上煤厚度在 0.3～0.8m，平均厚度 0.6m。局部位置有 8#煤与 $8^{\#}_{上}$煤分叉，夹矸厚 0.0～1.5m，平均 0.42m。工作面将 8#煤及 $8^{\#}_{上}$煤一次全部回采，其总厚度在 3.3～5.3m，平均 4.3m。回采工艺为倾斜长壁后退式全部垮落综合机械化采煤方法，采空区采用全部垮落法处理。工作面由皮带巷、轨道巷、工作面切眼组成。其中，皮带巷全长 1300m，轨道巷全长 1200m；断面均为矩形断面，净宽 4.5m，净高 3.5m；切眼长 206m，净宽 9.0m，净高 3.5m，采用锚杆、锚索、钢筋梯进行支护。回采过程中采用“U”型通风系统，皮带巷回风，轨道巷进风。

8.3.3.2 工作面瓦斯综合治理技术

28202 工作面绝对瓦斯涌出量为 $40m^3/min$，采用风排及抽采相结合的方法进行治理。其中，风排瓦斯量为 $16m^3/min$；抽采瓦斯量为 $24m^3/min$。采用本煤层高、低抽巷及上隅角、采空区抽采技术。

高抽巷位置：28202 工作面高抽巷沿 7#煤顶板施工，设计前 570m 与皮带巷内错 25m 平行布置，后 750m 逆时针方向偏 0.5°，工程量共计 1320m，巷道断面为半圆拱形。共分三个层位进行布置，其中距工作面 23～35m 共布置了 450m；距工作面 35～40m 共布置了 475m；距工作面 40～45m 共布置了 165m；由距工作面 45m 降到 30m 共布置了 230m。

低抽巷位置：一般采取自上而下的开采方式，在掘进上部煤层巷道时，时常出现巷道底板瓦斯涌出现象。为解决工作面底板瓦斯涌出问题，东曲矿对下部 9#煤泄压瓦斯进行抽采。在 28202 工作面下方 8.9m 处的 9#煤中施工低抽巷，贯穿工作面走向长度，位于 28202 工作面皮带巷与 28204 工作面轨道巷保护煤柱之间(外错 28202 工作面皮带巷 12m)，巷道采用梯形断面，面积 $12.09m^2$。设计长度为 1225m。此外，为了增加低抽巷抽采效果，还在低抽巷两帮施工抽采钻孔，每隔 5m 布置一个平行钻孔，孔径 113mm，共施工 372 个钻孔，平均孔深 190m。

高抽巷抽采量随工作面推进逐渐升高，工作面推进到 529m 时，抽采量最大达 $25.91m^3/min$，工作面推进到 679m 时，抽采量基本稳定在 $16m^3/min$ 左右，回采期间抽采量平均 $15.62m^3/min$，占平均总抽采量的 56.1%。开始时，瓦斯抽采浓度偏高，经过一周抽采后，抽采浓度降至 3.5%。同时随着工作面的不断推进，抽采浓度逐渐升高，最高 13%，平均 8.04%。工作面推进 309m 后，抽采浓度基本稳定在 10%左右。高抽巷抽采稳定可靠、抽采量大，对于处理回风瓦斯和上隅角瓦斯效果明显，杜绝了工作面瓦斯超限，使工作面实现顺利回采。

低抽巷抽采浓度 20%～55%，平均 34.22%；抽采量 $4.38\sim23.26m^3/min$，平均 $8.76m^3/min$，占平均总抽采量的 31.4%。低抽巷对下邻近层瓦斯抽采效果明显。

实践表明：东曲矿 28202 工作面采用以高、低抽巷为主，风排为辅的瓦斯综合治理措施，使瓦斯不再成为制约安全生产的隐患，充分发挥了大采高工作面的潜能，使工作面得以在大采高情况下快速回采，保证了工作面的高产高效，并杜绝了瓦斯超限等事故。

8.4 大倾角厚煤层大采高开采技术

8.4.1 工作面设备选型

羊场湾煤矿是宁东矿区已经建成投产的第一个大型 1000 万 t 矿井，井田走向长 6.4km，东西倾斜宽 12.8km，面积 $51.6km^2$。全井田地质储量 911.79Mt，设计利用储量 628.93Mt，设计可采储量 455.38Mt。二号煤层为羊场湾煤矿的主采煤层，该煤层地质储量 370.21Mt，可采储量 171.25Mt，分别占全矿井地质储量和可采储量的 40.6%和 37.6%，二号煤层厚度 4.42～10.15m，平均 7.2m，其中 Y110206 大采高工作面平均煤厚 6.2m。

羊场湾煤矿首个 6.2m 大采高工作面布置在 Y110206 工作面，该工作面位于羊场湾井田的南翼，工作面切眼上口位于 56 勘探线以北 30m，切眼下口位于 56 勘探线以北 64m。Y110206 工作面伪顶为 0.3m 左右厚的泥岩，层理发育，较软，易冒落。直接顶为两层灰白色夹灰黑色粉砂岩和细砂岩，厚度 4.6m 左右，在中上部夹有两层厚约 0.15m 的煤线，层理发育，易破碎。直接顶分类为Ⅰ类顶板，基本顶分级为Ⅲ级。

羊场湾煤矿大采高工作面的复杂生产地质条件对支架设计与制造以及现场正常使用提出了更高的要求。根据二号煤层的开采条件，经综合论证与研究，并考虑到大采高液压支架的稳定性、立柱的伸缩比及实际井下运输的因素，最终确定采用两柱掩护式大采高液压支架。大采高液压支架的最大支撑高度应不小于 6.2m。对于大采高液压支架的合理工作阻力，根据岩层控制理论的相关研究成果，工作面顶板压力强度按 4～8 倍采高的上覆岩层质量近似计算，则理论支护强度为 0.96MPa。支架的有效支护宽度按 1750mm 计，有效控顶距按 5000mm 计，则可计算出支架的工作阻力为 8400kN。复杂条件下大采高综采工作面液压支架的选型与参数确定，还需要考虑提高煤壁稳定性的需要。综合考虑各方面因素，最终确定支架工作阻力 10000kN。为了有效防止工作面煤壁失稳和顶板漏冒，支架专门设计了五箱屉结构的伸缩梁，并提高支架伸缩梁及顶梁结构的强度，加大了伸缩梁行程，实现及时护顶。支架护帮板的有效应用可显著降低大采高工作面煤壁发生失稳的可能性，在支架选型设计时，采用二级护帮技术，护帮板宽 1.6m，长度加长至 2.7m，护帮面积达 4.32m^2。

羊场湾煤矿 Y110206 大采高工作面最终确定选用 ZY10000/28/62D 型液压支架、MG900/2245-GWD 型采煤机和 SGZ1250/2565 型刮板输送机等设备[7]，如图 8-9 所示，工作面成套设备和具体参数见表 8-12～表 8-15。

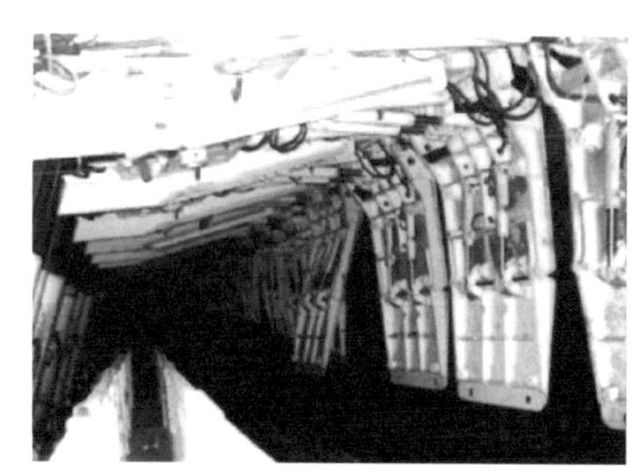

(a) 液压支架

(b) 端头支架

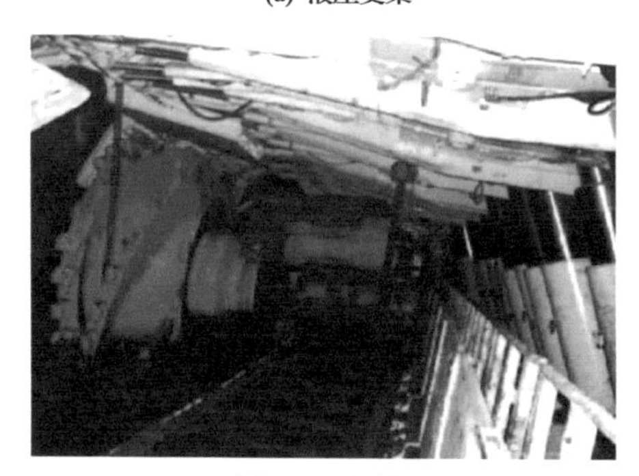

(c) 采煤机和刮板输送机

(d) 转载机和破碎机

图 8-9 Y110206 大采高工作面主要开采设备

表 8-12 Y110206 大采高工作面成套装备

装备名称	生产厂家	设备型号
电牵引双滚筒采煤机	天地科技股份有限公司上海分公司	MG900/2245-GWD
二柱双伸缩掩护式中间支架	郑州煤机厂、平顶山煤机厂和北京煤机厂	ZY10000/28/62D
二柱双伸缩掩护过渡支架	中煤北京煤矿机械有限责任公司	ZYG10000/26/55D
二柱双伸缩掩护端头支架	郑州煤矿机械集团股份有限公司	ZYT10000/26/55D
刮板输送机	宁夏天地奔牛实业集团有限公司	SGZ1250/2565
转载机	宁夏天地奔牛实业集团有限公司	SZZ1350/525
破碎机	宁夏天地奔牛实业集团有限公司	PLM4500
自移机尾	宁夏天地奔牛实业集团有限公司	DY1600

表 8-13 ZY10000/28/62D 型液压支架主要技术参数

项目	参数	项目	参数
支架宽度	1.65～1.85m	支护强度	1.03～1.06MPa
工作阻力	10000kN	顶梁长度	4430mm
初撑力	7912kN	推溜力	504kN
工作高度	2800～6200mm	拉架力	989kN
支护面积	9.5m²	底板比压	1.90～2.18MPa
支架重量	41.0t	支架中心距	1.75m
运输尺寸	8230mm×1650mm×2800mm	移架步距	865mm

表 8-14 MG900/2245-GWD 型采煤机主要技术参数

项目	参数	项目	参数
重量	144t	截深	0.865m
适合倾角	≤25°	使用年限	≥20 年
装机功率	2245kW	大修周期	6 年
采高范围	2.7～6.1m	额定电压	330V
最大生产能力	4500t/h	最大牵引速度	24.4m/min
最大牵引力	1104kN	冷却方式	内外喷雾
冷却水压	10MPa	冷却水量	400L/min

表 8-15 SGZ1250/2565 型刮板输送机主要技术参数

项目	参数	项目	参数
运输能力	5000t/h	铺设长度	320m
总装机功率	2565kW	使用年限	14 年
卸载高度	1600mm	额定电压	3300V

8.4.2 大采高工作面安全保障技术

羊场湾煤矿 Y110206 大采高工作面的大采高技术在应用中主要存在片帮、煤层易自然发火、支架倒架、刮板输送机上窜下滑等问题，严重影响了采煤机的截割速度，影响综采技术的发挥。

8.4.2.1 煤壁失稳防治技术

工作面俯仰角的变化对工作面煤壁稳定性有显著影响，针对羊场湾煤矿 Y110206 工作面具有走向起伏大的不利条件，提出复杂条件下分区煤壁失稳防治技术。当工作面水平开采或俯斜开采时，煤壁稳定性较好，采用常规的煤壁失稳防治技术；当工作面处于仰斜开采时，煤壁稳定性较差，此时除采用常规的煤壁失稳防治技术外，还需采用超前注浆加固煤体，以实现煤壁稳定性的有效控制。

8.4.2.2 工作面支架防倒防滑技术

对于大倾角大采高开采工作面支架，为了防止发生支架倒架情况，Y110206 工作面在以下 5 个方面采取措施进行控制。

(1)严格控制工作面采高，严禁支架超高使用。

(2)支架要升平升紧，接实顶、底板。

(3)及时用侧护板和调底千斤顶调整支架间距，防止支架间距过大，造成倒架。

(4)对于因底板过软而造成倒架的，可在支架底座前端拉架时铺顺山板梁或道木，长度视具体情况而定。

(5)及时消除支架错差，防止相邻支架错差高度超过侧护板高度的 2/3。

8.4.2.3 工作面刮板机的上窜下滑控制技术

工作面推进速度快，刮板运输机上窜或下滑现象将一直存在整个工作面的生产过程中，一旦控制不合理，就可能出现刮板运输机上窜或下滑，导致上下安全出口被堵死或不畅通。针对这个情况，在 Y110206 工作面采取如下措施。

(1)配置支架侧移推移(上下)装置。对于倾斜或急倾斜工作面，仅靠支架侧护板动作调整支架间距，调整支架上窜下滑是不够的，因为当倾角大、支架自重较重时，支架侧护板力量无法调整支架间距，需靠侧移推移装置来调整支架的上窜和下滑，来控制刮板输送机的上窜和下滑。

(2)采用伪倾斜推进。加大工作面伪斜长度，减缓工作面倾角，控制刮板输送机的上窜或下滑，一般综采工作面根据经验伪斜角度在 2°～6°(10～15m)进行调整。但是随着机巷宽度的变化，一般综采工作面经验伪斜长度不适用，伪斜长度随着机巷宽度变化随时进行调整，为工作面下口的管理带来难度，要求对机巷的宽度变化情况进行提前预测和超前采取控制措施。

(3)调整推移刮板输送机的方向。在推移工作面刮板输送机过程中，由于推移方向变化，导致在刮板输送机弯曲段造成刮板输送机产生上窜或下滑的趋势，因此根据实际情况，采用下行或上行推移来控制刮板输送机的上窜或下滑。刮板输送机上窜和下滑都控制在合理范围时，采用交替上推和下推的方法小量调整刮板输送机来控制上窜和下滑。

(4)抹角。在生产现场，当刮板输送机上窜或下滑严重，可以大量调整刮板输送机。采用抹角方法(下端头)，从下向上推移刮板输送机，控制刮板输送机下滑；磨采采用逐步增加长度的方法，间隔 20～30 个支架不等，磨采 1～3 刀，然后割两个通道。当刮板输送机上窜时可以采用磨采上部(上端头)，从上向下推移刮板输送机，控制刮板输送机上窜。

8.4.3 工作面开采情况

现场开采实践表明，Y110206 工作面大采高设备的整体性能与技术水平均适应羊场湾煤矿复杂开采条件，满足综采工作面的安全快速推进要求，实现了安全、高产、高效生产。羊场湾煤矿 Y110206 大采高工作面采煤机开机率达 74%～92.6%，工作面采出率达到 93.75%；工作面正常每日割煤 12～15 刀，最高达 18 刀，工作面日产煤 2.5 万～3 万 t，最高日产煤 3.7 万 t；工作面平均月产煤 80 万 t 以上，最高月产煤达 86 万 t，工作面年产量达到了 1000 万 t 的预期目标。

现场矿压观测表明，Y110206 工作面支架载荷整体呈正态分布，支架平均初撑力为 6656kN，为额定初撑力的 84%，平均工作阻力为 6983kN/架，为额定工作阻力的 69.9%。直接顶初次垮落期间，支架平均工作阻力为 7058kN，最大为 9092kN；基本顶初次来压期间，支架平均工作阻力为 7786kN，最大为 9326kN；基本顶周期来压期间，支架平均工作阻力为 8590kN，最大为 9497kN。ZY10000/28/62D 型液压支架性能得到了良好发挥，有效保证了工作面顶板的稳定性，并为提高工作面煤壁稳定性创造了良好条件。

羊场湾煤矿首创了复杂埋藏条件下大倾角特厚煤层 6.2m 大采高综采成套设备的国产化方案，并成功解决了支架稳定性控制、工作面煤壁失稳、顶板漏冒、采煤机失稳、刮板输送机下滑等突出问题，取得了大倾角复杂特厚煤层 6.2m 大采高综采开采工艺试验成功，形成了大倾角复杂特厚煤层 6.2m 大采高综采成套设备的国产化关键技术，装备了全球范围内第一个大倾角复杂特厚易燃煤层 6.2m 大采高开采领域第一套国产化成套设备，为大倾角特厚煤层大采高综采设备国产化和重型化提供了成功经验。

基于前期各矿井生产经验，2020 年宁东矿区梅花井煤矿 111801 工作面智能化综采顺利进行，如图 8-10 所示，国家能源集团宁夏煤业有限责任公司首个厚煤层大倾角（平均倾角 26°）复杂条件下综采自动化工作面跟机移架准确率实现 100%，智能化减人 20%。

图 8-10 111801 大采高工作面布置

参 考 文 献

[1] 罗文. 国能神东煤炭集团重大科技创新成果与实践[J]. 煤炭科学技术, 2023, 51(2): 1-43.

[2] 杨俊哲. 7.0m 大采高工作面覆岩破断及矿压显现规律研究[J]. 煤炭科学技术, 2017, 45(8): 1-7.

[3] 杨俊哲. 8m 大采高综采工作面关键回采技术研究[J]. 煤炭科学技术, 2017, 45(11): 9-14.

[4] 杨俊哲, 刘前进. 8.8m 超大采高工作面矿压显现规律实测及机理分析[J]. 煤炭科学技术, 2020, 48(1): 69-74.

[5] 徐刚, 张震, 杨俊哲, 等. 8.8m 超大采高工作面支架与围岩相互作用关系[J]. 煤炭学报, 2022, 47(4): 1462-1472.

[6] 安泽. 寺河矿大采高综采面煤壁片帮特征研究[J]. 煤炭工程, 2016, 48(8): 54-56, 60.

[7] 刘小明. 羊场湾煤矿大采高综采工艺设备确定与应用[D]. 西安: 西安科技大学, 2012.